W0260092

DIE GRUNDLEHREN DER

MATHEMATISCHEN WISSENSCHAFTEN

IN EINZELDARSTELLUNGEN MIT BESONDERER
BERÜCKSICHTIGUNG DER ANWENDUNGSGEBIETE

HERAUSGEGEBEN VON

R. GRAMMEL · E. HOPF · H. HOPF · W. MAGNUS
F. K. SCHMIDT · B. L. VAN DER WAERDEN

BAND XCV

KONTINUIERLICHE GEOMETRIEN

VON

FUMITOMO MAEDA

SPRINGER-VERLAG
BERLIN · GÖTTINGEN · HEIDELBERG
1958

KONTINUIERLICHE GEOMETRIEN

VON

DR. FUMITOMO MAEDA

PROFESSOR DER MATHEMATIK AN DER UNIVERSITÄT HIROSHIMA

MIT 12 ABBILDUNGEN

SPRINGER-VERLAG

BERLIN · GÖTTINGEN · HEIDELBERG

1958

Titel der Originalausgabe:
Fumitomo Maeda
„Renzoku Kikagaku"
Tokyo: Iwanami Shoten, Publishers

Übersetzt und für die deutsche Ausgabe
bearbeitet von

Sibylla Crampe, Tübingen
Dr. Günter Pickert, apl. Prof., Tübingen
Dr. Rudolf Schauffler, Oberreg.-Rat a. D., Urach

ISBN-13: 978-3-642-94728-5   e-ISBN-13: 978-3-642-94727-8
DOI: 10.1007/978-3-642-94727-8

Alle Rechte, insbesondere das der Übersetzung in fremde Sprachen, vorbehalten
Ohne ausdrückliche Genehmigung des Verlages ist es auch nicht gestattet, dieses
Buch oder Teile daraus auf photomechanischem Wege (Photokopie, Mikrokopie)
zu vervielfältigen
© by Springer-Verlag OHG. Berlin · Göttingen · Heidelberg 1958
Softcover reprint of the hardcover 1st edition 1958

Vorwort zur deutschen Übersetzung

Bei Gelegenheit der deutschen Übersetzung habe ich den Text an mehreren Stellen umgearbeitet; ich erwähne besonders Kap. I, Beweis von Satz 3.3; Kap. V, von Hilfssatz 1.5 bis Satz 1.8; Kap. V, Anmerkung 3.4; Kap. VII, Hilfssätze 1.3 und 1.4. Ich sage Herrn Professor Dr. G. Pickert und seinen Mitarbeitern meinen verbindlichsten Dank für ihre Gefälligkeit und die sorgfältigen und umfangreichen Bemühungen bei der Übersetzung.

Hiroshima, im Mai 1957   Fumitomo Maeda

Bemerkungen der Übersetzer

R. Schauffler beherrscht als einziger von uns das Japanische. Von ihm lernte S. Crampe so viel von dieser Sprache, daß sie mit seiner Hilfe das Werk von Maeda übersetzen konnte. G. Pickert überarbeitete diese Übersetzung dann, ohne sich dabei des japanischen Originals zu bedienen. Herrn Maeda haben wir für die liebenswürdige Beantwortung vieler Fragen zu danken, die bei dieser Bearbeitung auftauchten. Unser Dank gilt ihm auch für das Mitlesen der Korrekturen und für manche Hinweise dabei. Dem Verlag sei gedankt für sein bereitwilliges Eingehen auf viele Verbesserungswünsche.

Bei der großen strukturellen Verschiedenheit des Japanischen und des Deutschen schien uns eine gewisse Freiheit bei der Übersetzung angebracht. Darüber hinaus entschlossen wir uns (im Einvernehmen mit Herrn Maeda), verschiedene mathematische Bezeichnungen gegenüber dem Original abzuändern. So wurden die Prädikatensymbole D, C, $\perp$ den Objekten vorangestellt, während sie im Original hinter diesen stehen. Für Folgen wurden Bezeichnungen der Art $(a_\alpha)_{\alpha \in I}$ verwendet. Die Zeichen $\vee$, $\wedge$, $\cup$, $\cap$, $\dot\cup$, $\dot{\bigcup}$, $\dot{\bigcup}{}^*$ ersetzen die Zeichen $+$, $\cdot$, $\bigvee$, $\bigwedge$, $\oplus$, $\bigvee_\oplus$, $\sum_\oplus^*$ des Originals.

Tübingen, im November 1957

S. Crampe, G. Pickert, R. Schauffler

Vorwort

Bisher beruhte die projektive Geometrie auf den Grundbegriffen Punkt, Gerade usw., und man glaubte, nicht auf diese Grundbegriffe verzichten zu können. Im Jahre 1935 zeigten BIRKHOFF und MENGER[1]), daß die projektive Geometrie vom Standpunkt der Verbandstheorie betrachtet ein irreduzibler endlichdimensionaler komplementärer modularer Verband ist. Hier ist der Grundbegriff die „Ordnung", die z. B. besagt, daß ein Punkt in einer Geraden „enthalten" ist, und wegen der Beschränkung auf endlich viele Dimensionen können Punkte, Geraden usw. auftreten. Es mußte also unter Verzicht auf diese Beschränkung möglich sein, eine neue Geometrie aufzustellen, die verbandstheoretisch wie die projektive Geometrie gebaut ist, in der es aber keine Punkte und Geraden gibt.

Die Aufstellung einer solchen Geometrie erwies sich aber keineswegs als leicht. J. VON NEUMANN[2]) löste 1936—1937 das schwierige Problem. Wenn man die Dimensionsbezeichnungen ein wenig ändert, können die Dimensionen der linearen Mengen (Punkte, Geraden usw.) in einer $(n-1)$-dimensionalen projektiven Geometrie die Werte $0, \frac{1}{n}, \frac{2}{n}, \cdots, \frac{n-1}{n}, 1$ annehmen; d. h., die Dimension der leeren Menge ist 0, die Dimension eines Punktes $\frac{1}{n}$, die einer Geraden $\frac{2}{n}$, usf., die des ganzen Raumes schließlich 1. VON NEUMANN zeigte, daß man als Dimension der Elemente eines stetigen irreduziblen komplementären modularen Verbandes alle reellen Zahlen von 0 bis 1 nehmen kann. Da es dann Elemente gibt, deren Dimension der 0 beliebig nahekommt, kann der Begriff „Punkt" nicht mehr auftreten. Damit hat man eine kontinuierliche Geometrie (im engeren Sinne). Andererseits ist bekannt, daß man in einer drei- und mehrdimensionalen projektiven Geometrie Koordinaten einführen kann, die einen Schiefkörper bilden, und daß der aus den linearen Unterräumen des projektiven Raumes gebildete Verband einem Rechtsidealverband eines Matrizenringes über diesem Schiefkörper isomorph ist. VON NEUMANN hat dies verallgemeinert und gezeigt, daß ein komplementärer modularer Verband von vierter oder höherer Dimension dem Hauptrechtsidealverband eines Matrizenringes über einem gewissen Ringe isomorph ist. Das ist in Kürze v. NEUMANNS kontinu-

---

[1]) BIRKHOFF [1], MENGER [1]. Siehe das Literaturverzeichnis am Ende des Buches.

[2]) v. NEUMANN [1]—[5] ist ein kurzer Abriß, [6] ist eine Princetoner Vorlesung.

ierliche Geometrie (im weiteren Sinne). Man kann also die kontinuierliche Geometrie in eine Dimensionstheorie und eine Darstellungstheorie einteilen.

VON NEUMANN hat in der Dimensionstheorie den irreduziblen Fall völlig gelöst; für den reduziblen Fall hat er zwar die grundlegenden Sätze geliefert, konnte aber noch nichts Endgültiges darüber sagen, in welcher Form die Dimensionen auszudrücken sind. 1943 hat T. IWAMURA[1]) gezeigt, daß man die Dimension als stetige Funktion über einem Booleschen Raum darstellen kann, der die Darstellung des Zentrums des stetigen komplementären modularen Verbandes ist. In diesem Zusammenhange zeigte er ferner, daß sich ein reduzibler stetiger komplementärer modularer Verband in ein subdirektes Produkt solcher irreduzibler Verbände zerlegen läßt. Später haben Y. KAWADA, K. HIGUCHI und Y. MATSUSHIMA[2]) die Ergebnisse IWAMURAS noch vervollständigt. Damit dürfte die Dimensionstheorie der kontinuierlichen Geometrie im großen ganzen abgeschlossen sein.

Im vorliegenden Werke glaube ich den Inhalt der Theorie derart dargestellt zu haben, daß er fast ohne Vorkenntnisse verständlich wird. Insbesondere habe ich in Kapitel I eine ausreichende Einführung in die Verbandstheorie gebracht. Um die Beziehungen der kontinuierlichen Geometrie zur projektiven Geometrie und zur Quantentheorie zu zeigen, wurden die Kapitel III und XII eingeführt.

Die Herren T. OGASAWARA und U. SASAKI haben das Manuskript gelesen und manchen nützlichen Hinweis erteilt; die Herren K. SHODA und S. IYANAGA haben sich um die Herausgabe des Werkes verdient gemacht; ihnen allen sage ich hiermit herzlichen Dank.

Im November 1950

FUMITOMO MAEDA

---

[1]) IWAMURA [1], [2].
[2]) KAWADA, HIGUCHI, MATSUSHIMA [1].

Inhaltsverzeichnis

Zeichenzusammenstellung

I. Grundbegriffe der Verbandstheorie

§ 1. Einige Definitionen in Verbänden

Definition 1.1. Die Elemente einer Menge L seien mit $a, b, c, \ldots$ bezeichnet. Wenn in L eine binäre Relation $\leq$ definiert ist[1]), welche die folgenden Bedingungen $(1°)$, $(2°)$, $(3°)$ erfüllt, so heißt L eine *teilweise geordnete Menge*.

$(1°)$ für alle $a \in L$ ist $a \leq a$;

$(2°)$ wenn $a \leq b$, $b \leq a$, so $a = b$;

$(3°)$ wenn $a \leq b$, $b \leq c$, so $a \leq c$.

Statt $a \leq b$ schreibt man auch $b \geq a$; man sagt: b *enthält* a. Wenn $a \leq b$ und $a \neq b$, so schreibt man $a < b$.

Wenn S eine Teilmenge der teilweise geordneten Menge L ist und ein solches Element $x \in S$ existiert, daß $a \leq x$ für alle $a \in S$ ist, so nennt man x *das größte Element* von S. Entsprechend wird das *kleinste Element* y von S durch $a \geq y$ für alle $a \in S$ definiert. Besitzt L selbst ein größtes Element, so heißt es das *Einselement* von L und wird mit 1 bezeichnet. Besitzt L ein kleinstes Element, so heißt es das *Nullelement* und wird mit o bezeichnet.

Ist in einer teilweise geordneten Menge L mit Nullelement $a > o$ und folgt aus $x < a$ stets $x = o$, so heißt a ein *Atomelement* (oder *Atom*) von L.

Ist S eine Teilmenge einer teilweise geordneten Menge, so nennt man ein Element a von S, für das kein Element $x \in S$ mit $x > a$ existiert, ein *maximales Element* von S; entsprechend heißt ein Element a von S, für das kein Element $x \in S$ mit $a > x$ existiert, ein *minimales Element* von S.

$(4°)$ für jedes Elementepaar a, b von L gilt mindestens
                eine der beiden Beziehungen $a \leq b$ und $a \geq b$.

Wenn in einer Menge L außer $(1°)$, $(2°)$, $(3°)$ noch $(4°)$ zutrifft, so heißt L eine *geordnete Menge*. In diesem Fall gilt für jedes a, b genau eine der drei Beziehungen $a < b$, $a = b$, $a > b$.

Definition 1.2. Wenn es in der Teilmenge S einer teilweise geordneten Menge ein solches Element x gibt, daß $a \leq x$ für alle $a \in S$ ist, so heißt x eine *obere Schranke* von S. Wenn die Menge der oberen Schranken

---

[1]) deren Bestehen zwischen den Elementen a, b man als $a \leq b$ schreibt.

von S ein kleinstes Element besitzt, so heißt dieses die *obere Grenze* von S und wird mit $\bigcup_{a \in S} a$, im Falle $S = \{a_\alpha; \alpha \in I\}$ auch mit $\bigcup_{a \in I} a_\alpha$ bezeichnet.

Wenn man die *untere Schranke* von S analog definiert und es eine größte untere Schranke gibt, so heißt diese die *untere Grenze* von S und wird mit $\bigcap_{a \in S} a$ bzw. $\bigcap_{a \in I} a_\alpha$ bezeichnet.

Wenn für jede nicht leere endliche Teilmenge der teilweise geordneten Menge L eine obere und untere Grenze existieren, so heißt L ein *Verband*. Wenn für jede nicht leere, abzählbare Teilmenge S von L obere und untere Grenze existieren, so heißt L ein *σ-vollständiger Verband*. Wenn für jede Teilmenge von L (ohne Rücksicht auf Mächtigkeit) obere und untere Grenze existieren, so heißt L ein *vollständiger Verband*. Wenn jede nicht leere Teilmenge von L, die eine obere Schranke hat, auch eine obere Grenze hat, und jede nicht leere Teilmenge von L, die eine untere Schranke hat, auch eine untere Grenze hat, so heißt L ein *bedingt vollständiger Verband*. Analog wird der *bedingt σ-vollständige Verband* definiert.

Wenn für jedes Elementepaar aus L obere und untere Grenze existieren, so ist L ein Verband. Die obere Grenze der Menge $S = \{a_1, \ldots, a_n\}$ wird mit $a_1 \cup \ldots \cup a_n$ oder $\bigcup_{i=1}^{n} a_i$, ihre untere Grenze mit $a_1 \cap \ldots \cap a_n$ oder $\bigcap_{i=1}^{n} a_i$ bezeichnet.

Ein vollständiger Verband besitzt immer ein Einselement und ein Nullelement, und es ist $\bigcup_{a \in L} a = 1$, $\bigcap_{a \in L} a = 0$. Ist S die leere Menge, so ist jedes Element von L eine obere Schranke von S, also ist die obere Grenze der leeren Menge das Nullelement. Analog ist die untere Grenze der leeren Menge das Einselement.

Anmerkung 1.1. Nach Definition 1.2 gelten in einem Verband L folgende Beziehungen:

(1°) $a \cup a = a, \quad a \cap a = a$.

(2°) $a \cup b = b \cup a, \quad a \cap b = b \cap a$.

(3°) $a \cup (b \cup c) = (a \cup b) \cup c, \quad a \cap (b \cap c) = (a \cap b) \cap c$.

(4°) $a \cup (a \cap b) = a, \quad a \cap (a \cup b) = a$.

(5°) $a \leq b, \quad a \cup b = b$ und $a \cap b = a$ sind äquivalent.

Es gilt folgender Lehrsatz:

Satz 1.1. *Sind in einer Menge L zwei Operationen $\cup$ und $\cap$ definiert, die den Bedingungen (2°), (3°) und (4°) von Anm. 1.1 genügen, so ist L ein Verband, in dem $a \cup b$ und $a \cap b$ die obere und untere Grenze von a und b sind.*

Beweis. (I) Setzt man in der ersten der Formeln $(4°)$ $a \cup b$ für b ein und berücksichtigt ferner die zweite der Formeln $(4°)$, so erhält man $a \cup a = a$. Ebenso ergibt sich $a \cap a = a$. Somit gilt $(1°)$.

(II) Wenn $a \cup b = b$, so folgt aus der zweiten der Formeln $(4°)$ $a \cap b = a$. Ist $a \cap b = a$ und vertauscht man in der ersten Formel von $(4°)$ a und b, so folgt nach $(2°)$ $a \cup b = b$. Also sind $a \cup b = b$ und $a \cap b = a$ äquivalent. In diesem Fall wird $a \leq b$ festgesetzt.

(III) Nach $(1°)$ ist $a \cup a = a$, also $a \leq a$. Wenn $a \leq b$, $b \leq a$, so ist $a \cup b = b$, $b \cup a = a$, also $a = b$; wenn $a \leq b$, $b \leq c$, so $a \cup b = b$, $b \cup c = c$. Wegen $a \cup c = a \cup (b \cup c) = (a \cup b) \cup c = b \cup c = c$ folgt $a \leq c$. Daher ist L nach Definition 1.1 teilweise geordnet.

(IV) $(4°)$ und $(2°)$ ergeben $a \leq a \cup b$, $b \leq a \cup b$. Wenn ferner $a \leq c$, $b \leq c$ ist, so ist $a \cup c = c$, $b \cup c = c$. Da dann nach $(1°)$ und $(3°)$ $a \cup b \cup c = c$ ist, folgt $a \cup b \leq c$. Also ist $a \cup b$ die obere Grenze von a und b. Analog ist $a \cap b$ die untere Grenze von a und b.

Anmerkung 1.2. Wenn man in irgendeiner Aussage über eine teilweise geordnete Menge die Zeichen $\geq$ und $\leq$ vertauscht, so nennt man die so erhaltene neue Aussage zur ersten Aussage *dual*. Im Verband erhält man duale Aussagen, indem man $\geq$, $\cup$, $\cap$, 0, 1 durch $\leq$, $\cap$, $\cup$, 1, 0 ersetzt. Da bei diesen Vertauschungen die Beziehungen $(2°)$, $(3°)$ und $(4°)$ von Anm. 1.1 bestehen bleiben, hat bei einer in allen Verbänden gültigen Aussage zugleich auch die duale Aussage diese Eigenschaft.

Satz 1.2. *Damit eine teilweise geordnete Menge L ein vollständiger Verband ist, genügt es, daß jede Teilmenge S von L eine obere Grenze hat (oder dual dazu eine untere Grenze).*

Beweis. Wir nehmen an, für jede beliebige Teilmenge existiere eine obere Grenze[1]), und beweisen für ein gegebenes $S \leq L$ die Existenz von $\underset{a \in S}{\cap} a$. Bezeichnet man mit T die Gesamtheit der b, für welche $b \leq a$ für alle $a \in S$ ist, so existiert nach der Voraussetzung $\underset{b \in T}{\cup} b$. Für alle $a \in S$ ist aber $\underset{b \in T}{\cup} b \leq a$. Ist ferner $d \leq a$ für alle $a \in S$, so ist $d \in T$ und somit $\underset{b \in T}{\cup} b \geq d$. Folglich existiert nach Definition 1.2 $\underset{a \in S}{\cap} a$ und ist gleich $\underset{b \in T}{\cup} b$. [Bei Existenzvoraussetzung der unteren Grenzen verläuft der Beweis dual.]

Definition 1.3. Sei L ein Verband mit 0 und 1, $a \in L$. Dann nennt man ein Element a', das die Gleichungen $a \cup a' = 1$, $a \cap a' = 0$ befriedigt, ein *Komplement* von a. Wenn es zu jedem Element von L ein Komplement gibt, so heißt L ein *komplementärer Verband*.

---

[1]) Folglich hat L ein Nullelement (als obere Grenze der leeren Menge). Somit ist die Bedingung, daß jede beliebige Teilmenge von L eine obere Grenze besitzt, äquivalent mit der Bedingung, daß L ein Nullelement und jede nicht leere Teilmenge von L eine obere Grenze besitzt.

Definition 1.4. Wenn in einem Verbande L die Beziehung

$$(1) \qquad (a \cup b) \cap c = a \cup (b \cap c) , \quad \text{falls } a \leqq c$$

gilt, heißt L ein *modularer Verband*; (1) heißt das *modulare Gesetz*. Ist ein Verband L komplementär und modular, so heißt L *komplementärer modularer Verband*.

Definition 1.5. Wenn für beliebige Elemente a, b, c eines Verbandes L die Gleichungen

$$(1) \qquad (a \cup b) \cap c = (a \cap c) \cup (b \cap c) ,$$

$$(2) \qquad (a \cap b) \cup c = (a \cup c) \cap (b \cup c)$$

gelten, heißt L ein *distributiver Verband*[1]); (1) und (2) heißen die *distributiven Gesetze*. Wenn L zugleich komplementär und distributiv ist, heißt L ein *Boolescher Verband*.

Anmerkung 1.3. Die Gesamtheit der Teilmengen eines Raumes bildet mit der Enthaltenseinsbeziehung zwischen Mengen einen vollständigen Booleschen Verband. Obere und untere Grenze sind die Mengenvereinigung und der Mengendurchschnitt. Der Raum selbst ist das Einselement, die leere Menge das Nullelement. Komplementäres Element bedeutet hier Komplementärmenge. Allgemein bezeichnet man einen aus Mengen gebildeten Verband, bei dem obere und untere Grenze als Vereinigung und Durchschnitt erklärt sind, als *Mengenverband*. Ein Mengenverband ist distributiv[2]).

In Kapitel III, Anmerkung 2.3 wird gezeigt, daß ein komplementärer modularer Verband, der gewisse Bedingungen erfüllt, mit einer projektiven Geometrie identisch ist. In diesem Fall ist die obere Grenze eines Punktes a und einer a nicht enthaltenden Geraden b die durch a und b bestimmte Ebene. Die untere Grenze bedeutet den gemeinsamen Teil. Wenn man im folgenden die allgemeinen Eigenschaften der komplementären modularen Verbände auf die projektive Geometrie anzuwenden versucht, wird deren geometrische Bedeutung klar werden.

Definition 1.6. In einem Verbande bezeichnet man die Beziehung $(a \cup b) \cap c = (a \cap c) \cup (b \cap c)$ mit $D(a, b, c)$ und die duale Beziehung $(a \cap b) \cup c = (a \cup c) \cap (b \cup c)$ mit $D^*(a, b, c)$.

Satz 1.3. *Gilt in einem modularen Verband $D(a, b, c)$, so auch $D^*(a, b, c)$ und jede Beziehung, die durch Permutationen von a, b, c aus einer von diesen beiden hervorgeht.*

---

[1]) Siehe Anmerkung 1.4.

[2]) Im folgenden werden die Operationen der Vereinigungs- und Durchschnittsbildung von Mengen mit $\vee$, $\cup$ bzw. $\wedge$, $\cap$ bezeichnet.

Beweis. Wenn $D(a, b, c)$ gilt, so ist nach dem modularen Gesetz
$$(b \cup a) \cap (c \cup a) = ((a \cup b) \cap c) \cup a = ((a \cap c) \cup (b \cap c)) \cup a = (b \cap c) \cup a \,,$$
d. h.

$$(1) \qquad\qquad D(a, b, c) \to D^*(b, c, a) \,.$$

Dual zu (1) gilt

$$(2) \qquad\qquad D^*(a, b, c) \to D(b, c, a) \,.$$

Aus (1) und (2) folgt

$$(3) \qquad D(a, b, c) \to D^*(b, c, a) \to D(c, a, b) \to D^*(a, b, c) \,.$$

Nach Definition 1.6 ist $D(a, b, c) \longleftrightarrow D(b, a, c)$. Also wegen (3)

$$D(a,b,c) \to D(c,a,b) \to D(b,c,a) \longleftrightarrow D(c,b,a) \to D(a,c,b) \to D(b,a,c) \,.$$

Da nach (3) $D^*(a,b,c)$ gilt, läßt sich der Beweis für D^* auf duale Weise durchführen.

Anmerkung 1.4. Damit ein Verband L distributiv ist, genügt es, daß für jedes a, b, c eines der Gesetze (1) und (2) von Definition 1.5 erfüllt ist. Denn wenn (1), d. h. $D(a, b, c)$, für alle a, b, c aus L gilt, dann ist L modular. Dann gilt aber nach Satz 1.3 $D^*(a, b, c)$, d. h. (2).

Definition 1.7. Enthält eine Teilmenge L_0 eines Verbandes L mit a, b stets auch $a \cup b$ und $a \cap b$, so heißt L_0 ein *Unterverband* von L.

Definition 1.8. Im Verbande L sei $c \leqq d$. Behält man die in L geltende Ordnung bei, so bezeichnet man die Gesamtheit der Elemente $x \in L$, für die $c \leqq x \leqq d$, mit $L(c, d)$. $L(c, d)$ ist ein Unterverband von L mit c als Null- und d als Einselement. Ein Elementepaar, für das $d \geqq c$ gilt, nennt man einen *Quotienten*, und bezeichnet es mit d/c.

Definition 1.9. Unter der Voraussetzung $c \leqq a \leqq d$ im Verbande L nennt man ein Element b, das die Bedingungen $a \cup b = d$, $a \cap b = c$ erfüllt, ein *Relativkomplement* von a bezüglich d/c. Existiert für jedes a, c, d ein solches Relativkomplement, so heißt L ein *relativ komplementärer Verband*.

Ein relativkomplementärer distributiver Verband mit Nullelement heißt ein *verallgemeinerter Boolescher Verband*.

Anmerkung 1.5. Nach Definition 1.8 ist ein Relativkomplement von a bzgl. d/c nichts anderes als ein Komplement von a in $L(c, d)$.

Vom Relativkomplement wird am häufigsten im Fall $c = 0$ Gebrauch gemacht. Man nennt dann b einfach „ein Komplement von a in d" und schreibt $a \cup b = d$[1]).

Im allgemeinen sind Komplement und Relativkomplement nicht eindeutig bestimmt.

---

[1]) Diese Gleichung soll also neben $a \cup b = d$ zugleich $a \cap b = 0$ besagen.

Hilfssatz 1.1. Setzt man für zwei Elemente a, b eines relativ komplementären Verbandes mit Nullelement $b = (a \cap b) \,\dot\cup\, b_1$, so ist

$$a \cup b = a \,\dot\cup\, b_1 \,.$$

Beweis. $a \cup b = a \cup (a \cap b) \cup b_1 = a \cup b_1$, und aus $b_1 \leqq b$ sowie $(a \cap b) \cap b_1 = 0$ folgt $a \cap b_1 = a \cap b \cap b_1 = 0$.

Hilfssatz 1.2. In einem relativkomplementären Verbande mit Null- und Einselement existiert

(I)   im Falle $a \cup x = 1$ ein Komplement a' von a mit $a' \leqq x$;

(II)   im Falle $a \cap x = 0$ ein Komplement a' von a mit $a' \geqq x$.

Beweis. (I) Man wählt a' mit $x = (a \cap x) \,\dot\cup\, a'$; nach Hilfssatz 1.1 gilt dann $1 = a \cup x = a \,\dot\cup\, a'$.

(II) wird dual zu (I) bewiesen.

Hilfssatz 1.3. Ein komplementärer modularer Verband ist relativ komplementär.

Beweis. Falls $c \leqq a \leqq d$, wählt man ein a' mit $a \,\dot\cup\, a' = 1$ und setzt $b = (a' \cap d) \cup c$. Nach dem modularen Gesetz ist

$$a \cup b = a \cup (a' \cap d) \cup c = a \cup (a' \cap d) = (a \cup a') \cap d = d \,,$$
$$a \cap b = a \cap ((a' \cap d) \cup c) = (a \cap a' \cap d) \cup c = c \,.$$

Somit ist b Relativkomplement von a bzgl. d/c.

Anmerkung 1.6. Falls L ein komplementärer modularer Verband ist, so auch $L(c, d)$ nach Hilfssatz 1.3.

Satz 1.4. *Damit der Verband L modular ist, ist notwendig und hinreichend, daß zwei Relativkomplemente x, y von a bzgl. d/c, für die $x \geqq y$ ist, einander gleich sind.*

Beweis. (I) Notwendig: Aus $a \cup x = a \cup y = d$, $a \cap x = a \cap y = c$, $x \geqq y$ folgt nach dem modularen Gesetz

$$x = d \cap x = (a \cup y) \cap x = (a \cap x) \cup y = c \cup y = y \,.$$

(II) Hinreichend: Wenn $a \leqq c$, so setze man

$$x = (a \cup b) \cap c, \qquad y = a \cup (b \cap c).$$

Wegen $x \geqq a$, $x \geqq b \cap c$ ist $x \geqq y$. Aus $y \cup b = a \cup (b \cap c) \cup b = a \cup b = (a \cup b) \cup b \geqq x \cup b \geqq y \cup b$ folgt $x \cup b \doteq y \cup b$. Aus $x \cap b = (a \cup b) \cap c \cap b = c \cap b = (b \cap c) \cap b \leqq y \cap b \leqq x \cap b$ folgt $x \cap b = y \cap b$. Wenn man $x \cup b = y \cup b = u$ und $x \cap b = y \cap b = v$ setzt, sind somit x und y Relativkomplemente von b bzgl. u/v und $x \geqq y$. Nach der Voraussetzung ist $x = y$; d. h. das modulare Gesetz ist erfüllt.

Anmerkung 1.7. Hat man in der affinen Geometrie in einer Ebene d eine Gerade a und zieht man durch einen nicht auf a gelegenen Punkt

y von d die Parallele x zu a (s. Abb. 1.1), so sind x und y Relativkomplemente von a bzgl. d/o und es ist $x > y$. Also ist die affine Geometrie kein modularer Verband.

Satz 1.5. *Damit der Verband L distributiv ist, ist notwendig und hinreichend, daß $x = y$ ist, wenn x und y Relativkomplemente von a bzgl. d/c sind.*

Beweis. (I) Notwendig. Aus $a \cup x = a \cup y = d$, $a \cap x = a \cap y = c$ folgt $x = x \cap (a \cup x) = x \cap (a \cup y) = (x \cap a) \cup (x \cap y) = (a \cap y) \cup (x \cap y) = (a \cup x) \cap y = (a \cup y) \cap y = y$.

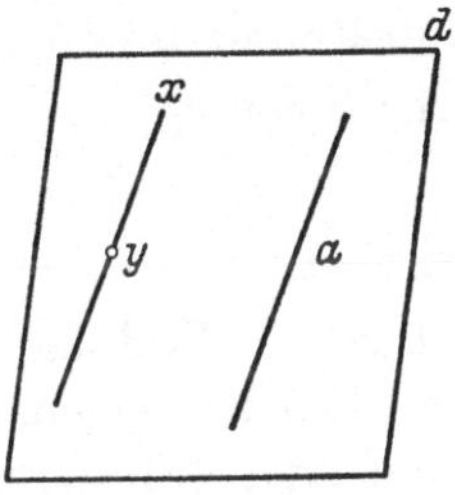

(II) Hinreichend[1]). Nach Satz 1.4 ist L ein modularer Verband. Setzt man für beliebige $a, b, c \in L$

$$x = ((a \cup b) \cap c) \cup (a \cap b),$$

$$y = ((a \cup c) \cap b) \cup (a \cap c),$$

so ist nach dem modularen Gesetz

$$x \cup a = ((a \cup b) \cap c) \cup a = (a \cup b) \cap (a \cup c),$$

$$x \cap a = (((a \cup b) \cap c) \cup (a \cap b)) \cap a = (a \cap c) \cup (a \cap b).$$

Weil die rechten Seiten dieser beiden Formeln in bezug auf b und c symmetrisch sind, ist $x \cup a = y \cup a$, $x \cap a = y \cap a$, also nach der Voraussetzung $x = y$. Da aber

$$x \cap c = (((a \cup b) \cap c) \cup (a \cap b)) \cap c = ((a \cup b) \cap c) \cup (a \cap b \cap c) = (a \cup b) \cap c,$$

$$y \cap c = (((a \cup c) \cap b) \cup (a \cap c)) \cap c = (b \cap c) \cup (a \cap c)$$

ist, folgt $D(a, b, c)$. Nach Anm. 1.4 ist somit L ein distributiver Verband.

Abb. 1.1

Definition 1.10. Wenn in einem Verband L $a \geq a_1 \geq b_1 \geq b$ ist, so nennt man a_1/b_1 einen *Teilquotienten* von a/b. Zwei Quotienten, die sich in der Form $a \cup b/a$, $b/a \cap b$ darstellen lassen, heißen *Transponierte* voneinander. Zwei Quotienten, die Transponierte des gleichen Quotienten sind, nennt man zueinander *perspektiv*. Zwei Quotienten, die durch eine endliche Kette von Transponierten miteinander verbunden sind, heißen zueinander *projektiv*. Besitzt insbesondere L ein Nullelement und sind a/o und b/o zueinander perspektiv, so nennt man a und b *perspektiv* und schreibt $a \sim b$. Sind a/o und b/o zueinander projektiv, so nennt man a und b *projektiv* und schreibt $a \approx b$.

Anmerkung 1.8. Ist in einem Verband mit Nullelement $a \sim b$, so sind a/o und b/o die Transponierten eines Quotienten c/d. Da also $a \cup d = b \cup d = c$ ist, haben a und b in c das gemeinsame Komplement d. Haben umgekehrt a und b in einem Element c ein gemeinsames Komplement d, so ist $a \sim b$.

---

[1]) Nach OGASAWARA [2] 4.

Hilfssatz 1.4. Existiert in einem relativ komplementären Verband mit Nullelement ein x mit

$$a \cup x = b \cup x, \quad a \cap x = b \cap x,$$

so ist $a \sim b$.

Beweis. Für ein w mit $x = (a \cap x) \mathbin{\dot\cup} w$ ist nach Hilfssatz 1.1 $a \cup x = a \mathbin{\dot\cup} w$. Da aber $x = (b \cap x) \mathbin{\dot\cup} w$ ist, erhält man ebenso $b \cup x = b \mathbin{\dot\cup} w$. Daher ist $a \mathbin{\dot\cup} w = b \mathbin{\dot\cup} w$, also $a \sim b$.

Hilfssatz 1.5. Damit in einem relativ komplementären Verband mit Nullelement $a \approx b$ ist, ist notwendig und hinreichend, daß eine endliche Folge $c_1, \ldots, c_n$ mit

$$a \sim c_1 \sim \cdots \sim c_n \sim b$$

existiert.

Beweis. Daß die Bedingung hinreichend ist, leuchtet unmittelbar ein. Um zu zeigen, daß sie auch notwendig ist, betrachten wir zwei zueinander transponierte Quotienten $u/u \cap v$ und $u \cup v/v$. Dann existieren r und s, so daß $u = (u \cap v) \mathbin{\dot\cup} r$, $u \cup v = v \mathbin{\dot\cup} s$ ist. Also sind $u/u \cap v$ und r/o, sowie $u \cup v/v$ und s/o Paare von Transponierten. Nach Hilfssatz 1.1 ist aber $u \cup v = v \mathbin{\dot\cup} r = v \mathbin{\dot\cup} s$ und somit nach Anm. 1.8 $r \sim s$. Wenn nun $a \approx b$ ist, so sind a/o und b/o durch eine endliche Kette von Transponierten

$$a/\mathrm{o}, \; c_1/d_1, \ldots, c_n/d_n, \; b/\mathrm{o}$$

miteinander verbunden. Nach dem oben Gesagten gibt es die Transponierte r_1/o von c_1/d_1 und die Transponierte s_1/o von c_2/d_2, und es ist $r_1 \sim s_1$. Dann sind aber a/o und r_1/o Transponierte von c_1/d_1 und daher $a \sim r_1$; also $a \sim r_1 \sim s_1$. Durch Fortsetzung dieses Verfahrens lassen sich a und b durch eine endliche Kette von perspektiven Elementen miteinander verbinden.

Hilfssatz 1.6. Ist in einem modularen Verband mit Nullelement $a \sim b$, $a \leqq b$, so ist $a = b$. Ist in einem distributiven Verband mit Nullelement $a \sim b$, so ist $a = b$.

Beweis. Weil $a \sim b$ ist, existieren nach Anm. 1.8 Elemente c, d, so daß $a \mathbin{\dot\cup} d = b \mathbin{\dot\cup} d = c$ ist. Da a und b in c zu d komplementär sind, folgt dieser Hilfssatz aus den Sätzen 1.4 und 1.5.

Definition 1.11. Es sei eine Abbildung φ des Verbandes L_1 auf den Verband L_2 gegeben (mit $\varphi(x)$ als Bild von x), und es gelte für beliebige Elemente x, y von L_1:

$$\varphi(x \cup y) = \varphi(x) \cup \varphi(y), \quad \varphi(x \cap y) = \varphi(x) \cap \varphi(y);$$

L_2 heißt dann *homomorphes Bild* von L_1 und φ *Homomorphismus* oder *homomorphe Abbildung*. Ist die Abbildung ferner eineindeutig, so wird sie *Isomorphismus* genannt und die beiden Verbände heißen *isomorph* zueinander.

Erhält eine eineindeutige Abbildung die Ordnung[1]), so ist sie ein Isomorphismus; denn obere und untere Grenze werden durch die Ordnung bestimmt.

Kehrt die eineindeutige Abbildung die Ordnung um, so gehen obere in untere Grenze und untere in obere Grenze über. Man nennt dann die Abbildung *Dualisomorphismus*, die beiden Verbände *dualisomorph* zueinander. Fallen beide Verbände zusammen, so heißt die Abbildung ein *Dualautomorphismus*.

Anmerkung 1.9. Gegenüber einer homomorphen Abbildung sind die Eigenschaften modular, distributiv, komplementär und relativ komplementär invariant. Nehmen wir z. B. an, $x \rightarrow x^*$ sei eine homomorphe Abbildung des Verbandes L_1 auf den Verband L_2, und L_1 sei modular. Es sei ferner $a^* \leq c^*$ in L_2. Dann ist wegen $(a \cup c)^* = a^* \cup c^* = c^*$ auch $a \cup c$ ein Urbild von c^*. Wir dürfen daher c durch $a \cup c$ ersetzen und haben dann $a \leq c$. Bei beliebigem $b \in L$ folgt $(a \cup b) \cap c = a \cup (b \cap c)$, weil L_1 modular ist. Also gilt $(a^* \cup b^*) \cap c^* = a^* \cup (b^* \cap c^*)$, d. h. L_2 ist modular. Die anderen Fälle werden entsprechend bewiesen.

Satz 1.6. *(Transformationsregel.) Setzt man in einem modularen Verband L*

$$Sx = x \cap b \quad \textit{für} \quad x \in L(a, a \cup b)\,,$$

$$Ty = y \cup a \quad \textit{für} \quad y \in L(a \cap b, b)\,,$$

so sind S und T Abbildungen zwischen $L(a, a \cup b)$ und $L(a \cap b, b)$, welche die Ordnung nicht ändern[2]). S und T sind zueinander invers. Folglich sind $L(a, a \cup b)$ und $L(a \cap b, b)$ isomorph.

Beweis. Wegen $a \leq x \leq a \cup b$ ist $a \cap b \leq x \cap b \leq (a \cup b) \cap b = b$. Also $Sx \in L(a \cap b, b)$. Ebenso $Ty \in L(a, a \cup b)$. Ferner ist nach dem modularen Gesetz $TSx = (x \cap b) \cup a = x \cap (b \cup a) = x$. Ebenso $STy = y$. Folglich sind S und T zueinander invers. Daß S und T die Ordnung nicht ändern, ist klar. Daher sind $L(a, a \cup b)$ und $L(a \cap b, b)$ isomorph.

Definition 1.12. Wenn in einer Menge D eine zweistellige Relation $\leq$ definiert ist, die den folgenden drei Bedingungen genügt, so nennt man D eine *gerichtete Menge.*

(1°) Für alle $\delta \in D$ gilt $\delta \leq \delta$,

(2°) wenn $\delta_1 \leq \delta_2$, $\delta_2 \leq \delta_3$, so $\delta_1 \leq \delta_3$,

(3°) zu je zwei Elementen δ_1, $\delta_2 \in D$ gibt es ein $\delta_3 \in D$ mit $\delta_1 \leq \delta_3$, $\delta_2 \leq \delta_3$.

---

[1]) d. h. $\varphi(x) \leq \varphi(y)$ genau dann, wenn $x \leq y$.
[2]) d. h. $Sx \leq Sx'$, $Ty \leq Ty'$, wenn $x \leq x'$, $y \leq y'$.

Eine Abbildung der gerichteten Menge D in die teilweise geordnete Menge L, bei der $\delta \in D$ das Bild a_δ hat, sei im folgenden mit $(a_\delta)_{\delta \in D}$ bezeichnet und werde *Folge mit der Indexmenge D* genannt. Gilt

$$a_{\delta_1} \leq a_{\delta_2} \quad \text{für} \quad \delta_1 \leq \delta_2\,,$$

so nennt man $(a_\delta)_{\delta \in D}$ ein *monoton steigendes System* von L. Wenn

$$a_{\delta_1} \geq a_{\delta_2} \quad \text{für} \quad \delta_1 \leq \delta_2$$

ist, so nennt man $(a_\delta)_{\delta \in D}$ ein *monoton fallendes System* von L.

Definition 1.13. (I) Wenn in einem bedingt vollständigen Verband L für ein monoton steigendes System $(a_\delta)_{\delta \in D}$ die obere Grenze $a = \bigcup_{\delta \in D} a_\delta$ existiert, so schreibt man $a_\delta \uparrow a$. Wenn in L für ein monoton fallendes System $(a_\delta)_{\delta \in D}$ die untere Grenze $a = \bigcap_{\delta \in D} a_\delta$ existiert, so schreibt man $a_\delta \downarrow a$.

(II) Ist allgemein in L eine Folge $(a_\delta)_{\delta \in D}$ mit der (gerichteten) Indexmenge D gegeben und existieren u_δ, v_δ, $a \in L$, so daß $v_\delta \leq a_\delta \leq u_\delta$ für alle $\delta \in D$ und $v_\delta \uparrow a$, $u_\delta \downarrow a$ ist, so sagt man $(a_\delta)_{\delta \in D}$ sei gegen a *ordnungskonvergent* und schreibt $\text{o-lim}_\delta\, a_\delta = a$.

Definition 1.14. Wenn in einem vollständigen Verband L für ein beliebiges Element b und

$$\text{für} \quad a_\delta \uparrow a \quad \text{stets} \quad a_\delta \cap b \uparrow a \cap b$$

ist, so nennt man L einen *nach oben stetigen Verband*. Wenn in dualer Weise

$$\text{für} \quad a_\delta \downarrow a \quad \text{stets} \quad a_\delta \cup b \downarrow a \cup b$$

ist, so heißt L ein *nach unten stetiger Verband*. Ist L zugleich nach oben und unten stetig, so heißt L ein *stetiger Verband*[1]).

Wenn L ein bedingt vollständiger Verband ist und eine der obigen Bedingungen erfüllt ist, so nennt man ihn je nachdem einen *bedingt nach oben stetigen, bedingt nach unten stetigen* oder *bedingt stetigen Verband*. Enthält ein bedingt nach oben stetiger relativ komplementärer modularer Verband ein Nullelement, so heißt er *verallgemeinert nach oben stetig komplementär modular*. Entsprechend wird ein bedingt stetiger relativ komplementärer modularer Verband mit Nullelement *verallgemeinert stetig komplementär modular* genannt. Ein verallgemeinerter (nach oben) stetiger komplementärer modularer Verband mit Einselement ist also ein (nach oben) stetiger komplementärer modularer Verband.

Anmerkung 1.10. Wenn $\text{o-lim}_\delta\, a_\delta = a$, so ist natürlich $u_\delta \cap b \downarrow a \cap b$. Deshalb bedeutet die Eigenschaft, ein (bedingt) nach oben stetiger

---

[1]) Siehe Anhang II.

Verband zu sein, daß für $\operatorname*{o-lim}_{\delta} a_\delta = a$ stets $\operatorname*{o-lim}_{\delta} (a_\delta \cap b) = a \cap b$ ist. Dual dazu bedeutet die Eigenschaft, ein (bedingt) nach unten stetiger Verband zu sein, daß für $\operatorname*{o-lim}_{\delta} a_\delta = a$ stets $\operatorname*{o-lim}_{\delta} (a_\delta \cup b) = a \cup b$ ist. Somit sind beim (bedingt) stetigen Verband die Operationen $\cup$, $\cap$ in bezug auf Ordnungskonvergenz in einer Veränderlichen stetig.

Hilfssatz 1.7. Ist S eine Teilmenge mit oberer Schranke in einem bedingt nach oben stetigen Verband L mit Nullelement, so gilt folgende Aussage:

(α) Wenn für alle endlichen Teilmengen N von S

$$\left(\bigcup_{a \in N} a\right) \cap b = o \text{ gilt, so ist } \left(\bigcup_{a \in S} a\right) \cap b = o\,.$$

Beweis. Die Gesamtheit D der endlichen Teilmengen N von S ist mit der Enthaltenseinsbeziehung eine gerichtete Menge. Setzt man $s_N = \bigcup_{a \in N} a$, $s = \bigcup_{a \in S} a$, so ist $s_N \uparrow s$. Da nach Voraussetzung $s_N \cap b = o$ und $s_N \cap b \uparrow s \cap b$ ist, folgt $s \cap b = o$.

Anmerkung 1.11. Wenn L ein bedingt vollständiger relativ komplementärer Verband mit Nullelement ist und (α) von Hilfssatz 1.7 gilt, dann ist L ein bedingt nach oben stetiger Verband. Denn da im Falle $a_\delta \uparrow a$ ein c mit $a \cap b = \left(\bigcup_{\delta \in D} (a_\delta \cap b)\right) \cup c$ vorhanden ist, gilt für alle $\delta \in D$

$$a_\delta \cap b \cap c \leqq \left(\bigcup_{\delta \in D} (a_\delta \cap b)\right) \cap c = o\,.$$

Ist nun N irgendeine endliche Teilmenge von D, dann existiert ein δ_0, so daß für alle $\delta \in N$ stets $\delta \leqq \delta_0$ ist; also gilt

$$\left(\bigcup_{\delta \in N} a_\delta\right) \cap b \cap c \leqq a_{\delta_0} \cap b \cap c = o\,.$$

Folglich ist, da (α) zutrifft:

$$a \cap b \cap c = \left(\bigcup_{\delta \in D} a_\delta\right) \cap b \cap c = o\,.$$

Aber wegen $c \leqq a \cap b$ ist $c = o$; folglich $a_\delta \cap b \uparrow a \cap b$.

Anmerkung 1.12. Ein vollständiger Boolescher Verband ist ein stetiger Verband. Zum Beweis genügt es nach Anmerkung 1.11 zu bemerken, daß die Aussage (α) von Hilfssatz 1.7, sowie die duale Aussage gelten. Da $\left(\bigcup_{a \in N} a\right) \cap b = o$ für alle endlichen Teilmengen N von S ist, gilt $a \cap b = o$ für alle $a \in S$. Ist b' das Komplement von b, so ist also $a \leqq b'$ [1]). Folglich $\bigcup_{a \in S} a \leqq b'$, d. h. $\left(\bigcup_{a \in S} a\right) \cap b = o$. Also gilt ($\alpha$) und ebenso die zu ($\alpha$) duale Aussage.

Folglich gelten in einem vollständigen Booleschen Verband für eine beliebige Teilmenge S $\left(\bigcup_{a \in S} a\right) \cap b = \bigcup_{a \in S} (a \cap b)$ und die duale Aussage.

---

[1]) In einem Booleschen Verband sind $a \cap b = o$ und $a \leqq b'$ äquivalent. Siehe Hifssatz 3.5.

Denn wenn N eine endliche Teilmenge von S ist und $s_N = {}_{a \in N} \!\bigcup a$ gesetzt wird, so ist $s_N \uparrow {}_{a \in S} \!\bigcup a$ und ${}_{a \in N} \!\bigcup (a \cap b) = s_N \cap b \uparrow \left({}_{a \in S} \!\bigcup a \right) \cap b$.

Hilfssatz 1.8. Wenn in einem bedingt nach oben stetigem Verband $a_\delta \uparrow a$, $b_\delta \uparrow b$ ist, so gilt $a_\delta \cap b_\delta \uparrow a \cap b$.

Beweis. Wegen ${}_{\delta \in D} \!\bigcup (a_\delta \cap b_\delta) \geqq {}_{\gamma \in D} \!\bigcup (a_\delta \cap b_\gamma) = a_\delta \cap b$ ist

$$ {}_{\delta \in D} \!\bigcup (a_\delta \cap b_\delta) \geqq {}_{\delta \in D} \!\bigcup (a_\delta \cap b) = a \cap b \,. $$

Andrerseits ist ${}_{\delta \in D} \!\bigcup (a_\delta \cap b_\delta) \leqq a \cap b$, so daß sich ${}_{\delta \in D} \!\bigcup (a_\delta \cap b_\delta) = a \cap b$, d. h. $a_\delta \cap b_\delta \uparrow a \cap b$, ergibt.

Hilfssatz 1.9. In einem stetigen Verband sei $a_\delta \uparrow a$. Wenn ein Komplement a_δ' von a_δ existiert und $a_\delta' \downarrow a'$ ist, so ist a' Komplement von a.

Beweis. Wegen $1 = a_\delta \cup a_\delta' \leqq a \cup a_\delta'$, $a \cup a_\delta' \downarrow a \cup a'$ ist $a \cup a' = 1$. Ferner folgt aus $0 = a_\delta \cap a_\delta' \geqq a_\delta \cap a'$, $a_\delta \cap a' \uparrow a \cap a'$, daß $a \cap a' = 0$. Folglich ist a' Komplement von a.

Definition 1.15. L sei ein Verband mit Nullelement. Ein n-tupel $(a_1, \ldots, a_n)$ von Elementen aus L heißt *unabhängig*, wenn für zwei beliebige elementefremde Teilmengen I_1, I_2 der Indexmenge $I = \{1, \ldots, n\}$ stets ${}_{i \in I_1} \!\bigcup a_i \cap {}_{i \in I_2} \!\bigcup a_i = 0$ gilt; man bezeichnet dies durch $\bot(a_1, \ldots, a_n)$. Ist L insbesondere ein bedingt vollständiger Verband mit Nullelement, so läßt sich diese Definition auf eine beliebige Folge $(a_\alpha)_{\alpha \in I}$ mit beliebiger Indexmenge I ausdehnen, soweit nur eine obere Schranke für die Menge der Folgenglieder vorhanden ist.

Aus $\bot(a_\alpha)_{\alpha \in I}$ und $b_\alpha \leqq a_\alpha$ $(\alpha \in I)$ folgt sofort $\bot(b_\alpha)_{\alpha \in I}$. Die Unabhängigkeit einer Folge bleibt offenbar bei beliebiger Umordnung bestehen. Dies führt dazu, eine Menge S als unabhängig zu bezeichnen und dann $\bot S$ zu schreiben, wenn $S = \{a_\alpha; \alpha \in I\}$ mit $a_\alpha \neq a_\beta$ für $\alpha \neq \beta$ $(\alpha, \beta \in I)$ und $\bot(a_\alpha)_{\alpha \in I}$ gilt. Offensichtlich besagt $\bot S$ einfach, daß für beliebige elementefremde Teilmengen S_1, S_2 von S stets ${}_{a \in S_1} \!\bigcup a \cap {}_{a \in S_2} \!\bigcup a = 0$ gilt. Aus $\bot S$ folgt daher sofort $\bot S'$ im Falle $S' \leqq S$. Wie man leicht erkennt, ist genau dann $\bot(a_\alpha)_{\alpha \in I}$, wenn $\bot \{a_\alpha; \alpha \in I\}$ gilt und aus $a_\alpha = a_\beta$, $\alpha \neq \beta$ $(\alpha, \beta \in I)$ stets $a_\alpha = 0$ folgt.

Im Falle $\bot(a_1, \ldots, a_n)$ schreibt man für $a_1 \cup \ldots \cup a_n$ auch[1]) $a_1 \dot\cup \ldots \dot\cup a_n$ oder ${}_{i=1}^{n} \!\dot{\bigcup} a_i$ und im Falle $\bot S$ für ${}_{a \in S} \!\bigcup a$ auch ${}_{a \in S} \!\dot{\bigcup} a$.

Satz 1.7. *In einem bedingt nach oben stetigen Verband mit Nullelement ist eine Teilmenge S mit oberer Schranke genau dann unabhängig, wenn alle endlichen Teilmengen von S unabhängig sind.*

Beweis. Offenbar ist die Bedingung notwendig. Nun sei jede endliche Teilmenge N von S als unabhängig angenommen. Wenn dann S_1, S_2 zwei beliebige elementefremde Teilmengen von S und N_1, N_2 irgend-

---

welche endliche Teilmengen von S_1, S_2 sind, so ist nach der Voraussetzung $N_1 \vee N_2$ unabhängig, also

$$\left(\bigcup_{a \in N_1} a\right) \cap \left(\bigcup_{a \in N_2} a\right) = 0 \,.$$

Da dies für alle endlichen Teilmengen N_2 von S_2 gilt, ist nach Hilfssatz 1.7

$$\left(\bigcup_{a \in N_1} a\right) \cap \left(\bigcup_{a \in S_2} a\right) = 0 \,.$$

Da dies für alle endlichen Teilmengen N_1 von S_1 gilt, folgt

$$\left(\bigcup_{a \in S_1} a\right) \cap \left(\bigcup_{a \in S_2} a\right) = 0 \,.$$

Somit ist S unabhängig.

Hilfssatz 1.10. Wenn in einem bedingt nach oben stetigen Verband mit Nullelement $\perp (a_i)_{i=1, 2, \ldots}$ ist und man $b_n = \bigcup_{n \le i < \infty} a_i$ setzt, so ist $b_n \downarrow 0$.

Beweis. Setzt man $b = \bigcap_{1 \le n < \infty} b_n$, so ist

$$b \cap \left(\bigcup_{1 \le i \le n} a_i\right) \le b_{n+1} \cap \left(\bigcup_{1 \le i \le n} a_i\right) = 0 \,.$$

Da aber $\bigcup_{1 \le i \le n} a_i \uparrow b_1$ ist, folgt aus der Stetigkeit nach oben $b \cap b_1 = 0$. Da ferner $b \le b_1$ ist, folgt $b = 0$.

Hilfssatz 1.11. Wenn in einem modularen Verband mit Nullelement $(x_1 \cup \ldots \cup x_n) \cap a = 0$ ist, so gilt

$$(x_1 \cap \ldots \cap x_n) \cup a = (x_1 \cup a) \cap \ldots \cap (x_n \cup a) \,.$$

Beweis. Setzt man $x_1 \cup \ldots \cup x_n = b$, so ist nach Satz 1.6 $x \rightarrow x \cup a$ eine isomorphe Abbildung von $L(0, b)$ auf $L(a, a \cup b)$. Ferner ist

$$x_i \in L(0, b) \quad (i = 1, \ldots, n);$$

also

$$(x_1 \cap \ldots \cap x_n) \cup a = (x_1 \cup a) \cap \ldots \cap (x_n \cup a) \,.$$

Satz 1.8. *Notwendig und hinreichend, daß in einem modularen Verband mit Nullelement $\perp (a_1, \ldots, a_n)$ gilt, ist die Bedingung*

$$(a_1 \cup \ldots \cup a_i) \cap a_{i+1} = 0 \quad (i = 1, \ldots, n-1) \,.$$

Beweis. Nach Definition 1.15 ist die Bedingung offensichtlich notwendig. Daß sie hinreichend ist, beweisen wir mit vollständiger Induktion. Für $n = 2$ ist es selbstverständlich. Wir setzen nun den Satz für einen Wert $n \ge 2$ voraus und beweisen ihn für $n + 1$ an Stelle von n. Unter der Voraussetzung $(a_1 \cup \ldots \cup a_i) \cap a_{i+1} = 0$ $(i = 1, \ldots, n)$ ist dann also $\perp (a_1, \ldots, a_{n+1})$ zu beweisen. I_1, I_2 seien zwei elementefremde Mengen von natürlichen Zahlen $\le n + 1$. Wenn $n + 1$ weder in I_1 noch in I_2 vorkommt, folgt

$$\left(\bigcup_{i \in I_1} a_i\right) \cap \left(\bigcup_{i \in I_2} a_i\right) = 0$$

aus der nach Induktionsvoraussetzung gültigen Beziehung $\perp (a_1, \ldots, a_n)$. Ist $n + 1$ in I_2 enthalten, so sei I_2' die Komplementärmenge von $n + 1$

in I_2. Setzt man dann $b_1 = {}_{i \in I_1}\!\bigcup a_i, b_2 = {}_{i \in I_2'}\!\bigcup a_i$, so ist $(b_1 \cup b_2) \cap a_{n+1} = 0$ und nach Induktionsvoraussetzung $b_1 \cap b_2 = 0$. Da dann aber nach Hilfssatz 1.11

$$(b_1 \cup a_{n+1}) \cap (b_2 \cup a_{n+1}) = (b_1 \cap b_2) \cup a_{n+1} = a_{n+1}$$

gilt, folgt

$$b_1 \cap (b_2 \cup a_{n+1}) = b_1 \cap (b_1 \cup a_{n+1}) \cap (b_2 \cup a_{n+1}) = b_1 \cap a_{n+1} = 0 \,,$$

d. h.

$$\left({}_{i \in I_1}\!\bigcup a_i\right) \cap \left({}_{i \in I_2}\!\bigcup a_i\right) = 0 \,.$$

Also gilt $\perp(a_1, \ldots, a_{n+1})$.

Hilfssatz 1.12. Wenn man für irgend zwei Elemente a, b eines relativ komplementären modularen Verbandes mit Nullelement

$$a = (a \cap b) \,\dot\cup\, a_1 \,, \quad b = (a \cap b) \,\dot\cup\, b_1$$

annimmt, so ist

$$a \cup b = (a \cap b) \,\dot\cup\, a_1 \,\dot\cup\, b_1 \,.$$

Beweis. Wegen

$$(a \cap b) \cap a_1 = 0 \,, \quad ((a \cap b) \cup a_1) \cap b_1 = a \cap b_1 = a \cap b \cap b_1 = 0$$

folgt aus Satz 1.8 $\qquad\qquad \perp(a \cap b, a_1, b_1).$

Da ferner $a \cup b = (a \cap b) \cup a_1 \cup b_1$ ist, folgt die Behauptung.

Hilfssatz 1.13.[1]) Zu zwei Elementen a, b eines komplementären modularen Verbandes und einem Komplement a' von a gibt es ein Komplement b' von b, das folgende Bedingung erfüllt:

(α) $a' \cap b'$ ist Komplement von $a \cup b$; $a' \cup b'$ ist Komplement von $a \cap b$.

Beweis. Wegen $(a \cup b) \cup a' = 1$ gibt es nach Hilfssatz 1.2 (I) ein c mit $(a \cup b) \,\dot\cup\, c = 1$, $c \leq a'$. Wenn man ferner Hilfssatz 1.2 (I) auf $L(0, a \cup b)$ anwendet, ergibt sich die Existenz eines b_1 mit $b \,\dot\cup\, b_1 = a \cup b$, $b_1 \leq a$. Dann ist nach Satz 1.8 $b \,\dot\cup\, b_1 \,\dot\cup\, c = 1$. Wenn man $b' = b_1 \,\dot\cup\, c$ setzt, ist b' folglich ein Komplement von b. Wegen $a' \cap b_1 \leq a' \cap a = 0$ gilt

$$a' \cap b' = a' \cap (b_1 \cup c) = (a' \cap b_1) \cup c = c \,.$$

D. h., $a' \cap b'$ ist Komplement von $a \cup b$. Wegen

$$a' \cup b' = a' \cup b_1 \cup c = a' \cup b_1$$

folgt

$$(a' \cup b') \cup (a \cap b) = (a' \cup b_1) \cup (a \cap b) = a' \cup (a \cap (b_1 \cup b))$$
$$= a' \cup (a \cap (a \cup b)) = a' \cup a = 1 \,,$$

$$(a' \cup b') \cap (a \cap b) = (a' \cup b_1) \cap (a \cap b) = ((a' \cap a) \cup b_1) \cap b = b_1 \cap b = 0 \,.$$

Daher ist $a' \cup b'$ Komplement von $a \cap b$. Also erfüllt das Komplement b' von b die Bedingung (α).

---

[1]) Nach T. OGASAWARA.

Definition 1.16. Wenn in einer Menge S jeder Teilmenge X eine Teilmenge $\bar{X}$ so zugeordnet ist, daß

(1°)
$$\bar{X} \geqq X,$$

(2°)
$$\text{wenn } X \geqq Y, \text{ so } \bar{X} \geqq \bar{Y},$$

so nennt man diese Zuordnung $X \to \bar{X}$ eine *Abschließungsoperation*. Eine Menge X mit $\bar{X} = X$ heißt eine in bezug auf die Abschließungsoperation *abgeschlossene Menge*. Wenn die Abschließungsoperation $X \to \bar{X}$ außer (1°), (2°) noch

(3°)
$$\bar{\bar{X}} = X$$

erfüllt, so heißt sie eine *idempotente Abschließungsoperation*.

Satz 1.9. *Die Gesamtheit der in bezug auf die Abschließungsoperation in einer Menge S abgeschlossenen Mengen ist ein vollständiger Verband mit der Enthaltenseinsbeziehung als Ordnung.*

Beweis. Ist Φ eine nicht leere Menge von abgeschlossenen Mengen und $P = {}_{X \in \Phi} \bigwedge X$, so ist $\bar{P} \leqq P$, denn $\bar{P} \leqq \bar{X} = X$ für alle $X \in \Phi$. Nach Definition 1.16 (1°) daher $P = \bar{P}$, so daß P abgeschlossen und damit die untere Grenze von Φ ist. Da auch S selbst eine abgeschlossene Menge ist, ergibt sich nach dem Satz 1.2 die Gesamtheit der abgeschlossenen Mengen als vollständiger Verband.

Anmerkung 1.13. Ist die Abschließungsoperation von Satz 1.9 insbesondere idempotent und setzt man $Q = {}_{X \in \Phi} \bigvee X$, so ist in dem vollständigen Verbande der betrachteten abgeschlossenen Mengen $\bar{Q}$ die obere Grenze von Φ. Denn $\bar{Q}$ ist eine abgeschlossene Menge, die alle $X \in \Phi$ enthält, und für jede beliebige abgeschlossene Menge T, die alle $X \in \Phi$ enthält, gilt $T \geqq Q$, und folglich ist $T = \bar{T} \geqq \bar{Q}$. Daher ist $\bar{Q}$ die obere Grenze von Φ.

Hilfssatz 1.14. Eine Menge Φ von Teilmengen einer Menge S ist mit der Enthaltenseinsbeziehung als Ordnung ein nach oben stetiger Verband, wenn sie die folgenden Bedingungen erfüllt:

(1°) S gehört zu Φ;

(2°) wenn Φ_0 eine beliebige nicht leere Teilmenge von Φ ist, so gehört der Durchschnitt ${}_{X \in \Phi_0} \bigwedge X$ zu Φ;

(3°) wenn $(X_\delta)_{\delta \in D}$ ein monoton steigendes System von Φ ist, so gehört die Vereinigung ${}_{\delta \in D} \bigvee X_\delta$ zu Φ.

Beweis. Da nach (1°), (2°) die untere Grenze jeder beliebigen Teilmenge Φ_0 von Φ existiert, ist Φ nach Satz 1.2 ein vollständiger Verband. Die untere Grenze ist in diesem Falle die Durchschnittsmenge, und nach (3°) ist die Vereinigungsmenge $Q = {}_{\delta \in D} \bigvee X_\delta$ die obere Grenze des monoton steigenden Systems $(X_\delta)_{\delta \in D}$, d. h. $X_\delta \uparrow Q$. Die Durchschnittsbildung mit einem beliebigen $M \in \Phi$ ergibt

$$_{\delta \in D}\bigcup (X_\delta \wedge M) = (_{\delta \in D}\bigcup X_\delta) \wedge M \,,$$

so daß

$$_{\delta \in D}\bigcup (X_\delta \cap M) = Q \cap M$$

ist. D. h. $X_\delta \cap M \uparrow Q \cap M$; also ist Φ ein nach oben stetiger Verband.

Anmerkung 1.14. Wenn eine Menge Φ von Teilmengen aus S die Bedingungen (1°), (2°) von Hilfssatz 1.14 erfüllt, und für jede beliebige Teilmenge X von S der Durchschnitt der Mengen aus Φ, die X enthalten, mit $\overline{X}$ bezeichnet wird, so ist $X \to \overline{X}$ eine idempotente Abschließungsoperation, und die Gesamtheit der betrachteten abgeschlossenen Mengen stimmt mit Φ überein. Denn es ist klar, daß $X \to \overline{X}$ die Bedingungen (1°), (2°) von Definition 1.16 erfüllt. Da nach Hilfssatz 1.14 (2°) $\overline{X} \in \Phi$ gilt, ist Bedingung (3°) von Definition 1.16 erfüllt. $X = \overline{X}$ ist also äquivalent mit $X \in \Phi$.

Hilfssatz 1.15. Die Menge Φ von Teilmengen der Menge S mit der Enthaltenseinsbeziehung als Ordnung besitzt ein maximales Element, wenn sie die folgende Bedingung erfüllt:

(α)   Wenn Ψ eine beliebige nicht leere geordnete[1]) Teilmenge von Φ ist, so gehört die Vereinigung $_{X \in \Psi}\bigcup X$ zu Φ.

Beweis. Nach (α) hat Ψ seine Vereinigungsmenge zur oberen Schranke; also hat Φ nach dem Zornschen Lemma[2]) ein maximales Element.

Anmerkung 1.15. Umgekehrt kann man aus Hilfssatz 1.15 das Zornsche Lemma beweisen. Da nämlich die Gesamtheit Φ der geordneten Teilmengen einer teilweise geordneten Menge L die Bedingung (α) erfüllt, besitzt Φ nach Hilfssatz 1.15 ein maximales Element C. Da C eine geordnete Teilmenge von L ist, hat es nach Voraussetzung in L eine obere Schranke a. Wäre nun a nicht maximales Element von L, so gäbe es in L ein b mit $a < b$. Da auch $C \vee \{b\}$, d. h. die Menge C nach Hinzufügung von b, zu Φ gehört, kann C nicht maximales Element von Φ sein. Aus diesem Widerspruch folgt, daß a maximales Element von L ist. Somit sind Hilfssatz 1.15 und das Zornsche Lemma äquivalent.

Definition 1.17. Erfüllt eine Teilmenge J eines Verbandes L folgende Bedingungen:

(1°)   wenn $a, b \in J$, so $a \cup b \in J$;

(2°)   wenn $a \in J$, $c \leq a$, so $c \in J$;

---

[1]) Bezüglich der Enthaltenseinsbeziehung. — [2]) Siehe Anhang I.

so nennt man J ein *Ideal* von L. Gilt dual dazu

(1') $\qquad\qquad$ wenn $a, b \in J$, so $a \cap b \in J$;

(2') $\qquad\qquad$ wenn $a \in J$, $c \geq a$, so $c \in J$;

so heißt J ein *Dualideal* von L.

$J(a) = \{x; x \leq a\}^1)$ ist ein Ideal von L. Man nennt es ein *Haupt-ideal* von L. Dual dazu nennt man $J(a) = \{x; x \geq a\}$ ein *duales Haupt-ideal*.

Wenn für ein nicht leeres, von L verschiedenes Ideal J kein Ideal I mit $J < I < L$ existiert, so heißt J ein *maximales Ideal* von L. Analog wird ein *maximales Dualideal* definiert.

Satz 1.10. *Die Gesamtheit Φ der Ideale J eines Verbandes L ist ein nach oben stetiger Verband mit der Enthaltenseinsbeziehung als Ord-nung. Auf Grund der Zuordnung $a \to J(a)$ ist L dem Unterverband $\{J(a); a \in L\}$ von Φ isomorph. Notwendig und hinreichend, daß Φ ein modularer Verband (oder ein distributiver Verband) ist, ist die Bedin-gung, daß L ein modularer Verband (oder ein distributer Verband) ist$^2)$.*

Dasselbe gilt für Dualideale. (Dann ist aber bei der Zuordnung $a \to J(a)$ L dual-isomorph zu dem Unterverbande $\{J(a); a \in L\}$ von Φ).

Beweis. (I). Offensichtlich erfüllt die Gesamtheit Φ der Ideale von L die Bedingungen (1°), (2°) von Hilfssatz 1.14. $(J_\delta)_{\delta \in D}$ sei ein monoton steigendes System von Idealen, und $I = {}_{\delta \in D}\cup J_\delta$. Wenn $a, b \in I$, so existieren δ_1, δ_2 mit $a \in J_{\delta_1}$, $b \in J_{\delta_2}$. Wenn δ_3 so gewählt wird, daß $\delta_1 \leq \delta_3$, $\delta_2 \leq \delta_3$, so ist $a, b \in J_{\delta_3}$. Da somit $a \cup b \in J_{\delta_3}$, folgt $a \cup b \in I$. Wenn $a \in I$, $c \leq a$, so existiert ein δ mit $a \in J_\delta$. Wegen $c \in J_\delta$ ist $c \in I$. Also ist I ein Ideal von L. Daher ist (3°) von Hilfssatz 1.14 erfüllt und Φ ist ein nach oben stetiger Verband.

Die untere Grenze $I \cap J$ zweier Ideale I, J von L ist ihre Durch-schnittsmenge. Setzt man nun K gleich der Menge aller c, für die es $a \in I$, $b \in J$ mit $c \leq a \cup b$ gibt, so ist es klar, daß K ein Ideal ist, das I und J enthält. Da umgekehrt ein Ideal, das I, J enthält, auch K ent-hält, ist $I \cup J = K$.

(II). Für Hauptideale $J(a) = \{x; x \leq a\}$ gilt in Φ

(1) $\qquad J(a) \cup J(b) = J(a \cup b)$. $\quad J(a) \cap J(b) = J(a \cap b)$.

Denn wegen $J(a) \leq J(a \cup b)$, $J(b) \leq J(a \cup b)$ ist $J(a) \cup J(b) \leq J(a \cup b)$. Wegen $a \cup b \in J(a) \cup J(b)$ ist für $x \leq a \cup b$ das Element $x \in J(a) \cup J(b)$. D. h. $J(a \cup b) \leq J(a) \cup J(b)$. Damit ist die erste der Gleichungen (1) bewiesen.

Ferner ist $J(a) \geq J(a \cap b)$, $J(b) \geq J(a \cap b)$, also $J(a) \cap J(b) \geq J(a \cap b)$. Wenn $x \in J(a) \cap J(b)$, so $x \in J(a)$, also $x \leq a$. Analog $x \leq b$, also

---

$^1)$ $\{x; x \leq a\}$ bedeutet die Menge der x mit $x \leq a$. — $^2)$ DILWORTH [1] 329.

$x \leqq a \cap b$. Da demnach $x \in J(a \cap b)$, ist auch die zweite Formel von (1) bewiesen.

Nach (1) ist L durch die Zuordnung $a \to J(a)$ dem Unterverband $\{J(a);\ a \in L\}$ von Φ isomorph. Wenn also Φ ein modularer Verband (oder ein distributiver Verband) ist, ist L ebenfalls ein solcher.

(Für Dualideale tritt an Stelle von (1):

$$J(a) \cup J(b) = J(a \cap b)\ , \quad J(a) \cap J(b) = J(a \cup b).)$$

(III). Ist L ein modularer Verband und sind X, Y, Z drei Ideale und $X \leqq Z$, so bedeutet $t \in (X \cup Y) \cap Z$ die Existenz von Elementen x und y mit $t \leqq x \cup y$, $x \in X$, $y \in Y$ sowie $t \in Z$. Mit $z_1 = x \cup t$ wird $z_1 \in Z$ und folglich

$$t \leqq (x \cup y) \cap z_1 = x \cup (y \cap z_1) \in X \cup (Y \cap Z)\ .$$

Somit ist $(X \cup Y) \cap Z \leqq X \cup (Y \cap Z)$. Da offenbar $(X \cup Y) \cap Z \geqq X \cup (Y \cap Z)$ gilt, ist Φ ein modularer Verband.

(IV). Wenn nun L ein distributiver Verband ist, so existieren für jedes $t \in (X \cup Y) \cap Z$ stets x und y, so daß $t \leqq x \cup y$ und $x \in X$, $y \in Y$; ferner ist $t \in Z$. Da

$$t = (x \cup y) \cap t = (x \cap t) \cup (y \cap t)\ , \quad x \cap t \in X \cap Z\ , \quad y \cap t \in Y \cap Z\ ,$$

ergibt sich $t \in (X \cap Z) \cup (Y \cap Z)$. Folglich $(X \cup Y) \cap Z \leqq (X \cap Z) \cup (Y \cap Z)$. Da offenbar $(X \cup Y) \cap Z \geqq (X \cap Z) \cup (Y \cap Z)$ gilt, folgt aus Anmerkung 1.4, daß Φ ein distributiver Verband ist.

Hilfssatz 1.16. Wenn für eine nicht leere Teilmenge S eines Verbandes L mit Nullelement keine endliche nicht leere Teilmenge von S die untere Grenze o hat, so existiert ein S enthaltendes maximales Dualideal $\mathfrak{p}$ von L.

Beweis. Bezeichnet J die Gesamtheit der a, zu denen es Elemente $a_1, \ldots, a_n$ von S mit $a \geqq a_1 \cap \ldots \cap a_n$ gibt, so ist J offenbar ein S enthaltendes Dualideal von L, das o nicht enthält. Es gibt also Dualideale, die S, aber nicht o enthalten; ihre Gesamtheit bezeichnen wir mit Φ. Für irgendeine nicht leere geordnete Teilmenge Ψ von Φ setzen wir $I = \bigcup_{J \in \Psi} J$. Wenn $a, b \in I$, so existieren J_1, J_2 in Ψ, so daß $a \in J_1$, $b \in J_2$. Da Ψ eine geordnete Menge ist, ist $J_1 \leqq J_2$ oder $J_2 \leqq J_1$. Ist z. B. ersteres der Fall, so ergibt sich wegen $a, b \in J_2$, daß $a \cap b \in J_2$. Somit $a \cap b \in I$. Wenn man aber $c \geqq a$, $a \in I$ annimmt, so existiert $J \in \Psi$ mit $a \in J$ und daher $c \in J$, also $c \in I$. Somit ist $I \in \Phi$. Da also (α) aus Hilfssatz 1.15 zutrifft, gibt es in Φ ein maximales Element $\mathfrak{p} < L$. Wenn man die Existenz eines Dualideals J mit $\mathfrak{p} < J < L$ annimmt, so ist J ein Dualideal, das S, aber nicht o enthält. Dies ist ein Widerspruch, denn $\mathfrak{p}$ sollte in Φ ein maximales Element sein. Somit ist $\mathfrak{p}$ maximales Dualideal[1]).

---

[1]) Solche Beweise mit Hilfssatz 1.14 und 1.15 wie bei Satz 1.10 und Hilfssatz 1.16 kommen öfter vor; sie werden im folgenden nicht mehr einzeln durchgeführt.

§ 2. Direktes Produkt und direkte Summe von Verbänden

Definition 2.1. Es seien Verbände $L_1, \ldots L_n$ gegeben, und die Gesamtheit der n-tupel $(a_1, \ldots, a_n)$, wobei $a_i \in L_i$ ist, werde mit L bezeichnet. Wenn man dann festsetzt, daß für $a_i \leqq b_i$, $(i = 1, \ldots, n)$ stets $(a_1, \ldots, a_n) \leqq (b_1, \ldots, b_n)$ sein soll, ist L ein Verband mit

$$(a_1, \ldots, a_n) \cup (b_1, \ldots, b_n) = (a_1 \cup b_1, \ldots, a_n \cup b_n),$$
$$(a_1, \ldots, a_n) \cap (b_1, \ldots, b_n) = (a_1 \cap b_1, \ldots, a_n \cap b_n).$$

Man bezeichnet L als das *direkte Produkt* der Verbände $L_1, \ldots, L_n$ und schreibt $L = L_1 \ldots L_n$.

$L_1 (L_2 L_3)$ und $(L_1 L_2) L_3$, sowie $L_1 L_2$ und $L_2 L_1$ sind isomorph. L besitzt dann und nur dann ein Einselement, wenn jedes L_i $(i = 1, \ldots, n)$ ein Einselement 1_i besitzt; das Einselement von L ist dann $(1_1, \ldots, 1_n)$. Das Entsprechende gilt für das Nullelement von L.

Sind unendlich viele Verbände L_α $(\alpha \in I)$ gegeben, so betrachtet man die Folgen $(a_\alpha)_{\alpha \in I}$ mit $a_\alpha \in L_\alpha$; ihre Gesamtheit wird mit L bezeichnet. Setzt man dann fest, daß für $a_\alpha \leqq b_\alpha$ $(\alpha \in I)$ stets $(a_\alpha)_{\alpha \in I} \leqq (b_\alpha)_{\alpha \in I}$ sein soll, so ist L ein Verband mit

$$(a_\alpha)_{\alpha \in I} \cup (b_\alpha)_{\alpha \in I} = (a_\alpha \cup b_\alpha)_{\alpha \in I},$$
$$(a_\alpha)_{\alpha \in I} \cap (b_\alpha)_{\alpha \in I} = (a_\alpha \cap b_\alpha)_{\alpha \in I}.$$

Man nennt L das *direkte Produkt* der L_α $(\alpha \in I)$ und schreibt $L = {}_{\alpha \in I}\Pi L_\alpha$.

Sind die L_α $(\alpha \in I)$ (bedingt) vollständige Verbände, so ist es auch ${}_{\alpha \in I}\Pi L_\alpha$.

Ist ein Verband dem direkten Produkt zweier Verbände, die je mindestens zwei Elemente haben, isomorph, so heißt er *reduzibel*, ein nicht reduzibler Verband wird *irreduzibel* genannt.

Ist L ein Unterverband von ${}_{\alpha \in I}\Pi L_\alpha$ (I eine endliche oder unendliche Menge), und setzt man $\varphi_\alpha(a) = a_\alpha$ für $a = (a_\alpha)_{\alpha \in I} \in L$, so ist φ_α eine homomorphe Abbildung von L auf einen Unterverband L_α' von L_α. Wenn $L_\alpha' = L_\alpha$ für alle $\alpha \in I$ ist, heißt L ein *subdirektes Produkt* der L_α $(\alpha \in I)$.

Ist ein Verband einem subdirekten Produkt der L_α $(\alpha \in I)$ isomorph, hat I sowie jedes L_α mit $\alpha \in I$ mindestens zwei Elemente, und ist beim subdirekten Produkt keiner der Homomorphismen φ_α ein Isomorphismus so heißt L *subdirekt reduzibel*. Ein nicht subdirekt reduzibler Verband heißt *subdirekt irreduzibel*.

Ist ein Verband L dem direkten Produkt oder einem subdirekten Produkt der L_α $(\alpha \in I)$ isomorph, so sagt man, L sei in das direkte Produkt oder in ein subdirektes Produkt der L_α $(\alpha \in I)$ *zerlegbar*.

Anmerkung 2.1. Da ein reduzibler Verband auch subdirekt reduzibel ist, ist ein subdirekt irreduzibler auch irreduzibel.

Definition 2.2. Ist in einem Verband L mit Nullelement $a \cap b = \mathrm{o}$ und $D(a, x, b)$ für alle $x \in L$, d. h. $(a \cup x) \cap b = (a \cap b) \cup (x \cap b) = x \cap b$, so schreibt man $a \bigtriangledown b$.

Setzt man in

$$(1) \qquad\qquad (a \cup x) \cap b = x \cap b$$

$x = \mathrm{o}$, so wird $a \cap b = \mathrm{o}$; deshalb genügt es für $a \bigtriangledown b$, daß (1) für alle $x \in L$ gilt.

Ist S eine Teilmenge von L, so bezeichnet man mit $S^{\bigtriangledown}$ die Gesamtheit der a, für die $a \bigtriangledown b$ für alle $b \in S$ gilt. Wenn zugleich $a \bigtriangledown b$ und $b \bigtriangledown a$, so heißen a und b *getrennt*.

Anmerkung 2.2. Aus $a \bigtriangledown b$, $a_1 \leqq a$, $b_1 \leqq b$ folgt $a_1 \bigtriangledown b_1$; denn $(a_1 \cup x) \cap b_1 = (a_1 \cup x) \cap (a \cup x) \cap b \cap b_1 = (a_1 \cup x) \cap x \cap b \cap b_1 = x \cap b_1$.

Wenn L ferner ein modularer Verband ist, so folgt nach Satz 1.3 aus $D(a, x, b)$ die Gültigkeit von $D(b, x, a)$. D. h. aus $a \bigtriangledown b$ folgt dann $b \bigtriangledown a$.

Hilfssatz 2.1. Ist S Teilmenge eines Verbandes mit Nullelement, so ist $S^{\bigtriangledown}$ ein Ideal von L.

Beweis. (I) Sind $a_1, a_2 \in S^{\bigtriangledown}$, so folgt für alle $b \in S$ und ein beliebiges $x \in L$

$$(a_1 \cup x) \cap b = x \cap b, \quad (a_2 \cup x) \cap b = x \cap b\,.$$

Wegen $(a_1 \cup a_2 \cup x) \cap b = (a_2 \cup x) \cap b = x \cap b$ ist $a_1 \cup a_2 \in S^{\bigtriangledown}$.

(II). Ist $a \in S^{\bigtriangledown}$ und $c \leqq a$, so gilt $c \bigtriangledown b$ nach Anm. 2.2 für alle $b \in S$, und daher ist $c \in S^{\bigtriangledown}$.

Definition 2.3. $S_1, \ldots, S_n$ seien Teilmengen eines Verbandes L mit Nullelement, und jedes S_i enthalte das Nullelement.

Läßt sich jedes Element $a \in L$ in der Form

$$(1^{\circ}) \qquad a = a_1 \cup \ldots \cup a_n, \quad a_i \in S_i \; (i = 1, \ldots, n)$$

darstellen, und ist

$$(2^{\circ}) \qquad\qquad S_j \leqq S_i^{\bigtriangledown} \text{ für } i \neq j,$$

so schreibt man $L = S_1 \,\dot\cup\, \ldots \,\dot\cup\, S_n$. L nennt man die *direkte Summe* der $S_1, \ldots, S_n$ und sagt, L sei *in eine direkte Summe zerlegt*. Die S_i $(i = 1, \ldots, n)$ heißen die *direkten Summanden* von L.

Anmerkung 2.3. Die Bedingung (2°) der Definition 2.3 besagt, daß für $i \neq j$ die Elemente von S_i und S_j getrennt sind.

Hilfssatz 2.2. Der Verband L mit Nullelement sei die direkte Summe $L = S_1 \,\dot\cup\, \ldots \,\dot\cup\, S_n$. Dann ist die Darstellung

$$(1) \qquad a = a_1 \cup \ldots \cup a_n, \quad a_i \in S_i \; (i = 1, \ldots, n)$$

eindeutig.

Beweis. Angenommen, es gäbe außer (1) die Darstellung

$$a = b_1 \cup \ldots \cup b_n, \quad b_i \in S_i \ (i = 1, \ldots, n).$$

Weil nach Hilfssatz 2.1 $b_2 \cup \ldots \cup b_n \in S_1^\nabla$, folgt

$$a_1 = a \cap a_1 = (b_1 \cup (b_2 \cup \ldots \cup b_n)) \cap a_1 = b_1 \cap a_1.$$

Also ist $a_1 \leqq b_1$. Genau so ergibt sich $b_1 \leqq a_1$. Daher ist $a_1 = b_1$, allgemein also $a_i = b_i$ $(i = 1, \ldots, n)$.

Hilfssatz 2.3. Die direkten Summanden eines Verbandes L mit Nullelement sind Ideale von L.

Beweis. Sei $L = S_1 \dot\cup \ldots \dot\cup S_n$.

Für $x, y \in S_1$ ist $x \cup y = a_1 \cup \ldots \cup a_n, a_i \in S_i \ (i = 1, \ldots, n)$. Wegen $x, y \in S^\nabla \ (i = 2, \ldots, n)$ ist $a_i = (x \cup y) \cap a_i = y \cap a_i = 0$. Folglich ist $x \cup y = a_1 \in S_1$.

Ist $x \in S_1$ und $y = b_1 \cup \ldots \cup b_n \leqq x, \ b_i \in S_i \ (i = 1, \ldots, n)$, so ist für $i = 2, \ldots, n$ wegen $b_i \leqq y \leqq x$ und $b_i \nabla x$ jedes $b_i = 0$. Folglich gilt $y = b_1 \in S_1$. Daher ist S_1 ein Ideal von L.

Satz 2.1. *Ist in einem Verbande L mit Nullelement $L = L_1 \ldots L_n$, und bezeichnet man die Gesamtheit der Elemente aus L, die in der Form $(o_1, \ldots, o_{i-1}, a_i^*, o_{i+1}, \ldots o_n) \ (a_i^* \in L_i)$ dargestellt sind, mit S_i, so ist $L = S_1 \dot\cup \ldots \dot\cup S_n$. Umgekehrt folgt aus $L = S_1 \dot\cup \ldots \dot\cup S_n$, daß L dem Produkt $S_1 \cdot \ldots \cdot S_n$ isomorph ist.*

Beweis. (I) Sei $L = L_1 \ldots L_n$ und $a_i = (o_1, \ldots, o_{i-1}, a_i^*, o_{i+1}, \ldots, o_n)$. Dann ist für ein beliebiges Element $a = (a_1^*, \ldots, a_n^*)$ aus L

$$a = a_1 \cup \ldots \cup a_n, \quad a_i \in S_i \ (i = 1, \ldots, n).$$

Ist ferner $x = (x_1^*, \ldots, x_n^*) \in L$, so folgt für $i \neq j$

$$(a_i \cup x) \cap a_j = (o_1, \ldots, o_{j-1}, x_j^* \cap a_j^*, o_{j+1}, \ldots, o_n) = x \cap a_j,$$

also $a_i \nabla a_j$. Daher ist $S_i \leqq S_j^\nabla$ und folglich $L = S_1 \dot\cup \ldots \dot\cup S_n$.

(II) Sei $L = S_1 \dot\cup \ldots \dot\cup S_n$. Dann sind nach Hilfssatz 2.3 die $S_1, \ldots, S_n$ Unterverbände von L und nach Hilfssatz 2.2 ist für jedes Element $a \in L$ die Darstellung $a = a_1 \cup \ldots \cup a_n \ (a_i \in S_i)$ eindeutig. Also ist die dadurch definierte Abbildung $a \to (a_1, \ldots, a_n)$ von L auf das Produkt $S_1 \ldots S_n$ eineindeutig. Ist $a \leqq b$ und

$$a = a_1 \cup \ldots \cup a_n, \ b = b_1 \cup \ldots \cup b_n \quad (a_i, b_i \in S_i),$$

so ist wegen $b_2 \cup \ldots \cup b_n \in S_1^\nabla$ somit

$$a_1 = b \cap a_1 = (b_1 \cup (b_2 \cup \ldots \cup b_n)) \cap a_1 = b_1 \cap a_1, \quad \text{also} \quad a_1 \leqq b_1.$$

Allgemein ergibt sich $a_i \leqq b_i$. Weil umgekehrt aus $a_i \leqq b_i \ (i = 1, \ldots, n)$ auch $a \leqq b$ folgt, erhält obige Abbildung die Ordnung. Daher sind L und das Produkt $S_1 \ldots S_n$ einander isomorph.

Anmerkung 2.4. Ist in einem Verband L mit Nullelement, der als die direkte Summe $L = S_1 \,\dot\cup\, \ldots \,\dot\cup\, S_n$ dargestellt ist, $a = a_1 \cup \ldots \cup a_n$, $a_i \in S_i$ $(i = 1, \ldots, n)$, so gilt auf Grund des 2. Teiles von Satz 2.1 $\bot(a_1, \ldots, a_n)$. Wenn ferner

$$a^{(p)} = a_1^{(p)} \cup \ldots \cup a_n^{(p)}, \quad a_i^{(p)} \in S_i \ (i = 1, \ldots, n; \ p = 1, \ldots, m)$$

ist, so folgt

$$_{p\,=\,1}^{\ \ m}\!\bigcap a^{(p)} = \left(_{p\,=\,1}^{\ \ m}\!\bigcap a_1^{(p)}\right) \cup \ldots \cup \left(_{p\,=\,1}^{\ \ m}\!\bigcap a_n^{(p)}\right).$$

Hilfssatz 2.4. Wenn in einem Verband L mit Nullelement $L = S_1 \,\dot\cup\, S_2$ ist, so ist $S_1 = S_2^{\triangledown}$, $S_2 = S_1^{\triangledown}$.

Beweis. Nach Definition 2.3 ist $S_1 \le S_2^{\triangledown}$. Sei a ein beliebiges Element aus $S_2^{\triangledown}$. Dann ist $a = a_1 \cup a_2$, $a_1 \in S_1$, $a_2 \in S_2$ und $a \,\triangledown\, a_2$, also $a_2 = a \cap a_2 = 0$. Folglich $a = a_1 \in S_1$. Daher ist $S_1 = S_2^{\triangledown}$. Analog folgt $S_2 = S_1^{\triangledown}$.

Satz 2.2. *Wenn für einen Verband L mit Null- und Einselement $L = S_1 \,\dot\cup\, \ldots \,\dot\cup\, S_n$ gilt, so existieren Elemente $z_i \in L$, so daß die*

$$S_i = L\,(0, z_i) \quad (i = 1, \ldots, n)$$

sind.

Beweis. Da sich L als direkte Summe darstellen läßt, ist

$$1 = z_1 \cup \ldots \cup z_n, \quad z_i \in S_i \ (i = 1, \ldots, n).$$

Es ist $z_2 \cup \ldots \cup z_n \in S_1^{\triangledown}$, und daher gilt für ein beliebiges Element $a \in S_1$

$$a = (z_1 \cup (z_2 \cup \ldots \cup z_n)) \cap a = z_1 \cap a \le z_1.$$

Weil nach Hilfssatz 2.3 S_1 ein Ideal von L ist, ist $S_1 = L(0, z_1)$. Analog folgt $S_i = L(0, z_i)$, $(i = 2, \ldots, n)$.

Satz 2.3. *Damit der Verband L mit Nullelement die Darstellung $L = L(0, z_1) \,\dot\cup\, \ldots \,\dot\cup\, L(0, z_n)$ als direkte Summe besitzt, ist notwendig und hinreichend, daß für alle Elemente $a \in L$ die Darstellung $a = a_1 \cup \ldots \cup a_n$, $a_i \le z_i$ $(i = 1, \ldots, n)$ existiert und eindeutig ist.*

Beweis. (I) Notwendig. Dies ist in Hilfssatz 2.2 bewiesen.

(II) Hinreichend. Weil für ein beliebiges Element $a \in L$ die Darstellung

$$(1) \qquad\qquad a = a_1 \cup \ldots \cup a_n, \ a_i \in L(0, z_i)$$

eindeutig ist, ist die dadurch definierte Abbildung $a \to (a_1, \ldots, a_n)$ von L auf das Produkt

$$L(0, z_1) \ldots L(0, z_n)$$

eineindeutig. Es ist

$$a = a \cup (a \cap z_i) = a_1 \cup \ldots \cup a_{i-1} \cup (a_i \cup (a \cap z_i)) \cup a_{i+1} \cup \ldots \cup a_n$$

und $a_i \cup (a \cap z_i) \in L(0, z_i)$. Wegen der Eindeutigkeit von (1) folgt daher $a_i = a_i \cup (a \cap z_i)$. Da andererseits auch $a_i \le a \cap z_i$ ist, ergibt sich

$a_i = a \cap z_i$. Aus $b \to (b_1, \ldots, b_n)$ und $a \geq b$ folgt also $a_i \geq b_i$ $(i = 1, \ldots n)$. Hiermit ist gezeigt, daß die eineindeutige Abbildung $a \to (a_1, \ldots, a_n)$ die Ordnung erhält. Also ist L dem Produkt $L(\mathrm{o}, z_1) \ldots L(\mathrm{o}, z_n)$ isomorph. Weil $L(\mathrm{o}, z_i)$ die Gesamtheit der Urbilder von

$$(\mathrm{o}_1, \ldots, \mathrm{o}_{i-1}, a_i^*, \mathrm{o}_{i+1}, \ldots, \mathrm{o}_n) \quad (a_i^* \in L(\mathrm{o}, z_i))$$

ist, folgt nach Satz 2.1 $L = L(\mathrm{o}, z_1) \,\dot{\cup}\, \ldots \,\dot{\cup}\, L(\mathrm{o}, z_n)$.

Definition 2.4. Sei L ein bedingt vollständiger Verband mit Nullelement und $(S_\alpha)_{\alpha \in I}$ eine Familie von Teilmengen aus L, die das Nullelement enthalten.

Wenn sich jedes Element $a \in L$ in der Form

$$(1^\circ) \qquad\qquad a = {}_{\alpha \in I}\!\cup\, a_\alpha, \ a_\alpha \in S_\alpha \ (\alpha \in I)$$

darstellen läßt und

$$(2^\circ) \qquad\qquad \text{für } \alpha \neq \beta \text{ stets } S_\beta \leq S_\alpha^\nabla \text{ ist,}$$

so schreibt man $L = {}_{\alpha \in I}\!\dot{\cup}^* S_\alpha$. Man nennt L die *subdirekte Summe* der S_α $(\alpha \in I)$ und sagt, L sei in eine *subdirekte Summe zerlegt*. Die S_α $(\alpha \in I)$ heißen die *subdirekten Summanden* von L. Wenn ferner für beliebige $a_\alpha \in S_\alpha$ $(\alpha \in I)$ die obere Grenze ${}_{\alpha \in I}\!\cup\, a_\alpha$ existiert, so schreibt man $L = {}_{\alpha \in I}\!\dot{\cup}\, S_\alpha$ und nennt L die *direkte Summe* der S_α $(\alpha \in I)$.[1]

Hilfssatz 2.5. Sei L ein bedingt nach oben stetiger Verband mit Nullelement. Dann gilt:

(I) Aus $a_\delta \,\nabla\, b \ (\delta \in D)$ und $a_\delta \uparrow a$ folgt $a \,\nabla\, b$.

(II) Wenn $S \leq L$ gilt und die obere Grenze einer Teilmenge von S^∇ existiert, so liegt diese in S^∇.

(III) Die subdirekten Summanden bei einer Zerlegung von L in eine subdirekte Summe sind bedingt vollständige Unterverbände von L.

Beweis. (I) Wegen $a_\delta \,\nabla\, b$ ist $(a_\delta \cup x) \cap b = x \cap b$ für alle $x \in L$. Da L ein bedingt nach oben stetiger Verband ist, folgt $(a \cup x) \cap b = x \cap b$, d. h. $a \,\nabla\, b$.

(II) Sei $T \leq S^\nabla$. Wenn $s = {}_{a \in T}\!\cup\, a$ existiert, N eine beliebige endliche Teilmenge von T ist und man $s_N = {}_{a \in N}\!\cup\, a$ setzt, so gilt $s_N \uparrow s$. Wegen $s_N \in S^\nabla$ (nach Hilfssatz 2.1) ist $s_N \,\nabla\, b$ für alle $b \in S$. Daher folgt nach (I) $s \,\nabla\, b$, d. h. $s \in S^\nabla$.

(III) Sei $L = {}_{\alpha \in I}\!\dot{\cup}^* S_\alpha$. Man beweist wie in Hilfssatz 2.3, daß die S_α in L Ideale sind. Wenn $T \leq S_\alpha$ und $s = {}_{a \in T}\!\cup\, a$ existiert, so werde wieder wie in (II) $s_N = {}_{a \in N}\!\cup\, a$ gesetzt und genau wie dort folgt $s_N \uparrow s$. Im Falle $s = {}_{\alpha \in I}\!\cup\, a_\alpha$ $(a_\alpha \in S_\alpha)$ gilt (wegen $s_N \in S_\alpha$) $s_N \,\nabla\, a_\beta$

---

[1] Diese Definition stimmt offenbar bei endlicher Indexmenge I mit Def. 2.3 überein.

für $\beta \neq \alpha$, also nach (I) $s \bigtriangledown a_\beta$. Wegen $a_\beta \leqq s$ folgt $a_\beta = \mathrm{o}$, d. h. $s = a_\alpha \in S_\alpha$. Da S_α ein Ideal ist, hat natürlich jede Teilmenge mit unterer Schranke eine untere Grenze in S_α.

Hilfssatz 2.6. Der bedingt nach oben stetige Verband L mit Nullelement sei in die subdirekte Summe $_{\alpha \in I}\dot{\cup}^* S_\alpha$ zerlegt. Dann ist für ein beliebiges $a \in L$ die Darstellung $a = _{\alpha \in I}\cup a_\alpha$, $a_\alpha \in S_\alpha$ ($\alpha \in I$) eindeutig.

Beweis. Wenn man (II) von Hilfssatz 2.5 berücksichtigt, wird der Beweis analog wie in Hilfssatz 2.2 durchgeführt.

Satz 2.4. *Sei L_α ($\alpha \in I$) ein bedingt vollständiger Verband mit dem Nullelement o_α. Ist S_β die Menge der $(a_\alpha^*)_{\alpha \in I} \in L = _{\alpha \in I}\Pi L_\alpha$ mit $a_\alpha^* = \mathrm{o}_\alpha$ für $\alpha \neq \beta$, so läßt sich L als die direkte Summe $L = _{\alpha \in I}\dot{\cup} S_\alpha$ darstellen. Läßt sich umgekehrt ein bedingt nach oben stetiger Verband mit Nullelement als subdirekte Summe $L = _{\alpha \in I}\dot{\cup}^* S_\alpha$ darstellen, so ist L einem subdirekten Produkt der S_α ($\alpha \in I$) isomorph, und dieses ist ein bedingt vollständiger Unterverband des direkten Produktes der S_α.*

Beweis. (I) Der erste Teil des Beweises verläuft wie in Satz 2.1.

(II) Nach (III) von Hilfssatz 2.5 sind die S_α ($\alpha \in I$) bedingt vollständige Unterverbände von L. Laut Hilfssatz 2.6 läßt sich jedes $a \in L$ eindeutig in der Form

$$(1) \qquad a = _{\alpha \in I}\cup a_\alpha, \quad a_\alpha \in S_\alpha \, (\alpha \in I)$$

darstellen. Ordnet man dem Element a auf Grund der Beziehung (1) das Element $(a_\alpha)_{\alpha \in I} \in _{\alpha \in I}\Pi S_\alpha$ zu, und bezeichnet man die Gesamtheit dieser Bilder mit L_0, so läßt sich bei Anwendung von Hilfssatz 2.5 (II) analog wie im Satz 2.1 beweisen, daß die Abbildung von L auf L_0 eineindeutig ist und die Ordnung erhält[1]).

Sei $\{a^\lambda; \lambda \in A\}$ eine beliebige Teilmenge von L mit oberer Schranke. Es ist

$$(2) \qquad a^\lambda = _{\alpha \in I}\cup a_\alpha^\lambda, \quad a_\alpha^\lambda \in S_\alpha, \quad (\alpha \in I) \, .$$

Wegen $_{\lambda \in A}\cup a^\lambda = _{\alpha \in I}\cup _{\lambda \in A}\cup a_\alpha^\lambda$ und $_{\lambda \in A}\cup a_\alpha^\lambda \in S_\alpha$ ($\alpha \in I$) hat bei obiger Abbildung $_{\lambda \in A}\cup a^\lambda$ das Bild $(_{\lambda \in A}\cup a_\alpha^\lambda)_{\alpha \in I} \in L_0$.

Ist ferner $\{a^\lambda; \lambda \in A\}$ eine beliebige nicht leere Teilmenge von L, so sei entsprechend (1) $_{\lambda \in A}\cap a^\lambda = _{\alpha \in I}\cup c_\alpha$, $c_\alpha \in S_\alpha$ ($\alpha \in I$). Weil die Abbildung von L auf L_0 die Ordnung erhält, ist wegen (2) für alle $\lambda \in A$ stets $a_\alpha^\lambda \geqq c_\alpha$ ($\alpha \in I$) und folglich $_{\lambda \in A}\cap a_\alpha^\lambda \geqq c_\alpha$ ($\alpha \in I$). Setzt man $d = _{\alpha \in I}\cup _{\lambda \in A}\cap a_\alpha^\lambda$, so ist also $d \geqq _{\lambda \in A}\cap a^\lambda$. Weil andererseits $a^\lambda \geqq d$ für alle $\lambda \in A$ gilt, folgt $_{\lambda \in A}\cap a^\lambda \geqq d$, d. h. $d = _{\lambda \in A}\cap a^\lambda$. Daher hat $_{\lambda \in A}\cap a^\lambda$ das Bild $(_{\lambda \in A}\cap a_\alpha^\lambda)_{\alpha \in I} \in L_0$. Die bedingt vollständigen Verbände L und L_0 sind also einander isomorph, und zwar bestimmen

---

[1]) Damit ist natürlich schon L_0 als isomorphes Bild von L und damit als bedingt vollständiger Verband erkannt. Es muß aber noch gezeigt werden, daß L_0 auch als Unterverband des direkten Produktes bedingt vollständig ist.

sich untere bzw. obere Grenze in L_0 genau so wie im direkten Produkt der S_α.

Definiert man auf Grund der Beziehung (1) die Abbildung $a \to a_\alpha$, so ist diese eine homomorphe Abbildung von L auf L_α und daher L_0 subdirektes Produkt der S_α $(\alpha \in I)$.

Definition 2.5. Ein bedingt nach oben stetiger Verband L mit Nullelement lasse sich als die subdirekte Summe $L = {}_{\alpha \in I}\dot{\cup}^* S_\alpha$ darstellen. Ist $\bar{L} = {}_{\alpha \in I}\Pi S_\alpha$ für die gleichen S_α, so gilt nach Satz 2.4 $\bar{L} = {}_{\alpha \in I}\dot{\cup} S'_\alpha$ mit gewissen, den S_α isomorphen S'_α. Jedes Element ${}_{\alpha \in I}\cup a_\alpha \in L$ identifiziert man nun mit dem Element ${}_{\alpha \in I}\cup a'_\alpha \in \bar{L}$, wobei a'_α das Bild von a_α bei dem Isomorphismus von S_α auf S'_α ist. Dadurch wird L zu einem Unterverband von $\bar{L}$; man bezeichnet dann $\bar{L}$ auch als *Erweiterungsverband* ${}_{\alpha \in I}\dot{\cup}' S_\alpha$ von L.

Anmerkung 2.5. Läßt sich ein bedingt nach oben stetiger Verband L mit Nullelement als die subdirekte Summe $L = {}_{\alpha \in I}\dot{\cup}^* S_\alpha$ darstellen und ist $a = {}_{\alpha \in I}\cup a_\alpha$, $a_\alpha \in S_\alpha$ $(\alpha \in I)$, so gilt auf Grund des 2. Teiles von Satz 2.4 $\perp (a_\alpha)_{\alpha \in I}$.

Satz 2.5. *Wenn sich alle Elemente a eines vollständigen Verbandes eindeutig in der Form $a = {}_{\alpha \in I}\cup a_\alpha$, $a_\alpha \leq z_\alpha$ $(\alpha \in I)$ darstellen lassen, so läßt sich L in die direkte Summe ${}_{\alpha \in I}\dot{\cup} L(o, z_\alpha)$ zerlegen.*

Beweis. Der Beweis verläuft bei Anwendung von Satz 2.4 entsprechend wie in Satz 2.3 (II).

§ 3. Das Zentrum von Verbänden

Definition 3.1. Ein Element z aus dem Verbande L heißt *neutrales Element* von L, wenn für alle Elemente a, $b \in L$ die Distributivgesetze $D(a, b, z)$ und $D^*(a, b, z)$ sowie alle daraus durch Permutation der a, b, z sich ergebenden Gesetze gelten.

Enthält L ein Null- oder Einselement, so sind diese neutrale Elemente von L. Damit in einem modularen Verbande ein Element z neutrales Element ist, genügt es nach Satz 1.3, daß $D(a, b, z)$ für beliebige Elemente a, $b \in L$ gilt.

Hilfssatz 3.1. Gilt $a \cup z = b \cup z$, $a \cap z = b \cap z$ für ein neutrales Element z, so ist $a = b$.

Beweis. $a = a \cap (a \cup z) = a \cap (b \cup z) = (a \cap b) \cup (a \cap z)$
$\qquad = (a \cap b) \cup (b \cap z) = b \cap (a \cup z) = b \cap (b \cup z) = b$.

Satz 3.1. *Das Element z aus dem Verbande L ist genau dann neutrales Element, wenn L so in ein direktes Produkt von Verbänden L_1, L_2 isomorph abgebildet werden kann, daß dabei $(1_1, 0_2)$ dem Element z entspricht.*

Beweis. (I) z sei neutrales Element von L. Man setzt $L_1 = \{x; x \leq z\}$, $L_2 = \{x; z \leq x\}$ und bezeichnet für $a \in L$ mit L_0 die Gesamtheit der

Elemente $(a \cap z, a \cup z) \in L_1 L_2$. Dann ist nach Hilfssatz 3.1 die Zuordnung $a \rightarrow (a \cap z, a \cup z)$ eineindeutig. Weil ferner

$$a \cup b \rightarrow \big((a \cup b) \cap z, (a \cup b) \cup z\big) = \big((a \cap z) \cup (b \cap z), (a \cup z) \cup (b \cup z)\big)$$
$$= (a \cap z, a \cup z) \cup (b \cap z, b \cup z)$$

und entsprechend $a \cap b \rightarrow (a \cap z, a \cup z) \cap (b \cap z, b \cup z)$ gilt, ist L dem Verbande L_0, einem Unterverbande von $L_1 L_2$, isomorph, und z wird hierbei wegen $(z, z) = (1_1, 0_2)$ auf das Element $(1_1, 0_2)$ abgebildet.

(II) L sei isomorph in $L_1 L_2$ abgebildet, und es haben dabei zwei beliebige Elemente $a, b \in L$ die Bilder (a_1, a_2), (b_1, b_2). Es ist

$$\big((a_1, a_2) \cup (b_1, b_2)\big) \cap (1_1, 0_2) = \big((a_1 \cup b_1) \cap 1_1, (a_2 \cup b_2) \cap 0_2\big)$$
$$= \big((a_1 \cap 1_1) \cup (b_1 \cap 1_1), (a_2 \cap 0_2) \cup (b_2 \cap 0_2)\big)$$
$$= \big((a_1, a_2) \cap (1_1, 0_2)\big) \cup \big((b_1, b_2) \cap (1_1, 0_2)\big).$$

Also gilt

$$D\big((a_1, a_2), (b_1, b_2), (1_1, 0_2)\big).$$

Entsprechend gelten die anderen Beziehungen und $(1_1, 0_2)$ ist deshalb neutrales Element von $L_1 L_2$. Folglich ist z, das Urbild von $(1_1, 0_2)$, neutrales Element von L.

Anmerkung 3.1. Im Beweis (I) des Satzes 3.1 ist L einem subdirekten Produkt der L_1, L_2 isomorph. Ist L also subdirekt irreduzibel, so gibt es in L außer o und 1 (falls sie existieren) kein neutrales Element.

Anmerkung 3.2. Wenn bei dem Isomorphismus von L auf einen Unterverband von $L_1 L_2$ das Urbild des Elementes $(0_1, 1_2)$ existiert, so ist dieses Urbild neutrales Element von L, weil $L_1 L_2$ und $L_2 L_1$ einander isomorph sind. Da auch $L_1 L_2 \ldots L_n$ und $L_1 (L_2 \ldots L_n)$ einander isomorph sind, ist, falls bei der isomorphen Abbildung von L auf einen Unterverband von $L_1 L_2 \ldots L_n$ ein Urbild von $(1_1, 0_2, \ldots, 0_n)$ existiert, dieses ein neutrales Element von L. Ist x_i für alle i gleich 0_i oder 1_i, und hat $(x_1, \ldots, x_n)$ ein Urbild in L, so ist dieses Urbild ebenfalls neutrales Element von L.

Satz 3.2. *Die Gesamtheit Z_0 der neutralen Elemente des Verbandes L ist ein distributiver Unterverband von L.*

Beweis. Seien z_1, z_2 neutrale Elemente von L. Die Gesamtheit der x mit $x \leqq z_1 \cap z_2$ werde mit L_1, die Menge der x mit $z_1 \cap z_2 \leqq x \leqq z_2$ mit L_2, die der x mit $z_2 \leqq x \leqq z_1 \cup z_2$ mit L_3 und die der x mit $z_1 \cup z_2 \leqq x$ mit L_4 bezeichnet. Für ein beliebiges Element $a \in L$ gilt dann

$$a^* = \big(a \cap z_1 \cap z_2, (a \cup z_1) \cap z_2, (a \cap z_1) \cup z_2, a \cup z_1 \cup z_2\big) \in L_1 L_2 L_3 L_4.$$

Die Gesamtheit der Elemente a^* für alle $a \in L$ werde mit L_0 bezeichnet. Dann ist $a \rightarrow a^*$ eine eineindeutige Abbildung von L auf L_0; denn aus $a_1 \cap z_1 \cap z_2 = b \cap z_1 \cap z_2$ und $(a \cap z_1) \cup z_2 = (b \cap z_1) \cup z_2$ folgt $a \cap z_1 = b \cap z_1$, aus $(a \cup z_1) \cap z_2 = (b \cup z_1) \cap z_2$ und $a \cup z_1 \cup z_2 = b \cup z_1 \cup z_2$

folgt $a \cup z_1 = b \cup z_1$, also nach Hilfssatz 3.1 $a = b$. Wie in der zweiten Hälfte des Beweises (I) von Satz 3.1 zeigt man, daß diese Abbildung ein Isomorphismus ist. Daher ist L einem Unterverbande L_0 von $L_1 L_2 L_3 L_4$ isomorph. Weil hierbei $z_1 \cup z_2$ und $z_1 \cap z_2$ auf $(1_1, 1_2, 1_3, 0_4)$ und $(1_1, 0_2, 0_3, 0_4)$ abgebildet werden, sind sie nach Satz 3.1 neutrale Elemente. Also ist Z_0 ein Unterverband von L. Da der Verband Z_0 nur neutrale Elemente enthält, ist er distributiv.

Hilfssatz 3.2. Hat das neutrale Element z eines Verbandes L mit o und 1 ein komplementäres Element z', so hat es genau eins, und z' ist auch neutrales Element von L.

Beweis. Wenn ein komplementäres Element z' des neutralen Elementes z existiert, so folgt nach Hilfssatz 3.1, daß z' eindeutig bestimmt ist. Weil bei der Zuordnung $a \rightarrow (a \cap z, a \cup z)$ aus (I) vom Beweis von Satz 3.1 das Element z' auf $(o, 1) = (0_1, 1_2)$ abgebildet wird, ist es neutrales Element von L.

Hilfssatz 3.3. Gilt für einen Verband L mit Nullelement

$$L = L(o, z) \mathbin{\dot\cup} L(o, z)^\nabla ,$$

so ist z neutrales Element von L.

Beweis. Nach Satz 2.1 ist L dem Produkt $L(o, z) \, L(o, z)^\nabla$ isomorph. Hierbei wird z auf $(1_1, 0_2)$ abgebildet. Also ist z nach Satz 3.1 neutrales Element von L.

Hilfssatz 3.4. Ist z neutrales .Element eines relativ komplementären Verbandes L mit Nullelement, so ist $L = L(o, z) \mathbin{\dot\cup} L(o, z)^\nabla$.

Beweis. Sei $S = \{b; b \cap z = o\}$. Weil z neutrales Element von L ist, gilt dann für $b \in S$ stets $z \triangledown b$. Daher ist nach Anmerkung 2.2 $a \triangledown b$ für alle $a \in L(o, z)$, also $L(o, z) \leqq S^\nabla$. Analog folgt $b \triangledown z$ und somit $b \triangledown a$, daher $S \leqq L(o, z)^\nabla$. Da L relativ komplementär ist, existiert für jedes $x \in L$ ein y mit $x = (x \cap z) \mathbin{\dot\cup} y$. Es ist aber $x \cap z \in L(o, z)$, und wegen $y \cap z = y \cap x \cap z = o$ gilt $y \in S$. Also ist $L = L(o, z) \mathbin{\dot\cup} S$ und nach Hilfssatz 2.4 daher $S = L(o, z)^\nabla$.

Definition 3.2. Sei L ein Verband mit o und 1. Ist L dem Produkt $L_1 L_2$ zweier Verbände isomorph, so nennt man ein Element $z \in L$, das auf $(1_1, 0_2)$ abgebildet wird, ein *Zentrumselement* von L; die Gesamtheit der Zentrumselemente von L heißt das *Zentrum* von L.

Anmerkung 3.3. Wenn in Definition 3.2 $L_1 = L$ ist, und L_2 nur aus einem Element besteht, so ist L dem Produkt $L_1 L_2$ isomorph, und daher sind o und 1 Zentrumselemente. Nach Satz 3.1 sind die Zentrumselemente neutrale Elemente. Weil in $L_1 L_2$ ferner $(1_1, 0_2)$ das Komplement $(0_1, 1_2)$ hat, hat ein Zentrumselement immer ein Komplement, und dieses ist wieder ein Zentrumselement. Nach Hilfssatz 3.2 ist dieses Komplement eindeutig bestimmt. Wir bezeichnen das Komplement des Zentrumselementes z mit $1 - z$. Ist ein Verband mit o und 1 irreduzibel, so besteht auf Grund von Definition 2.1 sein Zentrum genau aus den Elementen o und 1.

Satz 3.3. *In einem Verband L mit o und 1 sind die beiden folgenden Aussagen (α) und (β) äquivalent.*

(α) *z ist ein Zentrumselement.*

(β) *z ist ein neutrales Element mit Komplement z'.*

Wenn L ferner ein modularer Verband ist, so sind (α) und (β) mit der folgenden Aussage (γ) äquivalent, die bereits bei beliebigem L eine Folge von (β) und damit von (α) ist:

(γ) z hat ein Komplement z', und für alle $a \in L$ gilt $a = (a \cap z) \mathbin{\dot{\cup}} (a \cap z')$.

Beweis. $(\alpha) \rightarrow (\beta)$. Das ist nach Anmerkung 3.3 klar.

$(\beta) \rightarrow (\alpha)$. Sei $L_1 = L(\mathrm{o}, z)$ und $L_2 = L(\mathrm{o}, z')$. Weil z neutrales Element ist, gilt für ein beliebiges Element $a \in L$

$$(1) \qquad a = a \cap (z \cup z') = (a \cap z) \cup (a \cap z') \,, \quad a \cap z \in L_1 \,, \quad a \cap z' \in L_2 \,.$$

Ferner ist

$$(2) \qquad\qquad\qquad z \mathbin{\triangledown} z' \,, \quad z' \mathbin{\triangledown} z \,,$$

also $L(\mathrm{o}, z) \leqq L(\mathrm{o}, z')^{\triangledown}$ und $L(\mathrm{o}, z') \leqq L(\mathrm{o}, z)^{\triangledown}$. Daher gilt $L = L_1 \mathbin{\dot{\cup}} L_2$. Nach Satz 2.1 ist also L dem Produkt $L_1 L_2$ isomorph. Da hierbei z auf $(1_1, \mathrm{o}_2)$ abgebildet wird, ist z Zentrumselement.

$(\beta) \rightarrow (\gamma)$. Weil z neutrales Element ist, gilt für alle $a \in L$

$$a = a \cap (z \cup z') = (a \cap z) \cup (a \cap z') \,, \quad (a \cap z) \cap (a \cap z') \leqq z \cap z' = \mathrm{o} \,.$$

$(\gamma) \rightarrow (\alpha)$. Dieser Fall wird auf den Beweis $(\beta) \rightarrow (\alpha)$ zurückgeführt. Zunächst gilt (1). Da aber L modular ist, folgen aus $D(z, z', a)$ für alle $a \in L$ die Beziehungen $D(z, a, z')$ und $D(z', a, z)$ für alle $a \in L$. Daher gilt auch (2).

Satz 3.4. *Das Zentrum eines Verbandes L mit o und 1 ist ein Unterverband von L, und dieser ist ein Boolescher Verband. Wird mit z' das Komplement des Zentrumselementes z bezeichnet, so gilt*

$$(1) \qquad\qquad (z_1 \cup z_2)' = z_1' \cap z_2' \,, \quad (z_1 \cap z_2)' = z_1' \cup z_2' \,.$$

Beweis. Da das Zentrumselement z_i und sein Komplement z_i' neutrale Elemente sind, gilt

$$(z_1 \cup z_2) \cup (z_1' \cap z_2') = z_1 \cup \big((z_2 \cup z_1') \cap (z_2 \cup z_2')\big) = z_1 \cup z_2 \cup z_1' = 1 \,,$$

$$(z_1 \cup z_2) \cap (z_1' \cap z_2') = \big((z_1 \cap z_1') \cup (z_2 \cap z_1')\big) \cap z_2' = z_2 \cap z_1' \cap z_2' = \mathrm{o} \,.$$

Nach Satz 3.2 ist $z_1 \cup z_2$ ein neutrales Element. Da es ferner das Komplement $z_1' \cap z_2'$ hat, folgt nach Satz 3.3, daß $z_1 \cup z_2$ ein Zentrumselement ist. Dual ist $z_1 \cap z_2$ ein Zentrumselement mit dem Komplement $z_1' \cup z_2'$. Folglich gilt (1), und daher ist Z ein Unterverband von L. Weil die Zentrumselemente neutral sind, ist Z ein distributiver Verband. Nach Anmerkung 3.3 existiert zu einem Zentrumselement immer das Komplement, und dieses ist wieder ein Zentrumselement. Also ist Z auch ein komplementärer Verband. Daher ist Z ein Boolescher Verband.

Hilfssatz 3.5. Sei z' das Komplement des Zentrumselementes z aus dem Verbande L mit o und 1, und sei a beliebig $\in L$. Dann sind die beiden Aussagen $z \cap a = 0$ und $a \leq z'$ einander äquivalent.

Beweis. Wenn $a \leq z'$, so ist $z \cap a \leq z \cap z' = 0$. Ist $z \cap a = 0$, so folgt $a = a \cap 1 = a \cap (z \cup z') = (a \cap z) \cup (a \cap z') = a \cap z' \leq z'$.

Satz 3.5. *Notwendig und hinreichend, daß sich der Verband L mit o und 1 in die direkte Summe $L = L(o, z_1) \,\dot\cup \ldots \dot\cup L(o, z_n)$ zerlegen läßt, sind die beiden folgenden Bedingungen:*

Die Elemente $z_i\,(i = 1, \ldots, n)$ sind Zentrumselemente, und es ist $1 = z_1 \,\dot\cup \ldots \dot\cup z_n$.

Beweis. (I) Notwendig. Sei $L_i = L(o, z_i)$. Dann ist nach Satz 2.1 L dem Produkt $L_1 \ldots L_n$ isomorph, und die z_i werden hierbei auf die Elemente $(o_1, \ldots, o_{i-1}, 1_i, o_{i+1}, \ldots, o_n)$ abgebildet. Daher sind die z_i Zentrumselemente. Aus der Eigenschaft des Produktes folgt $\perp(z_1, \ldots, z_n)$ und $1 = z_1 \cup \ldots \cup z_n$.

(II) Hinreichend. Sei x ein beliebiges Element aus L. Weil die z_i Zentrumselemente sind, gilt

$$x = x \cap (z_1 \cup \ldots \cup z_n) = (x \cap z_1) \cup \ldots \cup (x \cap z_n) .$$

Setzt man $x \cap z_i = x_i$, so läßt sich x also in der Form

$$(1) \qquad x = x_1 \cup \ldots \cup x_n, \quad x_i \leq z_i \,(i = 1, \ldots, n)$$

darstellen. Ist ferner $x = u_1 \cup \ldots \cup u_n$, $u_i \leq z_i\,(i = 1, \ldots, n)$, so folgt $x \cap z_i = (u_1 \cap z_i) \cup \ldots \cup (u_n \cap z_i)$. Weil $u_j \cap z_i \leq z_j \cap z_i = 0$ für $i \neq j$ gilt, ist $x \cap z_i = u_i \cap z_i = u_i$. Also ist die Darstellung (1) eindeutig und daher nach Satz 2.3

$$L = L(o, z_1) \,\dot\cup \ldots \dot\cup L(o, z_n) .$$

Hilfssatz 3.6. Sei Z_0 die Gesamtheit der neutralen Elemente eines bedingt nach oben stetigen Verbandes und S eine nicht leere Teilmenge von L mit oberer Schranke. Dann gilt für $S \leq Z_0$ oder $b \in Z_0$ stets

$$(1) \qquad \left(\bigcup_{a \in S} a \right) \cap b = \bigcup_{a \in S} (a \cap b) .$$

Beweis. Sei $N = \{a_1, \ldots, a_n\}$ eine beliebige nicht leere endliche Teilmenge von S. Es werde

$$x_N = \bigcup_{i=1}^{n} a_i, \quad y_N = \bigcup_{i=1}^{n} (a_i \cap b), \quad x = \bigcup_{a \in S} a, \quad y = \bigcup_{a \in S} (a \cap b)$$

gesetzt. Weil jedes a_i oder aber b neutrales Element ist, gilt

$$(a_i \cup \ldots \cup a_n) \cap b = (a_i \cap b) \cup ((a_{i+1} \cup \ldots \cup a_n) \cap b).$$

Verwendet man diese Gleichung der Reihe nach für $i = 1, \ldots, n-1$, so folgt $x_N \cap b = y_N$. Wegen $x_N \uparrow x$ und $y_N \uparrow y$ hat man daher $x \cap b = y$, d. h. es gilt (1).

Hilfssatz 3.7. Wenn S eine nicht leere Menge von neutralen Elementen in dem bedingt nach oben stetigen Verbande L ist, und S eine obere Schranke hat, so ist auch $\underset{z \in S}{\bigcup} z$ neutrales Element von L.

Beweis. Sei N eine nicht leere endliche Teilmenge von S. Nach Satz 3.2 ist $z_N = \underset{z \in N}{\bigcup} z$ neutrales Element. Setzt man $a = \underset{z \in S}{\bigcup} z$, so folgt $z_N \uparrow a$. Für beliebiges $x, y \in L$ ist $(x \cup y) \cap z_N = (x \cap z_N) \cup (y \cap z_N)$. Hieraus folgt wegen $(x \cup y) \cap z_N \uparrow (x \cup y) \cap a$, $x \cap z_N \uparrow x \cap a$, $y \cap z_N \uparrow y \cap a$, daß $(x \cup y) \cap a = (x \cap a) \cup (y \cap a)$ ist. D. h. es gilt $D(x, y, a)$. Entsprechend folgt $D(a, x, y)$.

Da dual zum Obigen $(x \cap y) \cup z_N = (x \cup z_N) \cap (y \cup z_N)$ und ferner nach Hilfssatz 1.8 $(x \cup z_N) \cap (y \cup z_N) \uparrow (x \cup a) \cap (y \cup a)$ ist, gilt $D^*(x, y, a)$. Entsprechend folgt auch $D^*(a, x, y)$. Also ist a ein neutrales Element.

Satz 3.6. *Die Gesamtheit Z_0 der neutralen Elemente des bedingt stetigen Verbandes L ist ein bedingt vollständiger distributiver Unterverband von L.*

Beweis. Nach Satz 3.2 ist Z_0 ein distributiver Unterverband von L. Nach Hilfssatz 3.7 und der dualen Aussage ist Z_0 ferner ein bedingt vollständiger Verband von L.

Satz 3.7. *Das Zentrum Z des stetigen Verbandes L ist ein vollständiger Boolescher Unterverband von L.*

Beweis. Nach Satz 3.4 ist Z ein Boolescher Unterverband von L. Sei S eine beliebige Teilmenge von Z. Weil die Zentrumselemente neutrale Elemente sind, folgt nach Satz 3.6, daß $a = \underset{z \in S}{\bigcup} z$ und $b = \underset{z \in S}{\bigcap} z$ neutrale Elemente sind. Ist N eine beliebige endliche Teilmenge von S und setzt man $z_N = \underset{z \in N}{\bigcup} z$, so gilt $z_N \uparrow a$. Sei z_N' das Komplement von z_N. Dann ist für $N < N'$ stets $z_N' \geqq z_{N'}'$ und daher existiert ein Element x, so daß $z_N' \downarrow x$. Weil aber nach Hilfssatz 1.9 x das Komplement von a ist, liegt a in Z. Da sich dual auch $b \in Z$ ergibt, ist Z ein vollständiger Unterverband von L.

Satz 3.8. *Existieren in einem nach oben stetigen Verbande L Zentrumselemente z_α $(\alpha \in I)$, so daß $\underset{\alpha \in I}{\dot\bigcup} z_\alpha = 1$ ist, so läßt sich L in die direkte Summe $L = \underset{\alpha \in I}{\dot\bigcup} L(o, z_\alpha)$ zerlegen.*

Beweis. Sei x ein beliebiges Element aus L. Nach Hilfssatz 3.6 ist $x = x \cap (\underset{\alpha \in I}{\bigcup} z_\alpha) = \underset{\alpha \in I}{\bigcup} (x \cap z_\alpha)$. Setzt man $x_\alpha = x \cap z_\alpha$, so gilt

$$(1) \qquad\qquad x = \underset{\alpha \in I}{\bigcup} x_\alpha, \qquad x_\alpha \leqq z_\alpha \quad (\alpha \in I).$$

Sei ferner $x = \underset{\alpha \in I}{\bigcup} u_\alpha$, $u_\alpha \leqq z_\alpha \, (\alpha \in I)$. Nach Hilfssatz 3.6 folgt $x \cap z_\beta = (\underset{\alpha \in I}{\bigcup} u_\alpha) \cap z_\beta = \underset{\alpha \in I}{\bigcup} (u_\alpha \cap z_\beta)$. Für $\alpha \neq \beta$ ist $u_\alpha \cap z_\beta \leqq z_\alpha \cap z_\beta = o$, also $x \cap z_\beta = u_\beta \cap z_\beta = u_\beta$. Folglich ist die Darstellung (1) eindeutig, und daher gilt nach Satz 2.5 $L = \underset{\alpha \in I}{\dot{\cup}} L(0, z_\alpha)$.

Definition 3.3. Existiert in einem Verband mit o ein Element b_1, so daß $a \sim b_1 < b$, so schreibt man $a \prec b$ oder $b \succ a$.

Hilfssatz 3.8. Sei z ein neutrales Element in einem Verbande mit o. Dann gelten folgende Aussagen:

(I) Wenn $a \sim b$, so auch $z \cap a \sim z \cap b$.

(II) Wenn $a \prec b$, so $z \cap a \precsim z \cap b$.

(III) Wenn $a \precsim z$, so $a \leqq z$.

(IV) Sind zwei neutrale Elemente zueinander perspektiv, so sind sie gleich.

Beweis. (I) Wegen $a \sim b$ existiert ein Element x mit $a \dot{\cup} x = b \dot{\cup} x$. Weil z neutral ist, folgt $(z \cap a) \dot{\cup} (z \cap x) = (z \cap b) \dot{\cup} (z \cap x)$, also $(z \cap a) \sim (z \cap b)$.

(II) Wegen $a \prec b$ existiert b_1 mit $a \sim b_1 < b$. Nach (I) ist

$$z \cap a \sim z \cap b_1 \leqq z \cap b, \text{ also } z \cap a \precsim z \cap b.$$

(III) Wegen $a \precsim z$ existiert ein Element b mit $a \sim b \leqq z$. Also gibt es ein x mit $a \dot{\cup} x = b \dot{\cup} x$, und daher ist

$$a = a \cap (a \cup x) = a \cap (b \cup x) \leqq a \cap (z \cup x) = (a \cap z) \cup (a \cap x) = a \cap z \leqq z.$$

(IV). Ist für zwei neutrale Elemente $z_1 \sim z_2$, so folgt nach (III) $z_1 \leqq z_2$. Entsprechend ist $z_2 \leqq z_1$, und daher $z_1 = z_2$.

Satz 3.9. *Wenn in einem Verbande L mit o und 1 für jedes Elementepaar a, b eine der drei Beziehungen $a \prec b$, $a \sim b$, $a \succ b$ gilt, so ist L irreduzibel*[1]).

Beweis. Angenommen, L sei reduzibel. Daraus folgt nach Anmerkung 3.3, daß in L ein Zentrumselement z mit $0 < z < 1$ existiert. z wie sein Komplement z' sind neutrale Elemente. Wäre $z \precsim z'$, so würde nach Hilfssatz 3.8 (III) $z \leqq z'$ folgen. Dies ist aber wegen $z > 0$ ein Widerspruch. Analog ergibt sich, daß auch $z' \prec z$ nicht gilt.

Anmerkung 3.4. Weil in einem Booleschen Verbande alle Elemente Zentrumselemente sind, ist in einem solchen Verband nach Hilfssatz 3.2 das Komplement a' jedes Elementes a eindeutig bestimmt und die Abbildung $a \rightarrow a'$ daher ein Dualautomorphismus. Der folgende Satz ist die Umkehrung hiervon.

Satz 3.10. *Wenn in einem Verbande L mit o und 1 für jedes Element a aus L das Komplement a' eindeutig bestimmt und die Abbildung $a \rightarrow a'$ ein Dualautomorphismus ist, so ist L ein Boolescher Verband.*

---

[1]) Die Umkehrung dieses Satzes gilt in einem nach oben stetigen komplementären modularen Verband. Siehe Kap. 4, Satz 1.3.

Beweis. (I) Für $c \leqq d$ ist

$$(1) \qquad (d \cap c') \cup c = d , \quad (c \cup d') \cap d = c .$$

Setzt man nämlich $b = d \cap c'$, so ist

$$(b \cup c)' \cap d = ((d \cap c') \cup c)' \cap d = (d' \cup c) \cap c' \cap d = (d' \cup c) \cap (c \cup d')' = 0 .$$

Wegen $b \cup c = (d \cap c') \cup c \leqq d$ hat man ferner $(b \cup c)' \cup d \geqq d' \cup d = 1$. Folglich ist $(b \cup c)' = d'$ und daher $b \cup c = d$, d. h. die erste der Formeln (1) gilt. Dual wird die zweite der Formeln (1) bewiesen.

(II) Wenn $a \cup x = d$, $a \cap x = c$ ist, und man $e = d' \cup (a \cap c')$ setzt, so folgt wegen $c \leqq a$ und $a \cap c' \leqq a \leqq d$ bei Anwendung von (1)

$$x \cup e = x \cup d' \cup (a \cap c') \cup c = x \cup d' \cup a = d \cup d' = 1 ,$$

$$x \cap e = x \cap (d' \cup (a \cap c')) \cap d = x \cap a \cap c' = c \cap c' = 0 .$$

Also ist $x = e'$; d. h. aber, das Relativkomplement von a in d/c ist eindeutig bestimmt. Daher ist L nach Satz 1.5 ein distributiver Verband. Weil L nach Voraussetzung ferner komplementär ist, ist L ein Boolescher Verband.

Hilfssatz 3.9. Wenn für alle Elemente a eines Verbandes L mit 0 und 1 die beiden folgenden Bedingungen (1°) und (2°) gelten und $a^{\perp}$ außerdem ein Komplement von a ist, so ist L ein Boolescher Verband.

$$(1°) \qquad a^{\perp \perp} = a ,$$

$$(2°) \qquad \text{Wenn } a \cap b = 0 , \text{ so } b \leqq a^{\perp} .$$

Beweis. (I) Für $a \geqq b$ ist $a^{\perp} \cap b \leqq a^{\perp} \cap a = 0$, also nach (2°) $a^{\perp} \leqq b^{\perp}$. Da ferner $a^{\perp \perp} = a$, ist $a \to a^{\perp}$ ein Dualautomorphismus von L.

(II) Sei a' das Komplement eines beliebigen Elementes a. Wegen $a^{\perp} \cap a'^{\perp} = (a \cup a')^{\perp} = 0$ folgt nach (2°) und (1°) $a^{\perp} \leqq a'^{\perp \perp} = a'$. Wegen $a \cap a' = 0$ ist nach (2°) auch $a' \leqq a^{\perp}$, also $a' = a^{\perp}$. Daher ist das Komplement von a eindeutig bestimmt. Nach Satz 3.10 ist L somit ein Boolescher Verband.

§ 4. Kongruenzen in Verbänden

Definition 4.1. Erfüllt in einem Verbande L eine Menge N von Quotienten die folgenden Bedingungen (1°) bis (4°), so nennt man N ein *Quotientenideal* von L:

(1°) $a/a \in N$ für beliebige $a \in L$;

(2°) mit einem Quotienten gehören auch seine Teilquotienten zu N;

(3°) mit einem Quotienten gehören auch seine Transponierten (also auch die zu ihm projektiven Quotienten) zu N;

(4°) wenn a/b, $b/c \in N$, so auch $a/c \in N$.

Das aus allen Quotienten von L bestehende Quotientenideal heißt *Eins-Quotientenideal* und wird mit I bezeichnet; das nur aus Quotienten der Form a/a bestehende heißt *Null-Quotientenideal* und wird mit o bezeichnet.

Wenn zu einem von I verschiedenen Quotientenideal N kein Quotientenideal M mit $N < M < I$ existiert, nennt man N ein *maximales Quotientenideal* von L.

Hilfssatz 4.1. Ist N ein Quotientenideal von L und $a/b \in N$, so gilt $a \cup c/b \cup c \in N$, $a \cap c/b \cap c \in N$ für jedes $c \in L$.

Beweis. Wegen $a \geqq a \cap (b \cup c) \geqq b$ folgt aus Definition 4.1 $(2°)$ $a/a \cap (b \cup c) \in N$. Folglich ist nach $(3°)$ $a \cup (b \cup c)/b \cup c \in N$, d. h. $a \cup c/b \cup c \in N$. Dual dazu erhält man $a \cap c/b \cap c \in N$.

Satz 4.1. *Die Gesamtheit* **N** *der Quotientenideale eines Verbandes* L *ist mit der Enthaltenseinsbeziehung als Ordnung ein nach oben stetiger distributiver Verband* [1].

Beweis. (I) Nach Hilfssatz 1.14 ist die Gesamtheit **N** der Quotientenideale mit der Enthaltenseinsbeziehung als Ordnung ein nach oben stetiger Verband. Das Null-Quotientenideal ist dann das Nullelement und I das Einselement dieses Verbandes.

(II) Sind N_1, N_2 zwei Quotientenideale, so erweist sich im folgenden $N_1 \cup N_2$ als die Gesamtheit N_3 der a/b, die folgende Bedingung erfüllen: Es existieren zu a/b Elemente $c_1, \ldots, c_n$ mit

$$a/c_1 \in N_1, \quad c_1/c_2 \in N_2, \ldots, c_{n-1}/c_n \in N_1, \quad c_n/b \in N_2.$$

Daß N_3 die Bedingungen $(1°)$ und $(4°)$ von Definition 4.1 befriedigt ist klar.

Sei $a/b \in N_3$ und $a \geqq a_1 \geqq b_1 \geqq b$. Es werde

$$d_i = (c_i \cap a_1) \cup b_1 \quad (i = 1, \ldots, n)$$

gesetzt. Wegen $a_1 = (a \cap a_1) \cup b_1$, $b_1 = (b \cap a_1) \cup b_1$, folgt nach Hilfssatz 4.1

$$a_1/d_1 \in N_1, \quad d_1/d_2 \in N_2, \ldots, d_{n-1}/d_n \in N_1, \quad d_n/b_1 \in N_2.$$

Also ist $a_1/b_1 \in N_3$, d. h. es gilt $(2°)$.

Sei $a \cup b/a \in N_3$. Dann existieren $c_1, \ldots, c_n$, so daß

$$a \cup b/c_1 \in N_1, \quad c_1/c_2 \in N_2, \ldots, c_{n-1}/c_n \in N_1, \quad c_n/a \in N_2.$$

Also gilt nach Hilfssatz 4.1

$$b/c_1 \cap b \in N_1, \quad c_1 \cap b/c_2 \cap b \in N_2, \ldots, c_{n-1} \cap b/c_n \cap b \in N_1, \quad c_n \cap b/a \cap b \in N_2,$$

und somit $b/a \cap b \in N_3$. Ist $b/a \cap b \in N_3$, so erhält man dual $a \cup b/a \in N_3$. Also gilt auch $(3°)$, und N_3 ist daher ein Quotientenideal.

---

[1] FUNAYAMA und NAKAYAMA [1] beweisen diesen Satz mit der Kongruenztheorie. Siehe NAKAYAMA [1] 6.

Wenn $a/b \in N_1$, so ist $a/b \in N_1$ und $b/b \in N_2$, also $a/b \in N_3$, d. h. N_3 enthält N_1. Ebenso enthält N_3 auch N_2. Da ferner ein Quotientenideal, das N_1 und N_2 enthält, auch N_3 enthält, ist $N_1 \cup N_2 = N_3$.

(III) Wir beweisen nun die Distributivität von **N**. Sei a/b ein beliebiges Element aus $(N_1 \cup N_2) \cap N_3$. Wegen $a/b \in N_1 \cup N_2$ gibt es nach (II) Elemente $c_1, \ldots, c_n$, so daß

$$a/c_1 \in N_1, \quad c_1/c_2 \in N_2, \ldots, c_{n-1}/c_n \in N_1, \quad c_n/b \in N_2 .$$

Da $a/b \in N_3$ und $a/c_1, c_1/c_2, \ldots, c_{n-1}/c_n, c_n/b$ Teilquotienten von a/b sind, gehören diese Quotienten zu N_3. Daher gilt

$$a/c_1 \in N_1 \cap N_3, \quad c_1/c_2 \in N_2 \cap N_3, \ldots, \quad c_{n-1}/c_n \in N_1 \cap N_3, \quad c_n/b \in N_2 \cap N_3 ,$$

also $a/b \in (N_1 \cap N_3) \cup (N_2 \cap N_3)$; d. h.

$$(N_1 \cup N_2) \cap N_3 \leqq (N_1 \cap N_3) \cup (N_2 \cap N_3) .$$

Da offensichtlich auch $(N_1 \cup N_2) \cap N_3 \geqq (N_1 \cap N_3) \cup (N_2 \cap N_3)$ ist, gilt das Gleichheitszeichen. Also ist **N** nach Anmerkung 1.4 ein distributiver Verband.

Definition 4.2. In einem Verbande L heißt eine Äquivalenzrelation Θ, deren Bestehen zwischen a, b durch $a \equiv b(\Theta)$ wiedergegeben werde, eine *Kongruenz*, wenn sie die folgenden Bedingungen erfüllt:

$$\text{wenn } a \equiv a_1(\Theta) \quad \text{und} \quad b \equiv b_1(\Theta), \quad \text{so} \quad a \cup b \equiv a_1 \cup b_1(\Theta)$$

$$\text{und } a \cap b \equiv a_1 \cap b_1(\Theta).$$

Wenn $a \equiv b(\Theta)$ für einen Quotienten a/b gilt, so sagt man: *a/b wird durch Θ annulliert*.

Eine Kongruenz heißt *trivial*, wenn entweder alle Elemente aus L einander kongruent sind oder jedes Element nur sich selbst kongruent ist. Gibt es in einem Verband nur triviale Kongruenzen, so nennt man den Verband *einfach*.

Anmerkung 4.1. Definiert man bei einer homomorphen Abbildung φ eines Verbandes L auf einen Verband L^* die Relation Θ dadurch, daß $a \equiv b(\Theta)$ dasselbe besagen soll wie $\varphi(a) = \varphi(b)$, so ist Θ eine Kongruenz in L. Geht man umgekehrt von einer Kongruenz Θ aus und bezeichnet mit L/Θ die Menge $\{a/\Theta; a \in L\}$ der Klassen $a/\Theta = \{x; x \equiv a(\Theta)\}$, so ist L/Θ mit den durch $a/\Theta \cup b/\Theta = a \cup b/\Theta$ und $a/\Theta \cap b/\Theta = a \cap b/\Theta$ erklärten Verknüpfungen $\cup, \cap$ ein Verband und durch $a \rightarrow a/\Theta$ wird L homomorph auf L/Θ abgebildet.

Anmerkung 4.2. L lasse sich als ein subdirektes Produkt der $L_\alpha (\alpha \in I)$ darstellen. Dann ist L_α homomorphes Bild von L. Daher ist ein einfacher Verband subdirekt irreduzibel, und somit nach Anmerkung 2.1 erst recht irreduzibel.

Hilfssatz 4.2. Ist in einem Verband die Kongruenz Θ erklärt, so sind die Aussagen $a \equiv b(\Theta)$ und $a \cup b \equiv a \cap b(\Theta)$ einander äquivalent.

Beweis. Ist $a \equiv b(\Theta)$, so ergibt sich $a \cup b \equiv b \cup b(\Theta)$, $a \cap b \equiv b \cap b(\Theta)$ und (wegen $b \cup b = b = b \cap b$) daraus $a \cup b \equiv a \cap b(\Theta)$. Ist umgekehrt $a \cup b \equiv a \cap b(\Theta)$, so gilt $a \equiv a \cap b(\Theta)$ wegen $a = a \cap (a \cup b)$, $a \cap (a \cap b) = a \cap b$. Entsprechend folgt $b \equiv a \cap b(\Theta)$. Daher ist $a \equiv b(\Theta)$.

Satz 4.2. *In einem Verbande L sei die Kongruenz Θ gegeben. Dann ist die Gesamtheit N der durch Θ annullierten Quotienten ein Quotientenideal von L. Ist umgekehrt N ein Quotientenideal von L, so existiert genau eine Kongruenz Θ, bei der N die Gesamtheit der durch Θ annullierten Quotienten ist.*

Beweis. (I) Daß die Gesamtheit N der durch Θ annullierten Quotienten die Bedingungen ($1°$) und ($4°$) von Definition 4.1 erfüllt, ist klar. Sei $a \geq a_1 \geq b_1 \geq b$. Dann folgt aus $a \equiv b(\Theta)$ aber

$$(a \cap a_1) \cup b_1 \equiv (b \cap a_1) \cup b_1(\Theta),$$

d. h. es ist $a_1 \equiv b_1(\Theta)$. Somit gilt ($2°$). Aus $a \cup b \equiv a(\Theta)$ folgt ferner $b \equiv a \cap b(\Theta)$ wegen $b = (a \cup b) \cap b$; d. h. aus $a \cup b/a \in N$ folgt $b/a \cap b \in N$. Entsprechend erhält man $a \cup b/a \in N$ aus $b/a \cap b \in N$. Also gilt ($3°$). Daher ist N ein Quotientenideal.

(II) (α) Sei nun umgekehrt das Quotientenideal N gegeben. Eine Kongruenz Θ, welche alle Quotienten $\in N$ annulliert, kann nach Hilfssatz 4.2 nur so erhalten werden, daß man $a \equiv b(\Theta)$ durch $a \cup b/a \cap b \in N$ erklärt. Diese Definition ist nun gleichwertig mit der Erklärung von $a \equiv b(\Theta)$ durch

$$(1) \qquad a \cup b/a \in N, \quad a \cup b/b \in N.$$

Denn aus $a \cup b/a \cap b \in N$ folgt (1) nach Definition 4.1 ($2°$). Gilt umgekehrt (1), so ist wegen ($3°$) $a/a \cap b \in N$ und daher nach ($4°$) $a \cup b/a \cap b \in N$.

(β) Wenn $a \equiv b(\Theta)$, so ist wegen (α) $a \cup b/b \in N$ und daher nach Hilfssatz 4.1 $a \cup b \cup c/b \cup c \in N$.

(γ) Die in (α) definierte Relation Θ erfüllt die Äquivalenzgesetze. Einmal ist nämlich offensichtlich $a \equiv a(\Theta)$, und aus $a \equiv b(\Theta)$ folgt $b \equiv a(\Theta)$. Ist ferner $a \equiv b(\Theta)$ und $b \equiv c(\Theta)$, so gilt nach (β) und (α) $a \cup b \cup c/b \cup c \in N$ und $b \cup c/c \in N$. Daher ist wegen ($4°$) $a \cup b \cup c/c \in N$ und folglich nach ($2°$) $a \cup c/c \in N$. Analog ergibt sich $a \cup c/a \in N$. Also ist nach (α) $a \equiv c(\Theta)$.

(δ) Ist $a \equiv b(\Theta)$, so folgt nach (β) $(a \cup c) \cup (b \cup c)/b \cup c \in N$. Vertauschung von a und b ergibt $(a \cup c) \cup (b \cup c)/a \cup c \in N$. Somit folgt nach ($\alpha$) aus $a \equiv b(\Theta)$ stets $a \cup c \equiv b \cup c(\Theta)$. Wenn daher $a \equiv a_1(\Theta)$ und $b \equiv b_1(\Theta)$ gelten, so ist $a \cup b \equiv a_1 \cup b \equiv a_1 \cup b_1(\Theta)$, und ebenso beweist man $a \cap b \equiv a_1 \cap b_1(\Theta)$. Also ist Θ eine Kongruenz.

(ε) Im Fall $a \geq b$ ist $a/b = a \cup b/a \cap b$. Daher stimmt nach (α) die Menge der in Θ annullierten Quotienten mit N überein.

3*

Definition 4.3. Nach Satz 4.2 entspricht in einem Verbande L jeder Kongruenz eineindeutig ein Quotientenideal von L. Wir bezeichnen die dem Quotientenideal N zugeordnete Kongruenz ebenfalls mit N und den aus den Klassen $a/N = \{x; x \equiv a(N)\}$ bestehenden *Restklassenverband* daher mit L/N.

Anmerkung 4.3. Sei L ein subdirektes Produkt der L_α ($\alpha \in I$), und φ_α die homomorphe Abbildung von L auf L_α. Dann stimmt das Quotientenideal N_α, das der durch φ_α bestimmten Kongruenz zugeordnet ist, mit der Gesamtheit der a/b überein, für die $\varphi_\alpha(a) = \varphi_\alpha(b)$ gilt. Nimmt man nun an, für alle $\alpha \in I$ sei $a/b \in N_\alpha$, dann ist also $\varphi_\alpha(a) = \varphi_\alpha(b)$ für alle α und daher $a = b$. Folglich ist $\bigcap_{\alpha \in I} N_\alpha = 0$.

Satz 4.3. *Sei $\{N_\alpha; \alpha \in I\}$ eine Menge von Quotientenidealen eines Verbandes L und sei $\bigcap_{\alpha \in I} N_\alpha = 0$. Dann ist L auf Grund der Zuordnung $a \to (a/N_\alpha)_{\alpha \in I}$ einem subdirekten Produkt der L/N_α ($\alpha \in I$) isomorph.*

Beweis. Die Gesamtheit der Elemente des Produktes $\prod_{\alpha \in I} L/N_\alpha$, die sich in der Form $(a/N_\alpha)_{\alpha \in I}$ ($a \in L$) darstellen lassen, werde mit L_0 bezeichnet. Da L homomorph L/N_α, ist also L auch homomorph L_0. Wegen $\bigcap_{\alpha \in I} N_\alpha = 0$ existiert für $a \neq b$ ein α mit $a \cup b/a \cap b \notin N_\alpha$. Daraus folgt $a \cup b \not\equiv a \cap b(N_\alpha)$, d. h. $a \not\equiv b(N_\alpha)$. Daher ist die Abbildung von L auf L_0 eineindeutig. L ist also zu L_0 und somit zu einem subdirekten Produkt der L/N_α ($\alpha \in I$) isomorph.

Hilfssatz 4.3. Ein Verband ist genau dann subdirekt irreduzibel, wenn die untere Grenze der Menge seiner von Null verschiedenen Quotientenideale $\neq 0$ ist.

Der Beweis folgt unmittelbar aus Anmerkung 4.3 und Satz 4.3.

Hilfssatz 4.4. (I) Ist N maximales Quotientenideal des Verbandes L, so ist L/N ein einfacher Verband.

(II). Ist N maximal unter den Quotientenidealen des Verbandes L, die das Element c/d ($c \neq d$) nicht enthalten, so ist L/N ein subdirekt irreduzibler Verband.

Beweis. (I) Sei N ein maximales Quotientenideal von L und M^* ein von Null verschiedenes Quotientenideal von L/N. Dann ist die Gesamtheit M der a/b mit $(a/N)/(b/N) \in M^*$ ein Quotientenideal von L. Daß M die Bedingungen (1°), (2°), (4°) von Definition 4.1 erfüllt, ist nämlich klar. Sei nun $a \cup b/a \in M$. Dann ist $(a \cup b/N)/(a/N) \in M^*$, also $(a/N \cup b/N)/(a/N) \in M^*$ und daher $(b/N)/(a/N \cap b/N) \in M^*$; d. h. aber $(b/N)/(a \cap b/N) \in M^*$, also $b/a \cap b \in M$. Somit gilt (3°). Wegen $N < M$ ist M das Einsquotientenideal von L. Daher ist M^* das Eins-Quotientenideal von L/N, d. h. L/N enthält außer dem Null- und Eins-Quotientenideal kein Quotientenideal, ist also einfach.

(II). Sei N maximal unter den Quotientenidealen, die das Element c/d ($c \neq d$) nicht enthalten. M^* sei ein beliebiges von Null verschiedenes

Quotientenideal von L/N. Mit M werde wieder die Gesamtheit der a/b mit $(a/N)/(b/N) \in M^*$ bezeichnet, so daß nach (I) M ein Quotientenideal von L und $N < M$ ist. Daher gilt $c/d \in M$ und somit $(c/N)/(d/N) \in M^*$. Wegen $c/d \notin N$ ist $c/N \neq d/N$. Daher enthalten alle von Null verschiedenen Quotientenideale von L/N das vom Nullquotienten verschiedene Element $(c/N)/(d/N)$, so daß L/N nach Hilfssatz 4.3 subdirekt irreduzibel ist.

Satz 4.4. (*Zerlegung des Verbandes in ein subdirektes Produkt*)[1]). *Ein beliebiger Verband L ist dem subdirekten Produkt subdirekt irreduzibler Verbände isomorph.*

Beweis. N_0 sei die Gesamtheit der Quotienten a/b von L mit $a \neq b$. Für $\alpha \in N_0$ gibt es nach Hilfssatz 1.15 unter den α nicht enthaltenden Quotientenidealen von L ein maximales Quotientenideal N_α. Dann ist aber $\bigcap_{\alpha \in N_0} N_\alpha = 0$, so daß L nach Satz 4.3 einem subdirekten Produkt der L/N_α $(\alpha \in N_0)$ isomorph ist. Nach Hilfssatz 4.4 sind die L/N_α ferner subdirekt irreduzibel.

Hilfssatz 4.5. Damit in einem relativ komplementären Verbande L mit Nullelement $a \equiv b(\Theta)$ gilt, ist notwendig und hinreichend, daß es ein $t \in L$ mit $a \cup b = (a \cap b) \cup t$, $t \equiv o(\Theta)$ gibt.

Beweis. Nach Hilfssatz 4.2 sind die Aussagen $a \equiv b(\Theta)$ und $a \cup b \equiv a \cap b(\Theta)$ gleichbedeutend. Somit ist klar, daß die Bedingung hinreicht. Ist umgekehrt $a \cup b \equiv a \cap b(\Theta)$, so gilt für ein t mit $a \cup b = (a \cap b) \dot\cup t$:

$$t = t \cap (a \cup b), \quad t \cap (a \cup b) \equiv t \cap (a \cap b)\,(\Theta), \quad t \cap (a \cap b) = 0$$

und daher $t \equiv o(\Theta)$. Die Bedingung ist also auch notwendig.

Definition 4.4. Ist Θ eine Kongruenz in einem Verbande mit Nullelement, so bezeichnet man die Gesamtheit J_Θ der t mit $t \equiv o(\Theta)$ als den *Kern* von Θ.

Definition 4.5. Wenn in einem Verband L mit Nullelement ein nicht leeres Ideal J mit jedem a auch alle $b \approx a$ enthält, nennt man J ein *neutrales Ideal* von L[2]).

Wenn für ein von L verschiedenes neutrales Ideal J kein neutrales Ideal J' mit $J < J' < L$ existiert, so heißt J ein *maximales neutrales Ideal* von L.

Anmerkung 4.4. Ist L ein relativ komplementärer Verband mit Nullelement, so kann man nach Hilfssatz 1.5 in Definition 4.5 statt $b \approx a$ auch $b \sim a$ setzen.

---

[1]) Birkhoff [2] leitet diesen Satz aus einem Satz über allgemeine algebraische Gebilde her. Siehe Birkhoff [3] 92. Siehe auch Kap. 6, Satz 1.13.

[2]) Dual hierzu kann man ein neutrales Dualideal definieren.

Satz 4.5. *In einem Verband L mit Nullelement ist der Kern J'_Θ der Kongruenz Θ ein neutrales Ideal. Ist umgekehrt L ein relativ komplementärer modularer Verband mit Nullelement, so existiert zu jedem beliebigen neutralen Ideal J von L genau eine Kongruenz Θ, die J zum Kern hat.*

Beweis. (I). Wenn $a \equiv o(\Theta)$, $b \equiv o(\Theta)$, so $a \cup b \equiv o(\Theta)$. Ferner folgt aus $a \equiv o(\Theta)$, $c \leqq a$, daß $c \cap a \equiv o(\Theta)$, also $c \equiv o(\Theta)$ ist. Somit ist J_Θ ein Ideal von L. Gilt $b \approx a$, sind also a/o und b/o zueinander projektiv, so folgt nach Satz 4.2 aus $a \equiv o(\Theta)$ auch $b \equiv o(\Theta)$. Folglich ist J_Θ ein neutrales Ideal von L.

(II). Sei umgekehrt L ein relativ komplementärer modularer Verband mit Nullelement und J ein neutrales Ideal von L. Mit N werde die Gesamtheit der zu einem a/o (a beliebig $\in J$) projektiven Quotienten bezeichnet. Ist Θ eine Kongruenz mit dem Kern J, so wird offenbar jedes Element von N durch Θ annulliert, und umgekehrt gibt es dann zu jedem durch Θ annullierten Quotienten c/d ein a mit $c = d \cup a$, so daß also $c/d \sim a/o$, $a \in J$ und daher $c/d \in N$ gilt. Es gibt somit nach Satz 4.2 höchstens eine Kongruenz mit dem Kern J. Im folgenden zeigen wir nun, daß N tatsächlich ein Quotientenideal ist, woraus sofort hervorgeht, daß J der Kern der durch N bestimmten Kongruenz ist. Offensichtlich gilt (3°) von Definition 4.1. Da a/a eine Transponierte von o/o ist, ist auch (1°) von Definition 4.1 erfüllt. Sei nun $a \geqq a_1 \geqq b_1 \geqq b$ und $a/b \in N$. Dann ist für ein Element c mit $a = b \cup c$ der Quotient c/o transponiert zu a/b und daher $c \in J$. Wegen $b_1 \geqq b$ folgt bei Anwendung von Hilfssatz 1.2 (I), daß im Verbande $L(o, a)$ ein Element c_1 mit $a = b_1 \cup c_1$, $c_1 \leqq c$ existiert. Setzt man $d = c_1 \cap a_1$, so ist

$$b_1 \cup d = b_1 \cup (c_1 \cap a_1) = (b_1 \cup c_1) \cap a_1 = a \cap a_1 = a_1,$$
$$b_1 \cap d = b_1 \cap c_1 \cap a_1 = o.$$

D. h. a_1/b_1 ist eine Transponierte von d/o. Wegen $d \leqq c_1 \leqq c$ liegt d in J. Also ist $a_1/b_1 \in N$. Folglich gilt (2°) von Definition 4.1. Wenn man nun $a/b \in N$, $b/c \in N$ und $a = b \cup b_1$, $b = c \cup c_1$ voraussetzt, so liegen b_1, c_1 in J. Nach Satz 1.8 ist aber $a = c \cup b_1 \cup c_1 = c \cup (b_1 \cup c_1)$. Wegen $b_1 \cup c_1 \in J$ hat man also $a/c \in N$. Daher gilt auch (4°) von Definition 4.1.

Anmerkung 4.5. Wie aus dem Beweis von Satz 4.5 hervorgeht, ist in einem relativ komplementären modularen Verband L mit o $N \to J = \{a, a/o \in N\}$ eine eineindeutige Abbildung der Menge der Quotientenideale auf die Menge der neutralen Ideale.[1]

---

[1] In einem komplementären modularen Verbande L ist dualerweise $N \to J' = \{a; 1/a \in N\}$ eine eindeutige Abbildung der Menge der Quotientenideale auf die Menge der neutralen Dualideale. Wenn aber $a \cup a' = 1$ ist, sind a/o und $1/a'$ gegenseitig Transponierte, und daher gehören a/o und $1/a'$ zugleich zu N. Folglich ist die Gesamtheit der Komplemente von den Elementen des neutralen Ideals J ein neutrales Dualideal. (OGASAWARA [1] hat dies ohne Verwendung der Quotientenideale direkt bewiesen.)

Folglich ist nach Satz 4.1 die Gesamtheit der neutralen Ideale von L mit der Enthaltenseinsbeziehung als Ordnung ein nach oben stetiger distributiver Verband. Nach Satz 4.2 ist ferner die Einfachheit von L damit äquivalent, daß L außer (o) und L kein neutrales Ideal hat.

Wegen der eindeutigen Bestimmung von N durch den Kern J ersetzt man in den Ausdrücken $a \equiv b(N)$, a/N, L/N auch wohl N durch J.

Hilfssatz 4.6. Sei J ein neutrales Ideal in einem relativ komplementären modularen Verband mit Nullelement. Für $a \equiv b(J)$ ist notwendig und hinreichend, daß ein Element $t \in J$ mit $a \cup t = b \cup t$ existiert.

Beweis. Nach Hilfssatz 4.5 genügt es zu beweisen, daß die beiden folgenden Aussagen (α) und (β) einander äquivalent sind:

(α) Es gibt ein $s \in J$ mit $a \cup b = (a \cap b) \cup s$.

(β) Es gibt ein $t \in J$ mit $a \cup t = b \cup t$.

(α) $\to$ (β). Nach Hilfssatz 1.2 existiert im Verbande $L (o, a \cup b)$ ein Element s_1 mit $a \cup b = (a \cap b) \dot\cup s_1$ und $s_1 \leqq s$. Dann ist $s_1 \in J$. Setzt man $a = (a \cap b) \dot\cup a_1$ und $b = (a \cap b) \dot\cup b_1$, so ist $a \cup b = (a \cap b) \dot\cup a_1 \dot\cup b_1$ wegen Hilfssatz 1.12. Setzt man $t = a_1 \dot\cup b_1$, so ist nach Anmerkung 1.8 $t \sim s_1$ und daher $t \in J$. Da andrerseits $a \cup t = a \cup b = b \cup t$ ist, gilt (β).

(β) $\to$ (α). Setzt man $t_1 = t \cap (a \cup b)$, so ist wegen (β) $a \cup t_1 = b \cup t_1$ und $t_1 \in J$. Wenn ferner $t_1 = (a \cap t_1) \dot\cup u$ und $t_1 = (b \cap t_1) \dot\cup v$ gesetzt wird, so gilt $u, v \in J$ und nach Hilfssatz 1.1 $a \cup t_1 = a \dot\cup u$. Wegen

$$a \cup b = a \cup b \cup t_1 = a \cup t_1$$

folgt daraus

$$(1) \qquad\qquad a \cup b = a \dot\cup u.$$

Entsprechend ergibt sich

$$(2) \qquad\qquad a \cup b = b \dot\cup v.$$

Aus $a = (a \cap b) \dot\cup a_1$ ergibt sich nun $a \cup b = b \dot\cup a_1$, nach (2) daher $a_1 \sim v$, also $a_1 \in J$. Nach (1) ist $a \cup b = a \cup u = (a \cap b) \cup a_1 \cup u$. Setzt man $s = a_1 \cup u$, so gilt wegen $a_1 \cup u \in J$ somit (α).

Hilfssatz 4.7. Ist J ein maximales neutrales Ideal in einem komplementären modularen Verbande L, so ist der Restklassenverband L/J ein einfacher komplementärer modularer Verband.

Beweis. Nach Anmerkung 4.1 ist L/J ein homomorphes Bild von L. Daher ist auf Grund von Anmerkung 1.9 L/J ein komplementärer modularer Verband. Nach Anmerkung 4.5 ist J ein maximales Quotientenideal N zugeordnet, und es ist $L/J = L/N$. Somit folgt nach Hilfssatz 4.4 (I), daß L/J ein einfacher Verband ist.

Satz 4.6. *Sei $\{J_\alpha; \alpha \in I\}$ eine Menge von maximalen neutralen Idealen eines komplementären modularen Verbandes L. Im Falle $\bigcap_{\alpha \in I} J_\alpha = (o)$*

ist L auf Grund der Abbildung $a \to (a/J_\alpha)_{\alpha \in I}$ *einem subdirekten Produkt der einfachen komplementären modularen Verbände* L/J_α $(\alpha \in I)$ *isomorph.*

Beweis. Die Behauptung folgt aus Satz 4.3, Anmerkung 4.5 und Hilfssatz 4.7.

§ 5. Darstellung von Verbänden durch Mengen

Definition 5.1. Wenn ein Ideal $\mathfrak{p}$ im Verbande L die beiden folgenden Bedingungen (1°) und (2°) erfüllt, so nennt man $\mathfrak{p}$ ein *Primideal* von L.

(1°) $\mathfrak{p}$ ist nicht leer und ist von L verschieden,

(2°)   wenn $a \cap b \in \mathfrak{p}$, so $a \in \mathfrak{p}$ oder $b \in \mathfrak{p}$.

Dual hierzu wird ein *duales Primideal* definiert.

Hilfssatz 5.1. Damit in einem Verbande L ein von L verschiedenes nicht leeres Ideal $\mathfrak{p}$ ein Primideal ist, ist notwendig und hinreichend, daß seine Komplementärmenge $L - \mathfrak{p}$ ein Dualideal von L ist. Die Komplementärmenge eines Primideales ist ein duales Primideal und umgekehrt.

Beweis. Eine Teilmenge $\mathfrak{p}$ von L ist genau dann ein Ideal, wenn die beiden folgenden Bedingungen (1°) und (2°) erfüllt sind.

(1°)   Wenn $a, b \in \mathfrak{p}$, so $a \cup b \in \mathfrak{p}$.

(2°)   Wenn $a \in \mathfrak{p}$ und $c \leqq a$, so $c \in \mathfrak{p}$.

Die Bedingungen (3°) und (4°) besagen, daß das Ideal $\mathfrak{p}$ ein Primideal ist:

(3°) $\mathfrak{p}$ ist nicht leer und ist von L verschieden,

(4°)   wenn $a \cap b \in \mathfrak{p}$, so $a \in \mathfrak{p}$ oder $b \in \mathfrak{p}$.

Andrerseits ist $L - \mathfrak{p}$ genau dann ein Dualideal, wenn die beiden folgenden Bedingungen (1′) und (2′) erfüllt sind.

(1′)   wenn $a, b \in L - \mathfrak{p}$, so $a \cap b \in L - \mathfrak{p}$,

(2′)   wenn $c \in L - \mathfrak{p}$ und $a \geqq c$, so $a \in L - \mathfrak{p}$;

Die Bedingungen (3′) und (4′) besagen, daß das Dualideal $L - \mathfrak{p}$ ein duales Primideal ist:

(3′) $L - \mathfrak{p}$ ist nicht leer und ist von L verschieden,

(4′)   wenn $a \cup b \in L - \mathfrak{p}$, so $a \in L - \mathfrak{p}$ oder $b \in L - \mathfrak{p}$.

Nun sind aber (1°) und (4′), (2°) und (2′), (3°) und (3′), (4°) und (1′) einander paarweise äquivalent, und somit ist der Hilfsssatz bewiesen.

Hilfssatz 5.2. In einem distributiven Verbande mit Nullelement ist ein maximales Dualideal ein duales Primideal. Umgekehrt ist in einem verallgemeinerten Booleschen Verband ein duales Primideal ein maximales Dualideal.

Beweis. (I). Sei $\mathfrak{p}$ ein maximales Dualideal in dem distributiven Verband L mit o und ferner $a \cup b \in \mathfrak{p}$, $a \notin \mathfrak{p}$. Wenn $a \cap c \neq \mathrm{o}$ für alle $c \in \mathfrak{p}$ gilt, so existiert nach Hilfssatz 1.16 ein maximales Dualideal, das $\mathfrak{p}$ und a enthält. Dies ist aber ein Widerspruch zur Maximalität von $\mathfrak{p}$. Also ist $a \cap c = \mathrm{o}$ für ein Element $c \in \mathfrak{p}$. Wegen $c \cup b \in \mathfrak{p}$ ist $b = (a \cap c) \cup b = (a \cup b) \cap (c \cup b) \in \mathfrak{p}$. Folglich ist $\mathfrak{p}$ ein duales Primideal.

(II). Sei $\mathfrak{p}$ nun ein duales Primideal in einem verallgemeinerten Booleschen Verband L. Angenommen, für ein Dualideal J aus L sei $\mathfrak{p} < J$. Dann existiert ein Element $x \in J$ mit $x \notin \mathfrak{p}$. Sei y ein Element $\in L$ mit $a \cup x = x \overset{.}{\cup} y$ für ein Element $a \in \mathfrak{p}$. Dann ist wegen $x \cup y \in \mathfrak{p}$ und $x \notin \mathfrak{p}$ aber $y \in \mathfrak{p}$. Wegen $x, y \in J$ folgt also $\mathrm{o} = x \cap y \in J$, d. h. es ist $J = L$ und daher $\mathfrak{p}$ ein maximales Dualideal.

Anmerkung 5.1. Nach den Hilfssätzen 5.1 und 5.2 und deren dualen Aussagen sind in einem Booleschen Verbande die Begriffe Primideal und maximales Ideal gleichbedeutend und ebenso die dualen Begriffe duales Primideal und maximales Dualideal; Primideale und duale Primideale sind Komplementärmengen voneinander.

Hilfssatz 5.3. Sei $\mathfrak{p}$ ein Ideal mit $1 \notin \mathfrak{p}$ in einem Booleschen Verbande L. Für die Maximalität von $\mathfrak{p}$ ist notwendig und hinreichend: Für jedes $a \in L$ und sein Komplement a' gilt $a \in \mathfrak{p}$ oder $a' \in \mathfrak{p}$.

Beweis. (I) Notwendig. Nach Anmerkung 5.1 ist $\mathfrak{p}$ ein Primideal. Wegen $a \cap a' = \mathrm{o} \in \mathfrak{p}$ gilt also $a \in \mathfrak{p}$ oder $a' \in \mathfrak{p}$.

(II) Hinreichend. Angenommen, $\mathfrak{p}$ sei kein maximales Ideal von L. Dann existiert ein Ideal J mit $\mathfrak{p} < J < L$. Wählt man ein a mit $a \in J$, $a \notin \mathfrak{p}$, so ist nach Voraussetzung $a' \in \mathfrak{p}$, also $a' \in J$ und daher $1 = a \cup a' \in J$. Dies ist ein Widerspruch zu $J < L$.

Hilfssatz 5.4. Zu Elementen a, b mit $a > b$ in einem distributiven Verband L existiert ein duales Primideal, das a, aber nicht b enthält.

Beweis. Nach Hilfssatz 1.15 gibt es unter den Quotientenidealen aus L, die a/b nicht enthalten, ein maximales Quotientenideal N. Dann ist aber nach Hilfssatz 4.4 (II) L/N subdirekt irreduzibel. Weil nach Anmerkung 1.9 L/N ein distributiver Verband ist, muß jedes Element aus L/N neutral sein. Folglich enthält L/N nach Anmerkung 3.1 nur das Nullelement b/N und das Einselement a/N. Setzt man

$$\mathfrak{p} = \{x; x/N = b/N\}, \quad \mathfrak{p}' = \{x; x/N = a/N\},$$

so ist $\mathfrak{p}$ ein Ideal, $\mathfrak{p}'$ ein Dualideal von L und $L = \mathfrak{p} \vee \mathfrak{p}'$, nach Hilfssatz 5.1 also $\mathfrak{p}'$ ein duales Primideal. Da nun aber $b \in \mathfrak{p}$ und $a \in \mathfrak{p}'$, ist $\mathfrak{p}'$ das gesuchte duale Primideal.

Satz 5.1. (*Stonesche Darstellung*). *Sei Ω_0 die Gesamtheit der dualen Primideale $\mathfrak{p}$ des Verbandes L. Für ein Element $a \in L$ werde die Gesamt-*

heit der dualen Primideale $\mathfrak{p}$, die a enthalten, mit $E_0(a)$ bezeichnet. Dann ist $a \to E_0(a)$ ein Homomorphismus von L auf den aus Teilmengen von Ω_0 bestehenden Mengenverband $\{E_0(a);\ a \in L\}$. Ist L insbesondere ein distributiver Verband, so ist diese Abbildung ein Isomorphismus[1]).

Beweis. (I) Weil für ein Dualideal $\mathfrak{p}$ die Aussagen $a \cap b \in \mathfrak{p}$ und „$a \in \mathfrak{p}$ und $b \in \mathfrak{p}$" äquivalent sind, ist $E_0(a \cap b) = E_0(a) \wedge E_0(b)$. Für ein duales Primideal $\mathfrak{p}$ ist ferner $a \cup b \in \mathfrak{p}$ mit der Aussage „$a \in \mathfrak{p}$ oder $b \in \mathfrak{p}$" gleichwertig. Daher gilt $E_0(a \cup b) = E_0(a) \vee E_0(b)$. Also ist $a \to E_0(a)$ eine homomorphe Abbildung.

(II) Ist L ein distributiver Verband, so existiert nach Hilfssatz 5.4 im Falle $a \neq b$ (woraus ja $a \cap b < a \cup b$ folgt) ein duales Primideal, das $a \cup b$, aber nicht $a \cap b$ enthält. Folglich ist $E_0(a \cap b) \neq E_0(a \cup b)$ und daher $E_0(a) \neq E_0(b)$. Also ist $a \to E_0(a)$ eine eineindeutige Abbildung von L auf $\{E_0(a);\ a \in L\}$, die somit nach (I) ein Isomorphismus ist.

Definition 5.2. Existiert in einem Verbande L mit Nullelement zu $a > b$ stets ein Element c mit $a \cap c \neq 0$ und $b \cap c = 0$, so sagt man, die Elemente von L sind *trennbar* oder auch, L sei ein Verband mit trennbaren Elementen.

Anmerkung 5.2. Die Elemente eines relativ komplementären Verbandes mit Nullelement sind trennbar; denn man braucht als c nur das Komplement von b in a zu wählen.

Hilfssatz 5.5. Die Elemente des Verbandes L seien trennbar. Dann existiert zu $a > b$ ein maximales Dualideal, das a, aber nicht b enthält.

Beweis. Da die Elemente von L trennbar sind, existiert ein Element $c \in L$ mit $a \cap c \neq 0$ und $b \cap c = 0$. Dann existiert aber nach Hilfssatz 1.16 ein maximales Dualideal $\mathfrak{p}$ in L, das a und c enthält. Aus $b \in \mathfrak{p}$ würde $0 = b \cap c \in \mathfrak{p}$ folgen. Dies widerspricht aber der Maximalität von $\mathfrak{p}$. Also ist $b \notin \mathfrak{p}$.

Satz 5.2. *(Wallmannsche Darstellung.) Sei Ω die Gesamtheit der maximalen Dualideale eines Verbandes L mit trennbaren Elementen. Für ein Element $a \in L$ werde die Gesamtheit der maximalen Dualideale $\mathfrak{p}$, die a enthalten, mit $E(a)$ bezeichnet. Dann ist $a \to E(a)$ eine eineindeutige Abbildung von L auf die Menge $\{E(a);\ a \in L\}$, und es ist $E(a \cap b) = E(a) \wedge E(b)$.[2] Ist L ferner distributiv, so ist L dem Mengenverband $\{E(a);\ a \in L\}$ isomorph.[3]*

Beweis. (I) Weil $a \cap b \in \mathfrak{p}$ bei dem Dualideal $\mathfrak{p}$ mit der Aussage „$a \in \mathfrak{p}$ und $b \in \mathfrak{p}$" äquivalent ist, gilt $E(a \cap b) = E(a) \wedge E(b)$. Im Falle $a \neq b$ ist $a \cap b < a$ oder $a \cap b < b$, ohne Beschränkung der Allgemeinheit also etwa $a \cap b < a$. Dann existiert nach Hilfssatz 5.5

---

[1]) STONE [1], [2].
[2]) G. BIRKHOFF und O. FRINK [1] 310. — [3]) H. WALLMAN [1] 115.

ein maximales Dualideal $\mathfrak{p}$, das a, aber nicht $a \cap b$ enthält. Da somit $\mathfrak{p} \in E(a)$ und $\mathfrak{p} \notin E(a \cap b) = E(a) \wedge E(b)$ gilt, ist $\mathfrak{p} \notin E(b)$, also $E(a) \neq E(b)$. Also wird L durch $a \to E(a)$ eineindeutig auf die Menge $\{E(a); a \in L\}$ abgebildet.

(II) Sei L ferner distributiv. Dann ist nach Hilfssatz 5.2 das maximale Dualideal $\mathfrak{p}$ ein duales Primideal und daher $a \cup b \in \mathfrak{p}$ mit der Aussage „$a \in \mathfrak{p}$ oder $b \in \mathfrak{p}$" äquivalent. Folglich ist $E(a \cup b) = E(a) \vee E(b)$. Somit sind nach (I) L und der Mengenverband $\{E(a); a \in L\}$ einander isomorph.

Satz 5.3. *Sei Ω die Gesamtheit der maximalen Dualideale (Maximalideale) des Booleschen Verbandes L. Für ein Element $a \in L$ bezeichnet man die Gesamtheit der maximalen Dualideale, die a enthalten (der Maximalideale, die a nicht enthalten) mit $E(a)$. Dann ist $a \to E(a)$ ein Isomorphismus von L auf den aus Teilmengen von Ω bestehenden Mengenverband $\{E(a); a \in L\}$.*

Beweis. Nach Anmerkung 5.1 sind in einem Booleschen Verband die Begriffe maximales Dualideal und duales Primideal gleichwertig. Somit folgt die Behauptung nach Satz 5.1. Da das maximale Dualideal und das Maximalideal voneinander Komplementärmengen in L sind, besagt „a enthalten im maximalen Dualideal" dasselbe wie „a nicht enthalten im (zugehörigen) Maximalideal".

Nach Anmerkung 5.2 sind übrigens die Elemente eines Booleschen Verbandes trennbar. Daher folgt die Behauptung auch nach Satz 5.2.

Anmerkung 5.3. Sei L_Ω die Gesamtheit der Teilmengen von Ω aus Satz 5.3. Dann ist L_Ω mit der Enthaltenseinsbeziehung als Ordnung ein vollständiger Boolescher Verband, und $\{E(a); a \in L\}$ ist ein Unterverband von L_Ω. Man kann dann aber, selbst wenn L ein vollständiger Boolescher Verband ist, nicht behaupten, daß $\{E(a); a \in L\}$ ein vollständiger Mengenverband ist, d. h. ein solcher, bei dem die obere bzw. untere Grenze einer Menge von Mengen die Vereinigungs- bzw. Durchschnittsmenge dieser Mengen ist. Sei z. B. $a_1 \cup \ldots \cup a_i \cup \ldots = 1 \in L$. Dann existiert nach der dualen Aussage von Hilfssatz 1.16 ein maximales Ideal $\mathfrak{p}_0$, das $\{a_i; i = 1, 2, \ldots\}$ enthält. Weil somit aber $\mathfrak{p}_0 \notin E(a_i)$ $(i = 1, 2, \ldots)$, ist $\Omega > E(a_1) \vee \ldots \vee E(a_i) \vee \ldots$.

Definition 5.3. Wenn zu jeder Teilmenge A eines Raumes R eine Teilmenge $\overline{A}$ definiert ist, welche die folgenden Bedingungen $(1°)$ bis $(4°)$ erfüllt, so nennt man R einen *topologischen Raum*.

$(1°)$ $\qquad\qquad\qquad \overline{A \vee B} = \overline{A} \vee \overline{B}$.

$(2°)$ $\qquad\qquad\qquad A \leq \overline{A}$.

$(3°)$ $\qquad\qquad\qquad \overline{\overline{A}} \leq \overline{A}$.

$(4°)$ $\qquad\qquad\qquad \overline{0} = 0$ (0 ist die leere Menge).

Man nennt $\overline{A}$ die *abgeschlossene Hülle* von A. Falls $\overline{A} = A$, so sagt man, A sei eine *abgeschlossene Menge*. Die Komplementärmenge einer abgeschlossenen Menge heißt eine *offene Menge*.

Sei **U** eine Menge von offenen Mengen eines topologischen Raumes R. Wenn sich dann jede beliebige offene Menge aus R als Vereinigungsmenge von Mengen aus **U** darstellen läßt, so nennt man **U** eine *Basis der offenen Mengen* von R.

Wenn bei jeder beliebigen Überdeckung des topologischen Raumes R mit offenen Mengen sich R schon durch endlich viele dieser Mengen überdecken läßt, so heißt R *kompakt*. Wenn für zwei beliebige voneinander verschiedene Punkte eines topologischen Raumes R eine zugleich offene und abgeschlossene Menge existiert, die den einen Punkt enthält und den anderen nicht, so nennt man R *nirgends zusammenhängend*.

Ein nirgends zusammenhängender und kompakter Raum heißt ein *Boolescher Raum*. Wenn $\overline{A} = R$, so nennt man A *dicht* in R. Wenn $\overline{R - \overline{A}} = R$, so bezeichnet man A als *nirgends dicht* in R oder auch als ein *Sieb* in R.

Eine Vereinigungsmenge von abzählbar vielen in R nirgends dichten Mengen heißt *mager* oder eine *Menge 1. Kategorie*.

Satz 5.4. *Sei Ω die Gesamtheit der Maximalideale eines Booleschen Verbandes L. In Ω werde eine Topologie eingeführt, indem man $\{E(a); a \in L\}$ als Basis der offenen Mengen wählt*[1]). *Dann ist Ω ein Boolescher Raum, und durch $a \to E(a)$ wird L isomorph auf den Mengenverband, der aus der Gesamtheit der zugleich offenen und abgeschlossenen Mengen von Ω besteht, abgebildet.*

Beweis. (I) Wenn man in Ω durch eine Basis $\{E(a); a \in L\}$ von offenen Mengen eine Topologie eingeführt hat, ist $E(a)$ selbst eine offene Menge. Sei a' das Komplement des Elementes a. Weil dann $E(a')$ die Komplementärmenge der offenen Menge $E(a)$ ist, ist $E(a')$ abgeschlossen. D. h. für jedes Element $a \in L$ ist die Menge $E(a)$ sowohl offen wie abgeschlossen.

(II) $\mathfrak{p}_1$ und $\mathfrak{p}_2$ seien zwei voneinander verschiedene Elemente aus Ω. Wählt man ein $a \in L$ mit $a \in \mathfrak{p}_1$ und $a \notin \mathfrak{p}_2$, so ist $\mathfrak{p}_1 \notin E(a)$ und $\mathfrak{p}_2 \in E(a)$. Weil $E(a)$ aber offen und abgeschlossen ist, hat sich damit Ω als nirgends zusammenhängend ergeben.

(III) Sei eine Menge **U** von offenen Mengen gegeben, die Ω überdeckt. Jedes $U \in$ **U** ist als Vereinigungsmenge von Mengen $E(a)$ darstellbar. Wenn man die Gesamtheit der hierzu erforderlichen $E(a)$ mit **V**

---

[1]) Dies ist möglich, da $\Omega = E(1)$ und ferner nach Satz 5.1 $E(a) \cap E(b) = E(a \cap b)$ ist.

bezeichnet, so wird Ω von **V** überdeckt; d. h. für jedes $\mathfrak{p}$ aus Ω existiert ein $a_{\mathfrak{p}}$ mit $\mathfrak{p} \in E(a_{\mathfrak{p}})$, also $a_{\mathfrak{p}} \notin \mathfrak{p}$, und $E(a_{\mathfrak{p}}) \in$ **V**. Angenommen, die obere Grenze von beliebigen endlich vielen Elementen von $\mathfrak{A} = \{a_{\mathfrak{p}}; \mathfrak{p} \in \Omega\}$ sei stets von 1 verschieden. Dann folgt nach der dualen Aussage von Hilfssatz 1.16, daß ein maximales Ideal $\mathfrak{p} \geq \mathfrak{A}$ existiert. Da dies wegen $a_{\mathfrak{p}} \notin \mathfrak{p}$ ein Widerspruch ist, kann man aus $\mathfrak{A}$ endlich viele Elemente $a_1, \ldots, a_n$ mit $a_1 \cup \ldots \cup a_n = 1$ auswählen. Daher ist nach Satz 5.3 $E(a_1) \vee \ldots \vee E(a_n) = \Omega$. Ist U_i eine Menge aus **U**, die $E(a_i)$ enthält, so wird Ω durch $\{U_1, \ldots, U_n\}$ überdeckt, d. h. Ω ist kompakt. Folglich ist Ω nach (II) ein Boolescher Raum.

(IV) Nach (I) ist $E(a)$ eine offene und abgeschlossene Menge. Sei ferner A eine beliebige offene und abgeschlossene Menge von Ω. Als offene Menge läßt sie sich in der Form $A = {}_{a \in \mathfrak{A}}\bigcup E(a)$ darstellen. Eine abgeschlossene Menge in einem kompakten Raum ist wieder kompakt. Daher kann man endlich viele Elemente $a_1, \ldots, a_n \in \mathfrak{A}$ mit $A = E(a_1) \vee \ldots \vee E(a_n)$ wählen. Setzt man $a = a_1 \cup \ldots \cup a_n$, so ist $A = E(a)$; d. h. A ist Bild eines Elementes $a \in L$. Somit folgt der letzte Teil der Behauptung nach Satz 5.3.

Definition 5.4. Man nennt einen Raum Ω mit einer wie in Satz 5.4 angegebenen Topologie eine *Darstellung* des Booleschen Verbandes L *als Booleschen Raum.*

Hilfssatz 5.6. Ein vollständiger Boolescher Verband L sei als Boolescher Raum Ω dargestellt. Dann ist die abgeschlossene Hülle einer beliebigen offenen Menge von Ω wieder eine offene Menge.

Beweis. Sei U eine beliebige offene Menge aus Ω und $b = {}_{E(a) \leq U}\bigcup a$. Für $\mathfrak{p}$ aus U existiert ein Element $a_1 \in L$ mit $\mathfrak{p} \in E(a_1) \leq U$. Wegen $a_1 \leq b$ ist $E(a_1) \leq E(b)$ und folglich $U \leq E(b)$. Da $E(b)$ eine abgeschlossene Menge ist, folgt $\overline{U} \leq E(b)$. Angenommen, es sei $\overline{U} < E(b)$. Dann ist $E(b) - \overline{U}$ eine offene Menge. Daher existiert ein Element $a_2 \in L$ mit $0 < E(a_2) \leq E(b) - \overline{U}$, und es ist $a_2 \leq b$. Wenn für alle a mit $E(a) \leq U$ stets $a_2 \cap a = 0$ ist, so folgt nach Anmerkung 1.12 $a_2 \cap b = 0$. Dies ist aber ein Widerspruch zu $a_2 \neq 0$. Also gibt es ein a_3 mit $E(a_3) \leq U$ und $a_2 \cap a_3 \neq 0$. Daher ist $E(a_2) \wedge E(a_3) \neq 0$. Das widerspricht aber der Aussage $E(a_2) \wedge \overline{U} = 0$. Also ist $\overline{U} = E(b)$ und somit $\overline{U}$ eine offene Menge.

§ 6. Metrische Verbände

Definition 6.1. Eine Abbildung m des Verbandes L in die Menge der reellen Zahlen, welche die Bedingung

$$(\alpha) \qquad\qquad m(a \cup b) + m(a \cap b) = m(a) + m(b)$$

für alle a, b, $\in L$ erfüllt, nennt man eine in L definierte *modulare Funktion*. Wenn ferner

$$(\beta) \qquad\qquad \text{für } a > b \text{ auch } m(a) > m(b)$$

ist, so heißt die modulare Funktion m *positiv*.

Anmerkung 6.1. Ist in einem relativ komplementären Verband mit Nullelement eine modulare Funktion m mit

$$(1^\circ) \qquad\qquad m(0) = 0 ,$$

$$(2^\circ) \qquad\qquad \text{wenn } a > 0 , \text{ so } m(a) > 0 ,$$

definiert, so ist $m(a)$ positiv. Denn aus $a > b$ und $a = b \,\dot\cup\, c$ folgt $m(a) = m(b) + m(c) - m(0) > m(b)$ wegen $c > 0$.

Satz 6.1. *Ein Verband, für den man eine positive modulare Funktion m definieren kann, ist ein modularer Verband.*

Beweis. Es ist klar, daß für $a \leqq c$ stets

$$(a \cup b) \cap c \geqq a \cup (b \cap c)$$

ist. Wegen (α) und $a \leqq c$ ist

$$\begin{aligned}
m\left((a \cup b) \cap c\right) &- m\left(a \cup (b \cap c)\right) \\
&= m(a \cup b) + m(c) - m(a \cup b \cup c) - \left(m(a) + m(b \cap c) - m(a \cap b \cap c)\right) \\
&= \left(m(a \cup b) + m(a \cap b) - m(a)\right) - \left(m(b \cup c) + m(b \cap c) - m(c)\right) \\
&= m(b) - m(b) = 0 ,
\end{aligned}$$

also nach (β)

$$(a \cup b) \cap c = a \cup (b \cap c) .$$

Satz 6.2. *Sei im Verband L eine positive modulare Funktion m definiert. Dann gelten folgende Aussagen:*

(I)   *Mit $\delta(a, b) = m(a \cup b) - m(a \cap b)$ als Abstand von a, b ist L ein metrischer Raum.*

(II) $|m(a) - m(b)| \leqq \delta(a, b)$.

(III) $\delta(a \cup x, b \cup x) + \delta(a \cap x, b \cap x) \leqq \delta(a, b)$.

(IV) $\delta(a \cup c, b \cup d) \leqq \delta(a, b) + \delta(c, d)$,

                    $\delta(a \cap c, b \cap d) \leqq \delta(a, b) + \delta(c, d)$.

Beweis. (I) $\delta(a, b) = \delta(b, a)$, $\delta(a, a) = 0$ und (für $a \neq b$) $\delta(a,b) > 0$ erkennt man sofort. Wegen $\delta(a, b) = m(a) + m(b) - 2\,m(a \cap b)$ ist

$$\begin{aligned}
\delta(a, b) + \delta(b, c) - \delta(a, c) &= 2\left(m(b) + m(a \cap c) - m(a \cap b) - m(b \cap c)\right) \\
&= 2\left(m(b \cup (a \cap c)) - m((a \cap b) \cup (b \cap c))\right) .
\end{aligned}$$

Wegen $b \cup (a \cap c) \geqq b \geqq (a \cap b) \cup (b \cap c)$ folgt somit

$$\delta(a, b) + \delta(b, c) - \delta(a, c) \geqq 0 .$$

Also erfüllt δ die Abstandsaxiome.

(II) $\delta(a,b) - (m(a) - m(b)) = m(a \cup b) - m(a) + m(b) - m(a \cap b) \geqq 0$. Vertauschen von a mit b liefert daraus $\delta(a, b) - (m(b) - m(a)) \geqq 0$. Also gilt (II).

(III) Wegen $\qquad (a \cup x) \cap (b \cup x) \geqq (a \cap b) \cup x$

und $\qquad\qquad\quad (a \cap x) \cup (b \cap x) \leqq (a \cup b) \cap x$ ist

$$\delta(a \cup x, b \cup x) + \delta(a \cap x, b \cap x)$$
$$= m(a \cup b \cup x) - m\left((a \cup x) \cap (b \cup x)\right) + m\left((a \cap x) \cup (b \cap x)\right) - m(a \cap b \cap x)$$
$$\leqq m(a \cup b \cup x) - m\left((a \cap b) \cup x\right) + m\left((a \cup b) \cap x\right) - m(a \cap b \cap x)$$
$$= m(a \cup b) - m(a \cap b) = \delta(a, b) \, .$$

(IV) Auf Grund von (I) und (III) folgt

$$\delta(a \cup c, b \cup d) \leqq \delta(a \cup c, b \cup c) + \delta(b \cup c, b \cup d) \leqq \delta(a, b) + \delta(c, d) \, .$$

Die zweite Formel läßt sich analog beweisen.

Definition 6.2. Wegen Satz 6.2 (I) nennt man einen Verband mit einer positiven modularen Funktion m einen *metrischen Verband*.

Anmerkung 6.2. (II) und (III) von Satz 6.2 besagen, daß m, $a \to a \cup x$ und $a \to a \cap x$ in bezug auf die Abstandsfunktion δ stetig sind.

Definition 6.3. Ist in einem bedingt σ-vollständigen Verband eine solche positive modulare Funktion m definiert, daß für $(a_i)_{i=1,2,\ldots}$ aus $a_i \uparrow a$ stets $m(a_i) \uparrow m(a)$ und aus $a_i \downarrow a$ stets $m(a_i) \downarrow m(a)$ folgt, so heißt m *o-stetig*.

Satz 6.3. *Kann man für einen bedingt σ-vollständigen Verband L eine o-stetige positive modulare Funktion m definieren, so ist L ein bedingt stetiger Verband.*

Beweis. (I) Das monoton steigende System $(a_\delta)_{\delta \in D}$ von L habe eine obere Schranke. Es werde $\eta = \sup_\delta m(a_\delta)$ gesetzt. Dann existieren Elemente $\delta_i (i = 1, 2, \ldots)$ mit $\delta_i < \delta_{i+1}$ und $m(a_{\delta_i}) \uparrow \eta$. Setzt man $a = {}_{1 \leqq i < \infty}\!\bigcup a_{\delta_i}$, so folgt nach Definition 6.3 $m(a) = \eta$. Zu beliebigen δ und δ_i gibt es ein δ' mit $a_{\delta_i} \cup a_\delta \leqq a_{\delta'}$. Daher ist $\lim\limits_{i \to \infty} m(a_{\delta_i} \cup a_\delta)$ $\leqq \eta = m(a)$. Wegen $a_{\delta_i} \cup a_\delta \uparrow a \cup a_\delta$ ist andererseits $\lim\limits_{i \to \infty} m(a_{\delta_i} \cup a_\delta)$ $= m(a \cup a_\delta)$. Also gilt $m(a) = m(a \cup a_\delta)$, daher $a = a \cup a_\delta$ und somit $a_\delta \leqq a$. Da aber $a = {}_{1 \leqq i < \infty}\!\bigcup a_{\delta_i}$ ist, existiert ${}_{\delta \in D}\!\bigcup a_\delta$ und ist gleich a.

(II) Sei $\{a_\alpha; \alpha \in I\}$ eine nicht leere Teilmenge mit oberer Schranke aus L. Die Gesamtheit D_0 der nicht leeren endlichen Teilmengen N von I ist eine gerichtete Menge. Setzt man $b_N = {}_{\alpha \in N}\!\bigcup a_\alpha$, so ist für $N < N'$ auch $b_N \leqq b_{N'}$. Daher existiert nach (I) ${}_{N \in D_0}\!\bigcup b_N$ und ist gleich ${}_{\alpha \in I}\!\bigcup a_\alpha$.

Der Existenzbeweis der unteren Grenze für eine Menge mit unterer Schranke verläuft analog. Also ist L ein bedingt vollständiger Verband.

(III) Wenn $a_i \uparrow a$, so $a_i \cup b \uparrow a \cup b$ und $a_i \cap b \uparrow {}_{1 \leqq i < \infty}\!\bigcup (a_i \cap b)$. Also ist $\quad m(a \cap b) = m(a) + m(b) - m(a \cup b)$
$$= \lim\limits_{i \to \infty} (m(a_i) + m(b) - m(a_i \cup b)) = \lim\limits_{i \to \infty} m(a_i \cap b) = m({}_{1 \leqq i < \infty}\!\bigcup a_i \cap b).$$

Wegen $a \cap b \geqq {}_{1 \leqq i < \infty}\bigcup (a_i \cap b)$ folgt daher $a \cap b = {}_{1 \leqq i < \infty}\bigcup (a_i \cap b)$, d. h. $a_i \cap b \uparrow a \cap b$.

Entsprechend ergibt sich $a_i \cup b \downarrow a \cup b$ für $a_i \downarrow a$.

(IV) Wenn $a_\delta \uparrow a$, so existieren nach (I) Elemente $\delta_i (i = 1, 2, \ldots)$ mit $a_{\delta_i} \uparrow a$. Nach (III) folgt $a_{\delta_i} \cap b \uparrow a \cap b$. Es ist also

$$ {}_{1 \leqq i < \infty}\bigcup (a_{\delta_i} \cap b) \leqq {}_{\delta \varepsilon D}\bigcup (a_\delta \cap b) \leqq a \cap b, $$

und daher $a_\delta \cap b \uparrow a \cap b$. Analog erhält man $a_\delta \cup b \downarrow a \cup b$ für $a_\delta \downarrow a$. Folglich ist L ein bedingt stetiger Verband.

Anmerkung 6.3. Wie aus dem Beweis des Satzes 6.3 hervorgeht, ist ein σ-vollständiger Verband, für den man eine o-stetige positive modulare Funktion definieren kann, ein stetiger Verband.

Satz 6.4. *In dem metrischen Verband L sei eine positive modulare Funktion m definiert. Wenn L ein vollständiger metrischer Raum*[1]*) ist, so ist L ein bedingt σ-vollständiger Verband und m o-stetig, also nach Satz 6.3 L ein bedingt stetiger Verband. Ist umgekehrt L ein σ-vollständiger Verband und m eine o-stetige positive modulare Funktion, so hat L ein Null- und Einselement und ist ein vollständiger metrischer Raum.*

Beweis. (I) Sei L ein vollständiger metrischer Raum und $a_i \leqq a_{i+1} \leqq c$ $(i = 1, 2, \ldots)$. Weil für $i < j$ auch $m(a_i) \leqq m(a_j) \leqq m(c)$ ist, konvergiert die Folge der $m(a_i)$. Da für $i < j$ aber $\delta(a_i, a_j) = m(a_j) - m(a_i)$ gilt, und L ein vollständiger metrischer Raum ist, existiert ein $a \in L$ mit $\lim_{i \to \infty} \delta(a_i, a) = 0$. Für $i < j$ ist $a_i \cup a_j = a_j$, und nach Satz 6.2 (III) gilt $\delta(a_i \cup a_j, a_i \cup a) \leqq \delta(a_j, a)$. Läßt man nun j über alle Grenzen wachsen, so folgt $a_i \cup a = a$, also $a_i \leqq a$. Sei ferner $a_i \leqq b$ $(i = 1, 2, \ldots)$ und somit $a_i \cup b = b$. Wegen $\delta(a_i \cup b, a \cup b) \leqq \delta(a_i, a)$ und $\lim_{i \to \infty} \delta(a_i, a) = 0$ folgt $a \cup b = b$, d. h. $a \leqq b$. Somit existiert ${}_{1 \leqq i < \infty}\bigcup a_i$ und ist gleich a. Wegen $m(a) - m(a_i) = \delta(a, a_i)$ gilt aber auch $m(a_i) \uparrow m(a)$. Analog ergibt sich für $a_i \geqq a_{i+1} \geqq c$ $(i = 1, 2, \ldots)$ die Existenz eines $a \in L$ mit $a = {}_{1 \leqq i < \infty}\bigcap a_i$ und $m(a_i) \downarrow m(a)$. Hiermit ist der erste Teil des Satzes bewiesen.

(II) Sei L ein σ-vollständiger Verband und m o-stetig. Nach Anmerkung 6.3 ist L dann ein vollständiger Verband und enthält somit o und 1. Sei für die Folge $(a_i)_{i=1,2,\ldots}$ nun $\lim_{i,j \to \infty} \delta(a_i, a_j) = 0$. Dann kann man ein n_1 so bestimmen, daß für alle $n > n_1$ stets $\delta(a_n, a_{n_1}) \leqq \dfrac{1}{2}$ ist.

---

[1]) Einen metrischen Raum L nennt man *vollständig*, wenn aus $\lim_{i,j \to \infty} \delta(a_i, a_j) = 0$ für die Folge $(a_i)_{i=1,2,\ldots}$ die Existenz eines $a \in L$ mit $\lim_{i \to \infty} \delta(a_i, a) = 0$ folgt. Eine Folge $(a_i)_{i=1,2,\ldots}$ mit $\lim_{i,j \to \infty} \delta(a_i, a_j) = 0$ heißt *Fundamentalfolge* oder *Cauchy-Folge*.

Allgemein kann zu n_{p-1} ein $n_p > n_{p-1}$ so gewählt werden, daß

$$\delta(a_n, a_{n_p}) \leqq \frac{1}{2^p}$$

für alle $n > n_p$ ist. So erhält man die Folge $(a_{n_p})_{p=1,2,\ldots}$. Nach Satz 6.2 (III) ist

$$m(a_{n_\nu} \cup \ldots \cup a_{n_\nu + \mu + 1}) - m(a_{n_\nu} \cup \ldots \cup a_{n_\nu + \mu})$$
$$= \delta(a_{n_\nu} \cup \ldots \cup a_{n_\nu + \mu + 1}, \, a_{n_\nu} \cup \ldots \cup a_{n_\nu + \mu})$$
$$\leqq \delta(a_{n_\nu + \mu + 1}, \, a_{n_\nu + \mu}) \leqq \frac{1}{2^{\nu + \mu}}.$$

Summiert man über $\mu = 0, 1, \ldots, \eta$, so erhält man

$$m(a_{n_\nu} \cup \ldots \cup a_{n_\nu + \eta + 1}) - m(a_{n_\nu}) \leqq \sum_{\mu = 0}^{\eta} \frac{1}{2^{\nu + \mu}}.$$

Setzt man $a^{(\nu)} = {}_{\nu \leqq \mu < \infty}\!\bigcup a_{n_\mu}$ und läßt η über alle Grenzen wachsen, so folgt wegen der o-Stetigkeit von $m(a)$

(1) $$m(a^{(\nu)}) - m(a_{n_\nu}) \leqq \frac{1}{2^{\nu-1}}.$$

Führt man $a_{(\nu)} = {}_{\nu \leqq \mu < \infty}\!\bigcap a_{n_\mu}$ ein, so ergibt sich analog

(2) $$m(a_{n_\nu}) - m(a_{(\nu)}) \leqq \frac{1}{2^{\nu-1}}.$$

Nach (1) und (2) ist also

(3) $$m(a^{(\nu)}) - m(a_{(\nu)}) = \frac{1}{2^{\nu-2}}.$$

Wegen $a_{(\nu)} \leqq {}_{1 \leqq \nu < \infty}\!\bigcup a_{(\nu)} \leqq {}_{1 \leqq \nu < \infty}\!\bigcap a^{(\nu)} \leqq a^{(\nu)}$ folgt nach (3)

$$\delta({}_{1 \leqq \nu < \infty}\!\bigcap a^{(\nu)}, \, {}_{1 \leqq \nu < \infty}\!\bigcup a_{(\nu)}) \leqq \delta(a^{(\nu)}, a_{(\nu)}) \leqq \frac{1}{2^{\nu-2}},$$

also

$${}_{1 \leqq \nu < \infty}\!\bigcap a^{(\nu)} = {}_{1 \leqq \nu < \infty}\!\bigcup a_{(\nu)}.$$

Setzt man $a = {}_{1 \leqq \nu < \infty}\!\bigcup a_{(\nu)}$, so ist nach (3)

(4) $$\delta(a^{(\nu)}, a) = m(a^{(\nu)}) - m(a) \leqq m(a^{(\nu)}) - m(a_{(\nu)}) \leqq \frac{1}{2^{\nu-2}}.$$

Wegen $\lim_{i,j \to \infty} \delta(a_i, a_j) = 0$ gibt es zu jeder beliebigen positiven Zahl ε eine natürliche Zahl N, so daß

(5) $$\delta(a_i, a_j) \leqq \varepsilon \quad \text{für} \quad i, j \geqq N$$

gilt. Wählt man ν mit $\frac{1}{2^{\nu-2}} \leqq \varepsilon$, so ist für n_p mit $p \geqq \nu$ und $n_p \geqq N$ wegen $a_{(\nu)} \leqq a_{n_p} \leqq a^{(\nu)}$ nach (3)

(6) $$\delta(a^{(\nu)}, a_{n_p}) = m(a^{(\nu)}) - m(a_{n_p}) \leqq m(a^{(\nu)}) - m(a_{(\nu)}) = \frac{1}{2^{\nu-2}} \leqq \varepsilon.$$

Wenn also $i \geqq N$, so folgt nach (4), (5) und (6)

$$\delta(a_i, a) \leqq \delta(a_i, a_{n_p}) + \delta(a_{n_p}, a^{(\nu)}) + \delta(a^{(\nu)}, a) \leqq 3\,\varepsilon,$$

d. h. $\lim\limits_{i \to \infty} \delta(a_i, a) = 0$. Also ist L ein vollständiger metrischer Raum.

Hilfssatz 6.1. Für den komplementären Verband L sei eine positive modulare Funktion definiert. Dann existiert zu zwei beliebigen Elementen $a, b \in L$ und jedem Komplement a' von a ein solches Komplement b' von b, daß $\delta(a, b) = \delta(a', b')$.

Beweis. Nach Hilfssatz 1.13 gibt es zu a, b ein solches Komplement b' von b, daß $a' \cap b'$ das Komplement von $a \cup b$ und $a' \cup b'$ das Komplement von $a \cap b$ ist. Dann gilt

$$\begin{aligned}
\delta(a, b) &= m(a \cup b) - m(a \cap b) \\
&= \big(m(1) + m(0) - m(a' \cap b')\big) - \big(m(1) + m(0) - m(a' \cup b')\big) \\
&= m(a' \cup b') - m(a' \cap b') = \delta(a', b') \, .
\end{aligned}$$

Satz 6.5. *Sei L ein Verband mit einer positiven modularen Funktion m. Wenn L in bezug auf die durch $\delta(a, b) = m(a \cup b) - m(a \cap b)$ erklärte Abstandsfunktion δ nicht vollständig ist, so kann man L in einen bezüglich der Metrik vollständigen Verband L^* einbetten. L ist dicht in L^*. Die Funktion m läßt sich zu einer positiven modularen Funktion in L^* fortsetzen. Ist ferner L ein komplementärer Verband, so auch L^*.*

Beweis. (I) Seien (a_i) und (b_i) zwei beliebige Fundamentalfolgen[1]) von L. Wegen $\delta(a_i, b_i) \leqq \delta(a_i, a_j) + \delta(a_j, b_j) + \delta(b_j, b_i)$ ist dann

$$|\delta(a_i, b_i) - \delta(a_j, b_j)| \leqq \delta(a_i, a_j) + \delta(b_i, b_j) \, .$$

Also existiert $\lim\limits_{i \to \infty} \delta(a_i, b_i)$. Im Falle $\lim\limits_{i \to \infty} \delta(a_i, b_i) = 0$ werde $(a_i) \equiv (b_i)$ geschrieben. $\equiv$ ist dann eine Äquivalenzrelation.

(II) (a_i) und (c_i) seien zwei Fundamentalfolgen. Nach Satz 6.2 (IV) ist

$$\begin{aligned}
\delta(a_i \cup c_i, a_j \cup c_j) &\leqq \delta(a_i, a_j) + \delta(c_i, c_j) \, , \\
\delta(a_i \cap c_i, a_j \cap c_j) &\leqq \delta(a_i, a_j) + \delta(c_i, c_j) \, .
\end{aligned}$$

Daher sind auch $(a_i \cup c_i)$ und $(a_i \cap c_i)$ Fundamentalfolgen. Im Falle $(a_i) \equiv (b_i)$, $(c_i) \equiv (d_i)$, ergibt sich wegen

$$\begin{aligned}
\delta(a_i \cup c_i, b_i \cup d_i) &\leqq \delta(a_i, b_i) + \delta(c_i, d_i), \\
\delta(a_i \cap c_i, b_i \cap d_i) &\leqq \delta(a_i, b_i) + \delta(c_i, d_i)
\end{aligned}$$

auch $(a_i \cup c_i) \equiv (b_i \cup d_i)$ und $(a_i \cap c_i) \equiv (b_i \cap d_i)$.

(III) Auf Grund der Äquivalenzrelation $\equiv$ kann man die Fundamentalfolgen von L in Klassen einteilen. Die (a_i) enthaltende Klasse sei mit a^*, die (c_i) enthaltende mit c^* bezeichnet. L^* sei die Gesamtheit dieser Klassen. Nach (II) kann man $a^* \cup c^*$ als die Klasse definieren,

---

[1]) Die Angabe $i = 1, 2, \ldots$ ist hier und im folgenden fortgelassen.

welche $(a_i \cup c_i)$, und $a^* \cap c^*$ als die, welche $(a_i \cap c_i)$ enthält. Dann ergibt sich L^* nach Satz 1.1 als Verband.

(IV) Ist (a_i) eine Fundamentalfolge, so existiert $\lim\limits_{i \to \infty} m(a_i)$. Im Falle $(a_i) \equiv (b_i)$ ist ferner wegen $|m(a_i) - m(b_j)| \leq \delta(a_i, b_j)$ (s. Satz 6.2 (II)) auch $\lim\limits_{i \to \infty} m(a_i) = \lim\limits_{i \to \infty} m(b_i)$. Also kann man durch $m(a^*) = \lim\limits_{i \to \infty} m(a_i)$ eine Funktion m für L^* definieren. m ist modular; denn enthält a^* die Fundamentalfolge (a_i) und b^* die Fundamentalfolge (b_i), so ergibt sich aus $m(a_i \cup b_i) + m(a_i \cap b_i) = m(a_i) + m(b_i)$ durch Grenzübergang $m(a^* \cup b^*) + m(a^* \cap b^*) = m(a^*) + m(b^*)$. Sei ferner $a^* > b^*$, also $a^* = a^* \cup b^*$. Dann kann man, da $(a_i \cup b_i)$ in a^* enthalten ist, stets $a_i \geq b_i (i = 1, 2, \ldots)$ voraussetzen. Wäre $\lim\limits_{i \to \infty} \big(m(a_i) - m(b_i)\big) = 0$, so würde sich $\lim\limits_{i \to \infty} \delta(a_i, b_i) = 0$ ergeben im Widerspruch zu $a^* > b^*$. Also $\lim\limits_{i \to \infty} m(a_i) > \lim\limits_{i \to \infty} m(b_i)$, d. h. $m(a^*) > m(b^*)$. Folglich ist m positiv.

Da m eine positive modulare Funktion für L^* ist, ist auch L^* ein metrischer Verband und $\delta(a^*, b^*) = \lim\limits_{i \to \infty} \delta(a_i, b_i)$.

(V) Sei a_0^* die Klasse, welche die Fundamentalfolge (a_i) mit $a_i = a \ (i = 1, 2, \ldots)$ enthalte. Bezeichnet man die Gesamtheit der $a_0^*(a \in L)$ mit L_0^*, so sind nach (I), (II) und (III) L und der Unterverband L_0^* von L^* auf Grund der Abbildung $a \to a_0^*$ einander isomorph. Ferner ist $m(a_0^*) = m(a)$.

(VI) Sei a^* ein beliebiges Element aus L^*, welches die Fundamentalfolge (a_i) enthält. Wegen $\delta(a^*, a_{n0}^*) = \lim\limits_{i \to \infty} \delta(a_i, a_n)$ gilt $\lim\limits_{n \to \infty} \delta(a^*, a_{n0}^*) = 0$, d. h. L_0^* ist in L^* dicht.

(VII) Es soll jetzt bewiesen werden, daß L^* in bezug auf die Metrik δ vollständig ist. Sei $(a^{*(n)})$ eine beliebige Fundamentalfolge aus L^*. Wegen (VI) existiert ein $a_{n0}^* \in L_0^*$ mit $\delta(a^{*(n)}, a_{n0}^*) < \dfrac{1}{n}$. Weil a_{n0}^* die Klasse ist, welche die Folge $(a_n, a_n, \ldots)$ enthält, ist $\delta(a_m, a_n) = \delta(a_{m0}^*, a_{n0}^*)$ $\leq \delta(a_{m0}^*, a^{*(m)}) + \delta(a^{*(m)}, a^{*(n)}) + \delta(a^{*(n)}, a_{n0}^*) < \dfrac{1}{m} + \delta(a^{*(m)}, a^{*(n)}) + \dfrac{1}{n}$. Also ist (a_n) eine Fundamentalfolge von L. a^* sei das Element aus L^*, das (a_n) enthält. Dann ist

$$\delta(a^{*(n)}, a^*) \leq \delta(a^{*(n)}, a_{n0}^*) + \delta(a_{n0}^*, a^*) < \frac{1}{n} + \lim_{m \to \infty} \delta(a_n, a_m)\,,$$

also $\lim\limits_{n \to \infty} \delta(a^{*(n)}, a^*) = 0$; d. h. L^* ist in bezug auf δ vollständig.

(VIII) Sei L ferner ein komplementärer Verband. Die Elemente von L_0^* seien im folgenden mit den ihnen entsprechenden von L identifiziert. Zu einem beliebigen Element $a^* \in L^*$ existieren Elemente $a_n \in L$ $(n = 1, 2, \ldots)$ mit $\lim\limits_{n \to \infty} \delta(a_n, a^*) = 0$ und $\sum\limits_{n=1}^{\infty} \delta(a_n, a_{n+1}) < + \infty$.

Sei a_1' ein Komplement von a_1. Wenn die Komplemente $a_1', \ldots, a_n'$ bestimmt sind, so gibt es nach Hilfssatz 6.1 ein Komplement a_{n+1}' von a_{n+1} mit $\delta(a_n', a_{n+1}') = \delta(a_n, a_{n+1})$. Dann ist $\sum\limits_{n=1}^{\infty} \delta(a_n', a_{n+1}') < + \infty$ und somit (a_n') eine Fundamentalfolge von L. Bezeichnet man das diese Folge enthaltende Element von L^* mit $a^{*'}$, so ist nach Satz 6.2 (IV)

$$\delta(a_n \cup a_n', a^* \cup a^{*'}) \leqq \delta(a_n, a^*) + \delta(a_n', a^{*'}),$$
$$\delta(a_n \cap a_n', a^* \cap a^{*'}) \leqq \delta(a_n, a^*) + \delta(a_n', a^{*'}),$$

also $a^* \cup a^{*'} = 1$ und $a^* \cap a^{*'} = 0$; d. h. $a^{*'}$ ist ein Komplement von a^* und L^* somit ein komplementärer Verband.

Anmerkung 6.4.[1]) L^* sei konstruiert wie in Satz 6.5 angegeben. Nach den Sätzen 6.1 und 6.4 ist L^* ein bedingt stetiger modularer Verband. L enthalte ferner 0 und 1. Für L sei eine modulare Funktion m_1 mit $m_1(0) = 0$, $m_1(1) = 1$ definiert. Wenn m durch diese Bedingungen eindeutig bestimmt wird[2]), ist L^* irreduzibel.

Beweis. Bildet man $\dfrac{m(a) - m(0)}{m(1) - m(0)}$ mit der in Satz 6.5 gegebenen Funktion m und bezeichnet die durch diesen Ausdruck definierte Funktion wieder mit m, so ist $m(0) = 0$, $m(1) = 1$, und m ist eine positive modulare Funktion. Angenommen, L^* sei reduzibel. Dann existiert nach Anmerkung 3.3 ein Zentrumselement z mit $0 < z < 1$. Sei z' das Komplement von z. p und q seien beliebige positive, der Bedingung $p\, m(z) + q\, m(z') = 1$ genügende Zahlen. Setzt man für $a \in L^*$ dann $m_1(a) = p\, m(z \cap a) + q\, m(z' \cap a)$, so ist $m_1(0) = 0$ und $m_1(1) = 1$. Ferner folgt

$$m_1(a \cup b) = p\, m(z \cap (a \cup b)) + q\, m(z' \cap (a \cup b))$$
$$= p\, m((z \cap a) \cup (z \cap b)) + q\, m((z' \cap a) \cup (z' \cap b))$$

und

$$m_1(a \cap b) = p\, m((z \cap a) \cap (z \cap b)) + q\, m((z' \cap a) \cap (z' \cap b)),$$

also

$$m_1(a \cup b) + m_1(a \cap b) = p(m(z \cap a) + m(z \cap b)) + q(m(z' \cap a) + m(z' \cap b))$$
$$= m_1(a) + m_1(b);$$

d. h. m_1 ist eine modulare Funktion für L^*. Nach Satz 6.2 ist

$$|m_1(a) - m_1(b)| \leqq p\, |m(z \cap a) - m(z \cap b)| + q\, |m(z' \cap a) - m(z' \cap b)|$$
$$\leqq p\, \delta(z \cap a, z \cap b) + q\, \delta(z' \cap a, z' \cap b) \leqq (p + q)\, \delta(a, b).$$

---

[1]) Nach U. Sasaki.

[2]) In diesem Fall ist auch L irreduzibel. Der Beweis kann wie für L^* durchgeführt werden.

Daher ist der Wert von m_1 für ein Element aus L^* schon durch die Werte von m_1 auf L bestimmt. Wegen der nach Voraussetzung eindeutigen Bestimmtheit von m_1 in L, ist m_1 auch in L^* eindeutig bestimmt. Dies ist aber ein Widerspruch dazu, daß man p und q als beliebige positive Werte, die nur die obige Bedingung zu erfüllen hatten, wählen konnte. Also ist L^* irreduzibel.

II. Allgemeine Eigenschaften modularer Verbände
§ 1. Unabhängige Systeme in modularen Verbänden

In diesem Abschnitt enthalte der modulare Verband L immer ein Nullelement[1]).

Hilfssatz 1.1. Sei in einem modularen Verbande L $\perp(a_1, \ldots, a_n)$ und $x_i, y_i \leqq a_i (i = 1, \ldots, n)$. Dann gilt

$$(1) \qquad \bigcup_{i=1}^{n} x_i \cap \bigcup_{i=1}^{n} y_i = \bigcup_{i=1}^{n} (x_i \cap y_i) .$$

Beweis. Wir beweisen dies durch vollständige Induktion. Wegen $(x_1 \cup a_2) \cap a_1 = x_1 \cup (a_2 \cap a_1) = x_1$ ist

$$(2) \qquad x_1 \cup x_2 = ((x_1 \cup a_2) \cap a_1) \cup x_2 = (x_1 \cup a_2) \cap (x_2 \cup a_1) ,$$

also $(x_1 \cup x_2) \cap (y_1 \cup y_2) = (x_1 \cup a_2) \cap (x_2 \cup a_1) \cap (y_1 \cup a_2) \cap (y_2 \cup a_1)$. Nach Hilfssatz 1.11 von Kapitel 1 ist $(x_1 \cup a_2) \cap (y_1 \cup a_2) = (x_1 \cap y_1) \cup a_2$, $(x_2 \cup a_1) \cap (y_2 \cup a_1) = (x_2 \cap y_2) \cup a_1$ und nach (2) somit

$$(3) \qquad \begin{aligned}(x_1 \cup x_2) \cap (y_1 \cup y_2) &= ((x_1 \cap y_1) \cup a_2) \cap ((x_2 \cap y_2) \cup a_1) \\ &= (x_1 \cap y_1) \cup (x_2 \cap y_2) .\end{aligned}$$

Also gilt (1) für $n = 2$. Angenommen, (1) sei für $n = i$ richtig. Gilt dann $\perp(a_1, \ldots, a_i, a_{i+1})$, so folgt nach (3)

$$\begin{aligned}((x_1 \cup \ldots \cup x_i) &\cup x_{i+1}) \cap ((y_1 \cup \ldots \cup y_i) \cup y_{i+1}) \\ &= ((x_1 \cup \ldots \cup x_i) \cap (y_1 \cup \ldots \cup y_i)) \cup (x_{i+1} \cap y_{i+1}) \\ &= (x_1 \cap y_1) \cup \ldots \cup (x_i \cap y_i) \cup (x_{i+1} \cap y_{i+1}) ;\end{aligned}$$

d. h. (1) gilt auch für $n = i + 1$. Daher ist (1) bewiesen.

Satz 1.1 *In einem modularen Verbande L sei $\perp(a_1, \ldots, a_n)$. Bezeichnet man den durch die Elemente der L $(0, a_i)$ $(i = 1, \ldots, n)$ erzeugten Unterverband von L mit L_0, so ist $L_0 = L(0, a_1) \cup \ldots \cup L(0, a_n)$.*

Beweis. Sei L_0 die Gesamtheit der Elemente von L, die sich in der Form $x_1 \cup \ldots \cup x_n$, $x_i \in L(0, a_i)$, darstellen lassen. Wenn $x_1 \cup \ldots \cup x_n$ und $y_1 \cup \ldots \cup y_n$ zwei beliebige Elemente aus L_0 sind, so ist

$$(x_1 \cup \ldots \cup x_n) \cup (y_1 \cup \ldots \cup y_n) = (x_1 \cup y_1) \cup \ldots \cup (x_n \cup y_n), \quad x_i \cup y_i \in L(0, a_i),$$

---

[1]) Über unabhängige Systeme eines modularen Verbandes, der kein Nullelement enthält, siehe HALPERIN [1] 539.

und nach Hilfssatz 1.1 ferner

$$(x_1 \cup \dots \cup x_n) \cap (y_1 \cup \dots \cup y_n) = (x_1 \cap y_1) \cup \dots \cup (x_n \cap y_n), \quad x_i \cap y_i \in L(o, a_i);$$

d. h. zu zwei beliebigen Elementen aus L_0 liegt sowohl die untere wie die obere Grenze in L_0. Daher ist L_0 ein Unterverband von L. Wegen

$$(x_1 \cup \dots \cup x_n) \cap a_i = x_i \cup \big((x_1 \cup \dots \cup x_{i-1} \cup x_{i+1} \cup \dots \cup x_n) \cap a_i\big) = x_i \quad (i = 1, \dots, n)$$

sind die Elemente $x_i \in L(o, a_i)$ für das Element $x_1 \cup \dots \cup x_n$ aus L_0 eindeutig bestimmt. Daher ist nach Satz 2.3, Kapitel 1, $L_0 = L(o, a_1) \dot{\cup} \dots \dot{\cup} L(o, a_n)$.

Hilfssatz 1.2. In einem modularen Verbande L folgt aus

$$\bigcup_{i=1}^{n} x_i \cap \bigcup_{i=1}^{n} y_i = o \text{ die Gleichung } \bigcap_{i=1}^{n} (x_i \cup y_i) = \bigcap_{i=1}^{n} x_i \cup \bigcap_{i=1}^{n} y_i.$$

Beweis. Es werde $\bigcup_{i=1}^{n} x_i = a$ und $\bigcup_{i=1}^{n} y_i = b$ gesetzt. Der durch die Elemente von $L(o, a)$ und $L(o, b)$ erzeugte Unterverband L_0 von L läßt sich nach Satz 1.1 als die direkte Summe $L_0 = L(o, a) \dot{\cup} L(o, b)$ darstellen. Weil hierbei die x_i in $L(o, a)$ und die y_i in $L(o, b)$ liegen, gilt nach Anmerkung 2.4, Kapitel I, $\bigcap_{i=1}^{n} (x_i \cup y_i) = \bigcap_{i=1}^{n} x_i \cup \bigcap_{i=1}^{n} y_i.$

Hilfssatz 1.3. Wenn in einem modularen Verband $L \perp(a_1, \dots, a_n)$ gilt, so ist $\bigcap_{j=1}^{m} \bigcup_{\substack{1 \le i \le n \\ i \neq j}} a_i = \bigcup_{i=m+1}^{n} a_i$ und folglich $\bigcap_{j=1}^{n} \bigcup_{\substack{1 \le i \le n \\ i \neq j}} a_i = o.$

Beweis. Nach Satz 1.1 und Satz 2.1, Kapitel I, ist der von den Elementen der $L(o, a_i)$ $(i = 1, \dots, n)$ erzeugte Unterverband L_0 von L dem direkten Produkt $L(o, a_1) \dots L(o, a_n)$ isomorph. Weil hierbei $\bigcup_{\substack{1 \le i \le n \\ i \neq j}} a_i$ auf $(a_1, \dots, a_{j-1}, o, a_{j+1}, \dots, a_n)$ abgebildet wird, hat $\bigcap_{j=1}^{m} \bigcup_{\substack{1 \le i \le n \\ i \neq j}} a_i$ das Bild

$$\bigcap_{j=1}^{m} (a_1, \dots, a_{j-1}, o, a_{j+1}, \dots, a_n) = (o, \dots, o, a_{m+1}, \dots, a_n).$$

Also ist

$$\bigcap_{j=1}^{m} \bigcup_{\substack{1 \le i \le n \\ i \neq j}} a_i = \bigcup_{i=m+1}^{n} a_i.$$

Zum Beweise des zweiten Teiles der Behauptung braucht man nur $m = n$ zu setzen.

Satz 1.2. *In einem modularen Verband L sei $\perp(a_1, \dots, a_n)$. Wenn sich alle Elemente x aus L in der Form*

$$(1) \qquad x = x_1 \cup \dots \cup x_n, \quad x_i \le a_i \quad (i = 1, \dots, n)$$

darstellen lassen, so ist $L = L(o, a_1) \dot{\cup} \dots \dot{\cup} L(o, a_n)$ und folglich die Darstellung (1) eindeutig.

Beweis. Nach Voraussetzung stimmt der von den Elementen der $L(o, a_i)$ erzeugte Unterverband L_0 von L mit L überein. Also ist nach Satz 1.1 $L = L(o, a_1) \dot{\cup} \dots \dot{\cup} L(o, a_n)$. Die Eindeutigkeit der Darstellung (1) folgt nach Hilfssatz 2.2, Kapitel I.

Satz 1.3. *Sind die endlichen Teilmengen $T_1, \ldots, T_n$ des modularen Verbandes L unabhängig und gilt $\perp(_{a \in T_i}\bigcup a)_{i=1,\ldots,n}$, so ist auch $T_1 \vee \ldots \vee T_n$ unabhängig.*

Beweis. S_1, S_2 seien zwei beliebige elementfremde Teilmengen von $T_1 \vee \ldots \vee T_n$. Setzt man

$$b_{1i} = {}_{a \in S_1 \wedge T_i}\bigcup a \quad \text{und} \quad b_{2i} = {}_{a \in S_2 \wedge T_i}\bigcup a \quad (i = 1, \ldots, n),$$

so gilt (wegen der Unabhängigkeit von T_i) $b_{1i} \cap b_{2i} = 0$ $(i = 1, \ldots, n)$, also nach Hilfssatz 1.1

$$\left(_{a \in S_1}\bigcup a\right) \cap \left(_{a \in S_2}\bigcup a\right) = \left(_{i=1}^{n}\bigcup b_{1i}\right) \cap \left(_{i=1}^{n}\bigcup b_{2i}\right) = {}_{i=1}^{n}\bigcup (b_{1i} \cap b_{2i}) = 0.$$

Somit ist $T_1 \vee \ldots \vee T_n$ unabhängig.

Definition 1.1. Ist in einem modularen Verbande L $a \cap b = 0$, so wird die Gesamtheit der Komplemente x von b in $L(0, a \cup b)$ mit L_{ab} bezeichnet. Falls $\perp(a_1, \ldots, a_n)$, so schreibt man statt $L_{a_i a_j}$ auch L_{ij}. L_{ii} besteht nur aus dem Nullelement.

Satz 1.4. *In einem modularen Verbande L sei $\perp(a_1, \ldots, a_n)$ und $b_{i j_i} \in L_{i j_i}$ $(j_i > i; i = 1, \ldots, m; m < n)$. Dann gilt auch*

$$(1) \qquad \perp(b_{1 j_1}, \ldots, b_{m j_m}, a_{m+1}, \ldots, a_n).$$

Beweis. (I) Zunächst beweisen wir $\perp(b_{1 j_1}, a_2, \ldots, a_n)$. Setzt man $T_1 = (b_{1 j_1}, a_{j_1})$ und $T_2 = (a_2, \ldots a_{j_1-1}, a_{j_1+1}, \ldots, a_n)$, so ist $\perp T_1$ und $\perp T_2$. Wegen $_{a \in T_1}\bigcup a = b_{1 j_1} \cup a_{j_1} = a_1 \cup a_{j_1}$ ist ferner $_{a \in T_1}\bigcup a \cap {}_{a \in T_2}\bigcup a = 0$. Also gilt nach Satz 1.3[1]) $\perp(b_{1 j_1}, a_2, \ldots, a_n)$.

(II) Wendet man (I) auf $\perp(a_2, \ldots, a_n, b_{1 j_1})$ an, so folgt

$$\perp(b_{2 j_2}, a_3, \ldots, a_n, b_{1 j_1}).$$

Durch wiederholte Anwendung dieses Verfahrens ergibt sich die Behauptung.

Satz 1.5. *Für $\alpha \in I$ sei T_α eine unabhängige Teilmenge eines bedingt nach oben stetigen modularen Verbandes. Wenn T_α $(\alpha \in I)$ sowie $\{_{a \in T_\alpha}\bigcup a; \alpha \in I\}$ eine obere Schranke hat und dann $\perp(_{a \in T_\alpha}\bigcup a)_{\alpha \in I}$ gilt, so ist auch $_{\alpha \in I}\bigcup T_\alpha$ unabhängig.*

Beweis: Sei N eine beliebige endliche Teilmenge von $_{\alpha \in I}\bigcup T_\alpha$. Setzt man $N_\alpha = N \wedge T_\alpha$, so existiert eine endliche Teilmenge M von I mit $N = {}_{\alpha \in M}\bigcup N_\alpha$. Wegen $\perp(_{a \in N_\alpha}\bigcup a)_{\alpha \in M}$ folgt nach Satz 1.3 die Unabhängigkeit von N. Daher ist nach Satz 1.7, Kapitel I, auch $_{a \in I}\bigcup T_\alpha$ unabhängig.

---

[1]) Man erkennt nämlich leicht, daß dieser Satz auch gilt, wenn die T_i endliche Folgen sind und dann $T_1 \vee \ldots \vee T_n$ die Folge bedeutet, welche durch Hintereinandersetzen der T_i entsteht.

Satz 1.6. *Sei $\{a_\alpha; \alpha \in I\}$ eine Teilmenge mit oberer Schranke eines verallgemeinerten nach oben stetigen komplementären modularen Verbandes. Dann existieren Elemente $b_\alpha(\alpha \in I)$ mit $0 \leq b_\alpha \leq a_\alpha$ und $_{\alpha \in I}\mathsf{U}\, a_\alpha = {}_{\alpha \in I}\overset{.}{\mathsf{U}}\, b_\alpha$.*

Beweis. Die Gesamtheit der Mengen $X = \{b_\alpha; \alpha \in K\}$ mit $K \leq I$, $_{\alpha \in K}\mathsf{U}\, a_\alpha = {}_{\alpha \in K}\overset{.}{\mathsf{U}}\, b_\alpha$, $0 \leq b_\alpha \leq a_\alpha$ werde mit Φ bezeichnet. Dann enthält Φ nach Hilfssatz 1.15, Kapitel I, eine maximale Menge $X^* = \{b_\alpha; \alpha \in K^*\}$. Es ist also $_{\alpha \in K^*}\mathsf{U}\, a_\alpha = {}_{\alpha \in K^*}\overset{.}{\mathsf{U}}\, b_\alpha$. Angenommen, $K^* < I$. Sei $\alpha_1 \in I - K^*$ und b_{α_1} durch $a_{\alpha_1} = \left(({}_{\alpha \in K^*}\overset{.}{\mathsf{U}}\, b_\alpha) \cap a_{\alpha_1}\right) \overset{.}{\cup} b_{\alpha_1}$ bestimmt. Weil nach Hilfssatz 1.1, Kapitel I,

$$\left({}_{\alpha \in K^*}\mathsf{U}\, a_\alpha\right) \cup a_{\alpha_1} = \left({}_{\alpha \in K^*}\overset{.}{\mathsf{U}}\, b_\alpha\right) \cup a_{\alpha_1} = \left({}_{\alpha \in K^*}\overset{.}{\mathsf{U}}\, b_\alpha\right) \overset{.}{\cup} b_{\alpha_1}$$

gilt, folgt nach Satz 1.5 $\perp X^* \vee \{b_{\alpha_1}\}$ und somit $X^* \vee \{b_{\alpha_1}\} \in \Phi$. Dies ist ein Widerspruch; denn X^* sollte maximale Menge in Φ sein. Also ist $K^* = I$.

Hilfssatz 1.4. In einem verallgemeinerten nach oben stetigen komplementären modularen Verband sei $a_1 \leq \ldots \leq a_i \leq \ldots \leq a$. Setzt man $a_i = a_{i-1} \overset{.}{\cup} b_i \, (i = 1, 2, \ldots)$ und $a_0 = 0$, so ist

$$_{1 \leq i < \infty}\mathsf{U}\, a_i = {}_{1 \leq i < \infty}\overset{.}{\mathsf{U}}\, b_i .$$

Beweis. Weil für $i \leq j$ stets $b_i \leq a_i \leq a_j$ gilt, ist

$$(b_1 \cup \ldots \cup b_{j-1}) \cap b_j \leq a_{j-1} \cap b_j = 0 .$$

Also gilt nach Satz 1.8, Kapitel I, $\perp(b_i)_{i=1,\ldots,n}$ für beliebiges n und folglich nach Satz 1.7, Kapitel I, $\perp(b_i)_{i=1,2,\ldots}$. Wegen

$$a_i = a_{i-1} \cup b_i = a_{i-2} \cup b_{i-1} \cup b_i = \cdots = b_1 \cup \ldots \cup b_i$$

ist daher

$$_{1 \leq i < \infty}\mathsf{U}\, a_i = {}_{1 \leq i < \infty}\overset{.}{\mathsf{U}}\, b_i .$$

Hilfssatz 1.5. In einem verallgemeinerten stetigen komplementären modularen Verband sei $a_1 \geq \cdots \geq a_i \geq \cdots$. Setzt man

$a_i = a_{i+1} \overset{.}{\cup} b_i \, (i = 1, 2 \ldots)$ und $b_\infty = {}_{1 \leq i < \infty}\cap a_i$, so ist $a_1 = {}_{1 \leq i \leq \infty}\overset{.}{\mathsf{U}}\, b_i$.

Beweis. $b_n \cap b_\infty \leq b_n \cap a_{n+1} = 0$. Für $i < n$ ist

$$b_i \cap (b_{i+1} \cup \ldots \cup b_n \cup b_\infty) \leq b_i \cap a_{i+1} = 0$$

und daher nach Satz 1.8, Kapitel I, $\perp (b_1, \ldots, b_n, b_\infty)$. Also gilt nach Satz 1.7, Kapitel I $\perp(b_1, \ldots, b_\infty)$. Ferner ist

$$a_1 = {}_{1 \leq i \leq n-1}\mathsf{U}\, b_i \cup a_n \leq {}_{1 \leq i < \infty}\mathsf{U}\, b_i \cup a_n \leq a_1 .$$

Wegen $a_n \downarrow b_\infty$ und der Stetigkeit nach unten folgt

$$_{1 \leq i < \infty}\mathsf{U}\, b_i \cup a_n \downarrow {}_{1 \leq i < \infty}\mathsf{U}\, b_i \cup b_\infty .$$

Also ist $a_1 = {}_{1 \leq i \leq \infty}\mathsf{U}\, b_i$.

§ 2. Perspektivität in modularen Verbänden

In diesem Paragraphen wird stets vorausgesetzt, daß der Verband L ein Nullelement enthält.

Definition 2.1. In einem Verbande L gilt nach Anmerkung 1.8, Kapitel I, genau dann $a \sim b$, wenn ein Element $x \in L$ mit $a \mathbin{\dot\cup} x = b \mathbin{\dot\cup} x$ existiert. Man nennt dieses Element x eine *Perspektivitätsachse*. Man schreibt $a \sim_x b$, wenn man die Perspektivitätsachse x andeuten will.

Hilfssatz 2.1. In einem modularen Verbande folgt aus $a \sim_x b$ und $y = x \cap (a \cup b)$ die Beziehung $a \mathbin{\dot\cup} y = b \mathbin{\dot\cup} y = a \cup b$ und damit $a \sim_y b$.

Beweis. Wegen $a \mathbin{\dot\cup} x = b \mathbin{\dot\cup} x \geqq a \cup b$ ist $a \cup y = a \cup (x \cap (a \cup b))$ $= (a \cup x) \cap (a \cup b) = a \cup b$. Ebenso ergibt sich $b \cup y = a \cup b$. Ferner ist $a \cap y = a \cap x \cap (a \cup b) = 0$ und entsprechend $b \cap y = 0$. Also gilt $a \mathbin{\dot\cup} y = b \mathbin{\dot\cup} y = a \cup b$.

Hilfssatz 2.2. In einem relativ komplementären modularen Verbande L sei $a \sim b$. Dann existiert zu beliebigen Elementen $c \leqq a \cap b$ und $d \geqq a \cup b$ aus L ein Element $x \in L$ mit $a \cup x = b \cup x = d$ und $a \cap x = b \cap x = c$.

Beweis. Nach Hilfssatz 2.1 existiert ein $y \in L$ mit $a \mathbin{\dot\cup} y = b \mathbin{\dot\cup} y = a \cup b$. Man bestimme ein Element d_1 mit $d = (a \cup b) \mathbin{\dot\cup} d_1$. Setzt man $x = y \cup d_1 \cup c$, so ist $a \cup x = a \cup y \cup d_1 \cup c = a \cup b \cup d_1 \cup c = d$ und entsprechend $b \cup x = d$. Wegen $a \cap y = 0$ und $(a \cup y) \cap d_1 = (a \cup b) \cap d_1 = 0$ gilt nach Satz 1.8, Kapitel I, $\underline{\bot}(a, y, d_1)$, also $a \cap (y \cup d_1) = 0$. Daher ist

$$a \cap x = a \cap (y \cup d_1 \cup c) = (a \cap (y \cup d_1)) \cup c = c$$

und entsprechend $b \cap x = c$.

Anmerkung 2.1. Nach Anmerkung 1.8, Kapitel I, und Hilfssatz 2.2 ist in einem komplementären modularen Verbande die Aussage $a \sim b$ äquivalent mit der Aussage, daß a und b ein gemeinsames Komplement haben.

Satz 2.1. *In einem komplementären modularen Verbande L sind folgende vier Aussagen einander äquivalent.*

(α) *z ist Zentrumselement in L.*

(β) *z ist neutrales Element in L.*

(γ) *z hat ein eindeutig bestimmtes Komplement z'.*

(δ) *Es existiert kein von z verschiedenes Element, das zu z perspektiv ist.*

Beweis. (α)$\longleftrightarrow$(β). Ist nach Satz 3.3, Kapitel I, klar.

(β) $\rightarrow$ (γ). Folgt nach Hilfssatz 3.2, Kapitel I.

(γ) $\rightarrow$(α). Für ein beliebiges $a \in L$ sei $u = a \cap z$, und v sei so gewählt, daß $a = u \mathbin{\dot\cup} v$. Dann ist $v \cap z = v \cap a \cap z = v \cap u = 0$. Weil z genau ein Komplement z' hat, ist nach Hilfssatz 1.2 (II), Kapitel I, $v \leqq z'$. Da somit $a = u \cup v$ mit $u \in L(0, z)$ und $v \in L(0, z')$ gilt, ist nach Satz 1.2 $L = L(0, z) \mathbin{\dot\cup} L(0, z')$. D. h. z ist Zentrumselement in L.

(δ) $\longleftrightarrow$ (α). (δ) ist der Aussage „jedes Komplement von z hat genau ein Komplement" äquivalent. Wegen (γ) $\longleftrightarrow$ (α) ist diese Aussage gleichwertig mit „jedes Komplement von z ist ein Zentrumselement". Dies ist aber nach Anmerkung 3.3, Kapitel I, mit (α) äquivalent.

Definition 2.2. Ist in einem Verbande $a \cup b = b \cup c = c \cup a$, so schreibt man $C(a, b, c)$. In diesem Fall ist $a \sim_c b$, $b \sim_a c$ und $c \sim_b a$.

Hilfssatz 2.3. Gelten in einem modularen Verbande $L \perp (a, b, c)$ und $C(a, b, x)$, so ist $a \cup c \sim_x b \cup c$.

Beweis. Wegen $a \cup x = b \cup x = a \cup b$ ist $a \cup c \cup x = b \cup c \cup x$. Wegen $\perp (b, a, c)$ und $x \in L_{ba}$ gilt ferner nach Satz 1.4 auch $\perp (x, a, c)$, d. h. $(a \cup c) \cap x = 0$. Entsprechend folgt $(b \cup c) \cap x = 0$ und damit

$$a \cup c \sim_x b \cup c .$$

Zusatz. In einem modularen Verbande L sei $\perp (a, b, c)$ und $a \sim b$. Dann ist $a \cup c \sim b \cup c$.

Beweis. Wegen $a \cap b = 0$ und $a \sim b$ existiert nach Hilfssatz 2.1 ein Element x mit $C(a, b, x)$. Also ist nach Hilfssatz 2.3 $a \cup c \sim b \cup c$.

Hilfssatz 2.4. In einem modularen Verbande L sei $\perp (a, b, c)$, $C(a, b, x)$ und $C(b, c, y)$. Setzt man dann $z = x \cup y$, so ist $a \sim_z c$.

Beweis. Weil nach Voraussetzung $a \cup x = b \cup x = a \cup b$, $b \cup y = c \cup y = b \cup c$ und $z = x \cup y$ gilt, ist $a \cup z = a \cup x \cup y = a \cup b \cup y = a \cup b \cup c$. Aus $\perp (c, b, a)$, $y \in L_{cb}$ und $x \in L_{ba}$ folgt $\perp (y, x, a)$ nach Satz 1.4, also $a \cap z = a \cap (x \cup y) = 0$ und folglich $a \cup z = a \cup b \cup c$. Entsprechend ergibt sich $c \cup z = a \cup b \cup c$ und damit $a \sim_z c$.

Zusatz. In einem modularen Verbande L folgt aus $\perp (a, b, c)$ und $a \sim b \sim c$ stets $a \sim c$.

Beweis. Wegen $a \cap b = 0$ und $a \sim b$ existiert ein Element $x \in L$ mit $C(a, b, x)$. Analog gibt es ein $y \in L$ mit $C(b, c, y)$. Also ist $a \sim c$ nach Hilfssatz 2.4.

Hilfssatz 2.5. In einem verallgemeinerten nach oben stetigen komplementären modularen Verbande sei $\left(\underset{\alpha \in I}{\cup} a_\alpha \right) \cap \left(\underset{\alpha \in I}{\cup} b_\alpha \right) = 0$. Wenn $a_\alpha \sim b_\alpha$ ($\alpha \in I$), so auch

$$(1) \qquad \underset{\alpha \in I}{\cup} a_\alpha \sim \underset{\alpha \in I}{\cup} b_\alpha .$$

Beweis. Wegen $a_\alpha \sim b_\alpha$ und $a_\alpha \cap b_\alpha = 0$ existieren x_α ($\alpha \in I$) mit $a_\alpha \cup x_\alpha = b_\alpha \cup x_\alpha = a_\alpha \cup b_\alpha$. Setzt man $x = \underset{\alpha \in I}{\cup} x_\alpha$, so ist

$$\left(\underset{\alpha \in I}{\cup} a_\alpha \right) \cup x = \left(\underset{\alpha \in I}{\cup} b_\alpha \right) \cup x .$$

Da für jede endliche Teilmenge N von I stets $\left(\underset{\alpha \in N}{\cup} a_\alpha \right) \cap \left(\underset{\alpha \in N}{\cup} b_\alpha \right) = 0$ gilt, folgt $\perp (a_\alpha, b_\alpha)_{\alpha \in N}$. Wegen $x_\alpha \in L_{b_\alpha a_\alpha}$ ist $\perp (a_\alpha, x_\alpha)_{\alpha \in N}$ nach Satz 1.4. Also gilt $\perp (a_\alpha, x_\alpha)_{\alpha \in I}$ nach Satz 1.7, Kapitel I und folglich

$$\left(\underset{\alpha \in I}{\cup} a_\alpha \right) \cap x = 0 .$$

Entsprechend ergibt sich $\left(\underset{\alpha \in I}{\cup} b_\alpha \right) \cap x = 0$ und somit (1).

§ 3. Perspektive Abbildungen in modularen Verbänden

In diesem Paragraphen wird vorausgesetzt, daß der modulare Verband L ein Nullelement enthält.

Satz 3.1. *In einem modularen Verbande L sei $a \sim_x b$. Die Abbildungen T und S seien durch $Ta_1 = (a_1 \cup x) \cap b$ für $a_1 \in L(o, a)$ und $Sb_1 = (b_1 \cup x) \cap a$ für $b_1 \in L(o, b)$ definiert. Dann sind S und T einander invers und isomorphe Abbildungen zwischen $L(o, a)$ und $L(o, b)$.*

$a_1 \cup x = b_1 \cup x$ ist notwendig und hinreichend dafür, daß sich bei diesen Abbildungen a_1 und b_1 entsprechen. Dann ist $a_1 \sim_x b_1$.

Beweis: (I) Sei $a \dot\cup x = b \dot\cup x = d$. Setzt man $T_1 a_1 = a_1 \cup x$, $T_2 T_1 a_1 = T_1 a_1 \cap b$, $S_1 b_1 = b_1 \cup x$ und $S_2 S_1 b_1 = S_1 b_1 \cap a$ für $a_1 \in L(o, a)$ und $b_1 \in L(o, b)$, so gilt

$$T_1 a_1 \in L(x, d), \quad T_2 T_1 a_1 \in L(o, b), \quad S_1 b_1 \in L(x, d), \quad S_2 S_1 b_1 \in L(o, a) .$$

Nach Satz 1.6 (Transformationsregel), Kapitel I, sind T_1, S_2 einander invers und isomorphe Abbildungen zwischen $L(o, a)$ und $L(x, d)$. Ferner sind T_2 und S_1 einander invers und isomorphe Abbildungen zwischen $L(x, d)$ und $L(o, b)$. Also sind $T = T_2 T_1$ und $S = S_2 S_1$ einander invers und isomorphe Abbildungen zwischen $L(o, a)$ und $L(o, b)$.

(II) Wenn $b_1 = Ta_1$, so $b_1 \cup x = ((a_1 \cup x) \cap b) \cup x = (a_1 \cup x) \cap (b \cup x)$ $= (a_1 \cup x) \cap (a \cup x) = a_1 \cup x$.

Wenn umgekehrt $b_1 \cup x = a_1 \cup x$, so $b_1 = b_1 \cup (x \cap b) = (b_1 \cup x) \cap b$ $= (a_1 \cup x) \cap b = Ta_1$. Weil ferner $a_1 \cap x \leqq a \cap x = o$ und $b_1 \cap x \leqq b \cap x = o$ gilt, ist in diesem Fall $a_1 \sim_x b_1$.

Definition 3.1. Die in Satz 3.1 definierte Abbildung T nennt man eine *perspektive Abbildung* von $L(o, a)$ auf $L(o, b)$. Man sagt, diese Abbildung sei durch die Achse x *bestimmt*, oder *habe* die Achse x.

Wenn $a_1 \in L(o, a)$, so heißt $b_1 = Ta_1$ das *perspektive Bild* von a_1 bei $a \sim_x b$. Die eineindeutigen Abbildungen S und T werden auch *perspektive Isomorphismen* zwischen $L(o, a)$ und $L(o, b)$ genannt.

Wenn T_i $(i = 1, \ldots, n-1)$ perspektive Abbildungen von $L(o, c_i)$ auf $L(o, c_{i+1})$ sind, so nennt man $T = T_{n-1} \ldots T_1$ eine *projektive Abbildung* von $L(o, c_1)$ auf $L(o, c_n)$ und Ta für $a \in L(o, c_1)$ das *projektive Bild* von a bei $c_1 \approx c_n$. Nach Satz 3.1 ist die Abbildung T eineindeutig. Daher sind $L(o, c_1)$ und $L(o, c_n)$ einander isomorph. Die Abbildung T von $L(o, c_1)$ auf $L(o, c_n)$ wird auch *projektiver Isomorphismus* genannt.

Hilfssatz 3.1. Sei T eine perspektive Abbildung in einem modularen Verbande L von $L(o, a)$ auf $L(o, b)$ mit der Achse x. Dann gilt:

(I) T hat auch die Achse $y = x \cap (a \cup b)$, und es ist

$$a \dot\cup y = b \dot\cup y = a \cup b .$$

(II) Hat L ein Einselement und existiert ein Element $w \in L$ mit $a \mathbin{\dot\cup} x \mathbin{\dot\cup} w = 1$, so wird auch durch $z = x \mathbin{\dot\cup} w$ die Abbildung T bestimmt, und es ist $a \mathbin{\dot\cup} z = b \mathbin{\dot\cup} z = 1$.

Beweis. (I) Nach Hilfssatz 2.1 ist $a \mathbin{\dot\cup} y = b \mathbin{\dot\cup} y = a \cup b$. Wenn $a_1 \in L(0, a)$, so $(a_1 \cup y) \cap b = \big(a_1 \cup (x \cap (a \cup b))\big) \cap b = (a_1 \cup x) \cap (a \cup b) \cap b = (a_1 \cup x) \cap b = Ta_1$. Also wird T durch y bestimmt.

(II) $a \mathbin{\dot\cup} z = b \mathbin{\dot\cup} z = 1$ ist klar. Wenn für $a_1 \in L(0, a)$ nun $Ta_1 = b_1$ ist, so folgt nach Satz 3.1 $a_1 \cup x = b_1 \cup x$. Es ist $b \mathbin{\dot\cup} x \mathbin{\dot\cup} w = 1$, d. h. $\perp(b, x, w)$. Daher ist $(a_1 \cup z) \cap b = (a_1 \cup x \cup w) \cap b = (b_1 \cup x \cup w) \cap b = b_1 \cup ((x \cup w) \cap b) = b_1$. Also wird T auch durch z bestimmt.

Hilfssatz 3.2. In einem modularen Verbande L sei T eine perspektive Abbildung von $L(0, a)$ auf $L(0, b)$. Wenn $a_1 \leqq a$, so ruft T auch eine perspektive Abbildung von $L(0, a_1)$ auf $L(0, Ta_1)$ hervor. Falls insbesondere $a_1 \leqq a \cap b$ gilt, so ruft T in $L(0, a_1)$ die identische Abbildung hervor.

Beweis. (I) Sei x Achse von T. Dann ist $a_1 \sim_x Ta_1$ nach Satz 3.1. Wenn $a_2 \in L(0, a_1)$, so $(a_2 \cup x) \cap Ta_1 = (a_2 \cup x) \cap (a_1 \cup x) \cap b = (a_2 \cup x) \cap b = Ta_2$. Also ruft T eine perspektive Abbildung von $L(0, a_1)$ auf $L(0, Ta_1)$ hervor.

(II) Wenn insbesondere $a_1 \leqq a \cap b$, so ist wegen $x \cap b = 0$ für $a_2 \in L(0, a_1)$ stets $Ta_2 = (a_2 \cup x) \cap b = a_2 \cup (x \cap b) = a_2$. Also ruft T in $L(0, a_1)$ die identische Abbildung hervor.

Satz 3.2. *In einem modularen Verbande L sei T_1 eine perspektive Abbildung von $L(0, a)$ auf $L(0, b)$ und T_2 eine perspektive Abbildung von $L(0, b)$ auf $L(0, c)$. Wenn $\perp(a, b, c)$, so ist $T_2 T_1$ eine perspektive Abbildung von $L(0, a)$ auf $L(0, c)$.*

Beweis. Nach Hilfssatz 3.1 (I) existieren solche Achsen x, y von T_1, T_2, daß $C(a, b, x)$ und $C(b, c, y)$ gilt. Setzt man $z = x \cup y$, so ist $a \sim_z c$ nach Hilfssatz 2.4. Die durch die Achse z bestimmte Abbildung T ist eine perspektive Abbildung von $L(0, a)$ auf $L(0, c)$. Sei $a_1 \in L(0, a)$. Setzt man $b_1 = T_1 a_1$ und $c_1 = T_2 b_1$, so ist wegen $a_1 \cup x = b_1 \cup x$ und $b_1 \cup y = c_1 \cup y$ auch $a_1 \cup z = a_1 \cup x \cup y = b_1 \cup x \cup y = c_1 \cup x \cup y = c_1 \cup z$, also $c_1 = Ta_1$ nach Satz 3.1. Daher ist $T_2 T_1 = T$.

Satz 3.3. *In einem modularen Verbande L sei $C(a, b, c)$. T_1 sei die durch die Achse c bestimmte perspektive Abbildung von $L(0, a)$ auf $L(0, b)$, T_2 die durch die Achse a bestimmte perspektive Abbildung von $L(0, b)$ auf $L(0, c)$ und T_3 die durch die Achse b bestimmte perspektive Abbildung von $L(0, c)$ auf $L(0, a)$. Dann ist $T_3 T_2 T_1$ die identische Abbildung in $L(0, a)$, und für $a_1 \in L(0, a)$, $b_1 = T_1 a_1$, $c_1 = T_2 b_1$ gilt $C(a_1, b_1, c_1)$.*

Beweis. Wenn $a_1 \in L(0, a)$ und $b_1 = T_1 a_1$, $c_1 = T_2 b_1$, so gelten wegen $a_1 = T_1^{-1} b_1 = (b_1 \cup c) \cap a$ und $c_1 = (b_1 \cup a) \cap c$ die Gleichungen

$$a_1 \cup b_1 = ((b_1 \cup c) \cap a) \cup b_1 = (b_1 \cup c) \cap (a \cup b_1),$$
$$c_1 \cup b_1 = ((b_1 \cup a) \cap c) \cup b_1 = (b_1 \cup a) \cap (c \cup b_1),$$

also

(1) $$a_1 \cup b_1 = c_1 \cup b_1.$$

Wegen $b_1 \leqq b$ folgt aus (1) $a_1 \cup b = c_1 \cup b$ und daher $T_3 c_1 = a_1$ nach Satz 3.1. Weil somit $T_3 T_2 T_1 a_1 = T_3 c_1 = a_1$ gilt, ist $T_3 T_2 T_1$ die identische Abbildung in $L(\mathrm{o}, a)$.

Analog zu (1) erhält man $b_1 \cup c_1 = a_1 \cup c_1$, hat also $a_1 \cup b_1 = b_1 \cup c_1 = c_1 \cup a_1$. Wegen $a_1 \leqq a$, $b_1 \leqq b$ und $c_1 \leqq c$ gilt $a_1 \cap b_1 = b_1 \cap c_1 = c_1 \cap a_1 = \mathrm{o}$ und somit $C(a_1, b_1, c_1)$.

Hilfssatz 3.3. Damit in einem relativ komplementären modularen Verband $a \lessgtr b$ gilt, ist notwendig und hinreichend, daß ein Element a_1 mit $b \sim a_1 > a$ existiert.

Beweis. (I) Notwendig. Nach Definition 3.3, Kapitel I, existiert ein Element b_1 mit $a \sim b_1 < b$. Daher gibt es nach Hilfssatz 2.2 ein Element x mit $a \overset{.}{\cup} x = b_1 \overset{.}{\cup} x = a \cup b$. Setzt man $a_1 = (b \cap x) \cup a$, so ist $a_1 \geqq a$ und

$$a_1 \cup x = (b \cap x) \cup a \cup x = a \cup b, \quad b \cup x = b \cup b_1 \cup x = a \cup b,$$
$$a_1 \cap x = ((b \cap x) \cup a) \cap x = (b \cap x) \cup (a \cap x) = b \cap x.$$

Also gilt $a_1 \sim b$ nach Hilfssatz 1.4, Kapitel I. Angenommen, $a_1 = a$. Dann ist $b \cap x \leqq a$, daher $b \cap x \leqq a \cap x = \mathrm{o}$, weiter $b_1 \overset{.}{\cup} x = b \overset{.}{\cup} x = a \cup b$ und somit $b_1 \sim b$. Dies ist auf Grund von Hilfssatz 1.6, Kapitel I, ein Widerspruch zu $b_1 < b$. Also ist $a_1 > a$.

(II) Hinreichend. Wenn $b \sim a_1 > a$, so werde mit b_1 das perspektive Bild von a bei $a_1 \sim b$ bezeichnet. Weil dann $a \sim b_1 < b$ gilt, ist also $a \lessgtr b$.

Definition 3.2. Ist in einem modularen Verbande L $\underset{i=1}{\overset{n}{\cup}} a_i \sim_x \underset{i=1}{\overset{n}{\cup}} b_i$ und $a_i \sim_x b_i$ $(i = 1, \ldots, n)$, so schreibt man

$$(a_1, \ldots, a_n) \sim_x (b_1, \ldots, b_n).$$

Anmerkung 3.1. Bezeichnet man in diesem Falle die durch die Achse x bestimmte perspektive Abbildung von $L(\mathrm{o}, \underset{i=1}{\overset{n}{\cup}} a_i)$ auf $L(\mathrm{o}, \underset{i=1}{\overset{n}{\cup}} b_i)$ mit T, so ist $T a_i = b_i$ $(i = 1, \ldots, n)$ nach Satz 3.1. Ist ferner $u \leqq \underset{i=1}{\overset{n}{\cup}} a_i$, so gibt es ein v mit $(a_1, \ldots, a_n, u) \sim_x (b_1, \ldots, b_n, v)$; denn man braucht nur $v = Tu = (u \cup x) \cap (\underset{i=1}{\overset{n}{\cup}} b_i)$ zu setzen.

Hilfssatz 3.4. Wenn in einem modularen Verbande L

$$(a_1, \ldots, a_n) \sim_x (b_1, \ldots, b_n) \sim_x (c_1, \ldots, c_n)$$

ist, so gilt auch $(a_1, \ldots, a_n) \sim_x (c_1, \ldots, c_n)$.

Beweis. Es gilt $(\underset{i=1}{\overset{n}{\cup}} a_i) \overset{.}{\cup} x = (\underset{i=1}{\overset{n}{\cup}} b_i) \overset{.}{\cup} x = (\underset{i=1}{\overset{n}{\cup}} c_i) \overset{.}{\cup} x$ und $a_i \overset{.}{\cup} x = b_i \overset{.}{\cup} x = c_i \overset{.}{\cup} x$ $(i = 1, \ldots, n)$.

Satz 3.4. *In einem modularen Verbande L sei $C(a, b, c)$ und $u \overset{.}{\cup} u' = a$. Wenn $(a, u, u') \sim_c (b, v, v') \sim_a (c, w, w')$ gilt und man $d = v' \cup w$ und $d' = v \cup w'$ setzt, so ist $d, d' \in L_{ba}$ und $u = (d \cup b) \cap a$ und $u' = (d' \cup b) \cap a$.*

Beweis. Nach Satz 3.1 ist $v \mathbin{\dot\cup} v' = b$ und $w \mathbin{\dot\cup} w' = c$. Weil $C(u, v, w)$ nach Satz 3.3 gilt, ist $u \cup w = u \cup v$ und daher $a \cup (v' \cup w) = u \cup u' \cup v' \cup w = u \cup u' \cup v' \cup v = a \cup b$. Ferner ist $a \cap v' \leq a \cap b = \mathrm{o}$. Weil w' das Bild von v' bei $b \sim_a c$ ist, gilt $w' = (v' \cup a) \cap c$, folglich $(a \cup v') \cap w = (a \cup v') \cap c \cap w = w' \cap w = \mathrm{o}$ und daher $\underline{\bigsqcup}(a, v', w)$. Also ist $a \cap (v' \cup w) = \mathrm{o}$ und somit $d = v' \cup w \in L_{ba}$. Ferner ist nach Satz 3.3 u das Bild von w bei $c \sim_b a$ und daher $u = (w \cup b) \cap a = (w \cup v' \cup b) \cap a = (d \cup b) \cap a$. Analog verläuft der Beweis für d' und u'.

Die folgenden Sätze werden zum Beweis von Satz 3.7 gebraucht.

Hilfssatz 3.5. In einem modularen Verbande L sei $a \cap b = b \cap c = \mathrm{o}$. T_1 sei eine perspektive Abbildung von $L(\mathrm{o}, a)$ auf $L(\mathrm{o}, b)$ und T_2 eine perspektive Abbildung von $L(\mathrm{o}, b)$ auf $L(\mathrm{o}, c)$. Gilt dann für alle $a_1 \in L(\mathrm{o}, a)$

$$(1) \qquad\qquad a_1 \cup T_1 a_1 = T_1 a_1 \cup T_2 T_1 a_1\,,$$

so ist $T_2 T_1$ eine perspektive Abbildung von $L(\mathrm{o}, a)$ auf $L(\mathrm{o}, c)$.

Beweis. Wegen $T_1 a = b$ und $T_2 T_1 a = c$ folgt aus (1) $a \cup b = b \cup c$. Weil aber $a \cap b = b \cap c = \mathrm{o}$ ist, wird durch b eine perspektive Abbildung S von $L(\mathrm{o}, a)$ auf $L(\mathrm{o}, c)$ bestimmt. Sei $a_1 \in L(\mathrm{o}, a)$. Dann folgt bei Anwendung von (1)

$$\begin{aligned}
Sa_1 &= (a_1 \cup b) \cap c = (a_1 \cup T_1 a_1 \cup b) \cap c = (T_1 a_1 \cup T_2 T_1 a_1 \cup b) \cap c \\
&= (T_2 T_1 a_1 \cup b) \cap c = T_2 T_1 a_1 \cup (b \cap c) = T_2 T_1 a_1\,.
\end{aligned}$$

Also ist $S = T_2 T_1$.

Hilfssatz 3.6. In einem relativ komplementären modularen Verbande L sei T_1 eine perspektive Abbildung von $L(\mathrm{o}, a)$ auf $L(\mathrm{o}, b)$ und T_2 eine perspektive Abbildung von $L(\mathrm{o}, b)$ auf $L(\mathrm{o}, c)$. Dann existiert ein Element a_1 mit $\mathrm{o} < a_1 \leq a$, so daß $T_2 T_1$ eine perspektive Abbildung von $L(\mathrm{o}, a_1)$ auf $L(\mathrm{o}, T_2 T_1 a_1)$ hervorruft.

Beweis. (I) Wenn $a \cap b > \mathrm{o}$, so werde $a_1 = a \cap b$ gesetzt. Denn dann induziert nach Hilfssatz 3.2 die Abbildung T_1 in $L(\mathrm{o}, a \cap b)$ die identische Abbildung, und somit stimmt die durch $T_2 T_1$ hervorgerufene Abbildung von $L(\mathrm{o}, a_1)$ auf $L(\mathrm{o}, T_2 T_1 a_1)$ mit der Abbildung T_2 überein. Also induziert $T_2 T_1$ nach Hilfssatz 3.2 eine perspektive Abbildung von $L(\mathrm{o}, a_1)$. Wenn $b \cap c > \mathrm{o}$, so wird $a_1 = T_1^{-1}(b \cap c)$ gesetzt, und der Beweis verläuft analog. Daher kann für den weiteren Beweis $a \cap b = b \cap c = \mathrm{o}$ vorausgesetzt werden.

(II) Wenn für alle $a_2 \in L(\mathrm{o}, a)$ stets $a_2 \cup T_1 a_2 = T_1 a_2 \cup T_2 T_1 a_2$ gilt, so kann man auf Grund von Hilfssatz 3.5 $a_1 = a$ setzen.

(III) Für ein $a_2 \in L(\mathrm{o}, a)$ sei $a_2 \cup T_1 a_2 \neq T_1 a_2 \cup T_2 T_1 a_2$. Dann gilt wenigstens eine der beiden Beziehungen

$$(\alpha)\ a_2 \cap (T_1 a_2 \cup T_2 T_1 a_2) < a_2 \quad \text{oder} \quad (\beta)\ T_2 T_1 a_2 \cap (a_2 \cup T_1 a_2) < T_2 T_1 a_2.$$

Denn wenn weder (α) noch (β) gälte, so wäre $T_1 a_2 \cup T_2 T_1 a_2 \gнеq a_2$
sowie $a_2 \cup T_1 a_2 \geq T_2 T_1 a_2$ und somit $T_1 a_2 \cup T_2 T_1 a_2 = a_2 \cup T_1 a_2$.

Falls (α) gilt, so sei a_1 durch $a_2 = (a_2 \cap (T_1 a_2 \cup T_2 T_1 a_2)) \overset{.}{\cup} a_1$
bestimmt. Dann ist $T_1 a_1 \cap T_2 T_1 a_1 \leq b \cap c = 0$. Wegen $a_1 \leq a_2$
ist ferner $(T_1 a_1 \cup T_2 T_1 a_1) \cap a_1 \leq a_2 \cap (T_1 a_2 \cup T_2 T_1 a_2) \cap a_1 = 0$, also
$\underline{\bot}(a_1, T_1 a_1, T_2 T_1 a_1)$ nach Satz 1.8, Kapitel I. Daher induziert nach
Hilfssatz 3.2 und Satz 3.2 $T_2 T_1$ eine perspektive Abbildung von $L(0, a_1)$
auf $L(0, T_2 T_1 a_1)$.

Falls (β) gilt, so sei a_1 durch $T_2 T_1 a_2 = (T_2 T_1 a_2 \cap (a_2 \cup T_1 a_2)) \overset{.}{\cup} T_2 T_1 a_1$
bestimmt. Dann ist aber $0 < a_1 \leq a_2$, $a_1 \cap T_1 a_1 \leq a \cap b = 0$ und

$$(a_1 \cup T_1 a_1) \cap T_2 T_1 a_1 \leq T_2 T_1 a_2 \cap (a_2 \cup T_1 a_2) \cap T_2 T_1 a_1 = 0 .$$

Also gilt $\underline{\bot}(a_1, T_1 a_1, T_2 T_1 a_1)$ und folglich induziert $T_2 T_1$ eine perspektive
Abbildung von $L(0, a_1)$ auf $L(0, T_2 T_1 a_1)$.

Satz 3.5. *In einem relativ komplementären modularen Verbande L
sei T eine projektive Abbildung von $L(0, a)$ auf $L(0, b)$. Dann existiert
ein Element a_1 mit $0 < a_1 \leq a$, so daß T eine perspektive Abbildung von
$L(0, a_1)$ auf $L(0, T a_1)$ hervorruft.*

Beweis. Man muß Hilfssatz 3.6 nur mehrmals nacheinander anwenden.

Satz 3.6.[1]) *In einem verallgemeinerten nach oben stetigen komplementären modularen Verbande L sei $a \approx b$ und T eine projektive Abbildung
von $L(0, a)$ auf $L(0, b)$.*

*Dann gibt es in L eine Menge $\{a_\alpha ; \alpha \in I\}$ mit $a = {}_{\alpha \in I}\overset{.}{\cup} a_\alpha$ und
$b = {}_{\alpha \in I}\overset{.}{\cup} T a_\alpha$ so, daß durch T jeder Verband $L(0, a_\alpha)$ perspektiv auf
$L(0, T a_\alpha)$ abgebildet wird.*

Beweis. S sei eine unabhängige Teilmenge aus $L(0, a)$, bei der T
für alle $u \in S$ eine perspektive Abbildung von $L(0, u)$ auf $L(0, Tu)$ hervorruft. Die Gesamtheit dieser Teilmengen werde mit Φ bezeichnet. Nach
Satz 1.7, Kapitel I, gehört eine Menge S genau dann zu Φ, wenn alle
ihre endlichen Teilmengen zu Φ gehören. Daher gibt es in Φ nach Hilfssatz 1.15, Kapitel I, eine maximale Menge S^*.

Wenn $a > {}_{u \in S^*}\overset{.}{\cup} u$, so werde y durch $a = ({}_{u \in S^*}\overset{.}{\cup} u) \overset{.}{\cup} y$ bestimmt.
Dann ist $0 < y < a$. Nach Hilfssatz 3.2 induziert T eine projektive
Abbildung von $L(0, y)$ auf $L(0, Ty)$. Nach Satz 3.5 gibt es also ein
Element v mit $0 < v \leq y$, so daß T eine perspektive Abbildung von
$L(0, v)$ auf $L(0, T v)$ hervorruft. Fügt man dieses Element zur Menge S^*
hinzu, so gehört diese Menge somit auch zu Φ. Dies ist aber ein Widerspruch dazu, daß S^* maximale Menge in Φ sein sollte. Also ist
$a = {}_{u \in S^*}\overset{.}{\cup} u$ und daher $b = Ta = {}_{u \in S^*}\overset{.}{\cup} Tu$.

---

[1]) Von NEUMANN und HALPERIN [1] 91.

Satz 3.7.[1]) *Wenn in einem verallgemeinerten nach oben stetigen komplementären modularen Verband* $a \cap b = 0$ *und* $a \approx b$ *gilt, so ist* $a \sim b$.

Beweis. T sei eine projektive Abbildung von $L(0, a)$ auf $L(0, b)$ zu $a \approx b$. Dann existiert nach Satz 3.6 eine Menge $\{a_\alpha; \alpha \in I\}$ in L mit $a = {}_{\alpha \in I}\dot{\cup}\, a_\alpha,\ b = {}_{\alpha \in I}\dot{\cup}\, Ta_\alpha$ und $a_\alpha \sim Ta_\alpha\,(\alpha \in I)$. Aus $a \cap b = 0$ folgt daher $a \sim b$ nach Hilfssatz 2.5.

§ 4. Zerlegung eines modularen Verbandes

Hilfssatz 4.1. In einem modularen Verband L mit o besteht zwischen den drei Aussagen:

(α) $a \,\triangledown\, b$;

(β) wenn $a_1 \leqq a$, $b_1 \leqq b$ und $a_1 \sim b_1$, so $a_1 = b_1 = 0$;

(γ) $a \cap b = 0$, und es existiert kein u mit $0 < u \leqq a \dot{\cup} b$, $u \cap a = 0$
  und $u \cap b = 0$;

die Relation (α) → (β) → (γ).

Ist L ein relativ komplementärer modularer Verband mit o, so gilt auch (γ) → (α). Folglich sind in einem relativ komplementären modularen Verband mit Nullelement (α), (β) und (γ) einander äquivalent.

Beweis. (α) → (β). Angenommen, es existieren a_1, b_1 mit

$$0 < a_1 \leqq a, \quad 0 < b_1 \leqq b, \quad a_1 \sim b_1.$$

Dann gibt·es nach Hilfssatz 2.1 ein x mit $a_1 \dot{\cup} x = b_1 \dot{\cup} x = a_1 \cup b_1$. Wegen $a \,\triangledown\, b$ gilt $D(a, x, b)$, folglich nach Satz 1.3, Kapitel I, auch $D(a, b, x)$ und somit $x = (a \cup b) \cap x = (a \cap x) \cup (b \cap x)$. Wegen $a \cap b_1 \leqq a \cap b = 0$ ist aber

$$a \cap x = a \cap (a_1 \cup b_1) \cap x = (a_1 \cup (a \cap b_1)) \cap x = a_1 \cap x = 0,$$

und entsprechend ergibt sich $b \cap x = 0$. Also erhält man die falsche Aussage $x = 0$.

(β) → (γ). Wenn (β) gilt, so $a \cap b = 0$. Denn aus $a \cap b \neq 0$ erhält man mit $a_1 = b_1 = a \cap b$ einen Widerspruch zu (β).

Ferner werde nun angenommen, daß ein u mit $0 < u \leqq a \dot{\cup} b$, $u \cap a = 0$ und $u \cap b = 0$ existiere. Wenn man $a_1 = a \cap (u \cup b)$ und $b_1 = b \cap (u \cup a)$ setzt, so ist $a_1 \leqq a$ und $b_1 \leqq b$. Also ist $a_1 \cap u \leqq a \cap u = 0$ und $b_1 \cap u \leqq b \cap u = 0$. Weil weiterhin $a_1 \cup u = (a \cap (u \cup b)) \cup u = (a \cup u) \cap (u \cup b)$ und $b_1 \cup u = (b \cap (u \cup a)) \cup u = (b \cup u) \cap (u \cup a)$ gilt, ist $a_1 \sim b_1$ und daher nach (β) $a_1 = 0$. Also gilt wegen $u \cap b = 0$ und $a \cap (u \cup b) = 0$ nach Satz 1.8, Kapitel I, $\perp(u, b, a)$, daher $u \cap (a \cup b) = 0$, und dies widerspricht der Voraussetzung.

(γ) → (α). Sei L ein relativ komplementärer modularer Verband mit o. Wenn für ein u mit $0 < u \leqq a \dot{\cup} b$ nun $u > (u \cap a) \cup (u \cap b)$ ist, so existiert ein x mit $u = ((u \cap a) \cup (u \cap b)) \dot{\cup} x$. Es ist $0 < x \leqq u \leqq a \dot{\cup} b$

---

[1]) Von NEUMANN und HALPERIN [*1*] 93.

und somit $x \cap a = x \cap u \cap a \leq x \cap ((u \cap a) \cup (u \cap b)) = 0$. Weil entsprechend $x \cap b = 0$ folgt, hat man einen Widerspruch zu (γ). Also gilt:

$$(1) \qquad\qquad u = (u \cap a) \cup (u \cap b).$$

Sei ferner y ein beliebiges Element aus L. Dann ist wegen $(a \cup b) \cap y \leq a \cup b$ nach (1) stets

$$(a \cup b) \cap y = ((a \cup b) \cap y \cap a) \cup ((a \cup b) \cap y \cap b) = (a \cap y) \cup (b \cap y).$$

Also gilt $D(a, b, y)$ und daher (α).

Hilfssatz 4.2. In einem verallgemeinerten nach oben stetigen komplementären modularen Verband L sei $S \leq L$. Dann ist S^∇ ein neutrales Ideal in L. Wenn die obere Grenze einer Teilmenge von S^∇ existiert, so gehört auch diese zu S^∇. Ist L insbesondere ein nach oben stetiger komplementärer modularer Verband, so gibt es ein Zentrumselement z mit $S^\nabla = L(0, z)$.

Beweis. (I) Nach Hilfssatz 2.1, Kapitel I, ist S^∇ ein Ideal von L. Wenn die obere Grenze einer Teilmenge von S^∇ existiert, so gehört diese nach Hilfssatz 2.5, Kapitel I, zu S^∇. Sei $a \in S^\nabla$, $a \sim c$ und ferner b ein beliebiges Element aus S. Ist dann $b_1 \leq b$, $c_1 \leq c$ und $b_1 \sim c_1$, so existiert wegen $a \sim c$ ein a_1 mit $c_1 \sim a_1 \leq a$. Aus $a_1 \cap b_1 \leq a \cap b = 0$ ergibt sich $a_1 \sim b_1$ nach Satz 3.7. Wegen $a \bigtriangledown b$ ist nach Hilfssatz 4.1 aber $b_1 = 0$, folglich $c \bigtriangledown b$ und daher $c \in S^\nabla$. Also ist S^∇ ein neutrales Ideal.

(II) Sei L nun ein nach oben stetiger komplementärer modularer Verband. Setzt man $z = {}_{a \in S}\nabla\cup\, a$, so ist auf Grund von (I) $z \in S^\nabla$. Weil S^∇ ein Ideal ist, gilt $S^\nabla = L(0, z)$. Wenn $z \sim c$, so ist $c \in S^\nabla$ nach (I) und somit $c \leq z$. Also ist $c = z$ nach Hilfssatz 1.6, Kapitel I, und nach Satz 2.1 ist daher z ein Zentrumselement von L.

Definition 4.1. Sei S eine Teilmenge eines modularen Verbandes L mit Nullelement. Ist $S = S^{\nabla\nabla}$, so nennt man S ein *normales Ideal* von L.

Anmerkung 4.1. Die nur aus der 0 bestehende Teilmenge (0) sowie L selbst sind normale Ideale. Sind S und T zwei Teilmengen aus L, so ist $S^\nabla \leq T^\nabla$, wenn $S \geq T$. Es ist $S^{\nabla\nabla} \geq S$ und folglich $(S^{\nabla\nabla})^\nabla \leq S^\nabla$. Weil aber $(S^\nabla)^{\nabla\nabla} \geq S^\nabla$ gilt, ist $S^{\nabla\nabla\nabla} = S^\nabla$. Also ist jede Menge von der Form S^∇ ein normales Ideal von L.

Hilfssatz 4.3. Stellt man einen bedingt nach oben stetigen modularen Verband L mit Nullelement als subdirekte Summe $L = {}_{\alpha \in I}\dot{\cup}^* S_\alpha$ dar, so sind die $S_\alpha (\alpha \in I)$ normale Ideale von L.

Beweis. Ein beliebiges $a \in L$ läßt sich in der Form $a = {}_{\alpha \in I}\dot{\cup}\, a_\alpha\ (a_\alpha \in S_\alpha)$ darstellen. Setzt man $a'_\alpha = {}_{\beta \in I. \beta \neq \alpha}\dot{\cup}\, a_\beta$, so ist $a = a_\alpha \dot{\cup} a'_\alpha$. Zu jedem $a \in L$ werde solch ein a'_α bestimmt. Die Gesamtheit dieser a'_α werde mit T_α bezeichnet. D sei die Gesamtheit der endlichen Teilmengen N, die dieses $\alpha \in I$ nicht enthalten; dann ist D eine gerichtete Menge. Setzt man $a'_N = {}_{\beta \in N}\dot\cup\, a_\beta$, so ist $a'_N \uparrow a'_\alpha$. Wenn $b_\alpha \in S_\alpha$ und $\beta \in N$, so $a_\beta \,\triangledown\, b_\alpha$. Daher gilt $a'_N \,\triangledown\, b_\alpha$ nach Hilfssatz 2.1, Kapitel I, und somit nach Hilfssatz 2.5 (I), Kapitel I, auch $a'_\alpha \,\triangledown\, b_\alpha$. Weil dies für beliebiges $b_\alpha \in S_\alpha$ und $a'_\alpha \in T_\alpha$ gilt, ist $T_\alpha \leq S_\alpha^\triangledown$ und $S_\alpha \leq T_\alpha^\triangledown$. Also gilt $L = S_\alpha \,\dot\cup\, T_\alpha$ und folglich $S_\alpha = T_\alpha^\triangledown$, $T_\alpha = S_\alpha^\triangledown$ nach Hilfssatz 2.4, Kapitel I. Daraus folgt $S_\alpha^{\triangledown\triangledown} = S_\alpha$, d. h. S_α ist normales Ideal von L.

Satz 4.1.[1]) *Die Gesamtheit* $\mathbf{Z}$ *der normalen Ideale* S *eines verallgemeinerten nach oben stetigen komplementären modularen Verbandes* L *ist mit der Enthaltenseinsbeziehung als Ordnung ein vollständiger Boolescher Verband. In* $\mathbf{Z}$ *ist* $S^\triangledown$ *das Komplement von* S, *und* L *läßt sich als die direkte Summe* $L = S \,\dot\cup\, S^\triangledown$ *darstellen.*[2])

Beweis. (I) Sei S eine Teilmenge von L. Dann ist auf Grund von Anmerkung 4.1 die Zuordnung $S \to S^{\triangledown\triangledown}$ eine idempotente Abschließungsoperation. Daher ist nach Satz 1.9, Kapitel I, die Gesamtheit $\mathbf{Z}$ der normalen Ideale mit der Enthaltenseinsbeziehung als Ordnung ein vollständiger Verband.

(II) Nach Anmerkung 4.1 ist die Abbildung $S \to S^\triangledown$ ein Dualautomorphismus in $\mathbf{Z}$. Wegen $S \cap S^\triangledown = (0)$ ist $S \cup S^\triangledown = (S^\triangle \cap S)^\triangledown = L$. Also ist $S^\triangledown$ ein Komplement von S.

Seien ferner S und T zwei normale Ideale von L und $S \cap T = (0)$. Wenn $T \nleq S^\triangledown$, so gibt es ein $a \in L$ mit $a \in T$ und $a \notin S^\triangledown$. Zu diesem a existiert ein $b \in S$, so daß $a \,\triangledown\, b$ nicht gilt. Also gibt es nach Hilfssatz 4.1 Elemente a_1, b_1 mit $0 < a_1 \leq a$, $0 < b_1 \leq b$ und $a_1 \sim b_1$. Weil nach Hilfssatz 4.2 S ein neutrales Ideal ist, gilt $a_1 \in S$. Da aber andrerseits a_1 auch in T liegt, ist dies ein Widerspruch zu $S \cap T = (0)$. Somit folgt aus $S \cap T = (0)$ stets $T \leq S^\triangledown$. Daher ist $\mathbf{Z}$ nach Hilfssatz 3.9, Kapitel I, ein Boolescher Verband.

(III) S sei ein normales Ideal von L. Setzt man für ein beliebiges $x \in L$ dann $x_s = {}_{a \in S}\dot\cup\, (x \cap a)$ und $x = x_s \,\dot\cup\, x'_s$, so gilt $x_s \in S$ nach Hilfssatz 4.2. Hat man für ein beliebiges $a \in S$ nun $x_1 \leq x'_s$, $a_1 \leq a$ und $x_1 \sim a_1$, so ist nach Hilfssatz 4.2 stets $x_1 \in S$. Wegen $x_1 = x \cap x_1$ ist $x_1 \leq x_s$, also $x_1 \leq x_s \cap x'_s = 0$ und daher $x'_s \,\triangledown\, a$ nach Hilfssatz 4.1, d. h. $x'_s \in S^\triangledown$. Folglich läßt sich nach Definition 2.3, Kapitel I, L als die direkte Summe $L = S \,\dot\cup\, S^\triangledown$ darstellen.

Satz 4.2. *Ein verallgemeinerter nach oben stetiger komplementärer modularer Verband* L *ist genau dann irreduzibel, wenn es in* L *außer* (0) *und* L *keine normalen Ideale gibt.*

---

[1]) MAEDA [4] 89.

[2]) Folglich kann man in einem verallgemeinerten nach oben stetigen komplementären modularen Verband L die Aussage $L = S \,\dot\cup\, S^\triangledown$ sowohl als „S hat in $\mathbf{Z}$ das Komplement $S^\triangledown$" wie auch als „Darstellung von L als direkte Summe" deuten.

Beweis. (I) Notwendig. Angenommen, es gäbe in L ein von (o) und L verschiedenes normales Ideal S. Dann ist nach Satz 4.1 $L = S \cup S^{\nabla}$. Daher ist L nach Satz 2.1, Kapitel I, dem direkten Produkt $S\,S^{\nabla}$ isomorph und somit reduzibel.

(II) Hinreichend. Wenn L reduzibel ist, so ist L dem direkten Produkt der Verbände L_1 und L_2 isomorph, die jeder mindestens zwei Elemente enthalten. Entsprechen hierbei die Unterverbände S_1 und S_2 von L den Verbänden L_1 und L_2, so läßt sich L als die direkte Summe $L = S_1 \cup S_2$ darstellen auf Grund von Satz 2.1, Kapitel I. Nach Hilfssatz 2.4, Kapitel I, sind aber S_1 und S_2 normale Ideale in L, die von (o) und L verschieden sind.

Anmerkung 4.2. In einem verallgemeinerten nach oben stetigen komplementären modularen Verband L sei S ein normales Ideal und $T \leq S$. Dann sind die Aussagen „T ist normales Ideal in L" und „T ist normales Ideal in S" gleichwertig. Bezeichnet man nämlich die Gesamtheit der Elemente $a \in S$, für die $a \nabla b$ für alle $b \in T$ gilt, mit T^*, so ist $T^* = T^{\nabla} \cap S$. Weil $\mathbf{Z}$ ein Boolescher Verband ist, gilt $T^{**} = (T^{\nabla} \cap S)^{\nabla} \cap S = (T^{\nabla\nabla} \cup S^{\nabla}) \cap S = T^{\nabla\nabla} \cap S = T^{\nabla\nabla}$; d. h. $T^{**} = T$ ist gleichwertig zu $T^{\nabla\nabla} = T$.

Anmerkung 4.3. L sei ein verallgemeinerter nach oben stetiger komplementärer modularer Verband. Ist in $\mathbf{Z}$ dann $L = {}_{\alpha \in I}\dot{\cup}\, S_{\alpha}$, so ist L subdirekte Summe der S_{α} $(\alpha \in I)$, d. h. $L = {}_{\alpha \in I}\dot{\cup}^* S_{\alpha}$.

Beweis. Wenn $\alpha \neq \beta$, so $S_{\alpha} \cap S_{\beta} = $ (o) und daher nach Hilfssatz 3.5, Kapitel I, $S_{\beta} \leq S_{\alpha}^{\nabla}$. Für ein beliebiges $a \in L$ wird $a = a_{\alpha} \cup a'_{\alpha}$, $a_{\alpha} \in S_{\alpha}$, $a'_{\alpha} \in S_{\alpha}^{\nabla}$. Setzt man $b = {}_{\alpha \in I}\cup\, a_{\alpha}$ und $a = b \cup c$, so ist $a_{\alpha} \cap c = $ o. Wegen $a_{\alpha} \nabla a'_{\alpha}$ gilt $D(a_{\alpha}, c, a'_{\alpha})$ und somit auch $D(a_{\alpha}, a'_{\alpha}, c)$. Folglich ist $c = a \cap c = (a_{\alpha} \cup a'_{\alpha}) \cap c = (a_{\alpha} \cap c) \cup (a'_{\alpha} \cap c) = a'_{\alpha} \cap c$, d. h. $c \leq a'_{\alpha}$, also $c \in S_{\alpha}^{\nabla}$. Daraus ergibt sich $c \in {}_{\alpha \in I}\cap\, S_{\alpha}^{\nabla} = ({}_{\alpha \in I}\cup\, S_{\alpha})^{\nabla} = L^{\nabla} = $ (o), d. h. $c = $ o. Weil somit $a = {}_{\alpha \in I}\cup\, a_{\alpha}$, $a_{\alpha} \in S_{\alpha}$ $(\alpha \in I)$ gilt, ist L eine subdirekte Summe der $S_{\alpha}(\alpha \in I)$.

Sind alle S_{α} irreduzibel, so ist solch eine irreduzible subdirekte Summendarstellung eindeutig bestimmt. Denn dann ist nach Satz 4.2 und Anmerkung 4.2 die Menge $\{S_{\alpha}; \alpha \in I\}$ die Gesamtheit der Atomelemente von $\mathbf{Z}$.

Hilfssatz 4.4. In einem verallgemeinerten nach oben stetigen komplementären modularen Verband L ist der Unterverband $L(\mathrm{o}, z)$ genau dann ein normales Ideal, wenn z ein neutrales Element in L ist.

Beweis. (I) Wenn z neutrales Element von L ist, so ist nach Hilfssatz 3.4, Kapitel I, $L = L(\mathrm{o}, z) \cup L(\mathrm{o}, z)^{\nabla}$ und folglich $L(\mathrm{o}, z) = L(\mathrm{o}, z)^{\nabla\nabla}$ nach Hilfssatz 2.4, Kapitel I, d. h. $L(\mathrm{o}, z)$ ist normales Ideal.

(II) Wenn $L(\mathrm{o}, z)$ ein normales Ideal ist, so nach Satz 4.1 auch $L = L(\mathrm{o}, z) \cup L(\mathrm{o}, z)^{\nabla}$ und daher nach Hilfssatz 3.3, Kapitel I, z neutrales Element in L.

Satz 4.3. *In einem verallgemeinerten nach oben stetigen komplementären modularen Verband L sei $\mathbf{Z}$ die Gesamtheit der normalen Ideale von L. Dann ist die Gesamtheit $\mathbf{Z}_0$ der normalen Ideale, die sich in der Form $L(o, z)$ darstellen lassen, ein Ideal in $\mathbf{Z}$. Die Gesamtheit $\mathbf{Z}_0$ der neutralen Elemente von L ist $\mathbf{Z}_0$ isomorph.*

Beweis. (I) Nach Satz 3.2, Kapitel I, ist die Gesamtheit Z_0 der neutralen Elemente von L ein distributiver Verband. Nach Hilfssatz 4.4 ist $z \rightarrow L(o, z)$ eine eineindeutige Abbildung von Z_0 auf die Gesamtheit $\mathbf{Z}_0$ der normalen Ideale der Form $L(o, z)$. z_1, z_2 seien zwei neutrale Elemente aus L. Dann enthält ein Ideal, das $L(o, z_1)$ und $L(o, z_2)$ enthält, auch $z_1 \cup z_2$. Also gilt $L(o, z_1) \cup L(o, z_2) \geqq L(o, z_1 \cup z_2)$ und, weil offensichtlich $L(o, z_1) \cup L(o, z_2) \leqq L(o, z_1 \cup z_2)$ ist, somit

$$L(o, z_1) \cup L(o, z_2) = L(o, z_1 \cup z_2) \, .$$

Wegen $L(o, z_1) \cap L(o, z_2) = L(o, z_1) \wedge L(o, z_2)$ ist

$$L(o, z_1) \cap L(o, z_2) = L(o, z_1 \cap z_2).$$

Also ist $\mathbf{Z}_0$ ein Unterverband von $\mathbf{Z}$ und zu Z_0 isomorph.

(II) Sei S ein beliebiges normales Ideal aus $\mathbf{Z}$ mit $S \leq L(o, z)$. Die obere Grenze $z_1 = {}_{a \epsilon S}\cup\, a$ existiert und gehört nach Hilfssatz 4.2 wieder zu S. Folglich ist $S = L(o, z_1)$ und $\mathbf{Z}_0$ somit ein Ideal in $\mathbf{Z}$.

Satz 4.4.[1]) *Sei Z_0 die Gesamtheit der neutralen Elemente eines verallgemeinerten nach oben stetigen komplementären modularen Verbandes L. Setzt man $Z_0^{\triangledown\triangledown} = L_1$ und $Z_0^{\triangledown} = L_\infty$, so ist $L = L_1 \,\dot\cup\, L_\infty$, und L_∞ hat außer o keine neutralen Elemente. Ferner gibt es einen nach oben stetigen komplementären modularen Erweiterungsverband $\overline{L}_1$ von L_1, so daß die neutralen Elemente von L_1 Zentrumselemente von $\overline{L}_1$ sind.*

Beweis. Weil $Z_0^{\triangledown}$ ein normales Ideal in L ist, gilt nach Satz 4.1 $L = L_1 \,\dot\cup\, L_\infty$. Daß $L_\infty = Z_0^{\triangledown}$ außer o keine neutralen Elemente von L enthält, ist klar. Aus der Summendarstellung von L ergibt sich, daß ein neutrales Element von L_∞ auch neutrales Element von L ist. Daher enthält L_∞ außer o keine neutralen Elemente.

Weil $L_1 = Z_0^{\triangledown\triangledown}$ das kleinste normale Ideal ist, das alle neutralen Elemente aus L enthält, gilt nach Hilfssatz 4.4 $L_1 = {}_{z \epsilon Z_0}\cup\, L(o, z)$ in $\mathbf{Z}$. Nach Satz 4.3 läßt sich ein normales Ideal, das in einem Verband $L(o, z)$ $(z \in Z_0)$ enthalten ist, als ein $L(o, z_1)$ $(z_1 \in Z_0)$ darstellen. Bei Anwendung des Satzes 1.6 erhält man $L_1 = {}_{\alpha \epsilon I}\dot\cup\, L(o, z_\alpha)$ $(z_\alpha \in Z_0)$ in $\mathbf{Z}$. Auf Grund von Anmerkung 4.3 ist $L_1 = {}_{\alpha \epsilon I}\dot\cup{}^* L(o, z_\alpha)$. Somit ist $\overline{L}_1 = {}_{\alpha \epsilon I}\dot\cup{}' L(o, z_\alpha)$ (s. Definition 2.5, Kapitel I) ein Erweiterungsverband von L_1. ${}_{\alpha \epsilon I}\dot\cup\, z_\alpha$ ist Einselement in $\overline{L}_1$, und somit ist $\overline{L}_1$ ein nach oben

---

[1]) MAEDA [4] 90.

stetiger komplementärer modularer Verband. Die neutralen Elemente z von L_1 sind Zentrumselemente $z = {}_{\alpha \in I}\dot{\cup}\, (z \cap z_\alpha)$ von $\overline{L}_1$.

Anmerkung 4.4. In einem nach oben stetigen komplementären modularen Verband L läßt sich nach Hilfssatz 4.2 jedes normale Ideal in der Form $L(\mathrm{o}, z)$ mit einem Zentrumselement z darstellen. Also ist $z \to L(\mathrm{o}, z)$ auf Grund von Satz 4.3 eine isomorphe Abbildung des Zentrums Z auf die Gesamtheit $\mathbf{Z}$ der normalen Ideale. [D. h. in einem nach oben stetigen komplementären modularen Verband ist $\mathbf{Z}$ isomorph zum Zentrum.]

Im Kapitel IV und V wird über stetige komplementäre modulare Verbände gesprochen werden. Ersetzt man dort die Zentrumselemente durch normale Ideale, so gelten die Beziehungen beinahe unverändert in einem verallgemeinerten stetigen komplementären modularen Verband[1]).

Hilfssatz 4.5. Wenn z' in einem nach oben stetigen komplementären modularen Verband L das Komplement des Zentrumselementes z ist, so gilt[2]) $z^\nabla = L(\mathrm{o}, z')$.

Beweis. Wegen $z \cap z' = \mathrm{o}$ und $D(z, x, z')$ gilt $z \bigtriangledown z'$. Wenn man auf Grund von Hilfssatz 4.2 ein Zentrumselement y mit $z^\nabla = L(\mathrm{o}, y)$ wählt, so gilt $z' \leqq y$ wegen $z \bigtriangledown z'$. Wegen $y \cap z = \mathrm{o}$ ist nach Hilfssatz 3.5, Kapitel I, $y \leqq z'$, also $z' = y$.

Hilfssatz 4.6. In einem nach oben stetigen komplementären modularen Verband L sei zu dem Element a das Zentrumselement z^* durch $a^{\nabla\nabla} = L(\mathrm{o}, z^*)$ bestimmt. Dann ist z^* das kleinste unter den Zentrumselementen z mit $a \leqq z$.

Beweis. Nach Hilfssatz 4.2 gibt es ein Zentrumselement z^* mit $a^{\nabla\nabla} = L(\mathrm{o}, z^*)$. Wegen $\{a\} \leqq a^{\nabla\nabla}$ ist $a \leqq z^*$. Sei z ein beliebiges Zentrumselement mit $a \leqq z$. Wegen $z \geqq a$ ist dann nach Anmerkung 2.2, Kapitel I, $a^\nabla \geqq z^\nabla$ und folglich nach Anmerkung 4.1 $a^{\nabla\nabla} \leqq z^{\nabla\nabla}$. Weil ferner nach Hilfssatz 4.5 $z^{\nabla\nabla} = L(\mathrm{o}, z)$ gilt, ist $z^* \leqq z$.

Definition 4.2. In einem nach oben stetigen komplementären modularen Verband L bezeichnet man zu einem Element a mit $e(a)$ das kleinste der Zentrumselemente z mit $a \leqq z$, und nennt es die *Zentrumshülle* von a.

Hilfssatz 4.7. In einem nach oben stetigen komplementären modularen Verband gelten folgende Aussagen:

(I) $\qquad\qquad$ wenn $a \sim b$, so $e(a) = e(b)$,

(II) $\qquad\qquad$ wenn $a \preceq b$, so $e(a) \leqq e(b)$,

(III) $\qquad\qquad$ wenn $z \in Z$, so $e(z \cap a) = z \cap e(a)$,

(IV) $\qquad\qquad e\left({}_{\alpha \in I}\cup a_\alpha\right) = {}_{\alpha \in I}\cup e(a_\alpha)$.

---

[1]) Siehe Maeda [4] 90—92.
[2]) z^∇ wird als Abkürzung für $\{z\}^\nabla$ verwandt.

Beweis. (I) Wegen $a \sim b \leqq e(b)$ ist nach Hilfssatz 3.8 (III), Kapitel I, auch $a \leqq e(b)$ und folglich $e(a) \leqq e(b)$. Entsprechend ergibt sich $e(b) \leqq e(a)$ und damit $e(a) = e(b)$.

(II) Wegen $a \sim b_1 < b$ ist $e(a) = e(b_1) \leqq e(b)$ nach (I).

(III) Sei z' ein Komplement von z. Dann ist

$$e(z \cap a) \cup z' \geqq (z \cap a) \cup (z' \cap a) = a.$$

Weil $e(z \cap a) \cup z'$ wieder ein Zentrumselement ist, folgt $e(z \cap a) \cup z' \geqq e(a)$, also $z \cap e(a) \leqq z \cap (e(z \cap a) \cup z') = z \cap e(z \cap a) \leqq e(z \cap a)$. Da ferner $z \cap a \leqq z \cap e(a)$ gilt, ist $e(z \cap a) \leqq z \cap e(a)$ und somit $e(z \cap a) = z \cap e(a)$.

(IV) Wegen $e(a_\alpha) \leqq e({}_{\alpha \in I}\bigcup a_\alpha)$ ist ${}_{\alpha \in I}\bigcup e(a_\alpha) \leqq e({}_{\alpha \in I}\bigcup a_\alpha)$. Wegen $e(a_\alpha) \geqq a_\alpha$ gilt ${}_{\alpha \in I}\bigcup e(a_\alpha) \geqq {}_{\alpha \in I}\bigcup a_\alpha$. Nach Hilfssatz 3.7, Kapitel I, ist ${}_{\alpha \in I}\bigcup e(a_\alpha)$ ein Zentrumselement, daher ${}_{\alpha \in I}\bigcup e(a_\alpha) \geqq e({}_{\alpha \in I}\bigcup a_\alpha)$. Also gilt (IV).

Satz 4.5. *In einem nach oben stetigen komplementären modularen Verband sind die folgenden drei Aussagen einander äquivalent.*

(α) $a \bigtriangledown b$.

(β) *Wenn* $a_1 \leqq a$, $b_1 \leqq b$ *und* $a_1 \sim b_1$, *so* $a_1 = b_1 = 0$.

(γ) $e(a) \cap e(b) = 0$.

Beweis. (α) $\longleftrightarrow$ (β) nach Hilfssatz 4.1.

(α) $\to$ (γ). Nach Hilfssatz 4.2 gibt es ein Zentrumselement z mit $b^\triangledown = L(0, z)$. Es ist $a \leqq z$ und daher $e(a) \leqq z$. Wegen $b^{\triangledown \triangledown} = L(0, e(b))$ ist $z \cap e(b) = 0$, also $e(a) \cap e(b) \leqq z \cap e(b) = 0$.

(γ) $\to$ (β). Wenn $a_1 \leqq a$, $b_1 \leqq b$ und $a_1 \sim b_1$, so folgt nach Hilfssatz 4.7 (I) $e(a_1) = e(b_1)$. Also gilt $e(a_1) = e(a_1) \cap e(b_1) \leqq e(a) \cap e(b) = 0$ und somit $a_1 = 0$.

III. Projektive Räume

§ 1. Relativ atomare nach oben stetige Verbände

Definition 1.1. Wenn in einem Verband L mit 0 zu jedem von Null verschiedenen Element a ein Atomelement p mit $p \leqq a$ existiert, so heißt L *atomar.*

Wenn zu beliebigen a, $b \in L$ mit $b < a$ stets ein Atomelement p mit $b < b \cup p \leqq a$ existiert, so wird L *relativ atomar* genannt.

Anmerkung 1.1. Ein relativ atomarer Verband ist atomar. Ferner ist ein atomarer relativ komplementärer Verband auch relativ atomar; denn ein Atomelement zu $b < a$ ist jedes Atomelement p mit $p \leqq c$, wobei c durch $a = b \,\dot\cup\, c$ bestimmt ist.

Hilfssatz 1.1. Ein Verband L mit Nullelement ist genau dann relativ atomar, wenn jedes Element $a \in L$ die obere Grenze der Gesamtheit der in a enthaltenen Atomelemente ist[1]).

---

[1]) PRENOWITZ [*1*] 673.

Beweis. (I) Notwendig. S sei die Gesamtheit der in a enthaltenen Atomelemente. Wenn a nicht die obere Grenze von S ist, so existiert eine obere Schranke b von S mit $a \not\leq b$. Wegen $a \cap b < a$ gibt es ein $p \in S$ mit $a \cap b < (a \cap b) \cup p \leq a$. Wegen $p \leq a \cap b$ ist dies aber ein Widerspruch.

(II) Hinreichend. Wenn $b < a$ und $a = {}_{p \in S}\bigcup p$, so existiert ein $p \in S$ mit $p \not\leq b$. Dann ist aber $b < b \cup p \leq a$.

Hilfssatz 1.2. Die folgende Bedingung ist hinreichend und notwendig dafür, daß ein relativ atomarer bedingt vollständiger Verband L bedingt nach oben stetig ist: p sei ein Atomelement von L, und S eine Menge von Atomelementen, die eine obere Schranke in L haben; wenn dann $p \leq {}_{q \in S}\bigcup q$, so gibt es schon endlich viele Elemente $q_1, \ldots, q_n \in S$, so daß $p \leq q_1 \cup \ldots \cup q_n$.

Beweis. (I) Notwendig. Wenn für alle endlichen Teilmengen N aus S stets $p \cap {}_{q \in N}\bigcup q = \mathrm{o}$ gilt, so ist wegen $\left({}_{q \in N}\bigcup q\right) \uparrow \left({}_{q \in S}\bigcup q\right)$ auf Grund der Stetigkeit nach oben $p \cap \left({}_{q \in S}\bigcup q\right) = \mathrm{o}$. Dies ist aber ein Widerspruch zur Voraussetzung. Also gibt es ein $N = \{q_1, \ldots, q_n\}$ mit $p \cap \left({}_{q \in N}\bigcup q\right) \neq \mathrm{o}$.

(II) Hinreichend. Zu $a_\delta \uparrow a$ und b werde $S_\delta = \{p; \, p \leq a_\delta\}$, $S = \{p; p \leq a\}$ und $T = \{p; p \leq b\}$ gebildet. Dann ist nach Hilfssatz 1.1 $a_\delta = {}_{p \in S_\delta}\bigcup p$, $a = {}_{p \in S}\bigcup p$ und $b = {}_{p \in T}\bigcup p$. Wegen $S_\delta \wedge T = \{p; p \leq a_\delta \cap b\}$ und $S \wedge T = \{p; p \leq a \cap b\}$ ist $a_\delta \cap b = {}_{p \in S_\delta \wedge T}\bigcup p$ und $a \cap b = {}_{p \in S \wedge T}\bigcup p$. Sei $p \in S$. Es ist $p \leq a = {}_{\delta \in D}\bigcup a_\delta = {}_{\delta \in D}\bigcup \left({}_{p \in S_\delta}\bigcup p\right) = {}_{p \in (\delta \in D \cup S_\delta)}\bigcup p$ und daher nach Voraussetzung $p \leq p_1 \cup \ldots \cup p_n$, $p_i \in {}_{\delta \in D}\bigcup S_\delta$ $(i = 1, \ldots, n)$. Weil $(S_\delta)_{\delta \in D}$ ein monoton steigendes System ist, gibt es ein δ_0 mit $p_i \in S_{\delta_0}$ für alle $i = 1, \ldots, n$. Dann ist $p \leq a_{\delta_0}$ und somit $p \in S_{\delta_0}$, also $S = {}_{\delta \in D}\bigcup S_\delta$. Daraus ergibt sich nun

$$ {}_{\delta \in D}\bigcup (a_\delta \cap b) = {}_{\delta \in D}\bigcup \left({}_{p \in S_\delta \wedge T}\bigcup p\right) = {}_{p \in {}_{\delta \in D}\bigcup (S_\delta \wedge T)}\bigcup p = {}_{p \in S \wedge T}\bigcup p = a \cap b, $$

also $a_\delta \cap b \uparrow a \cap b$.

Definition 1.2. Wenn in einem Verband L mit Nullelement zu zwei Atomelementen p und q ein Element $x \in L$ mit

$$ (1) \qquad\qquad q \leq p \cup x, \qquad q \cap x = \mathrm{o} $$

existiert, so nennt man p *subperspektiv* zu q.

Gibt es zu zwei Atomelementen $p, q \in L$ eine Folge von endlich vielen Atomelementen $r_1, \ldots, r_n$ so, daß $p = r_1, r_n = q$ und für alle $i = 1, \ldots, n-1$ stets r_i subperspektiv zu r_{i+1} oder r_{i+1} subperspektiv zu r_i ist, so sagt man, p und q seien *zusammenhängend*.

Anmerkung 1.2. In Definition 1.2 (1) ist $p \cap x = \mathrm{o}$; denn wenn $p \leq x$, so $q \leq x$, und dies ist ein Widerspruch zu $q \cap x = \mathrm{o}$.

Anmerkung 1.3. Wenn $q \leq p \cup x$, so ist auf Grund von Definition 1.2 $q \leq x$ oder p subperspektiv zu q. Ist also $q \leq p_1 \cup \ldots \cup p_n$, so ist wenigstens eines der $p_1, \ldots, p_n$ subperspektiv zu q.

Hilfssatz 1.3. In einem relativ atomaren bedingt nach oben stetigen Verband L sind die folgenden beiden Aussagen (α) und (β) einander äquivalent.

(α) $\qquad a \bigtriangledown b$.

(β) $\qquad$ Zu a und b existieren keine Atomelemente p und q, so daß $p \leqq a$, $\quad q \leqq b$ und p subperspektiv zu q ist.

Beweis. $(\alpha) \to (\beta)$. Angenommen, es gäbe Atomelemente p, q mit $p \leqq a$, $q \leqq b$ und p subperspektiv zu q. Weil dann ein x mit $q \leqq p \cup x$ und $q \cap x = 0$ existiert, ist $(p \cup x) \cap q = q > 0 = x \cap q$. D. h. es gilt nicht $p \bigtriangledown q$ und daher nach Anmerkung 2.2, Kapitel I, auch nicht $a \bigtriangledown b$.

$(\beta) \to (\alpha)$. Wenn $a = 0$ oder $b = 0$, so ist die Behauptung klar. Also kann $a, b \neq 0$ vorausgesetzt werden. Angenommen, (α) gälte nicht. Dann gibt es ein Element $x \neq 0$ mit $(a \cup x) \cap b > x \cap b$. Weil L relativ atomar ist, existiert ein Atomelement q mit $(a \cup x) \cap b \geqq (x \cap b) \cup q > x \cap b$. Daher ist $(x \cap b) \cap q = 0$ und $q \leqq b$, somit also $q \cap x = 0$. Da ferner $q \leqq a \cup x$ ist, gibt es nach Hilfssatz 1.1 und 1.2 in a enthaltene Atomelemente $p_1, \ldots, p_n$ mit $q \leqq p_1 \cup \ldots \cup p_n \cup x$. Wegen $q \nleqq x$ ist nach Anmerkung 1.3 wenigstens eines der Elemente $p_1, \ldots, p_n$ zu q subperspektiv. Dies ist aber ein Widerspruch zu (β).

Satz 1.1.[1]) *Ein relativ atomarer bedingt nach oben stetiger Verband L läßt sich als subdirekte Summe $L = {}_{\alpha \in I}\dot{\cup}{}^{*} S_\alpha$ darstellen. Hierbei sind die zu einem S_α gehörenden Atomelemente zusammenhängend. Atomelemente, die zu voneinander verschiedenen S_α und S_β gehören, sind nicht zusammenhängend.*

Beweis. Zusammenhängend zu sein ist offenbar eine Äquivalenzrelation. Daher kann man die Gesamtheit der Atomelemente von L in elementfremde Klassen P_α $(\alpha \in I)$ einteilen, wobei die Atomelemente einer Klasse untereinander zusammenhängend sind, zwei Atomelemente aus verschiedenen Klassen dagegen nicht. Mit S_α werde die Menge bezeichnet, die aus 0 und der Gesamtheit derjenigen Elemente von L gebildet ist, die sich als obere Grenze von zu P_α gehörenden Atomelementen darstellen lassen. Wenn $p \leqq a_\alpha \in S_\alpha$ und $q \leqq b_\beta \in S_\beta$ $(\alpha \neq \beta)$, so ist nach Hilfssatz 1.2 $p \leqq p_1 \cup \ldots \cup p_n$, $p_i \in P_\alpha$ $(i = 1, \ldots, n)$ und $q \leqq q_1 \cup \ldots \cup q_n$, $q_j \in P_\beta$ $(j = 1, \ldots, m)$. Also ist nach Anmerkung 1.3 sicher eines der Elemente $p_1, \ldots, p_n$ subperspektiv zu p und folglich $p \in P_\alpha$. Entsprechend gilt $q \in P_\beta$. Daher ist p nicht subperspektiv zu q, und somit nach Hilfssatz 1.3 $a_\alpha \bigtriangledown b_\beta$, also $S_\alpha \leqq S_\beta^{\bigtriangledown}$. Zu einem beliebigen Element $a \in L$ werde mit a_α die obere Grenze der Atomelemente, die zu P_α gehören und in a enthalten sind, bezeichnet. Dann ist $a = {}_{\alpha \in I}\cup a_\alpha$ mit $a_\alpha \in S_\alpha$ $(\alpha \in I)$. Also gilt $L = {}_{\alpha \in I}\dot{\cup}{}^{*} S_\alpha$.

---

[1]) MAEDA [6] 91.

Der zweite Teil der Behauptung ist nach der Konstruktion der S_α klar.

Anmerkung 1.4. Aus dem Satz 1.1 erkennt man, daß ein relativ atomarer nach oben stetiger Verband L sich als direkte Summe $L = \underset{\alpha \in I}{\dot{\bigcup}}\, S_\alpha$ darstellen läßt.

§ 2. Atomelemente modularer Verbände

Definition 2.1. Wenn in einem Verbande L zu einem Quotienten a/b ($a \neq b$) kein Element $x \in L$ mit $b < x < a$ existiert, nennt man a/b einen *Primquotienten*. a heißt *prim über* b (und b *prim unter* a). Existieren zu einem Quotienten a/b endlich viele c_i mit

$$(1) \qquad b = c_0 < c_1 < \ldots < c_n = a\,,$$

und ist c_i/c_{i-1} für $i = 1, \ldots, n$ stets ein Primquotient, so sagt man, (1) sei eine *Kompositionsreihe* von der *Länge n* des Quotienten a/b.

Hat a/b verschiedene Kompositionsreihen, so nennt man das Maximum der Längen (falls vorhanden) die *Dimension* von a/b.

Wenn a/b keine Kompositionsreihe besitzt oder aber das eben erwähnte Maximum nicht vorhanden ist, so wird die Dimension von a/b als ∞ festgesetzt [1]).

a/b durchlaufe alle Quotienten von L. Dann nennt man das Maximum dieser Dimensionen die *Dimension* von L.

Definition 2.2. Wenn in einem Verbande L jede nicht leere Teilmenge mindestens ein minimales Element enthält, so sagt man, L erfülle die *Minimalbedingung*. Dual wird die *Maximalbedingung* definiert.

„L erfüllt die Minimalbedingung" ist gleichwertig zur Aussage „es existiert keine unendliche Folge $(a_i)_{i=1,2,\ldots}$ mit $a_1 > a_2 > \ldots > a_i > \ldots$". Daß ein Verband von endlicher Dimension die Maximal- wie Minimalbedingung erfüllt, ist klar. Umgekehrt braucht ein Verband, der die Maximal- und Minimalbedingung erfüllt, keine endliche Dimension zu haben, obwohl jeder Quotient a/b eine Kompositionsreihe besitzt.

Hilfssatz 2.1. Erfüllt ein komplementärer modularer Verband L die Minimalbedingung, so erfüllt er auch die Maximalbedingung (und umgekehrt).

Beweis. L erfülle die Minimalbedingung, S sei eine nicht leere Teilmenge von L und S' die Gesamtheit der Elemente, die sich als Komplement eines gewissen Elementes von S darstellen lassen. Nach Voraussetzung hat S' ein minimales Element x'. x' sei das Komplement des Elementes $x \in S$. Dann ist x ein maximales Element von S. Denn angenommen, es existierte ein $a \in S$ mit $x < a$. Dann ist $a \cup x' \geqq x \cup x' = 1$, und es gibt daher nach Hilfssatz 1.2 (I), Kapitel I, ein Komple-

---

[1]) Wobei (wie üblich) $n < \infty$ für jede natürliche Zahl n gelten soll.

ment a' von a mit $a' \leqq x'$. Da $a' = x'$ auf Grund von Satz 1.4, Kapitel I, nicht möglich ist, folgt daraus $a' < x'$ im Widerspruch dazu, daß x' minimales Element von S' ist. Dual dazu ergibt sich aus der Maximalbedingung die Minimalbedingung.

Hilfssatz 2.2. Wenn ein Verband L die Minimalbedingung erfüllt, so ist L atomar. Dann existiert die untere Grenze einer beliebigen nicht leeren Teilmenge S von L, und diese untere Grenze läßt sich schon als untere Grenze einer gewissen endlichen Teilmenge von S darstellen.

Beweis. L hat ein eindeutig bestimmtes minimales Element; dies ist das Nullelement o von L. a sei ein von o verschiedenes Element von L. Ein minimales Element der Menge, die aus der Gesamtheit der x mit $a \geqq x > $ o gebildet ist, ist ein Atomelement $\leqq a$. Also ist L atomar.

D sei die Gesamtheit der nichtleeren endlichen Teilmengen N von S. Es werde $a_N = {}_{a \in N} \cap a$ gesetzt, und a_{N_0} sei ein minimales Element von $\{a_N; N \in D\}$. Angenommen, es existiere ein $a \in S$ mit $a_{N_0} \nleqq a$. Dann gehört $a_{N_0} \cap a$ zu $\{a_N; N \in D\}$, und dies ist ein Widerspruch, da a_{N_0} ein minimales Element von $\{a_N; N \in D\}$ sein sollte. Also existiert ${}_{a \in S} \cap a$ und ist gleich a_{N_0}.

Hilfssatz 2.3. Ein die Minimalbedingung erfüllender relativ komplementärer modularer Verband L ist auch ein atomarer verallgemeinerter stetiger komplementärer modularer Verband. Die obere wie untere Grenze einer beliebigen nicht leeren Teilmenge S (mit oberer Schranke) von L lassen sich schon als obere bzw. untere Grenze endlicher Teilmengen von S darstellen.

Beweis. (I) Nach Hilfssatz 2.2 ist L atomar, es existiert die untere Grenze einer nicht leeren Teilmenge von L, und diese untere Grenze läßt sich als untere Grenze gewisser endlicher Teilmengen von S darstellen.

Sei S nun eine nicht leere Teilmenge von L, die eine obere Schranke c hat. Nach Hilfssatz 2.1 erfüllt der Verband $L(o, c)$ auch die Maximalbedingung. Nach der dualen Aussage von Hilfssatz 2.2 existiert die obere Grenze von S, und diese läßt sich als obere Grenze einer endlichen Teilmenge von S darstellen. D. h. L ist ein bedingt vollständiger Verband.

(II) δ sei Element einer gerichteten Menge. Wenn $a_\delta \uparrow a$, so gibt es nach (I) Elemente $\delta_1, \ldots, \delta_n$ mit $a = a_{\delta_1} \cup \ldots \cup a_{\delta_n}$. Bestimmt man ein δ_0 mit $\delta_i \leqq \delta_0$ $(i = 1, \ldots, n)$, so ist $a = a_{\delta_0}$ und daher $a_\delta \cap b \uparrow a \cap b$. Weil analog aus $a_\delta \downarrow a$ auch $a_\delta \cup b \downarrow a \cup b$ folgt, ist L ein bedingt stetiger Verband. Also ist L ein atomarer verallgemeinerter stetiger komplementärer modularer Verband.

Hilfssatz 2.4. Zwei Elemente a, b eines modularen Verbandes L mit $a < b$ seien durch zwei endliche Reihen

$$b = c_0 < c_1 < \ldots < c_\nu = a\,,$$
$$b = d_0 < d_1 < \ldots < d_\mu = a$$

verbunden.

Dann kann man zwischen die Glieder der beiden Reihen beliebig viele neue Glieder einfügen, so daß man zwei endliche Reihen

$$(1) \qquad\qquad b = c_0' < c_1' < \ldots < c_\lambda' = a\,,$$

$$(2) \qquad\qquad b = d_0' < d_1' < \cdots < d_\lambda' = a$$

von gleicher Länge erhält. Bei geeignet gewählter Umnumerierung ist c_i'/c_{i-1}' perspektiv d_i'/d_{i-1}' $(i = 1, \ldots, \lambda)$.

Beweis. Setzt man

$$c_{ij} = (c_i \cap d_j) \cup c_{i-1} \qquad (i = 1, \ldots, \nu; j = 0, 1, \ldots, \mu)\,,$$
$$d_{ji} = (d_j \cap c_i) \cup d_{j-1} \qquad (i = 0, 1, \ldots, \nu; j = 1, \ldots, \mu)\,,$$

so sind wegen

$$c_{i-1} = c_{i0} \leqq c_{i1} \leqq \cdots \leqq c_{i\mu} = c_i \text{ und } d_{j-1} = d_{j0} \leqq d_{j1} \leqq \cdots \leqq d_{j\nu} = d_j$$

die Folgen $(c_{ij})_{i=1,\ldots,\nu; j=0,1,\ldots,\mu}$ und $(d_{ji})_{i=0,1\ldots,\nu; j=1,\ldots,\mu}$ bei lexikographischer Anordnung der Indexpaare (i, j) bzw. (j, i) monoton steigende Systeme, welche die c_i bzw. die d_j enthalten. Weiter erkennt man $c_{i0} = c_{i-1,\mu}$ $(i = 1, \ldots, \nu)$ und $d_{j0} = d_{j-1,\nu}$ $(j = 1, \ldots, \mu)$. Diese Glieder sollen jeweils nur einmal gezählt werden. Wegen

$$\big((c_i \cap d_{j-1}) \cup c_{i-1}\big) \cup (c_i \cap d_j) = (c_i \cap d_j) \cup c_{i-1}$$

und

$$\big((c_i \cap d_{j-1}) \cup c_{i-1}\big) \cap (c_i \cap d_j) = (c_{i-1} \cap d_j) \cup (c_i \cap d_{j-1})$$

ist $c_{ij}/c_{i,j-1}$, d. h. $(c_i \cap d_j) \cup c_{i-1}/(c_i \cap d_{j-1}) \cup c_{i-1}$, eine Transponierte von $c_i \cap d_j/(c_i \cap d_{j-1}) \cup (c_{i-1} \cap d_j)$. Entsprechend erweist sich $d_{ji}/d_{j,i-1}$ als Transponierte von $c_i \cap d_j/(c_i \cap d_{j-1}) \cup (c_{i-1} \cap d_j)$. Also sind für $i = 1, \ldots, \nu; j = 1, \ldots, \mu$ die Quotienten $c_{ij}/c_{i,j-1}$ und $d_{ji}/d_{j,i-1}$ zueinander perspektiv. Daher ist insbesondere $c_{i,j-1} = c_{ij}$ gleichwertig mit $d_{j,i-1} = d_{ji}$. Folglich sind die Anzahlen der verschiedenen Glieder von

$$(c_{ij})_{i=1,\ldots,\nu; j=0,1,\ldots,\mu} \text{ und } (d_{ji})_{i=0,1,\ldots,\nu; j=1,\ldots,\mu}$$

einander gleich.

Bei geeignet gewählter Numerierung sind Quotienten gleicher Nummer zueinander perspektiv. Also sind dies die verlangten Reihen (1) und (2).

Anmerkung 2.1. Wenn in einem modularen Verband L Kompositionsreihen der Quotienten a/b existieren, so folgt nach Hilfssatz 2.4, daß die Längen dieser Reihen einander gleich sind. Also sind auf Grund von Hilfssatz 2.1 in einem komplementären modularen Verband L die Aussagen „L erfüllt die Minimalbedingung" und „L hat eine endliche Dimension" äquivalent.

Hilfssatz 2.5. Wenn p ein Atomelement eines modularen Verbandes L mit o ist, so ist für ein Element $a \in L$ entweder $p \leqq a$ oder $a \cup p$ prim über a.

Beweis. Wenn $p \nleqq a$, so ist $a \cap p = o$, also nach Satz 1.6, Kapitel 1, $L(a, a \cup p)$ isomorph zu $L(o, p)$. Daher ist $a \cup p$ prim über a.

Hilfssatz 2.6. p, q und r seien Atomelemente eines modularen Verbandes mit Nullelement. Wenn $r \leqq p \cup q$ und $p \neq r$, so ist $p \cup q = p \cup r$ und $p \cup q$ prim über r.

Beweis. Es ist $p \leqq p \cup r \leqq p \cup q$ und nach Hilfssatz 2.5 sind ferner $p \cup r$ und $p \cup q$ prim über p. Also ist $p \cup r = p \cup q$ und daher nach Hilfssatz 2.5 $p \cup q$ prim über r.

Hilfssatz 2.7. In einem modularen Verband mit o sind zwei voneinander verschiedene Atomelemente p und q genau dann zueinander perspektiv, wenn $p \cup q$ ein drittes (d. h. von p und q verschiedenes) Atomelement r enthält.

Beweis. (I) Notwendig. Wenn $p \sim q$, so gibt es nach Hilfssatz 2.1, Kapitel II, ein Element r mit $p \overset{\cdot}{\cup} r = q \overset{\cdot}{\cup} r = p \overset{\cdot}{\cup} q$. Es ist $r \leqq p \cup q$, und daher $p \cup q = p \cup r$ prim über r. Da $p \cup q / p$ und p/o prim sind, muß wegen Anmerkung 2.1 auch r/o prim, d. h. r ein Atomelement sein.

(II) Hinreichend. Sei r ein von p und q verschiedenes Atomelement mit $r \leqq p \overset{\cdot}{\cup} q$. Nach Hilfssatz 2.6 ist $p \overset{\cdot}{\cup} r = p \overset{\cdot}{\cup} q$ und $q \overset{\cdot}{\cup} r = p \overset{\cdot}{\cup} q$, also $p \sim q$.

Hilfssatz 2.8. In einem modularen Verbande mit o seien p und q zwei voneinander verschiedene Atomelemente. Wenn $q \leqq p \cup a$, so existiert ein Atomelement $r \leqq a$ mit $q \leqq p \cup r$, und es ist $q \leqq a$ oder $p \sim q$.

Beweis. Wenn $p \leqq a$, so genügt es, $r = q$ zu wählen. Also kann $p \nleqq a$ vorausgesetzt werden. Es ist $q \leqq (p \cup a) \cap (p \cup q) = p \cup (a \cap (p \cup q))$. Setzt man $r = a \cap (p \cup q)$, so ist $p \cup q / r$ die Transponierte von $a \cup (p \cup q)/a$, d. h. von $p \cup a/a$. Weil nach Hilfssatz 2.5 $p \cup a/a$ ein Primquotient ist, muß auch $p \cup q/r$ nach Satz 1.6, Kapitel I, ein Primquotient sein. Also ist r ein Atomelement und dann $q \leqq p \cup r, r \leqq a$. Wenn $q \nleqq a$, so $q \neq r$. Ferner gilt dann wegen $q \leqq p \cup a$ auch $p \nleqq a$ und somit $p \neq r$. Wegen $r \leqq p \cup q$ ist daher nach Hilfssatz 2.7 $p \sim q$.

Anmerkung 2.2. Wenn in einem modularen Verband mit o p subperspektiv zu q ist, so sind nach Hilfssatz 2.8 p und q zueinander perspektiv. Weil auch die Umkehrung hiervon gilt, sind in einem modularen Verband mit o die beiden Aussagen „zwei Atomelemente sind subperspektiv" und „zwei Atomelemente sind perspektiv" gleichwertig.

Hilfssatz 2.9. p, q und r seien drei voneinander verschiedene, unabhängige Atomelemente eines modularen Verbandes mit o. Wählt man zu p, q und r zwei voneinander verschiedene Atomelemente s und t mit $s \leqq p \cup q$ und $t \leqq q \cup r$, so gibt es ein Atomelement u mit $u \leqq p \cup r$ und $u \leqq s \cup t$. Wenn s von p, q und t von q, r verschieden ist, so ist auch u von p und r verschieden.

Beweis. (I) Wenn $s = p$ ist, braucht man nur $u = p$ zu wählen. Falls $s = q$, so $t \leqq s \cup r$ und wegen $t \neq s$ ist nach Hilfssatz 2.6 $r \leqq s \cup t$. Also kann man $u = r$ setzen. Nun sei s als von p und q verschieden sowie t als von q und r verschieden vorausgesetzt.

(II) Wegen $q \leqq p \cup s$ (nach Hilfssatz 2.6) ist $t \leqq p \cup r \cup s$. Also gibt es nach Hilfssatz 2.8 ein Atomelement u mit $u \leqq p \cup r$ und $t \leqq u \cup s$. Dann ist wegen $s \neq t$ aber $u \leqq s \cup t$. Somit erfüllt u die Forderungen.

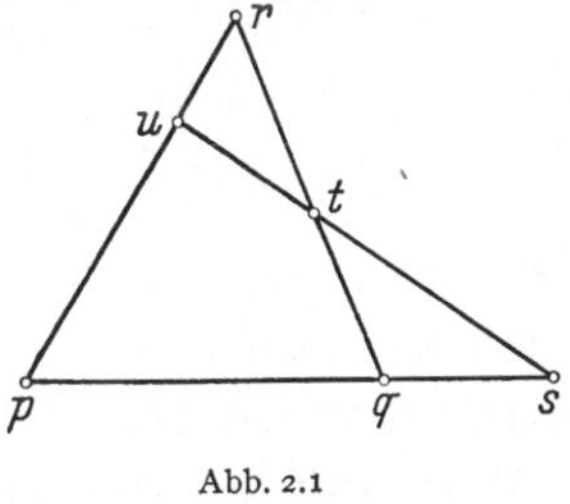

Abb. 2.1

Wenn $u = p$, so ist $p \leqq s \cup t$; ferner war $p \neq s$, daher ist nach Hilfssatz 2.6 $p \cup s = s \cup t$. Da andererseits auch $p \cup q = p \cup s$ gilt, ist $t \leqq p \cup q$. Also ist $t \leqq (p \cup q) \cap (q \cup r) = q$, und dies ist ein Widerspruch zu $t \neq q$. Folglich ist $u \neq p$, und entsprechend ergibt sich auch $u \neq r$.

Hilfssatz 2.10. p sei ein Atomelement eines modularen Verbandes mit o. Wenn $p \sim q$ und $q \sim r$, so sind q und r Atomelemente, und es ist $p \sim r$.

Beweis. (I) Weil nach Satz 3.1, Kapitel II, $L(o, p)$ und $L(o, q)$ einander isomorph sind, ist q ein Atomelement. Entsprechend folgt, daß r ein Atomelement ist.

(II) Wenn irgend zwei der Elemente p, q, r einander gleich sind, so ist $p \sim r$ klar.

p, q und r seien nun voneinander verschieden. Ist $q \leqq p \cup r$, so folgt nach Hilfssatz 2.7 $p \sim r$. Daher wird $q \nleqq p \cup r$ vorausgesetzt, d. h. $(p \cup r) \cap q = o$ und somit $\perp(p, q, r)$.

(III) Wegen $p \sim q$ gibt es nach Hilfssatz 2.7 ein von p und q verschiedenes Atomelement s mit $s \leqq p \cup q$. Entsprechend existiert auch ein von q und r verschiedenes Atomelement t mit $t \leqq q \cup r$. Wenn $s = t$, so $s \leqq (p \cup q) \cap (q \cup r) = q$, d. h. $s = q$ entgegen der Voraussetzung. Also ist $s \neq t$. Folglich gibt es nach Hilfssatz 2.9 ein Atomelement u mit $u \leqq p \cup r$ und $u \leqq s \cup t$, welches von p und r verschieden ist. Daher ist $p \sim r$ nach Hilfssatz 2.7.

Anmerkung 2.3. Auf Grund von Anmerkung 2.2 und Hilfssatz 2.10 sind in einem modularen Verband mit o die Aussagen „zwei Atomelemente sind perspektiv" und „zwei Atomelemente sind zusammenhängend" gleichwertig.

Hilfssatz 2.11. L sei ein modularer Verband mit o und 1. Gibt es endlich viele Atomelemente $p_1, \ldots, p_n$ mit $1 = p_1 \cup \ldots \cup p_n$, so ist L ein endlich dimensionaler komplementärer Verband, und ein beliebiges Atomelement q ist zu mindestens einem der $p_1, \ldots, p_n$ perspektiv.

Beweis. (I) a sei ein beliebiges Element aus L. Es ist

$$(1) \qquad 1 = a \cup 1 = a \cup p_1 \cup \ldots \cup p_n .$$

Weil p_1 ein Atomelement ist, gilt $a \cap p_1 = o$ oder $a \cap p_1 = p_1$. Im ersten Fall ist $a \cup p_1 = a \dot\cup p_1$, im zweiten $a \cup p_1 = a$. Im zweiten Fall wird p_1 in der Darstellung (1) fortgelassen. Allgemein ist entweder $(a \cup p_1 \cup \ldots \cup p_i) \cap p_{i+1} = o$ oder $(a \cup p_1 \cup \ldots \cup p_i) \cap p_{i+1} = p_{i+1}$. Dann gilt also entweder

$$(a \cup p_1 \cup \ldots \cup p_i) \cup p_{i+1} = (a \cup p_1 \cup \ldots \cup p_i) \dot\cup p_{i+1} ,$$

oder p_{i+1} kann in der Darstellung (1) gestrichen werden. Wenn man dies berücksichtigt, läßt sich (1) als

$$(2) \qquad 1 = a \cup p_{i_1} \cup \ldots \cup p_{i_m}$$

darstellen, wobei die $p_{i_1}, \ldots, p_{i_m}$ diejenigen der Elemente $p_1, \ldots, p_n$ sind, die in der Darstellung (1) nicht gestrichen werden konnten.

Weil nach Satz 1.8, Kapitel I, $\perp(a, p_{i_1} \ldots, p_{i_m})$ gilt, ist $p_{i_1} \dot\cup \ldots \dot\cup p_{i_m}$ ein Komplement des Elementes a, d. h. L ist ein komplementärer Verband.

(II) Setzt man in (2) $a = o$, so ist $1 = p_{i_1} \dot\cup \ldots \dot\cup p_{i_m}$. Daher existiert nach Hilfssatz 2.5 eine Kompositionsreihe von 1/o; nach Anmerkung 2.1 ist deren Länge eindeutig bestimmt. Sei nun a/b ein beliebiger Quotient von L. Wenn $o < b < a < 1$, so folgt bei Anwendung des Hilfssatzes 2.4 auf diese Reihe und die Kompositionsreihe von 1/o, daß es eine Kompositionsreihe von a/b gibt. Ihre Länge ist nicht größer als die der Kompositionsreihe von 1/o. Also hat L eine endliche Dimension.

(III) Weil $q \leqq p_1 \cup \ldots \cup p_n$, ist q nach Anmerkung 1.3 und Anmerkung 2.2 einem der Elemente $p_1, \ldots, p_n$ perspektiv.

Satz 2.1. *In einem nach oben stetigen modularen Verband L sei S eine Menge von Atomelementen mit $1 = \bigcup_{p \in S} p$. Dann ist L ein atomarer komplementärer Verband, und jedes beliebige Atomelement von L ist zu mindestens einem in S liegenden Atomelement perspektiv.*

Beweis. (I) Zu einem festen Element $a \in L$ sei T eine Teilmenge von S mit $a \cap \left(\bigcup_{p \in T} p \right) = o$. Die Gesamtheit dieser Mengen T werde mit Φ bezeichnet. Dann ist Φ mit der Enthaltenseinsbeziehung als Ordnung eine teilweise geordnete Menge. Ψ sei eine beliebige nicht leere geordnete Teilmenge von Φ. T_0 sei die Vereinigung der zu Ψ gehörenden Mengen. Ist N eine beliebige endliche Teilmenge von T_0, so gibt es eine Menge T in Ψ, die N enthält. Also ist $a \cap \left({}_{p \in N} \bigcup p \right) = 0$. Weil L nach oben stetig ist, folgt $a \cap \left({}_{p \in T_0} \bigcup p \right) = 0$, d. h. T_0 ist in Φ eine obere Schranke von Ψ. Daher gibt es in Φ nach dem Zornschen Lemma eine maximale Menge T^*. Setzt man $b = {}_{p \in T^*} \bigcup p$, so ist $a \cap b = 0$. Wenn für ein $p \in S$ nun $p \cap (a \cup b) = 0$ gilt, so auch $p \cap b = 0$, d. h. $p \notin T^*$. Weil dann nach Satz 1.8, Kapitel I, $\perp(a, b, p)$ gilt, ist $a \cap (b \cup p) = 0$. Also gehört $T^* \vee \{p\}$ zu Φ, und dies ist ein Widerspruch, weil T^* eine maximale Menge von Φ sein sollte. Daher ist $p \leq a \cup b$. Da somit $a \cup b = 1$ gilt, ist b ein Komplement von a, d. h. L ist ein komplementärer Verband.

(II) Sei $a \neq 0$. Wenn für alle endlichen Teilmengen N von S stets $a \cap \left({}_{p \in N} \bigcup p \right) = 0$, so ist wegen der Stetigkeit nach oben $a = a \cap \left({}_{p \in S} \bigcup p \right) = 0$, was $a \neq 0$ widerspricht. Also gibt es ein N mit $a \cap \left({}_{p \in N} \bigcup p \right) \neq 0$. Es werde $c = {}_{p \in N} \bigcup p$ gesetzt. Dann ist nach Hilfssatz 2.11 $L(0, c)$ ein endlich dimensionaler komplementärer modularer Verband und daher atomar. Also gibt es ein Atomelement q mit $q \leq a \cap \left({}_{p \in N} \bigcup p \right)$. Weil dann auch $q \leq a$ gilt, ist L ein atomarer Verband.

(III) Sei q ein beliebiges Atomelement aus L. Nach (II) existiert in S eine endliche Teilmenge N mit $q \cap \left({}_{p \in N} \bigcup p \right) \neq 0$. Mit $c = {}_{p \in N} \bigcup p$ ist dann $q \in L(0, c)$, und bei Anwendung des Hilfssatzes 2.11 auf $L(0, c)$ folgt, daß q zu mindestens einem Atomelement von N perspektiv ist.

Anmerkung 2.4. Sei a ein beliebiges Element eines relativ atomaren bedingt nach oben stetigen modularen Verbandes L. Dann ist nach Hilfssatz 1.1 $a = {}_{p \leq a} \bigcup p$. Wendet man den Satz 2.1 auf $L(0, a)$ an, so folgt, daß L ein atomarer relativ komplementärer Verband ist. Also ist L ein atomarer bedingt nach oben stetiger relativ komplementärer modularer Verband, d. h. aber L ist ein atomarer verallgemeinerter nach oben stetiger komplementärer modularer Verband. Weil nach Anmerkung 1.1 auch die Umkehrung gilt, sind die beiden Aussagen „ein Verband ist relativ atomar bedingt nach oben stetig modular" und „ein Verband ist atomar verallgemeinert nach oben stetig komplementär modular" gleichwertig.

Satz 2.2. *In einem verallgemeinerten nach oben stetigen komplementären modularen Verband L sei P die Gesamtheit der Atomelemente. Wenn $P^{\triangledown} = L_c$ und $P^{\triangledown\triangledown} = L_p$ gesetzt wird, so ist $L = L_c \dot{\cup} L_p$, L_c enthält kein Atomelement, und L_p ist atomar.*

Beweis. Nach Satz 4.1, Kapitel II, ist $L = L_c \dot{\cup} L_p$. Wegen $P \leq L_p$ enthält L_p alle Atomelemente von L. Daher liegt in L_c kein Atomelement von L. Sei a ein Element aus L_p, das kein Atomelement enthält. Dann gilt $a \triangledown p$ für alle Atomelemente p; denn wenn $a \triangledown p$ für ein p nicht gälte, so gäbe es nach Hilfssatz 4.1, Kapitel II, ein Atomelement p_1 mit $p \sim p_1 \leq a$. Also ist $a \in P^{\triangledown}$ und somit $a = 0$. Daher ist L_p atomar.

Hilfssatz 2.12. p sei ein Atomelement eines atomaren verallgemeinerten nach oben stetigen komplementären modularen Verbandes L. Wenn $p \leqq a \cup b \, (a, b \neq 0)$, so gibt es Atomelemente q und r mit $p \leqq q \cup r$, $q \leqq a$ und $r \leqq b$.

Beweis. Nach Anmerkung 1.1 ist L ein relativ atomarer bedingt nach oben stetiger Verband. Daher existieren nach Hilfssatz 1.1 und 1.2 in a enthaltene Atomelemente $q_1, \ldots, q_n$ mit $p \leqq q_1 \cup \ldots \cup q_n \cup b$. Nach Hilfssatz 2.8 gibt es ein Atomelement r_1 mit

$$(1) \qquad p \leqq q_1 \cup r_1, \quad r_1 \leqq q_2 \cup \ldots \cup q_n \cup b.$$

Wendet man nun wieder auf den zweiten Teil von (1) den Hilfssatz 2.8 an, so folgt die Existenz eines Atomelementes r_2 mit

$$r_1 \leqq q_2 \cup r_2, \quad r_2 \leqq q_3 \cup \ldots \cup q_n \cup b.$$

Wiederholt man dieses Verfahren, so erhält man schließlich ein Atomelement r_n mit $r_{n-1} \leqq q_n \cup r_n$, $r_n \leqq b$. Setzt man $r = r_n$, so ist

$$p \leqq q_1 \cup \ldots \cup q_n \cup r, \quad r \leqq b.$$

Folglich gibt es nach Hilfssatz 2.8 ein Atomelement q mit $p \leqq q \cup r$, $q \leqq q_1 \cup \ldots \cup q_n$, und es ist $q \leqq a$.

Satz 2.3. *L sei ein atomarer verallgemeinerter nach oben stetiger komplementärer modularer Verband. Dann läßt sich L als subdirekte Summe $L = {}_{\alpha \in I}\overset{\cup}{\cup}{}^* S_\alpha$ mit irreduziblen Summanden darstellen. Hierbei sind die in einem S_α liegenden Atomelemente zueinander perspektiv. Atomelemente, die zu verschiedenen S_α, S_β gehören, sind nicht zueinander perspektiv.*

Beweis: (I) Nach Satz 1.1 und Anmerkung 2.4 läßt sich L als subdirekte Summe $L = {}_{a \in I}\overset{\cup}{\cup}{}^* S_\alpha$ darstellen. Nach Anmerkung 2.3 sind hierbei die in einem S_α liegenden Atomelemente zueinander perspektiv und die zu verschiedenen S_α, S_β gehörenden sind nicht zueinander perspektiv.

(II) Nach Hilfssatz 4.2, Kapitel II, ist ein normales Ideal von S_α auch ein neutrales Ideal von S_α. Daher enthält ein von (0) verschiedenes normales Ideal von S_α alle Atomelemente von S_α, d. h. es stimmt mit S_α überein. Also ist nach Satz 4.2, Kapitel II, S_α irreduzibel.

Satz 2.4. *In einem atomaren verallgemeinerten nach oben stetigen komplementären modularen Verband L sind die folgenden vier Aussagen äquivalent.*

(α) *L ist irreduzibel.*

(β) *Alle Atomelemente von L sind zueinander perspektiv.*

(γ) *Zu zwei verschiedenen Atomelementen p, q von L enthält $p \cup q$ ein drittes Atomelement r.*

(δ) *Alle Atomelemente von L sind untereinander zusammenhängend.*

Wenn L ferner ein relativ komplementärer modularer Verband ist, der die Minimalbedingung erfüllt, so sind obige vier Aussagen gleichwertig mit:

(ε) *L ist einfach.*

Beweis. (α) $\longleftrightarrow$ (β). Nach Satz 4.2, Kapitel II, ist L genau dann irreduzibel, wenn (o) und L die einzigen normalen Ideale in L sind. Nach Hilfssatz 4.3, Kapitel II, sind in der subdirekten Summendarstellung $L = {}_{\alpha \in I}\dot{\cup}^* S_\alpha$ von L die S_α normale Ideale. Daher sind nach Satz 2.3 (α) und (β) gleichwertig.

(β) $\longleftrightarrow$ (γ) ist nach Hilfssatz 2.7 klar.

(β) $\longleftrightarrow$ (δ) folgt nach Anmerkung 2.3.

(ε) $\longrightarrow$ (α) gilt nach Anmerkung 4.2, Kapitel I, allgemein für einen Verband.

(β) $\longrightarrow$ (ε). L sei ein die Minimalbedingung erfüllender relativ komplementärer modularer Verband. J sei ein neutrales Ideal von L. Weil ein neutrales Ideal mit einem Element gleichzeitig auch alle zu diesem perspektiven enthält, enthält J nach (β) entweder alle Atomelemente oder gar keins. Nach Hilfssatz 1.1 und 2.3 ist ein beliebiges von o verschiedenes Element aus L die obere Grenze endlich vieler Atomelemente. Daher ist J entweder gleich L oder gleich (o). Somit ist L nach Anmerkung 4.5, Kapitel I, einfach.

§ 3. Projektive Räume

Definition 3.1. Ω sei eine Menge, deren Elemente als *Punkte* bezeichnet werden. Ein System von Teilmengen mit je mindestens zwei Punkten möge die folgenden Bedingungen (1°) und (2°) erfüllen. Dann nennt man jede dieser Teilmengen eine *Gerade* und Ω einen *projektiven Raum.*

(1°) Zu zwei voneinander verschiedenen Punkten p, q gibt es stets genau eine diese beiden Punkte enthaltende Gerade.

(2°) p, q, r seien drei nicht auf einer Geraden liegende Punkte. Zwei voneinander verschiedene Punkte s, t seien so gewählt, daß die drei Punkte p, q, s und q, r, t je auf einer Geraden liegen. Dann gibt es einen Punkt u, so daß p, r, u und s, t, u je auf einer Geraden liegen[1]).

Erfüllen in einem projektiven Raum die Geraden außer (1°) und (2°) noch die folgende Bedingung (3°), so nennt man Ω *irreduzibel.*

(3°) Eine Gerade enthält mindestens drei Punkte.

Ein nicht irreduzibler Raum wird *reduzibel* genannt.

S sei eine Teilmenge eines projektiven Raumes Ω. Wenn stets alle Punkte einer Geraden, die durch zwei beliebige in S enthaltene Punkte bestimmt ist, zu S gehören, so heißt S eine *lineare Menge.* Die leere

---

[1]) Siehe Abbildung 2.1 (S. 77).

Menge sowie die nur aus einem Punkt bestehende Menge sind lineare
Mengen.

Anmerkung 3.1. Wenn in Definition 3.1 (2°) (entsprechend dem
Ende des Beweises von Hilfssatz 2.9) s von p, q und t von q, r verschieden sind, so ist auch u von p und r verschieden. Es werde eine
Relation ϱ folgendermaßen definiert: $p \varrho q$, wenn $p = q$ gilt oder wenn
$p \neq q$ ist und die durch p und q bestimmte Gerade noch einen dritten
Punkt enthält. ϱ ist eine Äquivalenzrelation. Daher kann man einen
reduziblen Raum Ω in Klassen einteilen, die irreduzible Räume $\Omega_\alpha (\alpha \in I)$
sind. Wenn dann $p \in \Omega_\alpha$, $q \in \Omega_\beta$ $(\alpha \neq \beta)$, so ist die diese beiden Punkte
enthaltende Gerade gleich der nur aus p, q bestehenden Menge.

Anmerkung 3.2. Ω sei die Gesamtheit der Atomelemente eines modularen Verbandes L mit o. Wenn man die Atomelemente als Punkte betrachtet und zu zwei verschiedenen Atomelementen p, q die Gesamtheit

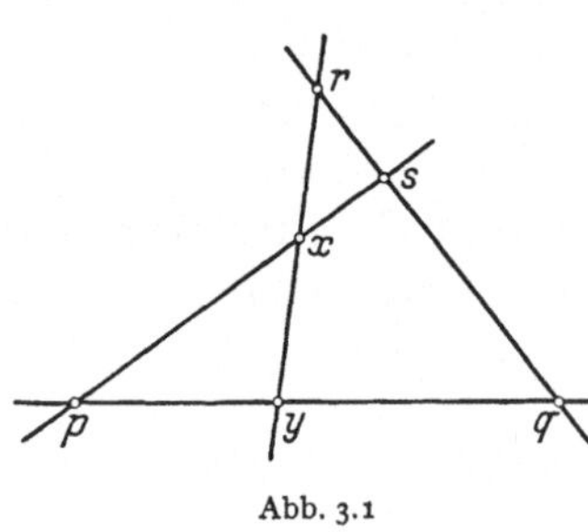

Abb. 3.1

der Atomelemente mit $r \leq p \cup q$ als die
durch die Punkte p und q bestimmte
Gerade definiert, so ist Ω ein projektiver
Raum. Sei nämlich r ein Atomelement mit
$r \leq p \cup q$ und $r \neq p$. Nach Hilfssatz 2.6
ist dann $p \cup q = p \cup r$, und somit ist die
Gerade durch zwei in ihr enthaltene verschiedene Punkte bestimmt. Also gilt
Definition 3.1 (1°). Nach Hilfssatz 2.9
ist auch (2°) erfüllt.

Hilfssatz 3.1. X, Y seien zwei Mengen in einem projektiven Raum Ω.
Wenn X und Y beide nicht leer sind[1]), so werde die Gesamtheit der
Punkte, die zu mindestens einer, zwei verschiedene Punkte p und q mit
$p \in X$, $q \in Y$ enthaltenden Geraden gehören, mit $X \vee Y$ bezeichnet. Falls Y
die leere Menge ist, so sei $X \vee Y = Y \vee X = X$. Dann gelten folgende
Bedingungen:

(1°) $X \vee Y \geq X$.

(2°) $X \vee Y = Y \vee X$.

(3°) $(X \vee Y) \vee Z = X \vee (Y \vee Z)$.

(4°)   Dann und nur dann, wenn $X \vee X = X$, ist X eine lineare Menge.

(5°)   Wenn X und Y lineare Mengen, so auch $X \vee Y$.

Beweis. (I) (1°) und (2°) sind klar.

(II) Es soll zunächst für drei Punkte p, q, r die folgende Gleichung
bewiesen werden:

(1) $p \vee (q \vee r) = (p \vee q) \vee r$.

Wenn p, q und r auf einer Geraden liegen, so ist (1) klar.

----
[1]) Besteht X nur aus dem Punkt p, so wird im folgenden für X kurz p geschrieben.

Nun sei vorausgesetzt, daß p, q und r nicht auf derselben Geraden liegen. Wenn $x \in p \vee (q \vee r)$, so gibt es einen Punkt s mit $s \in q \vee r$ und $x \in p \vee s$ (s. Abb. 3.1). Ist $s = q$ oder $x = r$, so folgt $x \in (p \vee q) \vee r$. Sei $s \neq q$, $x \neq r$. Wendet man Definition 3.1 (2°) auf die nicht auf einer Geraden liegenden drei Punkte p, q, s an, so gibt es also einen Punkt y mit $y \in p \vee q$, $y \in r \vee x$. Wegen $y \neq r$ ist dabei $x \in y \vee r \leqq (p \vee q) \vee r$. Somit erhält man allgemein, daß aus $x \in p \vee (q \vee r)$ stets $x \in (p \vee q) \vee r$ folgt, d. h. $p \vee (q \vee r) \leqq (p \vee q) \vee r$.

Vertauscht man in obiger Formel p und r, so folgt bei Berücksichtigung von (2°) auch $(p \vee q) \vee r \leqq p \vee (q \vee r)$. Also gilt (1).

Wenn $p \in (X \vee Y) \vee Z$, so gibt es Punkte $x \in X$, $y \in Y$, $z \in Z$ mit $p \in (x \vee y) \vee z = x \vee (y \vee z) \leqq X \vee (Y \vee Z)$. Folglich gilt

$$(X \vee Y) \vee Z \leqq X \vee (Y \vee Z) \,.$$

Vertauscht man wieder X und Z, so erhält man wie oben auch die umgekehrte Relation; d. h. aber, es gilt (3°).

(III) Die Aussagen „X ist eine lineare Menge" und „für $p, q \in X$ ist stets $p \vee q \leqq X$" sind gleichwertig. Weil letztere mit $X \vee X \leqq X$ äquivalent ist, gilt nach (1°) somit (4°).

(IV) Wenn X und Y lineare Mengen sind, so ist wegen (2°), (3°) und (4°) $(X \vee Y) \vee (X \vee Y) = X \vee Y$, und daher auch $X \vee Y$ eine lineare Menge.

Satz 3.1. *In einem projektiven Raum Ω ist die Gesamtheit L_Ω der linearen Mengen mit der Enthaltenseinsbeziehung als Ordnung ein atomarer nach oben stetiger komplementärer modularer Verband.*[1]) *L_Ω ist genau dann irreduzibel, wenn Ω irreduzibel ist.*

Beweis. (I) Nach Hilfssatz 1.14, Kapitel I, ist L_Ω mit der Enthaltenseinsbeziehung als Ordnung ein nach oben stetiger Verband. In diesem Fall ist die untere Grenze $S \cap T$ zweier linearer Mengen S, T gleich ihrer Durchschnittsmenge. Nach Hilfssatz 3.1 (5°) ist $S \vee T$ wieder eine lineare Menge. Da ferner eine lineare Menge, die S und T enthält, auch $S \vee T$ enthält, ist $S \cup T = S \vee T$.

(II) Es soll nun bewiesen werden, daß L_Ω ein modularer Verband ist. Sei $S \leqq U$. Es ist offensichtlich $(S \cup T) \cap U \geqq S \cup (T \cap U)$. Sei $x \in (S \cup T) \cap U$, also insbesondere $x \in S \cup T$. Daher gibt es nach (I) Elemente $s \in S$, $t \in T$ mit $x \in s \cup t$. Wenn $x \neq s$, so $t \in x \cup s$. Weil andrerseits auch $x \in U$, ist $x \cup s \leqq U \cup S = U$ und somit $t \in T \cap U$, also $x \in s \cup t \leqq S \cup (T \cap U)$. Für $x = s$ gilt diese Relation natürlich auch. Folglich ist $(S \cup T) \cap U \leqq S \cup (T \cap U)$. D. h. es gilt das modulare Gesetz.

---

[1]) FRINK [1] 454—455. Siehe auch BIRKHOFF [3] 117.

(III) Nach (I) und (II) ist L_Ω ein nach oben stetiger modularer Verband. Das Einselement ist die obere Grenze der Atomelemente, also Ω. Daher ist nach Satz 2.1 L_Ω ein atomarer komplementärer Verband.

(IV) Nach Satz 2.4 ist L_Ω genau dann irreduzibel, wenn jede Gerade mindestens drei Punkte enthält, d. h. aber Ω ist irreduzibel.

Satz 3.2. *Die Gesamtheit Ω der Atomelemente eines atomaren nach oben stetigen komplementären modularen Verbandes L ist ein projektiver Raum. L und der aus der Gesamtheit der linearen Mengen in Ω bestehende Verband L_Ω sind einander isomorph. Ω ist genau dann irreduzibel, wenn L irreduzibel ist.*

Beweis. (I) Die Atomelemente sind die Punkte. Definiert man als Gerade die Gesamtheit der Atomelemente, die in der oberen Grenze zweier verschiedener Atomelemente enthalten sind, so ist Ω nach Anmerkung 3.2 ein projektiver Raum. Nach Satz 3.1 ist die Gesamtheit L_Ω der linearen Mengen in Ω ein atomarer nach oben stetiger komplementärer modularer Verband. Definiert man zu $a \in L$ und $S \in L_\Omega$ nun $S(a) = \{p; p \leqq a, p \in \Omega\}$, $a(S) = {}_{p \in S}\cup\, p$, so ist $S(a) \in L_\Omega$ und $a(S) \in L$.

(II) $a(S(a)) = {}_{p \in S(a)}\cup\, p = {}_{p \leqq a}\cup\, p$. Weil nach Hilfssatz 1.1 aber $a = {}_{p \leqq a}\cup\, p$ gilt, ist $a(S(a)) = a$.

(III) $p_1, \ldots, p_n$ seien n beliebige Atomelemente aus $S \in L_\Omega$. Durch vollständige Induktion soll nun bewiesen werden, daß dann auch jedes Atomelement q mit $q \leqq p_1 \cup \ldots \cup p_n$ zu S gehört. Für $n = 1$ ist die Behauptung trivial. Es sei nun vorausgesetzt, daß die Behauptung für $n = r - 1$ richtig sei. Wenn $q \leqq p_1 \cup \ldots \cup p_r$, so gibt es nach Hilfssatz 2.8 ein Atomelement q_1 mit $q_1 \leqq p_1 \cup \ldots \cup p_{r-1}$ und $q \leqq q_1 \cup p_r$. Weil nach Voraussetzung $q_1 \in S$ gilt, ist somit $q \in S$, d. h. die Behauptung gilt auch für $n = r$.

(IV) q sei ein Atomelement mit $q \leqq a(S)$. Dann existieren nach Hilfssatz 1.2 und Anmerkung 2.4 in S Elemente $p_1, \ldots, p_n$ mit $q \leqq p_1 \cup \ldots \cup p_n$. Also gilt nach (III) $q \in S$ und folglich $S(a(S)) \leqq S$. Ist andrerseits $p \in S$, so folgt $p \leqq a(S)$, d. h. $p \in S(a(S))$ und somit $S(a(S)) = S$.

(V) Auf Grund von (II) und (IV) sind die Zuordnungen $a \to S(a)$ und $S \to a(S)$ eineindeutige Abbildungen zwischen L und L_Ω. Weil bei diesen Abbildungen ferner die Ordnung erhalten bleibt, sind L und L_Ω zueinander isomorph.

(VI) Nach Satz 2.4 ist Ω genau dann irreduzibel, wenn auch L irreduzibel ist.

Anmerkung 3.3. Nach Hilfssatz 2.3 ist ein endlichdimensionaler irreduzibler komplementärer modularer Verband auch ein atomarer irreduzibler stetiger komplementärer modularer Verband. Daher ist nach den

Sätzen 3.1 und 3.2 die projektive Geometrie (im üblichen Sinne) verbandstheoretisch betrachtet nichts anderes als die Untersuchung endlich dimensionaler irreduzibler komplementärer modularer Verbände.[1])

Definition 3.2. In dem projektiven Raum Ω sei L_Ω der aus der Gesamtheit der linearen Mengen von Ω gebildete atomare nach oben stetige komplementäre modulare Verband. Dann nennt man einen Unterverband von L_Ω einen *Verband von linearen Mengen* in Ω.

Satz 3.3. (*Frinksche Darstellung*)[2]). Ω *sei die Gesamtheit der maximalen Dualideale* $\mathfrak{p}$ *eines relativ komplementären modularen Verbandes* L *mit Nullelement. Bezeichnet man zu einem Element* $a \in L$ *mit* $E(a)$ *die Gesamtheit der maximalen Dualideale, die a enthalten, so ist L durch* $a \to E(a)$ *dem Linearmengenverband* $\{E(a); a \in L\}$ *in dem projektiven Raume* Ω *isomorph.*

Beweis. (I) Die Gesamtheit M der Dualideale von L ist nach Satz 1.10, Kapitel I, mit der Enthaltenseinsbeziehung als Ordnung ein modularer Verband. Der durch Übergang der Zeichen $\leq, \cup, \cap$ in $\supseteq$, $\wedge$, $\vee$ aus M entstehende, zu M dual-isomorphe Verband werde mit M^* bezeichnet. M^* ist ein modularer Verband mit L als Nullelement. Die maximalen Dualideale von L sind gerade die Atomelemente von M^*. Weil somit nach Anmerkung 3.2 die Gesamtheit Ω der Atomelemente von M^* ein projektiver Raum ist, ist nach Satz 3.1 die Gesamtheit L_Ω der linearen Mengen in Ω ein atomarer nach oben stetiger komplementärer modularer Verband.

(II) Sei $E(a)$ die Gesamtheit der maximalen Dualideale $\mathfrak{p}$ von L, die $a \in L$ enthalten. Dann ist $E(a)$ eine lineare Menge in Ω. Denn wenn $\mathfrak{p} \subseteq \mathfrak{p}_1 \vee \mathfrak{p}_2$ für $\mathfrak{p}_1, \mathfrak{p}_2 \in E(a)$, so $\mathfrak{p} \geq \mathfrak{p}_1 \cap \mathfrak{p}_2$, und somit wegen $a \in \mathfrak{p}_1$, $a \in \mathfrak{p}_2$ auch $a \in \mathfrak{p}_1 \cap \mathfrak{p}_2$, d. h. $a \in \mathfrak{p}$ und daher $\mathfrak{p} \in E(a)$.

Also ist nach Satz 5.2, Kapitel I, $a \to E(a)$ eine eineindeutige Abbildung von L auf die Teilmenge $\{E(a); a \in L\}$ von L_Ω. Es ist $E(a \cap b) = E(a) \wedge E(b)$. Folglich ist die Durchschnittsmenge $E(a) \wedge E(b)$ in L_Ω die untere Grenze $E(a) \cap E(b)$.

Wenn $a \leq b$, so $E(a) = E(a \cap b) = E(a) \wedge E(b) \leq E(b)$.

(III) Es soll nun $E(a \cup b) = E(a) \cup E(b)$ in L_Ω bewiesen werden. Sei zunächst $a \cap b = 0$. Nach (II) ist $E(a \cup b) \geq E(a) \cup E(b)$ klar. Daher genügt es zu beweisen, daß mit $\mathfrak{p} \in E(a \cup b)$ auch $\mathfrak{p} \in E(a) \cup E(b)$ gilt. Für $\mathfrak{p} \in E(a)$ oder $\mathfrak{p} \in E(b)$ ist dies trivial. Daher wird nun $a \notin \mathfrak{p}$, $b \notin \mathfrak{p}$ vorausgesetzt. Mit $J(c)$ als dem Dualideal $\{x; x \geq c\}$ von L ist nach

---

[1]) Zur verbandstheoretischen Betrachtung der Geometrie siehe BIRKHOFF [3] 102—103, 110—113; PRENOWITZ [1]; MAEDA [6].

[2]) FRINK [1] 464.

Satz 1.10, Kapitel I, in M stets $J(a) \cup J(b) = J(a \cap b) = L$, $J(a) \cap J(b)$ $= J(a \cup b)$. Wegen $\mathfrak{p} \in E(a \cup b)$ ist $a \cup b \in \mathfrak{p}$ und folglich $J(a \cup b) \leqq \mathfrak{p}$ d. h. $J(a) \cap J(b) \leqq \mathfrak{p}$.

Wenn $J(a) \cup (J(b) \cap \mathfrak{p}) = L$, so ist wegen $J(a) \cap (J(b) \cap \mathfrak{p}) = J(a) \cap J(b)$ aber $J(b) \cap \mathfrak{p}$ ein Relativkomplement von $J(a)$ in $L/J(a) \cap J(b)$. Weil andrerseits wegen $a \cap b = o$ auch $J(b)$ ein Relativkomplement von $J(a)$ in $L/J(a) \cap J(b)$ ist, gilt nach Satz 1.4, Kapitel I, $J(b) \cap \mathfrak{p} = J(b)$, d. h. $J(b) \leqq \mathfrak{p}$. Dies ist aber ein Widerspruch zu $b \notin \mathfrak{p}$. Also gilt

$$J(a) \cup (J(b) \cap \mathfrak{p}) < L .$$

Folglich gibt es nach Hilfssatz 1.16, Kapitel I, ein maximales Dual-ideal $\mathfrak{q}$ von L mit $J(a) \cup (J(b) \cap \mathfrak{p}) \leqq \mathfrak{q}$. Dann ist $J(b) \cap \mathfrak{p} \leqq \mathfrak{q}$. Wenn $J(b) \cup (\mathfrak{p} \cap \mathfrak{q}) = L$, so ist wegen $J(b) \cap (\mathfrak{p} \cap \mathfrak{q}) = J(b) \cap \mathfrak{p}$ aber $\mathfrak{p} \cap \mathfrak{q}$ ein Relativkomplement von $J(b)$ in $L/J(b) \cap \mathfrak{p}$. Wegen $b \notin \mathfrak{p}$ ist $J(b) \cup \mathfrak{p} = L$ und also auch $\mathfrak{p}$ ein Relativkomplement von $J(b)$ in $L/J(b) \cap \mathfrak{p}$. Daher gilt $\mathfrak{p} \cap \mathfrak{q} = \mathfrak{p}$ und somit $\mathfrak{p} = \mathfrak{q}$. Wegen $J(a) \leqq \mathfrak{q}$ wäre dann $J(a) \leqq \mathfrak{p}$; dies ist aber ein Widerspruch zu $a \notin \mathfrak{p}$. Also ist $J(b) \cup (\mathfrak{p} \cap \mathfrak{q}) < L$. Folglich gibt es wieder ein maximales Dualideal $\mathfrak{r}$ in L mit $J(b) \cup (\mathfrak{p} \cap \mathfrak{q}) \leqq \mathfrak{r}$. Wegen $J(a) \leqq \mathfrak{q}$ und $J(b) \leqq \mathfrak{r}$ ist $L = J(a) \cup J(b) \leqq \mathfrak{q} \cup \mathfrak{r}$, also $\mathfrak{q} \neq \mathfrak{r}$. Wegen $\mathfrak{p} \cap \mathfrak{q} \leqq \mathfrak{r}$ ist in Ω nun $\mathfrak{p} \vee \mathfrak{q} \supseteq \mathfrak{r}$ und folglich $\mathfrak{p} \subseteq \mathfrak{q} \vee \mathfrak{r}$. Wegen $\mathfrak{q} \in E(a)$ und $\mathfrak{r} \in E(b)$ ist $\mathfrak{p} \in E(a) \cup E(b)$. Also gilt für $a \cap b = o$ tatsächlich $E(a \cup b) = E(a) \cup E(b)$.

Im Falle $a \cap b \neq o$ gibt es nach Hilfssatz 1.2 (I), Kapitel I, ein Element b_1 mit $a \dot\cup b_1 = a \cup b$ und $b_1 \leqq b$. Daher ist $E(a \cup b)$ $= E(a \dot\cup b_1) = E(a) \cup E(b_1) \leqq E(a) \cup E(b)$, also $E(a \cup b) = E(a) \cup E(b)$.

Auf Grund von (II) und (III) ist L dem Linearmengenverband $\{E(a); a \in L\}$ in Ω isomorph.

Anmerkung 3.4. Nach Anmerkung 3.1 kann man den Raum Ω von Satz 3.3 in zueinander punktfremde irreduzible projektive Räume $\Omega_\alpha (\alpha \in I)$ zerlegen. Setzt man für $a \in L$ dann $E_\alpha(a) = E(a) \wedge \Omega_\alpha$, so ist $L_\alpha = \{E_\alpha(a); a \in L\}$ ein Linearmengenverband in Ω_α. Folglich ist ein relativ komplementärer modularer Verband L einem subdirekten Produkt aus Linearmengenverbänden $L_\alpha(\alpha \in I)$ in irreduziblen projektiven Räumen Ω_α isomorph.

Anmerkung 3.5. Ist L in Satz 3.3 ein verallgemeinerter Boolescher Verband, so ist nach Satz 1.10, Kapitel I, M und somit auch M^* ein distributiver Verband. Dann erfüllt der aus der Gesamtheit der Atom-elemente von M^* gebildete projektive Raum Ω die Bedingung $(3°)$ von Definition 3.1 nicht. Wenn nämlich $\mathfrak{p} \subseteq \mathfrak{p}_1 \vee \mathfrak{p}_2$, d. h. $\mathfrak{p} \geqq \mathfrak{p}_1 \cap \mathfrak{p}_2$, so ist

$$\mathfrak{p} = \mathfrak{p} \cup (\mathfrak{p}_1 \cap \mathfrak{p}_2) = (\mathfrak{p} \cup \mathfrak{p}_1) \cap (\mathfrak{p} \cup \mathfrak{p}_2) .$$

Weil $\mathfrak{p}$ und $\mathfrak{p}_1$ maximale Dualideale sind, ist $\mathfrak{p} = \mathfrak{p}_1$ oder $\mathfrak{p} \cup \mathfrak{p}_1 = L$. Im letzteren Falle ist $\mathfrak{p} = \mathfrak{p} \cup \mathfrak{p}_2$, d. h. $\mathfrak{p} = \mathfrak{p}_2$. Also enthält $\mathfrak{p}_1 \vee \mathfrak{p}_2$

nicht drei Punkte. Folglich sind die Geraden in Ω Mengen von zwei Punkten und die linearen Mengen sind gewöhnliche Teilmengen von Ω. Daher besagt Satz 3.3 für einen verallgemeinerten Booleschen Verband L, daß L dem Mengenverband der Gesamtheit Ω der maximalen Dualideale von L isomorph ist. Dies ist auch nach der letzten Hälfte des Satzes 5.2, Kapitel I, klar.

IV. Die wesentlichsten Eigenschaften stetiger komplementärer modularer Verbände

§ 1. Vergleichs- und Zerlegungssatz eines nach oben stetigen komplementären modularen Verbandes

Hilfssatz 1.1. Wenn in einem nach oben stetigen komplementären modularen Verband $a \cap b = 0$ ist, so existieren Elemente a', a'', b', b'' mit folgenden Eigenschaften:

$(1°)$ $$a = a' \cup a'', \quad b = b' \cup b'' \,.$$

$(2°)$ $$a' \sim b' \,, \quad e(a'') \cap e(b'') = 0 \,.$$

Beweis. T sei die Gesamtheit von Paaren (a_α, b_α) mit $a_\alpha \leqq a$, $b_\alpha \leqq b$ und $a_\alpha \sim b_\alpha$. S sei eine Teilmenge von T, die die folgenden Bedingungen erfüllt:

(I) Wenn (a_α, b_α) und (a_β, b_β) verschiedene Elemente von S sind, so ist gleichzeitig $a_\alpha \neq a_\beta$ und $b_\alpha \neq b_\beta$.

(II) $\perp \{a_\alpha; (a_\alpha, b_\alpha) \in S\}$ und $\perp \{b_\alpha; (a_\alpha, b_\alpha) \in S\}$.

Die Gesamtheit dieser Mengen S werde mit Φ bezeichnet. Dann gehört eine Menge S genau dann zu Φ, wenn alle endlichen Teilmengen von S zu Φ gehören. Also existiert nach Hilfssatz 1.15, Kapitel I, eine maximale Menge S^* in Φ.

Setzt man $a' = \underset{(a_\alpha, b_\alpha) \in S^*}{\cup} a_\alpha$ und $b' = \underset{(a_\alpha, b_\alpha) \in S^*}{\cup} b_\alpha$, so ist wegen $a' \cap b' \leqq a \cap b = 0$ nach Hilfssatz 2.5, Kapitel II, $a' \sim b'$. Die Elemente a'' und b'' seien durch $a = a' \cup a''$ und $b = b' \cup b''$ bestimmt. Angenommen, es wäre nicht $e(a'') \cap e(b'') = 0$. Dann gibt es nach Satz 4.5, Kapitel II, Elemente a_γ, b_γ mit $0 < a_\gamma \leqq a''$, $0 < b_\gamma \leqq b''$ und $a_\gamma \sim b_\gamma$. Die aus S^* durch Hinzufügen von (a_γ, b_γ) entstehende Menge gehört also auch zu Φ. Dies ist ein Widerspruch, da S^* maximal sein sollte. Folglich ist $e(a'') \cap e(b'') = 0$.

Satz 1.1. (*Vergleichssatz.*) *a und b seien zwei beliebige Elemente eines nach oben stetigen komplementären modularen Verbandes. Dann gibt es Elemente a', a'', b', b'' mit folgenden Eigenschaften:*

$(1°)$ $$a = a' \cup a'', \quad b = b' \cup b'' \,.$$

$(2°)$ $$a' \sim b' \,, \quad e(a'') \cap e(b'') = 0 \,.$$

Ferner ist $e(a') = e(b') = e(a) \cap e(b)$.

Beweis. Setzt man $a = (a \cap b) \,\dot\cup\, a_1$, $b = (a \cap b) \,\dot\cup\, b_1$, so gilt nach Hilfssatz 1.12, Kapitel I, $\perp(a \cap b, a_1, b_1)$. Weil somit $a_1 \cap b_1 = 0$ ist, existieren nach Hilfssatz 1.1 Elemente a_1', a'', b_1', b'' mit den Eigenschaften:

(I) $$a_1 = a_1' \,\dot\cup\, a'' \,, \quad b_1 = b_1' \,\dot\cup\, b'' \,.$$

(II) $$a_1' \sim b_1' \,, \quad e(a'') \cap e(b'') = 0 \,.$$

Setzt man $a' = (a \cap b) \,\dot\cup\, a_1'$ und $b' = (a \cap b) \,\dot\cup\, b_1'$, so ist $a = a' \,\dot\cup\, a''$ und $b = b' \,\dot\cup\, b''$. Wegen $\perp(a \cap b, a_1, b_1)$ gilt auch $\perp(a \cap b, a_1', b_1')$. Da ferner $a_1' \sim b_1'$ gilt, ist nach Hilfssatz 2.3 Zusatz, Kapitel II,

$$(a \cap b) \,\dot\cup\, a_1' \sim (a \cap b) \,\dot\cup\, b_1', \quad \text{d. h.} \quad a' \sim b' \,.$$

Weil man nach Hilfssatz 4.7, Kapitel II, $e(a') = e(b')$, $e(a) = e(a') \cup e(a'')$ und $e(b) = e(b') \cup e(b'')$ hat, ist $e(a) \cap e(b) = \big(e(a') \cup e(a'')\big) \cap \big(e(a') \cup e(b'')\big)$ $= e(a') \cup \big(e(a'') \cap e(b'')\big) = e(a')$.

Definition 1.1. a und b seien zwei Elemente eines Verbandes mit 0 und 1. Wenn für jedes Zentrumselement z entweder $z \cap a \prec z \cap b$ oder $z \cap a = z \cap b = 0$ ist, so schreibt man $a \lessdot b$ oder auch $b \gtrdot a$.

Anmerkung 1.1. Wählt man in Definition 1.1 zum Beispiel $z = 1$, so ist, wenn $a \lessdot b$, stets $a \prec b$ oder $a = b = 0$.

Hilfssatz 1.2. z sei ein Zentrumselement eines Verbandes mit 0 und 1. Wenn $a \lessdot b$, so ist dann $z \cap a \lessdot z \cap b$.

Beweis. Weil für ein beliebiges Zentrumselement y auch $y \cap z$ ein Zentrumselement ist, ist nach Definition 1.1 $y \cap z \cap a \prec y \cap z \cap b$ oder $y \cap z \cap a = y \cap z \cap b = 0$, also $z \cap a \lessdot z \cap b$.

Hilfssatz 1.3. In einem nach oben stetigen komplementären modularen Verband L gilt:

(I)   Wenn $a \lessdot b$, so $e(a) \leqq e(b)$.

(II)   Falls $a = a_1 \,\dot\cup\, a_2$, so sind die Aussagen $a_1 \lessdot a$ und
$\qquad e(a_2) = e(a)$ gleichwertig.

Beweis. (I) Wenn $a \lessdot b$, so ist nach Anmerkung 1.1 $a \prec b$ oder $a = b = 0$, also nach Hilfssatz 4.7 (II), Kapitel II, $e(a) \leqq e(b)$.

(II) Z sei das Zentrum von L. $a_1 \lessdot a$ ist der Aussage „für alle $z \in Z$ ist $z \cap a_1 \prec z \cap a$ oder $z \cap a_1 = z \cap a = 0$" äquivalent. Wegen $z \cap a_1 \leqq z \cap a$ ist dieser Aussage wieder „für alle $z \in Z$ ist $z \cap a_1 < z \cap a$ oder $z \cap a = 0$" gleichwertig. Wegen $z \cap a = (z \cap a_1) \,\dot\cup\, (z \cap a_2)$ ist hierzu „für alle $z \in Z$ ist $z \cap a_2 \neq 0$ oder $z \cap a = 0$" äquivalent. Also sind $a_1 \lessdot a$ und „für alle $z \in Z$ gilt: wenn $z \cap a_2 = 0$, so $z \cap a = 0$" gleichwertige Aussagen. Hierzu ist aber „wenn $a_2 \leqq 1 - z$, so $a \leqq 1 - z$ für alle $z \in Z$" äquivalent. Weil $1 - z$ alle Elemente von Z durchläuft, bedeutet diese Aussage $e(a) \leqq e(a_2)$. Da wegen $a \geqq a_2$ andrerseits $e(a) \geqq e(a_2)$ ist, folgt $e(a) = e(a_2)$. Also sind $a_1 \lessdot a$ und $e(a) = e(a_2)$ gleichwertige Aussagen.

Satz 1.2. (*Zerlegungssatz.*) *In einem nach oben stetigen komplementären modularen Verband gibt es zu zwei beliebigen Elementen a, b Zentrumselemente e_1, e_2, e_3 mit folgenden Eigenschaften:*

$(1°)\quad e_1 \cup e_2 \cup e_3 = 1$.

$(2°)\quad e_1 \cap a \succ e_1 \cap b, \quad e_2 \cap a \prec e_2 \cap b, \quad e_3 \cap a \sim e_3 \cap b$.

Beweis. (I) Auf Grund des Satzes 1.1 (Vergleichssatz) existieren Elemente a', a'', b', b'' mit $a = a' \cup a''$, $b = b' \cup b''$, $a' \sim b'$ und $e(a'') \cap e(b'') = 0$. Setzt man $e_1 = e(a'')$, $e_2 = e(b'')$ und $e_3 = 1 - (e_1 \cup e_2)$, so ist $(1°)$ klar.

(II) $e_1 \cap a = e_1 \cap (a' \cup a'') = (e_1 \cap a') \cup a''$. Weil ferner

$e_1 \cap b'' \leqq e(a'') \cap e(b'') = 0$ gilt, ist $e_1 \cap b = e_1 \cap (b' \cup b'') = e_1 \cap b'$.

Also ist für ein beliebiges Zentrumselement z

$$z \cap e_1 \cap a = (z \cap e_1 \cap a') \cup (z \cap a''), \quad z \cap e_1 \cap b = z \cap e_1 \cap b' .$$

Nach Hilfssatz 3.8, Kapitel I, ist $z \cap e_1 \cap a' \sim z \cap e_1 \cap b'$. Wenn $z \cap a'' \neq 0$, so ist also $z \cap e_1 \cap a \succ z \cap e_1 \cap b$. Im Falle $z \cap a'' = 0$ ist nach Hilfssatz 4.7 (III), Kapitel II, $z \cap e_1 = z \cap e(a'') = e(z \cap a'') = 0$ und somit $z \cap e_1 \cap a = z \cap e_1 \cap b = 0$. Also ist $e_1 \cap a \succ e_1 \cap b$; entsprechend folgt $e_2 \cap a \prec e_2 \cap b$.

Wegen $e_3 \cap a'' \leqq e_3 \cap e(a'') = e_3 \cap e_1 = 0$ ist $e_3 \cap a = e_3 \cap a'$ und entsprechend $e_3 \cap b = e_3 \cap b'$. Folglich gilt $e_3 \cap a \sim e_3 \cap b$.

Satz 1.3. *Ein nach oben stetiger komplementärer modularer Verband L ist genau dann irreduzibel, wenn für zwei beliebige Elemente $a, b \in L$ stets eine der drei Beziehungen $a \prec b$, $a \sim b$ oder $a \succ b$ gilt.*

Beweis. Daß diese Bedingung hinreicht, wurde in Satz 3.9, Kapitel I, bewiesen. Sei nun L irreduzibel. Nach Satz 1.1 ist $a = a' \cup a''$, $b = b' \cup b''$, $a' \sim b'$ und $e(a'') \cap e(b'') = 0$. Weil aber $e(a'')$ und $e(b'')$ nur gleich 0 oder 1 sein können, besteht stets eine der drei Beziehungen

$$\left. \begin{array}{l} e(a'') = 0 \\ e(b'') = 1 \end{array} \right\}, \qquad \left. \begin{array}{l} e(a'') = 0 \\ e(b'') = 0 \end{array} \right\} \quad \text{oder} \quad \left. \begin{array}{l} e(a'') = 1 \\ e(b'') = 0 \end{array} \right\} .$$

Diese drei Möglichkeiten entsprechen aber gerade den drei Beziehungen $a \prec b$, $a \sim b$, $a \succ b$.

Satz 1.4. *Z sei das Zentrum eines nach oben stetigen komplementären modularen Verbandes L. Zu einem beliebigen Element a von L ist dann $\{z \cap a; z \in Z\}$ das Zentrum von $L(0, a)$.*

Beweis. (I) Weil L ein nach oben stetiger komplementärer modularer Verband ist, ist auch $L(0, a)$ nach Anmerkung 1.6, Kapitel I, ein solcher. Wegen $z \in Z$ gilt für zwei beliebige Elemente b, c von $L(0, a)$ stets

$$(z \cap a) \cap (b \cup c) = z \cap (b \cup c) = (z \cap b) \cup (z \cap c) = (z \cap a \cap b) \cup (z \cap a \cap c).$$

Also ist $z \cap a$ ein neutrales Element von $L(0, a)$ und daher auch ein Zentrumselement von $L(0, a)$.

(II) Sei nun y ein Zentrumselement von $L(o, a)$. Setzt man $a = y \overset{.}{\cup} u$, so gilt für ein beliebiges $x \in L$ wegen $a \cap x \in L(o, a)$ stets

$$(y \cup u) \cap x = (y \cup u) \cap a \cap x = (y \cap a \cap x) \cup (u \cap a \cap x) = (y \cap x) \cup (u \cap x) \,,$$

d. h. $D(y, u, x)$. Weil somit auch $D(y, x, u)$ ist, gilt $y \, \triangledown \, u$. Nach Hilfssatz 4.2, Kapitel II, gibt es ein Zentrumselement z von L mit $u^{\triangledown} = L(o, z)$. Wegen $y \leq z$ ist nun $z \cap a = z \cap (y \cup u) = (z \cap y) \cup (z \cap u) = y$; d. h. y läßt sich in der Form $z \cap a \ (z \in Z)$ darstellen.

Anmerkung 1.2. Nach Satz 1.3 zusammen mit Satz 1.4 folgt, daß auch $L(o, a)$ irreduzibel ist, wenn der nach oben stetige komplementäre modulare Verband L irreduzibel ist.

Hilfssatz 1.4. Z sei das Zentrum eines nach oben stetigen komplementären modularen Verbandes L, und der Unterverband $L^* = L(o, a)$ habe das Zentrum Z^*. Die Menge der maximalen Ideale $\mathfrak{p}$ von Z, die $e(a)$ nicht enthalten, wird dann durch $\mathfrak{p} \to \{z \cap a;\ z \in \mathfrak{p}\}$ eineindeutig auf die Menge der maximalen Ideale $\mathfrak{p}^*$ von Z^* abgebildet, und

$$\mathfrak{p}^* \to \{z;\ z \cap a \in \mathfrak{p}^*, z \in Z\}\,,$$

ist die Umkehrabbildung.

Beweis. Nach Satz 1.4 ist $Z^* = \{z \cap a;\ z \in Z\}$. Ist $\mathfrak{p}$ ein Ideal von Z, das $e(a)$ nicht enthält, so ist $\{z \cap a;\ z \in \mathfrak{p}\}$ ein Ideal von Z^*, das a nicht enthält. Umgekehrt ist auch $\{z;\ z \cap a \in \mathfrak{p}^*,\ z \in Z\}$ ein $e(a)$ nicht enthaltendes Ideal von Z, wenn $\mathfrak{p}^*$ ein a nicht enthaltendes Ideal von Z^* ist.

Ist z' das Komplement eines Elementes z in Z, so ist $z' \cap a$ Komplement von $z \cap a$ in Z^*. Wenn also $\mathfrak{p}$ ein maximales Ideal von Z ist, so ist nach Hilfssatz 5.3, Kapitel I, entweder $z \in \mathfrak{p}$ oder $z' \in \mathfrak{p}$ und bei $\mathfrak{p}^* = \{z \cap a;\ z \in \mathfrak{p}\}$ folglich $z \cap a \in \mathfrak{p}^*$ oder $z' \cap a \in \mathfrak{p}^*$. Auf Grund desselben Hilfssatzes ist somit auch $\mathfrak{p}^*$ ein maximales Ideal von Z^*. Entsprechend ergibt sich $\{z;\ z \cap a \in \mathfrak{p}^*,\ z \in Z\}$ als maximales Ideal von Z, wenn $\mathfrak{p}^*$ ein solches von Z^* ist.

Wegen

$$\mathfrak{p} \leq \{z;\ z \cap a \in \{z \cap a;\ z \in \mathfrak{p}\},\ z \in Z\}$$

und

$$\mathfrak{p}^* \leq \{z \cap a;\ z \in \{z;\ z \cap a \in \mathfrak{p}^*,\ z \in Z\}\}$$

sind die oben angegebenen Abbildungen dann wirklich invers zueinander.

§ 2. Perspektivität in einem stetigen komplementären modularen Verband

Satz 2.1 *Ist in einem stetigen komplementären modularen Verband* $\bot(a_i)_{i=1,2,\ldots}$ *und* $a_1 \sim a_i (i = 2, 3, \ldots)$, *so sind die* $a_i = o \ (i = 1, 2, \ldots)$.

Beweis. Wegen $a_1 \sim a_i\ (i = 2, 3, \ldots)$ gibt es $x_i\ (i = 2, 3, \ldots)$ mit $a_1 \overset{.}{\cup} x_i = a_i \overset{.}{\cup} x_i = a_1 \overset{.}{\cup} a_i\ (i = 2, 3, \ldots)$. Weil $a_1 \leq a_i \cup x_i$ gilt, ist $a_1 \leq {\textstyle\bigcup_{n \leq i < \infty}} a_i \cup {\textstyle\bigcup_{2 \leq i < \infty}} x_i\ (n = 2, 3, \ldots)$.

Geht nun n gegen ∞, so folgt nach Hilfssatz 1.10, Kapitel I, $_{n \leq i < \infty} \bigcup a_i \downarrow 0$. Daher ist wegen der Stetigkeit nach unten $a_1 \leq {}_{2 \leq i < \infty} \bigcup x_i$. Da andrerseits $x_i \in L_{i1}$ ist, gilt nach Satz 1.4, Kapitel II, auch $\perp (a_1, x_2, \ldots, x_n)$ und folglich nach Satz 1.7, Kapitel 1, $\perp (a_1, x_2, x_3, \ldots)$. Also ergibt sich $a_1 = a_1 \cap {}_{2 \leq i < \infty} \bigcup x_i = 0$, und daher $a_i = 0$ $(i = 1, 2, \ldots)$.

Hilfssatz 2.1. Ist in einem stetigen komplementären modularen Verband $a \approx b$ und $a \geqq b$, so ist $a = b$.

Beweis. T sei eine projektive Abbildung von $L(0, a)$ auf $L(0, b)$. Es werde $c_1 = b = Ta$, $a = a_1 \dot\cup c_1$, $c_i = Tc_{i-1}$, $a_i = Ta_{i-1}$ $(i = 2, 3, \ldots)$ gesetzt. Übt man T $(i-1)$-mal auf $a = a_1 \dot\cup c_1$ aus, so folgt $c_{i-1} = a_i \dot\cup c_i$. Wegen $a_i \cap (a_{i+1} \cup \ldots \cup a_{i+p}) \leqq a_i \cap c_i = 0$ gilt nach Satz 1.8, Kapitel I, $\perp (a_1, \ldots, a_n)$, also nach Satz 1.7, Kapitel I, auch $\perp (a_i)_{i=1,2\ldots}$. Wegen $a_{i-1} \approx a_i$ ist $a_1 \approx a_i$, daher nach Satz 3.7, Kapitel II, $a_1 \sim a_i$ $(i = 2, 3, \ldots)$ und folglich $a_1 = 0$ nach Satz 2.1; d. h. $a = c_1 = b$.

Satz 2.2.[1]) *In einem stetigen komplementären modularen Verband folgt aus $a \approx b$ bereits $a \sim b$; d. h. die Perspektivität erfüllt in diesem Falle das Transitivitätsgesetz.*

Beweis. Nach Satz 1.1 (Vergleichssatz) ist $a = a' \dot\cup a''$, $b = b' \dot\cup b''$, $a' \sim b'$ und $e(a'') \cap e(b'') = 0$. Wegen $a \approx b$ und $a' \sim b'$ ist nach Hilfssatz 3.8, Kapitel I, $e(a'') \cap a \approx e(a'') \cap b$ und $e(a'') \cap a' \sim e(a'') \cap b'$. Es ist $e(a'') \cap b'' \leqq e(a'') \cap e(b'') = 0$ und somit $e(a'') \cap b = e(a'') \cap (b' \cup b'') = e(a'') \cap b'$, also $e(a'') \cap a \approx e(a'') \cap a'$. Da aber $e(a'') \cap a \geqq e(a'') \cap a'$ gilt, ist nach Hilfssatz 2.1 $e(a'') \cap a = e(a'') \cap a'$. Wegen $e(a'') \cap a = (e(a'') \cap a') \dot\cup (e(a'') \cap a'')$ folgt daher $e(a'') \cap a'' = 0$, also $a'' = 0$. Entsprechend ergibt sich $b'' = 0$, so daß $a \sim b$ gilt.

Hilfssatz 2.2. In einem stetigen komplementären modularen Verband gelten folgende Aussagen:

(I)   Wenn $a_1 \dot\cup a_2 = b_1 \dot\cup b_2$ und $a_1 \sim b_1$, so $a_2 \sim b_2$.

(II)   Wenn $a_1 \dot\cup a_2 \sim b_1 \dot\cup b_2$ und $a_1 \sim b_1$, so $a_2 \sim b_2$.

(III)   Wenn $\perp (a_i)_{i=1,\ldots,n}$, $\perp (b_i)_{i=1,\ldots,n}$ und
$a_i \sim b_i$ $(i = 1, \ldots, n)$, so $\left({}_{i=1}^{n} \dot\cup a_i \right) \sim \left({}_{i=1}^{n} \dot\cup b_i \right)$.

Beweis. (I) Weil $a_1 \sim b_1$, existiert ein Element x mit $a_1 \dot\cup x = b_1 \dot\cup x = a_1 \dot\cup a_2 = b_1 \dot\cup b_2$. Es ist also $a_2 \sim x$ und $b_2 \sim x$ und somit nach Satz 2.2 auch $a_2 \sim b_2$.

(II) Auf Grund der durch $a_1 \dot\cup a_2 \sim b_1 \dot\cup b_2$ bestimmten perspektiven Abbildung gibt es Elemente d_1, d_2 mit $a_1 \sim d_1$, $a_2 \sim d_2$ und $b_1 \dot\cup b_2 = d_1 \dot\cup d_2$. Wegen $a_1 \sim b_1$ ist $b_1 \sim d_1$, also nach (I) $b_2 \sim d_2$ und wegen $d_2 \sim a_2$ somit $a_2 \sim b_2$.

---

[1]) VON NEUMANN [6] III, Theorem 2.2. In HALPERIN [1] 550 ist dieser Satz für einen σ-vollständigen komplementären modularen Verband bewiesen, in dem die Bedingungen „wenn $a_i \uparrow a$, so $a_i \cap b \uparrow a \cap b$" und wenn „$a_i \downarrow a$, so $a_i \cup b \downarrow a \cup b$" für jede Folge $(a_i)_{i=1,2,\ldots}$ erfüllt sind.

(III) Wenn die Behauptung für $n = 2$ bewiesen ist, so folgt durch vollständige Induktion nach n, daß sie allgemein gilt. Setzt man $a_1 \cup a_2 \cup c = 1$ und $b_1 \cup b_2 \cup d = 1$, so ist wegen $a_1 \sim b_1$ nach (I) somit $a_2 \cup c \sim b_2 \cup d$. Weil $a_2 \sim b_2$ gilt, folgt nach (II) $c \sim d$. Also ist nach (I) $a_1 \cup a_2 \sim b_1 \cup b_2$.

Hilfssatz 2.3. In einem stetigen komplementären modularen Verband sind folgende Aussagen erfüllt:

(I)   Wenn $a \sim b$, $b \prec c$ und $c \sim d$, so $a \prec d$.

(II)   Wenn $a \prec b$, $b \prec c$, so $a \prec c$.

(III)   Die drei Fälle $a \prec b$, $a \sim b$ und $a \succ b$ schließen sich
           gegenseitig aus.

Beweis. (I) Wegen $b \prec c$ ist $b \sim c_1 < c$. Dann ist $c_1 < c \sim d$ und somit nach Hilfssatz 3.3, Kapitel II, $c_1 \prec d$, d. h. es gibt ein Element d_1 mit $c_1 \sim d_1 < d$. Also ist $a \sim b \sim c_1 \sim d_1 < d$, d. h. $a \prec d$.

(II) Nach Voraussetzung ist $a \sim b_1 < b$ und $b \sim c_1 < c$. Weil dann $b_1 < b \sim c_1$ gilt, ist $b_1 \prec c_1$, d. h. es existiert ein c_2 mit $b_1 \sim c_2 < c_1$. Also ist $a \sim c_2 < c_1$, d. h. $a \prec c$.

(III) Wenn gleichzeitig $a \prec b$ und $a \sim b$ gelten, so ist $a \sim b_1 < b$, $a \sim b$ und damit auch $b_1 \sim b$. Nach Hilfssatz 1.6, Kapitel I, folgt, daß somit $a \prec b$ und $a \sim b$ nicht gleichzeitig gelten. Analog ergibt sich, daß auch $a \succ b$ und $a \sim b$ sich gegenseitig ausschließen.

Wenn gleichzeitig $a \prec b$ und $b \prec a$ gelten, so ist nach (II) auch $a \prec a$. D. h. es existiert ein a_1 mit $a \sim a_1 < a$. Dies ist wegen Hilfssatz 1.6, Kapitel I, ein Widerspruch.

Hilfssatz 2.4. Der Verband sei stetig, komplementär und modular. Dann gilt:

(I)   Wenn $a \precsim b$, $b \prec\!\!\prec c$ und $c \precsim d$, so $a \prec\!\!\prec d$.

(II)   Wenn $a \prec\!\!\prec b$, so gibt es ein b_1 mit $a \sim b_1 \leqq b$ und $b_1 \prec\!\!\prec b$.

Beweis. (I) Nach Hilfssatz 3.8, Kapitel I, gilt für ein beliebiges Zentrumselement z stets $z \cap a \precsim z \cap b$ und $z \cap c \precsim z \cap d$. Nach Definition 1.1 ist $z \cap b \prec z \cap c$ oder $z \cap b = z \cap c = 0$. Im ersten Falle ist nach Hilfssatz 2.3 (I), (II) somit $z \cap a \prec z \cap d$. Im zweiten Falle ist $z \cap a = 0 \precsim z \cap d$. Also ist $z \cap a \prec z \cap d$ oder $z \cap a = z \cap d = 0$ und folglich $a \prec\!\!\prec d$.

(II) Wenn $a \prec\!\!\prec b$, so ist nach Anmerkung 1.1 $a = b = 0$, oder es gibt ein Element b_1 mit $a \sim b_1 < b$. Im zweiten Fall ist nach (I) $b_1 \prec\!\!\prec b$. Im ersten Falle werde $b_1 = b = 0$ gesetzt. Dann ist in beiden Fällen $a \sim b_1 \leqq b$ und $b_1 \prec\!\!\prec b$.

Hilfssatz 2.5. Wenn in einem stetigen komplementären modularen Verbande $a \prec b \prec c$ und $a < c$ ist, so gibt es ein Element b_1 mit $a < b_1 < c$ und $b \sim b_1$.

Beweis. Nach Definition 3.3, Kapitel I, und Hilfssatz 3.3, Kapitel II, existieren Elemente b_2, b_3 mit $a < b_2 \sim b \sim b_3 < c$. Wegen $b_2 \sim b_3$ gibt es ein x mit $b_2 \cup x = b_3 \cup x = 1$. Dann existieren aber nach Hilfssatz 1.2, Kapitel I, Komplemente a', c' von a, c mit $a' \geq x \geq c'$. Es ist

$$a' \geq x \cup (a' \cap c) \geq c' \cup (a' \cap c) = a' \cap (c' \cup c) = a',$$

d. h. $x \cup (a' \cap c) = a'$. Wendet man Hilfssatz 1.2 (I), Kapitel I, auf $L(\text{o}, a')$ an, so gibt es daher ein y mit $x \cup y = a'$ und $y \leq a' \cap c$. Setzt man $b_1 = a \cup y$, so ist $a \leq b_1 \leq c$ und $x \cup b_1 = x \cup a \cup y = a \cup a' = 1$. Wegen $x \cap y = \text{o}$ und $(x \cup y) \cap a = a' \cap a = \text{o}$ gilt $\perp(x, y, a)$. Also ist $x \cap b_1 = x \cap (a \cup y) = \text{o}$, somit $x \cup b_1 = 1$, folglich $b_1 \sim b_2$ und daher $b \sim b_1$. Aus $a = b_1$ würde wegen $b_1 \sim b_2$ aber $a \sim b_2$ folgen. Dies ist nach Hilfssatz 1.6, Kapitel I, ein Widerspruch zu $a < b_2$. Also gilt $a < b_1$, und entsprechend folgt $b_1 < c$.

§ 3. Niedrigste Elemente eines stetigen komplementären modularen Verbandes

Definition 3.1. Wenn für ein Element $a \neq \text{o}$ in einem stetigen komplementären modularen Verband L aus $x \lessgtr a$ stets $x = \text{o}$ folgt, so nennt man a ein *niedrigstes Element* von L.

Hilfssatz 3.1. In einem stetigen komplementären modularen Verband L sei a ein niedrigstes Element von L. Wenn $\text{o} \neq b \precsim a$, so ist auch b ein niedrigstes Element von L.

Beweis. Aus $x \lessgtr b$ folgt nach Hilfssatz 2.4 (I) $x \lessgtr a$, also $x = \text{o}$.

Hilfssatz 3.2. In einem stetigen komplementären modularen Verband L ist ein von Null verschiedenes Element a genau dann ein niedrigstes Element von L, wenn aus $c < a$ stets $e(c) < e(a)$ folgt.-

Beweis. (I) Notwendig. a sei ein niedrigstes Element von L. Angenommen, es gäbe ein c mit $e(c) = e(a)$ und $c < a$. Für das durch $a = c \cup c_1$ bestimmte Element c_1 gilt dann nach Hilfssatz 1.3 (II) $c_1 \lessgtr a$. Wegen $c_1 \neq \text{o}$ ist dies ein Widerspruch; denn a sollte ein niedrigstes Element von L sein.

(II) Hinreichend. Angenommen, a sei kein niedrigstes Element. Dann gibt es ein x mit $x \lessgtr a$ und $x \neq \text{o}$. Nach Hilfssatz 2.4 (II) existiert somit ein Element a_1 mit $x \sim a_1 \leq a$ und $a_1 \lessgtr a$. Setzt man $a = a_1 \cup c$, so ist nach Hilfssatz 1.3 (II) $e(c) = e(a)$. Wegen $a_1 \neq \text{o}$ ist $c < a$ im Widerspruch zur Voraussetzung.

Hilfssatz 3.3. In einem stetigen komplementären modularen Verband L sei a ein niedrigstes Element von L. Aus $e(a) = e(b)$ folgt dann $a \precsim b$. Sind aber a und b niedrigste Elemente von L, so folgt aus $e(a) = e(b)$ stets $a \sim b$.

Beweis. Nach Satz 1.1 (Vergleichssatz) ist $a = a' \,\dot\cup\, a''$, $b = b' \,\dot\cup\, b''$, $a' \sim b'$, $e(a') = e(b') = e(a) \cap e(b)$ und damit $e(a') = e(a)$. Weil a ein niedrigstes Element ist, gilt nach Hilfssatz 3.2 $a = a'$ und folglich $a \precsim b$. Wenn b ebenfalls ein niedrigstes Element ist, so ergibt sich entsprechend $b = b'$, und daher ist dann $a \sim b$.

Hilfssatz 3.4. Die Elemente a_α $(\alpha \in I)$ seien niedrigste Elemente eines stetigen komplementären modularen Verbandes L. Wenn dann $\perp(e(a_\alpha))_{\alpha \in I}$ gilt, so ist auch $\dot\cup_{\alpha \in I}\, a_\alpha$ ein niedrigstes Element von L.

Beweis. Es werde $a = \dot\cup_{\alpha \in I}\, a_\alpha$ gesetzt. Wenn $x \preceq a$, so gilt für ein beliebiges $\beta \in I$ nach Hilfssatz 1.2 und Hilfssatz 3.6, Kapitel I, stets $e(a_\beta) \cap x \preceq e(a_\beta) \cap a = \dot\cup_{\alpha \in I} (e(a_\beta) \cap a_\alpha)$. Wenn $\alpha \neq \beta$, so $e(a_\beta) \cap a_\alpha \leqq e(a_\beta) \cap e(a_\alpha) = 0$, d. h. $e(a_\beta) \cap a_\alpha = 0$, also $e(a_\beta) \cap x \preceq e(a_\beta) \cap a_\beta = a_\beta$. Weil a_β ein niedrigstes Element ist, gilt $e(a_\beta) \cap x = 0$.

Wegen $x \preceq a$ ist nach Hilfssatz 1.3 (I) $x \leqq e(a)$. Folglich gilt nach Hilfssatz 4.7 (IV), Kapitel II,

$$x = x \cap e(a) = x \cap \dot\cup_{\alpha \in I} e(a_\alpha) = \dot\cup_{\alpha \in I} (x \cap e(a_\alpha)) = 0 \,.$$

Also ist a ein niedrigstes Element.

Hilfssatz 3.5. L sei ein stetiger komplementärer modularer Verband, der niedrigste Elemente enthält. Dann gibt es unter den Zentrumselementen z, die sich in der Form $z = e(a)$, wobei a ein niedrigstes Element ist, darstellen lassen, ein größtes Element z^*.

Beweis. Mit S werde die Gesamtheit der Zentrumselemente bezeichnet, die sich in der Form $z = e(a)$ darstellen lassen. Man setze $z^* = \dot\cup_{z \in S}\, z$. Wendet man Satz 1.6, Kapitel II, auf das Zentrum an, so folgt $z^* = \dot\cup_{\alpha \in I}\, z_\alpha$ mit $z_\alpha \leqq z^{(\alpha)}$ für ein geeignetes $z^{(\alpha)} \in S$. Es sei $z^{(\alpha)} = e(a^{(\alpha)})$ mit $a^{(\alpha)}$ als einem niedrigsten Element. Setzt man $a_\alpha = z_\alpha \cap a^{(\alpha)}$, so ist nach Hilfssatz 3.1 auch a_α ein niedrigstes Element. Nach Hilfssatz 4.7 (III), Kapitel II, gilt $e(a_\alpha) = z_\alpha \cap e(a^{(\alpha)}) = z_\alpha$, also $z_\alpha \in S$. Nach Hilfssatz 3.4 ist $a^* = \dot\cup_{\alpha \in I}\, a_\alpha$ ein niedrigstes Element, und nach Hilfssatz 4.7 (IV), Kapitel II, ist $e(a^*) = \dot\cup_{\alpha \in I} e(a_\alpha) = z^*$. Daher ist z^* das gesuchte größte Element.

Definition 3.2. L sei ein stetiger komplementärer modularer Verband. Für das in Hilfssatz 3.5 genannte Element z^* schreibe man $z_\mathrm{I} = z^*$ und $z_\mathrm{II} = 1 - z^*$; gibt es kein niedriges Element, so wird $z^* = 0$ gesetzt. Es sei $L_\mathrm{I} = L(0, z_\mathrm{I})$ und $L_\mathrm{II} = L(0, z_\mathrm{II})$. Die Gesamtheit der in L_I bzw. L_II enthaltenen Zentrumselemente werde mit Z_I bzw. Z_II bezeichnet. Ein niedrigstes Element h mit $z_\mathrm{I} = e(h)$ nennt man ein *erzeugendes niedrigstes Element*. Nach Satz 3.5, Kapitel I, ist $L = L_\mathrm{I} \,\dot\cup\, L_\mathrm{II}$. Ein erzeugendes niedrigstes Element braucht nicht eindeutig bestimmt zu sein, aber nach Hilfssatz 3.3 sind alle diese Elemente zueinander perspektiv.

Satz 3.1. *L sei ein stetiger komplementärer modularer Verband. Dann enthält L_{II} kein niedrigstes Element.*

Beweis. Weil nach Hilfssatz 3.2 ein niedrigstes Element a von L_{II} auch ein niedrigstes Element von L sein muß, ist nach Hilfssatz 3.5 $e(a) \leqq z_I$, wegen $a \leqq z_{II}$ also $a = 0$. Dies ist ein Widerspruch, da a ein niedrigstes Element sein sollte.

Satz 3.2. *h sei ein erzeugendes niedrigstes Element eines stetigen komplementären modularen Verbandes. Dann gilt für jedes niedrigste Element a stets $a \sim e(a) \cap h$.*

Beweis. Setzt man $h_1 = e(a) \cap h$, so folgt $h_1 \neq 0$ wegen $e(h_1) = e(a) \cap e(h) = e(a)$. Nach Hilfssatz 3.3 gilt daher $a \sim h_1$, weil nach Hilfssatz 3.1 h_1 ein niedrigstes Element ist.

Hilfssatz 3.6. Wenn in einem stetigen komplementären modularen Verband a ($\neq 0$) kein niedrigstes Element ist, so gibt es Elemente b, c mit $b \cap c = 0$, $b \sim c$, $0 \neq b < a$ und $0 \neq c < a$.

Beweis. Weil a kein niedrigstes Element ist, gibt es nach Hilfssatz 3.2 ein Element d_1 mit $e(d_1) = e(a)$ und $d_1 < a$. Durch $a = c_1 \cup d_1$ sei $c_1 \neq 0$ bestimmt, so daß also $0 \neq e(c_1) \leqq e(a)$ gilt. Setzt man $b_1 = e(c_1) \cap d_1$, so ist $b_1 < a$, $c_1 < a$ und $b_1 \cap c_1 = 0$. Wegen $e(b_1) = e(c_1) \cap e(d_1) = e(c_1) \neq 0$ existieren nach Satz 4.5, Kapitel II, Elemente b, c mit $0 \neq b \leqq b_1$, $0 \neq c \leqq c_1$ und $b \sim c$. Es ist dann $b \cap c \leqq b_1 \cap c_1 = 0$, und daher sind b und c die gesuchten Elemente.

Satz 3.3. *L sei ein stetiger komplementärer modularer Verband. Für ein beliebiges $a \in L_{II}$ gibt es zu jeder natürlichen Zahl n Elemente b_i ($i = 1, \ldots, n$) mit $a = b_1 \cup \ldots \cup b_n$, $b_i \sim b_j$ und $e(b_i) = e(a)$ ($i, j = 1, \ldots, n$).*

Beweis. Da die Behauptung für $a = 0$ trivial ist, kann $a \neq 0$ vorausgesetzt werden. Weil a nach Satz 3.1 kein niedrigstes Element ist, gibt es nach Hilfssatz 3.6 Elemente c_1, c_2 mit $c_1 \cap c_2 = 0$, $c_1 \sim c_2$, $0 \neq c_1 < a$ und $0 \neq c_2 < a$. Auch c_1 ist kein niedrigstes Element, so daß Elemente d_1, d_2 mit $d_1 \cap d_2 = 0$, $d_1 \sim d_2$, $0 \neq d_1 < c_1$ und $0 \neq d_2 < c_1$ existieren. Bei einer durch $c_1 \sim c_2$ bestimmten Perspektivität mögen d_1 und d_2 auf d_3 und d_4 abgebildet werden. Dann ist $d_3 \cap d_4 = 0$, $d_3 \sim d_4$, $0 \neq d_3 < c_2$ und $0 \neq d_4 < c_2$. Folglich hat man $\bot(d_1, d_2, d_3, d_4)$, $d_1 \sim d_2 \sim d_3 \sim d_4$, $0 \neq d_i < a$ ($i = 1, 2, 3, 4$).

Ist eine natürliche Zahl n vorgegeben, so wähle man eine natürliche Zahl m mit $n \leqq 2^m$. Wendet man das oben angegebene Verfahren m-mal an, so erhält man Elemente c_i mit $\bot(c_i)_{i = 1, \ldots, n}$, $c_i \sim c_j$ und $0 \neq c_i \leqq a$. Die Gesamtheit solcher n-tupel $c = (c_1, \ldots, c_n)$ werde mit E bezeichnet. Φ sei die Gesamtheit der Teilmengen S von E mit $\bot(c_i)_{i = 1, \ldots, n; c \in S}$. Offenbar gehört eine Teilmenge S von E genau dann zu Φ, wenn jede beliebige endliche Teilmenge von S zu Φ

gehört. Also gibt es nach Hilfssatz 1.15, Kapitel I, eine maximale Menge S^* in Φ. Setzt man $b_i = {}_{c \in S^*}\dot{\cup}\, c_i$ $(i = 1, \ldots, n)$, so ist $b_i \leqq a$, $\perp(b_1, \ldots, b_n)$ und nach Hilfssatz 2.5, Kapitel II, $b_i \sim b_j$ $(i, j = 1, \ldots, n)$.

Angenommen, es sei $b_1 \dot{\cup} \ldots \dot{\cup} b_n < a$. Dann werde a_0 durch $b_1 \dot{\cup} \ldots \dot{\cup} b_n \dot{\cup} a_0 = a$ bestimmt. Wegen $a_0 \in L_{\mathrm{II}}$ gibt es wieder wie oben eine Folge $(c_1^0, \ldots, c_n^0)$ mit $c_i^0 \leqq a_0$. Die aus S^* durch Hinzufügen von $(c_1^0, \ldots, c_n^0)$ bestehende Menge gehört somit auch zu Φ. Dies ist aber ein Widerspruch, da S^* eine maximale Menge von Φ sein sollte. Also ist $b_1 \dot{\cup} \ldots \dot{\cup} b_n = a$.

Weil nach Hilfssatz 4.7 (I), (IV), Kapitel II, $e(b_1) = \cdots = e(b_n)$ und $e(b_1) \cup \ldots \cup e(b_n) = e(a)$ gilt, ist $e(b_i) = e(a)$.

§ 4. Der Dimensionsverband eines stetigen komplementären modularen Verbandes

Nach Satz 2.2 erfüllt die Perspektivität in einem stetigen komplementären modularen Verband das Transitivitätsgesetz. Daher hat die folgende Definition einen Sinn.[1]

Definition 4.1. L sei ein stetiger komplementärer modularer Verband. Zu einem Element a bezeichnet man die Gesamtheit der Elemente x, für die $x \sim a$ gilt, mit $[a]$ und nennt a einen *Repräsentanten* von $[a]$. Läßt man a alle Elemente von L durchlaufen, so bezeichnet man die Gesamtheit dieser $[a]$ mit $[L]$. Wenn $a \lessdot b$ bzw. $a \lessapprox b$, so schreibt man $[a] < [b]$ bzw. $[a] \ll [b]$ in $[L]$.

Anmerkung 4.1. Nach den Hilfssätzen 2.3 (I) und 2.4 (I) folgt aus $[a] < [b]$ und $[a] \ll [b]$ schon $a \lessdot b$ bzw. $a \lessapprox b$.

---

[1] Hier wird der Dimensionsbegriff durch die Festsetzung eingeführt, daß zwei perspektive Elemente dimensionsgleich sind. HALPERIN [2] führte dagegen die Dimension auf folgende Art ein: $\mathfrak{G}$ sei die Gruppe der Automorphismen T eines stetigen komplementären modularen Verbandes L. Die Gesamtheit der Zentrumselemente z, für die für alle $T \in \mathfrak{G}$ stets $T z = z$, nennt man das Zentrum von L bezüglich $\mathfrak{G}$. Wenn das Zentrum von L bezüglich $\mathfrak{G}$ nur aus o und 1 besteht, so heißt L irreduzibel bezüglich $\mathfrak{G}$. Andernfalls wird L reduzibel bezüglich $\mathfrak{G}$ genannt. Gilt für a, $b \in L$:
(1°) $a = {}_{\alpha \in I}\dot{\cup}\, a_\alpha$, $b = {}_{\alpha \in I}\dot{\cup}\, b_\alpha$,
(2°) zu jedem $\alpha \in I$ gibt es ein $T_\alpha \in \mathfrak{G}$ mit $T_\alpha a_\alpha \sim b_\alpha$,
so schreibt man $a \equiv b$. Weil diese Relation $\equiv$ das reflexive, symmetrische und transitive Gesetz erfüllt, kann man somit definieren, daß a und b dieselbe Dimension haben, wenn $a \equiv b$. HALPERIN [2] hat für den Fall der Irreduzibilität bezüglich $\mathfrak{G}$ die Dimension von diesem Standpunkt aus untersucht. MAEDA [2] hat für den Fall der Reduzibilität bezüglich $\mathfrak{G}$ nachgewiesen, daß im Dimensionsverband ähnlich wie im Vektorenverband ein Satz von der Art des Radon-Nikodymschen Satzes gilt. Da aber Sätze, die den Sätzen 4.5 und 4.6 dieses Kapitels entsprechen, auch im Falle der Reduzibilität bezüglich $\mathfrak{G}$ gelten, läßt sich die Methode dieses Buches ohne weiteres auch auf diesen Fall anwenden. Die Dimension kann dann auch unendlich groß werden.

Satz 4.1. *L sei ein stetiger komplementärer modularer Verband. Dann ist $[L]$ ein Verband mit der teilweisen Ordnung $\leqq$.*[1])

Beweis. Nach Hilfssatz 2.3 (II), (III) ist die Relation $\leqq$ eine teilweise Ordnung in $[L]$. Auf Grund von Satz 1.2 (Zerlegungssatz) gibt es zu zwei beliebigen Elementen a, b Zentrumselemente e_1, e_2, e_3 mit $e_1 \cup e_2 \cup e_3 = 1$, $e_1 \cap a \succeq e_1 \cap b$, $e_2 \cap a \precsim e_2 \cap b$ und $e_3 \cap a \sim e_3 \cap b$. Setzt man $s = (e_1 \cap a) \cup (e_2 \cap b) \cup (e_3 \cap a)$ und $d = (e_1 \cap b) \cup (e_2 \cap a) \cup (e_3 \cap b)$, so ist nach Anmerkung 1.1 und Hilfssatz 2.2 (III)

$$a = (e_1 \cap a) \cup (e_2 \cap a) \cup (e_3 \cap a) \precsim s .$$

Entsprechend folgt $b \precsim s$. Wenn nun $a \precsim s_1$ und $b \precsim s_1$ gelten, so ergibt sich nach Hilfssatz 3.8 (I), (II), Kapitel I, auch

$$e_1 \cap a \precsim e_1 \cap s_1, \quad e_2 \cap b \precsim e_2 \cap s_1, \quad e_3 \cap a \precsim e_3 \cap s_1$$

und somit $s \precsim (e_1 \cap s_1) \cup (e_2 \cap s_1) \cup (e_3 \cap s_1) = s_1$. Also existiert $[a] \cup [b]$ und ist gleich $[s]$. Entsprechend ergibt sich, daß $[a] \cap [b]$ existiert und gleich $[d]$ ist.

Definition 4.2. *L sei ein stetiger komplementärer modularer Verband. Dann nennt man $[L]$ den Dimensionsverband von L.*

Satz 4.2. *Ein stetiger komplementärer modularer Verband L ist genau dann irreduzibel, wenn sein Dimensionsverband $[L]$ eine geordnete Menge ist.*

Beweis. Nach Satz 1.3 ist L genau dann irreduzibel, wenn für zwei beliebige Elemente a, $b \in L$ stets eine der Relationen $a \precsim b$, $a \sim b$ und $a \succeq b$ gilt. Weil diese Aussagen aber gerade $[a] < [b]$, $[a] = [b]$ bzw. $[a] > [b]$ bedeuten, ist damit der Satz bewiesen.

Definition 4.3. $[L]$ sei der Dimensionsverband eines stetigen komplementären modularen Verbandes L. Gibt es Elemente a_1, $b_1 \in L$ mit $a_1 \in [a]$, $b_1 \in [b]$ und $a_1 \cap b_1 = 0$, so definiert man $[a] + [b]$ als die Klasse $[a_1 \cup b_1]$. Existieren solche Elemente a_1, b_1 nicht, so ist $[a] + [b]$ nicht erklärt.

Wenn $[a] \geqq [b]$, so gibt es wegen $b \precsim a$ ein Element $b_1 \in L$ mit $a \geqq b_1 \sim b$. Ist das Element c durch $a = b_1 \cup c$ bestimmt, so definiert man als $[a] - [b]$ die Klasse $[c]$.

Anmerkung 4.2. Nach Hilfssatz 2.2 sind $[a] + [b]$ und $[a] - [b]$ tatsächlich bereits durch die Klassen $[a]$, $[b]$ unabhängig von der Wahl der Repräsentanten bestimmt.

Hilfssatz 4.1. In dem Dimensionsverband $[L]$ eines stetigen komplementären modularen Verbandes haben die Addition und Subtraktion folgende Eigenschaften:

(I)   Existiert $[a] + [b]$, so ist $[b] + [a] = [a] + [b]$.

(II)   Existieren $[a] + [b]$ und $([a] + [b]) + [c]$, so ist
$$[a] + ([b] + [c]) = ([a] + [b]) + [c] .$$

---

[1]) Nach Satz 1.7, Kapitel V, ist $[L]$ ein vollständiger Verband.

(III) $\qquad$ $[a] + [o] = [a]$.

(IV) $\qquad$ Genau im Falle $[a] \leq [1] - [b]$ existiert $[a] + [b]$.

(V) $\qquad$ Wenn $[a] + [b]$ existiert, so ist $([a] + [b]) - [b] = [a]$.

(VI) $\qquad$ $[a] + [x] = [b]$ hat genau dann eine Lösung $[x]$, wenn $[a] \leq [b]$. Diese Lösung $[x]$ ist eindeutig bestimmt, und zwar ist $[x] = [b] - [a]$.

(VII) $\qquad$ Es sei $[a] < [b]$. Existiert $[b] + [c]$, so ist $[a] + [c] < [b] + [c]$.

(VIII) $\qquad$ $[a] + [c]$ und $[b] + [c]$ mögen existieren. Wenn $[a] + [c] < [b] + [c]$, so $[a] < [b]$.

Beweis. (I) Ist nach Definition 4.3 klar.

(II) Nach Voraussetzung kann man Elemente a, b, c mit $a \cap b = o$ und $(a \cup b) \cap c = o$ wählen. Weil dann $\perp(a, b, c)$ gilt, existieren $[b] + [c]$ und $[a] + ([b] + [c])$, und es ist somit

$$([a] + [b]) + [c] = [a \cup b \cup c] = [a] + ([b] + [c]) .$$

(III) Ist nach Definition 4.3 klar.

(IV) Wenn $[a] + [b]$ existiert, so gibt es Elemente a, b mit $a \cap b = o$. Weil es dann nach Hilfssatz 1.2, Kapitel I, ein Komplement b' von b mit $b' \geq a$ gibt, ist $[1] - [b] = [b'] \geq [a]$.

Ist umgekehrt $[1] - [b] \geq [a]$, so ist für ein Komplement b' von b auch $[b'] \geq [a]$. Also existiert ein $a_1 \in [a]$ mit $b' \geq a_1$. Folglich ist $a_1 \cap b = o$, und daher existiert $[a] + [b] = [a_1] + [b]$.

(V) Wählt man a, b mit $a \cap b = o$, so ist a ein Komplement von b in $a \cup b$ und somit die Behauptung bewiesen.

(VI) Wenn $[a] + [x] = [b]$ eine Lösung hat, so kann man Elemente a, x und b mit $a \cup x = b$ wählen, hat also $a \leq b$ und folglich $[a] \leq [b]$.

Ist umgekehrt $[a] \leq [b]$, so wähle man a, b mit $a \leq b$. Durch $a \cup c = b$ bestimme man c. Dann ist $[a] + [c] = [b]$, d. h. $[c]$ ist eine Lösung, und $[c] = [b] - [a]$. Sei $[x]$ nun eine beliebige Lösung. Dann ist nach (V) $[x] = ([a] + [x]) - [a] = [b] - [a]$.

(VII) Wegen $[a] < [b]$ gibt es nach (VI) ein Element $x(\neq o)$ mit $[a] + [x] = [b]$. Es existiert $[b] + [c]$ und daher nach (II) auch $[a] + [c]$ und $([a] + [c]) + [x]$. Also ist $[a] + [c] < [a] + [c] + [x] = [b] + [c]$.

(VIII) Wenn $[a] + [c] < [b] + [c]$, so gibt es nach (VI) ein $x(\neq o)$ mit $[a] + [c] + [x] = [b] + [c]$. Also ist nach (V) $[a] + [x] = [b]$ und daher $[a] < [b]$.

Definition 4.4. In dem Dimensionsverband $[L]$ eines stetigen komplementären modularen Verbandes wird $n\,[a]$ $(n = o, 1, 2, \ldots)$ folgendermaßen definiert: $o[a] = [o]$. Ist $(n - 1)[a]$ erklärt, so sei $n\,[a] = (n - 1)\,[a] + [a]$, wenn dies erklärt ist $(n = 1, 2, \ldots)$. Wenn $(n - 1)\,[a] + [a]$ nicht erklärt ist, so sagt man, $n\,[a]$ sei nicht erklärt.

Hilfssatz 4.2. In dem Dimensionsverband $[L]$ eines stetigen komplementären modularen Verbandes gelten folgende Rechenregeln:

(I)   Wenn $m\,[a]$, $n\,[a]$ und $m\,[a] + n\,[a]$ oder $(m+n)\,[a]$ existieren, so ist $(m+n)\,[a] = m\,[a] + n\,[a]$.

(II)   Existieren $n\,[a]$ und $m\,(n\,[a])$, so ist $m\,n\,[a] = m\,(n\,[a])$.

(III)   Sei $m \geqq n$. Existiert $m\,[a]$, so ist
$(m-n)\,[a] = m\,[a] - n\,[a]$.

(IV)   Existiert $n\,([a] + [b])$, so ist
$n\,([a] + [b]) = n\,[a] + n\,[b]$.

(V)   Existieren $[a] - [b]$ und $n\,[a]$, so ist
$n\,([a] - [b]) = n\,[a] - n\,[b]$.

(VI) $n\,[a]$ und $n\,[b]$ $(n \neq 0)$ mögen existieren. Wenn
$n\,[a] = n\,[b]$, so $[a] = [b]$.

Beweis. (I) und (II) ergeben sich durch vollständige Induktion nach n bzw. m unter Beachtung der Definition 4.4 und des Hilfssatzes 4.1 (II).

(III) Nach (I) ist $m\,[a] = (m-n)\,[a] + n\,[a]$, also nach Hilfssatz 4.1 (VI) $(m-n)\,[a] = m\,[a] - n\,[a]$.

(IV) Für $n = 0$ oder $= 1$ ist die Behauptung trivial. Angenommen, sie sei schon für $n-1$ an Stelle von n bewiesen. Dann ist wegen Hilfssatz 4.1 (I, II)

$$n\,([a] + [b]) = (n-1)\,([a] + [b]) + ([a] + [b])$$
$$= (n-1)\,[a] + (n-1)\,[b] + [a] + [b] = n\,[a] + n\,[b] .$$

(V) Nach (IV) ist $n\,([a] - [b]) + n\,[b] = n\,[a]$, also nach Hilfssatz 4.1 (VI) $n\,([a] - [b]) = n\,[a] - n\,[b]$.

(VI) Weil nach (V) $n\,([a] - [b]) = [o]$ gilt, ist $[a] - [b] = [o]$.

Definition 4.5. $[L]$ sei der Dimensionsverband eines stetigen komplementären modularen Verbandes, r eine nicht negative rationale Zahl. Gibt es zwei nicht negative ganze Zahlen m, n und existiert $[c]$, so daß $[a] = n[c]$, $b = m[c]$ und $r = \dfrac{m}{n}$ ist, so definiert man $r[a] = [b]$.

Anmerkung 4.3. Es existiere $\dfrac{m}{n}\,[a]$. Gibt es eine positive ganze Zahl t mit $m = m_1 t$ und $n = n_1 t$, so existiert auch $\dfrac{m_1}{n_1}\,[a]$ und ist gleich $\dfrac{m}{n}\,[a]$; es hängt also $r\,[a]$ wirklich nur von $[a]$ und der rationalen Zahl r ab.

Beweis. Weil $\dfrac{m}{n}\,[a]$ existiert, ist $[a] = n\,[c]$, und somit $m\,[c] = \dfrac{m}{n}\,[a]$. Setzt man $[c_1] = t\,[c]$, so ist $[a] = n_1\,[c_1]$, und $m_1\,[c_1] = m_1 t\,[c] = m\,[c]$ existiert. Also gilt $\dfrac{m_1}{n_1}\,[a] = \dfrac{m}{n}\,[a]$.

Satz 4.3. *Wenn in dem Dimensionsverband* $[L]$ *eines stetigen komplementären modularen Verbandes* $n\,[a]$ *für alle* $n \geqq 0$ *erklärt ist, so ist* $a = 0$.

Beweis. Angenommen, es gibt n Elemente $a_i \in [a]$ mit $\perp(a_i)_{i=1,\ldots,n}$. Dann ist $a_1 \,\dot\cup\, \ldots \,\dot\cup\, a_n \in n\,[a]$. Weil $(n+1)\,[a]$ existiert, ist nach Hilfssatz 4.1 (IV) $[a] \leqq [1] - n\,[a]$. Das Element x sei durch $(a_1 \,\dot\cup\, \ldots \,\dot\cup\, a_n) \,\dot\cup\, x = 1$ bestimmt. Nach Hilfssatz 4.1 (VI) ist somit $[a] \leqq [x]$. Also gibt es ein $a_{n+1} \in [a]$ mit $a_{n+1} \leqq x$. Wegen

$$(a_1 \,\dot\cup\, \ldots \,\dot\cup\, a_n) \cap a_{n+1} \leqq (a_1 \cup \ldots \cup a_n) \cap x = 0$$

gilt daher auch $\perp(a_i)_{i=1,\ldots,n+1}$.

a_1 sei ein beliebiges Element aus $[a]$. Dann folgt durch vollständige Induktion, daß es eine unendliche Folge $(a_i)_{i=1,2,\ldots}$ mit $\perp(a_i)_{i=1,\ldots,n}$ für beliebiges n gibt. Nach Satz 1.7, Kapitel I, gilt also auch $\perp(a_i)_{i=1,2,\ldots}$. Weil hierbei aber $a_1 \sim a_i$ $(i = 2, 3, \ldots)$ gilt, ist nach Satz 2.1 $a_1 = 0$, d. h. $a = 0$.

Hilfssatz 4.3. z sei ein Zentrumselement eines stetigen komplementären modularen Verbandes. Dann gilt:

(I) Existiert $[a] + [b]$, so auch $[z \cap a] + [z \cap b]$.
  Ist $[a] + [b] = [s]$, so $[z \cap a] + [z \cap b] = [z \cap s]$.

(II) Wenn $[a] \geqq [b]$, so auch $[z \cap a] \geqq [z \cap b]$.
  Setzt man $[a] - [b] = [c]$, so ist $[z \cap a] - [z \cap b] = [z \cap c]$.

Beweis. (I) Sei $a_1 \in [a]$, $b_1 \in [b]$ und $a_1 \cap b_1 = 0$. Dann ist $s \sim a_1 \,\dot\cup\, b_1$. Nach Hilfssatz 3.8 (I), Kapitel I, ist $z \cap a_1 \in [z \cap a]$ und $z \cap b_1 \in [z \cap b]$. Wegen $(z \cap a_1) \cap (z \cap b_1) = 0$ existiert somit $[z \cap a] + [z \cap b]$, und es ist $[(z \cap a_1) \,\dot\cup\, (z \cap b_1)] = [z \cap (a_1 \,\dot\cup\, b_1)] = [z \cap s]$.

(II) Nach Definition 4.3 ist $a \geqq b_1 \sim b$. Sei $a = b_1 \,\dot\cup\, c$. Dann ist $z \cap a \geqq z \cap b_1 \sim z \cap b$ und $(z \cap a) = (z \cap b_1) \,\dot\cup\, (z \cap c)$, also
$$[z \cap a] - [z \cap b] = [z \cap c].$$

Satz 4.4. *Zu zwei Elementen* a, b *eines stetigen komplementären modularen Verbandes gibt es ein Zentrumselement* $q(a, b)$ *mit folgenden Eigenschaften:*

(1°) $q(a, b) \geqq 1 - e(a)$, $q(a, b) \cap a \gtrsim q(a, b) \cap b$ und
  $(1 - q(a, b)) \cap a \lessgtr (1 - q(a, b)) \cap b$.

(2°) *Für ein Zentrumselement* z *gilt* $z \leqq q(a, b)$ *genau dann, wenn*
  $z \cap a \gtrsim z \cap b$.

Beweis. (I) Nach Satz 1.1 (Vergleichssatz) gibt es Elemente a', a'', b', b'' mit $a = a' \,\dot\cup\, a''$, $b = b' \,\dot\cup\, b''$, $a' \sim b'$ und $e(a'') \cap e(b'') = 0$. Setzt man $q(a, b) = 1 - e(a'')$, so ist $q(a, b) \geqq 1 - e(a)$ und $q(a, b) \cap a'' \leqq q(a, b) \cap e(a'') = 0$, also

$$q(a, b) \cap a = q(a, b) \cap (a' \,\dot\cup\, a'') = q(a, b) \cap a'.$$

Wegen $b'' \leq e(b'') \leq q(a, b)$ ist

$$q(a, b) \cap b = q(a, b) \cap (b' \mathbin{\dot\cup} b'') = (q(a, b) \cap b') \mathbin{\dot\cup} b''.$$

Nach Hilfssatz 3.8 (I), Kapitel I, ist $q(a, b) \cap a' \sim q(a, b) \cap b'$ und daher $q(a, b) \cap a \mathbin{\widetilde{\lesssim}} q(a, b) \cap b$.

(II) Man darf für das Element e_1 des Satzes 1.2 (Zerlegungssatz) $1 - q(a, b) = e(a'') = e_1$ setzen. Dann ist nach dem Zerlegungssatz auch die dritte Formel von $(1°)$ bewiesen.

(III) Wenn $z \leq q(a, b)$, so ist nach der zweiten Formel von $(1°)$ auf Grund des Hilfssatzes 3.8 (I), (II), Kapitel I, $z \cap a \mathbin{\widetilde{\lesssim}} z \cap b$. Umgekehrt folgt daraus $z \cap e_1 \cap a \mathbin{\widetilde{\lesssim}} z \cap e_1 \cap b$. Da aber nach dem Zerlegungssatz $e_1 \cap a \mathbin{\widetilde{\gtrless}} e_1 \cap b$ gilt, ist nach Definition 1.1 und Hilfssatz 2.3 (III) $z \cap e_1 \cap a = 0$, also nach Hilfssatz 4.7 (III), Kapitel II, $z \cap e_1 \cap e(a) = e(z \cap e_1 \cap a) = 0$. Wegen $e_1 = e(a'') \leq e(a)$ ist dann $z \cap e_1 = 0$. D. h. $z \leq 1 - e_1 = q(a, b)$.

Satz 4.5. [1]. *Zu zwei Elementen a, b eines stetigen komplementären modularen Verbandes gibt es eindeutig bestimmte Zentrumselemente $q_n(a, b)$ $(n = 0, 1, 2, \ldots)$ mit folgenden Eigenschaften:*

$(1°)$ *Genau dann gilt für ein Zentrumselement $z \leq q_n(a, b)$, wenn $n\,[z \cap a]$ existiert und $n\,[z \cap a] \leq [z \cap b]$ ist.*

$(2°)$ $q_0(a, b) = 1$, $\displaystyle\bigcap_{n = 0, 1, \ldots} q_n(a, b) = 1 - e(a)$.

Beweis. (I) Wenn $q_n(a, b)$ existiert, so ist auf Grund von $(1°)$ klar, daß es eindeutig bestimmt ist. Die Existenz soll mit vollständiger Induktion bewiesen werden. Für $n = 0$ setze man $q_0(a, b) = 1$. Nun werde vorausgesetzt, daß $q_{n-1}(a, b)$ existiert. Dann existiert $(n-1)\,[q_{n-1}(a,b) \cap a]$, und es ist $(n-1)\,[q_{n-1}(a, b) \cap a] \leq [q_{n-1}(a, b) \cap b]$. Also gibt es nach Hilfssatz 4.1 (VI) ein x mit

$$(1) \qquad (n-1)\,[q_{n-1}(a, b) \cap a] + [x] = [q_{n-1}(a, b) \cap b].$$

Man setze $q_n(a, b) = q_{n-1}(a, b) \cap q(a, x)$. Wählt man ein Zentrumselement z mit $z \leq q_n(a, b)$, so ist nach (1) und Hilfssatz 4.3 (I) $(n-1)\,[z \cap a] + [z \cap x] = [z \cap b]$. Wegen $z \leq q(a, x)$ ist $[z \cap a] \leq [z \cap x]$ nach Satz 4.4. Also existiert $n\,[z \cap a]$, und es ist $n\,[z \cap a] \leq [z \cap b]$. Sei nun umgekehrt $n\,[z \cap a] \leq [z \cap b]$. Dann ist $(n-1)\,[z \cap a] \leq [z \cap b]$ und daher $z \leq q_{n-1}(a, b)$, also nach (1) $(n-1)\,[z \cap a] + [z \cap a] = n[z \cap a] \leq [z \cap b] = (n-1)\,[z \cap a] + [z \cap x]$, folglich $[z \cap a] \leq [z \cap x]$ nach Hilfssatz 4.1 (VIII) und somit nach Satz 4.4 $(2°)$ $z \leq q(a, x)$, d. h. $z \leq q_{n-1}(a, b) \cap q(a, x) = q_n(a, b)$. Also gilt $(1°)$.

(II) Es ist $(1 - e(a)) \cap a = 0$. Daher existiert $n\,[(1 - e(a)) \cap a]$, und es ist $n\,[(1 - e(a)) \cap a] = [0] \leq [(1 - e(a)) \cap b]$. Folglich gilt

---

[1] von Neumann [6] III, Theorem 2.14 und Theorem 2.15.

nach ($1°$) auch $1 - e(a) \leq q_n(a, b)$ $(n = 0, 1, 2, \ldots)$, also

$$1 - e(a) \leq {}_{n=0,1,\ldots}\!\bigcap q_n(a, b)\,.$$

Setzt man $z_0 = {}_{n=0,1,\ldots}\!\bigcap q_n(a, b)$, so ist $z_0 \leq q_n(a, b)$ für alle n; d. h. $n\,[z_0 \cap a]$ existiert für $n = 0, 1, \ldots$. Nach Satz 4.3 ist somit $z_0 \cap a = 0$, folglich $a \leq 1 - z_0$ und daher $e(a) \leq 1 - z_0$, d. h. $z_0 \leq 1 - e(a)$. Also ist ${}_{n=0,1,\ldots}\!\bigcap q_n(a, b) = 1 - e(a)$.

Satz 4.6. [1]) *Zu zwei Elementen a, b eines stetigen komplementären modularen Verbandes gibt es eindeutig bestimmte Zentrumselemente $r_n(a, b)$ $(n = 0, 1, 2, \ldots)$, die folgende Bedingungen erfüllen:*

($1°$) $\quad {}_{n=0,1,\ldots}\!\bigcup r_n(a, b) = e(a)\,,$

($2°$) $\quad n\,[r_n(a, b) \cap a]$ *existiert, und es ist*
$$[r_n(a, b) \cap b] = n\,[r_n(a, b) \cap a] + [p_n]\,, \quad [p_n] \ll [r_n(a, b) \cap a]\,.$$

Diese erfüllen dann auch:

($3°$) $\quad q_n(a, b) = q_{n+1}(a, b) \cup r_n(a, b)\,.$

Beweis. Für die in Satz 4.5 bestimmten $q_n(a, b)$ gilt

$$1 = q_0(a, b) \geq q_1(a, b) \geq \cdots \geq q_n(a, b) \geq \cdots$$

und

$$_{n=0,1,\ldots}\!\bigcap q_n(a, b) = 1 - e(a)\,.$$

Bestimmt man $r_n(a, b)$ durch ($3°$), so ist $r_n(a, b)$ ein Zentrumselement, und nach Hilfssatz 1.5, Kapitel II, gilt $1 = {}_{n=0,1,\ldots}\!\bigcup r_n(a, b) \cup (1 - e(a))$, also ($1°$).

(II) Wegen $r_n(a, b) \leq q_n(a, b)$ existiert nach Satz 4.5 $n\,[r_n(a, b) \cap a]$, und es ist $n\,[r_n(a, b) \cap a] \leq [r_n(a, b) \cap b]$. Also gibt es nach Hilfssatz 4.1 (VI) ein p_n mit

(1) $$[r_n(a, b) \cap b] = n\,[r_n(a, b) \cap a] + [p_n]\,.$$

Setzt man $f = q\,(r_n(a, b) \cap a, p_n)$, so ist nach Satz 4.4

(2) $\quad f \cap r_n(a, b) \cap a \gtrsim f \cap p_n\,, \quad (1 - f) \cap r_n(a, b) \cap a \gtrless (1 - f) \cap p_n\,.$

Andererseits ist nach (1) und Hilfssatz 4.3 (I)

$$[f \cap r_n(a, b) \cap b] = n\,[f \cap r_n(a, b) \cap a] + [f \cap p_n]\,.$$

Daher existiert nach der ersten Formel von (2) auch

$$(n + 1)\,[f \cap r_n(a, b) \cap a]\,,$$

und es ist

$$(n + 1)\,[f \cap r_n(a, b) \cap a] \leq [f \cap r_n(a, b) \cap b]\,,$$

also $f \cap r_n(a, b) \leq q_{n+1}(a, b)$ nach Satz 4.5. Wegen $q_{n+1}(a, b) \cap r_n(a, b) = 0$ ist daher $f \cap r_n(a, b) = 0$, d. h. $r_n(a, b) \leq 1 - f$. Folglich gilt nach der zweiten Formel von (2) auf Grund von Hilfssatz 1.2

(3) $$r_n(a, b) \cap a \gtrless r_n(a, b) \cap p_n\,.$$

---

[1]) VON NEUMANN [6] III, Theorem 2.16.

Nach (1) und Hilfssatz 4.3 (I) ist aber

$$[r_n(a, b) \cap b] = n\,[r_n(a, b) \cap a] + [r_n(a, b) \cap p_n]\,,$$

also nach (1) und Hilfssatz 4.1 (VI) somit $[r_n(a, b) \cap p_n] = [p_n]$. Folglich gilt nach (3) $[r_n(a, b) \cap a] \gg [p_n]$ und daher (2°).

(III) Angenommen, es existierten außer $r_n(a, b)$ noch Elemente $r'_n(a, b)$ $(n = 0, 1, 2, \ldots)$, welche die Bedingungen (1°) und (2°) erfüllen. Setzt man $r_n = r_n(a, b)$ und $r'_m = r'_m(a, b)$, so ist nach Hilfssatz 4.3 (I) und Hilfssatz 1.2

$$[r'_m \cap r_n \cap b] = n\,[r'_m \cap r_n \cap a] + [r'_m \cap p_n]\,, \quad [r'_m \cap p_n] \ll [r'_m \cap r_n \cap a]\,,$$
$$[r'_m \cap r_n \cap b] = m\,[r'_m \cap r_n \cap a] + [r_n \cap p'_m]\,, \quad [r_n \cap p'_m] \ll [r'_m \cap r_n \cap a]\,.$$

Folglich ist $r'_m \cap r_n \cap a = 0$ für $m \neq n$ und daher nach Hilfssatz 4.7 (III), Kapitel II, auch $r'_m \cap r_n \cap e(a) = 0$. Wegen $\underset{n=0,1,\ldots}{\overset{\cdot}{\bigcup}}\, r_n = \underset{m=0,1,\ldots}{\overset{\cdot}{\bigcup}}\, r'_m = e(a)$ ist somit $r'_m \cap r_n = 0$ für $m \neq n$, also $r'_n = r_n$; d. h. die $r_n(a, b)$ $(n = 0, 1, 2, \ldots)$ sind durch (1°), (2°) eindeutig bestimmt.

Anmerkung 4.4. Wenn $a \sim a_1$ und $b \sim b_1$, so ist $q(a, b) = q(a_1, b_1)$, folglich $q_n(a, b) = q_n(a_1, b_1)$ und $r_n(a, b) = r_n(a_1, b_1)$ $(n = 0, 1, 2, \ldots)$.

Beweis. Nach Satz 4.4 (2°) ist $q(a, b) \cap a \eqsim q(a, b) \cap b$, also nach Hilfssatz 2.3 (I) auch $q(a, b) \cap a_1 \eqsim q(a, b) \cap b_1$ und nach Satz 4.4 (2°) somit $q(a, b) \leq q(a_1, b_1)$. Entsprechend folgt $q(a_1, b_1) \leq q(a, b)$, also $q(a, b) = q(a_1, b_1)$.

Satz 4.7. *h sei ein erzeugendes niedrigstes Element in einem stetigen komplementären modularen Verband L. Dann haben für ein $a \in L$ die Elemente $r_n(h, a)$ $(n = 0, 1, 2, \ldots)$ folgende Eigenschaften:*

(1°) $\quad r_n(h, a) \in Z_{\mathrm{I}},\ \underset{n=0,1,\ldots}{\overset{\cdot}{\bigcup}}\, r_n(h, a) = z_{\mathrm{I}}\,.$

(2°) $\quad$ *Für $z \in Z_{\mathrm{I}}$ ist $z \leq r_n(h, a)$ genau dann, wenn $n\,[z \cap h]$ existiert und $n\,[z \cap h] = [z \cap a]$.*

(3°) $\quad r_0(h, a) = z_{\mathrm{I}} \cap (1 - e(a))\,.$

Beweis. (I) (1°) ist nach Satz 4.6 (1°) klar.

(II) Nach (2°) desselben Satzes ist

$$[r_n(h, a) \cap a] - n\,[r_n(h, a) \cap h] \ll [r_n(h, a) \cap h]\,.$$

Nach Hilfssatz 3.1 ist $r_n(h, a) \cap h$ gleich 0 oder ein niedrigstes Element und daher weiter $[r_n(h, a) \cap a] = n\,[r_n(h, a) \cap h]$. Nach Hilfssatz 4.3 (I) ergibt sich also $[z \cap a] = n\,[z \cap h]$, wenn $z \leq r_n(h, a)$. Sei umgekehrt $[z \cap a] = n\,[z \cap h]$ und $z \in Z_{\mathrm{I}}$. Nach Satz 4.5 (1°) gilt somit $z \leq q_n(h, a)$ und $(n+1)\,[z \cap q_{n+1}(h, a) \cap h] \leq [z \cap q_{n+1}(h, a) \cap a]$. Ferner gilt wegen $n\,[z \cap h] = [z \cap a]$ nach Hilfssatz 4.3 (I)

$$n\,[z \cap q_{n+1}(h, a) \cap h] = [z \cap q_{n+1}(h, a) \cap a]\,,$$

also $z \cap q_{n+1}(h, a) \cap h = 0$. Daher ist nach Hilfssatz 4.7 (III), Kapitel II, auch $z \cap q_{n+1}(h, a) \cap e(h) = 0$. Wegen $z \leq z_{\mathrm{I}} = e(h)$ ist $z \cap q_{n+1}(h, a) = 0$ und folglich $z \leq r_n(h, a)$ nach Satz 4.6 ($3°$).

(III) Wenn $z \in Z_{\mathrm{I}}$, so sind nach ($2°$) die Aussagen $z \leq r_0(h, a)$ und $[z \cap a] = [0]$ einander äquivalent. Ferner sind $[z \cap a] = [0]$, $z \cap a = 0$, $z \cap e(a) = 0$ und $z \leq 1 - e(a)$ gleichwertige Aussagen. Also ist $r_0(h, a) = z_{\mathrm{I}} \cap (1 - e(a))$.

Satz 4.8. *h sei ein erzeugendes niedrigstes Element eines stetigen komplementären modularen Verbandes L. Setzt man $e_{(k)} = r_k(h, 1)$ ($k = 0, 1, 2, \ldots$), so gelten folgende Aussagen:*

($1°$) $e_{(0)} = 0$, $e_{(k)} \in Z_{\mathrm{I}}$ $(k = 1, 2, \ldots)$, ${}_{k=1,2,\ldots}\overset{.}{\cup}\, e_{(k)} = z_{\mathrm{I}}$.

($2°$) *Für $z \in Z_{\mathrm{I}}$ ist $z \leq e_{(k)}$ genau dann, wenn $k[z \cap h]$ existiert und $k[z \cap h] = [z]$ ist.*

Beweis. Man braucht nur in Satz 4.7 $a = 1$ zu setzen.

Definition 4.6. Setzt man für einen stetigen komplementären modularen Verband L

$$L_{(k)} = L(0, e_{(k)}) \ (k = 1, 2, \ldots), \quad e_{(\infty)} = z_{\mathrm{II}}, \quad L_{(\infty)} = L(0, e_{(\infty)}),$$

so nennt man $L_{(k)}$ $(k = 1, 2, \ldots, \infty)$ ein k-*Modell*.

Satz 4.9. *Ein stetiger komplementärer modularer Verband L läßt sich als die direkte Summe stetiger komplementärer modularer k-Modelle $L_{(k)}$ ($1 \leq k \leq \infty$) darstellen: $L = {}_{1 \leq k \leq \infty}\overset{.}{\cup}\, L_{(k)}$.*

Beweis. Wegen $e_{(k)} \in Z$ $(k = 1, 2, \ldots, \infty)$ und ${}_{1 \leq k \leq \infty}\overset{.}{\cup}\, e_{(k)} = 1$ ist nach Satz 3.8, Kapitel 1, $L = {}_{1 \leq k \leq \infty}\overset{.}{\cup}\, L(0, e_{(k)})$.

Selbstverständlich sind die $L(0, e_{(k)})$ stetige komplementäre modulare Verbände.

V. Die Dimensionsfunktion eines stetigen komplementären modularen Verbandes und seine Darstellung als subdirektes Produkt

§ 1. Die Dimensionsfunktion eines stetigen komplementären modularen Verbandes

Ω sei die Gesamtheit der Maximalideale $\mathfrak{p}$ des Zentrums Z eines stetigen komplementären modularen Verbandes. Mit $E(z)$ werde zu einem $z \in Z$ die Gesamtheit der Maximalideale $\mathfrak{p}$ bezeichnet, die z nicht enthalten. In Ω werde eine Topologie eingeführt, indem man $\{E(z); z \in Z\}$ als Basis der offenen Mengen wählt. Dann ist $z \to E(z)$ nach Satz 5.4, Kapitel I, ein Isomorphismus des Zentrums Z auf den Mengenverband, der aus der Gesamtheit der zugleich offenen und abgeschlossenen Mengen des Booleschen Raumes Ω besteht.

Hilfssatz 1.1. z_i $(i = 1, \ldots, n)$ seien Zentrumselemente eines stetigen komplementären modularen Verbandes L, und es sei $z_1 \mathbin{\dot\cup} \ldots \mathbin{\dot\cup} z_n = 1$. Ferner seien λ_i $(i = 1, \ldots, n)$ reelle Zahlen. Definiert man für $\mathfrak{p} \in E(z_i)$ dann $f(\mathfrak{p}) = \lambda_i$, so ist f eine in Ω definierte stetige Funktion.

Beweis. Es ist $E(z_1) \vee \ldots \vee E(z_n) = \Omega$, $E(z_i) \wedge E(z_j) = 0$ für $i \neq j$ und $E(z_i)$ ist eine offene Menge. Wenn $\mathfrak{p}_0 \in E(z_i)$, so ist $f(\mathfrak{p}_0) = \lambda_i$. Wählt man also $E(z_i)$ als eine Umgebung von $\mathfrak{p}_0$, so ist, wenn $\mathfrak{p} \in E(z_i)$, für jede positive Zahl ε stets $|f(\mathfrak{p}) - f(\mathfrak{p}_0)| = 0 < \varepsilon$. Folglich ist f in $\mathfrak{p}_0$ stetig.

Definition 1.1. Für $k = 1, 2, \ldots$ sei $\Delta_k = \left\{\dfrac{m}{k}; \; m = 0, 1, \ldots, k\right\}$ und ferner Δ_∞ die Menge aller reellen Zahlen λ mit $0 \leq \lambda \leq 1$.

Satz 1.1. *Ω sei der Boolesche Raum des Zentrums Z eines stetigen komplementären modularen Verbandes L. Mit F_k $(1 \leq k \leq \infty)$ werde die Gesamtheit der stetigen Funktionen f auf Ω bezeichnet, deren Funktionswerte zu Δ_k gehören. Definiert man $f \leq g$, wenn für alle $\mathfrak{p}$ stets $f(\mathfrak{p}) \leq g(\mathfrak{p})$, so ist F_k auf Grund dieser Ordnung ein Unterverband von F_∞ und als solcher vollständig[1].*

Beweis.[2] Daß die oben definierte Ordnung die Definition 1.1 (1°), (2°) und (3°), Kapitel I, erfüllt, ist klar. $\{f_\alpha; \alpha \in I\}$ sei eine beliebige Teilmenge von F_k. Setzt man für eine rationale Zahl λ dann

$$G_\lambda = \bigcup_{\alpha \in I} \{\mathfrak{p}; f_\alpha(\mathfrak{p}) < \lambda\},$$

so ist G_λ als Vereinigung von offenen Mengen wieder eine offene Menge. Also ist nach Hilfssatz 5.6, Kapitel I, die abgeschlossene Hülle $\overline{G}_\lambda$ eine offene wie auch abgeschlossene Menge. Setzt man $f(\mathfrak{p}) = \inf \{\lambda; \mathfrak{p} \in \overline{G}_\lambda\}$, so ist für jede beliebige reelle Zahl μ sowohl $\{\mathfrak{p}; f(\mathfrak{p}) > \mu\} = \bigcup_{\lambda > \mu}(\Omega - \overline{G}_\lambda)$ wie $\{\mathfrak{p}; f(\mathfrak{p}) < \mu\} = \bigcup_{\lambda < \mu} \overline{G}_\lambda$ offen und somit f eine stetige Funktion. Für $k = \infty$ ist $f \in F_k$. Falls $k < \infty$, so ist für $\dfrac{m-1}{k} < \lambda \leq \dfrac{m}{k}$ aber $G_\lambda = G_{m/k}$, folglich $\overline{G}_\lambda = \overline{G}_{m/k}$, so daß $f(\mathfrak{p})$ zu Δ_k, also f zu F_k gehört. Für alle $\alpha \in I$ ist offenbar $f \leq f_\alpha$.

Liegt ein Element $g \in F_\infty$ mit $g \leq f_\alpha$ für alle $\alpha \in I$ vor, so ist

$$\{\mathfrak{p}; g(\mathfrak{p}) \leq \mu\} \geq \{\mathfrak{p}; f_\alpha(\mathfrak{p}) < \mu\} \quad (\alpha \in I).$$

Weil $\{\mathfrak{p}; g(\mathfrak{p}) \leq \mu\}$ eine abgeschlossene Menge ist, gilt

$$\{\mathfrak{p}; g(\mathfrak{p}) \leq \mu\} \geq \overline{G}_\mu \geq \bigcup_{\lambda < \mu} \overline{G}_\lambda = \{\mathfrak{p}; f(\mathfrak{p}) < \mu\}$$

und folglich $g \leq f$; d. h. f ist in F_∞ die untere Grenze von $\{f_\alpha; \alpha \in I\}$.

---

[1] D. h. untere und obere Grenze in F_∞ einer beliebigen Menge von Elementen aus F_k liegen in F_k.

[2] Die Methode dieses Beweises findet sich bei OGASAWARA [2], Seite 56, Satz 5.

Setzt man nun $f'_\alpha = 1 - f_\alpha$ $(\alpha \in I)$, so ist für $f_\alpha \in F_k$ auch $f'_\alpha \in F_k$. Wegen $_{\alpha \in I}\bigcup f_\alpha = 1 - {}_{\alpha \in I}\bigcap f'_\alpha$ gehört $_{\alpha \in I}\bigcup f_\alpha$ in F_∞ schon zu F_k. Also ist F_k ein Unterverband von F_∞ und als solcher vollständig.

Anmerkung 1.1. Sei E_k die Gesamtheit aller in Ω definierten Funktionen, deren Werte zu $\varDelta_k$ gehören. Dann ist, obwohl E_k ein vollständiger Verband ist, F_k von Satz 1.1 als Unterverband von E_k kein vollständiger Verband. D. h. wenn I eine unendliche Menge und $f_\alpha \in F_k$ $(\alpha \in I)$ ist, so sind die obere bzw. untere Grenze von $\{f_\alpha; \alpha \in I\}$ in E_k wohl gleich $\mathfrak{p} \to \sup_{\alpha \in I} f_\alpha(\mathfrak{p})$ bzw. $\mathfrak{p} \to \inf_{\alpha \in I} f_\alpha(\mathfrak{p})$, aber sie brauchen keine stetigen Funktionen zu sein. Die Gesamtheit der Punkte $\mathfrak{p}$ mit

$$({}_{\alpha \in I}\bigcup f_\alpha)(\mathfrak{p}) \neq \sup_{\alpha \in I} f_\alpha(\mathfrak{p}) \quad \text{und} \quad ({}_{\alpha \in I}\bigcap f_\alpha)(\mathfrak{p}) \neq \inf_{\alpha \in I} f_\alpha(\mathfrak{p})$$

bildet eine magere Menge. Denn setzt man $f(\mathfrak{p}) = ({}_{\alpha \in I}\bigcap f_\alpha)(\mathfrak{p})$ und $g(\mathfrak{p}) = \inf_{\alpha \in I} f_\alpha(\mathfrak{p})$, so ist nach dem oben Bewiesenen $f(\mathfrak{p}) = \inf \{\lambda; \mathfrak{p} \in \overline{G_\lambda}\}$, $g(\mathfrak{p}) = \inf \{\lambda; \mathfrak{p} \in G_\lambda\}$ und $f(\mathfrak{p}) \leqq g(\mathfrak{p})$. Weil $\overline{G_\lambda} - G_\lambda$ (λ eine rationale Zahl) nirgends dicht ist[1]), ist $\{\mathfrak{p}; f(\mathfrak{p}) < g(\mathfrak{p})\} = {}_\lambda\bigcup(\overline{G_\lambda} - G_\lambda)$ eine magere Menge.

Im Falle der oberen Grenze setze man $f'_\alpha(\mathfrak{p}) = 1 - f_\alpha(\mathfrak{p})$ $(\alpha \in I)$, und wegen $({}_{\alpha \in I}\bigcap f'_\alpha)(\mathfrak{p}) = 1 - ({}_{\alpha \in I}\bigcup f_\alpha)(\mathfrak{p})$ hat man diese Frage somit auf den Fall der unteren Grenze zurückgeführt.

Satz 1.2. *Ω sei der Boolesche Raum des Zentrums Z eines stetigen komplementären modularen Verbandes L. Die Gesamtheit der auf Ω erklärten stetigen Funktionen, deren Funktionswerte für Argumente aus $E(e_{(k)})$ $(1 \leqq k \leqq \infty)$ zu $\varDelta_k$ gehören, sei mit F_D bezeichnet. Dann ist F_D ein Unterverband von F_∞ und als solcher vollständig. Die zu F_D gehörenden stetigen Funktionen sind durch ihre Werte in $E(e_{(k)})$ $(1 \leqq k \leqq \infty)$ eindeutig bestimmt.*

Beweis. (I) Nach Satz 4.8 und Definition 4.6, Kapitel IV, ist $_{1 \leqq k \leqq \infty}\bigcup e_{(k)} = 1$. Weil nach Hilfssatz 5.6, Kapitel I, die abgeschlossene Hülle $\overline{G}$ von $G = {}_{1 \leqq k \leqq \infty}\bigcup E(e_{(k)})$ eine offene Menge ist, gibt es nach Satz 5.4, Kapitel I, ein gewisses Zentrumselement z mit $\overline{G} = E(z)$. Es ist aber $e_{(k)} \leqq z$ $(k \leqq \infty)$ und daher $z = 1$, d. h. $\overline{G} = \Omega$. Also ist G dicht in Ω. Folglich ist eine stetige Funktion in Ω schon durch ihre Werte in G eindeutig bestimmt.

(II) Wenn $f_\alpha \in F_D$ $(\alpha \in I)$, so setze man $f = {}_{\alpha \in I}\bigcup f_\alpha$ in F_∞. Weil nach dem Beweis von Satz 1.1 die Funktionswerte von f für Argumente aus

---

[1]) Sei $A = \overline{G_\lambda} - G_\lambda$. Weil A eine abgeschlossene Menge ist, gilt $\overline{A} = A$. Es ist $\Omega - \overline{A} = (\Omega - \overline{G_\lambda}) \vee G_\lambda$ und daher $\overline{\Omega - \overline{A}} = (\Omega - \overline{G_\lambda}) \vee \overline{G_\lambda} = \Omega$. Folglich ist A nirgends dicht in Ω.

$E(e_{(k)})$ $(k \leq \infty)$ zu Δ_k gehören, ist $f \in F_D$. Entsprechendes ergibt sich für $\bigcap_{\alpha \in I} f_\alpha$. Also ist F_D ein Unterverband von F_∞ und als solcher vollständig.

Anmerkung 1.2. Wenn es unendlich viele $e_{(k)}$ mit $e_{(k)} \neq 0$ gibt, so ist nach Anmerkung 5.3, Kapitel I, $G < \Omega$.

Hilfssatz 1.2. In einem stetigen komplementären modularen Verband L sei h ein erzeugendes niedrigstes Element und $a \in L(0, e_{(k)})$ $(0 < k < \infty)$. Definiert man für einen Punkt $\mathfrak{p} \in \Omega$:

$$(1) \qquad \delta_a(\mathfrak{p}) = \begin{cases} \dfrac{m}{k}, & \text{wenn } \mathfrak{p} \in E(e_{(k)} \cap r_m(h, a)), \\[2mm] 0, & \text{wenn } \mathfrak{p} \notin E(e_{(k)}) \end{cases}$$

so gelten folgende Aussagen:

($1°$) $\quad 0 \leq \delta_a(\mathfrak{p}) \leq 1$,

($2°$) $\quad \delta_a$ ist eine stetige Funktion auf Ω.

($3°$) $\quad$ Wenn $a, b, c \in L(0, e_{(k)})$ und $[a] = [b] + [c]$, so
$$\delta_a(\mathfrak{p}) = \delta_b(\mathfrak{p}) + \delta_c(\mathfrak{p}).$$

($4°$) $\quad$ Für ein Zentrumselement $z \leq e_{(k)}$ gilt
$$\delta_z(\mathfrak{p}) = \begin{cases} 1, & \text{wenn } \mathfrak{p} \in E(z), \\ 0, & \text{wenn } \mathfrak{p} \notin E(z). \end{cases}$$

($5°$) $\quad$ Zu einem Element $a \in L(0, e_{(k)})$ mit $a > 0$ gibt es ein $\mathfrak{p}$ mit $\delta_a(\mathfrak{p}) > 0$.

Beweis. (I) Nach Satz 4.8, Kapitel IV, ist
$$k\,[e_{(k)} \cap r_m(h, a) \cap h] = [e_{(k)} \cap r_m(h, a)],$$

nach Satz 4.7, Kapitel IV, aber auch
$$m\,[e_{(k)} \cap r_m(h, a) \cap h] = [e_{(k)} \cap r_m(h, a) \cap a].$$

Folglich ist $e_{(k)} \cap r_m(h, a) = 0$ für $m > k$. Weil nach Satz 4.7, Kapitel IV, $\bigcup_{n = 0, 1, \ldots} r_n(h, a) = z_I$ gilt, ist $e_{(k)} \cap \bigcup_{m = 0, 1, \ldots, k} r_m(h, a) = e_{(k)}$. Also ist nach (1) $\delta_a(\mathfrak{p})$ für alle $\mathfrak{p} \in E(e_{(k)})$ definiert und $0 \leq \delta_a(\mathfrak{p}) \leq 1$.

(II) Nach Hilfssatz 1.1 ist δ_a eine stetige Funktion.

(III) Für die Elemente a, b, c von ($3°$) gilt
$$e_{(k)} \cap \bigcup_{p = 0, \ldots, k} r_p(h, b) = e_{(k)} \quad \text{und} \quad e_{(k)} \cap \bigcup_{q = 0, \ldots, k} r_q(h, c) = e_{(k)}.$$

Setzt man $z_{m,p,q} = e_{(k)} \cap r_m(h, a) \cap r_p(h, b) \cap r_q(h, c)$, so ist
$$e_{(k)} \cap r_m(h, a) = \bigcup_{0 \leq p, q \leq k} z_{m,p,q}.$$

Wenn $z \leq r_m(h, a)$, so $m\,[z \cap h] = [z \cap a] = [z \cap b] + [z \cap c]$ und daher
$$m\,[z_{m,p,q} \cap h] = [z_{m,p,q} \cap b] + [z_{m,p,q} \cap c] = p\,[z_{m,p,q} \cap h] + q\,[z_{m,p,q} \cap h]$$
$$= (p + q)\,[z_{m,p,q} \cap h],$$

also $z_{m,p,q} \cap h = 0$ für $m \neq p + q$. Nach Hilfssatz 4.7 (III), Kapitel II, ist $e(z_{m,p,q} \cap h) = z_{m,p,q} \cap e(h) = z_{m,p,q} \cap z_\mathrm{I} = z_{m,p,q}$, und deshalb in diesem Falle $z_{m,p,q} = 0$. Daraus folgt $e_{(k)} \cap r_m(h, a) = \underset{m=p+q}{\overset{\cdot}{\bigcup}} z_{m,p,q}$.

Im Falle $\mathfrak{p} \in E\big(e_{(k)} \cap r_m(h, a)\big)$ ist also $\delta_a(\mathfrak{p}) = \dfrac{m}{k}$, $\delta_b(\mathfrak{p}) = \dfrac{p}{k}$ und $\delta_c(\mathfrak{p}) = \dfrac{q}{k}$ mit $m = p + q$. Somit gilt $(3°)$.

(IV) Für ein Zentrumselement z mit $z \leq e_{(k)}$ ist nach Satz 4.8, Kapitel IV, $k\,[z \cap r_m(h, z) \cap h] = [z \cap r_m(h, z)]$, aber nach Satz 4.7 $(2°)$, Kapitel IV, auch $m\,[z \cap r_m(h, z) \cap h] = [z \cap r_m(h, z)]$, also $z \cap r_m(h, z) = 0$ für $m \neq k$. Weil nach Satz 4.7, Kapitel IV, $\underset{m=0,1,\ldots}{\overset{\cdot}{\bigcup}} r_m(h, z) = z_\mathrm{I}$ und $r_0(h, z) = z_\mathrm{I} \cap (1 - z)$ ist, gilt $\underset{m=1,2,\ldots}{\overset{\cdot}{\bigcup}} r_m(h, z) = z$ und folglich $r_k(h, z) = z$, $r_m(h, z) = 0$ $(m \neq 0, k)$. Also gilt nach Definition:

Wenn $\mathfrak{p} \in E\big(e_{(k)} \cap r_k(h, z)\big) = E(z)$, so $\delta_z(\mathfrak{p}) = \dfrac{k}{k} = 1$;

wenn $\mathfrak{p} \in E\big(e_{(k)} \cap r_0(h, z)\big) = E\big(e_{(k)} \cap (1 - z)\big)$, so $\delta_z(\mathfrak{p}) = 0$;

wenn $\mathfrak{p} \notin E(e_{(k)})$, so $\delta_z(\mathfrak{p}) = 0$;

d. h. $\delta_z(\mathfrak{p}) = 1$ für $\mathfrak{p} \in E(z)$ und $\delta_z(\mathfrak{p}) = 0$ für $\mathfrak{p} \notin E(z)$.

(V) Nach Satz 4.7, Kapitel IV, ist $\underset{n=1,2,\ldots}{\overset{\cdot}{\bigcup}} r_n(h, a) = e(a)$. Also gibt es zu einem $a > 0$ ein $m\ (> 0)$ mit $r_m(h, a) > 0$. Folglich existiert wegen $e_{(k)} \cap r_m(h, a) = r_m(h, a)$ ein $\mathfrak{p} \in E\big(e_{(k)} \cap r_m(h, a)\big)$, und für dieses ist dann $\delta_a(\mathfrak{p}) = \dfrac{m}{k} > 0$.

Hilfssatz 1.3. In einem stetigen komplementären modularen Verband L sei $a \in L(0, e_{(\infty)})$. Man kann Elemente c_k mit $[e_{(\infty)}] = 2^k[c_k]$ wählen. Man definiere nun für einen Punkt $\mathfrak{p}$ von Ω:

$$(1) \qquad \delta_a^{(k)}(\mathfrak{p}) = \begin{cases} m\,2^{-k}, & \text{wenn } \mathfrak{p} \in E\big(r_m(c_k, a)\big), \\ 0, & \text{wenn } \mathfrak{p} \notin E(e_{(\infty)}). \end{cases}$$

Dann existiert $\lim\limits_{k \to \infty} \delta_a^{(k)}(\mathfrak{p})$. Sein Wert werde mit $\delta_a(\mathfrak{p})$ bezeichnet.

Es gelten folgende Aussagen:

$(1°)$ $0 \leq \delta_a(\mathfrak{p}) \leq 1$.

$(2°)$ δ_a ist eine stetige Funktion auf Ω.

$(3°)$ Wenn $a, b, c \in L(0, e_{(\infty)})$ und $[a] = [b] + [c]$, so $\delta_a(\mathfrak{p}) = \delta_b(\mathfrak{p}) + \delta_c(\mathfrak{p})$.

$(4°)$ Für ein Zentrumselement $z \leq e_{(\infty)}$ ist

$$\delta_z(\mathfrak{p}) = \begin{cases} 1, & \text{wenn } \mathfrak{p} \in E(z), \\ 0, & \text{wenn } \mathfrak{p} \notin E(z). \end{cases}$$

$(5°)$ Zu einem Element $a \in L(0, e_{(\infty)})$ mit $a > 0$ gibt es ein $\mathfrak{p}$ mit $\delta_a(\mathfrak{p}) > 0$.

Beweis. (I) Nach Satz 3.3, Kapitel IV, existieren Elemente c_k mit $[e_{(\infty)}] = 2^k[c_k]$ und $e(c_k) = e_{(\infty)}$.

Nach Satz 4.6, Kapitel IV, ist $\underset{n=0,1,\ldots}{\overset{\cdot}{\bigcup}} r_n(c_k, a) = e(c_k) = e_{(\infty)}$ und

$$[r_n(c_k, a) \cap a] = n\,[r_n(c_k, a) \cap c_k] + [\mathfrak{p}_n], \quad [\mathfrak{p}_n] \ll [r_n(c_k, a) \cap c_k].$$

Wegen

$$[r_n(c_k, a) \cap c_k] = 2^{-k} [r_n(c_k, a) \cap e_{(\infty)}] = 2^{-k} [r_n(c_k, a)]$$

ist

$$(2) \quad [r_n(c_k, a) \cap a] = n\, 2^{-k} [r_n(c_k, a)] + [p_n], \quad [p_n] \ll 2^{-k} [r_n(c_k, a)],$$

also $r(c_k, a) = 0$ für $n > 2^k$ und folglich

$$(3) \qquad r_0(c_k, a) \,\dot\cup\, \ldots \,\dot\cup\, r_{2^k}(c_k, a) = e_{(\infty)}.$$

Also kann man laut (1) $\delta_a^{(k)}(\mathfrak{p})$ für alle $\mathfrak{p} \in E(e_{(\infty)})$ definieren, und es ist $0 \leq \delta_a^{(k)}(\mathfrak{p}) \leq 1$. Wie im Beweis (III) von Satz 4.6, Kapitel IV, ergibt sich nun für $m \neq 2n, 2n+1$ aus (2) $r_m(c_{k+1}, a) \cap r_n(c_k, a) = 0$. Daraus erhält man wegen (3) und der entsprechenden Gleichung für $k+1$ dann

$$r_{2n}(c_{k+1}, a) \,\dot\cup\, r_{2n+1}(c_{k+1}, a) = r_n(c_k, a) \quad (n = 0, 1, \ldots, 2^k).$$

Nach (1) ist somit

$$(4) \qquad \delta_a^{(k)}(\mathfrak{p}) \leq \delta_a^{(k+1)}(\mathfrak{p}) \leq \delta_a^{(k)}(\mathfrak{p}) + 2^{-(k+1)}.$$

Also existiert $\lim_{k \to \infty} \delta_a^{(k)}(\mathfrak{p}) = \delta_a(\mathfrak{p})$, und es gilt $0 \leq \delta_a(\mathfrak{p}) \leq 1$.

(II) Nach Hilfssatz 1.1 ist $\delta_a^{(k)}$ eine stetige Funktion; nach (4) konvergiert $\delta_a^{(k)}(\mathfrak{p})$ gleichmäßig in $\mathfrak{p}$ gegen $\delta_a(\mathfrak{p})$. Daher ist δ_a eine stetige Funktion.

(III) Für a, b, c von $(3°)$ ist

$$[r_m(c_k, b) \cap r_n(c_k, c) \cap b] = m\, 2^{-k} [r_m(c_k, b) \cap r_n(c_k, c)] + [p_m'],$$
$$[p_m'] \ll 2^{-k} [r_m(c_k, b) \cap r_n(c_k, c)]$$

und

$$[r_m(c_k, b) \cap r_n(c_k, c) \cap c] = n\, 2^{-k} [r_m(c_k, b) \cap r_n(c_k, c)] + [p_n''],$$
$$[p_n''] \ll 2^{-k} [r_m(c_k, b) \cap r_n(c_k, c)],$$

also

$$[r_m(c_k, b) \cap r_n(c_k, c) \cap a] = (m+n)\, 2^{-k} [r_m(c_k, b) \cap r_n(c_k, c)] + [p_m'] + [p_n''],$$
$$[p_m'] + [p_n''] \ll 2^{-k+1} [r_m(c_k, b) \cap r_n(c_k, c)].$$

Wie im Beweis (III) von Satz 4.6, Kapitel IV, erhalten wir daraus $r_m(c_k, b) \cap r_n(c_k, c) \cap r_p(c_k, a) = 0$ für $p \neq m+n, m+n+1$. Wegen (3) ergibt sich daher weiter

$$r_m(c_k, b) \cap r_n(c_k, c) \leq r_{m+n}(c_k, a) \cup r_{m+n+1}(c_k, a).$$

Wenn also $\mathfrak{p} \in E(r_m(c_k, b) \cap r_n(c_k, c))$, so gilt $\mathfrak{p} \in E(r_{m+n}(c_k, a))$ oder $\mathfrak{p} \in E(r_{m+n+1}(c_k, a))$ und somit nach (1):

Für $\delta_b^{(k)}(\mathfrak{p}) = m\, 2^{-k}$ und $\delta_c^{(k)}(\mathfrak{p}) = n\, 2^{-k}$ ist

$$\delta_a^{(k)}(\mathfrak{p}) = (m+n)\, 2^{-k} \quad \text{oder} \quad \delta_a^{(k)}(\mathfrak{p}) = (m+n+1)\, 2^{-k},$$

daher

$$\delta_b^{(k)}(\mathfrak{p}) + \delta_c^{(k)}(\mathfrak{p}) \leq \delta_a^{(k)}(\mathfrak{p}) \leq \delta_b^{(k)}(\mathfrak{p}) + \delta_c^{(k)}(\mathfrak{p}) + 2^{-k}$$

und somit dann $\delta_a(\mathfrak{p}) = \delta_b(\mathfrak{p}) + \delta_c(\mathfrak{p})$.

(IV) Für ein Zentrumselement z mit $z \leqq e_{(\infty)}$ ist nach (2) und Hilfssatz 4.3 (I), Kapitel IV,

$$[r_n(c_k, z) \cap z] = n\, 2^{-k}\, [r_n(c_k, z) \cap z] + [p_n \cap z]\,,$$
$$[p_n \cap z] \ll 2^{-k}\, [r_n(c_k, z) \cap z]\,,$$

folglich $r_n(c_k, z) \cap z = \mathrm{o}$ für $n \neq 2^k$, also nach (2) $r_n(c_k, z) = \mathrm{o}$ für $n \neq 2^k, \mathrm{o}$. Daher ist nach (3) $r_0(c_k, z) \cup r_{2^k}(c_k, z) = e_{(\infty)}$ und somit $z \leqq r_{2^k}(c_k, z)$. Setzt man $z \cup z' = r_{2^k}(c_k, z)$, so ist nach (2)

$$[r_{2^k}(c_k, z) \cap z \cap z'] = [r_{2^k}(c_k, z) \cap z'] + [p_n \cap z']\,,$$

also $r_{2^k}(c_k, z) \cap z' = \mathrm{o}$, daher $r_{2^k}(c_k, z) = z$ und $r_0(c_k, z) = e_{(\infty)} \cap (1-z)$. Nach Definition ist somit

$$\delta_z^{(k)}(\mathfrak{p}) = 1 \ \text{für} \ \mathfrak{p} \in E\big(r_{2^k}(c_k, z)\big) = E(z),$$
$$\delta_z^{(k)}(\mathfrak{p}) = \mathrm{o} \ \text{für} \ \mathfrak{p} \in E\big(r_0(c_k, z)\big) = E\big(e_{(\infty)} \cap (1 \overset{\bullet}{-} z)\big),$$
$$\delta_z^{(k)}(\mathfrak{p}) = \mathrm{o} \ \text{für} \ \mathfrak{p} \notin E(e_{(\infty)})\,;$$

mit anderen Worten:

$$\delta_z^{(k)}(\mathfrak{p}) = \begin{cases} 1, & \text{wenn } \mathfrak{p} \in E(z)\,, \\ \mathrm{o}, & \text{wenn } \mathfrak{p} \notin E(z)\,. \end{cases}$$

Da dies unabhängig von der speziellen Wahl des k gilt, ist somit $(4°)$ bewiesen.

(V) Sei a ein Element aus $L(\mathrm{o}, e_{(\infty)})$. Wenn für alle $\mathfrak{p}$ stets $\delta_a(\mathfrak{p}) = \mathrm{o}$ gilt, so ist nach (4) für beliebiges $\mathfrak{p}$ und k auch $\delta_a^{(k)}(\mathfrak{p}) = \mathrm{o}$, also nach (1) $r_m(c_k, a) = \mathrm{o}$ für $m > \mathrm{o}$. Nach (3) gilt daher $r_0(c_k, a) = e_{(\infty)}$ und folglich nach (2) $[a] \ll 2^{-k}\, [e_{(\infty)}]$. Weil dies für beliebige k gilt, ist $a = \mathrm{o}$; d. h. aber: Zu $a > \mathrm{o}$ gibt es ein $\mathfrak{p}$ mit $\delta_a(\mathfrak{p}) > \mathrm{o}$.

Satz 1.3. *a sei ein Element eines stetigen komplementären modularen Verbandes L. Zu a ist dann eine zu F_D gehörende stetige Funktion δ_a durch $\delta_a(\mathfrak{p}) = \delta(e_{(k)} \cap a, \mathfrak{p})$ $(\mathrm{o} < k \leqq \infty)$ für $\mathfrak{p} \in E(e_{(k)})$ (wobei $\delta(a, \mathfrak{p})$ gleich $\delta_a(\mathfrak{p})$ aus Hilfssatz 1.2 bzw. 1.3 zu setzen ist) eindeutig bestimmt. Es gelten folgende Aussagen:*

$(1°)$ *Wenn $[a] = [b] + [c]$, so $\delta_a(\mathfrak{p}) = \delta_b(\mathfrak{p}) + \delta_c(\mathfrak{p})$.*

$(2°)$ *Für ein Zentrumselement z von L gilt*

$$\delta_z(\mathfrak{p}) = \begin{cases} 1, & \text{wenn } \mathfrak{p} \in E(z) \\ \mathrm{o}, & \text{wenn } \mathfrak{p} \notin E(z)\,. \end{cases}$$

$(3°)$ *Zu $a > \mathrm{o}$ gibt es ein $\mathfrak{p}$ mit $\delta_a(\mathfrak{p}) > \mathrm{o}$.*

Beweis. (I) Nach den Hilfssätzen 1.2 und 1.3 gehört $\mathfrak{p} \to \delta(e_{(k)} \cap a, \mathfrak{p})$ für alle k zu F_D. Die obere Grenze (in F_D) der Menge dieser Funktionen wird dann als die gesuchte stetige Funktion δ_a genommen. Daß sie durch die im Satz genannte Bedingung eindeutig bestimmt ist, folgt aus Satz 1.2.

(II) Wenn $[a] = [b] + [c]$, so $[e_{(k)} \cap a] = [e_{(k)} \cap b] + [e_{(k)} \cap c]$. Daher gilt nach den Hilfssätzen 1.2 und 1.3 $\delta_a(\mathfrak{p}) = \delta_b(\mathfrak{p}) + \delta_c(\mathfrak{p})$ in $E(e_{(k)})$. Nach Satz 1.2 gilt diese Gleichung somit auch in Ω.

(III) Um $(2°)$ zu beweisen, unterscheiden wir die beiden Fälle

$$\mathfrak{p}_0 \in G = {}_{1 \leq k \leq \infty}\bigcup E(e_{(k)}) \quad \text{und} \quad \mathfrak{p}_0 \in \Omega - G.$$

Nach Definition ist stets $\delta_z(\mathfrak{p}) = \delta(e_{(k)} \cap z, \mathfrak{p})$, wenn $\mathfrak{p} \in E(e_{(k)})$. Somit gilt nach Hilfssatz 1.2 $(4°)$ und Hilfssatz 1.3 $(4°)$:

(1) $\qquad$ Wenn $\mathfrak{p} \in E(e_{(k)} \cap z)$, so $\delta_z(\mathfrak{p}) = 1$.

(2) $\qquad$ Wenn $\mathfrak{p} \in E(e_{(k)}) - E(e_{(k)} \cap z)$, so $\delta_z(\mathfrak{p}) = 0$.

(α) Sei $\mathfrak{p}_0 \in G$. Dann gibt es im Falle $\mathfrak{p}_0 \in E(z)$ ein k ($\leq \infty$) mit $\mathfrak{p}_0 \in E(e_{(k)} \cap z)$ und daher (nach (1)) $\delta_z(\mathfrak{p}_0) = 1$. Im Falle $\mathfrak{p}_0 \notin E(z)$ ist $\mathfrak{p}_0 \in (E(e_{(k)}) - E(e_{(k)} \cap z))$ für ein passendes k ($\leq \infty$) und somit nach (2) $\delta_z(\mathfrak{p}_0) = 0$.

(β) Sei $\mathfrak{p}_0 \in \Omega - G$. Nach ($\alpha$) ist in G stets $\delta_z(\mathfrak{p})$ gleich 1 oder 0. Weil δ_z eine stetige Funktion ist, muß also $\delta_z(\mathfrak{p})$ auch für $\mathfrak{p} \in \Omega - G$ gleich 1 oder 0 sein. Angenommen, für $\mathfrak{p}_0 \in E(z)$ sei $\delta_z(\mathfrak{p}_0) = 0$. Dann ist für eine passende Umgebung $E(z_0)$ von $\mathfrak{p}_0$ auch $\delta_z(\mathfrak{p}) = 0$, wenn $\mathfrak{p} \in E(z_0)$. Also gilt $\delta_z(\mathfrak{p}) = 0$ für $\mathfrak{p} \in E(e_{(k)} \cap z_0)$. Folglich ist nach (1) $e_{(k)} \cap z_0 \cap z = 0$ für alle $k \leq \infty$ und daher $z_0 \cap z = 0$. Dies ist aber ein Widerspruch zu $\mathfrak{p}_0 \in E(z_0) \wedge E(z) = E(z_0 \cap z)$. Also ist für $\mathfrak{p}_0 \in E(z)$ stets $\delta_z(\mathfrak{p}_0) = 1$.

Angenommen, für $\mathfrak{p}_0 \notin E(z)$ sei $\delta_z(\mathfrak{p}_0) = 1$. Dann ist für eine passende Umgebung $E(z_0)$ von $\mathfrak{p}_0$ stets $\delta_z(\mathfrak{p}) = 1$, wenn $\mathfrak{p} \in E(z_0)$ und daher für alle $k \leq \infty$ auch

(3) $\qquad\qquad \delta_z(\mathfrak{p}) = 1$, $\quad$ wenn $\mathfrak{p} \in E(e_{(k)} \cap z_0)$.

Nach $(1°)$ und (1) ist für $\mathfrak{p} \in E(e_{(k)} \cap (1 - z))$ aber $\delta_z(\mathfrak{p}) = \delta_1(\mathfrak{p}) - \delta_{1-z}(\mathfrak{p})$ $= 1 - 1 = 0$. Wegen (3) ist somit $e_{(k)} \cap z_0 \cap (1 - z) = 0$ für alle $k \leq \infty$ und folglich $z_0 \cap (1 - z) = 0$. Dies ist aber ein Widerspruch gegen die aus $\mathfrak{p}_0 \notin E(z)$ folgende Beziehung

$$\mathfrak{p}_0 \in E(z_0) \wedge E(1 - z) = E(z_0 \cap (1 - z)).$$

Also ist für $\mathfrak{p}_0 \notin E(z)$ stets $\delta_z(\mathfrak{p}_0) = 0$.

(IV) Wenn $a > 0$, so gibt es ein k ($\leq \infty$) mit $e_{(k)} \cap a > 0$. Dann existiert aber nach Hilfssatz 1.2 $(5°)$ und Hilfssatz 1.3 $(5°)$ ein $\mathfrak{p}$ mit $\delta(e_{(k)} \cap a, \mathfrak{p}) > 0$. Also gilt $(3°)$.

Anmerkung 1.3. Wegen $E(z) = \{\mathfrak{p}; z \notin \mathfrak{p}\}$ kann man Satz 1.3 $(2°)$ auch so formulieren: Für $z \notin \mathfrak{p}$ ist $\delta(z, \mathfrak{p}) = 1$ und für $z \in \mathfrak{p}$ ist $\delta(z, \mathfrak{p}) = 0$. Folglich ist $\mathfrak{p} = \{z; \delta(z, \mathfrak{p}) = 0\}$.

Definition 1.2. In einem stetigen komplementären modularen Verband L nennt man δ_a die *Dimension* von a; d. h. die Dimension von a

ist eine zu F_D gehörende stetige Funktion. Die Abbildung $a \to \delta_a$ von L heißt *Dimensionsfunktion*[1]) von L; sie wird im folgenden mit D bezeichnet, so daß also $D(a) = \delta_a$ ist.

Satz 1.4. *In einem stetigen komplementären modularen Verbande L hat eine Dimensionsfunktion D folgende Eigenschaften:*

(1°) $0 \leq D(a) \leq 1$, $D(0) = 0$, $D(1) = 1$.

(2°) *Wenn* $a > 0$, *so* $D(a) > 0$.

(3°) *Wenn* $\perp(a_1, \ldots, a_n)$, *so* $D(\overset{n}{\underset{i=1}{\cup}} a_i) = \overset{n}{\underset{i=1}{\Sigma}}(D(a_i))$.

(4°) $D(a \cup b) + D(a \cap b) = D(a) + D(b)$.

(5°) *In den sich entsprechenden Zeichen sind* $a \underset{\prec}{\overset{\succ}{\sim}} b$ *und* $D(a) \underset{<}{\overset{\geq}{\lessgtr}} D(b)$ *äquivalente Aussagen.*

Beweis. (1°) $0 \leq D(a) \leq 1$ ist klar. Weil für alle $\mathfrak{p}$ stets $0 \in \mathfrak{p}$ gilt, ist nach Anmerkung 1.3 $\delta_0(\mathfrak{p}) = 0$, also $D(0) = 0$. Für alle $\mathfrak{p}$ ist $1 \notin \mathfrak{p}$, daher nach Anmerkung 1.3 $\delta_1(\mathfrak{p}) = 1$, also $D(1) = 1$.

(2°) Wenn $a > 0$, so nach Satz 1.3 (3°) auch $D(a) > 0$.

(3°) Sei $b = a_1 \cup a_2$. Dann ist $[b] = [a_1] + [a_2]$, also nach Satz 1.3 (1°) $D(b) = D(a_1) + D(a_2)$. Durch vollständige Induktion folgt (3°).

(4°) Setzt man $a = (a \cap b) \cup a_1$ und $b = (a \cap b) \cup b_1$, so ist nach Hilfssatz 1.12, Kapitel I, $a \cup b = (a \cap b) \cup a_1 \cup b_1$, nach (3°) somit

$$D(a) = D(a \cap b) + D(a_1), \quad D(b) = D(a \cap b) + D(b_1),$$
$$D(a \cup b) = D(a \cap b) + D(a_1) + D(b_1),$$

also $\qquad\qquad D(a \cup b) + D(a \cap b) = D(a) + D(b)$.

(5°) Wenn $a \sim b$, so ist $[a] = [b]$, nach Satz 1.3 (1°) also

$$D(a) = D(b) + D(0) = D(b) \,.[2])$$

Falls $a \succ b$, so gibt es ein a_1 mit $a > a_1 \sim b$. Sei $a = a_1 \cup c$. Nach (3°) und (2°) ist dann $D(a) = D(a_1) + D(c) > D(a_1) = D(b)$. Vertauschung von a mit b zeigt, daß aus $a \prec b$ auch $D(a) < D(b)$ folgt.

Sei nun $D(a) \geq D(b)$. Nach Satz 1.1 (Vergleichssatz), Kapitel IV, ist $a = a' \cup a''$, $b = b' \cup b''$, $a' \sim b'$ und $e(a'') \cap e(b'') = 0$. Weil dann $D(a') = D(b')$ gilt, ist nach (3°) $D(a'') \geq D(b'')$; d. h. für alle $\mathfrak{p}$ ist $\delta(a'', \mathfrak{p}) \geq \delta(b'', \mathfrak{p})$. Wenn $\mathfrak{p} \in E(e(a''))$, so $\mathfrak{p} \notin E(e(b''))$. Daher gilt dann nach Satz 1.3 (2°) $\delta(e(b''), \mathfrak{p}) = 0$. Wegen $b'' \leq e(b')$ ist nach (3°) auch $\delta(b'', \mathfrak{p}) = 0$. Wenn aber $\mathfrak{p} \notin E(e(a''))$, so ist $\delta(e(a''), \mathfrak{p}) = 0$, also $\delta(a'', \mathfrak{p}) = 0$ und daher $\delta(b'', \mathfrak{p}) = 0$. Folglich ist für alle $\mathfrak{p}$ stets $\delta(b'', \mathfrak{p}) = 0$, nach (2°) somit $b'' = 0$. Wenn $D(a) \geq D(b)$, ist also $a \succeq b$.

Daher folgt aus $D(a) \leq D(b)$ auch $a \precsim b$, so daß für $D(a) = D(b)$ nach Hilfssatz 2.3 (III), Kapitel IV, $a \sim b$ gilt. Nach obigem folgt

---

[1]) Daß L nur eine Dimensionsfunktion besitzt, also δ_a unabhängig von den Elementen h und c_k $(k = 1, 2, \ldots)$ ist, folgt aus Satz 3.3 weiter unten.

[2]) Dies ist auch nach Anmerkung 4.4, Kapitel IV, klar.

$a \gtrsim b$ aus $D(a) > D(b)$. Da aber für $a \sim b$ stets $D(a) = D(b)$ sein muß, folgt sogar $a \gtrsim b$. Vertauschen von a mit b ergibt $D(a) < D(b)$ für $a \lesssim b$.

Hilfssatz 1.4. z sei ein Zentrumselement eines stetigen komplementären modularen Verbandes L. Dann ist $D(z \cap a) = D(z) \cap D(a)$.

Beweis. Wenn $z \cup z' = 1$, so ist $a = (z \cup a) \dot{\cup} (z' \cap a)$, nach Satz 1.4 (3°) somit $\delta(a, \mathfrak{p}) = \delta(z \cap a, \mathfrak{p}) + \delta(z' \cap a, \mathfrak{p})$. Falls $\mathfrak{p} \in E(z)$, so ist wegen $\mathfrak{p} \notin E(z')$ aber $\delta(z', \mathfrak{p}) = 0$, nach Satz 1.4 (5°) also $\delta(z' \cap a, \mathfrak{p}) = 0$ und folglich $\delta(z \cap a, \mathfrak{p}) = \delta(a, \mathfrak{p})$. Wenn $\mathfrak{p} \notin E(z)$, so ist wegen $\delta(z, \mathfrak{p}) = 0$ auch $\delta(z \cap a, \mathfrak{p}) = 0$. Nach Satz 1.3 (2°) ist für $\mathfrak{p} \in E(z)$ stets $\delta(z, \mathfrak{p}) = 1$ und für $\mathfrak{p} \notin E(z)$ immer $\delta(z, \mathfrak{p}) = 0$. Daher gilt $\delta(z \cap a, \mathfrak{p}) = \delta(z, \mathfrak{p}) \cap \delta(a, \mathfrak{p})$ für alle $\mathfrak{p}$.

Definition 1.3. In dem in Satz 1.2 beschriebenen vollständigen Verband F_D sei eine Folge $(f_\alpha)_{\alpha \in I}$ gegeben. Mit S werde die Gesamtheit der endlichen Teilmengen N von I bezeichnet. Für jede endliche Teilmenge $N = \{\alpha_1, \ldots, \alpha_n\}$ von I sei $f_{\alpha_1} + \cdots + f_{\alpha_n} \leq 1$. Dann existiert $_{N \in S}\bigcup (f_{\alpha_1} + \cdots + f_{\alpha_n})$, und man schreibt dafür $_{\alpha \in I}\Sigma^* f_\alpha$.

Satz 1.5.[1]). *In einem stetigen komplementären modularen Verband L folgt aus $a = {}_{\alpha \in I}\dot{\bigcup} a_\alpha$ stets*

$$(1) \qquad D(a) = {}_{\alpha \in I}\Sigma^* D(a_\alpha) .$$

Beweis. (I) Die Behauptung wird durch transfinite Induktion bewiesen. Ist I eine endliche Menge, so folgt die Behauptung nach Satz 1.4 (3°). Mit $\aleph$ sei die kleinste Mächtigkeit einer Indexmenge I bezeichnet, für die (1) nicht gilt. λ sei die kleinste transfinite Ordnungszahl, welche die Mächtigkeit $\aleph$ hat. Wir können dann I als die Menge der Ordinalzahlen $< \lambda$ annehmen. Offensichtlich ist λ eine Limeszahl. Für $\alpha < \lambda$ ist

$$\begin{aligned}
D\left({}_{\gamma < \lambda}\dot{\bigcup} a_\gamma\right) &= D\left(\left({}_{\gamma < \alpha}\dot{\bigcup} a_\gamma\right) \dot{\cup} \left({}_{\alpha \leq \gamma < \lambda}\dot{\bigcup} a_\gamma\right)\right) \\
&= D\left({}_{\gamma < \alpha}\dot{\bigcup} a_\gamma\right) + D\left({}_{\alpha \leq \gamma < \lambda}\dot{\bigcup} a_\gamma\right) \\
&= {}_{\gamma < \alpha}\Sigma^* D(a_\gamma) + D\left({}_{\alpha \leq \gamma < \lambda}\dot{\bigcup} a_\gamma\right) ,
\end{aligned}$$

also

$$\begin{aligned}
D\left({}_{\gamma < \lambda}\dot{\bigcup} a_\gamma\right) &= {}_{\alpha < \lambda}\bigcup \left({}_{\gamma < \alpha}\Sigma^* D(a_\gamma)\right) + {}_{\alpha < \lambda}\bigcap \left(D\left({}_{\alpha \leq \gamma < \lambda}\dot{\bigcup} a_\gamma\right)\right) \\
&= {}_{\gamma < \lambda}\Sigma^* D(a_\gamma) + {}_{\alpha < \lambda}\bigcap D\left({}_{\alpha \leq \gamma < \lambda}\dot{\bigcup} a_\gamma\right) .
\end{aligned}$$

Setzt man $f = {}_{\alpha < \lambda}\bigcap D\left({}_{\alpha \leq \gamma < \lambda}\dot{\bigcup} a_\gamma\right)$, so gilt (1) für $f = 0$. Daher genügt es zu zeigen, daß $f > 0$ zu einem Widerspruch führt.

(II) Sei

$$f_\alpha = {}_{\alpha \leq \gamma < \lambda}\Sigma^* D(a_\gamma) .$$

Dann ist

$$\sum_{\gamma < \alpha}{}^* D(a_\gamma) + f_\alpha = \sum_{\gamma < \lambda}{}^* D(a_\gamma) \,,$$

somit

$$\bigcup_{\alpha < \lambda} \left(\sum_{\gamma < \alpha}{}^* D(a_\gamma) \right) + \bigcap_{\alpha < \lambda} f_\alpha = \sum_{\gamma < \lambda}{}^* D(a_\gamma) \,,$$

also

$$\bigcap_{\alpha < \lambda} f_\alpha = \mathrm{o} \,.$$

Weil folglich $\bigcap_{\alpha < \lambda} f_\alpha < f$ ist, gibt es $\mathfrak{p}_0$ und α_0 mit $f_{\alpha_0}(\mathfrak{p}_0) < f(\mathfrak{p}_0)$ und $\alpha_0 < \lambda$. f_{α_0} und f sind stetige Funktionen. Daher gilt für eine geeignete Umgebung $E(z_0)$ von $\mathfrak{p}_0$ auch

$$(2) \qquad f_{\alpha_0}(\mathfrak{p}) < f(\mathfrak{p}) \,, \text{ wenn } \mathfrak{p} \in E(z_0) \,.$$

Es ist $D\left(\bigcup_{\alpha_0 \leq \gamma < \lambda} a_\gamma\right) \geq f$. Setzt man $s_0 = \bigcup_{\alpha_0 \leq \gamma < \lambda} a_\gamma$, so ist also $\delta_{s_0}(\mathfrak{p}) \geq f(\mathfrak{p}) > f_{\alpha_0}(\mathfrak{p}) \geq \mathrm{o}$ für $\mathfrak{p} \in E(z_0)$ und folglich $\delta_{s_0}(\mathfrak{p}) > \mathrm{o}$ für $\mathfrak{p} \in E(z_0)$. Nach Satz 1.3 (2°) ist $\delta_{z_0}(\mathfrak{p}) = 1$, wenn $\mathfrak{p} \in E(z_0)$. Daher gilt $D(z_0) \cap D(s_0) > \mathrm{o}$, nach Hilfssatz 1.4 also $D(z_0 \cap s_0) > \mathrm{o}$ und somit $z_0 \cap s_0 > \mathrm{o}$. Folglich gibt es ein α_1 mit $\alpha_0 \leq \alpha_1 < \lambda$ und $z_0 \cap a_{\alpha_1} > \mathrm{o}$, also $D(z_0) \cap D(a_{\alpha_1}) = D(z_0 \cap a_{\alpha_1}) > \mathrm{o}$. Wegen $\delta(z_0, \mathfrak{p}) = \mathrm{o}$ für $\mathfrak{p} \notin E(z_0)$ gibt es daher ein $\mathfrak{p}_1 \in E(z_0)$ mit $\delta(a_{\alpha_1}, \mathfrak{p}_1) > \mathrm{o}$. Dann muß es auch ein α_2 mit $\alpha_1 < \alpha_2 < \lambda$ und $f_{\alpha_2}(\mathfrak{p}_1) < \delta(a_{\alpha_1}, \mathfrak{p}_1)$ geben; denn andernfalls wäre $f_\alpha(\mathfrak{p}_1) \geq \delta(a_{\alpha_1}, \mathfrak{p}_1)$ für $\alpha_1 < \alpha < \lambda$, was wegen $f_\alpha \geq D(a_{\alpha_1})$ für $\alpha_1 \geq \alpha$ der Gleichung $\bigcap_{\alpha < \lambda} f_\alpha = \mathrm{o}$ widersprechen würde. Also gilt für eine geeignete Umgebung $E(z_1)$ (mit $z_1 \leq z_0$) von $\mathfrak{p}_1$ auch $f_{\alpha_2}(\mathfrak{p}) \leq \delta(a_{\alpha_1}, \mathfrak{p})$ für $\mathfrak{p} \in E(z_1)$, d.h. $D(z_1) \cap f_{\alpha_2} \leq D(z_1) \cap D(a_{\alpha_1})$, mit anderen Worten also:

$$(3) \qquad \sum_{\alpha_2 \leq \gamma < \lambda}{}^* D(z_1 \cap a_\gamma) \leq D(z_1 \cap a_{\alpha_1}) \,.$$

(III) Weil nach (3) nun $D(z_1 \cap a_{\alpha_2}) \leq D(z_1 \cap a_{\alpha_1})$ ist, existiert ein Element b_{α_2} mit $z_1 \cap a_{\alpha_2} \sim b_{\alpha_2} \leq z_1 \cap a_{\alpha_1}$. Angenommen, zu einem α mit $\alpha_2 < \alpha < \lambda$ gebe es Elemente $b_\gamma \, (\alpha_2 \leq \gamma < \alpha)$ mit $\perp (b_\gamma)_{\alpha_2 \leq \gamma < \alpha}$ und $z_1 \cap a_\gamma \sim b_\gamma \leq z_1 \cap a_{\alpha_1} \, (\alpha_2 \leq \gamma < \alpha)$. Dann ist

$$\left(\bigcup_{\alpha_2 \leq \gamma < \alpha} (z_1 \cap a_\gamma)\right) \cap \left(\bigcup_{\alpha_2 \leq \gamma < \alpha} b_\gamma\right) \leq \left(\bigcup_{\alpha_2 \leq \gamma < \alpha} (z_1 \cap a_\gamma)\right) \cap (z_1 \cap a_{\alpha_1}) = \mathrm{o} \,,$$

also nach Hilfssatz 2.5, Kapitel II,

$$(4) \qquad D\left(\bigcup_{\alpha_2 \leq \gamma < \alpha} (z_1 \cap a_\gamma)\right) = D\left(\bigcup_{\alpha_2 \leq \gamma < \alpha} b_\gamma\right) \,.$$

Weil $\{\gamma; \alpha_2 \leq \gamma < \alpha\}$ eine kleinere Mächtigkeit als $\aleph$ hat, ist nach Voraussetzung

$$D\left(\bigcup_{\alpha_2 \leq \gamma < \alpha} (z_1 \cap a_\gamma)\right) = \sum_{\alpha_2 \leq \gamma < \alpha}{}^* D(z_1 \cap a_\gamma) \,.$$

und nach (3), (4) somit

$$D(z_1 \cap a_{\alpha_1}) \geq \sum_{\alpha_2 \leq \gamma < \alpha}{}^* D(z_1 \cap a_\gamma) + D(z_1 \cap a_\alpha) = D\left(\bigcup_{\alpha_2 \leq \gamma < \alpha} b_\gamma\right) + D(z_1 \cap a_\alpha).$$

Für $z_1 \cap a_{\alpha_1} = \left(\bigcup_{\alpha_2 \leq \gamma < \alpha} b_\gamma\right) \dot{\cup} x$ ist also $D(x) \geq D(z_1 \cap a_\alpha)$. Folglich gibt es ein b_α mit $z_1 \cap a_\alpha \sim b_\alpha \leq x \leq z_1 \cap a_{\alpha_1}$. Dann ist aber

$$\left(\bigcup_{\alpha_2 \leq \gamma < \alpha} b_\gamma\right) \cap b_\alpha \leq \left(\bigcup_{\alpha_2 \leq \gamma < \alpha} b_\gamma\right) \cap x = \mathrm{o},$$

d. h. es gilt $\bot(b_\gamma)_{\alpha_2 \leq \gamma \leq \alpha}$. Nach transfiniter Induktion gibt es also zu allen γ mit $\alpha_2 \leq \gamma < \lambda$ Elemente b_γ mit $\bot(b_\gamma)_{\alpha_2 \leq \gamma < \lambda}$ und $z_1 \cap a_\gamma \sim b_\gamma \leq z_1 \cap a_{\alpha_1}$. Dann folgt analog zu (4) aber

$$D\big(_{\alpha_2 \leq \gamma < \lambda}\overset{.}{\bigcup}(z_1 \cap a_\gamma)\big) = D\big(_{\alpha_2 \leq \gamma < \lambda}\overset{.}{\bigcup} b_\gamma\big) \leq D(z_1 \cap a_{\alpha_1}).$$

Also gilt

$$(5) \qquad\qquad D(z_1) \cap f \leq D(z_1 \cap a_{\alpha_1}).$$

Wegen $z_1 \leq z_0$ ist nach (2) aber

$$D(z_1) \cap f > D(z_1) \cap f_{\alpha_0} \geq D(z_1) \cap D(a_{\alpha_1}) = D(z_1 \cap a_{\alpha_1}).$$

Dies ist ein Widerspruch zu (5). Also ist $f = 0$ und der Satz somit bewiesen.

Zusatz[1]). Gilt in einem stetigen komplementären modularen Verband $\bot(a_\alpha)_{\alpha \in I}$, $\bot(b_\alpha)_{\alpha \in I}$ und $a_\alpha \sim b_\alpha$ $(\alpha \in I)$, so ist $_{\alpha \in I}\overset{.}{\bigcup} a_\alpha \sim {}_{\alpha \in I}\overset{.}{\bigcup} b_\alpha$.

Beweis. Man setze $a = {}_{\alpha \in I}\overset{.}{\bigcup} a_\alpha$ und $b = {}_{\alpha \in I}\overset{.}{\bigcup} b_\alpha$. Dann ist nach Satz 1.5 und Satz 1.4 $(5°)$

$$D(a) = {}_{\alpha \in I}\sum{}^* D(a_\alpha) = {}_{\alpha \in I}\sum{}^* D(b_\alpha) = D(b),$$

also $a \sim b$.

Hilfssatz 1.5. In einem stetigen komplementären modularen Verbande L gilt für jedes monoton steigende System $(a_\delta)_{\delta \in D}$:

$$(1) \qquad\qquad \text{Wenn } a_\delta \uparrow a, \text{ so auch } D(a_\delta) \uparrow D(a).$$

Beweis. Nach Satz 1.6, Kapitel II, gibt es Elemente c_δ mit $a = {}_{\delta \in D}\bigcup a_\delta = {}_{\delta \in D}\overset{.}{\bigcup} c_\delta$ und $c_\delta \leq a_\delta$ $(\delta \in D)$. Die N seien die endlichen Teilmengen von D. Nach Satz 1.5 ist

$$D(a) = {}_{\delta \in D}\sum{}^* D(c_\delta) = {}_N\bigcup {}_{\delta \in N}\sum D(c_\delta).$$

Weil ein $\delta(N)$ mit $\delta \leq \delta(N)$ für alle $\delta \in N$ existiert, ist somit

$$_{\delta \in N}\overset{.}{\bigcup} c_\delta \leq {}_{\delta \in N}\bigcup a_\delta \leq a_{\delta(N)},$$

also

$$_{\delta \in N}\sum D(c_\delta) \leq D(a_{\delta(N)})$$

und folglich

$$D(a) \leq {}_N\bigcup D(a_{\delta(N)}) \leq {}_{\delta \in D}\bigcup D(a_\delta) \leq D(a).$$

Daher ist $D(a) = {}_{\delta \in D}\bigcup D(a_\delta)$, d. h. es gilt (1).

Hilfssatz 1.6. In dem Dimensionsverband $[L]$ eines stetigen komplementären modularen Verbandes L existiert die obere Grenze jeder Menge $\{[a_i]; i = 1, 2, \ldots\}$.

---

[1]) In HALPERIN [1] Satz 6.2 und [3] Satz 3.9 ist dies nur durch Anwendung der Perspektivität bewiesen. In diesem Buch wird die Methode von IWAMURA [2] 67 verwendet, welche sich der Dimensionsfunktion bedient.

Beweis. Nach Satz 4.1, Kapitel IV, ist $[L]$ ein Verband. Daher kann man zur Bestimmung der oberen Grenze von $\{[a_i]; i = 1, 2, \ldots\}$ voraussetzen, daß $[a_1] \leq [a_2] \leq \cdots \leq [a_i] \leq \cdots$ gilt. Durch wiederholte Anwendung von Hilfssatz 3.3, Kapitel II, erkennt man, daß $a_1 \leq a_2 \leq \cdots \leq a_i \leq \cdots$ angenommen werden kann. Sei $a = {}_{i=1, 2, \ldots}\bigcup a_i$ und daher $[a_i] \leq [a]$ $(i = 1, 2, \ldots)$. Nach Hilfssatz 1.5 ist $D(a) = {}_{i=1, 2, \ldots}\bigcup D(a_i)$. Hat man $[a_i] \leq [c]$ $(i = 1, 2, \ldots)$, so ist wegen $D(a_i) \leq D(c)$ auch $D(a) \leq D(c)$, nach Satz 1.4 (5°) also $[a] \leq [c]$. Daher ist $[a]$ die obere Grenze von $\{[a_i]; i = 1, 2, \ldots\}$.

Satz 1.6.[1]) *In einem stetigen komplementären modularen Verbande gibt es zu jeder zu F_D gehörenden stetigen Funktion f ein Element a von L, dessen Dimension gleich f ist.*

Beweis. (I) Für $\mathfrak{p} \in E(e_{(k)})$ $(0 < k < \infty)$ nimmt $f(\mathfrak{p})$ die Werte

$$\frac{m}{k} \quad (m = 0, 1, \ldots, k)$$

an. Sei ε eine positive Zahl $< k^{-1}$. Für $\mathfrak{p} \in E(e_{(k)})$ gilt dann

$$(1) \qquad \{\mathfrak{p}; f(\mathfrak{p}) = m\, k^{-1}\} = \{\mathfrak{p}; m\, k^{-1} - \varepsilon < f(\mathfrak{p}) < m\, k^{-1} + \varepsilon\}.$$

Die Menge dieser $\mathfrak{p}$ sei mit A_m bezeichnet. Weil f in $E(e_{(k)})$ eine stetige Funktion ist, ist A_m auf Grund von (1) eine abgeschlossene wie auch offene Menge. Also gibt es nach Satz 5.4, Kapitel I, ein A_m entsprechendes Zentrumselement z_m; d.h. es ist $A_m = E(z_m)$ und ${}_{0 \leq m \leq k}\dot\bigcup z_m = e_{(k)}$. Sei h das zugrunde gelegte erzeugende niedrigste Element von L. Nach Satz 4.8, Kapitel IV, existiert dann $m\,[z_m \cap h]$. Durch $m\,[z_m \cap h] = [a_m]$ werde ein Element a_m bestimmt. Wegen $e(a_m) = e(z_m \cap h) = z_m \cap e(h) = z_m$ gilt $\perp(a_m)_{m=0, 1, \ldots, k}$. Setzt man $a_{(k)} = {}_{0 \leq m \leq k}\bigcup a_m$, so ist wegen $[z_m \cap a_{(k)}] = [a_m] = m\,[z_m \cap h]$ nach Satz 4.7, Kapitel IV, $z_m \leq r_m(h, a_{(k)})$. Nach Hilfssatz 1.2 ist somit $\delta(a_{(k)}, \mathfrak{p}) = m\, k^{-1}$ für $\mathfrak{p} \in E(z_m)$ $(m = 0, 1, \ldots, k)$ und $\delta(a_{(k)}, \mathfrak{p}) = 0$ für $\mathfrak{p} \notin E(e_{(k)})$. Folglich $\delta(a_{(k)}, \mathfrak{p}) = f(\mathfrak{p})$, wenn $\mathfrak{p} \in E(e_{(k)})$, und $\delta(a_{(k)}, \mathfrak{p}) = 0$, wenn $\mathfrak{p} \notin E(e_{(k)})$.

(II) Sei $\mathfrak{p} \in E(e_{(\infty)})$. Es werde $f(\mathfrak{p}) = \lambda_\mathfrak{p}$ gesetzt. Dann gibt es für jede natürliche Zahl k rationale Zahlen $\mu_\mathfrak{p}$, $\nu_\mathfrak{p}$ von der Form $m\, 2^{-k}$ $(m = 0, 1, \ldots, 2^k)$ mit $\lambda_\mathfrak{p} - 2^{-k+1} < \mu_\mathfrak{p} < \lambda_\mathfrak{p} < \nu_\mathfrak{p} < \lambda_\mathfrak{p} + 2^{-k+1}$. Wegen $\mu_\mathfrak{p} < f(\mathfrak{p}) < \mu_\mathfrak{p} + 2^{-k+1}$ und der Stetigkeit von f kann man eine geeignete Umgebung $E(z_\mathfrak{p}) \leq E(e_{(\infty)})$ von $\mathfrak{p}$ wählen, so daß

$$(2) \qquad \mu_\mathfrak{p} \leq f(\mathfrak{p}_0) \leq \mu_\mathfrak{p} + 2^{-k+1} \quad \text{für alle } \mathfrak{p}_0 \in E(z_\mathfrak{p}).$$

Für jedes $\mathfrak{p} \in E(e_{(\infty)})$ bestimme man ein solches $E(z_\mathfrak{p})$. Nach Satz 5.4, Kapitel I, ist Ω kompakt. Daher kann man endlich viele $z_{\mathfrak{p}_1}, \ldots, z_{\mathfrak{p}_n}$ so auswählen, daß $E(z_{\mathfrak{p}_1}) \vee \ldots \vee E(z_{\mathfrak{p}_n}) = E(e_{(\infty)})$, also $z_{\mathfrak{p}_1} \cup \ldots \cup z_{\mathfrak{p}_n} = e_{(\infty)}$ ist.

---

[1]) Iwamura [1] 307.

Man bestimme nun Zentrumselemente $z_i \leqq z_{\mathfrak{p}_i}$ mit $z_1 \,\dot\cup\, \ldots \dot\cup\, z_n = e_{(\infty)}$. Nach (2) gilt dann

(3) $\qquad \mu_{\mathfrak{p}_i} \leqq f(\mathfrak{p}_0) \leqq \mu_{\mathfrak{p}_i} + 2^{-k+1}$ für alle $\mathfrak{p}_0 \in E(z_i)$.

Sei $\mu_{\mathfrak{p}_i} = m\, 2^{-k}$. Nach Satz 3.3, Kapitel IV, gibt es Elemente c_k mit $[e_{(\infty)}] = 2^k [c_k]$, $e(c_k) = e_{(\infty)}$. Man setze $a^{(k)} = \,_{1 \leqq i \leqq n}\dot\cup\, (z_i \cap a_i)$, wobei die a_i durch $m\,[c_k] = [a_i]$ bestimmt sind. Dann ist $[z_i \cap a^{(k)}] = [z_i \cap a_i]$ $= m\,[z_i \cap c_k] = m\, 2^{-k}[z_i]$, nach Satz 1.3 (1°) also

$$\delta(z_i \cap a^{(k)}, \mathfrak{p}) = m\, 2^{-k}\, \delta(z_i, \mathfrak{p}).$$

Folglich gilt nach Satz 1.3 (2°) und Hilfssatz 1.4

(4) $\qquad\qquad \delta(a^{(k)}, \mathfrak{p}_0) = m\, 2^{-k}$ für $\mathfrak{p}_0 \in E(z_i)$,

nach (3) und (4) somit

(5) $\qquad \delta(a^{(k)}, \mathfrak{p}) \leqq f(\mathfrak{p}) \leqq \delta(a^{(k)}, \mathfrak{p}) + 2^{-k+1}$ für alle $\mathfrak{p} \in E(e_{(\infty)})$.

Analog erhält man zu $\nu_\mathfrak{p}$ ein Element $b^{(k)}$ mit

(6) $\qquad \delta(b^{(k)}, \mathfrak{p}) - 2^{-k+1} \leqq f(\mathfrak{p}) \leqq \delta(b^{(k)}, \mathfrak{p})$ für alle $\mathfrak{p} \in E(e_{(\infty)})$.

Weil also $\delta(a^{(k)}, \mathfrak{p}) \leqq f(\mathfrak{p}) \leqq \delta(b^{(l)}, \mathfrak{p})$ für $\mathfrak{p} \in E(e_{(\infty)})$ und $\delta(a^{(k)}, \mathfrak{p}) = 0$ $= \delta(b^{(l)}, \mathfrak{p})$ für $\mathfrak{p} \notin E(e_{(\infty)})$ gilt, ist $D(a^{(k)}) \leqq D(b^{(l)})$. Dann ist nach Satz 1.4 (5°) aber $a^{(k)} \precsim b^{(l)}$, d. h. $[a^{(k)}] \leqq [b^{(l)}]$. Nach Hilfssatz 1.6 gibt es ein Element $a_{(\infty)}$ mit $[a_{(\infty)}] = \,_{k=1, 2, \ldots}\dot\cup\,[a^{(k)}]$. Es ist $[a_{(\infty)}] \leqq [b^{(k)}]$ und nach (5) und (6) somit

$$f(\mathfrak{p}) - 2^{-k+1} \leqq \delta(a^{(k)}, \mathfrak{p}) \leqq \delta(a_{(\infty)}, \mathfrak{p}) \leqq \delta(b^{(k)}, \mathfrak{p}) \leqq f(\mathfrak{p}) + 2^{-k+1}$$

für $\mathfrak{p} \in E(e_{(\infty)})$.

Läßt man nun k gegen ∞ streben, so ergibt sich $\delta(a_{(\infty)}, \mathfrak{p}) = f(\mathfrak{p})$ für $\mathfrak{p} \in E(e_{(\infty)})$, während natürlich $\delta(a_{(\infty)}, \mathfrak{p}) = 0$ für $\mathfrak{p} \notin E(e_{(\infty)})$ gilt.

(III) Setzt man $a = \,_{1 \leqq k \leqq \infty}\dot\cup\, a_{(k)}$ mit $a_{(k)} \leqq e_{(k)}$, so ist wegen $e_{(k)} \cap a = a_{(k)}$ nach Satz 1.3 für alle $\mathfrak{p} \in E(e_{(k)})$ stets $\delta_a(\mathfrak{p}) = \delta(a_{(k)}, \mathfrak{p})$ $= f(\mathfrak{p})$ $(k \leqq \infty)$. Nach Satz 1.2 gilt also $\delta_a(\mathfrak{p}) = f(\mathfrak{p})$ für alle $\mathfrak{p}$. Daher ist a das gesuchte Element.

Satz 1.7. *Der Dimensionsverband $[L]$ eines stetigen komplementären modularen Verbandes L ist dem vollständigen Verband F_D isomorph. Folglich ist $[L]$ ein vollständiger Verband.*

Beweis. Nach Satz 1.2 ist F_D ein vollständiger Verband. Nach Satz 1.3, 1.6 und 1.4 (5°) ist $[a] \to D(a)$ eine eineindeutige, die Ordnung erhaltende Abbildung von $[L]$ auf F_D. Also sind $[L]$ und F_D einander isomorph, und $[L]$ ist ein vollständiger Verband.

Satz 1.8. *In einem stetigen komplementären modularen Verband L sei $(a_\gamma)_{\gamma \in C}$ eine Folge mit der gerichteten Indexmenge C. Dann folgt aus $\text{o-lim}_\gamma\, a_\gamma = a$ auch $\text{o-lim}_\gamma\, D(a_\gamma) = D(a)$.*

Beweis. (I) Wegen $\text{o-lim}\, a_\gamma = a$ existieren Elemente v_γ, u_γ, mit $v_\gamma \leq a_\gamma \leq u_\gamma$, $v_\gamma \uparrow a$ und $u_\gamma \downarrow a$. Weil somit $D(v_\gamma) \leq D(a_\gamma) \leq D(u_\gamma)$ gilt, braucht man nur zu zeigen:

(1) $\qquad\qquad$ Wenn $v_\gamma \uparrow a$, so $D(v_\gamma) \uparrow D(a)$;

(2) $\qquad\qquad$ wenn $u_\gamma \downarrow a$, so $D(u_\gamma) \downarrow D(a)$.

Nach Hilfssatz 1.5 ist (1) klar; (2) soll nun bewiesen werden.

(II) Nach (1) gilt: Wenn $v_\gamma \uparrow a$ und für alle γ stets $x \gtrsim v_\gamma$, so ist $x \gtrsim a$. Denn wegen $D(x) \geq D(v_\gamma)$ (für alle γ) ist $D(x) \geq_{\gamma \,\epsilon\, C} \bigcup D(v_\gamma) = D(a)$, also $x \sim a$. Dualisierung dieser Aussage ergibt nun: Wenn $u_\gamma \downarrow a$ und für alle γ stets $x \precsim u_\gamma$, so $x \precsim a$. Sei jetzt f irgend ein Element von F_D. Dann gibt es nach Satz 1.6 ein Element x mit $D(x) = f$. Wenn $f \leq D(u_\gamma)$ für alle $\gamma \,\epsilon\, C$ gilt, ist somit $f \leq D\,(a)$. Weil aber für alle $\gamma \,\epsilon\, C$ auch $D(a) \leq D(u_\gamma)$ gilt, ist $D(a) =_{\gamma \,\epsilon\, C} \bigcap D(u_\gamma)$; d. h. es gilt (2)[1].)

§ 2. Die Dimensionsfunktion eines irreduziblen stetigen komplementären modularen Verbandes

Satz 2.1. *Ein irreduzibler stetiger komplementärer modularer Verband L ist ein k-Modell ($k \leq \infty$). Seine Dimensionsfunktion D ist eine o-stetige positive modulare Funktion, die Menge ihrer Funktionswerte ist gleich Δ_k. Es gelten ferner folgende Beziehungen:*

(1°) $\qquad\quad$ $D(\text{o}) = \text{o},\ D(1) = 1$.

(2°) $\qquad\quad$ *In den sich entsprechenden Zeichen sind $a \gtrless b$ und $D(a) \gtrless D(b)$ äquivalente Aussagen* .

Beweis. Wegen der Irreduzibilität ist nach Satz 4.9, Kapitel IV, L selbst ein k-Modell ($k \leq \infty$). Das Zentrum Z von L besteht aus o und 1; daher ist (o) das einzige Maximalideal in Z, d. h. Ω besteht aus nur einem Punkt. Also ist jede Funktion aus F_D konstant und kann daher ihrem einzigen Funktionswert gleichgesetzt werden. Nach den Sätzen 1.3 und 1.6 stimmt die Menge dieser Werte mit Δ_k überein. Nach Satz 1.4 (2°), (4°) ist D eine positive modulare Funktion und nach Satz 1.8 o-stetig.

(1°) und (2°) besagen dasselbe wie (1°) und (5°) von Satz 1.4.

Anmerkung 2.1. Ist ein irreduzibler komplementärer modularer Verband L ein k-Modell ($k < \infty$), so haben die Dimensionen der Elemente von L die Werte o, $k^{-1}, \ldots,$ 1. Also hat L eine endliche Dimension. Daher ist L nach Anmerkung 3.3, Kapitel III, eine projektive Geometrie. Ist L ein ∞-Modell, so erhält man als Dimension eines

---

[1]) Nach der Methode von IWAMURA [2] 68.

Elementes von L auch jeden Wert zwischen o und 1. Da es aber in diesem Falle stets ein Element gibt, dessen Dimension der o beliebig nahe kommt, sind der Begriff des Punktes und somit auch der der Geraden gegenstandslos geworden.

Definition 2.1. Einen irreduziblen stetigen komplementären modularen Verband, der ein ∞-Modell ist, nennt man eine *kontinuierliche Geometrie im engeren Sinne*. Einen stetigen komplementären modularen Verband, nennt man eine *kontinuierliche Geometrie im weiteren Sinne*.

Anmerkung 2.2. Gilt $\bigsqcup (a_\alpha)_{\alpha \in I}$ in einem irreduziblen stetigen komplementären modularen Verband, so sind mit Ausnahme endlich oder abzählbar unendlich vieler α die $a_\alpha = o$.

Beweis. Weil L irreduzibel ist, gehören die Werte von $D(a_\alpha)$ zu Δ_k. Setzt man $a = \bigcup_{\alpha \in I} a_\alpha$, so ist $D(a) = \sum^*_{\alpha \in I} D(a_\alpha)$ nach Satz 1.5. Sei ε eine positive Zahl mit $D(a_{\alpha_i}) \geqq \varepsilon$ $(i = 1, \ldots, n)$. Dann ist

$$D(a) \geqq D(a_{\alpha_1}) + \cdots + D(a_{\alpha_n}) \geqq n\,\varepsilon .$$

Also gibt es nur endlich viele α mit $D(a_\alpha) \geqq \varepsilon$. Läßt man ε die Werte $1, \frac{1}{2}, \frac{1}{3}, \ldots$ durchlaufen, so gilt somit $D(a_\alpha) > o$ nur für endlich viele oder abzählbar unendlich viele α. Weil nach Satz 2.1 D eine positive modulare Funktion ist, bedeutet $D(a_\alpha) > o$ aber $a_\alpha > o$.

Satz 2.2.[1]) *m sei eine in dem irreduziblen stetigen komplementären modularen Verband L definierte modulare Funktion. Wenn der Wertebereich von m nach oben oder unten beschränkt ist, so läßt sich m durch $m(a) = \beta\,D(a) + \gamma$ (β, γ reelle Zahlen) darstellen.*

Beweis. (I) Wenn $a \mathbin{\dot{\cup}} x = 1$, so $m(a) + m(x) = m(a \cup x) + m(a \cap x) = m(1) + m(o)$. Also folgt $m(a) = m(b)$ aus $a \sim b$. Daher ist nach Satz 2.1 (2°) für $D(a) = D(b)$ auch $m(a) = m(b)$, d. h. es gibt eine Funktion f mit $m(a) = f(D(a))$ für alle a, deren Definitionsbereich der Wertebereich Δ_k von D ist. Wenn $x, y \in \Delta_k$ und $x + y \leqq 1$, so $x + y \in \Delta_k$. Man wähle Elemente a, c mit $D(a) = x$, $D(c) = x + y$ und $a \leqq c$. Bestimmt man b durch $a \mathbin{\dot{\cup}} b = c$, so ist $D(b) = y$. Also gilt

$$f(x + y) + f(o) = f(D(a \cup b)) + f(D(a \cap b)) = m(a \cup b) + m(a \cap b)$$
$$= m(a) + m(b) = f(x) + f(y).$$

Setzt man $g(x) = f(x) - f(o)$, so ist somit

$$(1) \qquad g(x + y) = g(x) + g(y) \quad \text{für } x, y \in \Delta_k,\ x + y \leqq 1 .$$

Es wird $\beta = g(1) = f(1) - f(o)$ und $\gamma = f(o)$ gesetzt. Ohne Beschränkung der Allgemeinheit darf $\beta \geqq o$ vorausgesetzt werden.

---

[1]) VON NEUMANN [6] I 70.

(II) Ist L ein k-Modell $(k < \infty)$, so ist $\Delta_k = \left\{\dfrac{m}{k} \; ; \, m = 0, 1, \ldots, k\right\}$ und folglich nach (1)

$$g\left(\frac{m}{k}\right) = m \, g\left(\frac{1}{k}\right) \quad (m = 0, 1, \ldots, k) \, ,$$

also $k \, g\left(\dfrac{1}{k}\right) = g(1) = \beta$ und daher $g\left(\dfrac{m}{k}\right) = \dfrac{m}{k} \beta$; d. h. für alle $x \in \Delta_k$ ist $g(x) = \beta \, x$.

(III) Ist L ein ∞-Modell, so ist nach (1) $g\left(\dfrac{n}{m}\right) = n \, g\left(\dfrac{1}{m}\right)$. Weil somit $m \, g\left(\dfrac{1}{m}\right) = g(1) = \beta$ gilt, ist $g\left(\dfrac{n}{m}\right) = \dfrac{n}{m} \beta$; d.h. für jede rationale Zahl r aus Δ_∞ ist $g(r) = \beta \, r$. Angenommen, es gäbe ein x mit $g(x) \neq \beta \, x$, also $g(x) \gtrless \beta \, x$. Wenn $g(x) > \beta \, x$, so ist

$$g\,(1 - x) = g(1) - g(x) < \beta(1 - x) \, .$$

Setzt man $x' = 1 - x$, so ist also $g(x') < \beta \, x'$. Daher braucht nur der Fall $g(x) < \beta \, x$ betrachtet zu werden.

Wegen $g(x) < \beta \, x$, existiert eine natürliche Zahl q mit $g(x) \leq \beta \, x - \dfrac{1}{q}$. Zu jeder natürlichen Zahl p gibt es eine rationale Zahl r mit

$$0 \leq r - x \leq \frac{1}{p \, q} \, .$$

Dann gehören aber $r - x$, $2\,(r - x), \ldots, p \, q \,(r - x)$ zu Δ_∞. Also ist $g(r - x) = g(r) - g(x) = \beta \, r - g(x) \geq \beta \, x - \left(\beta \, x - \dfrac{1}{q}\right) = \dfrac{1}{q}$ und folglich $g\,(p \, q \,(r - x)) = p \, q \, g(r - x) \geq p$. Weil diese Gleichung für jedes beliebige p gilt, hat der Wertebereich von g keine obere Schranke. Ferner hat die Menge der $g\,(1 - x) = g(1) - g(x)$ keine untere Schranke. Also hat die Menge der $f(x) = g(x) + f(0)$ weder eine obere noch eine untere Schranke im Widerspruch dazu, daß die Menge der $m(a) = f(D(a))$ eine obere oder untere Schranke haben sollte.

(IV) Es gibt nach (II) und (III) keine reelle Zahl x mit $g(x) \neq \beta \, x$. Folglich ist

$$f(x) = g(x) + f(0) = \beta \, x + \gamma \; (x \in \Delta_k), \quad \text{d. h.} \quad m(a) = \beta \, D(a) + \gamma \; (a \in L) \, .$$

Satz 2.3. *Eine in einem irreduziblen stetigen komplementären modularen Verband L definierte modulare Funktion m ist durch $m(0) = 0$ und $m(1) = 1$ eindeutig bestimmt; d. h. es ist $m(a) = D(a)$.*[1]

Beweis. Nach Satz 2.2 ist $m(a) = \beta \, D(a) + \gamma$. Wegen $m(0) = \gamma$ und $m(1) = \beta$ ist also $m(a) = D(a)$.

---

[1] Wenn in einem Verband mit 0 und 1 eine modulare Funktion m mit $m(0) = 0$ und $m(1) = 1$ eindeutig bestimmt ist, so ist L irreduzibel. Siehe Fußnote 2 zur Anmerkung 6.4, Kapitel I.

Anmerkung 2.3. Eine modulare Funktion m, für die aus $a \leq b$ stets $m(a) \leq m(b)$ folgt nennt man *halbnormal*. Weil eine halbnormale Funktion m eine obere Schranke $m(1)$ (und eine untere Schranke $m(0)$) hat, läßt sich nach Satz 2.2 in einem irreduziblen stetigen komplementären modularen Verband m als $m = \beta D + \gamma$ darstellen. Wenn man den Fall $\beta = 0$, d. h. $m = \gamma$, ausschließt, so ist eine halbnormale Funktion immer eine positive modulare Funktion. Dies gilt immer in einem einfachen komplementären modularen Verband. Ist nämlich in einem komplementären modularen Verband eine halbnormale Funktion m erklärt, so ist die Gesamtheit der Elemente a mit $m(a) = m(0)$ ein neutrales Ideal[1]). Also ist in einem einfachen komplementären modularen Verband eine halbnormale Funktion konstant oder positiv modular.

Anmerkung 2.4. Die Gesamtheit $P(K; n)$ von linearen Teilräumen eines n-dimensionalen Vektorraumes über einem Schiefkörper K ist ein irreduzibler stetiger komplementärer modularer Verband, der ein n-Modell ist, d. h. $P(K; n)$ ist eine projektive Geometrie der Dimension $n - 1$.[2]) Der Grenzfall solcher projektiven Geometrien in dem im folgenden erklärten Sinn ist eine kontinuierliche Geometrie im engeren Sinne[3]).

a sei die Gesamtheit von Vektoren in einem $2n$-dimensionalen Vektorraum über K, deren Koordinaten-$2n$-tupel bei festgewählter Basis die Gestalt $(\alpha_1, \ldots, \alpha_n, 0, \ldots, 0)$ $(\alpha_i \in K)$ haben. Bezeichnet man mit a' die Gesamtheit von Vektoren mit Koordinaten-$2n$-tupeln

$$(0, \ldots, 0, \alpha_{n+1}, \ldots, \alpha_{2n}) \quad (\alpha_i \in K) ,$$

so ist a' ein Komplement von a in $P(K; 2n)$, und $X = L(0, a)$ wie $Y = L(0, a')$ sind zu $P(K; n)$ isomorph. Nach Satz 1.1, Kapitel II, ist die Gesamtheit der Elemente $x \cup y$ mit $x \in X$, $y \in Y$ ein zu X^2 isomorpher Unterverband von $P(K; 2n)$.

Die Gesamtheit von Elementen aus diesem X^2, die sich als (x, x) darstellen lassen, ist wiederum zu $P(K; n)$ isomorph. Auf Grund dieser Isomorphismen ergibt sich bei Identifizierung von $x \in P(K, n)$ mit dem dem Element (x, x) entsprechenden Element von $P(K, 2n)$, daß $P(K; n)$ ein Unterverband von $P(K; 2n)$ ist, und daß die Dimension $D(x)$[4]) eines Elementes bezüglich $P(K; n)$ auch seine Dimension bezüglich $P(K; 2n)$ wird; d. h. bezüglich $P(K; n)$ bleibt diese Dimension erhalten, und daher kann man $P(K; n)$ in $P(K; 2n)$ einbetten. In diesem Fall sind 0 und 1 von $P(K; n)$ auch 0 und 1 von $P(K; 2n)$.

---

[1]) Hierzu siehe Beweis (III) von Hilfssatz 3.1.
[2]) Siehe Anmerkung 3.1, Kapitel IX.
[3]) VON NEUMANN [2], BIRKHOFF [3] 126.
[4]) Die Dimension sei so gewählt, daß $D(0) = 0$ und $D(1) = 1$.

$P(K;1) < P(K;2) < \cdots < P(K; 2^n) < \cdots$ sei eine nach diesem Verfahren erhaltene Folge. Die Gesamtheit von Elementen, die zu irgend einem dieser $P(K; 2^n)$ gehören, werde mit $P(K, \infty)$ bezeichnet. $P(K; \infty)$ ist offensichtlich ein komplementärer modularer Verband. In $P(K; \infty)$ ist für jedes x eine Dimension $D(x)$ erklärt. Ihre Werte sind rationale Zahlen von der Form $m\,2^{-n}$ ($m = 0, 1, \ldots, 2^n; n = 0, 1, \ldots$).

Weil eine modulare Funktion nach Satz 2.3 durch $D(0) = 0$ und $D(1) = 1$ in $P(K; 2^n)$ eindeutig bestimmt ist, gilt dies auch in $P(K; \infty)$. Ist $P^*(K; \infty)$ die vollständige Hülle des metrischen Verbandes $P(K; \infty)$, so ist $P^*(K; \infty)$ nach Satz 6.4, Satz 6.5 und Anmerkung 6.4 von Kapitel I ein irreduzibler stetiger komplementärer modularer Verband; die Werte seiner Dimension sind die reellen Zahlen von 0 bis 1. D. h. $P^*(K; \infty)$ ist eine kontinuierliche Geometrie im engeren Sinne.

§ 3. Die Eindeutigkeit der Dimensionsfunktion eines stetigen komplementären modularen Verbandes und seine Zerlegung in ein subdirektes Produkt

Hilfssatz 3.1.[1]) Jedem Element a eines stetigen komplementären modularen Verbandes L sei eine reelle Zahl $m(a)$ mit

(α) $\qquad 0 \leq m(a) \leq 1$, $m(0) = 0$, $m(1) = 1$,

(β) $\qquad m(z) = 0$ oder $m(z) = 1$ für jedes Zentrumselement z von L,

(γ) $\qquad m(a \cup b) + m(a \cap b) = m(a) + m(b)$,

zugeordnet. Setzt man $\mathfrak{p} = \{z; m(z) = 0, z \in Z\}$ und $J = \{a; m(a) = 0\}$, so ist $\mathfrak{p}$ ein Maximalideal des Zentrums Z und J ein maximales neutrales Ideal von L. Ferner gilt $a \in J$ genau dann, wenn $r_n(a, 1) \in \mathfrak{p}$ für $n = 1, 2, \ldots$.

Beweis. (I) Wenn $a > b$, so sei $a = b \,\dot{\cup}\, c$ und somit

$$m(a) = m(b) + m(c) \geq m(b) \,.$$

Ist $a \sim b$, so gibt es ein x mit $a \,\dot{\cup}\, x = b \,\dot{\cup}\, x$. Weil dann $m(a) + m(x) = m(b) + m(x)$ gilt, ist $m(a) = m(b)$.

(II) Wenn $z \in \mathfrak{p}$, $y \leq z$ und $y \in Z$, so ist wegen $m(y) \leq m(z) = 0$ auch $y \in \mathfrak{p}$. Für $y, z \in \mathfrak{p}$ ist $m(y \cup z) = m(y) + m(z) - m(y \cap z) = 0$ und somit $y \cup z \in \mathfrak{p}$. Also ist $\mathfrak{p}$ ein Ideal von Z. Sei z ein beliebiges Zentrumselement und z' ein Komplement von z. Dann ist $m(z) + m(z') = 1$, also $m(z) = 0$ oder $m(z') = 0$, d. h. $z \in \mathfrak{p}$ oder $z' \in \mathfrak{p}$. Daher ist $\mathfrak{p}$ nach Hilfssatz 5.3, Kapitel I, ein Maximalideal von Z.

(III) Entsprechend zu (II) ergibt sich J als Ideal von L. Wenn $a \in J$ und $a \sim b$, so ist $m(b) = m(a) = 0$ nach (I), also $b \in J$. Folglich ist J ein neutrales Ideal von L.

---

[1]) Kawada, Higuchi und Matsushima [1] 74, 76.

(IV) Für ein $a \in J$ und für ein gewisses n sei $r_n(a, 1) \notin \mathfrak{p}$, also $m(r_n(a, 1)) = 1$. Weil nach Satz 4.6, Kapitel IV,

$$(1) \qquad [r_n(a, 1)] = n \, [r_n(a, 1) \cap a] + [p_n] \, , \quad [p_n] \ll [r_n(a, 1) \cap a]$$

gilt, ist nach (I) $m(r_n(a, 1) \cap a) > 0$ und somit $m(a) > 0$, d. h. $a \notin J$. Also ist für $a \in J$ stets $r_n(a, 1) \in \mathfrak{p}$ $(n = 1, 2, \ldots)$.

(V) Sei nun $r_n(a, 1) \in \mathfrak{p}$ $(n = 1, 2, \ldots)$. Weil nach Satz 4.6 $(2°)$, Kapitel IV, $[r_0(a, 1)] \ll [r_0(a, 1) \cap a]$ gilt, ist $r_0(a, 1) = 0$. Nach den Sätzen 4.5 $(2°)$ und 4.6 $(3°)$ desselben Kapitels ist

$$(2) \qquad 1 = r_1(a, 1) \cup \ldots \cup r_{n-1}(a, 1) \cup q_n(a, 1) \, ,$$

also $m(q_n(a, 1)) = 1$. Da nach Satz 4.5 $(1°)$, Kapitel IV,

$$n[q_n(a, 1) \cap a] \leqq [q_n(a, 1)]$$

gilt, ist $m(q_n(a, 1) \cap a) \leqq \dfrac{1}{n}$. Andrerseits ist nach (2) aber

$$a = (r_1(a, 1) \cap a) \cup \ldots \cup (r_{n-1}(a, 1) \cap a) \cup (q_n(a, 1) \cap a) \, .$$

Wegen $m(r_i(a, 1)) = 0$ ist $m(r_i(a, 1) \cap a) = 0$ $(i = 1, 2, \ldots, n-1)$, also $m(a) = m(q_n(a, 1) \cap a) \leqq \dfrac{1}{n}$. Weil dies für beliebiges n gilt, ist $m(a) = 0$; d. h. aus $r_n(a, 1) \in \mathfrak{p}$ $(n = 1, 2, \ldots)$ folgt $a \in J$.

(VI) Sei I ein neutrales Ideal mit $J < I \leqq L$. Wählt man ein a mit $a \notin J$ und $a \in I$, so gibt es nach (V) ein n mit $r_n(a, 1) \notin \mathfrak{p}$. Wegen $r_n(a, 1) \cap a \in I$ ist nach (1) auch $r_n(a, 1) \in I$. Andrerseits ist

$$1 - r_n(a, 1) \in \mathfrak{p} \leqq J < I \, ,$$

also $1 \in I$ und damit $I = L$. Folglich ist J ein maximales neutrales Ideal von L.

Satz 3.1. *J sei ein maximales neutrales Ideal eines stetigen komplementären modularen Verbandes L und $\mathfrak{p}$ ein Maximalideal des Zentrums Z von L. Es gelten folgende Aussagen:*

$(1°)$ $\qquad \mathfrak{p}(J) = J \cap Z$ *ist ein Maximalideal des Zentrums.*

$(2°)$ $\qquad J(\mathfrak{p}) = \{a \, ; \, \delta(a, \mathfrak{p}) = 0\}[1]$ *ist ein maximales neutrales Ideal von L.*

$(3°)$ $\qquad \mathfrak{p}(J(\mathfrak{p})) = \mathfrak{p}, \ J(\mathfrak{p}(J)) = J$.

Beweis. (I) $\mathfrak{p}(J)$ ist offenbar ein das Einselement nicht enthaltendes Ideal von Z. Angenommen, $\mathfrak{p}(J)$ sei kein Maximalideal von Z. Also

---

[1] Bei KAWADA, HIGUCHI und MATSUSHIMA [1] 75 ist $J(\mathfrak{p})$ als

$$\{a \, ; \, r_n(a, 1) \in \mathfrak{p} \text{ für } n = 1, 2, \ldots\}$$

definiert. Nach Anmerkung 1.3 und Hilfssatz 3.1 sind die beiden Definitionen aber äquivalent.

gibt es ein Ideal $\mathfrak{q}$ von Z mit $\mathfrak{p}(J) < \mathfrak{q} < Z$. Die Gesamtheit der Elemente $a \in L$, die für ein gewisses $z \in \mathfrak{q}$ der Bedingung $a \leqq z$ genügen, werde mit $I(\mathfrak{q})$ bezeichnet. Nach Hilfssatz 3.8 (III), Kapitel I, ist dann $I(\mathfrak{q})$ ein neutrales Ideal von L. Weil $I(\mathfrak{q})$ die 1 nicht enthält, aber ein nicht in J liegendes Zentrumselement in $I(\mathfrak{q})$ enthalten ist, ist $J < I(\mathfrak{q}) < L$. Dies ist aber ein Widerspruch dazu, daß J ein maximales neutrales Ideal von L ist. Also ist $\mathfrak{p}(J)$ ein Maximalideal von Z.

(II) Sei $\mathfrak{p}$ fest vorgegeben. Nach Anmerkung 1.3 und Satz 1.4 (1°), (4°) erfüllt $\delta(a, \mathfrak{p})$ die Bedingungen (α), (β) und (γ) von Hilfssatz 3.1. Also ist $J(\mathfrak{p})$ ein maximales neutrales Ideal von L.

(III) $z \in \mathfrak{p} \longleftrightarrow \delta(z, \mathfrak{p}) = 0 \longleftrightarrow z \in J(\mathfrak{p}) \longleftrightarrow z \in \mathfrak{p}(J(\mathfrak{p}))$. Also ist $\mathfrak{p} = \mathfrak{p}(J(\mathfrak{p}))$.

(IV) Nach (I) und (II) ist $J(\mathfrak{p}(J))$ ein maximales neutrales Ideal von L. Angenommen, es sei $J \neq J(\mathfrak{p}(J))$. Da nicht $J < J(\mathfrak{p}(J))$ sein kann, existiert dann ein a mit $a \in J$ und $a \notin J(\mathfrak{p}(J))$. Weil nach Anmerkung 1.3 aber $\mathfrak{p}(J) = \{z; \delta(z, \mathfrak{p}(J)) = 0\}$ ist, gibt es nach Hilfssatz 3.1 daher ein n mit $r_n(a, 1) \notin \mathfrak{p}(J)$. Es ist $[r_n(a, 1)] = n[r_n(a, 1) \cap a] + [p_n]$, $[p_n] \ll [r_n(a, 1) \cap a]$ und wegen $a \in J$ auch $r_n(a, 1) \cap a \in J$. Daraus folgt $p_n \in J$ und $r_n(a, 1) \in J$ im Widerspruch zu $r_n(a, 1) \notin \mathfrak{p}(J)$. Also ist $J = J(\mathfrak{p}(J))$.

Anmerkung 3.1. In einem stetigen komplementären modularen Verband L gibt es zu einem Element $a \neq 0$ ein a nicht enthaltendes maximales neutrales Ideal J von L. Denn es existiert ein $\mathfrak{p}$ mit $\delta(a, \mathfrak{p}) > 0$, und man braucht daher nach Satz 3.1 (2°) nur $J = J(\mathfrak{p})$ zu setzen.

Hilfssatz 3.2. In einem stetigen komplementären modularen Verband L bedeuten Einfachheit und Irreduzibilität dasselbe.

Beweis. Nach Anmerkung 4.2, Kapitel I, ist ein einfacher Verband irreduzibel.

Sei nun L irreduzibel. Dann ist nur (0) ein Maximalideal des Zentrums Z. Nach Hilfssatz 3.1 ist $J(\mathfrak{p}) = \{a; r_n(a, 1) \in \mathfrak{p} \text{ für } n = 1, 2, \ldots\}$. Weil nach Satz 4.6, Kapitel IV, $r_0(a, 1) = 0$ und $\bigcup_{n = 1, 2, \ldots} r_n(a, 1) = e(a)$ gilt, ist für $a \in J(\mathfrak{p})$ somit $e(a) = 0$, d. h. $a = 0$. Da sich so (0) als das einzige maximale neutrale Ideal von L ergibt, ist L nach Anmerkung 4.5, Kapitel I, einfach.

Hilfssatz 3.3. J sei ein maximales neutrales Ideal des stetigen komplementären modularen Verbandes L. Dann ist der Restklassenverband L/J ein einfacher stetiger komplementärer modularer Verband, und durch $D(a/J) = \delta(a, \mathfrak{p}(J))$ wird eine Dimensionsfunktion D von L/J erklärt.

Beweis. (I) Nach Hilfssatz 4.7, Kapitel I, ist L/J ein einfacher komplementärer modularer Verband. Wenn $a/J = b/J$, so gibt es nach

Hilfssatz 4.6, Kapitel I, ein Element $t \in J$ mit $a \cup t = b \cup t$. Nach Satz 3.1 ist $\delta(t, \mathfrak{p}(J)) = 0$. Wegen

$$\delta(a, \mathfrak{p}(J)) \leq \delta(a \cup t, \mathfrak{p}(J)) \leq \delta(a, \mathfrak{p}(J)) + \delta(t, \mathfrak{p}(J))$$

ist $\delta(a \cup t, \mathfrak{p}(J)) = \delta(a, \mathfrak{p}(J))$ und folglich $\delta(a, \mathfrak{p}(J)) = \delta(b, \mathfrak{p}(J))$. Also kann man $D(a/J) = \delta(a, \mathfrak{p}(J))$ definieren.

Nach Satz 1.4 (1°), (4°) ist dann D eine in L/J erklärte modulare Funktion mit $D(o/J) = 0, D(1/J) = 1$. Wenn $a/J \neq o/J$, so ist $a \notin J$ und somit $D(a/J) = \delta(a, \mathfrak{p}(J)) > 0$. Also ist D eine positive modulare Funktion. Daher ist nach Definition 6.2, Kapitel I, L/J ein metrischer Verband.

(II) Wenn $\mathfrak{p}(J) \in E(e_{(k)})$ $(k < \infty)$, so nimmt $D(a/J)$ die Werte $\frac{m}{k}$ $(m = 0, 1, \ldots, k)$ an, und daher erfüllt L/J die Maximal- und Minimalbedingung. Also ist L/J dann nach Hilfssatz 2.3, Kapitel III, ein stetiger Verband.

(III) Sei $\mathfrak{p}(J) \in E(e_{(\infty)})$. Es wird eine Folge von der Form

$$a_1/J < \cdots < a_i/J < \cdots$$

betrachtet. Dann kann ohne Beschränkung der Allgemeinheit $a_1 < \cdots < a_i < \cdots$ angenommen werden; denn wird b_1 durch $a_2/J = a_1/J \cup b_1/J$ bestimmt, so kann man wegen $a_2/J = a_1 \cup b_1/J$ für a_2 das Element $a_1 \cup b_1$ setzen, hat also $a_1 < a_2$. Für die weiteren Glieder verläuft der Beweis entsprechend.

Man wähle rationale Zahlen r_i mit

$$D(a_i/J) < r_i < D(a_{i+1}/J) \quad (i = 1, 2, \ldots).$$

Es soll nun gezeigt werden, daß für $z_0 = e_{(\infty)}$ Elemente y_i und Zentrumselemente z_i $(i = 1, 2, \ldots)$ mit

(1) $\quad e_{(\infty)} \geq z_{i-1} \geq z_i \notin \mathfrak{p}(J)$, $z_i \cap a_i < y_i < z_i \cap a_{i+1}$, $[y_i] = r_i[z_i]$

existieren. Offenbar gibt es $z_1, z_2, \cdots$ mit $z_0 \geq z_1 \geq z_2 \geq \ldots$, $\mathfrak{p}(J) \in E(z_i)$ und $\delta(a_i, \mathfrak{p}) < r_i < \delta(a_{i+1}, \mathfrak{p})$ für alle $\mathfrak{p} \in E(z_i)$ $(i = 1, 2, \ldots)$. Nach Satz 3.3, Kapitel IV, gibt es u_i mit $[u_i] = r_i[e_{(\infty)}]$. Dann ist nach Hilfssatz 1.4

$$[z_i \cap a_i] < [z_i \cap u_i] < [z_i \cap a_{i+1}].$$

Weil also $z_i \cap a_i < z_i \cap a_{i+1}$ ist, gibt es nach Hilfssatz 2.5, Kapitel IV, ein Element y_i mit $z_i \cap a_i < y_i < z_i \cap a_{i+1}$ und

$$[y_i] = [z_i \cap u_i] = r_i [z_i \cap e_{(\infty)}] = r_i [z_i].$$

Folglich existieren Elemente y_i, z_i $(i = 1, 2, \ldots)$, welche die Bedingung (1) erfüllen.

Man setze

$$(2) \qquad x_i = \left((1 - z_i) \cap x_{i-1}\right) \, \dot\cup \, y_i \quad (i = 1, 2, \ldots)$$

und $x_0 = 0$. Es ist $a_i = \left((1 - z_i) \cap a_i\right) \, \dot\cup \, (z_i \cap a_i)$. Wegen $1 - z_i \in \mathfrak{p}(J) \leqq J$ ist somit $x_i \equiv y_i(J)$ und $a_i \equiv z_i \cap a_i(J)$. Ebenso gilt $a_{i+1} \equiv z_i \cap a_{i+1}(J)$. Nach der zweiten Formel (1) ist also

$$(3) \qquad a_i/J \leqq x_i/J \leqq a_{i+1}/J \, .$$

Nach (2) und der zweiten Formel von (1) ist

$$z_i \cap x_{i-1} = z_i \cap y_{i-1} \leqq z_i \cap a_i < y_i$$

und folglich $x_{i-1} = \left((1 - z_i) \cap x_{i-1}\right) \, \dot\cup \, (z_i \cap x_{i-1}) < x_i \quad (i = 1, 2, \ldots)$. Setzt man $x = _{i=1,2,\ldots}\!\bigcup x_i$, so ist $D(x) = _{i=1,2,\ldots}\!\bigcup D(x_i)$ nach Satz 1.8. Es ist $\delta(x_i, \mathfrak{p}) = \delta(x_{i-1}, \mathfrak{p})$ für $\mathfrak{p} \in E(1 - z_i)$ und $\delta(x_i, \mathfrak{p}) = r_i$ für $\mathfrak{p} \in E(z_i)$. Somit gilt $|\delta(x_i, \mathfrak{p}) - \delta(x_j, \mathfrak{p})| \leqq |r_i - r_j|$. Also konvergiert die Folge der $\delta(x_i, \mathfrak{p})$ für alle $\mathfrak{p}$ in Ω gleichmäßig, so daß $\lim\limits_{i \to \infty} \delta(x_i, \mathfrak{p})$ in $\mathfrak{p}$ stetig und daher $= \delta(x, \mathfrak{p})$ ist. Nach (3) ist daher

$$(4) \qquad \lim_{i \to \infty} D(a_i/J) = \lim_{i \to \infty} D(x_i/J) = D(x/J) \, .$$

Wegen (3) gilt $a_i/J \leqq x/J$ für alle i. Sei ferner $a_i/J \leqq b/J$ $(i = 1, 2, \ldots)$. Dann ist $a_i/J \leqq x/J \cap b/J \leqq x/J$, wegen (4) also $x/J \cap b/J = x/J$, d.h. $x/J \leqq b/J$. Daher ist $x/J = _{i=1,2,\ldots}\!\bigcup a_i/J$.

Betrachtet man nun eine Folge $a_1/J > \cdots > a_i/J > \cdots$, so existiert entsprechend $y/J = _{i=1,2,\ldots}\!\bigcap a_i/J$, und es ist $D(y/J) = \lim\limits_{i \to \infty} D(a_i/J)$.

L/J ist also ein σ-vollständiger Verband und die positive modulare Funktion D ist o-stetig. Daher ist L/J nach Satz 6.3, Kapitel I, ein stetiger Verband.

(IV) Sei $\mathfrak{p}(J) \in \Omega - _{1 \leqq k \leqq \infty}\!\bigcup E(e_{(k)})$. Es werde wieder eine Folge von der Form $a_1/J < \cdots < a_i/J < \cdots$ betrachtet. Wie in (III) läßt sich ohne Beschränkung der Allgemeinheit $a_1 < \cdots < a_i < \cdots$ voraussetzen. Man wählt k_i $(i = 1, 2, \ldots)$, so daß

$$D(a_{i+1}/J) - D(a_i/J) > \frac{3}{k_i}, \qquad k_{i+1} > k_i > 0$$

ist. Dann gibt es zu jedem k mit $k_i \leqq k < \infty$ eine natürliche Zahl $m_k^{(i)}$, so daß

$$D(a_i/J) + \frac{1}{k_i} < \frac{m_k^{(i)}}{k} < D(a_{i+1}/J) - \frac{1}{k_i}$$

gilt.

Es werden nun für $z_0 = 1$ Elemente $x_{(k)}^{(i)}$ und Zentrumselemente z_i $(i = 1, 2, \ldots; \, k_i \leqq k < \infty)$ mit

$$(5) \qquad z_{i-1} \geqq z_i \notin \mathfrak{p}(J) \, , \quad z_i \cap e_{(k)} \cap a_i \leqq x_{(k)}^{(i)} \leqq z_i \cap e_{(k)} \cap a_{i+1} \, ,$$

$$[x_{(k)}^{(i)}] = \frac{m_k^{(i)}}{k} \, [z_i \cap e_{(k)}]$$

gesucht. Offenbar gibt es $z_1, z_2, \ldots$ mit $z_0 \geqq z_1 \geqq z_2 \geqq \cdots$, $\mathfrak{p}(J) \in E(z_i)$ und

$$\delta(a_i, \mathfrak{p}) < D(a_i/J) + \frac{1}{k_i}, \qquad D(a_{i+1}/J) - \frac{1}{k_i} < \delta(a_{i+1}, \mathfrak{p})$$

für alle $\mathfrak{p} \in E(z_i)$ $(i = 1, 2, \ldots)$. Für alle k mit $k_i \leqq k < \infty$ ist also $\delta(a_i, \mathfrak{p}) < \frac{m_k^{(i)}}{k} < \delta(a_{i+1}, \mathfrak{p})$ für $\mathfrak{p} \in E(z_i)$. Sei h das zugrunde gelegte erzeugende niedrigste Element von L. Setzt man $m_k^{(i)}[e_{(k)} \cap h] = [u_{(k)}^{(i)}]$, so ist nach Hilfssatz 4.3 (I) und Satz 4.8, Kapitel IV, $\frac{m_k^{(i)}}{k}[z_i \cap e_{(k)}] = [z_i \cap u_{(k)}^{(i)}]$. Für $z_i \cap e_{(k)} \neq 0$ ist nach Hilfssatz 1.4 also

$$[z_i \cap e_{(k)} \cap a_i] < [z_i \cap u_{(k)}^{(i)}] < [z_i \cap e_{(k)} \cap a_{i+1}] .$$

Weil somit $z_i \cap e_{(k)} \cap a_i < z_i \cap e_{(k)} \cap a_{i+1}$ gilt, gibt es nach Hilfssatz 2.5, Kapitel IV, Elemente $x_{(k)}^{(i)}$ $(k_i \leqq k < \infty)$ mit

$$z_i \cap e_{(k)} \cap a_i < x_{(k)}^{(i)} < z_i \cap e_{(k)} \cap a_{i+1} \quad \text{und} \quad [z_i \cap u_{(k)}^{(i)}] = [x_{(k)}^{(i)}] .$$

Wenn $z_i \cap e_{(k)} = 0$, so wird $x_{(k)}^{(i)} = 0$ gesetzt. Folglich existieren Elemente $x_{(k)}^{(i)}$, z_i $(i = 1, 2, \ldots; k_i \leqq k < \infty)$, welche die Bedingung (5) erfüllen.

Man setze

$$(6) \qquad x_i = \left(\left((1 - z_i) \cup {\textstyle\bigcup_{1 \leqq k < k_i}} e_{(k)} \cup e_{(\infty)}\right) \cap x_{i-1}\right) \mathbin{\dot\cup} {\textstyle\bigcup_{k_i \leqq k < \infty}} x_{(k)}^{(i)} .$$

Es ist

$$(7) \qquad a_i = \left(\left((1 - z_i) \cup {\textstyle\bigcup_{1 \leqq k < k_i}} e_{(k)} \cup e_{(\infty)}\right) \cap a_i\right) \mathbin{\dot\cup} {\textstyle\bigcup_{k_i \leqq k < \infty}} (z_i \cap e_{(k)} \cap a_i) .$$

Wegen $(1 - z_i) \cup \bigcup_{1 \leqq k < k_i} e_{(k)} \cup e_{(\infty)} \in \mathfrak{p}(J) \leqq J$ ist somit

$$x_i \equiv {\textstyle\bigcup_{k_i \leqq k < \infty}} x_{(k)}^{(i)} \;(J) \quad \text{und} \quad a_i \equiv {\textstyle\bigcup_{k_i \leqq k < \infty}} (z_i \cap e_{(k)} \cap a_i) \;(J) .$$

Entsprechend gilt $a_{i+1} \equiv \bigcup_{k_i \leqq k < \infty} (z_i \cap e_{(k)} \cap a_{i+1}) \;(J)$. Nach der zweiten Formel von (5) ist also

$$(8) \qquad\qquad a_i/J \leqq x_i/J \leqq a_{i+1}/J .$$

Für $k_i \leqq k < \infty$ erhält man aus (6) bei Ersetzung von i durch $i-1$ und unter Berücksichtigung von $z_{i-1} \geqq z_i$ und $k_{i-1} < k_i$ die Gleichung $z_i \cap e_{(k)} \cap x_{i-1} = z_i \cap x_{(k)}^{(i-1)}$. Weil nach der zweiten Formel von (5) aber auch $z_i \cap x_{(k)}^{(i-1)} \leqq z_i \cap e_{(k)} \cap a_i \leqq x_{(k)}^{(i)}$ gilt, ist $z_i \cap e_{(k)} \cap x_{i-1} \leqq x_{(k)}^{(i)}$ $(k_i \leqq k < \infty)$. Ersetzt man in (7) das Element a_i durch x_{i-1} und vergleicht diese Formel dann mit (6), so folgt daher $x_{i-1} \leqq x_i$ $(i = 1, 2, \ldots)$. Sei $x = \bigcup_{i = 1, 2, \ldots} x_i$. Nach Satz 1.8 ist dann $D(x) = \bigcup_{i = 1, 2, \ldots} D(x_i)$. Nach (6) ist

$$\delta(x_i, \mathfrak{p}) = \delta(x_j, \mathfrak{p}), \text{ wenn } i > j \text{ und } \mathfrak{p} \in E\left((1 - z_j) \cup {\textstyle\bigcup_{1 \leqq k < k_j}} e_{(k)} \cup e_{(\infty)}\right).$$

Im andern Fall gibt es genau ein $k \geq k_j$ mit $\mathfrak{p} \in E(z_j \cap e_{(k)})$; für dieses ist $\delta(x_j, \mathfrak{p}) = \dfrac{m_k^{(j)}}{k}$, während für $\delta(x_i, \mathfrak{p})$ nur einer der Werte

$$\frac{m_{(k)}^{(j)}}{k}, \frac{m_{(k)}^{(j+1)}}{k}, \ldots, \frac{m_k^{(i)}}{k} \text{ in Frage kommt. Für alle } \mathfrak{p} \in \Omega \text{ ist daher}$$

$$\delta(x_i, \mathfrak{p}) - \delta(x_j, \mathfrak{p}) < D(a_{i+1}/J) - D(a_j/J) .$$

Weil die Folge der $\delta(x_i, \mathfrak{p})$ somit für alle $\mathfrak{p} \in \Omega$ gleichmäßig konvergiert ist nach (8)

$$\lim_{i \to \infty} D(a_i/J) = \lim_{i \to \infty} D(x_i/J) = D(x/J) .$$

Entsprechend zu (III) ergibt sich $x/J = \bigcup_{i=1,2,\ldots} a_i/J$. Da man die Existenz der unteren Grenze entsprechend herleiten kann, ist L/J ein σ-vollständiger Verband, und die positive modulare Funktion D ist o-stetig. Folglich ist L/J ein stetiger Verband.

(V) L/J ist ein irreduzibler stetiger komplementärer modularer Verband. Nach (I) wird durch $D(a/J) = \delta(a, \mathfrak{p}(J))$ eine positive modulare Funktion D mit $D(o/J) = o$ und $D(1/J) = 1$ erklärt, und diese ist nach Satz 2.3 Dimensionsfunktion von L/J.

Satz 3.2. *(Die Darstellung eines stetigen komplementären modularen Verbandes als subdirektes Produkt)*[1] Ω *sei die Gesamtheit der maximalen neutralen Ideale eines stetigen komplementären modularen Verbandes L.*[2] *Dann ist L einem subdirekten Produkt der einfachen stetigen komplementären modularen Verbände $L/J (J \in \Omega)$ isomorph.*

Beweis. Nach Hilfssatz 3.3 ist L/J ein einfacher stetiger komplementärer modularer Verband. Weil nach Anmerkung 3.1 ferner $\bigcap_{J \in \Omega} J = (o)$ gilt, ist L nach Satz 4.6, Kapitel I, einem subdirekten Produkt der $L/J (J \in \Omega)$ isomorph.

Anmerkung 3.2. Mit L_0 werde die Gesamtheit der $(a/J)_{J \in \Omega}$ für alle $a \in L$ bezeichnet. Dann ist L_0 ein Unterverband von $\prod_{J \in \Omega} L/J$, und $a \to (a/J)_{J \in \Omega}$ bildet L isomorph auf L_0 ab. Wegen der Vollständigkeit von L ist somit auch L_0 ein vollständiger Verband. Aber man kann nicht sagen, daß L_0 auch als Unterverband von $\prod_{J \in \Omega} L/J$ ein vollständiger Verband ist; d. h. die obere Grenze $((\bigcup_{\alpha \in I} a_\alpha)/J)_{J \in \Omega}$ der $(a_\alpha/J)_{J \in \Omega} (\alpha \in I)$ in L_0 und die obere Grenze $(\bigcup_{\alpha \in I}(a_\alpha/J))_{J \in \Omega}$ in $\prod_{J \in \Omega} L/J$ brauchen nicht immer übereinzustimmen. Aber die Menge der Punkte J mit $(\bigcup_{\alpha \in I} a_\alpha)/J \neq \bigcup_{\alpha \in I}(a_\alpha/J)$ ist eine magere Menge.[3]

---

[1] IWAMURA [2] 69; KAWADA, HIGUCHI, MATSUSHIMA [1] 79.

[2] Auf Grund von Satz 3.1 besteht zwischen der Gesamtheit der Maximalideale $\mathfrak{p}$ von Z und der Gesamtheit der maximalen neutralen Ideale J von L eine eineindeutige Zuordnung. Daher kann man diese beiden mit dem gleichen Symbol Ω bezeichnen.

[3] IWAMURA [2] 70.

Um dies zu beweisen, werde $a = {}_{\alpha \in I}\!\bigcup a_\alpha$ als obere Grenze von oberen Grenzen $b_N = {}_{\alpha \in N}\!\bigcup a_\alpha$ je endlich vieler Elemente dargestellt. Dann gilt auch

$$(1) \qquad\qquad D(b_N) \uparrow D(a)$$

nach Satz 1.8. Andrerseits ist für eine endliche Menge N aber

$$_{\alpha \in N}\!\bigcup (a_\alpha/J) = ({}_{\alpha \in N}\!\bigcup a_\alpha)/J = b_N/J \ .$$

Setzt man $a^*/J = {}_{\alpha \in I}\!\bigcup (a_\alpha/J)$, so folgt somit $b_N/J \uparrow a^*/J$, also

$$(2) \qquad\qquad D(b_N/J) \uparrow D(a^*/J) \ .$$

Es ist $\delta_{b_N}(\mathfrak{p}) = D(b_N/J(\mathfrak{p}))$ und $\delta_a(\mathfrak{p}) = D(a/J\,(\mathfrak{p}))$. In (1) handelt es sich um eine Grenze in dem vollständigen Verband F_D, in (2) um einen Grenzwert von Zahlen. Daher ist nach Anmerkung 1.1 die Menge der $\mathfrak{p}$ mit $D(a/J(\mathfrak{p})) \neq D(a^*/J(\mathfrak{p}))$, d.h. die Menge der J mit $a/J \neq a^*/J$ eine magere Menge.

Anmerkung 3.3. Ist L ein endlich dimensionaler komplementärer modularer Verband, so gibt es nach Satz 2.3, Kapitel III, und Anmerkung 1.4 endlich viele Zentrumselemente $z_1, \ldots, z_n$, so daß sich L in die direkte Summe irreduzibler Summanden $L = L(o, z_1) \,\dot\cup\, \ldots \,\dot\cup\, L(o, z_n)$ zerlegen läßt, wobei die Atomelemente aus einem $L(o, z_i)$ zueinander perspektiv und die Atomelemente aus verschiedenen $L(o, z_i)$, $L(o, z_j)$ nicht zueinander perspektiv sind. Weil sich nach Hilfssatz 2.3, Kapitel III. ein beliebiges Element aus einem $L(o, z_i)$ als obere Grenze endlich vieler zu $L(o, z_i)$ gehörender Atomelemente darstellen läßt, enthält ein neutrales Ideal J von L, das ein Element von $L(o, z_i)$ enthält, somit alle Elemente von $L(o, z_i)$. Also gibt es nur die folgenden maximalen neutralen Ideale von L:

$$J_i = {}_{1 \leq j \leq n,\, j \neq i}\!\dot\bigcup L(o, z_j) \qquad (i = 1, \ldots, n) \ .$$

Folglich ist L/J_i dem Verband $L(o, z_i)$ isomorph. Daher gilt für einen endlich dimensionalen komplementären modularen Verband L in Verschärfung von Satz 3.2, daß L dem direkten Produkt der L/J $(J \in \Omega)$ isomorph ist.

Satz 3.3 *In einem stetigen komplementären modularen Verbande L sei für jedes $a \in L$ in Ω eine Funktion f_a erklärt. Wenn diese Funktionen f_a die folgenden Bedingungen (α), (β) und (γ) erfüllen, so sind sie eindeutig bestimmt, und es ist $f_a = D(a)$.*

(α)   *Für alle $\mathfrak{p}$ aus Ω ist $o \leq f_a(\mathfrak{p}) \leq 1$.*

(β)   *Sei z ein Zentrumselement aus L. Dann ist $f_z(\mathfrak{p}) = o$, wenn $z \in \mathfrak{p}$, und $f_z(\mathfrak{p}) = 1$, wenn $z \notin \mathfrak{p}$.*

(γ) $f_{a \cup b}(\mathfrak{p}) + f_{a \cap b}(\mathfrak{p}) = f_a(\mathfrak{p}) + f_b(\mathfrak{p})$.

Beweis. (I) Nach (β) gilt $f_0(\mathfrak{p}) = 0$ und $f_1(\mathfrak{p}) = 1$ für alle $\mathfrak{p}$. Wenn $a \geqq b$, so werde $a = b \cup c$ gesetzt. Nach (γ) ist dann

$$f_a(\mathfrak{p}) = f_b(\mathfrak{p}) + f_c(\mathfrak{p}) \geqq f_b(\mathfrak{p})\ .$$

(II) Es werde ein festes $\mathfrak{p}$ betrachtet. Wegen $\mathfrak{p} = \{z; f_z(\mathfrak{p}) = 0\}$ $= \{z; \delta(z, \mathfrak{p}) = 0\}$ ist nach Hilfssatz 3.1 $f_a(\mathfrak{p}) = 0$ sowohl wie $\delta(a, \mathfrak{p}) = 0$ gleichwertig mit $r_n(a, 1) \in \mathfrak{p}$ $(n = 1, 2, \ldots)$. Also sind auch die Aussagen $f_a(\mathfrak{p}) = 0$ und $\delta(a, \mathfrak{p}) = 0$ gleichwertig.

(III) Wenn für ein maximales neutrales Ideal J von L $a \equiv b(J)$ gilt, so gibt es nach Hilfssatz 4.6, Kapitel I, ein Element $t \in J$ mit $a \cup t = b \cup t$. Weil nach Satz 3.1 dann $\delta(t, \mathfrak{p}(J)) = 0$ ist, gilt $f_t(\mathfrak{p}(J)) = 0$ nach (II) und ferner $f_{a \cap t}(\mathfrak{p}(J)) = 0$ nach (I), wegen (γ) also $f_{a \cup t}(\mathfrak{p}(J)) = f_a(\mathfrak{p}(J))$. Da ebenso $f_{b \cup t}(\mathfrak{p}(J)) = f_b(\mathfrak{p}(J))$ gilt, ist $f_a(\mathfrak{p}(J)) = f_b(\mathfrak{p}(J))$.

(IV) Definiert man auf Grund von (III) eine Funktion m durch $m(a/J) = f_a(\mathfrak{p}(J))$, so ist diese eine modulare Funktion in L/J. Weil ferner $m(0/J) = 0$ und $m(1/J) = 1$ gilt, ist nach Hilfssatz 3.3 und Satz 2.3 somit $m(a/J) = \delta(a, \mathfrak{p}(J))$. Weil dies für alle J gilt, ist $f_a(\mathfrak{p}) = \delta(a, \mathfrak{p})$, d. h. $f_a = D(a)$.

Anmerkung 3.4. Ist a^* ein Element eines stetigen komplementären modularen Verbandes L, so ist auch $L^* = L(0, a^*)$ ein stetiger komplementärer modularer Verband. Sei $a \in L^*$. Dann besteht zwischen der Dimension $D(a)$ von a als Element von L und der Dimension $D^*(a)$ als Element von L^* eine einfache, im folgenden zu entwickelnde Beziehung.

Nach Hilfssatz 1.4, Kapitel IV, ist zwischen den $e(a^*)$ nicht enthaltenden Maximalidealen $\mathfrak{p}$ des Zentrums Z von L und den Maximalidealen $\mathfrak{p}^*$ des Zentrums Z^* von L^* durch $\mathfrak{p} \to \mathfrak{p}^* = \{z \cap a^*; z \in \mathfrak{p}\}$, $\mathfrak{p}^* \to \mathfrak{p} = \{z; z \cap a^* \in \mathfrak{p}^*\}$ eine eineindeutige Zuordnung gegeben. Setzt man dann

$$A = \{\mathfrak{p}; \mathfrak{p} \in E(e(a^*)),\ \delta(a^*, \mathfrak{p}) > 0\},$$

so soll für $\mathfrak{p} \in A$ bewiesen werden:

$$(1) \qquad\qquad \delta^*(a, \mathfrak{p}^*) = \frac{\delta(a, \mathfrak{p})}{\delta(a^*, \mathfrak{p})}\ .$$

Wenn zunächst a^* für jedes $\mathfrak{p} \in E(e(a^*))$ der Ungleichung $\delta(a^*, \mathfrak{p}) > 0$ genügt und

$$f_a(\mathfrak{p}^*) = \frac{\delta(a, \mathfrak{p})}{\delta(a^*, \mathfrak{p})} \quad (\mathfrak{p} \in E(e(a^*)))$$

gesetzt wird, so erfüllt f_a in L^* offensichtlich die Bedingungen (α) und (γ) von Satz 3.3. Ferner gilt für ein Zentrumselement $z^* = z \cap a^*$ von L^* nach Hilfssatz 1.4

$$f_{z^*}(\mathfrak{p}^*) = \frac{\delta(z \cap a^*, \mathfrak{p})}{\delta(a^*, \mathfrak{p})} = \frac{\delta(z, \mathfrak{p}) \cap \delta(a^*, \mathfrak{p})}{\delta(a^*, \mathfrak{p})}\ .$$

Wenn $z^* \in \mathfrak{p}^*$, so auch $z \in \mathfrak{p}$, also $\delta(z, \mathfrak{p}) = 0$, d. h. $f_{z^*}(\mathfrak{p}^*) = 0$. Wenn $z^* \notin \mathfrak{p}^*$, so auch $z \notin \mathfrak{p}$, also $\delta(z, \mathfrak{p}) = 1$, d. h. $f_{z^*}(\mathfrak{p}^*) = 1$. Folglich gilt auch (β) von Satz 3.3, und daher ist $f_a = D^*(a)$.

Wenn man nun zu einem allgemeinen a^* einen beliebigen Punkt $\mathfrak{p}_0$ aus A wählt, so gibt es wegen der Stetigkeit von $\mathfrak{p} \to \delta(a^*, \mathfrak{p})$ eine Umgebung $E(z) \leq E(e(a^*))$ von $\mathfrak{p}_0$ mit $\delta(a^*, \mathfrak{p}) > 0$ für $\mathfrak{p} \in E(z)$. Nimmt man dann $L(0, z)$, $z \cap a^*$, $z \cap a$ statt L, a^*, a, so ist nach dem oben Bewiesenen

$$\delta^*(z \cap a, \mathfrak{p}^*) = \frac{\delta(z \cap a, \mathfrak{p})}{\delta(z \cap a^*, \mathfrak{p})} \qquad \text{für } \mathfrak{p} \in E(z).$$

Wegen Hilfssatz 1.4 gilt also (1) im Falle $\mathfrak{p} \in E(z)$. Somit trifft (1) für jeden Punkt von A zu.

Übrigens ist $A = \{\mathfrak{p}; \delta(a^*, \mathfrak{p}) > 0\}$; denn aus $\mathfrak{p} \notin E(e(a^*))$ folgt $\delta(a^*, \mathfrak{p}) = 0$. Ferner ist A in $E(e(a^*))$ dicht. Denn unter der Annahme, A sei nicht dicht in $E(e(a^*))$, gibt es ein $z \in Z$ mit $0 \neq z \leq e(a^*)$ und $\delta(a^*, \mathfrak{p}) = 0$ für $\mathfrak{p} \in E(z)$. Weil nach Hilfssatz 1.4 somit $D(z \cap a^*) = 0$ gilt, ist nach Satz 1.4 (2°) auch $z \cap a^* = 0$; also ist $z = z \cap e(a^*) = e(z \cap a^*) = 0$ im Widerspruch zur Voraussetzung.

VI. Reguläre Ringe

Die Dimensionstheorie ist jetzt beendet. Es sollen nun zunächst die aus Idealen eines Ringes gebildeten Verbände untersucht werden.

§ 1. Rechts- und Linksidealverbände eines Ringes

Definition 1.1. Eine Menge $\mathfrak{R}$, für deren (mit kleinen griechischen Buchstaben bezeichnete) Elemente eine Addition und Multiplikation mit den folgenden Eigenschaften erklärt ist, heißt ein *Ring*.

(1°) Zu $\alpha, \beta \in \mathfrak{R}$ sind $\alpha + \beta \in \mathfrak{R}$ und $\alpha\beta \in \mathfrak{R}$ eindeutig bestimmt.

(2°) $\alpha + \beta = \beta + \alpha$.

(3°) $\alpha + (\beta + \gamma) = (\alpha + \beta) + \gamma$.

(4°) Zu $\alpha, \beta \in \mathfrak{R}$ gibt es ein Element $\xi \in \mathfrak{R}$ mit $\alpha + \xi = \beta$.

(5°) $\alpha(\beta\gamma) = (\alpha\beta)\gamma$.

(6°) $\alpha(\beta + \gamma) = \alpha\beta + \alpha\gamma$, $(\beta + \gamma)\alpha = \beta\alpha + \gamma\alpha$.

Existiert in einem Ring $\mathfrak{R}$ ein Element 1 mit $1\alpha = \alpha 1 = \alpha$ für alle $\alpha \in \mathfrak{R}$, so nennt man 1 das *Einselement* von $\mathfrak{R}$. Gibt es ein Einselement 1 und existiert zu einem Element $\alpha \in \mathfrak{R}$ ein Element α^{-1} mit $\alpha\alpha^{-1} = \alpha^{-1}\alpha = 1$, so wird α ein *reguläres Element* und α^{-1} ein *inverses Element* von α genannt.

Es gibt ein Element o mit $\alpha + o = \alpha$ für alle Elemente $\alpha \in \mathfrak{R}$. Schreibt man für das die Gleichung $\alpha + \xi = o$ befriedigende Element ξ nun $-\alpha$, so stellt sich das die Gleichung $\alpha + \xi = \beta$ erfüllende Element ξ als $\beta + (-\alpha) = \beta - \alpha$ dar. Es ist $o\,\alpha = \alpha\,o = o$.

Definition 1.2. Der Ring $\mathfrak{R}$ enthalte ein Einselement. Sind außer o alle Elemente von $\mathfrak{R}$ regulär, so heißt $\mathfrak{R}$ ein *Schiefkörper*. Gilt für alle Elemente $\alpha, \beta \in \mathfrak{R}$ ferner $\alpha\,\beta = \beta\,\alpha$, so nennt man den Schiefkörper einen *Körper*.

Definition 1.3. Eine nicht leere Teilmenge $\mathfrak{a}$ eines Ringes $\mathfrak{R}$, welche die folgenden Bedingungen erfüllt, wird ein *Rechtsideal* genannt.

$(1°)$ $\qquad$ Wenn $\alpha, \beta \in \mathfrak{a}$, so $\alpha - \beta \in \mathfrak{a}$.

$(2°)$ $\qquad$ Wenn $\alpha \in \mathfrak{a}$ und $\xi \in \mathfrak{R}$, so $\alpha\,\xi \in \mathfrak{a}$.

Gilt statt $(2°)$ die Bedingung $(2°')$, so heißt $\mathfrak{a}$ ein *Linksideal*.

$(2°')$ $\qquad$ Wenn $\alpha \in \mathfrak{a}$ und $\xi \in \mathfrak{R}$, so $\xi\,\alpha \in \mathfrak{a}$.

Ist $\mathfrak{a}$ ein Links- und Rechtsideal, so wird $\mathfrak{a}$ ein *zweiseitiges Ideal* oder *Ideal* schlechthin genannt. Die nur aus dem Element o bestehende Menge ist ein Rechts-(Links-)ideal. Es wird mit (o) bezeichnet.

Ein Rechts- bzw. ein Linksideal ist ein Unterring von $\mathfrak{R}$. Die Rechts- und Linksideale ähneln sich in ihren Eigenschaften. Im folgenden wird häufig nur über die Rechtsideale gesprochen werden. Gilt für ein Rechtsideal die Aussage (α), so wird von nun ab die entsprechende Aussage für Linksideale mit (α') bezeichnet.

Satz 1.1. *Die Gesamtheit $R_\mathfrak{R}$ der Rechtsideale eines Ringes $\mathfrak{R}$ ist mit der Enthaltenseinsbeziehung als Ordnung ein nach oben stetiger modularer Verband. Sei S eine beliebige nicht leere Teilmenge von $R_\mathfrak{R}$. Dann ist $\bigcup_{\mathfrak{a} \in S} \mathfrak{a}$ die Gesamtheit der α, die sich als endliche Summen der Form $\alpha = \alpha_1 + \cdots + \alpha_n$ ($\alpha_i \in \mathfrak{a}_i \in S$) darstellen lassen. $\bigcap_{\mathfrak{a} \in S} \mathfrak{a}$ ist die Durchschnittsmenge $\bigcap_{\mathfrak{a} \in S} \mathfrak{a}$.*

Beweis. (I) Nach Hilfssatz 1.14, Kapitel I, ist $R_\mathfrak{R}$ mit der Enthaltenseinsbeziehung als Ordnung ein nach oben stetiger Verband. (o) ist sein Null- und $\mathfrak{R}$ sein Einselement. Ist S eine Teilmenge von $R_\mathfrak{R}$, so ist die untere Grenze $\bigcap_{\mathfrak{a} \in S} \mathfrak{a}$ gleich der Durchschnittsmenge $\bigcap_{\mathfrak{a} \in S} \mathfrak{a}$. Mit $\mathfrak{c}$ werde die Gesamtheit der α bezeichnet, die sich in der Form

$$\alpha = \alpha_1 + \cdots + \alpha_n \quad (\alpha_i \in \mathfrak{a}_i \in S;\ n = 1, 2, \ldots)$$

darstellen lassen. Wenn $\alpha, \beta \in \mathfrak{c}$, so gibt es Ideale $\mathfrak{a}_i$ ($i = 1, \ldots, m$) aus S mit $\alpha = \alpha_1 + \cdots + \alpha_m$ ($\alpha_i \in \mathfrak{a}_i$) und $\beta = \beta_1 + \cdots + \beta_m$ ($\beta_i \in \mathfrak{a}_i$). Es können einige α_i und β_i gleich o sein. Wegen

$$\alpha - \beta = (\alpha_1 - \beta_1) + \cdots + (\alpha_m - \beta_m), \quad \alpha_i - \beta_i \in \mathfrak{a}_i$$

ist $\alpha - \beta \in c$. Sei $\xi \in \Re$. Es ist $\alpha \xi = \alpha_1 \xi + \cdots + \alpha_m \xi \; (\alpha_i \xi \in \alpha_i)$, also $\alpha \xi \in c$. Daher ist c ein Rechtsideal, das alle $\alpha \in S$ enthält. Weil aber ein Rechtsideal, das alle $\alpha \in S$ enthält, auch c enthält, ist $c = {}_{\alpha \in S}\bigcup \alpha$.

(II) Wenn $\alpha \leq c$, so ist offensichtlich $(\alpha \cup \mathfrak{b}) \cap c \geq \alpha \cup (\mathfrak{b} \cap c)$. Sei nun $\xi \in (\alpha \cup \mathfrak{b}) \cap c$; dann ist wegen $\xi \in \alpha \cup \mathfrak{b}$ nach (I)

$$(1) \qquad \xi = \alpha + \beta \quad (\alpha \in \alpha, \beta \in \mathfrak{b}) \, .$$

Weil $\alpha \in \alpha \leq c$ und $\xi \in c$, ist $\beta = \xi - \alpha \in c$, also $\beta \in \mathfrak{b} \cap c$ und folglich $\xi \in \alpha \cup (\mathfrak{b} \cap c)$ nach (1). D. h. $(\alpha \cup \mathfrak{b}) \cap c \leq \alpha \cup (\mathfrak{b} \cap c)$. Daher ist $R_\Re$ ein modularer Verband.

Definition 1.4. Man nennt $R_\Re$ den *Rechtsidealverband* von $\Re$. Analog wird $L_\Re$ als der *Linksidealverband* von $\Re$ definiert. $R_\Re$ (bzw. $L_\Re$) wird auch mit $R(\Re)$ (bzw. $L(\Re)$) bezeichnet.

Satz 1.2. *In dem Rechtsidealverband $R_\Re$ eines Ringes $\Re$ sei $\alpha = {}_{\lambda \in I}\bigcup \alpha_\lambda$. Dann läßt sich genau dann jedes beliebige Element $\alpha \in \alpha$ eindeutig in der Form*

$$(1) \qquad \alpha = \alpha_1 + \cdots + \alpha_n \quad (\alpha_i \in \alpha_{\lambda_i})$$

darstellen, wenn $\perp(\alpha_\lambda)_{\lambda \in I}$ gilt.

Beweis. Notwendig. I_1 und I_2 seien zwei beliebige elementfremde Teilmengen von I. Wegen der Eindeutigkeit der Darstellung (1) ist $\left({}_{\lambda \in I_1}\bigcup \alpha_\lambda \right) \cap \left({}_{\lambda \in I_2}\bigcup \alpha_\lambda \right) = (o)$. Folglich gilt $\perp(\alpha_\lambda)_{\lambda \in I}$ nach Definition 1.15, Kapitel I.

(II) Hinreichend. Für ein Element $\alpha \in \alpha$ sei $\alpha = \alpha_1 + \cdots + \alpha_n = \beta_1 + \cdots + \beta_n \; (\alpha_i, \beta_i \in \alpha_{\lambda_i})$, wobei natürlich einige α_i und β_i gleich o sein können. Dann ist $\beta_1 - \alpha_1 = (\alpha_2 - \beta_2) + \cdots + (\alpha_n - \beta_n)$. Das Element $\beta_1 - \alpha_1$ gehört also zu α_{λ_1} und $\alpha_{\lambda_2} \cup \ldots \cup \alpha_{\lambda_n}$. Wegen der Unabhängigkeit der α_{λ_i} ist daher $\beta_1 - \alpha_1 = o$. Analog folgt $\alpha_i = \beta_i$ auch für $i = 2, \ldots, n$.

Definition 1.5. Sei α ein Element des Ringes $\Re$. Das kleinste Rechtsideal, das α enthält, wird mit $(\alpha)_r$ bezeichnet und ein *Hauptrechtsideal* genannt. Analog wird das *Hauptlinksideal* $(\alpha)_l$ definiert.

Hilfssatz 1.1. Es ist $(\alpha)_r = \{\alpha \xi + n \alpha; \xi \in \Re, n \text{ eine ganze Zahl}\}$. Wenn der Ring $\Re$ ein Einselement enthält, so ist $(\alpha)_r = \{\alpha \xi; \xi \in \Re\}$.

Beweis. (I) Wegen $(\alpha \xi_1 + n_1 \alpha) - (\alpha \xi_2 + n_2 \alpha) = \alpha(\xi_1 - \xi_2) + (n_1 - n_2)\alpha$ und $(\alpha \xi + n \alpha)\chi = \alpha(\xi \chi + n \chi) + o \alpha \; (\chi \in \Re)$ ist

$$c = \{\alpha \xi + n \alpha; \xi \in \Re, n \text{ eine ganze Zahl}\}$$

ein Rechtsideal. c enthält α (man setze $\xi = o, n = 1$). Da offensichtlich ein Rechtsideal mit α auch stets c enthält, ist c das kleinste α enthaltende Rechtsideal.

(II) Sei ferner $1 \in \Re$. Dann ist $\alpha \xi + n \alpha = \alpha (\xi + n 1) = \alpha \chi \; (\chi \in \Re)$. Also gilt $(\alpha)_r = \{\alpha \chi; \chi \in \Re\}$ nach (I).

Definition 1.6. Gilt $\varepsilon^2 = \varepsilon$ für ein Element ε eines Ringes $\Re$, so nennt man ε ein *idempotentes Element*.

Hilfssatz 1.2. (I) Sei ε ein idempotentes Element eines Ringes $\Re$. Dann ist $(\varepsilon)_r$ die Gesamtheit der ξ mit $\xi = \varepsilon\,\xi$.

(II) ε und η seien idempotente Elemente des Ringes $\Re$. Wenn $\varepsilon\,\eta = \eta\,\varepsilon = \eta$, so ist auch $\varepsilon - \eta$ ein idempotentes Element.

Beweis. (I) Nach Hilfssatz 1.1 ist $(\varepsilon)_r$ die Gesamtheit der ξ, die sich in der Form

$$(1) \qquad \xi = \varepsilon\,\chi + n\,\varepsilon \qquad (\chi \in \Re,\ n \text{ eine ganze Zahl})$$

darstellen lassen. Ein Element ξ mit $\xi = \varepsilon\,\xi$ läßt sich in der Form (1) darstellen. Umgekehrt ist für ein in (1) dargestelltes Element ξ aber $\varepsilon\,\xi = \varepsilon^2\,\chi + n\,\varepsilon^2 = \varepsilon\,\chi + n\,\varepsilon = \xi$.

(II) $(\varepsilon - \eta)^2 = \varepsilon^2 - \varepsilon\,\eta - \eta\,\varepsilon + \eta^2 = \varepsilon - \eta$; also ist $\varepsilon - \eta$ ein idempotentes Element.

Definition 1.7. $\mathfrak{a}$, $\mathfrak{b}$ seien Teilmengen des Ringes $\Re$. Die Gesamtheit der Elemente von $\Re$, die sich in der Form

$$\sum_{i=1}^{n} \alpha_i\,\beta_i \qquad (\alpha_i \in \mathfrak{a},\ \beta_i \in \mathfrak{b};\ n = 1, 2, \ldots)$$

darstellen lassen, wird mit $\mathfrak{a}\,\mathfrak{b}$ bezeichnet. Ferner wird $\alpha\,\mathfrak{b}$ für $\{\alpha\,\beta; \beta \in \mathfrak{b}\}$ geschrieben. Analog wird $\mathfrak{a}\,\beta$ definiert. $\mathfrak{a}\,\mathfrak{b}$ wird das *Produkt* von $\mathfrak{a}$ und $\mathfrak{b}$ genannt.

Ist $\mathfrak{b}$ ein Rechtsideal, so auch $\mathfrak{a}\,\mathfrak{b}$ und $\alpha\,\mathfrak{b}$. Ist $\mathfrak{a}$ ein Linksideal, so auch $\mathfrak{a}\,\mathfrak{b}$ und $\mathfrak{a}\,\beta$.

Sind $\mathfrak{a}$, $\mathfrak{b}$, $\mathfrak{c}$ Rechts-(Links-)ideale, so ist $\mathfrak{a}\,(\mathfrak{b} \cup \mathfrak{c}) = \mathfrak{a}\,\mathfrak{b} \cup \mathfrak{a}\,\mathfrak{c}$ und $(\mathfrak{b} \cup \mathfrak{c})\,\mathfrak{a} = \mathfrak{b}\,\mathfrak{a} \cup \mathfrak{c}\,\mathfrak{a}$.

Definition 1.8. $\mathfrak{a}$ sei eine Teilmenge des Ringes $\Re$. Dann wird

$$\mathfrak{a}^l = \{\xi; \xi\,\mathfrak{a} = (\mathrm{o})\} \quad \text{und} \quad \mathfrak{a}^r = \{\xi; \mathfrak{a}\,\xi = (\mathrm{o})\}$$

gesetzt. Offensichtlich ist $\mathfrak{a}^l$ ein Links- und $\mathfrak{a}^r$ ein Rechtsideal.

Hilfssatz 1.3. $\mathfrak{a}$, $\mathfrak{b}$ seien Rechtsideale eines Ringes $\Re$. Dann gelten folgende Aussagen:

(I) $\qquad\qquad$ Wenn $\mathfrak{a} \leqq \mathfrak{b}$, so $\mathfrak{a}^l \geqq \mathfrak{b}^l$.

(II) $\qquad\qquad$ $\mathfrak{a} \leqq \mathfrak{a}^{lr}$.

(III) $\qquad\qquad$ $\mathfrak{a}^l = \mathfrak{a}^{lrl}$.

(IV) $\qquad\qquad$ $(\mathfrak{a} \cup \mathfrak{b})^l = \mathfrak{a}^l \cap \mathfrak{b}^l$.

Beweis. (I) und (II) sind klar.

(III) Nach (II) ist $\mathfrak{a} \leqq \mathfrak{a}^{lr}$, nach (I) somit $\mathfrak{a}^l \geqq \mathfrak{a}^{lrl}$. Wegen (II') ist $\mathfrak{a}^l \leqq \mathfrak{a}^{lrl}$ und folglich $\mathfrak{a}^l = \mathfrak{a}^{lrl}$.

(IV) $\mathfrak{a}^l \cap \mathfrak{b}^l = \{\xi; \xi\,\mathfrak{a} = (\mathrm{o}),\ \xi\,\mathfrak{b} = (\mathrm{o})\} = \{\xi; \xi\,(\mathfrak{a} \cup \mathfrak{b}) = (\mathrm{o})\} = (\mathfrak{a} \cup \mathfrak{b})^l$.

Hilfssatz 1.4. Sei ε ein idempotentes Element eines Ringes $\mathfrak{R}$ mit 1. Dann gilt:

(I) $$(\varepsilon)_r^l = (1 - \varepsilon)_l \, ,$$

(II) $$(\varepsilon)_r^{lr} = (\varepsilon)_r \, .$$

Beweis. (I) $(\varepsilon)_r^l = \{\xi; \xi \varepsilon \chi = 0 \text{ für } \chi \in \mathfrak{R}\} = \{\xi; \xi \varepsilon = 0\}$
$$= \{\xi; \xi = \xi(1-\varepsilon)\} = (1-\varepsilon)_l \, .$$

(II) Nach (I) ist $(\varepsilon)_r^l = (1-\varepsilon)_l$ und nach (I') somit $(\varepsilon)_r^{lr} = (1-\varepsilon)^r = (\varepsilon)_r$.

Hilfssatz 1.5.[1]) ε und η seien idempotente Elemente eines Ringes $\mathfrak{R}$ mit 1. Es ist $(\varepsilon)_r = (\eta)_r$ genau dann, wenn ein Element $\chi \in \mathfrak{R}$ mit $\eta = \varepsilon + \varepsilon \chi (1 - \varepsilon)$ existiert.

Beweis. Die Aussagen $(\varepsilon)_r = (\eta)_r$ und

(1) $$\varepsilon \eta = \eta \, , \quad \eta \varepsilon = \varepsilon$$

sind äquivalent. Setzt man $\eta = \varepsilon + \xi$, so ist mit (1) die Aussage

$$\varepsilon (\varepsilon + \xi) = \varepsilon + \xi \, , \quad (\varepsilon + \xi) \varepsilon = \varepsilon \, ,$$

d. h.

(2) $$\varepsilon \xi = \xi \, , \quad \xi \varepsilon = 0$$

gleichwertig. Aus (2) folgt nun $\xi (1 - \varepsilon) = \xi$ und daher $\xi = \varepsilon \xi (1 - \varepsilon)$. Also kann man ein ξ, das (2) erfüllt, als $\varepsilon \chi (1 - \varepsilon)$ darstellen. Umgekehrt erfüllt auch ein Element ξ von dieser Form die Bedingung (2). Folglich läßt sich ein η, das (1) genügt, als $\eta = \varepsilon + \varepsilon \chi (1 - \varepsilon)$ darstellen, und ein η von dieser Form erfüllt auch (1).

Satz 1.3. *ε_i $(i = 1, \ldots, n)$ seien idempotente Elemente eines Ringes $\mathfrak{R}$ mit $\varepsilon_i \varepsilon_j = 0$ für $i \neq j$. Dann ist $\varepsilon = \varepsilon_1 + \cdots + \varepsilon_n$ ein idempotentes Element, und in $R_\mathfrak{R}$ ist $(\varepsilon)_r = (\varepsilon_1)_r \,\dot{\cup}\, \cdots \,\dot{\cup}\, (\varepsilon_n)_r$.*

Beweis. (I) Wegen $\varepsilon_i \varepsilon_j = 0$ $(i \neq j)$ ist $\varepsilon^2 = \varepsilon$ und $\varepsilon \varepsilon_i = \varepsilon_i$, also $(\varepsilon_i)_r \leq (\varepsilon)_r$ und daher $(\varepsilon)_r \geq (\varepsilon_1)_r \cup \cdots \cup (\varepsilon_n)_r$.

Wegen $\varepsilon = \varepsilon_1 + \cdots + \varepsilon_n$ ist $(\varepsilon)_r \leq (\varepsilon_1)_r \cup \cdots \cup (\varepsilon_n)_r$, und folglich $(\varepsilon)_r = (\varepsilon_1)_r \cup \cdots \cup (\varepsilon_n)_r$.

(II) Setzt man $\varepsilon_{(i)} = \varepsilon_1 + \cdots + \varepsilon_i$, so ist $\varepsilon_{(i)}^2 = \varepsilon_{(i)}$ und $\varepsilon_{(i)} \varepsilon_{i+1} = 0$. Sei $\xi \in (\varepsilon_{(i)})_r \cap (\varepsilon_{i+1})_r$. Dann ist $\xi = \varepsilon_{(i)} \xi = \varepsilon_{i+1} \xi$. Weil somit $\xi = \varepsilon_{(i)} \varepsilon_{i+1} \xi = 0$ gilt, ist $(\varepsilon_{(i)})_r \cap (\varepsilon_{i+1})_r = (0)$, d. h.

$$((\varepsilon_1)_r \cup \cdots \cup (\varepsilon_i)_r) \cap (\varepsilon_{i+1})_r = (0) \quad (i = 1, \ldots, n-1) \, .$$

Daher gilt nach Satz 1.8, Kapitel I, $\perp((\varepsilon_1)_r, \ldots, (\varepsilon_n)_r)$.

Satz 1.4. *ε sei ein idempotentes Element des Ringes $\mathfrak{R}$. Ist $(\varepsilon)_r = {}_{\lambda \in I}\dot{\bigcup}\, \mathfrak{a}_\lambda$ in $R_\mathfrak{R}$, so sind die $\mathfrak{a}_\lambda$ $(\lambda \in I)$ bis auf endlich viele Ausnahmen, etwa $\mathfrak{a}_{\lambda_1}, \ldots, \mathfrak{a}_{\lambda_n}$, gleich (0). Zu den $\mathfrak{a}_{\lambda_i}$ $(i = 1, \ldots, n)$ sind idempotente*

---

[1]) VON NEUMANN [6] II 13.

Elemente ε_i ($i = 1, \ldots, n$) mit den folgenden Eigenschaften eindeutig bestimmt.

(1°) $\mathfrak{a}_{\lambda_i} = (\varepsilon_i)_r$ ($i = 1, \ldots, n$) .

(2°)   *Für $i \neq j$ ist $\varepsilon_i \varepsilon_j = 0$, $\varepsilon \varepsilon_i = \varepsilon_i \varepsilon = \varepsilon_i$ ($i = 1, \ldots, n$) .*

(3°) $\varepsilon = \varepsilon_1 + \cdots + \varepsilon_n$.

Beweis. Wegen $\varepsilon \in {}_{\lambda \in I} \overset{.}{\cup} \mathfrak{a}_\lambda$ sind nach Satz 1.2 die ε_i ($i = 1, \ldots n$) mit

(1) $\varepsilon = \varepsilon_1 + \cdots + \varepsilon_n \ (\varepsilon_i \in \mathfrak{a}_{\lambda_i})$

eindeutig bestimmt. Sei $\alpha \in \mathfrak{a}_{\lambda_1}$. Es ist $\alpha = \varepsilon \alpha = \varepsilon_1 \alpha + \cdots + \varepsilon_n \alpha$, also

$$\alpha - \varepsilon_1 \alpha = \varepsilon_2 \alpha + \cdots + \varepsilon_n \alpha$$

und somit $\alpha - \varepsilon_1 \alpha \in \mathfrak{a}_{\lambda_1}$ sowie $\alpha - \varepsilon_1 \alpha \in \mathfrak{a}_{\lambda_2} \cup \cdots \cup \mathfrak{a}_{\lambda_n}$. Wegen $\mathfrak{a}_{\lambda_1} \cap (\mathfrak{a}_{\lambda_2} \cup \cdots \cup \mathfrak{a}_{\lambda_n}) = (0)$ ist folglich $\alpha - \varepsilon_1 \alpha = 0$, also $\varepsilon_2 \alpha + \cdots + \varepsilon_n \alpha = 0$. Somit ist $\varepsilon_2 \alpha = -(\varepsilon_3 \alpha + \cdots + \varepsilon_n \alpha)$, also $\varepsilon_2 \alpha \in \mathfrak{a}_{\lambda_2}$ und $\varepsilon_2 \alpha \in \mathfrak{a}_{\lambda_3} \cup \cdots \cup \mathfrak{a}_{\lambda_n}$, daher $\varepsilon_2 \alpha = 0$ und $\varepsilon_3 \alpha + \cdots + \varepsilon_n \alpha = 0$. Bei Wiederholung dieses Verfahrens ergibt sich:

(2) $\alpha = \varepsilon_1 \alpha$, $\varepsilon_i \alpha = 0$ $(i = 2, \ldots, n)$.

Ersetzt man in Formel (2) das Element α durch ε_1, so folgt $\varepsilon_1^2 = \varepsilon_1$, $\varepsilon_i \varepsilon_1 = 0$ $(i = 2, \ldots, n)$. Weil $\alpha = \varepsilon_1 \alpha$ für ein beliebiges $\alpha \in \mathfrak{a}_{\lambda_1}$ gilt, ist somit $\mathfrak{a}_{\lambda_1} = (\varepsilon_1)_r$.

Führt man obige Überlegungen für $\mathfrak{a}_{\lambda_2}, \ldots, \mathfrak{a}_{\lambda_n}$ an Stelle von $\mathfrak{a}_{\lambda_1}$ aus, so erhält man $\varepsilon_i^2 = \varepsilon_i$, ferner für $i \neq j$ stets $\varepsilon_i \varepsilon_j = 0$ und $\mathfrak{a}_{\lambda_i} = (\varepsilon_i)_r$. Folglich ist $\varepsilon_i \varepsilon = \varepsilon_i \varepsilon_1 + \cdots + \varepsilon_i \varepsilon_n = \varepsilon_i$ und entsprechend $\varepsilon \varepsilon_i = \varepsilon_i$.

Weil nach (1) $(\varepsilon)_r \leqq {}_{i=1, \ldots, n} \overset{.}{\cup} \mathfrak{a}_{\lambda_i}$ gilt, ist $(\varepsilon)_r = {}_{i=1, \ldots, n} \overset{.}{\cup} \mathfrak{a}_{\lambda_i}$. Folglich sind alle $\mathfrak{a}_\lambda$ mit $\lambda \neq \lambda_1, \ldots, \lambda_n$ gleich (0).

Satz 1.5. $\Re$ *sei ein Ring mit Einselement. Genau dann ist $\Re = \mathfrak{a} \cup \mathfrak{b}$ in $R_{\Re}$, wenn ein idempotentes Element ε mit $\mathfrak{a} = (\varepsilon)_r$ und $\mathfrak{b} = (1 - \varepsilon)_r$ existiert. Dieses Element ε ist durch $\mathfrak{a}$ und $\mathfrak{b}$ eindeutig bestimmt.*

Beweis. Wegen $\Re = (1)_r$ folgt die Behauptung nach Satz 1.3 und Satz 1.4.

Hilfssatz 1.6. ε sei ein idempotentes Element des Ringes $\Re$ und $\mathfrak{a}$ ein Rechtsideal. Wenn $(\varepsilon)_r \leqq \mathfrak{a}$, so gibt es in $R_{\Re}$ ein Rechtsideal $\mathfrak{b}$ mit $\mathfrak{a} = (\varepsilon)_r \overset{.}{\cup} \mathfrak{b}$. Dieses $\mathfrak{b}$ ist die Gesamtheit der $\xi \in \mathfrak{a}$ mit $\varepsilon \xi = 0$.

Beweis. Ist $\mathfrak{b}$ die Gesamtheit der $\xi \in \mathfrak{a}$ mit $\varepsilon \xi = 0$, so ist $\mathfrak{b}$ ein Rechtsideal $\leqq \mathfrak{a}$. Für ein beliebiges $\alpha \in \mathfrak{a}$ ist $\alpha = \varepsilon \alpha + (\alpha - \varepsilon \alpha)$, $\varepsilon \alpha \in (\varepsilon)_r$, $\alpha - \varepsilon \alpha \in \mathfrak{b}$. Also gilt $\mathfrak{a} = (\varepsilon)_r \cup \mathfrak{b}$. Sei $\beta \in (\varepsilon)_r \cap \mathfrak{b}$. Dann ist $\beta = \varepsilon \beta$ und $\varepsilon \beta = 0$, folglich $\beta = 0$. Daher ist $(\varepsilon)_r \cap \mathfrak{b} = (0)$.

Definition 1.9. Die Gesamtheit $\mathfrak{Z}$ der Elemente α eines Ringes $\Re$ mit $\alpha \chi = \chi \alpha$ für alle $\chi \in \Re$ heißt das *Zentrum* von $\Re$. Wenn $\alpha \in \mathfrak{Z}$, so ist $(\alpha)_r = (\alpha)_l$. Man schreibt dann $(\alpha)_*$.

$\mathfrak{Z}$ ist ein kommutativer Unterring von $\Re$. Hat $\Re$ ein Einselement 1, so ist 1 auch das Einselement von $\mathfrak{Z}$.

Satz 1.6. $\mathfrak{Z}_e$ *sei die Gesamtheit der idempotenten Elemente des Zentrums* $\mathfrak{Z}$ *eines Ringes* $\mathfrak{R}$. *Definiert man* $\varepsilon_1 \leq \varepsilon_2$, *als gleichbedeutend mit* $\varepsilon_1 \varepsilon_2 = \varepsilon_2 \varepsilon_1 = \varepsilon_1$, *so ist* $\mathfrak{Z}_e$ *ein relativ komplementärer distributiver Verband, und es ist* $\varepsilon_1 \cup \varepsilon_2 = \varepsilon_1 + \varepsilon_2 - \varepsilon_1 \varepsilon_2$, $\varepsilon_1 \cap \varepsilon_2 = \varepsilon_1 \varepsilon_2$. *Enthält* $\mathfrak{R}$ *ein Einselement, so ist* $\mathfrak{Z}_e$ *ein Boolescher Verband.*

Beweis. (I) Nach obiger Definition von $\varepsilon_1 \leq \varepsilon_2$ ist offensichtlich $\varepsilon_1 \leq \varepsilon_1$, und $\varepsilon_1 = \varepsilon_2$, wenn $\varepsilon_1 \leq \varepsilon_2$, $\varepsilon_2 \leq \varepsilon_1$. Ist $\varepsilon_1 \leq \varepsilon_2$ und $\varepsilon_2 \leq \varepsilon_3$, so ist $\varepsilon_1 \varepsilon_2 = \varepsilon_1$, $\varepsilon_2 \varepsilon_3 = \varepsilon_2$ und somit $\varepsilon_1 \varepsilon_3 = \varepsilon_1 \varepsilon_2 \varepsilon_3 = \varepsilon_1 \varepsilon_2 = \varepsilon_1$, d. h. $\varepsilon_1 \leq \varepsilon_3$. Also ist $\mathfrak{Z}_e$ eine teilweise geordnete Menge.

(II) Setzt man $\varepsilon = \varepsilon_1 + \varepsilon_2 - \varepsilon_1 \varepsilon_2$, so ist $\varepsilon \in \mathfrak{Z}_e$ und $\varepsilon_1 \leq \varepsilon$, $\varepsilon_2 \leq \varepsilon$. Wählt man ferner ein $\eta \in \mathfrak{Z}_e$ mit $\varepsilon_1 \leq \eta$ und $\varepsilon_2 \leq \eta$, so gilt $\varepsilon \leq \eta$ wegen $\varepsilon \eta = \varepsilon_1 \eta + \varepsilon_2 \eta - \varepsilon_1 \varepsilon_2 \eta = \varepsilon_1 + \varepsilon_2 - \varepsilon_1 \varepsilon_2 = \varepsilon$. Also ist $\varepsilon = \varepsilon_1 \cup \varepsilon_2$, Entsprechend läßt sich $\varepsilon_1 \cap \varepsilon_2 = \varepsilon_1 \varepsilon_2$ zeigen. Also ist $\mathfrak{Z}_e$ ein Verband.

(III) Wenn $\varepsilon_1 \leq \varepsilon_2 \leq \varepsilon_3$, so ist $\varepsilon_3 - \varepsilon_2 + \varepsilon_1 \in \mathfrak{Z}_e$ und
$$\varepsilon_2 \cup (\varepsilon_3 - \varepsilon_2 + \varepsilon_1) = \varepsilon_2 + \varepsilon_3 - \varepsilon_2 + \varepsilon_1 - \varepsilon_2 (\varepsilon_3 - \varepsilon_2 + \varepsilon_1) = \varepsilon_3.$$
$$\varepsilon_2 \cap (\varepsilon_3 - \varepsilon_2 + \varepsilon_1) = \varepsilon_2 (\varepsilon_3 - \varepsilon_2 + \varepsilon_1) = \varepsilon_1.$$

Also ist $\varepsilon_3 - \varepsilon_2 + \varepsilon_1$ das Relativkomplement von ε_2 bzgl. $\varepsilon_3/\varepsilon_1$. Daher ist $\mathfrak{Z}_e$ ein relativ komplementärer Verband.

(IV) $(\varepsilon_1 \cap \varepsilon_2) \cup (\varepsilon_1 \cap \varepsilon_3) = \varepsilon_1 \varepsilon_2 \cup \varepsilon_1 \varepsilon_3 = \varepsilon_1 \varepsilon_2 + \varepsilon_1 \varepsilon_3 - \varepsilon_1 \varepsilon_2 \varepsilon_3$
$\qquad = \varepsilon_1 (\varepsilon_2 + \varepsilon_3 - \varepsilon_2 \varepsilon_3) = \varepsilon_1 \cap (\varepsilon_2 \cup \varepsilon_3)$.

Folglich ist $\mathfrak{Z}_e$ nach Anmerkung 1.4, Kapitel I, ein distributiver Verband.

(V) Enthält $\mathfrak{R}$ ein Einselement 1, so ist 1 auch das Einselement des Verbandes $\mathfrak{Z}_e$ und $1 - \varepsilon$ dann ein Komplement des Elementes ε. Also ist $\mathfrak{Z}_e$ ein komplementärer Verband und folglich auch ein Boolescher Verband.

Definition 1.10. Für jedes $\lambda \in I$ sei $\mathfrak{R}_\lambda$ ein Unterring des Ringes $\mathfrak{R}$. Sind die beiden Bedingungen (1°) und (2°) erfüllt, so wird $\mathfrak{R}$ die *direkte Summe* der $\mathfrak{R}_\lambda$ $(\lambda \in I)$ genannt.

(1°) Zu $\xi \in \mathfrak{R}$ sind eindeutig endlich viele Elemente $\xi_{\lambda_i} \in \mathfrak{R}_{\lambda_i}$ $(i = 1, \ldots, n)$
$\qquad$ mit $\xi = \xi_{\lambda_1} + \cdots + \xi_{\lambda_n}$ bestimmt.

(2°) Wenn $\xi \in \mathfrak{R}_\lambda$, $\zeta \in \mathfrak{R}_\mu$ und $\lambda \neq \mu$, so ist $\xi \zeta = \zeta \xi = 0$.

Wenn sich $\mathfrak{R}$ in keine direkte Summe mit von (o) und $(\mathfrak{R})$ verschiedenen Summanden zerlegen läßt, so nennt man $\mathfrak{R}$ *irreduzibel*. Ist $\mathfrak{R}$ nicht irreduzibel, so wird $\mathfrak{R}$ *reduzibel* genannt.

Satz 1.7. *Ist der Ring* $\mathfrak{R}$ *die direkte Summe der* $\mathfrak{R}_\lambda$ $(\lambda \in I)$, *so sind die* $\mathfrak{R}_\lambda$ *zweiseitige Ideale in* $\mathfrak{R}$, *und in* $R_\mathfrak{R}$ *ist*

(1) $$\mathfrak{R} = {}_{\lambda \in I} \overset{\cdot}{\cup} \mathfrak{R}_\lambda.$$

Sind umgekehrt die $\mathfrak{R}_\lambda$ $(\lambda \in I)$ *zweiseitige Ideale und gilt* (1), *so ist* $\mathfrak{R}$ *die direkte Summe der* $\mathfrak{R}_\lambda$ $(\lambda \in I)$.

Beweis. (I) $\Re$ sei die direkte Summe der $\Re_\lambda\,(\lambda\in I)$. Ein $\xi\in\Re$ läßt sich eindeutig als $\xi=\xi_{\lambda_1}+\cdots+\xi_{\lambda_n}$ mit $\xi_{\lambda i}\in\Re_{\lambda i}\,(i=1,\ldots,n)$ darstellen. Wenn $\zeta\in\Re_\lambda$, so ist

$$
\zeta\,\xi=\begin{cases}\zeta\,\xi_{\lambda i} & \text{für}\quad \lambda=\lambda_i\,,\\[4pt] 0 & \text{für}\quad \lambda\neq\lambda_i\quad(i=1,\ldots,n)\,.\end{cases}
$$

Weil somit $\zeta\,\xi\in\Re_\lambda$ gilt, ist $\Re_\lambda$ ein Rechtsideal. Entsprechend ergibt sich $\Re_\lambda$ als Linksideal. Nach Satz 1.2 ist $\Re={}_{\lambda\in I}\dot{\cup}\,\Re_\lambda$.

(II) Seien nun umgekehrt $\Re_\lambda\,(\lambda\in I)$ zweiseitige Ideale, für die (1) gilt. Wegen Satz 1.2 ist dann ($1°$) von Definition 1.10 erfüllt. Wenn $\xi\in\Re_\lambda$, $\zeta\in\Re_\mu\,(\lambda\neq\mu)$, so ist $\xi\zeta\in\Re_\lambda$ und $\xi\zeta\in\Re_\mu$, also $\xi\zeta=0$. Entsprechend folgt $\zeta\,\xi=0$.

Anmerkung 1.1. Nach Satz 1.4 läßt sich ein Ring $\Re$ mit Einselement entweder in eine direkte Summe von endlich vielen zweiseitigen Idealen zerlegen oder es gibt für ihn keine Darstellung als direkte Summe.

Satz 1.8. *$\Re$ sei ein Ring mit Einselement. Für ein Rechtsideal $\mathfrak{a}$ sind dann die folgenden drei Aussagen (α), (β) und (γ) einander äquivalent.*

(α) *$\mathfrak{a}$ ist ein Zentrumselement in $R_\Re$.*

(β) *Es gibt ein idempotentes Element ε des Zentrums $\mathfrak{Z}$ von $\Re$ mit $\mathfrak{a}=(\varepsilon)_*$.*

(γ) *$\mathfrak{a}$ hat in $R_\Re$ ein Komplement $\mathfrak{a}'$, und $\Re$ ist die direkte Summe der $\mathfrak{a}$, $\mathfrak{a}'$.*

In diesem Fall gibt es sogar nur ein idempotentes Element ε mit $\mathfrak{a}=(\varepsilon)_*$.

Beweis. $(\alpha)\to(\beta)$. Ist $\mathfrak{a}$ ein Zentrumselement in $R_\Re$, so ist nach Anmerkung 3.3, Kapitel I, das Komplement $\mathfrak{a}'$ von $\mathfrak{a}$ eindeutig bestimmt. Wegen $\Re=\mathfrak{a}\,\dot{\cup}\,\mathfrak{a}'$ gibt es nach Satz 1.4 genau ein idempotentes ε mit $\mathfrak{a}=(\varepsilon)_r$. Nach Hilfssatz 1.5 ist daher für alle $\chi\in\Re$ stets $\varepsilon\chi\,(1-\varepsilon)=0$. Entsprechend folgt wegen $\mathfrak{a}'=(1-\varepsilon)_r$, daß $(1-\varepsilon)\,\chi\,\varepsilon=0$ für alle $\chi\in\Re$ ist. Weil somit $\varepsilon\chi=\varepsilon\chi\varepsilon=\chi\varepsilon$ für alle $\chi\in\Re$ gilt, ist $\varepsilon\in\mathfrak{Z}$, und ein solches ε ist durch $\mathfrak{a}$ eindeutig bestimmt.

$(\beta)\to(\gamma)$. Nach Satz 1.7 ist $\Re$ die direkte Summe der $(\varepsilon)_*$, $(1-\varepsilon)_*$.

$(\gamma)\to(\alpha)$. Nach Satz 1.7 sind $\mathfrak{a}$ und $\mathfrak{a}'$ zweiseitige Ideale. Nach Satz 1.4 gibt es ein idempotentes Element ε mit $\mathfrak{a}=(\varepsilon)_r$ und $\mathfrak{a}'=(1-\varepsilon)_r$. Sei $\mathfrak{b}$ ein beliebiges Rechtsideal. Wenn $\alpha\in\mathfrak{b}$, so ist $\alpha\varepsilon\in\mathfrak{b}$ und $\alpha\varepsilon\in\mathfrak{a}$, also $\alpha\varepsilon\in\mathfrak{b}\cap\mathfrak{a}$. Entsprechend ergibt sich $\alpha\,(1-\varepsilon)\in\mathfrak{b}\cap\mathfrak{a}'$. Wegen $\alpha=\alpha\varepsilon+\alpha\,(1-\varepsilon)$ ist folglich $\mathfrak{b}=(\mathfrak{b}\cap\mathfrak{a})\,\dot{\cup}\,(\mathfrak{b}\cap\mathfrak{a}')$. Daher ist nach Satz 3.3, Kapitel I, $\mathfrak{a}$ ein Zentrumselement von $R_\Re$.

Anmerkung 1.2. Wegen $(\alpha)\longleftrightarrow(\beta)$ sowie $(\alpha')\longleftrightarrow(\beta)$ von Satz 1.8 ist das Zentrum $Z_\Re$ von $R_\Re$ auch das Zentrum von $L_\Re$.

Satz 1.9. *Der Ring $\mathfrak{R}$ enthalte ein Einselement. Die Gesamtheit $\mathfrak{Z}_e$ der idempotenten Elemente des Zentrums $\mathfrak{Z}$ von $\mathfrak{R}$ und das Zentrum $Z_{\mathfrak{R}}$ von $R_{\mathfrak{R}}$ sind einander als Verbände isomorph.*

Beweis. Nach Satz 1.8 ist die zwischen den Elementen ε von $\mathfrak{Z}_e$ und den Elementen $\mathfrak{a}$ von $Z_{\mathfrak{R}}$ durch die Beziehung $\mathfrak{a} = (\varepsilon)_*$ gegebene Zuordnung eineindeutig. Weil die Aussagen $\varepsilon_1 \leqq \varepsilon_2$ (d. h. $\varepsilon_1 \varepsilon_2 = \varepsilon_2 \varepsilon_1 = \varepsilon_1$) und $(\varepsilon_1)_* \leqq (\varepsilon_2)_*$ gleichwertig sind, bleibt bei obiger Abbildung die Ordnung erhalten. Also sind $\mathfrak{Z}_e$ und $Z_{\mathfrak{R}}$ einander als Verbände isomorph.

Satz 1.10. *Für einen Ring $\mathfrak{R}$ mit Einselement sind die folgenden drei Aussagen einander äquivalent:*

(α)   *$\mathfrak{R}$ ist irreduzibel.*

(β)   *$R_{\mathfrak{R}}$ ist irreduzibel.*

(γ)   *Das Zentrum von $\mathfrak{R}$ enthält außer 0 und 1 keine idempotenten Elemente.*

Beweis. Die Behauptung ergibt sich aus Satz 1.8.

Definition 1.11. Eine Abbildung φ des Ringes $\mathfrak{R}_1$ auf einen Ring $\mathfrak{R}_2$ mit

$$\varphi(\alpha + \beta) = \varphi(\alpha) + \varphi(\beta) \quad \text{und} \quad \varphi(\alpha\beta) = \varphi(\alpha)\,\varphi(\beta)$$

für alle α, $\beta \in \mathfrak{R}_1$ heißt *Homomorphismus* von $\mathfrak{R}_1$ auf $\mathfrak{R}_2$, und man nennt dann $\mathfrak{R}_2$ *homomorphes Bild* von $\mathfrak{R}_1$. Ist die Abbildung ferner eineindeutig, so heißt sie *Isomorphismus*, und man nennt die beiden Ringe zueinander *isomorph*.

Definition 1.12. Für die Elemente eines Ringes $\mathfrak{R}$ sei eine Äquivalenzrelation $\equiv$ erklärt. Folgt aus $\alpha \equiv \alpha_1$ und $\beta \equiv \beta_1$ stets $\alpha + \beta \equiv \alpha_1 + \beta_1$ und $\alpha\beta \equiv \alpha_1\beta_1$, so wird diese Äquivalenzrelation eine *Kongruenz* genannt. Die Gesamtheit $\mathfrak{a}$ der α mit $\alpha \equiv 0$ heißt *Kern* dieser Kongruenz. Man schreibt dann $\alpha \equiv \beta(\mathfrak{a})$ statt $\alpha \equiv \beta$. Wenn für $\mathfrak{R}$ keine Kongruenz mit von (0) und $\mathfrak{R}$ verschiedenem Kern existiert, so nennt man $\mathfrak{R}$ *einfach*.

Satz 1.11. *In einem Ring $\mathfrak{R}$ ist der Kern einer Kongruenz ein zweiseitiges Ideal. Umgekehrt gibt es zu jedem zweiseitigen Ideal $\mathfrak{a}$ von $\mathfrak{R}$ genau eine Kongruenz, die $\mathfrak{a}$ zum Kern hat, und bei dieser bedeutet $\alpha \equiv \beta(\mathfrak{a})$, daß $\alpha - \beta \in \mathfrak{a}$.*

Beweis. (I) Es sei eine Kongruenz mit dem Kern $\mathfrak{a}$ gegeben. Wenn $\alpha \equiv 0$ und $\beta \equiv 0$, so auch $\alpha - \beta \equiv 0$. Ist ferner $\alpha \equiv 0$ und $\chi \in \mathfrak{R}$, so ist $\alpha\chi \equiv 0$ und $\chi\alpha \equiv 0$. Also ist $\mathfrak{a}$ ein zweiseitiges Ideal.

(II) Sei ein zweiseitiges Ideal $\mathfrak{a}$ gegeben. Soll $\mathfrak{a}$ Kern einer Kongruenz $\equiv$ sein, so bedeuten offenbar $\alpha \equiv \beta(\mathfrak{a})$ und $\alpha - \beta \in \mathfrak{a}$ dasselbe. Daher definieren wir jetzt eine Relation $\equiv$ dadurch, daß wir $\alpha \equiv \beta(\mathfrak{a})$

für $\alpha - \beta \in \mathfrak{a}$ schreiben. Diese erweist sich leicht als Äquivalenzrelation. Ist dann $\alpha \equiv \alpha_1(\mathfrak{a})$ und $\beta \equiv \beta_1(\mathfrak{a})$, so existieren $\alpha', \beta' \in \mathfrak{a}$ mit $\alpha_1 = \alpha + \alpha'$ und $\beta_1 = \beta + \beta'$. Wegen $\alpha_1 + \beta_1 = (\alpha + \beta) + (\alpha' + \beta')$, $\alpha' + \beta' \in \mathfrak{a}$, $\alpha_1 \beta_1 = \alpha \beta + (\alpha' \beta + \alpha \beta' + \alpha' \beta')$, $\alpha' \beta + \alpha \beta' + \alpha' \beta' \in \mathfrak{a}$ ist $\alpha + \beta \equiv \alpha_1 + \beta_1(\mathfrak{a})$ und $\alpha \beta \equiv \alpha_1 \beta_1(\mathfrak{a})$.

Definition 1.13. $\mathfrak{a}$ sei ein zweiseitiges Ideal eines Ringes $\mathfrak{R}$. Definiert man $\alpha/\mathfrak{a} = \{\beta; \beta \equiv \alpha(\mathfrak{a})\}$ und $\mathfrak{R}/\mathfrak{a} = \{\alpha/\mathfrak{a}; \alpha \in \mathfrak{R}\}$ sowie $(\alpha/\mathfrak{a}) + (\beta/\mathfrak{a}) = (\alpha + \beta)/\mathfrak{a}$ und $(\alpha/\mathfrak{a})(\beta/\mathfrak{a}) = (\alpha \beta)/\mathfrak{a}$, so ist $\alpha \to \alpha/\mathfrak{a}$ ein Homomorphismus von $\mathfrak{R}$ auf $\mathfrak{R}/\mathfrak{a}$. Man nennt $\mathfrak{R}/\mathfrak{a}$ den *Restklassenring* von $\mathfrak{R}$ nach $\mathfrak{a}$.

Definition 1.14. Wenn in einem Ringe $\mathfrak{R}$ zu einem von $\mathfrak{R}$ verschiedenen zweiseitigen Ideal kein zweiseitiges Ideal $\mathfrak{b}$ mit $\mathfrak{a} < \mathfrak{b} < \mathfrak{R}$ existiert, so heißt $\mathfrak{a}$ ein *maximales zweiseitiges Ideal* von $\mathfrak{R}$.

Hilfssatz 1.7. Ist $\mathfrak{a}$ ein maximales zweiseitiges Ideal eines Ringes $\mathfrak{R}$ so ist der Restklassenring $\mathfrak{R}/\mathfrak{a}$ einfach.

Beweis. Angenommen, $\mathfrak{R}/\mathfrak{a}$ sei nicht einfach. Dann existiert in $\mathfrak{R}/\mathfrak{a}$ ein von $(o/\mathfrak{a})$ und $\mathfrak{R}/\mathfrak{a}$ verschiedenes zweiseitiges Ideal $\mathfrak{b}^*$. Weil $\mathfrak{b} = \{\beta; \beta/\mathfrak{a} \in \mathfrak{b}^*\}$ ein zweiseitiges Ideal in $\mathfrak{R}$ mit $\mathfrak{a} < \mathfrak{b} < \mathfrak{R}$ ist, ist das ein Widerspruch zur Voraussetzung.

Definition 1.15. Für jedes $\lambda \in I$ sei ein Ring $\mathfrak{R}_\lambda$ gegeben. Die Gesamtheit der Folgen $(\alpha_\lambda)_{\lambda \in I}$ mit $\alpha_\lambda \in \mathfrak{R}_\lambda$ bildet dann mit den durch

$$(\alpha_\lambda)_{\lambda \in I} + (\beta_\lambda)_{\lambda \in I} = (\alpha_\lambda + \beta_\lambda)_{\lambda \in I}, \quad (\alpha_\lambda)_{\lambda \in I}(\beta_\lambda)_{\lambda \in I} = (\alpha_\lambda \beta_\lambda)_{\lambda \in I}$$

erklärten Verknüpfungen einen Ring. Diesen nennt man das *direkte Produkt* der $\mathfrak{R}_\lambda (\lambda \in I)$ und bezeichnet ihn mit $_{\lambda \in I}\Pi \mathfrak{R}_\lambda$.

Wird ein Unterring $\mathfrak{R}$ von $_{\lambda \in I}\Pi \mathfrak{R}_\lambda$ durch $(\alpha_\lambda)_{\lambda \in I} \to \alpha_\lambda$ für jedes $\lambda \in I$ homomorph auf $\mathfrak{R}_\lambda$ abgebildet, so wird $\mathfrak{R}$ ein *subdirektes Produkt* der $\mathfrak{R}_\lambda (\lambda \in I)$ genannt. Ist $\mathfrak{R}$ einem subdirekten Produkt der $\mathfrak{R}_\lambda (\lambda \in I)$ isomorph, enthält I sowie jedes $\mathfrak{R}_\lambda$ mindestens zwei Elemente und ist außerdem keiner der oben genannten Homomorphismen des subdirekten Produktes auf $\mathfrak{R}_\lambda (\lambda \in I)$ ein Isomorphismus, so nennt man $\mathfrak{R}$ *subdirekt reduzibel*. Ein nicht subdirekt reduzibler Ring wird *subdirekt irreduzibel* genannt.

Wenn der Ring $\mathfrak{R}$ einem subdirekten Produkt der $\mathfrak{R}_\lambda (\lambda \in I)$ isomorph ist, so sagt man, $\mathfrak{R}$ lasse sich *als ein subdirektes Produkt der $\mathfrak{R}_\lambda (\lambda \in I)$ darstellen*.

Anmerkung 1.3. $\mathfrak{R}$ sei ein subdirektes Produkt der $\mathfrak{R}_\lambda (\lambda \in I)$. Ist dann $\mathfrak{a}_\mu$ der Kern des Homomorphismus $(\alpha_\lambda)_{\lambda \in I} \to \alpha_\mu (\mu \in I)$, so ist $\mathfrak{a}_\mu$ nach Satz 1.11 ein zweiseitiges Ideal, und $\mathfrak{a}_\mu$ ist die Gesamtheit der Elemente $(\alpha_\lambda)_{\lambda \in I}$ von $\mathfrak{R}$ mit $\alpha_\mu = o$. Folglich ist $_{\lambda \in I}\cap \mathfrak{a}_\lambda = (o)$.

Satz 1.12. *Gilt* $\underset{\lambda \in I}{\cap}\, \mathfrak{a}_\lambda = (0)$ *für die zweiseitigen Ideale* $\mathfrak{a}_\lambda\,(\lambda \in I)$ *eines Ringes* $\mathfrak{R}$, *so ist* $\mathfrak{R}$ *einem subdirekten Produkt der* $\mathfrak{R}/\mathfrak{a}_\lambda\,(\lambda \in I)$ *isomorph.*

Beweis. Mit $\mathfrak{R}_0$ werde die Gesamtheit der Elemente von $\underset{\lambda \in I}{\Pi}\, \mathfrak{R}/\mathfrak{a}_\lambda$ bezeichnet, die sich in der Form $(\alpha/\mathfrak{a}_\lambda)_{\lambda \in I}$ mit $\alpha \in \mathfrak{R}$ darstellen lassen. Weil $\alpha \to \alpha/\mathfrak{a}_\lambda$ ein Homomorphismus von $\mathfrak{R}$ auf $\mathfrak{R}/\mathfrak{a}_\lambda$ ist, ergibt sich auch $\alpha \to (\alpha/\mathfrak{a}_\lambda)_{\lambda \in I}$ als ein Homomorphismus von $\mathfrak{R}$ auf $\mathfrak{R}_0$. Ist $\alpha \neq 0$, so gibt es wegen $\underset{\lambda \in I}{\cap}\, \mathfrak{a}_\lambda = (0)$ ein α nicht enthaltendes $\mathfrak{a}_\lambda$. Weil dann $\alpha/\mathfrak{a}_\lambda \neq 0/\mathfrak{a}_\lambda$ gilt, ist der Homomorphismus von $\mathfrak{R}$ auf $\mathfrak{R}_0$ eine eineindeutige Abbildung. Also sind $\mathfrak{R}$ und $\mathfrak{R}_0$ einander isomorph. $\mathfrak{R}/\mathfrak{a}_\lambda$ ist ein homomorphes Bild von $\mathfrak{R}$, also auch von $\mathfrak{R}_0$. Daher ist $\mathfrak{R}_0$ ein subdirektes Produkt der $\mathfrak{R}/\mathfrak{a}_\lambda\,(\lambda \in I)$.

Hilfssatz 1.8. In einem Ringe $\mathfrak{R}$ sei $\{\mathfrak{a}_\lambda ; \lambda \in I\}$ die Gesamtheit der von (0) verschiedenen zweiseitigen Ideale von $\mathfrak{R}$. Der Ring $\mathfrak{R}$ ist genau dann subdirekt irreduzibel, wenn $\underset{\lambda \in I}{\cap}\, \mathfrak{a}_\lambda \neq (0)$ oder $\mathfrak{R} = (0)$.

Beweis. Nach Anmerkung 1.3 und Satz 1.12 ist die Behauptung klar.

Anmerkung 1.4. Ist $\mathfrak{R}$ einfach, so gibt es nach Satz 1.11 in $\mathfrak{R}$ kein von (0) und $\mathfrak{R}$ verschiedenes zweiseitiges Ideal. Also ist $\mathfrak{R}$ nach Hilfssatz 1.8 subdirekt irreduzibel. Ist $\mathfrak{R}$ reduzibel, so gibt es nach Satz 1.7 von (0) und $\mathfrak{R}$ verschiedene zweiseitige Ideale $\mathfrak{a}$, $\mathfrak{a}'$ mit $\mathfrak{R} = \mathfrak{a} \cup \mathfrak{a}'$. Daher ist $\mathfrak{R}$ subdirekt reduzibel. Folglich ist ein subdirekt irreduzibler Ring auch irreduzibel.

Satz 1.13.[1]) *(Darstellung eines Ringes als subdirektes Produkt.) Jeder beliebige Ring* $\mathfrak{R}$ *ist einem subdirekten Produkt von subdirekt irreduziblen Ringen isomorph.*

Beweis. $\mathfrak{R}_0$ sei die Gesamtheit der von 0 verschiedenen Elemente des Ringes $\mathfrak{R}$. Nach dem Zornschen Lemma gibt es unter den zweiseitigen Idealen von $\mathfrak{R}$, die ein $\alpha \in \mathfrak{R}_0$ nicht enthalten, ein maximales. Ein solches werde mit $\mathfrak{a}_\alpha$ bezeichnet. Dann ist $\underset{\alpha \in \mathfrak{R}_0}{\cap}\, \mathfrak{a}_\alpha = (0)$. Also ist $\mathfrak{R}$ nach Satz 1.12 einem subdirekten Produkt der $\mathfrak{R}/\mathfrak{a}_\alpha\,(\alpha \in \mathfrak{R}_0)$ isomorph. Sei $\mathfrak{b}^*$ ein beliebiges von $(0/\mathfrak{a}_\alpha)$ verschiedenes zweiseitiges Ideal von $\mathfrak{R}/\mathfrak{a}_\alpha$. Dann ist $\mathfrak{b} = \{\beta ; \beta/\mathfrak{a}_\alpha \in \mathfrak{b}^*\}$ ein zweiseitiges Ideal in $\mathfrak{R}$, und es ist $\mathfrak{a}_\alpha < \mathfrak{b}$. Also ist $\alpha \in \mathfrak{b}$, und daher $\alpha/\mathfrak{a}_\alpha \in \mathfrak{b}^*$. Folglich ist $\mathfrak{R}/\mathfrak{a}_\alpha$ nach Hilfssatz 1.8 subdirekt irreduzibel.

§ 2. Halbeinfache Ringe

Definition 2.1. Gibt es zu einem Rechts-(Links-)ideal $\mathfrak{a}$ eines Ringes $\mathfrak{R}$ eine natürliche Zahl n mit $\mathfrak{a}^n = (0)$, so heißt $\mathfrak{a}$ ein *nilpotentes Rechts-(Links-)ideal.*

---

[1]) BIRKHOFF [2]. Siehe Fußnote von Satz 4.4, Kapitel I.

Hilfssatz 2.1. Die obere Grenze $\mathfrak{a} \cup \mathfrak{b}$ zweier nilpotenter Rechtsideale eines Ringes $\mathfrak{R}$ ist wieder ein nilpotentes Rechtsideal.

Beweis. Sei $\mathfrak{a}^n = (\mathrm{o})$ und $\mathfrak{b}^m = (\mathrm{o})$. $(\mathfrak{a} \cup \mathfrak{b})^{n+m-1}$ ist die obere Grenze der Produkte, deren $n + m - 1$ Faktoren gleich $\mathfrak{a}$ oder $\mathfrak{b}$ sein können. Jedes Produkt enthält wenigstens n-mal den Faktor $\mathfrak{a}$ oder m-mal den Faktor $\mathfrak{b}$. Sei zunächst das erstere der Fall. Wegen $\mathfrak{a} \mathfrak{R} \leqq \mathfrak{a}$ ist $\dots \mathfrak{a} \dots \mathfrak{a} \dots \mathfrak{a} \dots \leqq \dots \mathfrak{a}^n = (\mathrm{o})$ (an den Stellen der $\dots$ können Elemente $\mathfrak{b}$ stehen). Weil im anderen Falle analog das Produkt gleich (o) ist, gilt $(\mathfrak{a} \cup \mathfrak{b})^{n+m-1} = (\mathrm{o})$.

Hilfssatz 2.2. In einem Ring $\mathfrak{R}$ ist ein nilpotentes Rechtsideal $\mathfrak{a}$ in einem nilpotenten zweiseitigen Ideal enthalten.

Beweis. Sei $\mathfrak{a}^n = (\mathrm{o})$. Dann ist

$$(\mathfrak{R}\,\mathfrak{a})^n = \mathfrak{R}\,(\mathfrak{a}\,\mathfrak{R})^{n-1}\,\mathfrak{a} \leqq \mathfrak{R}\,\mathfrak{a}^{n-1}\,\mathfrak{a} = \mathfrak{R}\,\mathfrak{a}^n = (\mathrm{o})\,,$$

also auch $\mathfrak{R}\mathfrak{a}$ ein nilpotentes Rechtsideal. Nach Hilfssatz 2.1 ist $\mathfrak{a} \cup \mathfrak{R}\mathfrak{a}$ ebenfalls ein nilpotentes Rechtsideal. Weil $\mathfrak{a} \cup \mathfrak{R}\mathfrak{a}$ aber auch ein Linksideal ist, ergibt sich $\mathfrak{a} \cup \mathfrak{R}\mathfrak{a}$ als ein $\mathfrak{a}$ enthaltendes nilpotentes zweiseitiges Ideal.

Hilfssatz 2.3. Die Vereinigungsmenge $\mathfrak{w}$ aller nilpotenten zweiseitigen Ideale eines Ringes $\mathfrak{R}$ ist ein zweiseitiges Ideal.

Beweis. Wenn $\alpha, \beta \in \mathfrak{w}$, so existieren nilpotente zweiseitige Ideale $\mathfrak{a}, \mathfrak{b}$ mit $\alpha \in \mathfrak{a}$ und $\beta \in \mathfrak{b}$. Dann ist $\alpha - \beta \in \mathfrak{a} \cup \mathfrak{b}$. Weil $\mathfrak{a} \cup \mathfrak{b}$ nach den Hilfssätzen 2.1 und 2.1′ ein nilpotentes zweiseitiges Ideal ist, ist also $\alpha - \beta \in \mathfrak{w}$. Für ein $\chi \in \mathfrak{R}$ ist wegen $\alpha \chi, \chi \alpha \in \mathfrak{a}$ auch $\alpha \chi, \chi \alpha \in \mathfrak{w}$. Also ist $\mathfrak{w}$ ein zweiseitiges Ideal.

Definition 2.2. Das in Hilfssatz 2.3 definierte Ideal $\mathfrak{w}$ nennt man das *Radikal* des Ringes $\mathfrak{R}$. Im Falle $\mathfrak{w} = (\mathrm{o})$ sagt man, der Ring $\mathfrak{R}$ *habe kein Radikal*.

Hilfssatz 2.4. In einem Ring $\mathfrak{R}$ ohne Radikal sei ε ein idempotentes Element. Wenn das Rechtsideal $\mathfrak{a} = (\varepsilon)_r$ auch ein Linksideal ist, so liegt ε im Zentrum $\mathfrak{Z}$ von $\mathfrak{R}$, und es ist $\mathfrak{a} = (\varepsilon)_*$.

Beweis. (I) Wegen $\mathfrak{a} = (\varepsilon)_r$ gilt $\chi = \varepsilon \chi$ für alle $\chi \in \mathfrak{a}$. Es ist $(\varepsilon)_l \leqq \mathfrak{a}$. Daher gibt es nach Hilfssatz 1.6′ ein Linksideal $\mathfrak{b}$ mit $\mathfrak{a} = (\varepsilon)_l \cup \mathfrak{b}$ in $L_\mathfrak{R}$, und für $\xi \in \mathfrak{b}$ ist $\xi \varepsilon = \mathrm{o}$. Seien ξ und χ zwei beliebige Elemente von $\mathfrak{b}$. Dann ist $\xi \varepsilon = \mathrm{o}$, und wegen $\mathfrak{b} \leqq \mathfrak{a}$ ist $\chi = \varepsilon \chi$. Also ist $\xi \chi = \xi \varepsilon \chi = \mathrm{o}$ und somit $\mathfrak{b}^2 = (\mathrm{o})$. Da $\mathfrak{R}$ außer (o) kein nilpotentes Ideal hat, ist $\mathfrak{b} = (\mathrm{o})$. Folglich ist $\mathfrak{a} = (\varepsilon)_r = (\varepsilon)_l$.

(II) Sei χ ein beliebiges Element aus $\mathfrak{R}$. Wegen $\varepsilon \chi \in (\varepsilon)_r = (\varepsilon)_l$ ist $\varepsilon \chi = \varepsilon \chi \varepsilon$. Entsprechend ist $\chi \varepsilon = \varepsilon \chi \varepsilon$, also $\varepsilon \chi = \chi \varepsilon$, d. h. ε liegt im Zentrum $\mathfrak{Z}$ von $\mathfrak{R}$.

Definition 2.3. Ist ein Rechtsideal $\mathfrak{a}$ eines Ringes $\mathfrak{R}$ ein Atomelement im Verbande $R_\mathfrak{R}$, so nennt man $\mathfrak{a}$ ein *minimales Rechtsideal* des Ringes $\mathfrak{R}$.

Hilfssatz 2.5. Ein minimales Rechtsideal $\mathfrak{a}$ eines Ringes $\mathfrak{R}$ ist entweder ein nilpotentes Rechtsideal mit $\mathfrak{a}^2 = (\mathrm{o})$, oder es gibt ein idempotentes Element ε mit $\mathfrak{a} = (\varepsilon)_r$.

Beweis. (I) $\mathfrak{a}^2$ ist ein Rechtsideal. Wegen $\mathfrak{a}^2 \leq \mathfrak{a}$ gilt also $\mathfrak{a}^2 = (\mathrm{o})$ oder $\mathfrak{a}^2 = \mathfrak{a}$. Ist $\mathfrak{a}^2 = (\mathrm{o})$, so ist $\mathfrak{a}$ ein nilpotentes Rechtsideal.

(II) Wenn $\mathfrak{a}^2 = \mathfrak{a}$, so gibt es ein $\alpha \in \mathfrak{a}$ mit $\alpha\,\mathfrak{a} \neq (\mathrm{o})$. Nun ist $\alpha\,\mathfrak{a}$ ein Rechtsideal, und wegen $\alpha\,\mathfrak{a} \leq \mathfrak{a}$ gilt daher $\alpha\,\mathfrak{a} = \mathfrak{a}$.

(III) Für das α aus (II) sei $\mathfrak{a}_0$ die Gesamtheit der Elemente $\xi \in \mathfrak{a}$ mit $\alpha\,\xi = \mathrm{o}$. Dann ist $\mathfrak{a}_0$ ein Rechtsideal und nach (II) gilt $\mathfrak{a}_0 < \mathfrak{a}$, also $\mathfrak{a}_0 = (\mathrm{o})$.

(IV) Wegen $\alpha\,\mathfrak{a} = \mathfrak{a}$ lassen sich alle Elemente von $\mathfrak{a}$ in der Form $\alpha\,\chi$ $(\chi \in \mathfrak{a})$ darstellen. Also gibt es in $\mathfrak{a}$ ein Element ε mit $\alpha = \alpha\,\varepsilon$. Wegen $\alpha\,\varepsilon = \alpha\,\varepsilon^2$ ist $\alpha(\varepsilon - \varepsilon^2) = \mathrm{o}$. Es gilt $\varepsilon - \varepsilon^2 \in \mathfrak{a}_0$ und nach (III) somit $\varepsilon - \varepsilon^2 = \mathrm{o}$, d. h. ε ist ein idempotentes Element. Wegen $(\mathrm{o}) \neq (\varepsilon)_r \leq \mathfrak{a}$ ist $\mathfrak{a} = (\varepsilon)_r$.

Definition 2.4. Ein Ring $\mathfrak{R}$ ohne Radikal, dessen Verband $R_{\mathfrak{R}}$ die Minimalbedingung erfüllt, heißt ein *halbeinfacher Ring*.

Hilfssatz 2.6. Jedes von (o) verschiedene Rechtsideal $\mathfrak{a}$ eines halbeinfachen Ringes $\mathfrak{R}$ läßt sich als obere Grenze endlich vieler voneinander unabhängiger minimaler Rechtsideale darstellen, und es existiert ein idempotentes Element ε, so daß $\mathfrak{a} = (\varepsilon)_r$.

Beweis. (I) Ist $\mathfrak{a}$ minimal, so folgt die Behauptung nach Hilfssatz 2.5. Ist $\mathfrak{a}$ nicht minimal, so enthält es ein minimales Rechtsideal, das sich nach Hilfssatz 2.5 in der Form $(\varepsilon_1)_r$ mit ε_1 als idempotentem Element darstellen läßt. Dann gibt es nach Hilfssatz 1.6 ein Rechtsideal $\mathfrak{b}_1$ mit $\mathfrak{a} = (\varepsilon_1)_r \cup \mathfrak{b}_1$. Ist $\mathfrak{b}_1$ nicht minimal, so folgt wiederum $\mathfrak{b}_1 = (\varepsilon_2)_r \cup \mathfrak{b}_2$, wobei $(\varepsilon_2)_r$ ein minimales Rechtsideal und $\mathfrak{b}_2$ ein Rechtsideal ist. Also ist $\mathfrak{a} = (\varepsilon_1)_r \cup (\varepsilon_2)_r \cup \mathfrak{b}_2$. Bei Fortsetzung dieses Verfahrens erhält man eine Folge der Form $\mathfrak{b}_1 > \mathfrak{b}_2 > \cdots$. Weil $R_{\mathfrak{R}}$ die Minimalbedingung erfüllt, muß das Verfahren einmal abbrechen. Also ergibt sich

$$(1) \qquad \mathfrak{a} = (\varepsilon_1)_r \cup \ldots \cup (\varepsilon_n)_r .$$

Der erste Teil der Behauptung ist somit bewiesen.

(II) Nach Hilfssatz 1.6 ist $\varepsilon_i\,\xi = \mathrm{o}$ für $\xi \in \mathfrak{b}_i$, also $\varepsilon_i\,\varepsilon_k = \mathrm{o}$ für $k > i$. Setzt man $\varepsilon_{12} = \varepsilon_1 + \varepsilon_2 - \varepsilon_2\,\varepsilon_1$, so ist ε_{12} ein idempotentes Element, und es gilt $(\varepsilon_{12})_r \leq (\varepsilon_1)_r \cup (\varepsilon_2)_r$. Wegen $\varepsilon_{12}\,\varepsilon_1 = \varepsilon_1$ und $\varepsilon_{12}\,\varepsilon_2 = \varepsilon_2$ gilt $\varepsilon_1, \varepsilon_2 \in (\varepsilon_{12})_r$, also $(\varepsilon_1)_r \cup (\varepsilon_2)_r \leq (\varepsilon_{12})_r$ und folglich $(\varepsilon_{12})_r = (\varepsilon_1)_r \cup (\varepsilon_2)_r$. Es wird $\varepsilon_{123} = \varepsilon_{12} + \varepsilon_3 - \varepsilon_3\,\varepsilon_{12}$ gesetzt. Wegen $\varepsilon_{12}\,\varepsilon_3 = \mathrm{o}$ folgt wie eben, daß ε_{123} ein idempotentes Element ist und $(\varepsilon_{123})_r = (\varepsilon_{12})_r \cup (\varepsilon_3)_r = (\varepsilon_1)_r \cup (\varepsilon_2)_r \cup (\varepsilon_3)_r$ gilt. Wiederholt man dieses Verfahren für die Darstellung (1) der oberen Grenze $\mathfrak{a}$, so erhält man schließlich ein idempotentes Element $\varepsilon_{21 \ldots n}$ mit $(\varepsilon_{12 \ldots n})_r = (\varepsilon_1)_r \cup \ldots \cup (\varepsilon_n)_r = \mathfrak{a}$.

Definition 2.5. Läßt sich ein Ring $\mathfrak{R}$ als obere Grenze endlich vieler voneinander unabhängiger minimaler Rechtsideale darstellen, so nennt man $\mathfrak{R}$ einen *rechts vollreduziblen Ring.*

Satz 2.1. *In einem Ring $\mathfrak{R}$ sind die folgenden vier Aussagen äquivalent:*

(α) $\mathfrak{R}$ *ist halbeinfach.*

(β) $\mathfrak{R}$ *ist ein rechts vollreduzibler Ring mit Einselement.*

(γ) $\mathfrak{R}$ *enthält ein Einselement, und sein Rechtsidealverband $R_\mathfrak{R}$ ist ein endlichdimensionaler komplementärer modularer Verband.*

(δ) $\mathfrak{R}$ *enthält ein Einselement, und die Gesamtheit $\overline{R}_\mathfrak{R}$ der Hauptrechtsideale ist ein Unterverband von $R_\mathfrak{R}$ und als solcher endlichdimensional komplementär modular.*

Dann ist jedes Rechtsideal $\mathfrak{a}$ von $\mathfrak{R}$ ein Hauptrechtsideal, und $\mathfrak{a}$ läßt sich durch ein idempotentes Element ε in der Form $\mathfrak{a} = (\varepsilon)_r$ darstellen.

Beweis. (α) $\to$ (β). Wendet man den Hilfssatz 2.6 auf $\mathfrak{R}$ statt auf $\mathfrak{a}$ an, so folgt, daß $\mathfrak{R}$ rechts vollreduzibel ist und ein idempotentes Element η mit $\mathfrak{R} = (\eta)_r$ existiert. Nach Hilfssatz 2.4 liegt η im Zentrum, und es ist $\mathfrak{R} = (\eta)_*$. Weil für alle $\chi \in \mathfrak{R}$ somit $\chi = \eta\chi = \chi\eta$ gilt, ist η das Einselement von $\mathfrak{R}$.

(β) $\to$ (γ). Ist nach Hilfssatz 2.11, Kapitel III, klar.

(γ) $\to$ (δ). $\mathfrak{R}$ enthält ein Einselement. Weil ein beliebiges Rechtsideal $\mathfrak{a}$ ein Komplement hat, gibt es nach Satz 1.5 ein idempotentes Element ε mit $\mathfrak{a} = (\varepsilon)_r$. Folglich ist $R_\mathfrak{R} = \overline{R}_\mathfrak{R}$.

(δ) $\to$ (α). Sei $\mathfrak{a}$ ein nilpotentes zweiseitiges Ideal von $\mathfrak{R}$, d.h. $\mathfrak{a}^n = (\mathrm{o})$. Wenn $\mathfrak{a} \neq (\mathrm{o})$, gibt es ein $\alpha \in \mathfrak{a}$ mit $\alpha \neq \mathrm{o}$. Weil $(\alpha)_r$ ein Komplement hat, existiert nach Satz 1.5 ein idempotentes Element ε mit $(\alpha)_r = (\varepsilon)_r$. Es ist $\varepsilon^n = \varepsilon$ und somit $(\varepsilon)_r^n \neq (\mathrm{o})$. Wegen $(\varepsilon)_r \leqq \mathfrak{a}$ ist dies ein Widerspruch zu $\mathfrak{a}^n = (\mathrm{o})$. Also hat $\mathfrak{R}$ außer (o) kein nilpotentes zweiseitiges Ideal, d. h. $\mathfrak{R}$ hat kein Radikal.

Sei $\mathfrak{a}$ ein beliebiges Rechtsideal von $\mathfrak{R}$. α durchlaufe alle Elemente von $\mathfrak{a}$. Dann gibt es unter den Dimensionswerten der Quotienten $(\alpha)_r/(\mathrm{o})$ in $\overline{R}_\mathfrak{R}$ einen größten. Sei dieser die Dimension des Quotienten $(\alpha_0)_r/(\mathrm{o})$. Nach Satz 1.5 gibt es ein idempotentes Element ε mit $(\alpha_0)_r = (\varepsilon)_r$ und nach Hilfssatz 1.6 in $R_\mathfrak{R}$ ein Rechtsideal $\mathfrak{b}$ mit $\mathfrak{a} = (\varepsilon)_r \cup \mathfrak{b}$. Gäbe es ein $\beta \in \mathfrak{b}$ mit $\beta \neq \mathrm{o}$, so wäre nach Anmerkung 2.1, Kapitel III, die Dimension von $(\varepsilon)_r \cup (\beta)_r/(\mathrm{o})$ größer als die Dimension von $(\alpha_0)_r/(\mathrm{o})$. Dies ist ein Widerspruch, also ist $\mathfrak{b} = \mathrm{o}$ und daher $\mathfrak{a} = (\alpha_0)_r$. Also sind alle Rechtsideale von $\mathfrak{R}$ Hauptrechtsideale, und die Minimalbedingung gilt daher auch für die Rechtsideale von $\mathfrak{R}$. Folglich ist $\mathfrak{R}$ ein halbeinfacher Ring.

Hilfssatz 2.7. In einem halbeinfachen Ring sind die Eigenschaften „einfach" und „irreduzibel" gleichwertig.

Beweis. Nach Satz 1.7 ist ein einfacher Ring auch irreduzibel. Sei nun $\mathfrak{R}$ ein halbeinfacher, aber nicht einfacher Ring. Dann gibt es ein von (o) und $\mathfrak{R}$ verschiedenes zweiseitiges Ideal $\mathfrak{a}$ in $\mathfrak{R}$. Nach Satz 2.1 existiert ein idempotentes Element ε mit $\mathfrak{a} = (\varepsilon)_r$, nach Hilfssatz 2.4 ist ε im Zentrum $\mathfrak{Z}$ von $\mathfrak{R}$ enthalten. Wegen $\varepsilon \neq 0, 1$ ist $\mathfrak{R}$ nach Satz 1.10 reduzibel. Also ist ein halbeinfacher Ring, der irreduzibel ist, auch einfach.

Anmerkung 2.1. Ist ein Ring $\mathfrak{R}$ mit 1 irreduzibel, so nach Satz 1.10 auch $R_{\mathfrak{R}}$. Also ist nach Anmerkung 3.3, Kapitel III, der (Haupt-)Rechtsidealverband eines irreduziblen halbeinfachen Ringes eine projektive Geometrie. Umgekehrt kann durch Einführung von Koordinaten bewiesen werden, daß eine n-dimensionale projektive Geometrie für $n \geq 3$ dem (Haupt-)Rechtsidealverband eines gewissen irreduziblen halbeinfachen Ringes isomorph ist.[1]

Zu zeigen, daß diese Beziehung auch für den Fall einer nicht endlichen Dimension gilt, ist der Zweck der hier entwickelten Darstellungstheorie. Man beschränkt sich deshalb nicht darauf, daß die Gesamtheit der Hauptrechtsideale eine endliche Dimension hat, sondern muß allgemein Ringe mit einem komplementären modularen Hauptrechtsidealverband suchen. Hierzu hat J. von Neumann [3], [6] die regulären Ringe eingeführt. Näheres hierüber findet man in dem folgenden Paragraphen.

§ 3. Reguläre Ringe

Satz 3.1. *In einem Ring $\mathfrak{R}$ mit Einselement sind die folgenden fünf Aussagen äquivalent:*

(α)   *Jedes Hauptrechtsideal $(\alpha)_r$ hat ein Komplement in $R_{\mathfrak{R}}$.*

(β)   *Zu jedem $\alpha \in \mathfrak{R}$ gibt es ein idempotentes Element ε mit*
$(\alpha)_r = (\varepsilon)_r$.

(γ)   *Zu jedem $\alpha \in \mathfrak{R}$ gibt es ein Element ξ mit $\alpha = \alpha \xi \alpha$.*

(β')   *Zu jedem $\alpha \in \mathfrak{R}$ gibt es ein idempotentes Element ε mit*
$(\alpha)_l = (\varepsilon)_l$.

(α')   *Jedes Hauptlinksideal $(\alpha)_l$ hat ein Komplement in $L_{\mathfrak{R}}$.*

Beweis. (I) Nach Satz 1.5 sind (α) und (β) äquivalent.

(II) Gilt (β), so ist $\alpha = \varepsilon \alpha$ und es existiert ein $\xi \in \mathfrak{R}$ mit $\varepsilon = \alpha \xi$. Also ist $\alpha = \alpha \xi \alpha$, d. h. es gilt ($\gamma$). Gilt umgekehrt ($\gamma$), so setze man $\varepsilon = \alpha \xi$. Dann ist $\varepsilon^2 = \alpha \xi \alpha \xi = \alpha \xi = \varepsilon$. Also ist ε idempotent. Wegen $\varepsilon \in (\alpha)_r$ gilt $(\varepsilon)_r \leq (\alpha)_r$ und wegen $\varepsilon \alpha = \alpha \xi \alpha = \alpha$ ferner $\alpha \in (\varepsilon)_r$, d. h. $(\alpha)_r \leq (\varepsilon)_r$. Folglich ist $(\alpha)_r = (\varepsilon)_r$. Also gilt ($\beta$).

---

[1] Siehe Anm. 3.3, Kapitel XI.

(III) Nach (I) und (II) sind (α), (β) und (γ) äquivalent. Ersetzt man die Rechts- durch Linksideale, so folgt, daß (α'), (β') und (γ) gleichwertig sind.

Definition 3.1. Einen Ring mit Einselement, in dem eine (und damit jede) der fünf Aussagen von Satz 3.1 gilt, nennt man einen *regulären Ring*[1]).

Hilfssatz 3.1. Sind $\mathfrak{a}$ und $\mathfrak{b}$ Hauptrechtsideale in einem regulären Ring $\mathfrak{R}$, so ist auch $\mathfrak{a} \cup \mathfrak{b}$ ein Hauptrechtsideal.

Beweis. Sei $\mathfrak{a} = (\varepsilon)_r$ und $\mathfrak{b} = (\beta)_r$ (ε ein idempotentes Element). Dann ist

$$\mathfrak{a} \cup \mathfrak{b} = \{\varepsilon\,\xi + \beta\,\zeta;\ \xi, \zeta \in \mathfrak{R}\} = \{\varepsilon\,(\xi + \beta\,\zeta) + (1 - \varepsilon)\,\beta\,\zeta;\ \xi, \zeta \in \mathfrak{R}\}.$$

Setzt man also $\gamma = (1 - \varepsilon)\,\beta$, so ist $\mathfrak{a} \cup \mathfrak{b} = (\varepsilon)_r \cup (\gamma)_r$. Wegen der Regularität von $\mathfrak{R}$ existiert ein idempotentes Element η' mit $(\gamma)_r = (\eta')_r$. Es ist $\varepsilon\gamma = 0$ und wegen $\eta' = \gamma\chi$ auch $\varepsilon\eta' = 0$. Setzt man $\eta = \eta'(1-\varepsilon)$, so ist wegen $(1-\varepsilon)\eta' = \eta'$ auch $\eta^2 = \eta'(1-\varepsilon)\eta'(1-\varepsilon) = \eta'(1-\varepsilon) = \eta$, also η idempotent. Wegen $\eta = \eta'(1-\varepsilon)$ ist $(\eta)_r \leq (\eta')_r$. Da ferner $\eta\eta' = \eta'$ gilt, ist $(\eta)_r \geq (\eta')_r$, also $(\eta)_r = (\eta')_r$ und folglich $\mathfrak{a} \cup \mathfrak{b} = (\varepsilon)_r \cup (\eta)_r$. Auf Grund der Gleichungen $\varepsilon\eta = \varepsilon\eta'(1-\varepsilon) = 0$ und $\eta\varepsilon = \eta'(1-\varepsilon)\varepsilon = 0$ ist $\varepsilon + \eta$ nach Satz 1.3 ein idempotentes Element und $(\varepsilon + \eta)_r = (\varepsilon)_r \dot{\cup} (\eta)_r$, d. h. $a \cup b$ ist gleich dem Hauptrechtsideal $(\varepsilon + \eta)_r$.

Hilfssatz 3.2. Sind $\mathfrak{a}$ und $\mathfrak{b}$ Hauptrechtsideale in einem regulären Ring $\mathfrak{R}$, so ist auch $\mathfrak{a} \cap \mathfrak{b}$ ein Hauptrechtsideal.

Beweis. Sei $\mathfrak{a} = (\varepsilon)_r$ und $\mathfrak{b} = (\eta)_r$ (ε, η idempotente Elemente). Nach Hilfssatz 1.4 (II) und Hilfssatz 1.3 (IV') ist $\mathfrak{a} \cap \mathfrak{b} = (\varepsilon)_r^{l\,r} \cap (\eta)_r^{l\,r} = ((\varepsilon)_r^l \cup (\eta)_r^l)^r$. Weil $(\varepsilon)_r^l$ und $(\eta)_r^l$ nach Hilfssatz 1.4 (I) Hauptlinksideale sind, ist $(\varepsilon)_r^l \cup (\eta)_r^l$ nach Hilfssatz 3.1' ein Hauptlinksideal. Also ist $\mathfrak{a} \cap \mathfrak{b}$ nach Hilfssatz 1.4 (I') ein Hauptrechtsideal.

Satz 3.2. *Ein Ring $\mathfrak{R}$ ist genau dann regulär, wenn $\mathfrak{R}$ ein Einselement enthält und die Gesamtheit $\overline{R}_{\mathfrak{R}}$ der Hauptrechtsideale von $\mathfrak{R}$ ein Unterverband von $R_{\mathfrak{R}}$ und als solcher komplementär modular ist.*

Beweis. (I) Notwendig. Nach den Hilfssätzen 3.1 und 3.2 ist $\overline{R}_{\mathfrak{R}}$ ein Unterverband von $R_{\mathfrak{R}}$. Also ist $\overline{R}_{\mathfrak{R}}$ nach den Sätzen 1.1 und 1.5 ein komplementärer modularer Verband.

(II) Hinreichend. $\mathfrak{R}$ erfüllt offensichtlich die Bedingung (α) von Satz 3.1.

---

[1]) Ein regulärer Ring hat kein Radikal. Sei nämlich $\mathfrak{a}$ ein beliebiges zweiseitiges Ideal. Zu jedem $\alpha \in \mathfrak{a}$ gibt es ein ξ mit $\alpha = \alpha\,\xi\,\alpha$. Wegen $\alpha = \alpha\,\xi\,\alpha \in \mathfrak{a}^2$ ist $\mathfrak{a} \leq \mathfrak{a}^2$. Da offensichtlich auch $\mathfrak{a}^2 \leq \mathfrak{a}$ gilt, ist $\mathfrak{a}^2 = \mathfrak{a}$ und daher allgemein $\mathfrak{a}^n = \mathfrak{a}$ ($n = 1, 2, \ldots$).

Definition 3.2. Bei einem regulären Ring $\Re$ nennt man die Gesamtheit $\bar{R}_\Re$ der Hauptrechtsideale den *Hauptrechtsidealverband* von $\Re$, die Gesamtheit $\bar{L}_\Re$ der Hauptlinksideale den *Hauptlinksidealverband* von $\Re$. Statt $\bar{R}_\Re$ (bzw. $\bar{L}_\Re$) schreibt man auch $\bar{R}(\Re)$ (bzw. $\bar{L}(\Re)$).

Anmerkung 3.1. In einem halbeinfachen Ring $\Re$ ist $R_\Re = \bar{R}_\Re$ nach Satz 2.1 und entsprechend $L_\Re = \bar{L}_\Re$.

Satz 3.3. *Für einen regulären Ring $\Re$ sind die Abbildungen $\mathfrak{a} \to \mathfrak{a}^l$, $\mathfrak{b} \to \mathfrak{b}^r$ zueinander inverse Dualisomorphismen von $\bar{R}_\Re$ auf $\bar{L}_\Re$ bzw. von $\bar{L}_\Re$ auf $\bar{R}_\Re$.*

Beweis. Wenn $\mathfrak{a} \in \bar{R}_\Re$, so ist $\mathfrak{a}^l \in \bar{L}_\Re$ nach Hilfssatz 1.4 (I). Entsprechend folgt aus $\mathfrak{b} \in \bar{L}_\Re$, daß $\mathfrak{b}^r \in \bar{R}_\Re$. Nach Hilfssatz 1.4 (II) und 1.4' (II) sind die Abbildungen zueinander invers. Nach Hilfssatz 1.3 (I) ist $\mathfrak{a}_1^l \geqq \mathfrak{a}_1^l$, wenn $\mathfrak{a}_1 \leqq \mathfrak{a}_2$, und $\mathfrak{b}_1^r \geqq \mathfrak{b}_2^r$, wenn $\mathfrak{b}_1 \leqq \mathfrak{b}_2$. Also handelt es sich um Dualisomorphismen.

Satz 3.4. *Das Zentrum $\mathfrak{Z}$ eines regulären Ringes $\Re$ ist ein regulärer Ring.*

Beweis. Das Zentrum $\mathfrak{Z}$ ist ein Unterring von $\Re$ und enthält das Einselement 1. Sei α ein beliebiges Element aus $\mathfrak{Z}$. Weil $\Re$ regulär ist, gibt es ein $\xi \in \Re$ mit $\alpha = \alpha \xi \alpha$. Setzt man $\zeta = \alpha^2 \xi^3$, so ist $\alpha \zeta \alpha = \alpha \alpha^2 \xi^3 \alpha = \alpha \xi \alpha \xi \alpha \xi \alpha = \alpha$. Wegen $\xi \alpha^2 = \alpha \xi \alpha = \alpha \in \mathfrak{Z}$ ist $\xi \alpha^2 \chi = \chi \xi \alpha^2 = \alpha^2 \chi \xi$ für ein beliebiges $\chi \in \Re$. Also ist $\alpha^2 \chi$ mit ξ vertauschbar und somit auch ξ^3 mit $\alpha^2 \chi$. Folglich gilt

$$\zeta \chi = \alpha^2 \xi^3 \chi = \xi^3 \alpha^2 \chi = \alpha^2 \chi \xi^3 = \chi \alpha^2 \xi^3 = \chi \zeta,$$

d. h. $\zeta \in \mathfrak{Z}$. Also ist $\mathfrak{Z}$ ein regulärer Ring.

Satz 3.5. *In einem regulären Ring $\Re$ ist das Zentrum $Z_\Re$ von $R_\Re$ auch das Zentrum von $\bar{R}_\Re$.*

Beweis. (I) Weil sich ein Zentrumselement $\mathfrak{a}$ von $R_\Re$ nach Satz 1.8 durch ein idempotentes Element ε des Zentrums $\mathfrak{Z}$ von $\Re$ als $\mathfrak{a} = (\varepsilon)_*$ darstellen läßt, ist $\mathfrak{a} \in \bar{R}_\Re$. Da ferner $\mathfrak{a}$ ein neutrales Element von $R_\Re$ ist, ist $\mathfrak{a}$ also ein neutrales Element von $\bar{R}_\Re$. Das Element $\mathfrak{a}$ hat in $\bar{R}_\Re$ das Komplement $(1 - \varepsilon)_*$. Daher ist $\mathfrak{a}$ nach Satz 3.3, Kapitel I, ein Zentrumselement von $\bar{R}_\Re$.

(II) Sei umgekehrt $\mathfrak{a}$ ein Zentrumselement von $\bar{R}_\Re$. Analog zum Beweise $(\alpha) \to (\beta)$ von Satz 1.8 folgt, daß sich $\mathfrak{a}$ durch ein idempotentes Element ε des Zentrums $\mathfrak{Z}$ von $\Re$ als $\mathfrak{a} = (\varepsilon)_*$ darstellen läßt. Also ist $\mathfrak{a}$ ein Zentrumselement von $R_\Re$.

Satz 3.6. *In einem regulären Ring $\mathfrak{R}$ sind die folgenden vier Aussagen äquivalent:*

(α)   *$\mathfrak{R}$ ist irreduzibel.*

(β)   *$\overline{R}_{\mathfrak{R}}$ ist irreduzibel.*

(γ)   *o und 1 sind die einzigen idempotenten Elemente des Zentrums $\mathfrak{Z}$ von $\mathfrak{R}$.*

(δ)   *Das Zentrum $\mathfrak{Z}$ von $\mathfrak{R}$ ist ein Körper.*

Beweis. Nach Satz 3.5 sind die Irreduzibilität von $R_{\mathfrak{R}}$ und die Irreduzibilität von $\overline{R}_{\mathfrak{R}}$ gleichwertig: (α) $\longleftrightarrow$ (β). Nach Satz 1.10 gilt somit (α) $\longleftrightarrow$ (β) $\longleftrightarrow$ (γ).

(γ) $\to$ (δ). Nach Satz 3.4 sind nur $(o)_*$ und $(1)_*$ Hauptideale in dem Ring $\mathfrak{Z}$. Also ist $(\alpha)_* = (1)_*$ für ein beliebiges $\alpha \in \mathfrak{Z}$ mit $\alpha \neq o$. Daher gibt es ein $\chi \in \mathfrak{Z}$ mit $\alpha \chi = \chi \alpha = 1$. Folglich ist $\mathfrak{Z}$ ein Körper.

(δ) $\to$ (γ). Sei ε ein beliebiges idempotentes Element von $\mathfrak{Z}$. Dann gilt $\varepsilon (1 - \varepsilon) = o$. Also ist $\varepsilon = o$ oder $\varepsilon = 1$.

§ 4. Faktorkorrespondenz und Perspektivität in einem regulären Ring[1]

In diesem Paragraphen sei $\mathfrak{R}$ ein regulärer Ring. Nach Satz 3.2 ist dann der Hauptrechtsidealverband $\overline{R}_{\mathfrak{R}}$ von $\mathfrak{R}$ ein komplementärer modularer Verband.

Satz 4.1. *In $\overline{R}_{\mathfrak{R}}$ ist genau dann $\mathfrak{a} \sim \mathfrak{b}$, wenn idempotente Elemente ε, η mit $\mathfrak{a} = (\varepsilon)_r$, $\mathfrak{b} = (\eta)_r$ und $(\varepsilon)_l = (\eta)_l$ existieren.*

Beweis. Nach Anmerkung 2.1, Kapitel II, und Satz 1.5 ist $\mathfrak{a} \sim \mathfrak{b}$ genau dann, wenn es idempotente Elemente ε, η mit $\mathfrak{a} = (\varepsilon)_r$, $\mathfrak{b} = (\eta)_r$ und $(1 - \varepsilon)_r = (1 - \eta)_r$ gibt. Nun bedeutet $(1 - \varepsilon)_r = (1 - \eta)_r$ dasselbe wie $1 - \varepsilon = (1 - \eta)(1 - \varepsilon)$ zusammen mit $1 - \eta = (1 - \varepsilon)(1 - \eta)$, d. h. aber $\eta = \eta \varepsilon$ und $\varepsilon = \varepsilon \eta$, also auch dasselbe wie $(\varepsilon)_l = (\eta)_l$.

Hilfssatz 4.1. Für die idempotenten Elemente ε, η sei $\mathfrak{a} = (\varepsilon)_r$, $\mathfrak{b} = (\eta)_r$ und $\varepsilon \eta = \eta \varepsilon = o$. Genau dann ist $\mathfrak{c} \in L_{\mathfrak{b}\mathfrak{a}}$[2], wenn ein $\psi \in \mathfrak{R}$ mit

(1) $$\varepsilon \psi = \psi \eta = \psi, \quad \mathfrak{c} = (\eta - \psi)_r$$

existiert. Das Element ψ ist dann zu $\mathfrak{c}$ eindeutig bestimmt.

Beweis. (I) Notwendig. Sei $\mathfrak{c} \in L_{\mathfrak{b}\mathfrak{a}}$. Wegen $\eta \in \mathfrak{b} \leq \mathfrak{a} \cup \mathfrak{c}$ existieren $\psi \in \mathfrak{a}$ und $\chi \in \mathfrak{c}$ mit $\eta = \psi + \chi$. Es ist $\mathfrak{a} \cup (\chi)_r \leq \mathfrak{a} \cup \mathfrak{c} = \mathfrak{a} \cup \mathfrak{b}$. Wegen $\mathfrak{b} = (\eta)_r \leq (\psi)_r \cup (\chi)_r \leq \mathfrak{a} \cup (\chi)_r$ ist andererseits $\mathfrak{a} \cup \mathfrak{b} \leq \mathfrak{a} \cup (\chi)_r$ und daher $\mathfrak{a} \cup (\chi)_r = \mathfrak{a} \cup \mathfrak{b}$. Weil ferner $\mathfrak{a} \cap (\chi)_r \leq \mathfrak{a} \cap \mathfrak{c} = (o)$ gilt, ist

---

[1] von Neumann [6] II, Kapitel XV.
[2] Def. 1.1, Kapitel II.

$(\chi)_r \in L_{\mathfrak{b}\mathfrak{a}}$. Es ist aber $(\chi)_r \leq \mathfrak{c}$ und daher nach Satz 1.4, Kapitel I, $\mathfrak{c} = (\chi)_r = (\eta - \psi)_r$. Wegen $\psi \in \mathfrak{a}$ ist $\varepsilon\psi = \psi$ und $\psi(\eta - 1) \in \mathfrak{a}$. Es gilt aber auch $\psi(\eta - 1) = (\eta - \psi)(1 - \eta) \in \mathfrak{c}$ und somit $\psi(\eta - 1) = 0$, d. h. $\psi\eta = \psi$.

(II) Hinreichend. Man wähle ein $\psi \in \mathfrak{R}$ mit $\varepsilon\psi = \psi\eta = \psi$ und setze $\mathfrak{c} = (\eta - \psi)_r$. Wegen $\psi \in \mathfrak{a}$ ist $\eta - \psi \in \mathfrak{a} \cup \mathfrak{b}$, d. h. $\mathfrak{c} \leq \mathfrak{a} \cup \mathfrak{b}$, also $\mathfrak{a} \cup \mathfrak{c} \leq \mathfrak{a} \cup \mathfrak{b}$. Sei τ ein beliebiges Element aus $\mathfrak{b}$. Wegen $\tau = \eta\tau = \psi\tau + (\eta - \psi)\tau \in \mathfrak{a} \cup \mathfrak{c}$ ist $\mathfrak{b} \leq \mathfrak{a} \cup \mathfrak{c}$, also $\mathfrak{a} \cup \mathfrak{b} \leq \mathfrak{a} \cup \mathfrak{c}$ und folglich $\mathfrak{a} \cup \mathfrak{c} = \mathfrak{a} \cup \mathfrak{b}$.

Sei nun $\omega \in \mathfrak{a} \cap \mathfrak{c}$. Es ist also $\omega = \varepsilon\omega$ und $\omega = (\eta - \psi)\zeta$, somit $\omega = \varepsilon(\eta - \psi)\zeta = -\varepsilon\psi\zeta = -\psi\zeta$ und folglich $(\eta - \psi)\zeta = \omega = -\psi\zeta$, also $\eta\zeta = 0$. Nach (1) ist daher $\omega = -\psi\zeta = -\psi\eta\zeta = 0$; d. h. es ist $\mathfrak{a} \cap \mathfrak{c} = (0)$, also $\mathfrak{c} \in L_{\mathfrak{b}\mathfrak{a}}$.

(III) Angenommen, ψ und ψ' erfüllen (1). Dann ist $\mathfrak{c} = (\eta - \psi)_r = (\eta - \psi')_r$ und $\psi - \psi' \in \mathfrak{a}$. Wegen $\psi - \psi' = (\eta - \psi') - (\eta - \psi) \in \mathfrak{c}$ gilt daher $\psi - \psi' = 0$.

Satz 4.2. *Für die idempotenten Elemente ε, η sei $\mathfrak{a} = (\varepsilon)_r$, $\mathfrak{b} = (\eta)_r$ und $\varepsilon\eta = \eta\varepsilon = 0$. Genau dann gibt es ein $\mathfrak{c}$ mit $C(\mathfrak{a}, \mathfrak{b}, \mathfrak{c})$[1]), wenn Elemente $\varphi, \psi \in \mathfrak{R}$ mit*

$$(1) \qquad \varepsilon\psi = \psi\eta = \psi, \quad \eta\varphi = \varphi\varepsilon = \varphi, \quad \varphi\psi = \eta, \quad \psi\varphi = \varepsilon$$

existieren, und zwar gilt $C(\mathfrak{a}, \mathfrak{b}, \mathfrak{c})$ unter der Bedingung (1) für

$$\mathfrak{c} = (\eta - \psi)_r = (\varepsilon - \varphi)_r \,.$$

Beweis. (I) Notwendig. Gilt $C(\mathfrak{a}, \mathfrak{b}, \mathfrak{c})$, so gibt es nach Hilfssatz 4.1 Elemente $\varphi, \psi \in \mathfrak{R}$ mit $\varepsilon\psi = \psi\eta = \psi$, $\eta\varphi = \varphi\varepsilon = \varphi$ und $\mathfrak{c} = (\eta - \psi)_r = (\varepsilon - \varphi)_r$. Wegen $\eta - \psi = (\varepsilon - \varphi)\zeta$ und $\varepsilon\varphi = \varepsilon\eta\varphi = 0$ ist

$$-\psi = \varepsilon(\eta - \psi) = \varepsilon(\varepsilon - \varphi)\zeta = \varepsilon\zeta \,,$$

also

$$\eta - \psi = (\varepsilon - \varphi)\zeta = (\varepsilon - \varphi)\varepsilon\zeta = -(\varepsilon - \varphi)\psi = -\psi + \varphi\psi \,,$$

d. h. $\varphi\psi = \eta$. Entsprechend folgt $\psi\varphi = \varepsilon$.

(II) Hinreichend. φ, ψ seien Elemente aus $\mathfrak{R}$, die (1) erfüllen. Nach Hilfssatz 4.1 ist dann $(\eta - \psi)_r \in L_{\mathfrak{b}\mathfrak{a}}$ und $(\varepsilon - \varphi)_r \in L_{\mathfrak{a}\mathfrak{b}}$. Wegen

$$\eta - \psi = \varphi\psi - \varepsilon\psi = -(\varepsilon - \varphi)\psi, \quad \varepsilon - \varphi = \psi\varphi - \eta\varphi = -(\eta - \psi)\varphi$$

ist $(\eta - \psi)_r = (\varepsilon - \varphi)_r$. Setzt man dieses Rechtsideal gleich $\mathfrak{c}$, so gilt also $C(\mathfrak{a}, \mathfrak{b}, \mathfrak{c})$.

Definition 4.1. Wenn es sich für $\mathfrak{a}, \mathfrak{b} \in \overline{R}_{\mathfrak{R}}$ bei

$$(1) \qquad\qquad \alpha \to \varphi\alpha, \quad \beta \to \psi\beta \quad (\alpha \in \mathfrak{a}, \beta \in \mathfrak{b})$$

---

[1]) Def. 2.2, Kapitel II.

um eine Abbildung von $\mathfrak{a}$ auf $\mathfrak{b}$ und ihre inverse Abbildung handelt, so nennt man das Abbildungspaar (1) eine *Faktorkorrespondenz* von $\mathfrak{a}$ und $\mathfrak{b}$; φ und ψ heißen die *Faktoren* der Korrespondenz.

Anmerkung 4.1. Für $\alpha \in \mathfrak{a}$ ist $\psi \varphi \alpha = \alpha$; für $\beta \in \mathfrak{b}$ ist $\varphi \psi \beta = \beta$.

Anmerkung 4.2. $\mathfrak{a} = \{\psi \beta; \beta \in \mathfrak{b}\} \leqq (\psi)_r$ und entsprechend $\mathfrak{b} \leqq (\varphi)_r$.

Definition 4.2. Ist in einer Faktorkorrespondenz (1) von $\mathfrak{a}$ und $\mathfrak{b}$ insbesondere $\mathfrak{a} = (\psi)_r$ und $\mathfrak{b} = (\varphi)_r$, so nennt man φ und ψ *spezielle Faktoren*.

Satz 4.3. *Wird* $\varepsilon = \psi \varphi$ *und* $\eta = \varphi \psi$ *gesetzt, so sind* φ *und* ψ *genau dann spezielle Faktoren einer Faktorkorrespondenz von* $\mathfrak{a}$ *und* $\mathfrak{b}$, *wenn die beiden folgenden Bedingungen gleichzeitig gelten:*

($1°$)　　ε *und* η *sind idempotente Elemente, und es ist* $\mathfrak{a} = (\varepsilon)_r$ *und* $\mathfrak{b} = (\eta)_r$.

($2°$)　　$\varepsilon \psi = \psi \eta = \psi$ *und* $\eta \varphi = \varphi \varepsilon = \varphi$.

Beweis. (I) Notwendig. Wegen $\psi \in \mathfrak{a}$ und $\varphi \in \mathfrak{b}$ (nach Definition 4.2) ist nach Anmerkung 4.1 $\psi \varphi \psi = \psi$ und $\varphi \psi \varphi = \varphi$, also $\varepsilon^2 = \psi \varphi \psi \varphi = \psi \varphi = \varepsilon$ und entsprechend $\eta^2 = \eta$. Ferner ist $\psi = \psi \varphi \psi = \varepsilon \psi = \psi \eta$. Die andere Beziehung der Bedingung ($2°$) folgt entsprechend. Wegen $\varepsilon = \psi \varphi$ und $\psi = \varepsilon \psi$ ist $\mathfrak{a} = (\psi)_r = (\varepsilon)_r$ und entsprechend $\mathfrak{b} = (\varphi)_r = (\eta)_r$.

(II) Hinreichend. Wenn $\alpha \in \mathfrak{a} = (\varepsilon)_r$, so ist $\varphi \alpha = \eta \varphi \alpha \in (\eta)_r = \mathfrak{b}$, und entsprechend folgt $\psi \beta \in \mathfrak{a}$ aus $\beta \in \mathfrak{b} = (\eta)_r$. Es ist $\psi \varphi \alpha = \varepsilon \alpha = \alpha$ und $\varphi \psi \beta = \eta \beta = \beta$. Also ist durch φ und ψ eine Faktorkorrespondenz zwischen $\mathfrak{a}$ und $\mathfrak{b}$ gegeben. Wegen $\varepsilon = \psi \varphi$ und $\psi = \varepsilon \psi$ ist $\mathfrak{a} = (\varepsilon)_r = (\psi)_r$. Entsprechend ergibt sich $\mathfrak{b} = (\eta)_r = (\varphi)_r$. Folglich sind die Faktoren φ und ψ speziell.

Satz 4.4. *Zwischen* $\mathfrak{a} = (\varepsilon)_r$ *und* $\mathfrak{b} = (\eta)_r$ (ε, η *idempotente Elemente*) *sei eine Faktorkorrespondenz gegeben. Dann gibt es genau ein Paar spezielle Faktoren* φ, ψ, *welche dieselbe Korrespondenz bestimmen und die Gleichungen* $\psi \varphi = \varepsilon$ *und* $\varphi \psi = \eta$ *erfüllen.*

Beweis. (I) Sei $\alpha \to \varphi' \alpha$, $\beta \to \psi' \beta$ ($\alpha \in \mathfrak{a}$, $\beta \in \mathfrak{b}$) eine Faktorkorrespondenz. Setzt man $\varphi = \eta \varphi' \varepsilon$ und $\psi = \varepsilon \psi' \eta$, so bestimmen φ und ψ wegen $\varphi \alpha = \eta \varphi' \varepsilon \alpha = \eta \varphi' \alpha = \eta \beta = \beta$ und $\psi \beta = \varepsilon \psi' \eta \beta = \varepsilon \psi' \beta = \varepsilon \alpha = \alpha$ dieselbe Faktorkorrespondenz wie φ' und ψ'.

(II) Wegen $\psi = \varepsilon \psi' \eta$ ist $(\psi)_r \leqq (\varepsilon)_r = \mathfrak{a}$, nach Anmerkung 4.2 also $\mathfrak{a} = (\psi)_r$. Entsprechend ergibt sich $\mathfrak{b} = (\varphi)_r$. Folglich sind φ und ψ spezielle Faktoren.

(III) Wegen $\psi' \eta \in (\varepsilon)_r$ und $\varphi' \varepsilon \in (\eta)_r$ ist $\psi' \eta = \varepsilon \psi' \eta$ und $\varphi' \varepsilon = \eta \varphi' \varepsilon$, also

$$\psi \varphi = \varepsilon \psi' \eta \, \eta \varphi' \varepsilon = \psi' \eta \, \eta \varphi' \varepsilon = \psi' \eta \varphi' \varepsilon = \psi' \varphi' \varepsilon = \varepsilon.$$

Entsprechend folgt $\varphi \psi = \eta$.

(IV) φ_1 und ψ_1 seien spezielle Faktoren der durch ψ und φ bestimmten Korrespondenz, und es sei $\psi_1 \varphi_1 = \varepsilon$, $\varphi_1 \psi_1 = \eta$. Wegen $\varepsilon = \psi \varphi = \psi_1 \varphi_1 \in \mathfrak{a}$ ist $\varphi \psi \varphi = \varphi_1 \psi_1 \varphi_1$, nach Anmerkung 4.1 also $\varphi = \varphi_1$. Entsprechend folgt $\psi = \psi_1$.

Satz 4.5. *Zwischen $\mathfrak{a}$ und $\mathfrak{b}$ gibt es genau dann eine Faktorkorrespondenz, wenn Elemente ξ, ζ mit $\mathfrak{a} = (\xi)_r$, $\mathfrak{b} = (\zeta)_r$ und $(\xi)_l = (\zeta)_l$ existieren. Die Korrespondenz kann dann zu vorgegebenen Elementen φ, ψ mit $\zeta = \varphi \xi$ und $\xi = \psi \zeta$ noch so gewählt werden, daß sie die Faktoren φ, ψ hat.*

Beweis. (I) Notwendig. φ und ψ seien spezielle Faktoren, und es sei $\psi \varphi = \varepsilon$. Nach Satz 4.3 ist dann $\mathfrak{a} = (\varepsilon)_r$, $\mathfrak{b} = (\varphi)_r$ und $\varphi \varepsilon = \varphi$. Wegen $\psi \varphi = \varepsilon$ und $\varphi \varepsilon = \varphi$ ist also $\varepsilon \in (\varphi)_l$ und $\varphi \in (\varepsilon)_l$, d. h. $(\varepsilon)_l = (\varphi)_l$.

(II) Hinreichend. Wegen $(\xi)_l = (\zeta)_l$ gibt es Elemente φ, ψ mit $\zeta = \varphi \xi$ und $\xi = \psi \zeta$. Wegen $\xi = \psi \varphi \xi$ und $\zeta = \varphi \psi \zeta$ ist durch die Faktoren φ und ψ eine Faktorkorrespondenz zwischen $(\xi)_r$ und $(\zeta)_r$ gegeben.

Satz 4.6. *Wenn $\mathfrak{a} \sim \mathfrak{b}$ in $\overline{R}_{\mathfrak{R}}$, so gibt es eine Faktorkorrespondenz zwischen $\mathfrak{a}$ und $\mathfrak{b}$. Ist umgekehrt $\mathfrak{a} \cap \mathfrak{b} = (\mathrm{o})$ und gibt es eine Faktorkorrespondenz zwischen $\mathfrak{a}$ und $\mathfrak{b}$, so ist $\mathfrak{a} \sim \mathfrak{b}$.*

Beweis. (I). Der erste Teil der Behauptung folgt unmittelbar aus den Sätzen 4.1 und 4.5.

(II) Wenn zwischen $\mathfrak{a} = (\varepsilon)_r$ und $\mathfrak{b} = (\eta)_r$ $(\varepsilon, \eta$ idempotente Elemente) eine Faktorkorrespondenz besteht, so existieren nach den Sätzen 4.4 und 4.3 spezielle Faktoren φ, ψ und diese erfüllen die Bedingung (1) von Satz 4.2. Setzt man also $\mathfrak{c} = (\eta - \psi)_r = (\varepsilon - \varphi)_r$, so gilt $C(\mathfrak{a}, \mathfrak{b}, \mathfrak{c})$, d. h. $\mathfrak{a} \sim \mathfrak{b}$.

Satz 4.7. *In $\overline{R}_{\mathfrak{R}}$ sei zwischen den Rechtsidealen $\mathfrak{a}$ und $\mathfrak{b}$ sowohl wie zwischen den Rechtsidealen $\mathfrak{b}$ und $\mathfrak{c}$ je eine Faktorkorrespondenz gegeben. Die Hintereinanderausführung dieser beiden Korrespondenzen ist eine Faktorkorrespondenz zwischen $\mathfrak{a}$ und $\mathfrak{c}$.*

Beweis. Sei $\mathfrak{a} = (\varepsilon)_r$, $\mathfrak{b} = (\eta)_r$ und $\mathfrak{c} = (\omega)_r$ $(\varepsilon, \eta, \omega$ idempotente Elemente). Dann gibt es nach Satz 4.4 zu $\mathfrak{a}, \mathfrak{b}$ spezielle Faktoren φ, ψ mit $\psi \varphi = \varepsilon$ und $\varphi \psi = \eta$ und zu $\mathfrak{b}, \mathfrak{c}$ spezielle Faktoren μ, ν mit $\nu \mu = \eta$ und $\mu \nu = \omega$. Weil nach Satz 4.3 somit $\varepsilon \psi = \psi \eta = \psi$, $\eta \varphi = \varphi \varepsilon = \varphi$, $\eta \nu = \nu \omega = \nu$ und $\omega \mu = \mu \eta = \mu$ gilt, ist $\psi \nu \mu \varphi = \psi \eta \varphi = \psi \varphi = \varepsilon$ und entsprechend $\mu \varphi \psi \nu = \omega$. Ferner ist $\varepsilon \psi \nu = \psi \nu$, $\psi \nu \omega = \psi \nu$ und entsprechend $\omega \mu \varphi = \mu \varphi \varepsilon = \mu \varphi$. Also ist nach Satz 4.3 durch $\mu \varphi$ und $\psi \nu$ eine Faktorkorrespondenz zwischen $\mathfrak{a}$ und $\mathfrak{c}$ gegeben, und $\mu \varphi$, $\psi \nu$ sind spezielle Faktoren.

Anmerkung 4.3. Nach den Sätzen 4.6 und 4.7 folgt für $\mathfrak{a} \cap \mathfrak{b} = (\mathrm{o})$ aus $\mathfrak{a} \approx \mathfrak{b}$, daß auch $\mathfrak{a} \sim \mathfrak{b}$ ist.[1]

---

[1] Siehe Satz 3.7, Kapitel II.

Satz 4.8. *Durch eine Faktorkorrespondenz* $\alpha \longleftrightarrow \beta$ *($\alpha \in \mathfrak{a}$, $\beta \in \mathfrak{b}$)* *zwischen* $\mathfrak{a}$ *und* $\mathfrak{b}$ *in* $\overline{R}_{\mathfrak{R}}$ *ist das Isomorphismenpaar* $(\alpha)_r \longleftrightarrow (\beta)_r$ *zwischen* $L((\mathrm{o}), \mathfrak{a})$ *und* $L((\mathrm{o}), \mathfrak{b})$ *gegeben. Die Faktorkorrespondenz* $\alpha \longleftrightarrow \beta$ *ruft eine solche zwischen* $(\alpha)_r$, $(\beta)_r$ *mit denselben Faktoren hervor.*

Beweis. φ und ψ seien die Faktoren einer Korrespondenz. Wenn $\alpha_1 \in (\alpha)_r$, so ist $\alpha_1 = \alpha\,\xi$ ($\xi \in \mathfrak{R}$). Also gilt für das dem α_1 zugeordnete Element $\beta_1 = \varphi\,\alpha_1 = \varphi\,\alpha\,\xi = \beta\,\xi$, d. h. $\beta_1 \in (\beta)_r$. Entsprechend folgt aus $\beta_1 \in (\beta)_r$, daß $\alpha_1 \in (\alpha)_r$. Also ist $(\beta)_r$ die Menge der Bilder von Elementen aus $(\alpha)_r$ und umgekehrt. Folglich sind $(\alpha)_r \longleftrightarrow (\beta)_r$ eineindeutige, die Ordnung nicht verändernde Abbildungen zwischen $L((\mathrm{o}), \mathfrak{a})$ und $L((\mathrm{o}), \mathfrak{b})$, d. h. Isomorphismen.

Definition 4.3. Die in Satz 4.8 definierten Abbildungen zwischen $L((\mathrm{o}), \mathfrak{a})$ und $L((\mathrm{o}), \mathfrak{b})$ nennt man *Faktorisomorphismen.*

Anmerkung 4.4. $L((\mathrm{o}), \mathfrak{a})$ sei faktorisomorph zu $L((\mathrm{o}), \mathfrak{b})$ und $L((\mathrm{o}), \mathfrak{b})$ faktorisomorph zu $L((\mathrm{o}), \mathfrak{c})$. Dann ist nach Satz 4.7 die Hintereinanderausführung der beiden Faktorisomorphismen ein Faktorisomorphismus zwischen $L((\mathrm{o}), \mathfrak{a})$ und $L((\mathrm{o}), \mathfrak{c})$.

Satz 4.9. *In* $\overline{R}_{\mathfrak{R}}$ *gelten folgende Aussagen:*

(I) *Ein perspektiver Isomorphismus zwischen* $L((\mathrm{o}), \mathfrak{a})$ *und* $L((\mathrm{o}), \mathfrak{b})$ *ist ein Faktorisomorphismus.*

(II) *Ein projektiver Isomorphismus zwischen* $L((\mathrm{o}), \mathfrak{a})$ *und* $L((\mathrm{o}), \mathfrak{b})$ *ist ein Faktorisomorphismus.*

(III) *Wenn* $\mathfrak{a} \cap \mathfrak{b} = (\mathrm{o})$, *so ist ein Faktorisomorphismus zwischen* $L((\mathrm{o}), \mathfrak{a})$ *und* $L((\mathrm{o}), \mathfrak{b})$ *ein perspektiver Isomorphismus.*

Beweis. (I) Nach Hilfssatz 3.1 (II), Kapitel II, existiert zu einer perspektiven Abbildung eine Achse $\mathfrak{c}$ mit $\mathfrak{a} \cup \mathfrak{c} = \mathfrak{b} \cup \mathfrak{c} = \mathfrak{R}$, welche die Abbildung bestimmt. Folglich gibt es nach Satz 1.5 idempotente Elemente ε, η mit $\mathfrak{a} = (\varepsilon)_r$, $\mathfrak{b} = (\eta)_r$ und $\mathfrak{c} = (1 - \varepsilon)_r = (1 - \eta)_r$. Nach dem Beweis von Satz 4.1 ist somit $\eta = \eta\,\varepsilon$, $\varepsilon = \varepsilon\,\eta$ und $(\varepsilon)_l = (\eta)_l$. Daher gibt es nach Satz 4.5 eine Faktorkorrespondenz zwischen $\mathfrak{a}$ und $\mathfrak{b}$ mit den Faktoren η, ε. Hierdurch ist ein Faktorisomorphismus zwischen $L((\mathrm{o}), \mathfrak{a})$ und $L((\mathrm{o}), \mathfrak{b})$ gegeben. Dieser Faktorisomorphismus ist ein perspektiver Isomorphismus mit der Achse $\mathfrak{c}$. Zum Beweis dieser Behauptung sei $\alpha \in \mathfrak{a}$ bei der Faktorkorrespondenz das Element $\beta = \eta\,\alpha \in \mathfrak{b}$ zugeordnet. Es ist $\alpha = \eta\,\alpha + (1 - \eta)\,\alpha \in (\beta)_r \cup \mathfrak{c}$, d. h. $(\alpha)_r \leqq (\beta)_r \cup \mathfrak{c}$. Entsprechend folgt $(\beta)_r \leqq (\alpha)_r \cup \mathfrak{c}$. Also ist $(\alpha)_r \cup \mathfrak{c} = (\beta)_r \cup \mathfrak{c}$. Daher entsprechen nach Satz 3.1, Kapitel II, $(\alpha)_r$ und $(\beta)_r$ einander bei der perspektiven Abbildung mit der Perspektivitätsachse $\mathfrak{c}$.

(II) Folgt aus (I) und Anmerkung 4.4.

(III) φ und ψ seien spezielle Faktoren einer Korrespondenz zwischen $\alpha = (\varepsilon)_r$ und $\mathfrak{b} = (\eta)_r$. Nach Beweis (II) von Satz 4.6 ist dann $\mathfrak{a} \sim_{\mathfrak{c}} \mathfrak{b}$

mit $\mathfrak{c} = (\eta - \psi)_r = (\varepsilon - \varphi)_r$. Wird $\alpha \in \mathfrak{a}$ bei dieser Faktorkorrespondenz das Element $\beta = \varphi \, \alpha \in \mathfrak{b}$ zugeordnet, so ist

$$\alpha = \varepsilon \, \alpha = \varphi \, \alpha + (\varepsilon - \varphi) \, \alpha \in (\beta)_r \cup \mathfrak{c}, \quad \text{d. h.} \quad (\alpha)_r \leq (\beta)_r \cup \mathfrak{c}.$$

Entsprechend Fall (I) folgt, daß $(\alpha)_r$ und $(\beta)_r$ einander bei der perspektiven Abbildung mit der Perspektivitätsachse $\mathfrak{c}$ entsprechen.

§ 5. Rangfunktionen in einem regulären Ring [1]

Definition 5.1. Eine Abbildung R eines regulären Ringes in die Menge der reellen Zahlen nennt man (reellwertige) *Rangfunktion* [2] (und $R(\alpha)$ dann den *Rang von* α), wenn sie die folgenden Bedingungen erfüllt.

(1°) $\qquad 0 \leq R(\alpha) \leq 1$.

(2°) $\qquad R(\alpha) = 0$ dann und nur dann, wenn $\alpha = 0$.

(3°) $\qquad R(1) = 1$.

(4°) $\qquad R(\alpha \, \beta) \leq R(\alpha), R(\beta)$.

(5°) $\qquad$ Sind ε, η idempotente Elemente mit $\varepsilon \, \eta = \eta \, \varepsilon = 0$, so ist $R(\varepsilon + \eta) = R(\varepsilon) + R(\eta)$.

Hilfssatz 5.1. Für eine Rangfunktion R in einem regulären Ring gelten die folgenden Aussagen:

(1°) $\qquad R(\alpha) = R(-\alpha)$.

(2°) $\qquad$ Wenn $(\alpha)_r = (\beta)_r$ oder $(\alpha)_l = (\beta)_l$, so $R(\alpha) = R(\beta)$.

(3°) $\qquad R(\alpha + \beta) \leq R(\alpha) + R(\beta)$.

Beweis. (1°) Wegen $\alpha = (-\alpha)(-1)$ und $-\alpha = \alpha(-1)$ ist nach Definition 5.1 (4°) somit $R(\alpha) \leq R(-\alpha)$, $R(-\alpha) \leq R(\alpha)$ und folglich $R(\alpha) = R(-\alpha)$.

(2°) Wenn $(\alpha)_r = (\beta)_r$, so läßt sich α wegen $\alpha \in (\beta)_r$ als $\alpha = \beta \, \zeta$ darstellen. Also ist $R(\alpha) \leq R(\beta)$. Da entsprechend auch $R(\beta) \leq R(\alpha)$ gilt, ist $R(\alpha) = R(\beta)$. Für $(\alpha)_l = (\beta)_l$ verläuft der Beweis entsprechend.

(3°) Bezeichnet man das Komplement von $(\alpha)_r \cap (\beta)_r$ in $(\alpha)_r$ bzw. $(\beta)_r$ mit $\mathfrak{a}_1$ bzw. $\mathfrak{b}_1$, so ist nach Hilfssatz 1.12, Kapitel I, $(\alpha)_r \cup (\beta)_r = ((\alpha)_r \cap (\beta)_r) \,\dot\cup\, \mathfrak{a}_1 \,\dot\cup\, \mathfrak{b}_1$. Also gibt es nach Satz 1.4 idempotente Elemente $\varepsilon_1, \varepsilon_2, \varepsilon_3$ mit $\varepsilon_i \, \varepsilon_j = 0 \, (i \neq j)$ und $(\alpha)_r \cup (\beta)_r = (\varepsilon_1 + \varepsilon_2 + \varepsilon_3)_r$, $(\alpha)_r \cap (\beta)_r = (\varepsilon_1)_r$, $\mathfrak{a}_1 = (\varepsilon_2)_r$ und $\mathfrak{b}_1 = (\varepsilon_3)_r$. Nach Satz 1.3 ist ferner $(\alpha)_r = (\varepsilon_1 + \varepsilon_2)_r$ und $(\beta)_r = (\varepsilon_1 + \varepsilon_3)_r$. Wegen $\alpha + \beta \in (\varepsilon_1 + \varepsilon_2 + \varepsilon_3)_r$ ist $\alpha + \beta = (\varepsilon_1 + \varepsilon_2 + \varepsilon_3) \, \chi$, also

$$R(\alpha + \beta) \leq R(\varepsilon_1 + \varepsilon_2 + \varepsilon_3) = R(\varepsilon_1) + R(\varepsilon_2) + R(\varepsilon_3)$$

$$\leq R(\varepsilon_1 + \varepsilon_2) + R(\varepsilon_1 + \varepsilon_3) = R(\alpha) + R(\beta).$$

---

[1] VON NEUMANN [6] II, Kapitel XVIII.

[2] In diesem § bedeutet „Rangfunktion" stets eine reellwertige Rangfunktion.

Satz 5.1. *Ein regulärer Ring $\mathfrak{R}$ mit der Rangfunktion R wird zu einem metrischen Raum, wenn man die Abstandsfunktion δ durch*

$$\delta(\alpha, \beta) = R(\alpha - \beta)$$

erklärt. Es gelten ferner folgende Aussagen:

(1°) $\delta\,(\alpha + \beta, \gamma + \delta) \leqq \delta(\alpha, \gamma) + \delta(\beta, \delta)$.
(2°) $\delta(\alpha\,\beta,\, \gamma\,\delta) \leqq \delta(\alpha, \gamma) + \delta(\beta, \delta)$.
(3°) $|R(\alpha) - R(\beta)| \leqq \delta(\alpha, \beta)$.

Beweis. (I) Nach Definition 5.1 (2°) ist $\delta(\alpha, \beta) = 0$ dann und nur dann, wenn $\alpha = \beta$. Nach Hilfssatz 5.1 (1°) ist $\delta(\alpha, \beta) = \delta(\beta, \alpha)$. Nach Hilfssatz 5.1 (3°) ist ferner $\delta(\alpha, \gamma) \leqq \delta(\alpha, \beta) + \delta(\beta, \gamma)$. Also ist $\mathfrak{R}$ ein metrischer Raum.

(II) (1°) Es ist $\delta\,(\alpha + \beta,\, \gamma + \delta) = R\,(\alpha + \beta - \gamma - \delta)$

$$\leqq R\,(\alpha - \gamma) + R\,(\beta - \delta) = \delta(\alpha, \gamma) + \delta(\beta, \delta) \ .$$

(2°) Es ist

$$\delta(\alpha\,\beta,\, \gamma\,\delta) = R(\alpha\,\beta - \gamma\,\delta) \leqq R(\alpha\,\beta - \gamma\,\beta) + R(\gamma\,\beta - \gamma\,\delta)$$
$$\leqq R\,(\alpha - \gamma) + R\,(\beta - \delta) = \delta(\alpha, \gamma) + \delta(\beta, \delta) \ .$$

(3°) Wegen $R(\alpha) \leqq R(\alpha - \beta) + R(\beta)$ ist $R(\alpha) - R(\beta) \leqq R\,(\alpha - \beta)$. Entsprechend ergibt sich $R(\beta) - R(\alpha) \leqq R(\beta - \alpha) = R(\alpha - \beta)$. Folglich ist $|R(\alpha) - R(\beta)| \leqq R(\alpha - \beta)$.

Anmerkung 5.1. Nach Satz 5.1 sind in dem metrischen Raum (mit der Abstandsfunktion δ) die Addition, die Multiplikation und die Rangfunktion R stetig.

Satz 5.2. *Ist R Rangfunktion eines regulären Ringes $\mathfrak{R}$, so wird durch*
$m((\alpha)_r) = R(\alpha)$ *in $\overline{R}_{\mathfrak{R}}$ eine positive modulare Funktion m erklärt, und es ist*

(1) $0 < m(\mathfrak{a}) \leqq 1$ *für* $\mathfrak{a} \neq (0)$, $m((0)) = 0$ *und* $m(\mathfrak{R}) = 1$.

Definiert man ferner $m'((\alpha)_l) = R(\alpha)$, so hat m' in $\overline{L}_{\mathfrak{R}}$ die entsprechenden Eigenschaften.

Beweis. (I) Nach Hilfssatz 5.1 (2°) ist $m(\mathfrak{a})$ tatsächlich unabhängig von der speziellen Wahl des α bei der Darstellung $\mathfrak{a} = (\alpha)_r$ eindeutig bestimmt.

(II) Mit $\mathfrak{a}_1$ bzw. $\mathfrak{b}_1$ sei das Komplement von $\mathfrak{a} \cap \mathfrak{b}$ in $\mathfrak{a}$ bzw. $\mathfrak{b}$ bezeichnet. Nach dem Beweis von Hilfssatz 5.1 (3°) folgt dann, daß es idempotente Elemente ε_1, ε_2, ε_3 mit $\varepsilon_i\,\varepsilon_j = 0$ $(i \neq j)$, $\mathfrak{a} \cup \mathfrak{b} = (\varepsilon_1 + \varepsilon_2 + \varepsilon_3)_r$, $\mathfrak{a} \cap \mathfrak{b} = (\varepsilon_1)_r$, $\mathfrak{a}_1 = (\varepsilon_2)_r$, $\mathfrak{b}_1 = (\varepsilon_3)_r$, $\mathfrak{a} = (\varepsilon_1 + \varepsilon_2)_r$ und $\mathfrak{b} = (\varepsilon_1 + \varepsilon_3)_r$ gibt. Es ist

$$m(\mathfrak{a} \cup \mathfrak{b}) + m(\mathfrak{a} \cap \mathfrak{b}) = R\,(\varepsilon_1 + \varepsilon_2 + \varepsilon_3) + R(\varepsilon_1)$$
$$= R\,(\varepsilon_1 + \varepsilon_2) + R\,(\varepsilon_1 + \varepsilon_3) = m(\mathfrak{a}) + m(\mathfrak{b}) \ .$$

Also ist m modular. Daß m positiv ist, folgt nach Kapitel I, Anmerkung 6.1 aus der Beziehung (1); diese wiederum gilt nach Definition 5.1 (1°), (2°) und (3°).

Hilfssatz 5.2. In einem regulären Ring $\Re$ sei eine Rangfunktion R gegeben. Wenn $\Re$ in bezug auf die durch $\delta(\alpha, \beta) = R(\alpha - \beta)$ gegebene Abstandsfunktion δ vollständig ist, so ist $\overline{R}_\Re$ ein σ-vollständiger Verband, und m ist o-stetig. D. h. wenn $\mathfrak{a}_i \downarrow \mathfrak{a}$, so $m(\mathfrak{a}_i) \downarrow m(\mathfrak{a})$, und wenn $\mathfrak{a}_i \uparrow \mathfrak{a}$, so $m(\mathfrak{a}_i) \uparrow m(\mathfrak{a})$.

Beweis. (I) In $\overline{R}_\Re$ sei $\mathfrak{a}_1 \geqq \cdots \geqq \mathfrak{a}_i \geqq \cdots$. Es gibt ein idempotentes Element ε_1 mit $\mathfrak{a}_1 = (\varepsilon_1)_r$. Angenommen, für $i = 1, \ldots, n$ gäbe es idempotente Elemente ε_i mit $\mathfrak{a}_i = (\varepsilon_i)_r$ und $\varepsilon_i \varepsilon_j = \varepsilon_j \varepsilon_i = \varepsilon_j$ für $i < j$. Setzt man

$$(\varepsilon_n)_r = \mathfrak{a}_n = \mathfrak{a}_{n+1} \cup \mathfrak{a}'_{n+1},$$

so gibt es nach Satz 1.4 ein idempotentes Element ε_{n+1} mit $\mathfrak{a}_{n+1} = (\varepsilon_{n+1})_r$ und $\varepsilon_{n+1} \varepsilon_n = \varepsilon_n \varepsilon_{n+1} = \varepsilon_{n+1}$. Folglich ist $\varepsilon_{n+1} \varepsilon_i = \varepsilon_{n+1} \varepsilon_n \varepsilon_i = \varepsilon_{n+1} \varepsilon_n = \varepsilon_{n+1}$ für $i < n$ und entsprechend $\varepsilon_i \varepsilon_{n+1} = \varepsilon_{n+1}$. Daher ergibt sich durch vollständige Induktion, daß idempotente Elemente ε_i $(i = 1, 2, \ldots)$ mit $\mathfrak{a}_i = (\varepsilon_i)_r$ und $\varepsilon_i \varepsilon_j = \varepsilon_j \varepsilon_i = \varepsilon_j$ für $i < j$ existieren.

Wenn $i \leqq j$, so ist $\varepsilon_i - \varepsilon_j$ nach Hilfssatz 1.2 (II) ein idempotentes Element. Wegen $(\varepsilon_i - \varepsilon_j) \varepsilon_j = \varepsilon_j (\varepsilon_i - \varepsilon_j) = 0$ ist nach Definition 5.1 (5°) somit $R(\varepsilon_i) = R(\varepsilon_i - \varepsilon_j) + R(\varepsilon_j)$, d. h.

$$(1) \qquad\qquad R(\varepsilon_i - \varepsilon_j) = R(\varepsilon_i) - R(\varepsilon_j) \, .$$

Nach (1) ist $R(\varepsilon_i) \geqq R(\varepsilon_j)$ für $i \leqq j$. Daher ist die Folge $\big(R(\varepsilon_i)\big)_{i = 1, 2, \ldots}$ konvergent, also

$$(2) \qquad\qquad \lim_{i, j \to \infty} |R(\varepsilon_i) - R(\varepsilon_j)| = 0 \, .$$

Nach (1) und der daraus durch Vertauschen von i und j hervorgehenden Gleichung folgt $R(\varepsilon_i - \varepsilon_j) = |R(\varepsilon_i) - R(\varepsilon_j)|$ für alle i, j, nach (2) somit

$$\lim_{i, j \to \infty} R(\varepsilon_i - \varepsilon_j) = 0 \, .$$

Weil $\Re$ vollständig ist, gibt es ein Element ε mit $\lim\limits_{i \gets \infty} \varepsilon_i = \varepsilon$.

Nach Satz 5.1 (2°) ist die Multiplikation stetig bzgl. der Abstandsfunktion δ. Geht man also in $\varepsilon_i \varepsilon_j = \varepsilon_j \varepsilon_i = \varepsilon_j$ für $i < j$ zum $\lim\limits_{j \to \infty}$ über, so ist

$$(3) \qquad\qquad \varepsilon_i \varepsilon = \varepsilon \varepsilon_i = \varepsilon \, .$$

Durch Übergang zum $\lim\limits_{i \to \infty}$ folgt daraus $\varepsilon^2 = \varepsilon$, d. h. ε ist ein idempotentes Element.

Nach (3) ist $(\varepsilon)_r \leqq (\varepsilon_i)_r = \mathfrak{a}_i$ $(i = 1, 2, \ldots)$. Sei ferner $(\zeta)_r \leqq (\varepsilon_i)_r$ $(i = 1, 2, \ldots)$. Dann ist $\zeta = \varepsilon_i \zeta$. Durch Übergang zum $\lim\limits_{i \to \infty}$ ergibt sich

$\zeta = \varepsilon\,\zeta$, also $(\zeta)_r \leqq (\varepsilon)_r$. Daher existiert $\bigcap_{i=1,2,\dots} \mathfrak{a}_i$ in $\overline{R}_\mathfrak{R}$ und ist gleich $(\varepsilon)_r$. Setzt man $\mathfrak{a} = (\varepsilon)_r$, so gilt $\mathfrak{a}_i \downarrow \mathfrak{a}$. Nach Satz 5.1 (3°) ist $\lim\limits_{i\to\infty}\left(R(\varepsilon_i) - R(\varepsilon)\right) \leqq \lim\limits_{i\to\infty} R\left(\varepsilon_i - \varepsilon\right) = 0$. Somit ist $\lim\limits_{i\to\infty}|m(\mathfrak{a}_i) - m(\mathfrak{a})| = 0$ und daher $m(\mathfrak{a}_i) \downarrow m(\mathfrak{a})$.

(II) Sei nun $\mathfrak{a}_1 \leqq \cdots \leqq \mathfrak{a}_i \leqq \cdots$ in $\overline{R}_\mathfrak{R}$. Nach Satz 3.3 werden $\overline{R}_\mathfrak{R}$ und $\overline{L}_\mathfrak{R}$ durch $\mathfrak{a} \to \mathfrak{a}^l$, $\mathfrak{b} \to \mathfrak{b}^r$ dualisomorph aufeinander abgebildet. Weil somit $\mathfrak{a}_1^l \geqq \cdots \geqq \mathfrak{a}_i^l \geqq \cdots$ in $\overline{L}_\mathfrak{R}$ gilt, ergibt sich bei Berücksichtigung von (I), daß $\bigcap_{i=1,2,\dots} \mathfrak{a}_i^l$ in $\overline{L}_\mathfrak{R}$ existiert. Schreibt man dieses Linksideal als $\mathfrak{a}^l$, so gilt $m'(\mathfrak{a}_i^l) \downarrow m'(\mathfrak{a}^l)$ wegen $\mathfrak{a}_i^l \downarrow \mathfrak{a}^l$.

Wegen $\mathfrak{a}_i^{lr} = \mathfrak{a}_i$ und $\mathfrak{a}^{lr} = \mathfrak{a}$ gilt $\mathfrak{a}_i \uparrow \mathfrak{a}$ in $\overline{R}_\mathfrak{R}$. Mit $\mathfrak{a}_i = (\varepsilon_i)_r$ gilt $\mathfrak{a}_i^l = (\varepsilon_i)_r^l = (1 - \varepsilon_i)_l$ nach Hilfssatz 1.4 (I). Folglich ist $m'(\mathfrak{a}_i^l) = R(1 - \varepsilon_i) = 1 - R(\varepsilon_i) = 1 - m(\mathfrak{a}_i)$. Weil entsprechend $m'(\mathfrak{a}^l) = 1 - m(\mathfrak{a})$ ist, gilt $m(\mathfrak{a}_i) \uparrow m(\mathfrak{a})$.

Anmerkung 5.2. Hilfssatz 5.2 behauptet nicht, daß $\overline{R}_\mathfrak{R}$ als Unterverband von $R_\mathfrak{R}$ σ-vollständig ist.

Satz 5.3. *In einem regulären Ringe $\mathfrak{R}$ sei eine Rangfunktion R gegeben. Ist $\mathfrak{R}$ als metrischer Raum mit der durch $\delta(\alpha, \beta) = R(\alpha - \beta)$ gegebenen Abstandsfunktion δ vollständig, so ist der Hauptrechtsidealverband $\overline{R}_\mathfrak{R}$ von $\mathfrak{R}$ ein stetiger komplementärer modularer Verband.*[1]

Beweis. Nach Satz 3.2 ist $\overline{R}_\mathfrak{R}$ ein komplementärer modularer Verband. Nach Hilfssatz 5.2 und Satz 6.3, Kapitel I, ist $\overline{R}_\mathfrak{R}$ ein stetiger Verband.

VII. Stetige reguläre Ringe

§ 1. Die Rangfunktion eines stetigen regulären Ringes[2]

Definition 1.1. Ist der Hauptrechtsidealverband $\overline{R}_\mathfrak{R}$ eines regulären Ringes $\mathfrak{R}$ ein stetiger komplementärer modularer Verband, so nennt man $\mathfrak{R}$ einen *stetigen regulären Ring*.

Anmerkung 1.1. Nach Satz 3.3, Kapitel VI, sind für einen regulären Ring $\mathfrak{R}$ der Hauptrechtsidealverband $\overline{R}_\mathfrak{R}$ und der Hauptlinksidealverband $\overline{L}_\mathfrak{R}$ dualisomorph. Daher ist auch $\overline{L}_\mathfrak{R}$ ein stetiger komplementärer modularer Verband, wenn $\overline{R}_\mathfrak{R}$ ein solcher ist.

Anmerkung 1.2. $\mathfrak{R}$ sei ein stetiger regulärer Ring. Wenn sein Hauptrechtsidealverband $\overline{R}_\mathfrak{R}$ keine endliche Dimension hat, ist $\overline{R}_\mathfrak{R}$ als Unterverband des Rechtsidealverbandes $R_\mathfrak{R}$ nicht vollständig. Angenommen nämlich, $\overline{R}_\mathfrak{R}$ sei als Unterverband von $R_\mathfrak{R}$ vollständig, und die Maximal-

---

[1] Nach Definition 1.1, Kapitel VII, ist $\mathfrak{R}$ also ein stetiger regulärer Ring.
[2] Maeda [3] 1—5.

bedingung in $\overline{R}_\Re$ sei nicht erfüllt. Dann existiert in $\overline{R}_\Re$ eine unendliche Folge der Form $\mathfrak{a}_1 < \cdots < \mathfrak{a}_i < \cdots$. Weil $\overline{R}_\Re$ ein nach oben stetiger komplementärer modularer Verband ist, gibt es nach Hilfssatz 1.4, Kapitel II, von (o) verschiedene Hauptrechtsideale $\mathfrak{b}_i$ $(i = 1, 2, \ldots)$ mit $_{i=1,2,\ldots}\bigcup \mathfrak{a}_i = {}_{i=1,2,\ldots}\dot\bigcup \mathfrak{b}_i$. Da somit ein idempotentes Element ε mit $(\varepsilon)_r = {}_{1 \leq i < \infty}\dot\bigcup \mathfrak{b}_i$ existiert, ist dies nach Satz 1.4, Kapitel VI, ein Widerspruch. Folglich erfüllt $\overline{R}_\Re$ die Maximalbedingung und nach der dualen Aussage von Anmerkung 2.1, Kapitel III, hat $\overline{R}_\Re$ daher eine endliche Dimension.

Anmerkung 1.3. Nach den Sätzen 1.9 und 3.5 von Kapitel VI ist in einem regulären Ringe $\Re$ das Zentrum $Z_\Re$ von $\overline{R}_\Re$ durch $(\eta)_* \to \eta$ isomorph auf den Verband $\mathfrak{Z}_e$ der idempotenten Elemente des Zentrums $\mathfrak{Z}$ von $\Re$ abgebildet. Nach Satz 1.6, Kapitel VI, ist in einem stetigen regulären Ring das Zentrum von $\overline{R}_\Re$ ein vollständiger Boolescher Verband. Daher ist dann auch $\mathfrak{Z}_e$ ein vollständiger Boolescher Verband. Weil man durch $(\eta)_* \longleftrightarrow \eta$ eine eineindeutige Zuordnung zwischen den Maximalidealen von $Z_\Re$ und den Maximalidealen von $\mathfrak{Z}_e$ herstellen kann, sollen zwei sich entsprechende mit dem gleichen Buchstaben $\mathfrak{p}$ bezeichnet werden. Wie in Definition 1.2, Kapitel V, angegeben, sei für $\overline{R}_\Re$ die Dimensionsfunktion D und für $\overline{L}_\Re$ die Dimensionsfunktion D' definiert. Weil die Werte bei diesen Funktionen stetige Funktionen auf dem Raum der Maximalideale von $Z_\Re$ sind, kann man sich diese Werte nach obiger Erläuterung auch als stetige Funktionen auf dem Raum der Maximalideale von $\mathfrak{Z}_e$ vorstellen.

Definition 1.2. Nach Anmerkung 1.3 existiert in einem stetigen regulären Ring $\Re$ zu jedem α das kleinste Element η aus $\mathfrak{Z}_e$ mit $\eta\alpha = \alpha\eta = \alpha$; denn $\eta\alpha = \alpha\eta = \alpha$ besagt ja $(\alpha)_r \leq (\eta)_*$. Wir nennen dieses Element die *Zentrumshülle* von α und bezeichnen es mit $\eta(\alpha)$.

Hilfssatz 1.1. In dem Hauptrechtsidealverband $\overline{R}_\Re$ eines stetigen regulären Ringes $\Re$ gelten folgende Aussagen:

(I) $\qquad e((\alpha)_r) = (\eta(\alpha))_*$.

(II) $\qquad$ Wenn $(\alpha)_r \sim (\beta)_r$, so $\eta(\alpha) = \eta(\beta)$.

(III) $\qquad$ Wenn es zwischen $(\alpha)_r$ und $(\beta)_r$ eine Faktorkorrespondenz gibt, so ist $\eta(\alpha) = \eta(\beta)$.

Beweis. (I) Folgt sofort aus Definition 1.2.

(II) Nach Hilfssatz 4.7 (I), Kapitel II, ist $e((\alpha)_r) = e((\beta)_r)$, wenn $(\alpha)_r \sim (\beta)_r$. Also ist $\eta(\alpha) = \eta(\beta)$ nach (I).

(III) Nach Satz 4.5, Kapitel VI, existieren Elemente ξ, ζ aus $\Re$ mit $(\alpha)_r = (\xi)_r$, $(\beta)_r = (\zeta)_r$ und $(\xi)_l = (\zeta)_l$. Weil nach (I) und (I') somit $\eta(\alpha) = \eta(\xi)$, $\eta(\beta) = \eta(\zeta)$ und $\eta(\xi) = \eta(\zeta)$ gilt, ist $\eta(\alpha) = \eta(\beta)$.

Hilfssatz 1.2. In einem stetigen regulären Ring $\Re$ ist $\{(\eta\,\alpha)_r;\ \eta \in \mathfrak{Z}_e\}$ das Zentrum des Unterverbandes $L((\mathrm{o}),\,(\alpha)_r)$ von $\overline{R}_\Re$.

Beweis. Nach Satz 1.4, Kapitel IV, ist $\{(\eta)_* \cap (\alpha)_r;\ \eta \in \mathfrak{Z}_e\}$ das Zentrum von $L((\mathrm{o}),\,(\alpha)_r)$. Wegen $\eta\,\alpha \in (\eta)_* \cap (\alpha)_r$ ist $(\eta\,\alpha)_r \leqq (\eta)_* \cap (\alpha)_r$. Für ein beliebiges $\beta \in (\eta)_* \cap (\alpha)_r$ gilt $\beta = \eta\,\beta$ und $\beta = \alpha\,\chi$, also $\beta = \eta\,\alpha\,\chi$, d. h. $\beta \in (\eta\,\alpha)_r$. Folglich ist $(\eta\,\alpha)_r = (\eta)_* \cap (\alpha)_r$.

Hilfssatz 1.3. In einem stetigen regulären Ring $\Re$ sei $\mathfrak{a},\,\mathfrak{b} \in \overline{R}_\Re$. Existiert zwischen $\mathfrak{a}$ und $\mathfrak{b}$ eine Faktorkorrespondenz, so folgt aus $\mathfrak{a} \not\succsim \mathfrak{b}$ stets $\mathfrak{a} = \mathfrak{b} = (\mathrm{o})$.

Beweis. (I) Nach Satz 4.5, Kapitel VI, existieren $\alpha,\,\beta$ mit $\mathfrak{a} = (\alpha)_r$, $\mathfrak{b} = (\beta)_r$ und $(\alpha)_l = (\beta)_l$, und für die Faktoren $\varphi,\,\psi$ dieser Korrespondenz gilt $\beta = \varphi\,\alpha$ und $\alpha = \psi\,\beta$. Folglich gibt es nach Satz 4.8, Kapitel VI, einen Faktorisomorphismus zwischen $L((\mathrm{o}),\,(\alpha)_r)$ und $L((\mathrm{o}),\,(\beta)_r)$. Nach Hilfssatz 1.2 kann man jedes Zentrumselement aus $L((\mathrm{o}),\,(\alpha)_r)$ als $(\eta\,\alpha)_r\,(\eta \in \mathfrak{Z}_e)$ darstellen. Diesem Zentrumselement entspricht dann in $L((\mathrm{o}),\,(\beta)_r)$ das Zentrumselement $(\varphi\,\eta\,\alpha)_r = (\eta\,\varphi\,\alpha)_r = (\eta\,\beta)_r$.

(II) Weil $L^* = L((\mathrm{o}),\,\mathfrak{a})$ ein stetiger komplementärer modularer Verband ist, hat für jedes $\mathfrak{p}$ mit $\delta(\mathfrak{a},\,\mathfrak{p}) > \mathrm{o}$ die Dimension $D^*(\mathfrak{a}_0)$ eines Elementes $\mathfrak{a}_0 \leqq \mathfrak{a}$ in L^* nach Anmerkung 3.4, Kapitel V, an der $\mathfrak{p}$ entsprechenden Stelle $\mathfrak{p}^*$ den Wert $\delta(\mathfrak{a}_0,\,\mathfrak{p})/\delta(\mathfrak{a},\,\mathfrak{p})$. Weil dabei $\mathfrak{p}$ ein $e(\mathfrak{a})$ nicht enthaltendes Maximalideal von $Z_\Re$ ist, kann man sich $\mathfrak{p}$ nach Anmerkung 1.3 und Hilfssatz 1.1 (I) auch als ein $\eta(\alpha)$ nicht enthaltendes Maximalideal von $\mathfrak{Z}_e$ vorstellen.

(III) $L^{**} = L((\mathrm{o}),\,\mathfrak{b})$ und L^* sind isomorph. $\mathfrak{b}_0 \leqq \mathfrak{b}$ sei das $\mathfrak{a}_0$ hierbei entsprechende Hauptrechtsideal. Die Dimension von $\mathfrak{b}_0$ in L^{**} und die Dimension von $\mathfrak{a}_0$ in L^* sind einander gleich. Nach (I) lassen sich ein Zentrumselement aus L^* und sein faktorisomorphes Bild in L^{**} durch dasselbe $\eta \in \mathfrak{Z}_e$ darstellen. Weil nach Hilfssatz 1.1 (III) ferner $\eta(\alpha) = \eta(\beta)$ gilt, ist nach (II) somit

$$(1) \qquad \frac{\delta(\mathfrak{a}_0,\,\mathfrak{p})}{\delta(\mathfrak{a},\,\mathfrak{p})} = \frac{\delta(\mathfrak{b}_0,\,\mathfrak{p})}{\delta(\mathfrak{b},\,\mathfrak{p})}$$

für $\mathfrak{p} \in E(\eta(\alpha)),\ \delta(\mathfrak{a},\,\mathfrak{p}) > \mathrm{o},\ \delta(\mathfrak{b},\,\mathfrak{p}) > \mathrm{o}$.

(IV) $\mathfrak{a}_0$ sei durch $(\mathfrak{a} \cap \mathfrak{b}) \,\dot\cup\, \mathfrak{a}_0 = \mathfrak{a}$ bestimmt. Weil nach Voraussetzung $\mathfrak{a} \not\succsim \mathfrak{a} \cap \mathfrak{b}$ gilt, ist nach Hilfssatz 1.3 (II), Kapitel IV, $e(\mathfrak{a}_0) = e(\mathfrak{a}) = (\eta(\alpha))_*$. Bei dem Faktorisomorphismus zwischen L^* und L^{**} sei $\mathfrak{b}_0$ das Bild von $\mathfrak{a}_0$. Wegen $\mathfrak{a}_0 \cap \mathfrak{b}_0 \leqq \mathfrak{a}_0 \cap \mathfrak{a} \cap \mathfrak{b} = (\mathrm{o})$ ist nach Satz 4.6, Kapitel VI, $\mathfrak{a}_0 \sim \mathfrak{b}_0$ und folglich $D(\mathfrak{a}_0) = D(\mathfrak{b}_0)$.

Setzt man $A = \{\mathfrak{p};\,\delta(\mathfrak{a}_0,\,\mathfrak{p}) > \mathrm{o}\}$, so ist nach (1) für $\mathfrak{p} \in A$ somit $\delta(\mathfrak{a},\,\mathfrak{p}) = \delta(\mathfrak{b},\,\mathfrak{p})$, weil $\delta(\mathfrak{a},\,\mathfrak{p}) > \mathrm{o}$ und $\delta(\mathfrak{b},\,\mathfrak{p}) > \mathrm{o}$ gilt. Nach Anmerkung 3.4, Kapitel V, ist A dicht in $E(e(\mathfrak{a}_0)) = E(\eta(\alpha))$. Daher ist $\delta(\mathfrak{a},\,\mathfrak{p}) = \delta(\mathfrak{b},\,\mathfrak{p})$

für $\mathfrak{p} \in E(\eta(\mathfrak{a}))$. Für $\mathfrak{p} \notin E(\eta(\mathfrak{a}))$ ist $\delta(\mathfrak{a}, \mathfrak{p}) = \delta(\mathfrak{b}, \mathfrak{p}) = 0$. Also ist $D(\mathfrak{a}) = D(\mathfrak{b})$. Folglich gilt nach Satz 1.4 (5°), Kapitel V, $\mathfrak{a} \sim \mathfrak{b}$, wegen $\mathfrak{a} \succcurlyeq \mathfrak{b}$ also $\mathfrak{a} = \mathfrak{b} = (0)$.

Hilfssatz 1.4. In einem stetigen regulären Ring $\mathfrak{R}$ sei $\mathfrak{a}, \mathfrak{b} \in \overline{R}_{\mathfrak{R}}$. Existiert zwischen $\mathfrak{a}$ und $\mathfrak{b}$ eine Faktorkorrespondenz, so ist $\mathfrak{a} \sim \mathfrak{b}$ und folglich $D(\mathfrak{a}) = D(\mathfrak{b})$.

Beweis. Nach Satz 1.2 (Zerlegungssatz), Kapitel IV, gibt es Elemente η_1, η_2, η_3 in $\mathfrak{Z}_e$ mit $(\eta_1)_* \cup (\eta_2)_* \cup (\eta_3)_* = \mathfrak{R}$ und $(\eta_1)_* \cap \mathfrak{a} \succcurlyeq (\eta_1)_* \cap \mathfrak{b}$, $(\eta_2)_* \cap \mathfrak{a} \preccurlyeq (\eta_2)_* \cap \mathfrak{b}$, $(\eta_3)_* \cap \mathfrak{a} \sim (\eta_3)_* \cap \mathfrak{b}$. Mit φ, ψ seien Faktoren der Korrespondenz zwischen $\mathfrak{a}$ und $\mathfrak{b}$ bezeichnet. Dann existiert eine Faktorkorrespondenz zwischen $(\eta_1)_* \cap \mathfrak{a}$ und $(\eta_1)_* \cap \mathfrak{b}$, die $\eta_1 \varphi$ und $\eta_1 \psi$ als Faktoren hat. Daher ist nach Hilfssatz 1.3 $(\eta_1)_* \cap \mathfrak{a} = (\eta_1)_* \cap \mathfrak{b} = (0)$ sowie $(\eta_2)_* \cap \mathfrak{a} = (\eta_2)_* \cap \mathfrak{b} = (0)$, also $\mathfrak{a} \sim \mathfrak{b}$ und somit $D(\mathfrak{a}) = D(\mathfrak{b})$.

Hilfssatz 1.5. Ist $(\alpha)_l = (\beta)_l$ in einem stetigen regulären Ring $\mathfrak{R}$, so ist $D((\alpha)_r) = D((\beta)_r)$.

Beweis. Wegen $(\alpha)_l = (\beta)_l$ gibt es zwischen $(\alpha)_r$ und $(\beta)_r$ nach Satz 4.5, Kapitel VI, eine Faktorkorrespondenz. Nach Hilfssatz 1.4 ist also $D((\alpha)_r) = D((\beta)_r)$.

Hilfssatz 1.6. Ist $(\alpha)_r = (\beta)_r$ in einem stetigen regulären Ring $\mathfrak{R}$, so existiert ein reguläres Element ξ mit $\beta = \alpha \xi$.

Beweis. Wegen $(\alpha)_r = (\beta)_r$ existieren φ, ψ mit $\beta = \alpha \varphi$ und $\alpha = \beta \psi$. Da $\beta = \beta \psi \varphi$ und $\alpha = \alpha \varphi \psi$ gilt, sind φ und ψ Faktoren einer Faktorkorrespondenz zwischen $(\alpha)_l$ und $(\beta)_l$. Man wähle idempotente Elemente ε, η mit $(\alpha)_l = (\varepsilon)_l$ und $(\beta)_l = (\eta)_l$. Nach den Sätzen 4.3' und 4.4' von Kapitel VI gibt es für dieselbe Korrespondenz spezielle Faktoren φ', ψ' mit $\varphi' \psi' = \varepsilon$, $\psi' \varphi' = \eta$, $\varphi' \psi' \varphi' = \varphi'$ und $\psi' \varphi' \psi' = \psi'$. Es ist also $\beta = \alpha \varphi'$ und $\alpha = \beta \psi'$.

Wegen $(\alpha)_r = (\beta)_r$ ist $D'((\alpha)_l) = D'((\beta)_l)$ nach Hilfssatz 1.5' und folglich $(\alpha_l) \sim (\beta)_l$, d. h. $(\varepsilon)_l \sim (\eta)_l$. Also ist nach Hilfssatz 2.2 (I), Kapitel IV, $(1 - \varepsilon)_l \sim (1 - \eta)_l$. Daher gibt es nach den Sätzen 4.4' und 4.6' von Kapitel VI zwischen $(1 - \varepsilon)_l$ und $(1 - \eta)_l$ eine Faktorkorrespondenz mit den speziellen Faktoren φ'', ψ'', so daß $\varphi'' \psi'' = 1 - \varepsilon$, $\psi'' \varphi'' = 1 - \eta$, $\varphi'' \psi'' \varphi'' = \varphi''$ und $\psi'' \varphi'' \psi'' = \psi''$. Es ist $\varepsilon \varphi'' = \varepsilon \varphi'' \psi'' \varphi'' = \varepsilon (1 - \varepsilon) \varphi'' = 0$ und entsprechend $\varphi'' \eta = \eta \psi'' = \psi'' \varepsilon = 0$. Setzt man $\xi = \varphi' + \varphi''$ und $\zeta = \psi' + \psi''$, so ist also

$$\xi \zeta = \varphi' \psi' + \varphi'' \psi' + \varphi' \psi'' + \varphi'' \psi''$$
$$= \varepsilon + \varphi'' \psi' \varphi' \psi' + \varphi' \psi' \varphi' \psi'' + 1 - \varepsilon = 1 + \varphi'' \eta \psi' + \varphi' \eta \psi'' = 1.$$

Entsprechend ergibt sich $\zeta \xi = 1$. Folglich ist ξ ein reguläres Element, und es ist $\xi^{-1} = \zeta$. Schließlich gilt

$$\beta = \alpha \varphi' = \alpha \varphi' + \alpha \varepsilon \varphi'' = \alpha \varphi' + \alpha \varphi'' = \alpha \xi.$$

Satz 1.1. *Bei stetigem regulärem Ring $\Re$ ist $D((\alpha)_r) = D'((\alpha)_l)$.*

Beweis. Nach Hilfssatz 1.5 ist $\delta((\alpha)_r, \mathfrak{p}) = \delta((\beta)_r, \mathfrak{p})$, wenn $(\alpha)_l = (\beta)_l$. Also kann man für $(\alpha)_l \in \overline{L}_\Re$ die auf Ω erklärte Funktion $f_{(\alpha)_l}$ durch $f_{(\alpha)_l}(\mathfrak{p}) = f((\alpha)_l, \mathfrak{p}) = \delta((\alpha)_r, \mathfrak{p})$ einführen. Nach Satz 1.3, Kapitel V, ist dann $0 \leq f((\alpha)_l, \mathfrak{p}) \leq 1$, und für ein Element $\eta \in \mathfrak{Z}_e$ ist $f((\eta)_*, \mathfrak{p}) = 0$, wenn $(\eta)_* \in \mathfrak{p}$, und $f((\eta)_*, \mathfrak{p}) = 1$, wenn $(\eta)_* \notin \mathfrak{p}$.

Man wähle nun beliebige $(\alpha)_l$, $(\beta)_l$. Mit $(\alpha)_l = ((\alpha)_l \cap (\beta)_l) \cup (\gamma)_l$ und $(\beta)_l = ((\alpha)_l \cap (\beta)_l) \cup (\delta)_l$ ist nach Hilfssatz 1.12, Kapitel I, $(\alpha)_l \cup (\beta)_l = ((\alpha)_l \cap (\beta)_l) \cup (\gamma)_l \cup (\delta)_l$. Also existieren nach Satz 1.4', Kapitel VI, idempotente Elemente ε_1, ε_2, ε_3 mit $(\alpha)_l \cap (\beta)_l = (\varepsilon_1)_l$, $(\gamma)_l = (\varepsilon_2)_l$, $(\delta)_l = (\varepsilon_3)_l$ und $\varepsilon_i \varepsilon_j = 0 (i \neq j)$; es ist somit $(\alpha)_l \cup (\beta)_l = (\varepsilon_1 + \varepsilon_2 + \varepsilon_3)_l$, $(\alpha)_l = (\varepsilon_1 + \varepsilon_2)_l$ und $(\beta)_l = (\varepsilon_1 + \varepsilon_3)_l$. Dann gilt

$$
\begin{aligned}
f((\alpha)_l \cup (\beta)_l, \mathfrak{p}) &= f((\varepsilon_1 + \varepsilon_2 + \varepsilon_3)_l, \mathfrak{p}) = \delta((\varepsilon_1 + \varepsilon_2 + \varepsilon_3)_r, \mathfrak{p}) \\
&= \delta((\varepsilon_1 + \varepsilon_2)_r, \mathfrak{p}) + \delta((\varepsilon_1 + \varepsilon_3)_r, \mathfrak{p}) - \delta((\varepsilon_1)_r, \mathfrak{p}) \\
&= f((\varepsilon_1 + \varepsilon_2)_l, \mathfrak{p}) + f((\varepsilon_1 + \varepsilon_3)_l, \mathfrak{p}) - f((\varepsilon_1)_l, \mathfrak{p}) \\
&= f((\alpha)_l, \mathfrak{p}) + f((\beta)_l, \mathfrak{p}) - f((\alpha)_l \cap (\beta)_l, \mathfrak{p}) .
\end{aligned}
$$

Wendet man also den Satz 3.3, Kapitel V, auf $\overline{L}_\Re$ an, so folgt

$$
f((\alpha)_l, \mathfrak{p}) = \delta'((\alpha)_l, \mathfrak{p}), \quad \text{d. h.} \quad D((\alpha)_r) = D'((\alpha)_l) .
$$

Definition 1.3. α sei ein beliebiges Element eines stetigen regulären Ringes $\Re$. Dann bezeichnet man die durch $R(\alpha) = D((\alpha)_r) = D'((\alpha)_l)$ erklärte Funktion R als die *Rangfunktion* von $\Re$ und $R(\alpha)$ als den *Rang* von α.

Satz 1.2. *Die Rangfunktion R eines stetigen regulären Ringes $\Re$ hat für jedes $\alpha \in \Re$ als Wert $R(\alpha)$ eine auf der Gesamtheit Ω der Maximalideale von $\mathfrak{Z}_e$ erklärte stetige Funktion, und es gelten die folgenden Aussagen, wobei der Wert von $R(\alpha)$ an der Stelle $\mathfrak{p}$ mit $r(\alpha, \mathfrak{p})$ bezeichnet ist:*

(1°) $0 \leq R(\alpha) \leq 1 .$

(2°) $R(\alpha) = 0$ *dann und nur dann, wenn $\alpha = 0$.*

(3°) $R(\alpha) = 1$ *dann und nur dann, wenn α regulär ist.*

(4°) *Für ein Element $\eta \in \mathfrak{Z}_e$ ist $r(\eta, \mathfrak{p}) = 0$, wenn $\eta \in \mathfrak{p}$, und $r(\eta, \mathfrak{p}) = 1$, wenn $\eta \notin \mathfrak{p}$.*

(5°) *Es ist $R(\alpha) = R(\beta)$ genau dann, wenn eine Gleichung $\alpha = \xi \beta \zeta$ mit regulären Elementen ξ, ζ besteht.*

(6°) $R(\alpha \beta) \leq R(\alpha), R(\beta) .$

(7°) $R(\alpha + \beta) \leq R(\alpha) + R(\beta) .$

(8°) *Ist $\varepsilon \eta = \eta \varepsilon = 0$ für idempotente Elemente ε, η, so gilt $R(\varepsilon + \eta) = R(\varepsilon) + R(\eta) .$*

Beweis. Nach Anmerkung 1.3 und aus den Eigenschaften der Dimension $D((\alpha)_r)$ folgt, daß $R(\alpha)$ eine auf der Gesamtheit der Maximalideale

$\mathfrak{p}$ von $\mathfrak{Z}_e$ erklärte stetige Funktion ist. Die Eigenschaften (1°), (2°) ergeben sich unmittelbar aus den Sätzen 1.3 und 1.4 von Kapitel V.

(3°) Wenn $R(\alpha) = 1$, so ist $D((\alpha)_r) = D'((\alpha)_l) = 1$, also $(\alpha)_r = (1)_r$ und $(\alpha)_l = (1)_l$. Folglich existieren ξ, ζ mit $1 = \alpha\,\xi = \zeta\,\alpha$. Wegen $\xi = \zeta\,\alpha\,\xi = \zeta$ ist $\xi = \zeta = \alpha^{-1}$, und somit α ein reguläres Element.

Ist umgekehrt α ein reguläres Element, so hat man $1 = \alpha\,\alpha^{-1}$ und folglich $(\alpha)_r = (1)_r$, also $R(\alpha) = D((1)_r) = 1$.

(4°) Sei $\eta \in \mathfrak{p}$, d. h. $(\eta)_* \in \mathfrak{p}$. Dann ist $\delta((\eta)_*, \mathfrak{p}) = 0$ und folglich $r(\eta, \mathfrak{p}) = 0$. Gilt $\eta \notin \mathfrak{p}$, d. h. $(\eta)_* \notin \mathfrak{p}$, so ist $\delta((\eta)_*, \mathfrak{p}) = 1$ und somit $r(\eta, \mathfrak{p}) = 1$.

(5°) Zu α und β möge es reguläre Elemente ξ, ζ mit $\alpha = \xi\,\beta\,\zeta$ geben. Wegen

$$(\alpha)_r = \{\alpha\,\chi; \chi \in \mathfrak{R}\} = \{\alpha\,\zeta^{-1}\,\chi; \chi \in \mathfrak{R}\} = \{\xi\,\beta\,\chi; \chi \in \mathfrak{R}\} = (\xi\,\beta)_r$$

ist $R(\xi\,\beta) = R(\alpha)$. Da $(\xi\,\beta)_l = \{\chi\,\xi\,\beta; \chi \in \mathfrak{R}\} = \{\chi\,\beta; \chi \in \mathfrak{R}\} = (\beta)_l$ gilt, ist ferner $R(\xi\,\beta) = R(\beta)$, also $R(\alpha) = R(\beta)$.

Sei nun umgekehrt $R(\alpha) = R(\beta)$. Weil dann $(\alpha)_r \sim (\beta)_r$ ist, existieren nach Satz 4.1, Kapitel VI, idempotente Elemente ε, η mit $(\alpha)_r = (\varepsilon)_r$, $(\beta)_r = (\eta)_r$ und $(\varepsilon)_l = (\eta)_l$. Nach den Hilfssätzen 1.6 und 1.6' gibt es somit reguläre Elemente ζ_1, ζ_2 und ξ mit $\alpha = \varepsilon\,\zeta_1, \eta = \beta\,\zeta_2$ und $\varepsilon = \xi\,\eta$. Setzt man $\zeta = \zeta_2\,\zeta_1$, so ist ζ ein reguläres Element, und es gilt $\alpha = \varepsilon\,\zeta_1 = \xi\,\eta\,\zeta_1 = \xi\,\beta\,\zeta_2\,\zeta_1 = \xi\,\beta\,\zeta$.

(6°) Wegen $(\alpha\,\beta)_r \leqq (\alpha)_r$ ist $R(\alpha\,\beta) = D((\alpha\,\beta)_r) \leqq D((\alpha)_r) = R(\alpha)$. Entsprechend folgt wegen $(\alpha\,\beta)_l \leqq (\beta)_l$ auch $R(\alpha\,\beta) \leqq R(\beta)$.

(7°) Wegen $(\alpha + \beta)_r \leqq (\alpha)_r \cup (\beta)_r$ ist

$$R(\alpha + \beta) = D((\alpha + \beta)_r) \leqq D((\alpha)_r \cup (\beta)_r) \leqq D((\alpha)_r) + D((\beta)_r) = R(\alpha) + R(\beta).$$

(8°) Wegen $\varepsilon\,\eta = \eta\,\varepsilon = 0$ ist nach Satz 1.3, Kapitel VI,

$$(\varepsilon + \eta)_r = (\varepsilon)_r \,\dot{\cup}\, (\eta)_r\,,$$

also

$$R(\varepsilon + \eta) = D((\varepsilon + \eta)_r) = D((\varepsilon)_r) + D_r((\eta)_r) = R(\varepsilon) + R(\eta)\,.$$

Satz 1.3. *In einem stetigen regulären Ring $\mathfrak{R}$ existiere zu jedem $\alpha \in \mathfrak{R}$ eine auf der Gesamtheit Ω der Maximalideale von $\mathfrak{Z}_e$ erklärte Funktion f_α. Wenn diese f_α die folgenden Bedingungen (1°)—(4°) erfüllen, so sind sie eindeutig bestimmt und es gilt $f_\alpha(\mathfrak{p}) = r(\alpha, \mathfrak{p})$ für alle $\mathfrak{p} \in \Omega$.*

(1°)   *Für alle $\mathfrak{p} \in \Omega$ ist $0 \leqq f_\alpha(\mathfrak{p}) \leqq 1$.*

(2°)   *Ist $\eta \in \mathfrak{Z}_e$, so ist $f_\eta(\mathfrak{p}) = 0$, wenn $\eta \in \mathfrak{p}$, und $f_\eta(\mathfrak{p}) = 1$, wenn $\eta \notin \mathfrak{p}$.*

(3°)   *$f_{\alpha\beta}(\mathfrak{p}) \leqq f_\alpha(\mathfrak{p})$ für alle $\alpha, \beta \in \mathfrak{R}$ und alle $\mathfrak{p} \in \Omega$ oder*
           $f_{\alpha\beta}(\mathfrak{p}) \leqq f_\beta(\mathfrak{p})$ für alle $\alpha, \beta \in \mathfrak{R}$ und alle $\mathfrak{p} \in \Omega$.

(4°)   *Sind ε und η idempotente Elemente mit $\varepsilon\,\eta = \eta\,\varepsilon = 0$, so ist*
           $f_{\varepsilon + \eta}(\mathfrak{p}) = f_\varepsilon(\mathfrak{p}) + f_\eta(\mathfrak{p})$.

Beweis. Man kann die erste Bedingung von (3°) voraussetzen. Falls die zweite erfüllt wird, ist der Beweis mit Linksidealen durchzuführen.

Wenn $(\alpha)_r = (\beta)_r$, so ist $\alpha = \beta\,\chi$, und daher $f_\alpha(\mathfrak{p}) \leqq f_\beta(\mathfrak{p})$ nach (3°). Weil entsprechend auch $f_\beta(\mathfrak{p}) \leqq f_\alpha(\mathfrak{p})$, ist $f_\alpha(\mathfrak{p}) = f_\beta(\mathfrak{p})$. Man kann für $\mathfrak{a} = (\alpha)_r$ also $g_\mathfrak{a}(\mathfrak{p}) = f_\alpha(\mathfrak{p})$ definieren. (Es wird im folgenden auch $g_\mathfrak{a}(\mathfrak{p}) = g(\mathfrak{a}, \mathfrak{p})$ und $f_\alpha(\mathfrak{p}) = f(\alpha, \mathfrak{p})$ geschrieben.) Nach (1°) und (2°) ist $0 \leqq g(\mathfrak{a}, \mathfrak{p}) \leqq 1$ und

$$g((\eta)_*, \mathfrak{p})) = 0 \text{ für } (\eta)_* \in \mathfrak{p}, \qquad g((\eta)_*\, \mathfrak{p})) = 1 \text{ für } (\eta)_* \notin \mathfrak{p}.$$

Sei $\mathfrak{a}, \mathfrak{b} \in \overline{R}_\mathfrak{R}$. Man setze $\mathfrak{a} = (\mathfrak{a} \cap \mathfrak{b}) \cup \mathfrak{a}_1$ und $\mathfrak{b} = (\mathfrak{a} \cap \mathfrak{b}) \cup \mathfrak{b}_1$. Wegen $\mathfrak{a} \cup \mathfrak{b} = (\mathfrak{a} \cap \mathfrak{b}) \cup \mathfrak{a}_1 \cup \mathfrak{b}_1$ existieren nach Satz 1.4, Kapitel VI, idempotente Elemente $\varepsilon_1,\ \varepsilon_2,\ \varepsilon_3$ mit $\mathfrak{a} \cap \mathfrak{b} = (\varepsilon_1)_r$, $\mathfrak{a}_1 = (\varepsilon_2)_r$, $\mathfrak{b}_1 = (\varepsilon_3)_r$, $\varepsilon_i\,\varepsilon_j = 0\ (i \neq j)$, und es ist $\mathfrak{a} \cup \mathfrak{b} = (\varepsilon_1 + \varepsilon_2 + \varepsilon_3)_r$, $\mathfrak{a} = (\varepsilon_1 + \varepsilon_2)_r$ und $\mathfrak{b} = (\varepsilon_1 + \varepsilon_3)_r$. Also ist

$$\begin{aligned}
g(\mathfrak{a} \cup \mathfrak{b}, \mathfrak{p}) &= f(\varepsilon_1 + \varepsilon_2 + \varepsilon_3, \mathfrak{p}) = f(\varepsilon_1, \mathfrak{p}) + f(\varepsilon_2, \mathfrak{p}) + f(\varepsilon_3, \mathfrak{p}) \\
&= f(\varepsilon_1 + \varepsilon_2, \mathfrak{p}) + f(\varepsilon_1 + \varepsilon_3, \mathfrak{p}) - f(\varepsilon_1, \mathfrak{p}) \\
&= g(\mathfrak{a}, \mathfrak{p}) + g(\mathfrak{b}, \mathfrak{p}) - g(\mathfrak{a} \cap \mathfrak{b}, \mathfrak{p})\,.
\end{aligned}$$

Auf Grund von Anmerkung 1.3 können die Maximalideale des Zentrums $Z_\mathfrak{R}$ von $\overline{R}_\mathfrak{R}$ mit den Maximalidealen von $\mathfrak{Z}_e$ identifiziert werden. Daher ist nach Satz 3.3, Kapitel V, $g(\mathfrak{a}, \mathfrak{p}) = \delta(\mathfrak{a}, \mathfrak{p})$, also

$$f_\alpha(\mathfrak{p}) = g((\alpha)_r, \mathfrak{p}) = \delta((\alpha)_r, \mathfrak{p}) = r(\alpha, \mathfrak{p})\,.$$

§ 2. Die Rangfunktion eines irreduziblen stetigen regulären Ringes

Hilfssatz 2.1. In einem irreduziblen stetigen regulären Ring $\mathfrak{R}$ existiert genau eine reellwertige Rangfunktion R, und zwar ist diese durch $R(\alpha) = D((\alpha)_r)$ gegeben.

Beweis. Ist $\mathfrak{R}$ ein irreduzibler stetiger regulärer Ring, so ist die in Definition 1.3 definierte Funktion $R(\alpha)$ für jedes α jeweils eine reelle Konstante. Daher ist R nach Satz 1.2 und Definition 5.1, Kapitel VI eine reellwertige Rangfunktion. Um zu zeigen, daß diese eindeutig bestimmt ist, muß man Satz 1.3 bei Berücksichtigung der Irreduzibilität anwenden. Oder man definiert m durch $m((\alpha)_r) = R(\alpha)$, wenn R eine reellwertige Rangfunktion ist. Nach Satz 5.2, Kapitel VI, ist m dann eine auf dem irreduziblen stetigen komplementären modularen Verband $\overline{R}_\mathfrak{R}$ erklärte positive modulare Funktion mit $m((0)) = 0$ und $m((1)) = 1$. Daher ist $m((\alpha)_r)$ nach Satz 2.3, Kapitel V, eindeutig bestimmt, und es ist $m((\alpha)_r) = D((\alpha)_r)$.

Anmerkung 2.1. Nach Satz 5.1, Kapitel VI, ist ein irreduzibler stetiger regulärer Ring $\mathfrak{R}$ mit der durch $\delta(\alpha, \beta) = R(\alpha - \beta)$ bestimmten Abstandsfunktion δ ein metrischer Raum.

Hilfssatz 2.2.[1]) ε sei ein idempotentes Element eines irreduziblen stetigen regulären Ringes $\mathfrak{R}$. Existieren Elemente $\xi_i\,(i = 1, 2, \ldots)$ mit $\varepsilon\,\xi_i = 0$, $\xi_i\,\varepsilon = \xi_i$ und $\lim\limits_{i,\,j\to\infty}\delta(\xi_i, \xi_j) = 0$, so existiert auch ein Element ξ mit $\varepsilon\,\xi = 0$, $\xi\,\varepsilon = \xi$ und $\lim\limits_{i\to\infty}\delta(\xi_i, \xi) = 0$.

Beweis. (I) Nach Voraussetzung gibt es natürliche Zahlen $n_k\,(k = 1, 2, \ldots)$ mit $n_1 < \cdots < n_k < \cdots$ und

$$(1) \qquad\qquad R(\xi_i - \xi_j) \leq 2^{-k} \ \text{ für } \ i, j \geqq n_k\,.$$

Man setze $\zeta_i = \xi_{n_i}\,(i = 1, 2, \ldots)$.

(II) In $\bar{R}_\mathfrak{R}$ werde $\mathfrak{a}_i = (\varepsilon + \zeta_i)_r$, $\mathfrak{b}_j = {}_{i=j,\,j+1,\ldots}\!\cup\mathfrak{a}_i$ und $\mathfrak{c} = {}_{j=1,\,2,\ldots}\!\cap\mathfrak{b}_j$ gesetzt. Wegen $1 = (\varepsilon + \zeta_i) + (1 - \varepsilon)(1 - \varepsilon - \zeta_i)$ ist

$$1 \in (\varepsilon + \zeta_i)_r \cup (1 - \varepsilon)_r = \mathfrak{a}_i \cup (1 - \varepsilon)_r \leqq \mathfrak{b}_i \cup (1 - \varepsilon)_r\,.$$

Also ist $\mathfrak{R} = \mathfrak{b}_i \cup (1 - \varepsilon)_r$. Da $\bar{R}_\mathfrak{R}$ ein stetiger Verband ist, gilt $\mathfrak{R} = \mathfrak{c} \cup (1 - \varepsilon)_r$ wegen $\mathfrak{b}_i \downarrow \mathfrak{c}$. Nach Hilfssatz 1.2, Kapitel I, kann man ein $\mathfrak{c}'$ mit $\mathfrak{R} = \mathfrak{c}' \,\dot\cup\, (1 - \varepsilon)_r$ und $\mathfrak{c}' \leqq \mathfrak{c}$ wählen. Nach Satz 1.4, Kapitel VI, existiert dann ein idempotentes Element η mit

$$(2) \qquad\qquad (\eta)_r = \mathfrak{c}'\,, \quad (1 - \eta)_r = (1 - \varepsilon)_r\,.$$

Nach der zweiten Formel von (2) ist $1 - \eta = (1 - \varepsilon)(1 - \eta) = 1 - \varepsilon - \eta + \varepsilon\eta$, d. h. $\varepsilon = \varepsilon\eta$. Entsprechend folgt $\eta = \eta\,\varepsilon$. Setzt man $\xi = \eta - \varepsilon$, so ist $\varepsilon\,\xi = \varepsilon(\eta - \varepsilon) = 0$ und $\xi\,\varepsilon = (\eta - \varepsilon)\,\varepsilon = \eta - \varepsilon = \xi$.

(III) Für $j \leqq i$ ist $\mathfrak{a}_i = (\varepsilon + \zeta_i)_r = \left((\varepsilon + \zeta_j) + \sum\limits_{j+1\leqq k\leqq i}(\zeta_k - \zeta_{k-1})\right)_r$

$\leqq (\varepsilon + \zeta_j)_r \cup {}_{k=j+1,\ldots}\!\cup(\zeta_k - \zeta_{k-1})_r = \mathfrak{a}_j \cup {}_{k=j+1,\ldots}\!\cup(\zeta_k - \zeta_{k-1})_r\,.$

Also ist

$$\mathfrak{b}_j = {}_{i=j,\,j+1,\ldots}\!\cup\mathfrak{a}_i \leqq \mathfrak{a}_j \cup {}_{k=j+1,\ldots}\!\cup(\zeta_k - \zeta_{k-1})_r$$

und folglich

$$D(\mathfrak{b}_j) \leqq D(\mathfrak{a}_j) + \sum\limits_{k=j+1}^{\infty} D((\zeta_k - \zeta_{k-1})_r)$$

$$= D(\mathfrak{a}_j) + \sum\limits_{k=j+1}^{\infty} R(\zeta_k - \zeta_{k-1}) \leqq D(\mathfrak{a}_j) + \sum\limits_{k=j+1}^{\infty} \frac{1}{2^{k-1}} = D(\mathfrak{a}_j) + \frac{1}{2^{j-1}}\,.$$

Sei $\mathfrak{a}_j \,\dot\cup\, (\chi_j)_r = \mathfrak{b}_j$. Nach obiger Formel ist

$$D((\chi_j)_r) = D(\mathfrak{b}_j) - D(\mathfrak{a}_j) \leqq \frac{1}{2^{j-1}}\,,$$

d. h.

$$(3) \qquad\qquad R(\chi_j) \leqq \frac{1}{2^{j-1}}\,.$$

____

[1]) von Neumann [6] II, Lemma 17.3.

Weil nach der ersten Formel von (2) aber

$$\varepsilon + \xi = \eta \in \mathfrak{c}' \leqq \mathfrak{c} \leqq \mathfrak{b}_j = \mathfrak{a}_j \cup (\chi_j)_r = (\varepsilon + \zeta_j)_r \cup (\chi_j)_r$$

ist, gilt

$$(4) \qquad \varepsilon + \xi = (\varepsilon + \zeta_j)\,\varphi + \chi_j\,\psi\,,$$

also $(\varepsilon + \zeta_j)\,(\varepsilon + \xi) = (\varepsilon + \zeta_j)\,(\varepsilon + \zeta_j)\,\varphi + (\varepsilon + \zeta_j)\,\chi_j\,\psi$.

Ferner ist

$$(\varepsilon + \zeta_j)\,(\varepsilon + \xi) = \varepsilon + \zeta_j\,\varepsilon + \varepsilon\,\xi + \zeta_j\,\xi = \varepsilon + \zeta_j + 0 + \zeta_j\,\varepsilon\,\xi = \varepsilon + \zeta_j$$

und entsprechend $(\varepsilon + \zeta_j)\,(\varepsilon + \zeta_j) = \varepsilon + \zeta_j$. Folglich gilt

$$(5) \qquad \varepsilon + \zeta_j = (\varepsilon + \zeta_j)\,\varphi + (\varepsilon + \zeta_j)\,\chi_j\,\psi\,.$$

Nach (4) und (5) ist also $\zeta_j - \xi = (\varepsilon + \zeta_j - 1)\,\chi_j\,\psi$. Daher ist nach Definition 5.1 (4°), Kapitel VI, $R\,(\zeta_j - \xi) \leqq R(\chi_j)$ und nach (3) somit

$$R\,(\xi_{n_j} - \xi) = R\,(\zeta_j - \xi) \leqq \frac{1}{2^{j-1}}\,. \quad \text{Nach (1) gilt} \quad R\,(\xi_i - \xi_{n_j}) \leqq \frac{1}{2^j}$$

für $i \geqq n_j$, also $R\,(\xi_i - \xi) \leqq \dfrac{3}{2^j}$ für $i \geqq n_j$. Daher ist $\lim\limits_{i \to \infty} (\xi_i, \xi) = 0$.

Satz 2.1.[1]) *Ein irreduzibler stetiger regulärer Ring $\mathfrak{R}$ ist als metrischer Raum mit der durch $\delta(\alpha, \beta) = R\,(\alpha - \beta)$ erklärten Abstandsfunktion δ vollständig.*

Beweis. (I) Sei $\lim\limits_{i,\,j \to \infty} \delta(\alpha_i, \alpha_j) = \lim\limits_{i,\,j \to \infty} R\,(\alpha_i - \alpha_j) = 0$. Nach Satz 2.1, Kapitel V, ist $\overline{R}_\mathfrak{R}$ ein k-Modell ($k < \infty$) oder ein ∞-Modell. Im ersteren Falle nimmt $R\,(\alpha_i - \alpha_j)$ nur endlich viele Werte an. Daher ist für genügend große geeignete i, j stets $R\,(\alpha_i - \alpha_j) = 0$, d. h. $\alpha_i = \alpha_j$. Nimmt man diesen Wert als α, so ist $\lim\limits_{i \to \infty} \delta(\alpha_i, \alpha) = 0$.

(II) Ist $\overline{R}_\mathfrak{R}$ ein ∞-Modell, so gibt es nach Satz 3.3, Kapitel IV, Hauptrechtsideale $\mathfrak{a}_1, \mathfrak{a}_2$ mit $\mathfrak{R} = \mathfrak{a}_1 \cup \mathfrak{a}_2$ und $\mathfrak{a}_1 \sim \mathfrak{a}_2$. Zu diesen existiert dann ein $\mathfrak{c}$ mit $C(\mathfrak{a}_1, \mathfrak{a}_2, \mathfrak{c})$.

Wählt man also idempotente Elemente ξ_{11}, ξ_{22} mit $\mathfrak{a}_1 = (\xi_{11})_r$, $\mathfrak{a}_2 = (\xi_{22})_r$, $\xi_{11} + \xi_{22} = 1$ und $\xi_{11}\,\xi_{22} = \xi_{22}\,\xi_{11} = 0$, so gibt es nach Satz 4.2, Kapitel VI, Elemente ξ_{12}, ξ_{21} mit $\xi_{11}\,\xi_{12} = \xi_{12}\,\xi_{22} = \xi_{12}$, $\xi_{22}\,\xi_{21} = \xi_{21}\,\xi_{11} = \xi_{21}$, $\xi_{21}\,\xi_{12} = \xi_{22}$, $\xi_{12}\,\xi_{21} = \xi_{11}$. Setzt man $\alpha_{ikl} = \xi_{2k}\,\alpha_i\,\xi_{l1}\,(k, l = 1, 2)$, so ist

$$\sum_{k,\,l=1}^{2} \xi_{k2}\,\alpha_{ikl}\,\xi_{1l} = \sum_{k,\,l=1}^{2} \xi_{k2}\,\xi_{2k}\,\alpha_i\,\xi_{l1}\,\xi_{1l} = \sum_{k,\,l=1}^{2} \xi_{kk}\,\alpha_i\,\xi_{ll} = \alpha_i\,.$$

Es ist $\xi_{11}\,\alpha_{ikl} = \xi_{11}\,\xi_{22}\,\xi_{2k}\,\alpha_i\,\xi_{l1} = 0$,

$$\alpha_{ikl}\,\xi_{11} = \xi_{2k}\,\alpha_i\,\xi_{l1}\,\xi_{11} = \xi_{2k}\,\alpha_i\,\xi_{l1} = \alpha_{ikl}\,,$$

$$R(\alpha_{ikl} - \alpha_{jkl}) = R(\xi_{2k}\,(\alpha_i - \alpha_j)\,\xi_{l1}) \leqq R\,(\alpha_i - \alpha_j)\,.$$

Daher gibt es nach Hilfssatz 2.2 ein α_{kl} mit $\lim\limits_{i \to \infty} R(\alpha_{ikl} - \alpha_{kl}) = 0$.

---

[1]) von Neumann [6] II, Theorem 17.4.

Setzt man $\alpha = \sum\limits_{k,\,l=1}^{2} \xi_{k2}\,\alpha_{kl}\,\xi_{1l}$, so ist

$$R(\alpha_i - \alpha) = R\left(\sum_{k,\,l=1}^{2} \xi_{k2}\,(\alpha_{ikl} - \alpha_{kl})\,\xi_{1l}\right) \leq \sum_{k,\,l=1}^{2} R(\alpha_{ikl} - \alpha_{kl})$$

und somit $\lim\limits_{i\to\infty}\delta(\alpha_i,\alpha) = \lim\limits_{i\to\infty} R(\alpha_i - \alpha) = 0$. Also ist $\mathfrak{R}$ vollständig.

Satz 2.2 *Ein irreduzibler regulärer Ring $\mathfrak{R}$ ist genau dann ein stetiger regulärer Ring, wenn es in ihm eine reellwertige Rangfunktion R gibt und er als metrischer Raum mit der durch $\delta(\alpha,\beta) = R(\alpha-\beta)$ erklärten Abstandsfunktion δ vollständig ist. Dann ist R eindeutig bestimmt, und zwar gilt $R(\alpha) = D((\alpha)_r)$ für alle $\alpha \in \mathfrak{R}$.*

Beweis. (I) Notwendig. Nach Hilfssatz 2.1 existiert eine reellwertige Rangfunktion R und ist eindeutig durch $R(\alpha) = D((\alpha)_r)$ bestimmt. Nach Satz 2.1 ist $\mathfrak{R}$ als metrischer Raum mit der durch $\delta(\alpha,\beta) = R(\alpha-\beta)$ gegebenen Abstandsfunktion δ vollständig.

(II) Hinreichend. Nach Satz 5.3, Kapitel VI, ist $\overline{R}_{\mathfrak{R}}$ ein stetiger komplementärer modularer Verband, d. h. $\mathfrak{R}$ ein stetiger regulärer Ring.

§ 3. Die Zerlegung eines stetigen regulären Ringes in ein subdirektes Produkt

Satz 3.1.[1]) *In einem stetigen regulären Ringe $\mathfrak{R}$ sei $\mathfrak{a}$ ein maximales Ideal von $\mathfrak{R}$ und J ein maximales neutrales Ideal von $\overline{R}_{\mathfrak{R}}$. Dann gelten folgende Aussagen:*

(1°) $J(\mathfrak{a}) = \{(\alpha)_r;\, (\alpha)_r \leq \mathfrak{a}\}$ *ist ein maximales neutrales Ideal von $\overline{R}_{\mathfrak{R}}$.*

(2°) $\mathfrak{a}(J) = \{\alpha;\, (\alpha)_r \in J\}$ *ist ein maximales Ideal von $\mathfrak{R}$.*

(3°) $J(\mathfrak{a}(J)) = J$ *und* $\mathfrak{a}(J(\mathfrak{a})) = \mathfrak{a}$.

Beweis. (I) Sei $\mathfrak{a}$ ein Ideal von $\mathfrak{R}$. Offensichtlich ist

$$J(\mathfrak{a}) = \{(\alpha)_r;\; (\alpha)_r \leq \mathfrak{a}\}$$

ein Ideal von $\overline{R}_{\mathfrak{R}}$. Wenn $(\alpha)_r \leq \mathfrak{a}$ und $(\alpha)_r \sim (\beta)_r$, so existieren nach Satz 4.1, Kapitel VI, idempotente Elemente ε, η mit $(\alpha)_r = (\varepsilon)_r$, $(\beta)_r = (\eta)_r$ und $(\varepsilon)_l = (\eta)_l$. Weil wegen $(\alpha)_r \leq \mathfrak{a}$ dann $\varepsilon, \eta \in \mathfrak{a}$ gilt, ist $(\beta)_r \leq \mathfrak{a}$. Also ist $J(\mathfrak{a})$ ein neutrales Ideal von $\overline{R}_{\mathfrak{R}}$.

(II) Sei J ein maximales neutrales Ideal von $\overline{R}_{\mathfrak{R}}$. Nach Satz 3.1 (3°), Kapitel V, sind die Aussagen $\delta((\alpha)_r, \mathfrak{p}(J)) = 0$ und $(\alpha)_r \in J$ gleichwertig. Daher ist $\mathfrak{a}(J) = \{\alpha;\, r(\alpha, \mathfrak{p}(J)) = 0\}$. Wenn $\alpha, \beta \in \mathfrak{a}(J)$, so ist wegen $(\beta)_r = (-\beta)_r$ nach Satz 1.2 (7°) somit

$$r(\alpha - \beta, \mathfrak{p}(J)) \leq r(\alpha, \mathfrak{p}(J)) + r(\beta, \mathfrak{p}(J)) = 0,$$

---

[1]) Maeda [3] 5.

also $\alpha - \beta \in \mathfrak{a}(J)$. Ist $\alpha \in \mathfrak{a}(J)$ und $\xi \in \mathfrak{R}$, so ist nach Satz 1.2 (6°)

$$r(\alpha\,\xi,\,\mathfrak{p}(J)) \leqq r(\alpha,\,\mathfrak{p}(J)) = 0 \quad \text{und} \quad r(\xi\,\alpha,\,\mathfrak{p}(J)) \leqq r(\alpha,\,\mathfrak{p}(J)) = 0\,,$$

folglich $\alpha\,\xi,\,\xi\,\alpha \in \mathfrak{a}(J)$; d. h. $\mathfrak{a}(J)$ ist ein Ideal. Wegen $r(1,\,\mathfrak{p}(J)) = 1$ ist $1 \notin \mathfrak{a}(J)$, also $\mathfrak{a}(J) < \mathfrak{R}$.

(III) Ist J ein maximales neutrales Ideal von $\overline{R}_{\mathfrak{R}}$, so ist nach (II) also $\mathfrak{a}(J)$ ein Ideal. Die folgenden Aussagen sind somit äquivalent:

$$(\alpha)_r \in J, \quad \alpha \in \mathfrak{a}(J), \quad (\alpha)_r \leqq \mathfrak{a}(J), \quad (\alpha)_r \in J(\mathfrak{a}(J))\,.$$

Folglich ist $J = J(\mathfrak{a}(J))$.

(IV) Sei $\mathfrak{a}$ ein maximales Ideal von $\mathfrak{R}$. Angenommen, $J(\mathfrak{a})$ sei kein maximales neutrales Ideal von $\overline{R}_{\mathfrak{R}}$. Nach Hilfssatz 1.15, Kapitel I, existiert ein maximales neutrales Ideal I von $\overline{R}_{\mathfrak{R}}$ mit $J(\mathfrak{a}) < I$. Nach (II) ist $\mathfrak{a}(I)$ ein Ideal $< \mathfrak{R}$ von $\mathfrak{R}$. Weil sich aus $\alpha \in \mathfrak{a}$ der Reihe nach $(\alpha)_r \leqq \mathfrak{a}$, $(\alpha)_r \in J(\mathfrak{a})$, $(\alpha)_r \in I$, $\alpha \in \mathfrak{a}(I)$ ergibt, ist $\mathfrak{a} \leqq \mathfrak{a}(I)$. Aus der Maximalität von $\mathfrak{a}$ folgt $\mathfrak{a} = \mathfrak{a}(I)$. Also ist $J(\mathfrak{a}) = J(\mathfrak{a}(I)) = I$ nach (III), und dies ist ein Widerspruch. Daher ist $J(\mathfrak{a})$ ein maximales neutrales Ideal von $\overline{R}_{\mathfrak{R}}$.

(V) Ist $\mathfrak{a}$ ein maximales Ideal von $\mathfrak{R}$, so ist $J(\mathfrak{a})$ nach (IV) ein maximales neutrales Ideal von $\overline{R}_{\mathfrak{R}}$ und daher $\mathfrak{a}(J(\mathfrak{a}))$ nach (II) ein Ideal $< \mathfrak{R}$ von $\mathfrak{R}$. Weil sich aus $\alpha \in \mathfrak{a}$ der Reihe nach $(\alpha)_r \leqq \mathfrak{a}$, $(\alpha)_r \in J(\mathfrak{a})$, $\alpha \in \mathfrak{a}(J(\mathfrak{a}))$ ergibt, ist $\mathfrak{a} \leqq \mathfrak{a}(J(\mathfrak{a}))$, wegen der Maximalität von $\mathfrak{a}$ also $\mathfrak{a} = \mathfrak{a}(J(\mathfrak{a}))$.

(VI) J sei ein maximales neutrales Ideal von $\overline{R}_{\mathfrak{R}}$. Angenommen, $\mathfrak{a}(J)$ sei kein maximales Ideal von $\mathfrak{R}$. Nach Hilfssatz 1.15, Kapitel I, existiert dann ein maximales Ideal $\mathfrak{b}$ mit $\mathfrak{a}(J) < \mathfrak{b}$. Nach (III) ist $J = J(\mathfrak{a}(J)) \leqq J(\mathfrak{b}) < \overline{R}_{\mathfrak{R}}$. Wegen der Maximalität von J ist $J = J(\mathfrak{b})$, nach (V) somit $\mathfrak{a}(J) = \mathfrak{a}(J(\mathfrak{b})) = \mathfrak{b}$, und dies ist ein Widerspruch. Also ist $\mathfrak{a}(J)$ ein maximales Ideal von $\mathfrak{R}$.

Anmerkung 3.1. In einem stetigen regulären Ring $\mathfrak{R}$ existiert zu $\alpha \neq 0$ ein maximales Ideal $\mathfrak{a}$ von $\mathfrak{R}$ mit $\alpha \notin \mathfrak{a}$. Denn nach Anmerkung 3.1, Kapitel V, gibt es ein J mit $(\alpha)_r \notin J$, und daher braucht man nur $\mathfrak{a} = \mathfrak{a}(J)$ zu setzen.

Hilfssatz 3.1. Für einen stetigen regulären Ring sind Einfachheit und Irreduzibilität gleichwertige Eigenschaften.

Beweis. Daß allgemein ein einfacher Ring auch irreduzibel ist, folgt nach den Sätzen 1.7 und 1.11 von Kapitel VI. Ist ein stetiger regulärer Ring $\mathfrak{R}$ irreduzibel, so besteht nach Satz 3.6, Kapitel VI, das Zentrum $Z_{\mathfrak{R}}$ nur aus (0) und (1). Also ist $\mathfrak{p} = (0)$ das einzige Maximalideal von $Z_{\mathfrak{R}}$. Daher enthält $\overline{R}_{\mathfrak{R}}$ nach Satz 3.1, Kapitel V, auch nur $J((0)) = (0)$ als einziges maximales neutrales Ideal, und folglich gibt es nach Satz 3.1

in $\Re$ nur ein maximales Ideal, nämlich $\mathfrak{a}((o)) = (o)$. Da $\Re$ somit kein von (o) und $\Re$ verschiedenes Ideal besitzt, ist $\Re$ einfach.

Hilfssatz 3.2. $\mathfrak{a}$ sei ein maximales Ideal eines stetigen regulären Ringes $\Re$, und $J = J(\mathfrak{a})$ sei das $\mathfrak{a}$ entsprechende maximale neutrale Ideal in $\bar{R}_\Re$. Dann wird $\bar{R}_{\Re/\mathfrak{a}}$ durch $(\alpha/\mathfrak{a})_r \to (\alpha)_r/J$ isomorph auf $\bar{R}_\Re/J$ abgebildet. Folglich ist $\Re/\mathfrak{a}$ ein einfacher stetiger regulärer Ring.

Beweis. (I) $\alpha/\mathfrak{a}$ sei ein beliebiges Element aus $\Re/\mathfrak{a}$. Weil $\Re$ regulär ist, gibt es nach Definition 3.1, Kapitel VI, ein Element $\xi \in \Re$ mit $\alpha = \alpha\,\xi\,\alpha$. Da somit $\alpha/\mathfrak{a} = \alpha/\mathfrak{a} \cdot \xi/\mathfrak{a} \cdot \alpha/\mathfrak{a}$ gilt, ist $\Re/\mathfrak{a}$ ein regulärer Ring. Also ist $\bar{R}_{\Re/\mathfrak{a}}$ ein komplementärer modularer Verband.

(II) Wenn $(\alpha/\mathfrak{a})_r \leqq (\beta/\mathfrak{a})_r$, so gibt es ein $\chi \in \Re$ mit $\alpha/\mathfrak{a} = \beta/\mathfrak{a} \cdot \chi/\mathfrak{a} = \beta\chi/\mathfrak{a}$, also $\alpha \equiv \beta\chi \,(\mathfrak{a})$. Folglich existiert ein $\zeta \in \mathfrak{a}$ mit $\alpha = \beta\,\chi + \zeta$. Es ist $(\alpha)_r \leqq (\beta)_r \cup (\zeta)_r$ und $(\zeta)_r \leqq \mathfrak{a}$, d. h. $(\zeta)_r \in J$, und daher $(\alpha)_r/J \leqq (\beta)_r/J$.

Ist $(\alpha)_r/J \leqq (\beta)_r/J$, so existiert wegen $(\alpha)_r \cup (\beta)_r/J = (\alpha)_r/J \cup (\beta)_r/J = (\beta)_r/J$ nach Hilfssatz 4.6, Kapitel I, ein $(\xi)_r \in J$ mit $(\alpha)_r \cup (\beta)_r \cup (\xi)_r = (\beta)_r \cup (\xi)_r$. Wählt man ein $(\zeta)_r$ mit $(\beta)_r \cup (\xi)_r = (\beta)_r \dot\cup (\zeta)_r$, $(\zeta)_r \leqq (\xi)_r$, so gibt es nach Satz 1.4, Kapitel VI, idempotente Elemente ε, η mit $(\beta)_r = (\varepsilon)_r$, $(\zeta)_r = (\eta)_r$, $\varepsilon\,\eta = \eta\,\varepsilon = 0$, und es ist $(\alpha)_r \leqq (\beta)_r \dot\cup (\zeta)_r = (\varepsilon + \eta)_r$. Folglich ist $\alpha = (\varepsilon + \eta)\,\alpha = \varepsilon\,\alpha + \eta\,\alpha$, und wegen $(\eta)_r \in J = J(\mathfrak{a})$, d. h. $\eta \in \mathfrak{a}(J(\mathfrak{a})) = \mathfrak{a}$, gilt $\alpha \equiv \varepsilon\alpha\,(\mathfrak{a})$. Weil man somit $\alpha/\mathfrak{a} = \varepsilon/\mathfrak{a} \cdot \alpha/\mathfrak{a}$ hat, ist $(\alpha/\mathfrak{a})_r \leqq (\varepsilon/\mathfrak{a})_r$. Es war $(\beta)_r = (\varepsilon)_r$; also ist $\beta = \varepsilon\,\beta$, $\varepsilon = \beta\chi$ $(\chi \in \Re)$ und somit $\beta/\mathfrak{a} = \varepsilon/\mathfrak{a} \cdot \beta/\mathfrak{a}$, $\varepsilon/\mathfrak{a} = \beta/\mathfrak{a} \cdot \chi/\mathfrak{a}$, folglich $(\beta/\mathfrak{a})_r = (\varepsilon/\mathfrak{a})_r$ und daher $(\alpha/\mathfrak{a})_r \leqq (\beta/\mathfrak{a})_r$.

(III) Nach (II) ist $(\alpha/\mathfrak{a})_r \to (\alpha)_r/J$ eine eineindeutige Abbildung von $\bar{R}_{\Re/\mathfrak{a}}$ auf $\bar{R}_\Re/J$, die ebenso wie ihre Umkehrung die Ordnung erhält. Also ist sie ein Isomorphismus von $\bar{R}_{\Re/\mathfrak{a}}$ auf $\bar{R}_\Re/J$. Weil $\bar{R}_\Re/J$ nach Hilfssatz 3.3, Kapitel V, ein stetiger komplementärer modularer Verband ist, muß auch $\bar{R}_{\Re/\mathfrak{a}}$ ein solcher sein, d. h. $\Re/\mathfrak{a}$ ist ein stetiger regulärer Ring. Nach Hilfssatz 1.7, Kapitel VI, schließlich ist $\Re/\mathfrak{a}$ einfach.

Satz 3.2.[1]) (*Zerlegung eines stetigen regulären Ringes in ein subdirektes Produkt*) Ω *sei die Gesamtheit der maximalen Ideale* $\mathfrak{a}$ *eines stetigen regulären Ringes* $\Re$. *Dann ist* $\Re$ *einem subdirekten Produkt der einfachen stetigen regulären Ringe* $\Re/\mathfrak{a}$ $(\mathfrak{a} \in \Omega)$ *isomorph.*

Beweis. Nach Anmerkung 3.1 existiert zu einem beliebigen Element $\alpha \neq o$ aus $\Re$ ein α nicht enthaltendes maximales Ideal $\mathfrak{a}$. Daher ist $\bigcap_{\mathfrak{a} \in \Omega} \mathfrak{a} = (o)$. Also ist $\Re$ nach Satz 1.12, Kapitel VI, einem subdirekten Produkt der $\Re/\mathfrak{a}$ $(\mathfrak{a} \in \Omega)$ isomorph. Nach Hilfssatz 3.2 sind die $\Re/\mathfrak{a}$ einfache stetige reguläre Ringe.

---

[1]) Maeda [3] 6. Siehe ferner Satz 1.13, Kapitel VI.

VIII. Der normierte Rahmen eines komplementären modularen Verbandes

Nach Satz 3.2, Kapitel VI, ist der Hauptrechtsidealverband $\overline{R}_\Re$ eines regulären Ringes ein komplementärer modularer Verband. Ist umgekehrt ein komplementärer modularer Verband L gegeben, so soll ein regulärer Ring bestimmt werden, dessen Hauptrechtsidealverband $\overline{R}_\Re$ dem Verband L isomorph ist. Das ist die Aufgabe dieses Kapitels.

§ 1. Die homogene Basis eines komplementären modularen Verbandes

Definition 1.1. In einem komplementären modularen Verbande L sei $\perp(a_1, \ldots, a_m)$. Wenn $b_m \leq a_m$ und $b_{mi} \in L_{mi}{}^1)$ $(i = 1, \ldots, m-1)$, so wird im Falle $m > 1$

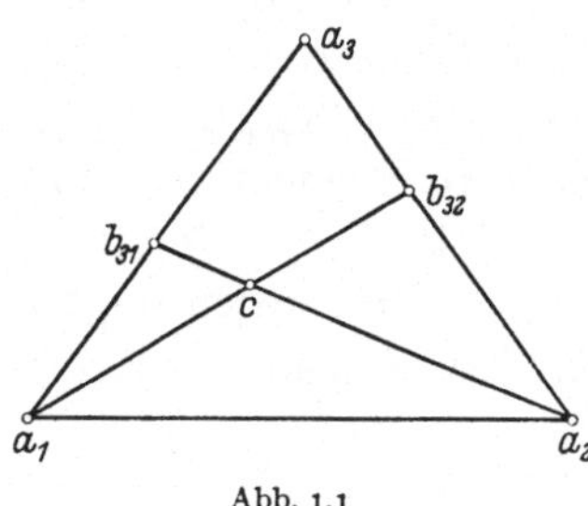

Abb. 1.1

$$(b_m; b_{m\,1}, \ldots, b_{m,\,m-1})$$
$$= \left({}_{j=1}^{m-1}\bigcup a_j \cup b_m\right) \cap {}_{i=1}^{m-1}\bigcap \left({}_{j=1,\,j\neq i}^{m-1}\bigcup a_j \cup b_{mi}\right)$$

gesetzt.

Anmerkung 1.1. In obiger Definition ist $(b_m; b_{m\,1}, \ldots, b_{m,\,m-1})$ von der Reihenfolge der $a_1, \ldots, a_{m-1}$ unabhängig.

Für $m = 1$ werde $(b_m; b_{m\,1}, \ldots, b_{m,\,m-1})$ gleich b_1 gesetzt.

Wegen

$$(a_m; b_{m\,1}, \ldots, b_{m,\,m-1}) = {}_{i=1}^{m-1}\bigcap \left({}_{j=1,\,j\neq i}^{m-1}\bigcup a_j \cup b_{mi}\right)$$

ist

$$(b_m; b_{m\,1}, \ldots, b_{m,\,m-1}) = \left({}_{j=1}^{m-1}\bigcup a_j \cup b_m\right) \cap (a_m; b_{m\,1}, \ldots, b_{m,\,m-1}).$$

Nach Hilfssatz 1.3, Kapitel II, ist

$$(a_m; a_m, \ldots, a_m, b_{mk}, a_m, \ldots, a_m)$$
$$= {}_{i=1,\,i\neq k}^{m-1}\bigcap \left({}_{j=1,\,j\neq i}^{m}\bigcup a_j\right) \cap \left({}_{j=1,\,j\neq k}^{m-1}\bigcup a_j \cup b_{mk}\right)$$
$$= (a_k \cup a_m) \cap \left({}_{j=1,\,j\neq k}^{m-1}\bigcup a_j \cup b_{mk}\right) = b_{mk}.$$

Folglich ist $(a_m; a_m, \ldots, a_m) = a_m$ und $(b_m; a_m, \ldots, a_m) = b_m$. In Abbildung 1.1 ist $c = (a_3; b_{31}, b_{32}) = (a_2 \cup b_{31}) \cap (a_1 \cup b_{32})$.

Hilfssatz 1.1. $(a_m; b_{m\,1}, \ldots, b_{m,\,m-1}) \cup {}_{j=1}^{m-1}\bigcup a_j = {}_{j=1}^{m}\bigcup a_j$.

Beweis. Für $l \leq m-1$ ist

$$(1) \qquad {}_{i=1}^{l}\bigcap \left({}_{j=1,\,j\neq i}^{m-1}\bigcup a_j \cup b_{mi}\right) \cup {}_{j=1}^{m-1}\bigcup a_j = {}_{j=1}^{m}\bigcup a_j.$$

___
1) Siehe Kapitel II, Def. 1.1.

Setzt man die linke Seite der Gleichung gleich d_l, so ist nämlich

$$d_l = \left(\bigcap_{i=1}^{l-1} \left(\bigcup_{j=1,\, j\neq i}^{m-1} a_j \cup b_{mi} \right) \cap \left(\bigcup_{j=1,\, j\neq l}^{m-1} a_j \cup b_{ml} \right) \right) \cup a_l \cup \bigcup_{j=1}^{m-1} a_j$$

$$= \left(\bigcap_{i=1}^{l-1} \left(\bigcup_{j=1,\, j\neq i}^{m-1} a_j \cup b_{mi} \right) \cap \left(\bigcup_{j=1,\, j\neq l}^{m-1} a_j \cup b_{ml} \cup a_l \right) \right) \cup \bigcup_{j=1}^{m-1} a_j$$

(nach dem modularen Gesetz)

$$= \bigcap_{i=1}^{l-1} \left(\bigcup_{j=1,\, j\neq i}^{m-1} a_j \cup b_{mi} \right) \cup \bigcup_{j=1}^{m-1} a_j = d_{l-1} \quad (\text{wegen } b_{ml} \cup a_l = a_m \cup a_l),$$

also

$$d_l = d_{l-1} = \cdots = d_1 = \left(\bigcup_{j=2}^{m-1} a_j \cup b_{m\,1} \right) \cup \bigcup_{j=1}^{m-1} a_j$$

$$= \bigcup_{j=2}^{m-1} a_j \cup b_{m1} \cup a_1 = \bigcup_{j=1}^{m} a_j$$

und somit (1).

Setzt man $l = m - 1$ in (1), so folgt

$$(a_m; b_{m\,1}, \ldots, b_{m,\,m-1}) \cup \bigcup_{j=1}^{m-1} a_j = \bigcap_{i=1}^{m-1} \left(\bigcup_{j=1,\, j\neq i}^{m-1} a_j \cup b_{mi} \right) \cup \bigcup_{j=1}^{m-1} a_j$$

$$= \bigcup_{j=1}^{m} a_j \,.$$

Ferner ist

$$(a_m; b_{m\,1}, \ldots, b_{m,\,m-1}) \cap \bigcup_{j=1}^{m-1} a_j$$

$$= \bigcap_{i=1}^{m-1} \left(\left(\bigcup_{j=1,\, j\neq i}^{m-1} a_j \cup b_{mi} \right) \cap \left(\bigcup_{j=1,\, j\neq i}^{m-1} a_j \cup a_i \right) \right)$$

$$= \bigcap_{i=1}^{m-1} \left(\bigcup_{j=1,\, j\neq i}^{m-1} a_j \cup (b_{mi} \cap a_i) \right)$$

(nach Hilfssatz 1.1 Kapitel II)

$$= \bigcap_{i=1}^{m-1} \bigcup_{j=1,\, j\neq i}^{m-1} a_j = 0$$

(nach Hilfssatz 1.3, Kapitel II). Somit ist die Behauptung bewiesen.

Zusatz. $(b_m; b_{m\,1}, \ldots, b_{m,\,m-1}) \cup \bigcup_{j=1}^{m-1} a_j = b_m \cup \bigcup_{j=1}^{m-1} a_j \,.$

Beweis. Nach Anmerkung 1.1 und Hilfssatz 1.1 ist

$$(b_m; b_{m\,1}, \ldots, b_{m,\,m-1}) \cup \bigcup_{j=1}^{m-1} a_j$$

$$= \left(\left(\bigcup_{j=1}^{m-1} a_j \cup b_m \right) \cap (a_m; b_{m\,1}, \ldots, b_{m,\,m-1}) \right) \cup \bigcup_{j=1}^{m-1} a_j$$

$$= \left(\bigcup_{j=1}^{m-1} a_j \cup b_m \right) \cap \left((a_m; b_{m\,1}, \ldots, b_{m,\,m-1}) \cup \bigcup_{j=1}^{m-1} a_j \right)$$

$$= \bigcup_{j=1}^{m-1} a_j \cup b_m$$

und

$$(b_m; b_{m\,1}, \ldots, b_{m,\,m-1}) \cap \bigcup_{j=1}^{m-1} a_j \leq (a_m; b_{m\,1}, \ldots, b_{m,\,m-1}) \cap \bigcup_{j=1}^{m-1} a_j = 0.$$

Hilfssatz 1.2. Sei c ein beliebiges Komplement von $\bigcup_{j=1}^{m-1} a_j$ in $\bigcup_{j=1}^{m} a_j$. Setzt man

$$b_{mi} = \left(c \cup \bigcup_{j=1,\, j\neq i}^{m-1} a_j \right) \cap (a_i \cup a_m) \quad (i = 1, \ldots, m-1),$$

so ist $b_{mi} \in L_{mi}$ und $c = (a_m; b_{m1}, \ldots, b_{m,\,m-1})$.

Beweis. Wegen der Modularität ist

$$b_{mi} \cup a_i = \left(c \cup \bigcup_{j=1}^{m-1} a_j \right) \cap (a_i \cup a_m) = \bigcup_{j=1}^{m} a_j \cap (a_i \cup a_m) = a_i \cup a_m \,.$$

Wegen $\bigcup_{j=1}^{m-1} a_j \cap c = 0$ gilt nach Satz 1.3, Kapitel II, $\bot(a_1, \ldots, a_{m-1}, c)$. Folglich ist $b_{mi} \cap a_i = (c \cup \bigcup_{j=1, j \neq i}^{m-1} a_j) \cap a_i = 0$, also $b_{mi} \in L_{mi}$. Wegen der Modularität ist ferner

$$\bigcup_{j=1, j \neq i}^{m-1} a_j \cup b_{mi} = (c \cup \bigcup_{j=1, j \neq i}^{m-1} a_j) \cap \bigcup_{j=1}^{m} a_j = c \cup \bigcup_{j=1, j \neq i}^{m-1} a_j.$$

Nach Hilfssatz 1.3, Kapitel II, ist daher

$$(a_m; b_{m1}, \ldots, b_{m, m-1}) = \bigcap_{i=1}^{m-1} \left(\bigcup_{j=1, j \neq i}^{m-1} a_j \cup b_{mi} \right)$$

$$= \bigcap_{i=1}^{m-1} \left(\bigcup_{j=1, j \neq i}^{m-1} a_j \cup c \right) = c.$$

Hilfssatz 1.3. Sei $\bot(a_1, \ldots, a_m)$ und $b \leqq \bigcup_{j=1}^{m} a_j$. Es gibt dann $b_m \leqq a_m$ und $b_{mj} \in L_{mj}$ mit

$$(1) \qquad b = (b \cap \bigcup_{j=1}^{m-1} a_j) \,\dot{\cup}\, (b_m; b_{m1}, \ldots, b_{m, m-1}) \,.$$

Beweis. Setzt man

$$(2) \qquad b = (b \cap \bigcup_{j=1}^{m-1} a_j) \,\dot{\cup}\, d \,,$$

so existiert wegen $d \cap \bigcup_{j=1}^{m-1} a_j = d \cap b \cap \bigcup_{j=1}^{m-1} a_j = 0$ nach Hilfssatz 1.2, Kapitel I, ein c mit $\bigcup_{j=1}^{m-1} a_j \,\dot{\cup}\, c = \bigcup_{j=1}^{m} a_j$, $c \geqq d$. Man wählt nun b_m als das perspektive Bild von d bei $c \sim_x a_m$ (für $x = \bigcup_{j=1}^{m-1} a_j$) und hat dann nach Satz 3.1, Kapitel II, $d = (b_m \cup \bigcup_{j=1}^{m-1} a_j) \cap c$. Nach Hilfssatz 1.2 läßt sich c als $c = (a_m; b_{m1}, \ldots, b_{m, m-1})$ darstellen. Daher ist

$$d = (b_m; b_{m1}, \ldots, b_{m, m-1})$$

nach Anmerkung 1.1. Nach (2) erhält man somit (1).

Satz 1.1. *Sei* $\bot(a_1, \ldots, a_n)$ *und* $b \leqq \bigcup_{j=1}^{n} a_j$. *Es gibt dann* $b_i \leqq a_i$ *und* $b_{ij} \in L_{ij}$ *mit* $b = \bigcup_{m=1}^{n} (b_m; b_{m1}, \ldots, b_{m, m-1})$.

Beweis. Nach Hilfssatz 1.3 ist $b = (b \cap \bigcup_{j=1}^{n-1} a_j) \,\dot{\cup}\, (b_n; b_{n1}, \ldots, b_{n, n-1})$. Wendet man Hilfssatz 1.3 auf $b \cap \bigcup_{j=1}^{n-1} a_j$ an, so folgt

$$b \cap \bigcup_{j=1}^{n-1} a_j = (b \cap \bigcup_{j=1}^{n-2} a_j) \,\dot{\cup}\, (b_{n-1}; b_{n-1,1}, \ldots, b_{n-1, n-2}).$$

Bei wiederholter Anwendung dieses Verfahrens erhält man

$$b = \bigcup_{m=1}^{n} (b_m; b_{m1}, \ldots, b_{m, m-1}) \,.$$

Daß die Summanden ein unabhängiges System bilden, folgt nach Satz 1.8, Kapitel I.

Definition 1.2. In einem komplementären modularen Verbande L bezeichnet man eine Menge $\{a_i; i = 1, \ldots, n\}$ mit $a_1 \dot{\cup} \ldots \dot{\cup} a_n = 1$ und $a_i \sim a_j$ $(i, j = 1, \ldots, n)$ als eine *n-gliedrige homogene Basis* und nennt n eine *Ordnung* von L. Die Ordnungen von L sind im allgemeinen nicht alle einander gleich: In einem dreidimensionalen projektiven Raum z. B. bilden vier nicht in einer Ebene gelegene Punkte ebenso eine homogene Basis wie zwei windschiefe Geraden.

---

[1]) von Neumann [6], II, Lemma 4.2.

Satz 1.2.[1]) *Alle Elemente eines komplementären modularen Verbandes mit einer Ordnung $n \geqq 2$ lassen sich mit $\cup, \cap$ durch Elemente der L_{ij} $(i, j = 1, \ldots, n)$ darstellen.*

Beweis. $\{a_i; i = 1, \ldots, n\}$ sei eine homogene Basis von L. Nach Satz 1.1 kann man jedes Element b aus L durch passend gewählte $b_i \leqq a_i$ und $b_{ij} \in L_{ij}$ als $b = \overset{n}{\underset{m=1}{\cup}} (b_m; b_{m1}, \ldots, b_{m,m-1})$ darstellen. Wegen $a_i \sim a_j$ existiert ein c_{ij} mit $C(a_i, a_j, c_{ij})$. Nach Satz 3.4, Kapitel II, ist also $b_i = (d \cup a_j) \cap a_i$, $d \in L_{ji}$. In Anbetracht von $a_i \in L_{ij}$ läßt sich b somit durch Elemente der L_{ij} $(i, j = 1, \ldots, n)$ darstellen.

§ 2. Der normierte Rahmen eines komplementären modularen Verbandes

Definition 2.1. Ist $\underline{\bot}(a_1, \ldots, a_n)$, $b_{ij} \in L_{ij}$ und $b_{jk} \in L_{jk}$ in einem komplementären modularen Verbande L, so wird

$$b_{ij} \otimes b_{jk} = (b_{ij} \cup b_{jk}) \cap (a_i \cup a_k)$$

gesetzt.

Hilfssatz 2.1. Sei $\underline{\bot}(a_i, a_j, a_k)$ und ferner $b_{ij} \in L_{ij}$, $b_{jk} \in L_{jk}$. Dann existiert ein r mit

$$(1) \quad (a_i, b_{ij}, a_j) \sim_{a_k} (r, b_{ij}, b_{jk}),$$

und zwar ist $r = b_{ij} \otimes b_{jk}$, $r \in L_{ik}$, $r \in L_{b_{ij} b_{jk}}$.

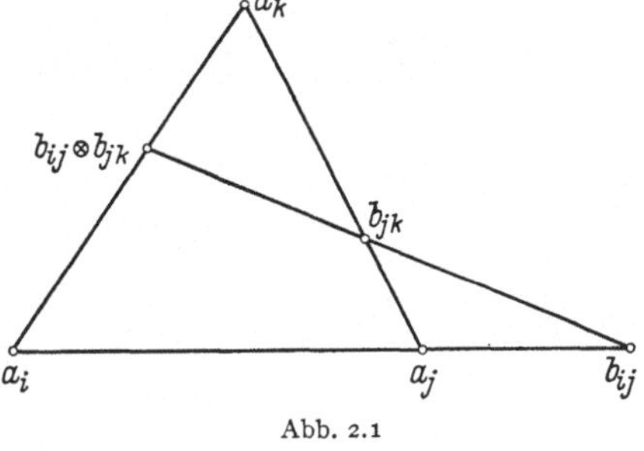

Abb. 2.1

Beweis. Wegen $b_{jk} \in L_{jk}$ ist $b_{ij} \cup a_j \cup a_k = b_{ij} \cup b_{jk} \cup a_k$. Wegen $\underline{\bot}(a_i, a_j, a_k)$ gelten nach Satz 1.4, Kapitel II, auch $\underline{\bot}(b_{ij}, a_j, a_k)$ und $\underline{\bot}(b_{ij}, b_{jk}, a_k)$. Da somit $(b_{ij} \cup a_j) \cap a_k = (b_{ij} \cup b_{jk}) \cap a_k = o$ gilt, ist $b_{ij} \cup a_j \sim_{a_k} b_{ij} \cup b_{jk}$. Setzt man $r = (a_i \cup a_k) \cap (b_{ij} \cup b_{jk}) = b_{ij} \otimes b_{jk}$, so gilt nach Anmerkung 3.1, Kapitel II, also (1). Wegen $a_i \sim_{a_k} r$ ist $r \in L_{ik}$. Da ferner $b_{ij} \in L_{a_i a_j}$ gilt, ist nach (1) somit $b_{ij} \in L_{r b_{jk}}$, d. h. $r \in L_{b_{ij} b_{jk}}$.

Zusatz.[1]) Sei $\underline{\bot}(a_i, a_j, a_k)$, $C(a_i, a_j, b_{ij})$ und $C(a_j, a_k, b_{jk})$. Mit $b_{ik} = b_{ij} \otimes b_{jk}$ gelten dann $C(a_i, a_k, b_{ik})$ und $C(b_{ij}, b_{jk}, b_{ik})$.

Beweis. Wegen $b_{ij} \in L_{ij}$ und $b_{jk} \in L_{jk}$ ist $b_{ik} \in L_{ik}$ und $b_{ik} \in L_{b_{ij} b_{jk}}$ nach Hilfssatz 2.1. Entsprechend folgt wegen $b_{jk} \in L_{kj}$ und $b_{ij} \in L_{ji}$, daß $b_{ik} \in L_{ki}$ und $b_{ik} \in L_{b_{jk} b_{ij}}$. Also gelten $C(a_i, a_k, b_{ik})$ und $C(b_{ij}, b_{jk}, b_{ik})$.

Hilfssatz 2.2 (I) $b_{jj} \otimes b_{jk} = b_{jk}$ und $b_{ij} \otimes b_{jj} = b_{ij}$. Ist $b_{ij} = b_{ji}$, so $b_{ij} \otimes b_{ji} = b_{ii}$.

---

[1]) Siehe Definition 3.1 (2°), Kapitel III.

(II) Für $i \neq k$ ist $b_{ij} \otimes b_{jk} \in L_{ik}$. (Für $i = k$ gilt die Behauptung im Falle $b_{ij} = b_{ji}$.)

(III) Wenn $i \neq k$ und $j \neq l$, so ist

$$(1) \qquad (b_{ij} \otimes b_{jk}) \otimes b_{kl} = b_{ij} \otimes (b_{jk} \otimes b_{kl}) .$$

(Wenn $i = k$, so gilt die Behauptung im Falle $b_{ij} = b_{ji}$. Wenn $j = l$, so gilt die Behauptung im Falle $b_{jk} = b_{kj}$.)

Beweis. (I) Es ist $b_{jj} \otimes b_{jk} = (o \cup b_{jk}) \cap (a_j \cup a_k) = b_{jk}$. Entsprechend erhält man die zweite Formel von (I). Falls $b_{ij} = b_{ji}$, ist

$$b_{ij} \otimes b_{ji} = b_{ji} \cap a_i = o = b_{ii}.$$

(II) Wegen (I) genügt es, die Behauptung für voneinander verschiedene i, j, k zu beweisen. Daher ergibt sich die Behauptung nach Hilfssatz 2.1.

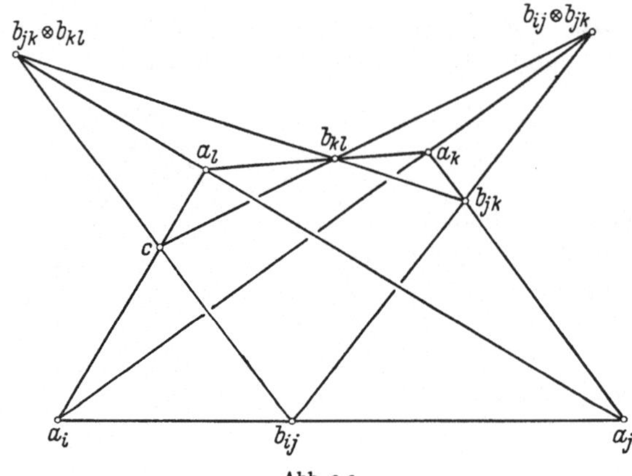

Abb. 2.2

(III) Die linke Seite von (1) wird mit $b_{il}^{(1)}$ und die rechte mit $b_{il}^{(2)}$ bezeichnet. Es wird $c = (b_{ij} \cup b_{jk} \cup b_{kl}) \cap (a_i \cup a_l)$ gesetzt.

(1°) Seien zunächst i, j, k, l voneinander verschieden. Wegen

$$b_{il}^{(1)} = (((b_{ij} \cup b_{jk}) \cap (a_i \cup a_k)) \cup b_{kl}) \cap (a_i \cup a_l)$$

ist $b_{il}^{(1)} \leq c$. Da $b_{il}^{(1)} \in L_{il}$ nach (II), ist

$$a_i \cup a_l = b_{il}^{(1)} \cup a_l \leq c \cup a_l \leq a_i \cup a_l,$$

also

$$(2) \qquad c \cup a_l = a_i \cup a_l .$$

Es gilt $\perp(a_i, a_j, a_k, a_l)$ und somit nach Satz 1.4, Kapitel II, auch $\perp(b_{ij}, b_{jk}, b_{kl}, a_l)$. Folglich ist

$$(3) \qquad c \cap a_l = (b_{ij} \cup b_{jk} \cup b_{kl}) \cap a_l = o .$$

Aus (2) und (3) folgt $c \in L_{il}$. Also ist nach Satz 1.4, Kapitel I, $b_{il}^{(1)} = c$. Entsprechend erhält man $b_{il}^{(2)} = c$. Daher gilt (1).

(2°) Falls $i = j$ oder $j = k$ oder $k = l$, ergibt sich (1) unmittelbar nach (I).

(3°) Sei $i = l$. Es ist

$$b_{il}^{(1)} = \big(\big((b_{ij} \cup b_{jk}) \cap (a_i \cup a_k)\big) \cup b_{ki}\big) \cap a_i = (b_{ij} \cup b_{jk} \cup b_{ki}) \cap (a_i \cup a_k) \cap a_i = c.$$

Entsprechend folgt $b_{il}^{(2)} = c$. Also gilt (1).

(4°) Sei $i = k$ und $b_{ij} = b_{ji}$. Nach (I) ist $b_{il}^{(1)} = b_{il}$. Es ist

$$\begin{aligned}
b_{il}^{(2)} &= \big(b_{ij} \cup \big((b_{ji} \cup b_{il}) \cap (a_j \cup a_l)\big)\big) \cap (a_i \cup a_l) \\
&= (b_{ij} \cup b_{il}) \cap (b_{ij} \cup a_j \cup a_l) \cap (a_i \cup a_l) \\
&= (b_{ij} \cup b_{il}) \cap (a_i \cup a_l) = \big(b_{ij} \cap (a_i \cup a_l)\big) \cup b_{il} = b_{il}\,.
\end{aligned}$$

Die letzte Gleichung folgt unmittelbar, wenn von i, j, l zwei Indices einander gleich sind. Sind i, j, l voneinander verschieden, so gilt wegen $\perp(a_j, a_i, a_l)$ nach Satz 1.4, Kapitel II, auch $\perp(b_{ji}, a_i, a_l)$ und daher (1).

(5°) Für $j = l$ und $b_{jk} = b_{kj}$ verläuft der Beweis entsprechend wie in (4°).

Satz 2.1. *Ist* $\{a_i;\ i = 1, \ldots, n\}$ *eine n-gliedrige homogene Basis eines komplementären modularen Verbandes L, so existieren c_{ij} $(i, j = 1, \ldots, n)$ mit $c_{ij} \in L_{ij}$, $c_{ij} = c_{ji}$ und $c_{ik} = c_{ij} \otimes c_{jk}$.*

Beweis. (I) Für $i = 2, \ldots, n$ gibt es wegen $a_1 \sim a_i$ Elemente c_{1i} mit $C(a_1, a_i, c_{1i})$. Offensichtlich sind die $c_{1i} \in L_{1i}$. Setzt man $c_{i1} = c_{1i}$, so gilt $c_{i1} \in L_{i1}$. Es werde ferner $c_{11} = o$ gesetzt. Definiert man

$$c_{ij} = c_{i1} \otimes c_{1j} = (c_{i1} \cup c_{1j}) \cap (a_i \cup a_j),$$

so ist $c_{ij} = c_{ji}$ und nach Hilfssatz 2.2 (II) $c_{ij} \in L_{ij}$.

(II) Nach Hilfssatz 2.2 (I) ist $c_{1j} \otimes c_{j1} = c_{11}$, nach Hilfssatz 2.2 (III) also $c_{1j} \otimes c_{jk} = c_{1j} \otimes (c_{j1} \otimes c_{1k}) = (c_{1j} \otimes c_{j1}) \otimes c_{1k} = c_{1k}$ und folglich $c_{ij} \otimes c_{jk} = (c_{i1} \otimes c_{1j}) \otimes c_{jk} = c_{i1} \otimes (c_{1j} \otimes c_{jk}) = c_{i1} \otimes c_{1k} = c_{ik}$.

Definition 2.2.[1]**)** Sei $\{a_i;\ i = 1, \ldots, n\}$ eine n-gliedrige homogene Basis eines komplementären modularen Verbandes L. Nach Satz 2.1 gibt es dann zu jedem Paar (a_i, a_j) von Basiselementen ein $c_{ij} \in L_{ij}$, so daß $c_{ij} = c_{ji}$, $c_{ik} = c_{ij} \otimes c_{jk}$ für alle i, j, k gilt. Die Basis zusammen mit einer solcherart erklärten Zuordnung $(a_i, a_j) \to c_{ij}$ nennt man einen *normierten Rahmen* von L und verwendet dafür die Bezeichnung $\{a_i, c_{ij};\ i, j = 1, \ldots, n\}$.

Die geometrische Bedeutung des normierten Rahmens ergibt sich aus Abbildung 2.2, wenn man $b_{ij} = c_{ij}, \ldots, b_{ij} \otimes b_{jk} = c_{ik}, \ldots, c = c_{il}$ setzt.

§ 3. Projektive Abbildungen in einem normierten Rahmen[2])

In diesem Paragraphen ist L ein komplementärer modularer Verband mit einer Ordnung $n \geqq 4$ und dem (festgelassenen) normierten Rahmen $\{a_i, c_{ij};\ i, j = 1, \ldots, n\}$.

[1]) VON NEUMANN [6] II, Definition 5.2.   [2]) VON NEUMANN [6] II, Kap. V.

Definition 3.1. Sei $m < n$ und $(i_p)_{p=1,\dots,m}$ ein m-tupel voneinander verschiedener ganzer Zahlen mit $1 \leq i_p \leq n$. Dasselbe gelte für $(j_p)_{p=1,\dots,m}$.

Hilfssatz 3.1. In $(i_p)_{p=1,\dots,m}$ und $(j_p)_{p=1,\dots,m}$ sei $i_p = j_p$ für alle $p \neq \xi$. Dann gilt $\bigcup_{p=1,\dots,m} a_{i_p} \sim_x \bigcup_{p=1,\dots,m} a_{j_p}$ mit $x = c_{i_\xi j_\xi}$.

Beweis. Man darf $i_\xi \neq j_\xi$ annehmen. Setzt man $a = \bigcup_{p=1,\dots,m;\, p \neq \xi} a_{i_p} = \bigcup_{p=1,\dots,m;\, p \neq \xi} a_{j_p}$, so gelten $\bot(a, a_{i_\xi}, a_{j_\xi})$ und $C(a_{i_\xi}, a_{j_\xi}, c_{i_\xi j_\xi})$. Nach Hilfssatz 2.3, Kapitel II, ist daher $a \cup a_{i_\xi} \sim_x a \cup a_{j_\xi}$ mit $x = c_{i_\xi j_\xi}$.

Definition 3.2. Es seien die Folgen $(i_p)_{p=1,\dots,m}$ und $(j_p)_{p=1,\dots,m}$ gegeben. Falls stets $i_p = j_p$ $(p = 1,\dots,m)$ ist, soll $P\begin{pmatrix} i_1 \cdots i_m \\ j_1 \cdots j_m \end{pmatrix}$ die identische Abbildung in $L(0, \bigcup_{p=1,\dots,m} a_{i_p})$ bedeuten. Wenn $i_p = j_p$ für alle $p \neq \xi$, aber $i_\xi \neq j_\xi$, so werde mit $P\begin{pmatrix} i_1 \cdots i_m \\ j_1 \cdots j_m \end{pmatrix}$ die auf Grund von Hilfssatz 3.1 durch die Achse $c_{i_\xi j_\xi}$ bestimmte perspektive Abbildung von $L(0, \bigcup_{p=1,\dots,m} a_{i_p})$ auf $L(0, \bigcup_{p=1,\dots,m} a_{j_p})$ bezeichnet. Dann ist im letzteren Falle nach Definition 3.1, Kapitel II,

$$x\, P\begin{pmatrix} i_1 \cdots i_m \\ j_1 \cdots j_m \end{pmatrix} = (x \cup c_{i_\xi j_\xi}) \cap \bigcup_{p=1,\dots,m} a_{j_p} \quad \text{für} \quad x \in L(0, \bigcup_{p=1,\dots,m} a_{i_p}).$$

(Der Übersichtlichkeit halber setzt man $P\begin{pmatrix} i_1 \cdots i_m \\ j_1 \cdots j_m \end{pmatrix}$ hinter x.)

Hilfssatz 3.2. Wenn $x \leq \bigcup_{p=1,\dots,h} a_{i_p}$ $(h < m)$, so

$$x\, P\begin{pmatrix} i_1 \cdots i_m \\ j_1 \cdots j_m \end{pmatrix} = x\, P\begin{pmatrix} i_1 \cdots i_h \\ j_1 \cdots j_h \end{pmatrix}.$$

Beweis. (I) Wenn $i_p = j_p$ $(p = 1,\dots,h)$, so ruft nach Hilfssatz 3.2, Kapitel II, $P\begin{pmatrix} i_1 \cdots i_m \\ j_1 \cdots j_m \end{pmatrix}$ die identische Abbildung in $L(0, \bigcup_{p=1,\dots,h} a_{i_p})$ hervor, und daher ist die Behauptung klar.

(II) Gibt es ein $\xi \leq h$ mit $i_\xi \neq j_\xi$, so ist nach den Definitionen 3.1 und 3.2 $i_p = j_p\,(p = 1,\dots,m;\, p \neq \xi)$ und $i_\xi \neq j_p\,(p = 1,\dots,m)$. Also ist

$$x\, P\begin{pmatrix} i_1 \cdots i_m \\ j_1 \cdots j_m \end{pmatrix} = (x \cup c_{i_\xi j_\xi}) \cap \bigcup_{p=1,\dots,m} a_{j_p}$$

$$= (x \cup c_{i_\xi j_\xi}) \cap \left(\bigcup_{p=1,\dots,h} a_{j_p} \cup a_{i_\xi} \right) \cap \bigcup_{p=1,\dots,m} a_{j_p}$$

$$= (x \cup c_{i_\xi j_\xi}) \cap \bigcup_{p=1,\dots,h} a_{j_p} = x\, P\begin{pmatrix} i_1 \cdots i_h \\ j_1 \cdots j_h \end{pmatrix}.$$

Hilfssatz 3.3. $b_{ij} P\begin{pmatrix} i\ j \\ i\ k \end{pmatrix} = b_{ij} \otimes c_{jk} \in L_{ik}$ und $b_{ij} P\begin{pmatrix} i\ j \\ h\ j \end{pmatrix} = c_{hi} \otimes b_{ij} \in L_{hj}$.

Beweis. Nach Definition 3.2 und Hilfssatz 2.2 (II) ist

$$b_{ij} P\begin{pmatrix} i\ j \\ i\ k \end{pmatrix} = (b_{ij} \cup c_{jk}) \cap (a_i \cup a_k) = b_{ij} \otimes c_{jk} \in L_{ik}.$$

Der Beweis der zweiten Formel verläuft entsprechend.

Hilfssatz 3.4. $b_{ij} P\begin{pmatrix} i\ j \\ i\ k \end{pmatrix} P\begin{pmatrix} i\ k \\ i\ h \end{pmatrix} = b_{ij} P\begin{pmatrix} i\ j \\ i\ h \end{pmatrix}$ und

$$b_{ij} P\begin{pmatrix} i\ j \\ k\ j \end{pmatrix} P\begin{pmatrix} k\ j \\ h\ j \end{pmatrix} = b_{ij} P\begin{pmatrix} i\ j \\ h\ j \end{pmatrix}.$$

Beweis. Nach den Hilfssätzen 3.3 und 2.2 (III) ist

$$b_{ij} P\begin{pmatrix} i\ j \\ i\ k \end{pmatrix} P\begin{pmatrix} i\ k \\ i\ h \end{pmatrix} = (b_{ij} \otimes c_{jk}) \otimes c_{kh} = b_{ij} \otimes (c_{jk} \otimes c_{kh})$$

$$= b_{ij} \otimes c_{jh} = b_{ij} P\begin{pmatrix} i\ j \\ i\ h \end{pmatrix}.$$

Entsprechend wird die zweite Formel bewiesen.

Hilfssatz 3.5. $b_{ij} P\begin{pmatrix} i\ j \\ i\ h \end{pmatrix} P\begin{pmatrix} i\ h \\ k\ h \end{pmatrix} = b_{ij} P\begin{pmatrix} i\ j \\ k\ j \end{pmatrix} P\begin{pmatrix} k\ j \\ k\ h \end{pmatrix}$.

Beweis. Nach den Hilfssätzen 3.3 und 2.2 (III) ist

$$b_{ij} P\begin{pmatrix} i\ j \\ i\ h \end{pmatrix} P\begin{pmatrix} i\ h \\ k\ h \end{pmatrix} = c_{ki} \otimes (b_{ij} \otimes c_{jh}) = (c_{ki} \otimes b_{ij}) \otimes c_{jh} = b_{ij} P\begin{pmatrix} i\ j \\ k\ j \end{pmatrix} P\begin{pmatrix} k\ j \\ k\ h \end{pmatrix}.$$

Hilfssatz 3.6. Für zwei beliebige, untereinander und von h, k verschiedene ganze Zahlen i, j gilt

$$(1) \qquad b_{ij} P\begin{pmatrix} i\ j \\ i\ h \end{pmatrix} P\begin{pmatrix} i\ h \\ j\ h \end{pmatrix} P\begin{pmatrix} j\ h \\ j\ i \end{pmatrix} = b_{ij} P\begin{pmatrix} i\ j \\ k\ j \end{pmatrix} P\begin{pmatrix} k\ j \\ k\ i \end{pmatrix} P\begin{pmatrix} k\ i \\ j\ i \end{pmatrix}.$$

Beweis. (I) Sei zunächst $h \neq k$. Wendet man Hilfssatz 2.2 (III) wiederholt an, so ist wegen $c_{ji} = c_{jk} \otimes c_{ki}$

$$b_{ij} P\begin{pmatrix} i\ j \\ i\ h \end{pmatrix} P\begin{pmatrix} i\ h \\ j\ h \end{pmatrix} P\begin{pmatrix} j\ h \\ j\ i \end{pmatrix}$$

$$= (c_{ji} \otimes (b_{ij} \otimes c_{jh})) \otimes c_{hi} = ((c_{jk} \otimes c_{ki}) \otimes (b_{ij} \otimes c_{jh})) \otimes c_{hi}$$

$$= (c_{jk} \otimes (c_{ki} \otimes (b_{ij} \otimes c_{jh}))) \otimes c_{hi} = (c_{jk} \otimes ((c_{ki} \otimes b_{ij}) \otimes c_{jh})) \otimes c_{hi}$$

$$= c_{jk} \otimes (((c_{ki} \otimes b_{ij}) \otimes c_{jh}) \otimes c_{hi}) = c_{jk} \otimes ((c_{ki} \otimes b_{ij}) \otimes c_{ji})$$

$$= b_{ij} P\begin{pmatrix} i\ j \\ k\ j \end{pmatrix} P\begin{pmatrix} k\ j \\ k\ i \end{pmatrix} P\begin{pmatrix} k\ i \\ j\ i \end{pmatrix}.$$

Also gilt (1) für $h \neq k$.

(II) Die linke Seite von (1) ist von h unabhängig, d. h.

$$b_{ij}\, P\!\begin{pmatrix} i\ j \\ i\ h \end{pmatrix} P\!\begin{pmatrix} i\ h \\ j\ h \end{pmatrix} P\!\begin{pmatrix} j\ h \\ j\ i \end{pmatrix}$$

$$= \big(c_{ji} \otimes (b_{ij} \otimes c_{jh})\big) \otimes (c_{hk} \otimes c_{ki}) = \big((c_{ji} \otimes (b_{ij} \otimes c_{jh})) \otimes c_{hk}\big) \otimes c_{ki}$$

$$= \big(c_{ji} \otimes ((b_{ij} \otimes c_{jh}) \otimes c_{hk})\big) \otimes c_{ki} = \big(c_{ji} \otimes (b_{ij} \otimes c_{jk})\big) \otimes c_{ki}$$

$$= b_{ij}\, P\!\begin{pmatrix} i\ j \\ i\ k \end{pmatrix} P\!\begin{pmatrix} i\ k \\ j\ k \end{pmatrix} P\!\begin{pmatrix} j\ k \\ j\ i \end{pmatrix} .\,{}^{[1]}$$

Also gilt (1) auch für $h = k$.

Die Bedeutung von $b_{ij}\, P\!\begin{pmatrix} i\ j \\ k\ h \end{pmatrix}$ für $b_{ij} \in L_{ij}$, die für $i = k$ oder $j = h$ in Definition 3.2 und Hilfssatz 3.3 erläutert wurde, soll nun in der folgenden Definition erweitert werden.

Definition 3.3. Wenn $i \neq j$ und $k \neq h$, so habe $b_{ij}\, P\!\begin{pmatrix} i\ j \\ k\ h \end{pmatrix}$ für $b_{ij} \in L_{ij}$ folgende Bedeutung:

(1°) Wenn $i \neq h$, so sei $b_{ij}\, P\!\begin{pmatrix} i\ j \\ k\ h \end{pmatrix} = b_{ij}\, P\!\begin{pmatrix} i\ j \\ i\ h \end{pmatrix} P\!\begin{pmatrix} i\ h \\ k\ h \end{pmatrix}$.

(2°) Wenn $j \neq k$, so sei $b_{ij}\, P\!\begin{pmatrix} i\ j \\ k\ h \end{pmatrix} = b_{ij}\, P\!\begin{pmatrix} i\ j \\ k\ j \end{pmatrix} P\!\begin{pmatrix} k\ j \\ k\ h \end{pmatrix}$.

(3°) Wenn $i = h$ und $j = k$, so sei

$$b_{ij}\, P\!\begin{pmatrix} i\ j \\ j\ i \end{pmatrix} = b_{ij}\, P\!\begin{pmatrix} i\ j \\ i\ l \end{pmatrix} P\!\begin{pmatrix} i\ l \\ j\ l \end{pmatrix} P\!\begin{pmatrix} j\ l \\ j\ i \end{pmatrix} = b_{ij}\, P\!\begin{pmatrix} i\ j \\ l\ j \end{pmatrix} P\!\begin{pmatrix} l\ j \\ l\ i \end{pmatrix} P\!\begin{pmatrix} l\ i \\ j\ i \end{pmatrix},$$

wobei l von i, j verschieden ist.

Anmerkung 3.1. Falls gleichzeitig $i \neq h$ und $j \neq k$ gelten, so folgt nach Hilfssatz 3.5, daß die Definitionen (1°) und (2°) übereinstimmen. Nach Hilfssatz 3.6 sind die beiden letzten Seiten der Gleichung in (3°) einander gleich und von l unabhängig.

Hilfssatz 3.7. $b_{ij}\, P\!\begin{pmatrix} i\ j \\ k\ h \end{pmatrix} P\!\begin{pmatrix} k\ h \\ p\ h \end{pmatrix} = b_{ij}\, P\!\begin{pmatrix} i\ j \\ p\ h \end{pmatrix}$ und

$$b_{ij}\, P\!\begin{pmatrix} i\ j \\ k\ h \end{pmatrix} P\!\begin{pmatrix} k\ h \\ k\ q \end{pmatrix} = b_{ij}\, P\!\begin{pmatrix} i\ j \\ k\ q \end{pmatrix}.$$

Beweis. Es soll die erste Formel bewiesen werden. Falls $i = k$ oder $j = h$, so gilt die Behauptung nach Definition 3.3 (1°), (2°). Also kann für das Folgende $i \neq k$ und $j \neq h$ vorausgesetzt werden.

---

[1]) Ist $n \geq 5$ und sind i, j, h, k, l fünf voneinander verschiedene ganze Zahlen, so ist nach (I) die h enthaltende linke Seite $=$ der l enthaltenden rechten Seite und die k enthaltende linke Seite $=$ der l enthaltenden rechten Seite. Daher erhält man obige Beziehung dann sofort.

(1°) Sei $i \neq h$. Nach Hilfssatz 3.4 und Definition 3.3 (1°) ist

$$b_{ij}\, P\!\begin{pmatrix} i & j \\ k & h \end{pmatrix} P\!\begin{pmatrix} k & h \\ p & h \end{pmatrix} = b_{ij}\, P\!\begin{pmatrix} i & j \\ i & h \end{pmatrix} P\!\begin{pmatrix} i & h \\ k & h \end{pmatrix} P\!\begin{pmatrix} k & h \\ p & h \end{pmatrix}$$

$$= b_{ij}\, P\!\begin{pmatrix} i & j \\ i & h \end{pmatrix} P\!\begin{pmatrix} i & h \\ p & h \end{pmatrix} = b_{ij}\, P\!\begin{pmatrix} i & j \\ p & h \end{pmatrix}.$$

(2°) Sei $j \neq k$ und $p \neq j$. Nach den Hilfssätzen 3.5 und 3.4 und Definition 3.3 (2°) ist

$$b_{ij}\, P\!\begin{pmatrix} i & j \\ k & h \end{pmatrix} P\!\begin{pmatrix} k & h \\ p & h \end{pmatrix} = b_{ij}\, P\!\begin{pmatrix} i & j \\ k & j \end{pmatrix} P\!\begin{pmatrix} k & j \\ k & h \end{pmatrix} P\!\begin{pmatrix} k & h \\ p & h \end{pmatrix} = b_{ij}\, P\!\begin{pmatrix} i & j \\ k & j \end{pmatrix} P\!\begin{pmatrix} k & j \\ p & j \end{pmatrix} P\!\begin{pmatrix} p & j \\ p & h \end{pmatrix}$$

$$= b_{ij}\, P\!\begin{pmatrix} i & j \\ p & j \end{pmatrix} P\!\begin{pmatrix} p & j \\ p & h \end{pmatrix} = b_{ij}\, P\!\begin{pmatrix} i & j \\ p & h \end{pmatrix}.$$

Sei $j \neq k$ und $p = j$. Da der Fall $i \neq h$ schon in (1°) bewiesen ist, kann $i = h$ vorausgesetzt werden. Nach Definition 3.3 (2°), (3°) ist

$$b_{ij}\, P\!\begin{pmatrix} i & j \\ k & i \end{pmatrix} P\!\begin{pmatrix} k & i \\ j & i \end{pmatrix} = b_{ij}\, P\!\begin{pmatrix} i & j \\ k & j \end{pmatrix} P\!\begin{pmatrix} k & j \\ k & i \end{pmatrix} P\!\begin{pmatrix} k & i \\ j & i \end{pmatrix} = b_{ij}\, P\!\begin{pmatrix} i & j \\ j & i \end{pmatrix}.$$

(3°) Sei $i = h$ und $j = k$. Da die Behauptung für $p = j$ trivial ist, kann $p \neq j$ angenommen werden. Weil somit p von i, j verschieden ist, folgt nach Hilfssatz 3.4 und Definition 3.3 (3°), (2°):

$$b_{ij}\, P\!\begin{pmatrix} i & j \\ j & i \end{pmatrix} P\!\begin{pmatrix} j & i \\ p & i \end{pmatrix} = b_{ij}\, P\!\begin{pmatrix} i & j \\ p & j \end{pmatrix} P\!\begin{pmatrix} p & j \\ p & i \end{pmatrix} P\!\begin{pmatrix} p & i \\ j & i \end{pmatrix} P\!\begin{pmatrix} j & i \\ p & i \end{pmatrix}$$

$$= b_{ij}\, P\!\begin{pmatrix} i & j \\ p & j \end{pmatrix} P\!\begin{pmatrix} p & j \\ p & i \end{pmatrix} P\!\begin{pmatrix} p & i \\ p & i \end{pmatrix} = b_{ij}\, P\!\begin{pmatrix} i & j \\ p & j \end{pmatrix} P\!\begin{pmatrix} p & j \\ p & i \end{pmatrix} = b_{ij}\, P\!\begin{pmatrix} i & j \\ p & i \end{pmatrix}.$$

In allen Fällen gilt also die erste Formel. Der Beweis für die zweite Formel verläuft entsprechend.

Hilfssatz 3.8. Sei $i_\mu \neq j_\mu$ $(\mu = 1, \ldots, \sigma)$ und ferner $i_{\mu-1} = i_\mu$ oder $j_{\mu-1} = j_\mu$ $(\mu = 2, \ldots, \sigma)$. Dann hängt $b_{i_1 j_1} P\!\begin{pmatrix} i_1 & j_1 \\ i_2 & j_2 \end{pmatrix} \ldots P\!\begin{pmatrix} i_{\sigma-1} & j_{\sigma-1} \\ i_\sigma & j_\sigma \end{pmatrix}$ nicht von den i_μ, j_μ $(\mu = 2, \ldots, \sigma - 1)$ ab.

Beweis. Die Behauptung ergibt sich bei wiederholter Anwendung des Hilfssatzes 3.7.

Satz 3.1. *In* $(j_p^{(\mu)})_{p=1,\ldots,m}$ $(m < n; \mu = 1, \ldots, \sigma)$ *gelte für jedes* $\mu < \sigma$: *Genau für ein* $p = p_\mu$ *ist* $j_p^{(\mu)} \neq j_p^{(\mu+1)}$ *und für die* $p \neq p_\mu$ *ist* $j_p^{(\mu)} = j_p^{(\mu+1)}$. *Dann hängt*

$$(1) \qquad b\, P\!\begin{pmatrix} j_1^{(1)} & \cdots & j_m^{(1)} \\ j_2^{(2)} & \cdots & j_m^{(2)} \end{pmatrix} P\!\begin{pmatrix} j_1^{(2)} & \cdots & j_m^{(2)} \\ j_1^{(3)} & \cdots & j_m^{(3)} \end{pmatrix} \ldots P\!\begin{pmatrix} j_1^{(\sigma-1)} & \cdots & j_m^{(\sigma-1)} \\ j_1^{(\sigma)} & \cdots & j_m^{(\sigma)} \end{pmatrix}$$

für $b \leq {}_{p=1}^{m}\!\bigcup a_{j_p^{(1)}}$ *nur von* b *und der Substitution* $\begin{pmatrix} j_1^{(1)} & \cdots & j_m^{(1)} \\ j_1^{(\sigma)} & \cdots & j_m^{(\sigma)} \end{pmatrix}$, *nicht aber von den* $(j_p^{(\mu)})_{p=1,\ldots,m}$ $(\mu = 2, \ldots, \sigma - 1)$ *ab.*

Beweis. Die projektive Abbildung, welche b in (1) überführt, werde mit P und (1) dann mit $b\,P$ bezeichnet. Um komplizierte Indizes zu vermeiden, kürzen wir im folgenden $j_p^{(1)}$ durch p ab. Nach Satz 1.2 läßt sich b mit $\cup$, $\cap$ durch Elemente der L_{ij} $(i, j = 1, \ldots, m)$ darstellen. Nach den Hilfssätzen 3.2 und 3.8 gilt die Behauptung für die $b_{ij}\,P$ (mit $b_{ij} \in L_{ij}$). Da P ein Isomorphismus ist, folgt daraus der Satz.

Definition 3.4. Die in Satz 3.1 bestimmte projektive Abbildung P werde mit $P\begin{pmatrix} j_1^{(1)} \cdots j_m^{(1)} \\ j_1^{(\sigma)} \cdots j_m^{(\sigma)} \end{pmatrix}$ bezeichnet.

Für $m = 2$ stimmt diese Definition offenbar mit der Definition 3.3 überein.

IX. Der Matrizenring

In diesem Kapitel sei stets vorausgesetzt, daß der Ring $\mathfrak{R}$
ein Einselement enthalte.

§ 1. Die Basismatrizensysteme eines regulären Ringes

Definition 1.1. Wenn die Elemente ξ_{ij} $(i, j = 1, \ldots, n)$ eines Ringes $\mathfrak{R}$ die beiden Bedingungen

$$(1^\circ) \qquad \xi_{ij}\,\xi_{kh} = \begin{cases} \xi_{ih} & \text{für} \quad j = k\,, \\ 0 & \text{für} \quad j \neq k\,, \end{cases}$$

$$(2^\circ) \qquad \xi_{11} + \xi_{22} + \cdots + \xi_{nn} = 1\,,$$

erfüllen, so nennt man $(\xi_{ij})_{i,\,j = 1, \ldots, n}$ ein *Basismatrizensystem n-ter Ordnung* des Ringes $\mathfrak{R}$ und n eine *Ordnung* von $\mathfrak{R}$.

Definition 1.2. ε sei ein idempotentes Element des Ringes $\mathfrak{R}$. Die Gesamtheit der Elemente $\chi \in \mathfrak{R}$ mit $\varepsilon\,\chi = \chi\,\varepsilon = \chi$ wird mit $\mathfrak{R}(\varepsilon)$ bezeichnet.

$\mathfrak{R}(\varepsilon)$ ist ein Ring mit ε als Einselement.

Hilfssatz 1.1. Der Ring $\mathfrak{R}$ besitze ein Basismatrizensystem $(\xi_{ij})_{i,j=1,\ldots,n}$. Setzt man $\chi_{ij} = \xi_{1i}\,\chi\,\xi_{j1}$ $(i, j = 1, \ldots, n)$ für $\chi \in \mathfrak{R}$, so ist $\chi_{ij} \in \mathfrak{R}(\xi_{11})$ und $\chi = \sum_{i,\,j=1}^{n} \xi_{i1}\,\chi_{ij}\,\xi_{1j}$.

Beweis. ξ_{11} ist ein idempotentes Element. Wegen $\xi_{11}\,\chi_{ij} = \chi_{ij}\,\xi_{11} = \chi_{ij}$ ist $\chi_{ij} \in \mathfrak{R}(\xi_{11})$. Ferner gilt

$$\sum_{i,\,j} \xi_{i1}\,\chi_{ij}\,\xi_{1j} = \sum_{i,\,j} \xi_{i1}\,\xi_{1i}\,\chi\,\xi_{j1}\,\xi_{1j} = \left(\sum_i \xi_{ii}\right)\chi\left(\sum_j \xi_{jj}\right) = \chi\,.$$

Satz 1.1. *Enthält ein regulärer Ring $\mathfrak{R}$ ein Basismatrizensystem* $(\xi_{ij})_{i,\,j = 1, \ldots, n}$, *so ist* $\{\mathfrak{a}_i,\ \mathfrak{c}_{ij};\ i, j = 1, \ldots, n\}$ *mit*

$$\mathfrak{a}_i = (\xi_{ii})_r\,, \qquad \mathfrak{c}_{ij} = (\xi_{ii} - \xi_{ji})_r = (\xi_{jj} - \xi_{ij})_r\ (i, j = 1, \ldots, n)$$

ein normierter Rahmen von $\overline{R}_{\mathfrak{R}}$.

Beweis. Wegen $\xi_{ii}^2 = \xi_{ii}$, $\xi_{ii}\xi_{jj} = 0$ für $i \neq j$ und $\xi_{11} + \cdots + \xi_{nn} = 1$ ist nach Satz 1.3, Kapitel VI, $\Re = \mathfrak{a}_1 \cup \ldots \cup \mathfrak{a}_n$. Wegen $\xi_{jj}\xi_{ji} = \xi_{ji}\xi_{ii} = \xi_{ji}$, $\xi_{ii}\xi_{ij} = \xi_{ij}\xi_{jj} = \xi_{ij}$, $\xi_{ij}\xi_{ji} = \xi_{ii}$ und $\xi_{ji}\xi_{ij} = \xi_{jj}$ ist nach Satz 4.2, Kapitel VI, für $\mathfrak{c}_{ij} = (\xi_{ii} - \xi_{ji})_r = (\xi_{jj} - \xi_{ij})_r$ ferner $\mathfrak{a}_i \sim \mathfrak{a}_j$, $\mathfrak{c}_{ij} \in L_{\mathfrak{a}_i \mathfrak{a}_j}$ und $\mathfrak{c}_{ij} = \mathfrak{c}_{ji}$.

Für $i \neq k$ ist $\xi_{ii} - \xi_{ki} = \xi_{ii} - \xi_{kk}\xi_{ki} \in (\xi_{ii})_r \cup (\xi_{kk})_r = \mathfrak{a}_i \cup \mathfrak{a}_k$ und $\xi_{ii} - \xi_{ki} = (\xi_{ii} - \xi_{ji}) + (\xi_{jj} - \xi_{kj})\xi_{ji} \in (\xi_{ii} - \xi_{ji})_r \cup (\xi_{jj} - \xi_{kj})_r = \mathfrak{c}_{ij} \cup \mathfrak{c}_{jk}$. Also ist $\mathfrak{c}_{ik} = (\xi_{ii} - \xi_{ki})_r \leqq (\mathfrak{c}_{ij} \cup \mathfrak{c}_{jk}) \cap (\mathfrak{a}_i \cup \mathfrak{a}_k) = \mathfrak{c}_{ij} \otimes \mathfrak{c}_{jk}$. Weil nach Hilfssatz 2.2 (II), Kapitel VIII, $\mathfrak{c}_{ij} \otimes \mathfrak{c}_{jk} \in L_{\mathfrak{a}_i \mathfrak{a}_k}$ gilt, ist $\mathfrak{c}_{ik} = \mathfrak{c}_{ij} \otimes \mathfrak{c}_{jk}$ nach Satz 1.4, Kapitel I. Folglich ist $\{\mathfrak{a}_i, \mathfrak{c}_{ij}; \, i, j = 1, \ldots, n\}$ nach Definition 2.2, Kapitel VIII, ein normierter Rahmen von $\overline{R}_\Re$.

Satz 1.2. *Wenn $\{\mathfrak{a}_i, \mathfrak{c}_{ij}; \, i, j = 1, \ldots, n\}$ ein normierter Rahmen des komplementären modularen Verbandes $\overline{R}_\Re$ ist, so enthält der reguläre Ring $\Re$ ein Basismatrizensystem $(\xi_{ij})_{i, j = 1, \ldots, n}$ mit $\mathfrak{a}_i = (\xi_{ii})_r$ und*

$$\mathfrak{c}_{ij} = (\xi_{ii} - \xi_{ji})_r = (\xi_{jj} - \xi_{ij})_r, \quad (i, j = 1, \ldots, n).$$

Beweis. Wegen $\Re = \mathfrak{a}_i \cup \ldots \cup \mathfrak{a}_n$ gibt es nach Satz 1.4, Kapitel VI, idempotente Elemente ε_i $(i = 1, \ldots, n)$ mit $\mathfrak{a}_i = (\varepsilon_i)_r$, $\varepsilon_i \varepsilon_j = 0$ $(i \neq j)$ und $1 = \varepsilon_1 + \cdots + \varepsilon_n$. Da $C(\mathfrak{a}_h, \mathfrak{a}_1, \mathfrak{c}_{1h})$ gilt, existieren nach Satz 4.2, Kapitel VI, Elemente φ_h, ψ_h $(h = 2, \ldots, n)$ mit $\varepsilon_h \psi_h = \psi_h \varepsilon_1 = \psi_h$, $\varepsilon_1 \varphi_h = \varphi_h \varepsilon_h = \varphi_h$, $\varphi_h \psi_h = \varepsilon_1$, $\psi_h \varphi_h = \varepsilon_h$ und $\mathfrak{c}_{1h} = (\varepsilon_1 - \psi_h)_r = (\varepsilon_h - \varphi_h)_r$. Man setze $\varphi_1 = \psi_1 = \varepsilon_1$, $\xi_{ij} = \psi_i \varphi_j$ $(i, j = 1, \ldots, n)$. Dann ist $\xi_{ij}\xi_{jh} = \psi_i \varphi_j \psi_j \varphi_h = \psi_i \varepsilon_1 \varphi_h = \psi_i \varphi_h = \xi_{ih}$. Für $j \neq k$ ist $\xi_{ij}\xi_{kh} = \psi_i \varphi_j \psi_k \varphi_h = \psi_i \varphi_j \varepsilon_j \varepsilon_k \psi_k \varphi_h = 0$. Weil schließlich noch $\xi_{11} + \cdots + \xi_{nn} = \varepsilon_1 + \cdots + \varepsilon_n = 1$ gilt, ist $(\xi_{ij})_{i, j = 1, \ldots, n}$ ein Basismatrizensystem von $\Re$.

Wegen $\psi_h = \psi_h \varepsilon_1 = \psi_h \varphi_1 = \xi_{h1}$ und $\varphi_h = \varepsilon_1 \varphi_h = \psi_1 \varphi_h = \xi_{1h}$ ist $\mathfrak{c}_{1h} = (\xi_{11} - \xi_{h1})_r = (\xi_{hh} - \xi_{1h})_r$. Es ist $\xi_{jj}\xi_{ji} = \xi_{ji}\xi_{ii} = \xi_{ji}$, also nach Hilfssatz 4.1, Kapitel VI, $(\xi_{ii} - \xi_{ji})_r \in L_{\mathfrak{a}_i \mathfrak{a}_j}$. Andrerseits ist

$$\xi_{ii} - \xi_{ji} = \xi_{ii} - \xi_{jj}\xi_{ji} \in (\xi_{ii})_r \cup (\xi_{jj})_r = \mathfrak{a}_i \cup \mathfrak{a}_j,$$

$$\xi_{ii} - \xi_{ji} = (\xi_{ii} - \xi_{1i}) + (\xi_{11} - \xi_{j1})\xi_{1i} \in (\xi_{ii} - \xi_{1i})_r \cup (\xi_{11} - \xi_{j1})_r = \mathfrak{c}_{i1} \cup \mathfrak{c}_{1j}$$

und folglich $(\xi_{ii} - \xi_{ji})_r \leqq (\mathfrak{c}_{i1} \cup \mathfrak{c}_{1j}) \cap (\mathfrak{a}_i \cup \mathfrak{a}_j) = \mathfrak{c}_{i1} \otimes \mathfrak{c}_{1j} = \mathfrak{c}_{ij}$. Wegen $\mathfrak{c}_{ij} \in L_{\mathfrak{a}_i \mathfrak{a}_j}$ ist somit $\mathfrak{c}_{ij} = (\xi_{ii} - \xi_{ji})_r$. Ferner folgt $\mathfrak{c}_{ij} = \mathfrak{c}_{ji} = (\xi_{jj} - \xi_{ij})_r$.

Satz 1.3.[1]) $\Re$ *sei ein regulärer Ring mit einer Ordnung $n \geqq 2$. Ein Ringautomorphismus T ist die identische Abbildung, wenn $(\alpha)_r = (\alpha')_r$ mit α' als Bild von α bei T für alle $\alpha \in \Re$ gilt.*

Beweis. (I) Zunächst soll bewiesen werden, daß T alle idempotenten Elemente festläßt. Es sei ε ein idempotentes Element aus $\Re$ und ε' sein Bild. Weil ε^2 durch T in ε'^2 übergeführt wird, ist $\varepsilon'^2 = \varepsilon'$, d. h. ε' ein idempotentes Element. Da ferner $1 - \varepsilon$ in $1 - \varepsilon'$ übergeht, ist

---

[1]) von Neumann [6] II, Theorem 4.1.

neben $(\varepsilon)_r = (\varepsilon')_r$ auch $(1 - \varepsilon)_r = (1 - \varepsilon')_r$. Also ist nach Satz 1.5, Kapitel VI, $\varepsilon = \varepsilon'$.

(II) Weil $\mathfrak{R}$ eine Ordnung n hat, besitzt $\mathfrak{R}$ nach Definition 1.1 ein Basismatrizensystem $(\xi_{ij})_{i, j = 1, \ldots, n}$. Also bilden die $\mathfrak{a}_i = (\xi_{ii})_r$ $(i = 1, \ldots, n)$ nach Satz 1.1 eine n-gliedrige homogene Basis von $\overline{R}_{\mathfrak{R}}$.

Nach Hilfssatz 4.1, Kapitel VI, gibt es für $\mathfrak{b}_{ij} \in L_{\mathfrak{a}_i \mathfrak{a}_j}$ $(i \neq j)$ genau ein Element $\psi \in \mathfrak{R}$ mit

$$(1) \qquad\qquad \xi_{jj} \psi = \psi \xi_{ii} = \psi$$

und $\mathfrak{b}_{ij} = (\xi_{ii} - \psi)_r$. Mit ψ' als dem Bild eines die Bedingung (1) erfüllenden Elementes ψ ist $(\xi_{ii} - \psi)_r = (\xi_{ii} - \psi')_r$, da ξ_{ii} nach (I) bei T festbleibt. Also gilt $\psi = \psi'$; d. h. die eine Bedingung (1) erfüllenden Elemente $\psi \in \mathfrak{R}$ bleiben bei der Abbildung T fest. Wegen $\xi_{jj} \xi_{ji} = \xi_{ji} \xi_{ii} = \xi_{ji}$ gehören auch die ξ_{ji} $(j \neq i)$ zu diesen Elementen. Daher bleibt das Basismatrizensystem $(\xi_{ij})_{i, j = 1, \ldots, n}$ bei dem Automorphismus T elementweise fest.

(III) Sei $\zeta \in \mathfrak{R}(\xi_{11})$. Für $j = 1$ und $i = 2$ erfüllt $\zeta \xi_{12}$ die Bedingung (1). Also bleibt $\zeta \xi_{12}$ bei T fest. Weil auch ξ_{21} auf sich abgebildet wird, bleibt $\zeta = \zeta \xi_{11} = \zeta \xi_{12} \xi_{21}$ bei T fest. Da sich nach Hilfssatz 1.1 alle Elemente von $\mathfrak{R}$ durch Elemente des Basismatrizensystems und Elemente aus $\mathfrak{R}(\xi_{11})$ mittels Addition und Multiplikation darstellen lassen, läßt T somit jedes Element von $\mathfrak{R}$ fest.

§ 2. Der Matrizenring

Definition 2.1. Die Menge der $(\alpha_{ij})_{i, j = 1, \ldots, n} = \begin{pmatrix} \alpha_{11} \cdots \alpha_{1n} \\ \cdots\cdots\cdots \\ \alpha_{n1} \cdots \alpha_{nn} \end{pmatrix}$, wobei die α_{ij} Elemente eines Rings $\mathfrak{S}$ sind, bildet mit der durch

$$(\alpha_{ij})_{i, j = 1, \ldots, n} + (\beta_{ij})_{i, j = 1, \ldots, n} = (\alpha_{ij} + \beta_{ij})_{i, j = 1, \ldots, n},$$

$$(\alpha_{ij})_{i, j = 1, \ldots, n} (\beta_{ij})_{i, j = 1, \ldots, n} = \left(\sum_{k=1}^{n} \alpha_{ik} \beta_{kj} \right)_{i, j = 1, \ldots, n}$$

bestimmten Addition und Multiplikation einen Ring. Diesen Ring nennt man den *Matrizenring* über $\mathfrak{S}$ und bezeichnet ihn mit $\mathfrak{S}_n$. Seine Elemente werden (n-reihige) *Matrizen* genannt und mit $A, B, \ldots$ bezeichnet.

Hilfssatz 2.1. Ein Matrizenring $\mathfrak{S}_n$ enthält ein Basismatrizensystem der Ordnung n.

Beweis. Sei $\eta_{ij}^{kh} = \begin{cases} 1 & \text{für} \quad (i, j) = (k, h) \\ 0 & \text{für} \quad (i, j) \neq (k, h) \end{cases}.$

Setzt man $E_{kh} = (\eta_{ij}^{kh})_{i, j = 1, \ldots, n}$, so erfüllt $(E_{kh})_{k, h = 1, \ldots, n}$ die Bedingungen (1°) und (2°) von Definition 1.1.

Hilfssatz 2.2. Der Ring $\Re$ enthalte ein Basismatrizensystem $(\xi_{ij})_{i,j=1,\ldots,n}$ der Ordnung n, und es sei $\Im = \Re(\xi_{11})$. Dann sind $\Re$ und $\Im_n$ einander isomorph.

Beweis. Setzt man

$$(1) \qquad \chi_{ij} = \xi_{1i}\,\chi\,\xi_{j1} \quad (i,j=1,\ldots,n)$$

für $\chi \in \Re$, so ist $\xi_{11}\chi_{ij} = \chi_{ij}\xi_{11} = \chi_{ij}$ und daher $\chi_{ij} \in \Re(\xi_{11}) = \Im$. Setzt man

$$(2) \qquad \chi = \sum_{i,j=1}^{n} \xi_{i1}\,\chi_{ij}\,\xi_{1j}$$

für $\chi_{ij} \in \Im$, so sind die durch (1) und (2) gegebenen Abbildungen $\chi \to (\chi_{ij})_{i,j=1,\ldots,n}$, $(\chi_{ij})_{i,j=1,\ldots,n} \to \chi$ zueinander invers; denn für $\chi \in \Re$ ist $\sum_{i,j} \xi_{i1}\xi_{1i}\chi\,\xi_{j1}\xi_{1j} = \sum_{i,j} \xi_{ii}\chi\,\xi_{jj} = \chi$, und für $\chi_{ij} \in \Im$ wird

$$\xi_{1i}\Big(\sum_{k,l}\xi_{k1}\chi_{kl}\xi_{1l}\Big)\xi_{jl} = \sum_{k,l}\xi_{1i}\xi_{k1}\chi_{kl}\xi_{1l}\xi_{j1} = \xi_{11}\chi_{ij}\xi_{11} = \chi_{ij}\,.$$

Durch (1) wird also eine eineindeutige Abbildung von $\Re$ auf $\Im_n$ gegeben. Wird dabei χ auf $(\chi_{ij})_{i,j=1,\ldots,n}$ und ζ auf $(\zeta_{ij})_{i,j=1,\ldots,n}$ abgebildet, so hat offensichtlich $\chi + \zeta$ das Bild $(\chi_{ij} + \zeta_{ij})_{i,j=1,\ldots,n}$. Ferner ist

$$\chi\zeta = \sum_{i,j,k,l} \xi_{i1}\chi_{ij}\xi_{1j}\xi_{k1}\zeta_{kl}\xi_{1l} = \sum_{i,j,l} \xi_{i1}\chi_{ij}\xi_{11}\zeta_{jl}\xi_{1l} = \sum_{i,l} \xi_{i1}\Big(\sum_{j}\chi_{ij}\zeta_{il}\Big)\xi_{1l},$$

d.h. $\chi\zeta$ hat das Bild $\Big(\sum_{k}\chi_{ik}\zeta_{kj}\Big)_{i,j=1,\ldots,n} = (\chi_{i,j})_{i,j=1,\ldots,n}(\zeta_{i,j})_{i,j=1,\ldots,n}$.
Daher sind $\Re$ und $\Im_n$ zueinander isomorph.

Hilfssatz 2.3. Mit den $(n-1)$-reihigen Matrizen A_0 und B_0 aus $\Im_{n-1}$ seien die n-reihigen Matrizen

$$A = \begin{pmatrix} A_0 & 0 \\ 0 & 0 \end{pmatrix} \quad \text{und} \quad B = \begin{pmatrix} B_0 & 0 \\ 0 & 0 \end{pmatrix}$$

gebildet. Ist in $\Im_n$ dann $(A)_r = (B)_r$, so gilt auch $(A_0)_r = (B_0)_r$ in $\Im_{n-1}$.

Beweis. Wenn $X_0 \in (A_0)_r$, so existiert ein $C_0 \in \Im_{n-1}$ mit $X_0 = A_0 C_0$. Setzt man $C = \begin{pmatrix} C_0 & 0 \\ 0 & 0 \end{pmatrix}$, so gibt es wegen $AC \in (A)_r = (B)_r$ ein $D \in \Im_n$ mit $AC = BD$. Sei $D = \begin{pmatrix} D_0 & D_{12} \\ D_{21} & D_{22} \end{pmatrix}$ $(D_0 \in \Im_{n-1})$. Wegen $AC = BD$ ist dann $A_0 C_0 = B_0 D_0$, also $X_0 \in (B_0)_r$, d. h. $(A_0)_r \leqq (B_0)_r$. Entsprechend ergibt sich $(B_0)_r \leqq (A_0)_r$ und folglich $(A_0)_r = (B_0)_r$.

Hilfssatz 2.4.[1] Die α_{ij} seien Elemente eines regulären Ringes $\Im$. Die allgemeine Lösung $\xi_1,\ldots,\xi_n$ (in $\Im$) eines Systems von m-linearen Gleichungen

$$(1) \qquad \sum_{j=1}^{n} \alpha_{ij}\,\xi_j = 0 \quad (i=1,\ldots,m)$$

---

[1] von Neumann [6] II, Theorem 2.12.

läßt sich durch n Parameter ζ_j $(j = 1, \ldots, n)$ in der Form

$$(2) \qquad \xi_j = \sum_{k=1}^{n} \gamma_{jk}\zeta_k \quad (j = 1, \ldots, n)$$

darstellen. Die γ_{jk} $(j, k = 1, \ldots, n)$ sind dabei Elemente aus $\mathfrak{S}$, die nur von den α_{ij} abhängen, und es ist

$$(3) \qquad \gamma_{jk}\gamma_{kk} = \gamma_{jk}; \quad \gamma_{jj}\gamma_{jk} = 0 \quad \text{für} \quad j \neq k; \quad \gamma_{jk} = 0 \quad \text{für} \quad j < k.$$

Beweis. (I) Weil $\mathfrak{S}$ ein regulärer Ring ist, gibt es nach Hilfssatz 3.1', Kapitel VI, ein idempotentes Element η mit $(\eta)_l = {}_{i=1,\ldots,m}\bigcup(\alpha_{in})_l$. Folglich läßt sich η als $\eta = \sum_{i=1}^{m} \chi_i \alpha_{in}$ $(\chi_i \in \mathfrak{S})$ darstellen. Wegen $\alpha_{in} \in (\eta)_l$ ist $\alpha_{in}\eta = \alpha_{in}$. Formt man (1) nun um zu

$$(4) \qquad \alpha_{in}\xi_n = -\sum_{j=1}^{n-1} \alpha_{ij}\xi_j \quad (i = 1, \ldots, m),$$

multipliziert von links mit χ_i und summiert dann nach i, so folgt

$$\eta\,\xi_n = -\sum_{j=1}^{n-1}\left(\sum_{i=1}^{m} \chi_i \alpha_{ij}\right)\xi_j.$$

Bei Multiplikation mit η von links ergibt sich

$$(5) \qquad \eta\,\xi_n = -\sum_{j=1}^{n-1} \eta\left(\sum_{p=1}^{m} \chi_p \alpha_{pj}\right)\xi_j.$$

(5) wird von links mit α_{in} multipliziert. Wegen $\alpha_{in}\eta = \alpha_{in}$ ergibt sich dann $\alpha_{in}\xi_n = -\sum_{j=1}^{n-1}\alpha_{in}\left(\sum_{p=1}^{m} \chi_p \alpha_{pj}\right)\xi_j$ und nach (4) somit

$$(6) \qquad \sum_{j=1}^{n-1}\left(\alpha_{ij} - \alpha_{in}\left(\sum_{p=1}^{m} \chi_p \alpha_{pj}\right)\right)\xi_j = 0 \quad (i = 1, \ldots, m).$$

Offenbar folgt umgekehrt aus (5) und (6) wegen $\alpha_{in}\eta = \alpha_{in}$ wieder (1).

(II) Mit einem Parameter ζ_n ist

$$(7) \qquad \xi_n = -\sum_{j=1}^{n-1} \eta\left(\sum_{p=1}^{m} \chi_p \alpha_{pj}\right)\xi_j + (1 - \eta)\zeta_n$$

eine allgemeine Lösung von (5). Denn aus (5) folgt (7) mit $\zeta_n = \xi_n$, und multipliziert man (7) von links mit η, so erhält man (5). Setzt man $\gamma_{nn} = 1 - \eta$ und $\delta_j = -\eta \sum_{p=1}^{m} \chi_p \alpha_{pj}$ $(j = 1, \ldots, n-1)$, so ist $\gamma_{nn}^2 = \gamma_{nn}$, $\gamma_{nn}\delta_j = 0$, und (7) wird zu

$$(8) \qquad \xi_n = \sum_{j=1}^{n-1} \delta_j \xi_j + \gamma_{nn}\zeta_n.$$

Also besagt (1) dasselbe wie (6) zusammen mit (8).

(III) Der weitere Beweis wird nun durch vollständige Induktion geführt. Für $n = 1$ wird (6) zu $0 = 0$ und (8) zu $\xi_1 = \gamma_{11}\zeta_1$; d. h. für $n = 1$ gelten (2) und (3). Angenommen, (2) und (3) seien für $n - 1$ (an Stelle von n) schon bewiesen. (6) ist ein System von m linearen Gleichungen für die $\xi_1, \ldots, \xi_{n-1}$. Als Lösung dieses Systems erhält man also

$$(9) \qquad \xi_j = \sum_{k=1}^{n-1} \gamma_{jk}\zeta_k \quad (j = 1, \ldots, n-1),$$

wobei die γ_{jk} $(j, k = 1, \ldots, n-1)$ die Bedingung (3) erfüllen. Setzt man (9) in (8) ein, so folgt

$$\xi_n = \sum_{j=1}^{n-1} \delta_j \sum_{k=1}^{n-1} \gamma_{jk}\zeta_k + \gamma_{nn}\zeta_n \, .$$

Setzt man

$$\gamma_{nk} = \sum_{j=1}^{n-1} \delta_j \gamma_{jk} \quad (k < n) \quad \text{und} \quad \gamma_{jn} = 0 \quad (j < n),$$

so ist (2) erfüllt. Es war $\gamma_{nn}^2 = \gamma_{nn}$. Wegen $\gamma_{nn}\delta_j = 0$ ist

$$\gamma_{nk}\gamma_{kk} = \sum_{j=1}^{n-1} \delta_j \gamma_{jk}\gamma_{kk} = \sum_{j=1}^{n-1} \delta_j \gamma_{jk} = \gamma_{nk}$$

und

$$\gamma_{nn}\gamma_{nk} = \sum_{j=1}^{n-1} \gamma_{nn}\delta_j \gamma_{jk} = 0 \; (k < n) \, .$$

Also erfüllen die γ_{jk} $(j, k = 1, \ldots, n)$ die Bedingung (3).

Hilfssatz 2.5.[1]) In einem regulären Ringe $\mathfrak{S}$ lassen sich bei gegebenen $\alpha_{ji}(\epsilon \, \mathfrak{S})$ Elemente ξ_j $(j = 1, \ldots, n)$ genau dann in der Form

$$(1) \qquad \xi_j = \sum_{i=1}^{p} \alpha_{ji}\beta_i \quad (j = 1, \ldots, n)$$

darstellen, wenn sie sich durch n Parameter ζ_j $(j = 1, \ldots, n)$ in der Form

$$(2) \qquad \xi_j = \sum_{k=1}^{n} \gamma_{jk}\zeta_k \quad (j = 1, \ldots, n)$$

darstellen lassen, wobei die γ_{jk} $(j, k = 1, \ldots, n)$ in $\mathfrak{S}$ liegen, nur von den α_{ij} abhängen und die folgenden Bedingungen erfüllen: $\gamma_{jk}\gamma_{kk} = \gamma_{jk}$; $\gamma_{jj}\gamma_{jk} = 0$ für $j \neq k$; $\gamma_{jk} = 0$ für $j < k$.

Beweis. Formt man (1) um, so erhält man für die ξ_j $(j = 1, \ldots, n)$, β_i $(i = 1, \ldots, p)$ n lineare Gleichungen.

$$(3) \qquad \xi_j - \sum_{i=1}^{p} \alpha_{ji}\beta_i = 0 \; (j = 1, \ldots, n) \, .$$

---

[1]) von Neumann [6] II, Lemma 2.11.

Wendet man hierauf Hilfssatz 2.4 an, so ist (3) wegen $\gamma_{jk} = 0$ für $j < k$ äquivalent mit

$$(4) \quad \xi_j = \sum_{k=1}^{n} \gamma_{jk} \zeta_k \; (j = 1, \ldots, n) \, , \quad \beta_i = \sum_{k=1}^{n+i} \gamma_{n+i,k} \zeta_k \; (i = 1, \ldots, p) \, .$$

Da der erste Teil von (4) mit (2) übereinstimmt und der zweite Teil zu vorgegebenen ζ_k die β_i liefert, sind damit auch (1) und (2) als gleichwertig erkannt.

Hilfssatz 2.6.[1]) $\mathfrak{S}$ sei ein regulärer Ring. In $\mathfrak{S}_n$ gibt es dann zu jedem Hauptrechtsideal $(A)_r$ ein idempotentes Element $E = (\gamma_{ij})_{i,j=1,\ldots,n}$ mit $(A)_r = (E)_r$ und

$$(1) \qquad \gamma_{ij}\gamma_{jj} = \gamma_{ij}; \quad \gamma_{ii}\gamma_{ij} = 0 \text{ für } i \neq j; \quad \gamma_{ij} = 0 \text{ für } i < j \, .$$

Beweis. Sei $X = (\xi_{ij})_{i,j=1,\ldots,n}$ ein beliebiges Element aus $(A)_r$, also $X = AB$. Mit $A = (\alpha_{ij})_{i,j=1,\ldots,n}$, $B = (\beta_{ij})_{i,j=1,\ldots,n}$ gilt daher

$$(2) \qquad \xi_{ij} = \sum_{p=1}^{n} \alpha_{ip} \beta_{pj} \; (i,j = 1, \ldots, n) \, .$$

Nach Hilfssatz 2.5 gibt es nun die Bedingung (1) erfüllende Elemente γ_{ik} in $\mathfrak{S}$, so daß die Existenz von Elementen $\beta_{pj} \in \mathfrak{S}$ mit (2) dasselbe bedeutet wie die Existenz von Elementen $\zeta_{kj} \in \mathfrak{S}$ mit

$$(3) \qquad \xi_{ij} = \sum_{k=1}^{n} \gamma_{ik} \zeta_{kj} \, .$$

Man setze $E = (\gamma_{ij})_{i,j=1,\ldots,n}$ und $U = (\zeta_{ij})_{i,j=1,\ldots,n}$. Nach (1) ist

$$\sum_{k=1}^{n} \gamma_{ik}\gamma_{kj} = \sum_{k=1}^{n} \gamma_{ik}\gamma_{kk}\gamma_{kj} = \gamma_{ij}\gamma_{jj} = \gamma_{ij}, \text{ also } E^2 = E \, .$$

Nach (3) folgt $X = EU$, d. h. die Existenz von B mit $X = AB$ und die Existenz von U mit $X = EU$ sind gleichwertig. Folglich ist $(A)_r = (E)_r$.

Satz 2.1 *Der Matrizenring* $\mathfrak{S}_n$ *ist genau dann ein regulärer Ring, wenn* $\mathfrak{S}$ *regulär ist.*

Beweis. (I) Ist $\mathfrak{S}$ regulär, so nach Hilfssatz 2.6 auch $\mathfrak{S}_n$.

(II) Sei nun $\mathfrak{S}_n$ regulär und $\alpha \in \mathfrak{S}$. Mit A werde die Matrix

$$\begin{pmatrix} \alpha & 0 \ldots 0 \\ 0 & \\ \vdots & \text{Null} \\ 0 & \end{pmatrix}$$

in $\mathfrak{S}_n$ bezeichnet. Nach Satz 3.1, Kapitel VI, existiert ein $X \in \mathfrak{S}_n$ mit $A = AXA$. Für das Element ξ mit Zeilen- und Spaltennummer 1 in X gilt dann $\alpha = \alpha \xi \alpha$. Also ist $\mathfrak{S}$ regulär.

---

[1]) KODAIRA und FURUYA [1] I, 521.

Anmerkung 2.1. Ist $\mathfrak{S}$ ein regulärer Ring, so ist nach Satz 2.1 und Satz 3.2, Kapitel VI, $\overline{R}(\mathfrak{S}_n)$ ein komplementärer modularer Verband. Nach dem Beweis von Hilfssatz 2.1 ist $(E_{kh})_{k,h=1,\ldots,n}$ ein Basismatrizensystem der Ordnung n von $\mathfrak{S}_n$. Nach Satz 1.1 bilden also die $\mathfrak{a}_k = (E_{kk})_r$, $\mathfrak{c}_{kh} = (E_{kk} - E_{hk})_r = (E_{hh} - E_{kh})_r$ $(k, h = 1, \ldots, n)$ einen normierten Rahmen der Ordnung n von $\overline{R}(\mathfrak{S}_n)$. Ist künftig von einem normierten Rahmen der Ordnung n von $\overline{R}(\mathfrak{S}_n)$ die Rede, so ist immer der eben beschriebene normierte Rahmen gemeint.

Satz 2.2. *Ist $\mathfrak{S}$ ein Schiefkörper, so ist $\mathfrak{S}_n$ ein irreduzibler halbeinfacher Ring und folglich $R(\mathfrak{S}_n) = \overline{R}(\mathfrak{S}_n)$ ein endlich dimensionaler irreduzibler komplementärer modularer Verband.*

Beweis. (I) E_{kk} ist ein idempotentes Element von $\mathfrak{S}_n$, und für $k \neq h$ gilt $E_{kk} E_{hh} = 0$. Bezeichnet man mit E das Einselement von $\mathfrak{S}_n$, so ist wegen $E = E_{11} + \cdots + E_{nn}$ nach Satz 1.3, Kapitel VI, $\mathfrak{S}_n = (E)_r = (E_{11})_r \cup \ldots \cup (E_{nn})_r$. Ein beliebiges von der Nullmatrix verschiedenes Element A von $(E_{kk})_r$ läßt sich wegen $A = E_{kk} A$ in der Form

$$A = E_{k1}\gamma_1 + E_{k2}\gamma_2 + \cdots + E_{kn}\gamma_n \quad (\gamma_i \in \mathfrak{S})$$

darstellen. Ist $\gamma_i \neq 0$, so ergibt sich wegen $E_{ki}\gamma_i = \gamma_i E_{ki}$

$$A E_{ik}\gamma_i^{-1} = E_{ki}\gamma_i E_{ik}\gamma_i^{-1} = E_{kk},$$

d. h. $E_{kk} \in (A)_r$. Folglich gilt $(A)_r = (E_{kk})_r$. Also ist $(E_{kk})_r$ ein Atomelement von $R(\mathfrak{S}_n)$, daher nach Satz 2.1, Kapitel VI, $\mathfrak{S}_n$ ein halbeinfacher Ring und $R(\mathfrak{S}_n) = \overline{R}(\mathfrak{S}_n)$ ein endlichdimensionaler komplementärer modularer Verband.

(II) Sei $\mathfrak{a}$ ein von (0) verschiedenes Ideal von $\mathfrak{S}_n$ und $A \neq 0$ Element von $\mathfrak{a}$. Es gibt dann eine Darstellung $A = \sum_{k,h} E_{kh}\gamma_{kh}$ $(\gamma_{kh} \in \mathfrak{S})$. Wenn $\gamma_{ij} \neq 0$, so ist $\gamma_{ij}^{-1} E_{pi} A E_{jq} = \gamma_{ij}^{-1} E_{pi} E_{ij}\gamma_{ij} E_{jq} = E_{pq}$. Folglich sind alle E_{kh} $(k, h = 1, \ldots, n)$ in $\mathfrak{a}$ enthalten, damit also $\mathfrak{a} = \mathfrak{S}_n$. Da $\mathfrak{S}_n$ somit nur (0) und $\mathfrak{S}_n$ als Ideale enthält, ist $\mathfrak{S}_n$ nach Satz 1.7, Kapitel VI, irreduzibel und also auch $R(\mathfrak{S}_n)$ nach Satz 1.10, Kapitel VI, irreduzibel.

§ 3. Der Vektorraum

Definition 3.1. Die n-tupel von Elementen eines Ringes $\mathfrak{S}$ werden als (n-dimensionale) *Vektoren* bezeichnet. Nach der üblichen Gleichheitsdefinition für n-tupel gilt

$$(1°) \qquad (\alpha_1, \ldots, \alpha_n) = (\beta_1, \ldots, \beta_n)$$

dann und nur dann, wenn $\alpha_i = \beta_i$ $(i = 1, \ldots, n)$. Ferner werden zwei Verknüpfungen definiert:

$$(2°) \qquad (\alpha_1, \ldots, \alpha_n) + (\beta_1, \ldots, \beta_n) = (\alpha_1 + \beta_1, \ldots, \alpha_n + \beta_n);$$

$$(3°) \qquad (\alpha_1, \ldots, \alpha_n)\gamma = (\alpha_1\gamma, \ldots, \alpha_n\gamma) \quad \text{für} \quad \gamma \in \mathfrak{S}.$$

Die mit diesen Verknüpfungen versehene Gesamtheit der n-dimensionalen Vektoren bezeichnet man als n-dimensionalen (*Rechts-*)*Vektorraum* über $\mathfrak{S}$ und verwendet für ihn die Benennung $V(\mathfrak{S}; n)$.

Setzt man $(1, 0, \ldots, 0) = \mathbf{e}_1$, $(0, 1, 0, \ldots, 0) = \mathbf{e}_2, \ldots$, $(0, \ldots, 0, 1) = \mathbf{e}_n$, so läßt sich ein beliebiger Vektor $\mathbf{a} = (\alpha_1, \ldots, \alpha_n)$ als $\mathbf{a} = \mathbf{e}_1 \alpha_1 + \cdots + \mathbf{e}_n \alpha_n$ darstellen. Die Menge der Vektoren $\mathbf{e}_1, \ldots, \mathbf{e}_n$ nennt man eine *Basis* von $V(\mathfrak{S}; n)$.

Definition 3.2. Eine nicht leere Teilmenge M des Vektorraumes $V(\mathfrak{S}; n)$ mit

(1°) $\qquad\qquad$ wenn $\mathbf{a}, \mathbf{b} \in M$, so auch $\mathbf{a} + \mathbf{b} \in M$,

(2°) $\qquad\qquad$ wenn $\mathbf{a} \in M$, $\gamma \in \mathfrak{S}$, so $\mathbf{a}\gamma \in M$,

nennt man einen (*linearen*) *Unterraum* von $V(\mathfrak{S}; n)$.

Es seien m Vektoren $\mathbf{a}_1, \ldots, \mathbf{a}_m$ gegeben. Die Gesamtheit der Vektoren, die sich als Linearkombinationen dieser Vektoren, d. h. als $\mathbf{a}_1 \gamma_1 + \cdots + \mathbf{a}_m \gamma_m$ ($\gamma_i \in \mathfrak{S}$), darstellen lassen, ist ein Unterraum. Dieser wird mit $(\mathbf{a}_1, \ldots, \mathbf{a}_m)$ bezeichnet.

Satz 3.1. *Die Gesamtheit der Unterräume eines Vektorraumes $V(\mathfrak{S}; n)$ ist mit der Enthaltenseinsbeziehung als Ordnung ein nach oben stetiger modularer Verband. S sei eine nicht leere Menge von Unterräumen. Dann ist $_{M \in S}\bigcup M$ gleich der Gesamtheit von Vektoren $\mathbf{a}$, die sich in der Form $\mathbf{a} = \mathbf{a}_1 + \cdots + \mathbf{a}_n$ ($\mathbf{a}_i \in M_i \in S$) darstellen lassen. Die untere Grenze $_{M \in S}\bigcap M$ ist gleich der Durchschnittsmenge $_{M \in S}\bigcap M$.*

Beweis. Der Satz wird analog wie Satz 1.1, Kapitel VI, bewiesen.

Satz. 3.2. $\mathfrak{a}$ *sei ein Rechtsideal des Matrizenringes $\mathfrak{S}_n$ und M ein Unterraum des Vektorraumes $V(\mathfrak{S}; n)$. Dann gelten folgende Aussagen:*

(1°) $\quad$ *Die Gesamtheit $M(\mathfrak{a})$ von Vektoren, die sich als*

$$\mathbf{e}_1 \alpha_{11} + \mathbf{e}_2 \alpha_{21} + \cdots + \mathbf{e}_n \alpha_{n1}$$

$\quad$ *mit $(\alpha_{ij})_{i, j = 1, \ldots, n} \in \mathfrak{a}$ darstellen lassen, ist ein Unterraum von $V(\mathfrak{S}; n)$.*

(2°) $\quad$ *Die Gesamtheit $\mathfrak{a}(M)$ von Matrizen $(\alpha_{ij})_{i, j = 1, \ldots, n}$ mit*

$$\mathbf{e}_1 \alpha_{1j} + \mathbf{e}_2 \alpha_{2j} + \cdots + \mathbf{e}_n \alpha_{nj} \in M \quad (j = 1, \ldots, n)$$

$\quad$ *ist ein Rechtsideal von $\mathfrak{S}_n$.*

(3°) $\quad$ *Es ist $\mathfrak{a}(M(\mathfrak{a})) = \mathfrak{a}$ und $M(\mathfrak{a}(M)) = M$. Folglich sind $R(\mathfrak{S}_n)$ und die Gesamtheit der Unterräume von $V(\mathfrak{S}; n)$ isomorphe Verbände.*

(4°) $\quad$ *Ist $\mathfrak{a} = ((\alpha_{ij})_{i, j = 1, \ldots, n})_r$ und setzt man*

$$\mathbf{a}_j = \mathbf{e}_1 \alpha_{1j} + \cdots + \mathbf{e}_n \alpha_{nj} \quad (j = 1, \ldots, n),$$

$\quad$ *so ist*

$$M(\mathfrak{a}) = (\mathbf{a}_1, \ldots, \mathbf{a}_n).$$

(5°) *Sei $\mathfrak{S}$ ein regulärer Ring. Dann ist $\mathfrak{a}(M)$ für jeden Unterraum M, der aus Linearkombinationen endlich vieler Vektoren besteht, ein Hauptrechtsideal von $\mathfrak{S}_n$.*

Beweis. (I) Wenn $(\alpha_{ij})_{i,j=1,\ldots,n} \in \mathfrak{a}$, so gibt es eine zu $\mathfrak{a}$ gehörende Matrix, welche die p-te Spalte $\alpha_{1p}, \alpha_{2p}, \ldots, \alpha_{np}$ von $(\alpha_{ij})_{i,j=1,\ldots,n}$ als q-te Spalte und an allen anderen Stellen Nullen hat. Um sie zu erhalten, setze man $\eta_{ij} = \begin{cases} 1 & \text{für } (i,j) = (p,q) \\ 0 & \text{für } (i,j) \neq (p,q) \end{cases}$ und

$$(\beta_{ij})_{i,j=1,\ldots,n} = (\alpha_{ij})_{i,j=1,\ldots,n}\,(\eta_{ij})_{i,j=1,\ldots,n} = \left(\sum_{k=1}^{n} \alpha_{ik}\,\eta_{kj}\right)_{i,j=1,\ldots,n}$$

Dann ist

$$(\beta_{ij})_{i,j=1,\ldots,n} \in \mathfrak{a} \quad \text{und} \quad \beta_{ij} = \begin{cases} \alpha_{ip} & \text{für } j = q \\ 0 & \text{für } j \neq q \end{cases}.$$

Also ist $(\beta_{ij})_{i,j=1,\ldots,n}$ die gesuchte Matrix.

Folglich ist $M(\mathfrak{a})$ auch die Gesamtheit der Vektoren, die sich als $\mathbf{e}_1\alpha_{1j} + \mathbf{e}_2\alpha_{2j} + \cdots + \mathbf{e}_n\alpha_{nj}$ $(j = 1, \ldots, n)$ mit $(\alpha_{ij})_{i,j=1,\ldots,n} \in \mathfrak{a}$ darstellen lassen.

(II) Wenn

$$\mathbf{e}_1\alpha_{11} + \mathbf{e}_2\alpha_{21} + \cdots + \mathbf{e}_n\alpha_{n1},\ \mathbf{e}_1\beta_{11} + \mathbf{e}_2\beta_{21} + \cdots + \mathbf{e}_n\beta_{n1} \in M(\mathfrak{a})\,,$$

so ist wegen

$$(\alpha_{ij} + \beta_{ij})_{i,j=1,\ldots,n} = (\alpha_{ij})_{i,j=1,\ldots,n} + (\beta_{ij})_{i,j=1,\ldots,n} \in \mathfrak{a}$$

auch

$$\mathbf{e}_1(\alpha_{11}+\beta_{11}) + \mathbf{e}_2(\alpha_{21}+\beta_{21}) + \cdots + \mathbf{e}_n(\alpha_{n1}+\beta_{n1}) \in M(\mathfrak{a})\,.$$

Wegen $(\alpha_{ij}\gamma)_{i,j=1,\ldots,n} = (\alpha_{ij})_{i,j=1,\ldots,n}\,(\gamma_{ij})_{i,j=1,\ldots,n}$ mit $\gamma_{ii} = \gamma$ und $\gamma_{ij} = 0$ für $i \neq j$ gilt ferner $\mathbf{e}_1\alpha_{11}\gamma + \mathbf{e}_2\alpha_{21}\gamma + \cdots + \mathbf{e}_n\alpha_{n1}\gamma \in M(\mathfrak{a})$. Also ist $M(\mathfrak{a})$ ein linearer Unterraum.

(III) Wenn $(\alpha_{ij})_{i,j=1,\ldots,n}$, $(\beta_{ij})_{i,j=1,\ldots,n} \in \mathfrak{a}(M)$, so

$$\mathbf{e}_1\alpha_{1j} + \mathbf{e}_2\alpha_{2j} + \cdots + \mathbf{e}_n\alpha_{nj},\ \mathbf{e}_1\beta_{1j} + \mathbf{e}_2\beta_{2j} + \cdots + \mathbf{e}_n\beta_{nj} \in M\ (j = 1,\ldots,n)\,,$$

also

$$\mathbf{e}_1(\alpha_{1j} + \beta_{1j}) + \mathbf{e}_2(\alpha_{2j} + \beta_{2j}) + \cdots + \mathbf{e}_n(\alpha_{nj} + \beta_{nj}) \in M\ (j = 1,\ldots,n)$$

und folglich $(\alpha_{ij})_{i,j=1,\ldots,n} + (\beta_{ij})_{i,j=1,\ldots,n} \in \mathfrak{a}(M)$.

Wenn $(\alpha_{ij})_{i,j=1,\ldots,n} \in \mathfrak{a}(M)$ und $(\beta_{ij})_{i,j=1,\ldots,n} \in \mathfrak{S}_n$, so ist

$$\sum_{k=1}^{n} (\mathbf{e}_1\alpha_{1k} + \mathbf{e}_2\alpha_{2k} + \cdots + \mathbf{e}_n\alpha_{nk})\,\beta_{kj} \in M\ (j = 1,\ldots,n)\,,$$

also

$$(\alpha_{ij})_{i,j=1,\ldots,n}\,(\beta_{ij})_{i,j=1,\ldots,n} = \left(\sum_{k=1}^{n} \alpha_{ik}\beta_{kj}\right)_{i,j=1,\ldots,n} \in \mathfrak{a}(M)\,.$$

Folglich ist $\mathfrak{a}(M)$ ein Rechtsideal.

(IV) Ist $(\beta_{ij})_{i,j=1,\ldots,n} \in \mathfrak{a}(M(\mathfrak{a}))$, so existieren $(\alpha_{ij}^{(k)})_{i,j=1,\ldots,n} \in \mathfrak{a}$ mit

$$\beta_{ik} = \alpha_{i1}^{(k)} \quad (i = 1, \ldots, n).$$

Sei $\chi_{ij}^{(k)} = \alpha_{i1}^{(k)}$ für $j = k$ und $= 0$ für $j \neq k$. Nach (I) ist dann $(\chi_{ij}^{(k)})_{i,j=1,\ldots,n} \in \mathfrak{a}$, also wegen

$$(\beta_{ij})_{i,j=1,\ldots,n} = (\chi_{ij}^{(1)})_{i,j=1,\ldots,n} + \cdots + (\chi_{ij}^{(n)})_{i,j=1,\ldots,n}$$

auch

$$(\beta_{ij})_{i,j=1,\ldots,n} \in \mathfrak{a},$$

d. h. $\mathfrak{a}(M(\mathfrak{a})) \leqq \mathfrak{a}$. Weil nach (I) offensichtlich auch $\mathfrak{a} \leqq \mathfrak{a}(M(\mathfrak{a}))$ gilt, ist $\mathfrak{a} = \mathfrak{a}(M(\mathfrak{a}))$.

(V) Wenn $\mathbf{a} \in M(\mathfrak{a}(M))$, so existiert eine Matrix $(\alpha_{ij})_{i,j=1,\ldots,n}$ mit

$$\mathbf{e}_1 \alpha_{1j} + \mathbf{e}_2 \alpha_{2j} + \cdots + \mathbf{e}_n \alpha_{nj} \in M \quad (j = 1, \ldots, n)$$

und $\mathbf{a} = \mathbf{e}_1 \alpha_{11} + \mathbf{e}_2 \alpha_{21} + \cdots + \mathbf{e}_n \alpha_{n1}$. Da somit $\mathbf{a} \in M$ gilt, ist $M(\mathfrak{a}(M)) \leqq M$.

Wenn $\mathbf{e}_1 \beta_1 + \cdots + \mathbf{e}_n \beta_n \in M$, so sei

$$\alpha_{ij} = \begin{cases} \beta_i \text{ für } j = 1 \\ 0 \text{ für } j \neq 1 \end{cases}.$$

Dann ist $(\alpha_{ij})_{i,j=1,\ldots,n} \in \mathfrak{a}(M)$ und folglich $\mathbf{e}_1 \alpha_{11} + \cdots + \mathbf{e}_n \alpha_{n1} \in M(\mathfrak{a}(M))$. Also gilt auch $M \leqq M(\mathfrak{a}(M))$ und daher $M = M(\mathfrak{a}(M))$.

(VI) Nach (IV) und (V) sind die Abbildungen $\mathfrak{a} \to M(\mathfrak{a})$, $M \to \mathfrak{a}(M)$ eineindeutig. Weil $\mathfrak{a}_1 \leqq \mathfrak{a}_2$ mit $M(\mathfrak{a}_1) \leqq M(\mathfrak{a}_2)$ äquivalent ist, sind daher $R(\mathfrak{S}_n)$ und die Gesamtheit der linearen Unterräume isomorphe Verbände.

(VII) Ist $\mathfrak{a} = ((\alpha_{ij})_{i,j=1,\ldots,n})_r$, so läßt sich eine beliebige zu $\mathfrak{a}$ gehörende Matrix $(\beta_{ij})_{i,j=1,\ldots,n}$ als

$$(\beta_{ij})_{i,j=1,\ldots,n} = (\alpha_{ij})_{i,j=1,\ldots,n} (\gamma_{ij})_{i,j=1,\ldots,n} = \left(\sum_{k=1}^{n} \alpha_{ik} \gamma_{kj} \right)_{i,j=1,\ldots,n}$$

darstellen. Setzt man also

$$\mathbf{a}_k = \mathbf{e}_1 \alpha_{1k} + \mathbf{e}_2 \alpha_{2k} + \cdots + \mathbf{e}_n \alpha_{nk} \quad (k = 1, \ldots, n),$$

so kann man einen beliebigen in $M(\mathfrak{a})$ liegenden Vektor als

$$\mathbf{e}_1 \sum_k \alpha_{1k} \gamma_{k1} + \cdots + \mathbf{e}_n \sum_k \alpha_{nk} \gamma_{k1} = \sum_k \mathbf{a}_k \gamma_{k1}$$

darstellen. Also ist $M(\mathfrak{a}) = (\mathbf{a}_1, \ldots, \mathbf{a}_n)$.

(VIII) Sei $\mathfrak{S}$ ein regulärer Ring und $M = (\mathbf{a}_1, \ldots, \mathbf{a}_m)$. Wenn $\mathbf{a}_l = \mathbf{e}_1 \gamma_1^{(l)} + \mathbf{e}_2 \gamma_2^{(l)} + \cdots + \mathbf{e}_n \gamma_n^{(l)}$ $(l = 1, \ldots, m)$, so setze man

$$\alpha_{ij}^{(l)} = \begin{cases} \gamma_i^{(l)} \text{ für } j = 1 \\ 0 \quad \text{ für } j \neq 1 \end{cases}.$$

Weil nach Satz 2.1 auch $\mathfrak{S}_n$ regulär ist, muß dann auch

$$\mathfrak{a} = \left((\alpha_{ij}^{(1)})_{i,\,j\,=\,1,\,\ldots,\,n}\right)_r \cup \cdots \cup \left((\alpha_{ij}^{(m)})_{i,\,j\,=\,1,\,\ldots,\,n}\right)_r$$

ein Hauptrechtsideal sein. Nach (VII) ist

$$M\left(((\alpha_{ij}^{(l)})_{i,\,j\,=\,1,\,\ldots,\,n})_r\right) = (\mathfrak{a}_l) \quad (l = 1, \ldots, m) \;.$$

Wegen $M = (\mathfrak{a}_1) \cup \ldots \cup (\mathfrak{a}_m)$ ist nach (VI) somit $M(\mathfrak{a}) = M$ und daher nach (IV) $\mathfrak{a}(M) = \mathfrak{a}$.

Definition 3.3. Man bezeichnet $\mathfrak{a} \to M(\mathfrak{a})$ als die *Vektordarstellung* von $R(\mathfrak{S}_n)$ bzw. $\overline{R}(\mathfrak{S}_n)$ und $M(\mathfrak{a})$ als *Vektordarstellung* von $\mathfrak{a}$.

Anmerkung 3.1. Ist $\mathfrak{S}$ ein Schiefkörper, so folgt nach den Sätzen 2.2 und 3.2, daß der aus der Gesamtheit der Unterräume von $V(\mathfrak{S}; n)$ gebildete Verband ein endlichdimensionaler irreduzibler komplementärer modularer Verband ist. Also ist $V(\mathfrak{S}; n)$ nach Anmerkung 3.3, Kapitel III, ein $(n-1)$-dimensionaler[1] irreduzibler projektiver Raum. Ist **a** ein Vektor von $V(\mathfrak{S}; n)$, so ist dann (**a**) ein Punkt dieses projektiven Raumes.

Satz 3.3.[2] *Sei $\mathfrak{S}$ ein regulärer Ring. Bei der Vektordarstellung von $\overline{R}(\mathfrak{S}_n)$ entsprechen den $\mathfrak{a}_i$ bzw. $\mathfrak{c}_{ij}$ des normierten Rahmens von $\overline{R}(\mathfrak{S}_n)$ die Unterräume $(\mathbf{e}_i)$ bzw. $(\mathbf{e}_i - \mathbf{e}_j)$, und im Falle $i \neq j$ wird durch $M(\mathfrak{b}_{ij}) = (\mathbf{e}_i - \mathbf{e}_j\,\beta)$ eine eineindeutige Abbildung $\mathfrak{b}_{ij} \to \beta$ von $L_{\mathfrak{a}_i\,\mathfrak{a}_j}$ auf $\mathfrak{S}$ gegeben.*

Beweis. (I) Für den normierten Rahmen von $\overline{R}(\mathfrak{S}_n)$ ist nach Anmerkung 2.1 $\mathfrak{a}_k = (E_{kk})_r$ und $\mathfrak{c}_{kh} = (E_{kk} - E_{hk})_r = (E_{hh} - E_{kh})_r$. Es ist

$$E_{kh} = (\eta_{ij}^{kh})_{i,\,j\,=\,1,\,\ldots,\,n}, \quad \eta_{ij}^{kh} = \begin{cases} 1 & \text{für } (i,j) = (k,h) \\ 0 & \text{für } (i,j) \neq (k,h) \end{cases}.$$

Ist $\mathfrak{a} = ((\alpha_{ij})_{i,\,j\,=\,1,\,\ldots,\,n})_r$ und setzt man

$$(1) \qquad \mathbf{a}_j = \mathbf{e}_1\,\alpha_{1j} + \mathbf{e}_2\,\alpha_{2j} + \cdots + \mathbf{e}_n\,\alpha_{nj} \quad (j = 1, \ldots, n)\,,$$

so ist $M(\mathfrak{a}) = (\mathbf{a}_1, \ldots, \mathbf{a}_n)$ nach Satz 3.2. Für $\mathfrak{a}_k = (E_{kk})_r$ ist wegen

$$\mathbf{a}_j = \begin{cases} \mathbf{e}_k & \text{für } j = k \\ 0 & \text{für } j \neq k \end{cases} \quad \text{also} \quad M(\mathfrak{a}_k) = (\mathbf{e}_k)\,.$$

(II) Nach Hilfssatz 4.1, Kapitel VI, ist $\mathfrak{b}_{kh} \in L_{\mathfrak{a}_k\,\mathfrak{a}_h}$ $(k \neq h)$ genau dann, wenn ein (und dann auch nur ein) $Q \in \mathfrak{S}_n$ mit $E_{hh}\,Q = Q\,E_{kk} = Q$ existiert, und es ist $\mathfrak{b}_{kh} = (E_{kk} - Q)_r$. Für $Q = (\psi_{ij})_{i,\,j\,=\,1,\,\ldots,\,n}$ ist wegen $Q = E_{hh}\,Q$

$$\psi_{ij} = \sum_p \eta_{ip}^{hh}\,\psi_{pj} = \begin{cases} \psi_{hj} & \text{für } i = h \\ 0 & \text{für } i \neq h \end{cases}$$

---

[1] „Dimension" hier im geometrischen, nicht im verbandstheoretischen Sinn verstanden.

[2] VON NEUMANN [6] II, 37.

und wegen $Q = Q\,E_{kk}$ ferner

$$\psi_{ij} = \sum_p \psi_{ip}\,\eta_{pj}^{kk} = \begin{cases} \psi_{ik} & \text{für } j = k \\ 0 & \text{für } j \neq k \end{cases}.$$

Setzt man $\psi_{hk} = \beta$, so ist also

$$(2) \qquad \psi_{ij} = \begin{cases} \beta & \text{für } (i,j) = (h,k) \\ 0 & \text{für } (i,j) \neq (h,k) \end{cases}.$$

Wählt man umgekehrt ein beliebiges $\beta \in \mathfrak{S}$ und bildet $Q = (\psi_{ij})_{i,\,j=1,\ldots,n}$ auf Grund von (2), so ist $E_{hh}\,Q = Q\,E_{kk} = Q$.

Wenn $E_{kk} - Q = (\alpha_{ij})_{i,\,i=1,\ldots,n}$, so ist daher

$$\alpha_{ij} = \begin{cases} 1 & \text{für } (i,j) = (k,k)\,, \\ -\beta & \text{für } (i,j) = (h,k)\,, \\ 0 & \text{für die übrigen } (i,j)\,. \end{cases}$$

Nach (1) gilt folglich $\mathfrak{a}_j = \begin{cases} \mathbf{e}_k - \mathbf{e}_h\,\beta & \text{für } j = k \\ 0 & \text{für } j \neq k \end{cases}$.

Also ist $M(\mathfrak{b}_{kh}) = (\mathbf{e}_k - \mathbf{e}_h\,\beta)$. Nach dem bisher Gewonnenen wird dadurch eine eineindeutige Abbildung $\mathfrak{b}_{kh} \to \beta$ von $L_{\mathfrak{a}_k\,\mathfrak{a}_h}$ auf $\mathfrak{S}$ bestimmt.

(III) Bei $\mathfrak{c}_{kh}$ an Stelle von $\mathfrak{b}_{kh}$ in (II) ist $Q = E_{hk}$. Daher erhält man in (II) $\beta = 1$, also $M(\mathfrak{c}_{kh}) = (\mathbf{e}_k - \mathbf{e}_h)$.

Definition 3.4. Das gemäß Satz 3.3 dem Element $\beta \in \mathfrak{S}$ in $\overline{R}(\mathfrak{S}_n)$ entsprechende $\mathfrak{b}_{ij} \in L_{\mathfrak{a}_i\,\mathfrak{a}_j}\,(i \neq j)$ wird mit $(\beta)^{*}_{ij}$ bezeichnet.

Hilfssatz 3.1. i, j und k seien voneinander verschieden. Dann gelten folgende Aussagen:

(I) $\quad (\beta)^{*}_{ij} \otimes (\gamma)^{*}_{jk} = (\gamma\,\beta)^{*}_{ik}$.

(II) $\quad (\beta)^{*}_{ij} \otimes \mathfrak{c}_{jk} = (\beta)^{*}_{ik}, \quad \mathfrak{c}_{ij} \otimes (\beta)^{*}_{jk} = (\beta)^{*}_{ik}$.

(III) $(\beta + \gamma)^{*}_{ij}$
$\quad = [(((\beta)^{*}_{ij} \cup \mathfrak{c}_{ik}) \cap (\mathfrak{a}_k \cup \mathfrak{a}_j)) \cup (((\gamma)^{*}_{ij} \cup \mathfrak{a}_k) \cap (\mathfrak{c}_{ik} \cup \mathfrak{a}_j))] \cap (\mathfrak{a}_i \cup \mathfrak{a}_j)$.

Beweis. (I) Es ist $(\beta)^{*}_{ij} \otimes (\gamma)^{*}_{jk} = ((\beta)^{*}_{ij} \cup (\gamma)^{*}_{jk}) \cap (\mathfrak{a}_i \cup \mathfrak{a}_k)$. Wegen

$$M((\beta)^{*}_{ij}) = (\mathbf{e}_i - \mathbf{e}_j\,\beta)\,,\; M((\gamma)^{*}_{jk}) = (\mathbf{e}_j - \mathbf{e}_k\,\gamma)\,,\; M(\mathfrak{a}_i) = (\mathbf{e}_i)$$

und $M(\mathfrak{a}_k) = (\mathbf{e}_h)$ ist

$$M((\beta)^{*}_{ij} \otimes (\gamma)^{*}_{jk}) = (\mathbf{e}_i - \mathbf{e}_j\,\beta,\, \mathbf{e}_j - \mathbf{e}_k\,\gamma) \cap (\mathbf{e}_i,\, \mathbf{e}_k) = (\mathbf{e}_i - \mathbf{e}_k\,\gamma\,\beta)\,,$$

also $(\beta)^{*}_{ij} \otimes (\gamma)^{*}_{jk} = (\gamma\,\beta)^{*}_{ik}$.

(II) Wegen $\mathfrak{c}_{jk} = (1)^{*}_{jk}$ und $\mathfrak{c}_{ij} = (1)^{*}_{ij}$ gelten die Behauptungen nach (I).

(III) Setzt man

$$\mathfrak{g} = ((\beta)^{*}_{ij} \cup \mathfrak{c}_{ik}) \cap (\mathfrak{a}_k \cup \mathfrak{a}_j)\,, \quad \mathfrak{h} = ((\gamma)^{*}_{ij} \cup \mathfrak{a}_k) \cap (\mathfrak{c}_{ik} \cup \mathfrak{a}_j)\,,$$

so ist wegen $\mathfrak{g} = \mathfrak{c}_{ki} \otimes (\beta)^*_{ij}$ nach (II) somit $M(\mathfrak{g}) = (\mathbf{e}_k - \mathbf{e}_j\,\beta)$. Da ferner

$$M(\mathfrak{h}) = (\mathbf{e}_i - \mathbf{e}_j\,\gamma,\ \mathbf{e}_k) \cap (\mathbf{e}_i - \mathbf{e}_k,\ \mathbf{e}_j) = (\mathbf{e}_i - \mathbf{e}_j\,\gamma - \mathbf{e}_k)$$

gilt, ist

$$M\big((\mathfrak{g} \cup \mathfrak{h}) \cap (\mathfrak{a}_i \cup \mathfrak{a}_j)\big) = (\mathbf{e}_k - \mathbf{e}_j\,\beta,\ \mathbf{e}_i - \mathbf{e}_j\,\gamma - \mathbf{e}_k) \cap (\mathbf{e}_i,\ \mathbf{e}_j) = (\mathbf{e}_i - \mathbf{e}_j\,(\beta + \gamma))$$

und folglich

$$(\mathfrak{g} \cup \mathfrak{h}) \cap (\mathfrak{a}_i \cup \mathfrak{a}_j) = (\beta + \gamma)^*_{ij}\,.$$

Satz 3.4. *Es sei $n \geq 4$. Die Folge $(\mathfrak{b}_{ij})_{i,j=1,\ldots,n;\,i \neq j}$ habe die Eigenschaft $\mathfrak{b}_{ij}\, P\!\begin{pmatrix} i & j \\ k & h \end{pmatrix} = \mathfrak{b}_{kh}\ (i, j, k, h = 1, \ldots, n;\ i \neq j;\ k \neq h)$. Dann entspricht den Elementen dieser Folge bei der in Satz 3.3 angegebenen Zuordnung dasselbe $\beta \in \mathfrak{S}$.*

Beweis. Nach Hilfssatz 3.3, Kapitel VIII, und Hilfssatz 3.1 (II) ist

$$(\beta)^*_{ij}\, P\!\begin{pmatrix} i & j \\ i & k \end{pmatrix} = (\beta)^*_{ij} \otimes \mathfrak{c}_{jk} = (\beta)^*_{ik} \quad \text{und} \quad (\beta)^*_{ij}\, P\!\begin{pmatrix} i & j \\ h & j \end{pmatrix} = \mathfrak{c}_{hi} \otimes (\beta)^*_{ij} = (\beta)^*_{hj}\,.$$

Allgemein ist also nach Definition 3.3, Kapitel VIII, $(\beta)^*_{ij}\, P\!\begin{pmatrix} i & j \\ k & h \end{pmatrix} = (\beta)^*_{kh}$.

Anmerkung 3.2. Wenn $\mathfrak{S}$ ein regulärer Ring ist, so ist $\overline{R}(\mathfrak{S}_n)$ ein komplementärer modularer Verband. Zwischen den Elementen $\beta \in \mathfrak{S}$ und den Folgen $(\mathfrak{b}_{ij})_{i,j=1,\ldots,n;\,i \neq j}$ mit

$$\mathfrak{b}_{ij}\, P\!\begin{pmatrix} i & j \\ k & h \end{pmatrix} = \mathfrak{b}_{kh}\ (i, j, k, h = 1, \ldots, n;\ i \neq j;\ k \neq h)$$

besteht nach den Sätzen 3.3 und 3.4 eine eineindeutige Zuordnung. Daher kann man die Addition und Multiplikation in $\mathfrak{S}$ auf Grund der Beziehungen (I) und (III) von Hilfssatz 3.1 auch durch Elemente aus $\overline{R}(\mathfrak{S}_n)$ darstellen. Sei nun ein komplementärer modularer Verband L gegeben. Um einen geeigneten Ring $\mathfrak{S}$ zu bestimmen, so daß L durch $\overline{R}(\mathfrak{S}_n)$ dargestellt wird, müssen die Folgen $(\mathfrak{b}_{ij})_{i,j=1,\ldots,n;\,i \neq j}$ mit $\mathfrak{b}_{ij}\, P\!\begin{pmatrix} i & j \\ k & h \end{pmatrix} = \mathfrak{b}_{kh}$ als die Ringelelemente genommen werden; durch (I) und (III) von Hilfssatz 3.1 kann man dann eine Addition und Multiplikation zwischen diesen Elementen definieren. Diese Methode wird in den Kapiteln X und XI angewendet. (Siehe Anmerkung 3.2, Kapitel X.)

Definition 3.5. In $\overline{R}(\mathfrak{S}_n)$ sei $(\beta)^*_{(k)} = \big((\beta)^*_{ik} \cup \mathfrak{a}_i\big) \cap \mathfrak{a}_k$.

Hilfssatz 3.2. $(\mathbf{e}_k\,\beta)$ ist die Vektordarstellung von $(\beta)^*_{(k)}$.

Beweis. Nach Satz 3.3 und Definition 3.4 hat $(\beta)^*_{(k)}$ die Vektordarstellung $(\mathbf{e}_i - \mathbf{e}_k\,\beta,\ \mathbf{e}_i) \cap (\mathbf{e}_k) = (\mathbf{e}_k\,\beta)$.

Satz 3.5. *In $\overline{R}(\mathfrak{S}_n)$ ist $(\beta)^*_{(k)} \leq \mathfrak{a}_k$. Ist für ein beliebiges $\mathfrak{b}$ umgekehrt $\mathfrak{b} \leq \mathfrak{a}_k$, so existiert ein $\beta \in \mathfrak{S}$ mit $\mathfrak{b} = (\beta)^*_{(k)}$ und $(\beta)_r$ ist bereits durch $\mathfrak{b}$ eindeutig bestimmt. Die Abbildung $(\beta)^*_{(k)} \to (\beta)_r$ ist ein Isomorphismus von $L((\mathrm{o}), \mathfrak{a}_k)$ auf $\overline{R}_\mathfrak{S}$.*

Beweis. Nach Definition 3.5 ist offensichtlich $(\beta)^*_{(k)} \leqq \mathfrak{a}_k$. Nach Satz 3.4, Kapitel II, existiert zu $\mathfrak{b} \leqq \mathfrak{a}_k$ ein Element $\mathfrak{b}_{ik} \in L_{\mathfrak{a}_i \mathfrak{a}_k}$ mit $\mathfrak{b} = (\mathfrak{b}_{ik} \cup \mathfrak{a}_i) \cap \mathfrak{a}_k$. Ist $\mathfrak{b}_{ik} = (\beta)^*_{ik}$ auf Grund von Definition 3.4, so ist $\mathfrak{b} = (\beta)^*_{(k)}$ nach Definition 3.5.

Nach Hilfssatz 3.2 haben $(\beta)^*_{(k)}$ bzw. $(\gamma)^*_{(k)}$ die Vektordarstellungen $(\mathbf{e}_k \beta)$ bzw. $(\mathbf{e}_k \gamma)$. Nun ist $(\mathbf{e}_k \beta) = (\mathbf{e}_k \gamma)$ dann und nur dann, wenn $(\beta)_r = (\gamma)_r$. Folglich ist $(\beta)^*_{(k)} \to (\beta)_r$ eine eineindeutige Abbildung von $L((\mathfrak{o}), \mathfrak{a}_k)$ auf $\overline{R}_\mathfrak{S}$. Wegen Hilfssatz 3.2 erhält sie ebenso wie ihre Umkehrung die Ordnung, ist also ein Verbandsisomorphismus.

Satz 3.6.[1]) $\mathfrak{R}$ *und* $\mathfrak{R}'$ *seien zwei reguläre Ringe mit einer Ordnung* $n \geqq 3$. *Zu einem Verbandsisomorphismus von* $\overline{R}_\mathfrak{R}$ *auf* $\overline{R}_{\mathfrak{R}'}$ *gibt es genau einen Ringisomorphismus von* $\mathfrak{R}$ *und* $\mathfrak{R}'$, *der den Verbandsisomorphismus liefert.*

Beweis. (I) Der Verbandsisomorphismus zwischen $\overline{R}_\mathfrak{R}$ und $\overline{R}_{\mathfrak{R}'}$ werde mit T bezeichnet. $\{\mathfrak{a}_i, \mathfrak{c}_{ij}; i, j = 1, \ldots, n\}$ sei ein normierter Rahmen der Ordnung n von $\overline{R}_\mathfrak{R}$; der diesem Rahmen bei der Abbildung T in $\overline{R}_{\mathfrak{R}'}$ entsprechende normierte Rahmen n-ter Ordnung sei $\{\mathfrak{a}'_i, \mathfrak{c}'_{ij}; i, j = 1, \ldots, n\}$. Nach Satz 1.2 enthält $\mathfrak{R}$ ein Basismatrizensystem $(\xi_{ij})_{i, j = 1, \ldots, n}$ der Ordnung n mit $\mathfrak{a}_i = (\xi_{ii})_r$, $\mathfrak{c}_{ij} = (\xi_{ii} - \xi_{ji})_r = (\xi_{jj} - \xi_{ij})_r$ und entsprechend $\mathfrak{R}'$ ein Basismatrizensystem $(\xi'_{ij})_{i, j = 1, \ldots, n}$ der Ordnung n mit $\mathfrak{a}'_i = (\xi'_{ii})_r$ und $\mathfrak{c}'_{ij} = (\xi'_{ii} - \xi'_{ji})_r = (\xi'_{jj} - \xi'_{ij})_r$.

Setzt man $\mathfrak{S} = \mathfrak{R}(\xi_{11})$, so ist nach Hilfssatz 2.2 $\chi \to (\chi_{ij})_{i, j = 1, \ldots, n}$ mit

$$(1) \qquad \chi_{ij} = \xi_{1i} \chi \xi_{j1} \quad (i, j = 1, \ldots, n), \qquad \chi = \sum_{i,j=1}^{n} \xi_{i1} \chi_{ij} \xi_{1j}$$

ein Isomorphismus von $\mathfrak{R}$ auf $\mathfrak{S}_n$. Entsprechend verhält es sich mit $\mathfrak{R}'$ und $\mathfrak{S}' = \mathfrak{R}(\xi'_{11})$, wobei dann in (1) überall ξ_{ij} durch ξ'_{ij} zu ersetzen ist. Also genügt es, einen Ringisomorphismus zwischen $\mathfrak{S}$ und $\mathfrak{S}'$ zu ermitteln, der, durch $\xi_{ij} \to \xi'_{ij}$ zu einem solchen von $\mathfrak{R}$ auf $\mathfrak{R}'$ fortgesetzt, T liefert.

(II) Nach Satz 3.3 und Definition 3.4 ist $\beta \to (\beta)^*_{ij}$ eine eineindeutige Abbildung von $\mathfrak{S}$ auf $L_{\mathfrak{a}_i \mathfrak{a}_j}$. Entsprechend gibt es eine eineindeutige Abbildung von $\mathfrak{S}'$ auf $L_{\mathfrak{a}'_i \mathfrak{a}'_j}$. Hat $(\beta)^*_{ij}$ bei T das Bild $(\beta')^*_{ij}$ (mit $\beta' \in \mathfrak{S}'$), so schreiben wir $\beta \to_{(i,j)} \beta'$. Hierdurch ist eine eineindeutige Abbildung von $\mathfrak{S}$ auf $\mathfrak{S}'$ gegeben. Es soll nun bewiesen werden, daß sie von (i, j) unabhängig ist.[2])

Nach Hilfssatz 3.1 (II) ist für voneinander verschiedene i, j, k

$$(2) \qquad\qquad \beta \to_{(i, k)} \beta', \quad \text{wenn} \quad \beta \to_{(i, j)} \beta',$$

$$(3) \qquad\qquad \beta \to_{(i, k)} \beta', \quad \text{wenn} \quad \beta \to_{(j, k)} \beta'.$$

---

[1]) von Neumann [6] II, Theorem 4.2.
[2]) Für $n \geqq 4$ ist dies nach Satz 3.4 klar.

Es seien (i, j), (k, h) zwei beliebige Paare mit $i \neq j$ und $k \neq h$. Wenn $i \neq h$ und $\beta \to_{(i, j)} \beta'$, so $\beta \to_{(i, h)} \beta'$ nach (2) und folglich $\beta \to_{(k, h)} \beta'$ nach (3). Entsprechend ergibt sich diese Beziehung für $j \neq k$; d. h. für $i \neq h$ oder $j \neq k$ ist

$$(4) \qquad \beta \to_{(k, h)} \beta' , \quad \text{wenn} \quad \beta \to_{(i, j)} \beta' .$$

Ist gleichzeitig $i = h$ und $j = k$, so existiert wegen $n \geq 3$ ein l mit $i \neq l$, $j \neq l$. Nach (2) gilt dann $\beta \to_{(i, l)} \beta'$ für $\beta \to_{(i, j)} \beta'$, nach (4) somit $\beta \to_{(j, i)} \beta'$, d. h. $\beta \to_{(k, h)} \beta'$. Also gilt (4) in jedem Fall, d. h. die Abbildung $\beta \to_{(i, j)} \beta'$ ist von (i, j) unabhängig. Sie werde im folgenden mit S bezeichnet.

Nach Hilfssatz 3.1 (I), (III) folgt aus $\beta \to_{(i, j)} \beta'$ und $\gamma \to_{(j, k)} \gamma'$, daß $\gamma \beta \to_{(i, k)} \gamma' \beta'$, und aus $\beta \to_{(i, j)} \beta'$ und $\gamma \to_{(i, j)} \gamma'$, daß $\beta + \gamma \to_{(i, j)} \beta' + \gamma'$ gilt. Also ist S ein Isomorphismus von $\mathfrak{S}$ auf $\mathfrak{S}'$. Nach (1) bestimmt S nun einen Ringisomorphismus S_0 von $\mathfrak{R}$ auf $\mathfrak{R}'$.

(III) Ist T_0 der durch S_0 gelieferte Verbandsisomorphismus von $\overline{R}_\mathfrak{R}$ auf $\overline{R}_{\mathfrak{R}'}$, so sind T_0 und T einander gleich; denn in $L_{\mathfrak{a}_i \mathfrak{a}_j}$ rufen T_0 und T die gleiche Abbildung hervor, und nach Satz 1.2, Kapitel VIII, lassen sich alle Elemente von $\overline{R}_\mathfrak{R}$ bzw. $\overline{R}_{\mathfrak{R}'}$ mittels $\cup, \cap$ durch Elemente von $L_{\mathfrak{a}_i \mathfrak{a}_j}$ bzw. $L_{\mathfrak{a}_i' \mathfrak{a}_j'}$ darstellen.

(IV) T werde durch jeden der beiden Ringisomorphismen S_1 und S_2 von $\mathfrak{R}$ auf $\mathfrak{R}'$ geliefert. $S_2^{-1} S_1$ ist dann ein Automorphismus von $\mathfrak{R}$, der die Elemente von $\overline{R}_\mathfrak{R}$ festläßt. Daher ist $S_2^{-1} S_1$ nach Satz 1.3 die identische Abbildung, d. h. $S_1 = S_2$. Also bestimmt T den Ringisomorphismus von $\mathfrak{R}$ auf $\mathfrak{R}'$ eindeutig.

Hilfssatz 3.3. Ist $\mathfrak{S}$ ein regulärer Ring und $\{\mathfrak{a}_i, \mathfrak{c}_{ij}; i, j = 1, \ldots, n\}$ ein normierter Rahmen von $\overline{R}(\mathfrak{S}_n)$, so sind $L((\mathrm{o}), {}_{i=1}^{m}\cup \mathfrak{a}_i)$ $(m < n)$ und $\overline{R}(\mathfrak{S}_m)$ zueinander isomorph.

Beweis. Nach Satz 3.2 sind $\overline{R}(\mathfrak{S}_n)$ und der Verband der Unterräume eines n-dimensionalen Vektorraumes über $\mathfrak{S}$ (mit der Basis $\mathbf{e}_1, \ldots, \mathbf{e}_n$), die aus Linearkombinationen endlich vieler Vektoren bestehen, zueinander isomorph. Bei diesem Isomorphismus wird $L((\mathrm{o}), {}_{i=1}^{m}\cup \mathfrak{a}_i)$ nach Satz 3.3 auf den Verband der Unterräume $\leq (\mathbf{e}_1, \ldots, \mathbf{e}_m)$ abgebildet. Also sind $L((\mathrm{o}), {}_{i=1}^{m}\cup \mathfrak{a}_i)$ und $\overline{R}(\mathfrak{S}_m)$ zueinander isomorph.

Hilfssatz 3.4. $\mathfrak{S}$ sei ein regulärer Ring und $\{\mathfrak{a}_i, \mathfrak{c}_{ij}; i, j = 1, \ldots, n\}$ ein normierter Rahmen von $\overline{R}(\mathfrak{S}_n)$. Setzt man für

$$\mathfrak{b} = ((\beta_{ij})_{i, j = 1, \ldots, n})_r \in \overline{R}(\mathfrak{S}_n)$$

dann

$$\gamma_{ij} = \begin{cases} \beta_{ij} & \text{für} \quad i < n, \\ \mathrm{o} & \text{für} \quad i = n \end{cases},$$

so ist

$$((\gamma_{ij})_{i, j = 1, \ldots, n})_r = (\mathfrak{b} \cup \mathfrak{a}_n) \cap {}_{i=1}^{n-1}\cup \mathfrak{a}_i .$$

Beweis. Sei $\mathfrak{b}_j = \mathfrak{e}_1 \beta_{1j} + \mathfrak{e}_2 \beta_{2j} + \cdots + \mathfrak{e}_n \beta_{nj}$ $(j = 1, \ldots, n)$, so ist $M(\mathfrak{b}) = (\mathfrak{b}_1, \ldots, \mathfrak{b}_n)$ nach Satz 3.2. Setzt man also

$$\mathfrak{c}_j = \mathfrak{e}_1 \beta_{1j} + \mathfrak{e}_2 \beta_{2j} + \cdots + \mathfrak{e}_{n-1} \beta_{n-1,j} \quad (j = 1, \ldots, n) ,$$

so ist

$$M(\mathfrak{b}) \cup M(\mathfrak{a}_n) = (\mathfrak{b}_1, \ldots, \mathfrak{b}_n, \mathfrak{e}_n) = (\mathfrak{c}_1, \ldots, \mathfrak{c}_n, \mathfrak{e}_n) ,$$

und wegen

$$M \left(\overset{n-1}{\underset{i=1}{\cup}} \mathfrak{a}_i \right) = (\mathfrak{e}_1, \ldots, \mathfrak{e}_{n-1})$$

folgt

$$\left(M(\mathfrak{b}) \cup M(\mathfrak{a}_n) \right) \cap M \left(\overset{n-1}{\underset{i=1}{\cup}} \mathfrak{a}_i \right) = (\mathfrak{c}_1, \ldots, \mathfrak{c}_n) .$$

Setzt man andrerseits $\mathfrak{c} = ((\gamma_{ij})_{i,j=1,\ldots,n})_r$ so ist $M(\mathfrak{c}) = (\mathfrak{c}_1, \ldots, \mathfrak{c}_n)$, nach Satz 3.2 also $\mathfrak{c} = (\mathfrak{b} \cup \mathfrak{a}_n) \cap \overset{n-1}{\underset{i=1}{\cup}} \mathfrak{a}_i$.

Satz 3.7.[1]) $\mathfrak{S}$ *sei ein regulärer Ring und* $\mathfrak{b}^{(1)}, \mathfrak{b}^{(2)} \in \overline{R}(\mathfrak{S}_n)$. *Gilt*

$$(1) \qquad \mathfrak{b}^{(1)} \cup (\alpha)^{*}_{ij} = \mathfrak{b}^{(2)} \cup (\alpha)^{*}_{ij} \quad (i, j = 1, \ldots, n; \, i \neq j)$$

für alle $\alpha \in \mathfrak{S}$, *so ist* $\mathfrak{b}^{(1)} = \mathfrak{b}^{(2)}$.

Beweis. (I) Nach Hilfssatz 2.6 existieren zu Elementen $\mathfrak{b}^{(\nu)}$ $(\nu = 1, 2)$ stets Matrizen $A^{(\nu)} = (\gamma_{ij}^{(\nu)})_{i,j=1,\ldots,n}$ mit $\mathfrak{b}^{(\nu)} = (A^{(\nu)})_r$ und

$$(2) \quad \gamma_{ij}^{(\nu)} \gamma_{jj}^{(\nu)} = \gamma_{ij}^{(\nu)}; \quad \gamma_{ii}^{(\nu)} \gamma_{ij}^{(\nu)} = 0 \quad \text{für } i \neq j; \quad \gamma_{ij}^{(\nu)} = 0 \text{ für } i < j .$$

Sei
$$\delta_{ij}^{(\nu)} = \begin{cases} \gamma_{ij}^{(\nu)} & \text{für } i \neq j \\ 1 & \text{für } i = j \end{cases} \qquad (i, j = 1, \ldots, n-1)$$

und
$$\varepsilon_{ij}^{(\nu)} = \begin{cases} 0 & \text{für } i \neq j \\ \gamma_{ii}^{(\nu)} & \text{für } i = j \end{cases} \qquad (i, j = 1, \ldots, n-1) .$$

Man bilde die Matrizen $D_0^{(\nu)} = (\delta_{ij}^{(\nu)})_{i,j=1,\ldots,n-1}$, $E_0^{(\nu)} = (\varepsilon_{ij}^{(\nu)})_{i,j=1,\ldots,n-1}$.

Setzt man $B_0^{(\nu)} = (\gamma_{n1}^{(\nu)}, \gamma_{n2}^{(\nu)}, \ldots, \gamma_{n,n-1}^{(\nu)})$, so ist $A^{(\nu)} = \begin{pmatrix} D_0^{(\nu)} E_0^{(\nu)} & 0 \\ B_0^{(\nu)} & \gamma_{nn}^{(\nu)} \end{pmatrix}$.

Setzt man $\overline{A^{(\nu)}} = \begin{pmatrix} D_0^{(\nu)} E_0^{(\nu)} & 0 \\ 0 & 0 \end{pmatrix}$, so ist nach Hilfssatz 3.4 somit

$(\overline{A^{(\nu)}})_r = (\mathfrak{b}^{(\nu)} \cup \mathfrak{a}_n) \cap \overset{n-1}{\underset{i=1}{\cup}} \mathfrak{a}_i$ $(\nu = 1, 2)$. Wegen $\mathfrak{a}_n = (0)^{*}_{nj}$ (nach Satz 3.3) ist nach (1) $\mathfrak{b}^{(1)} \cup \mathfrak{a}_n = \mathfrak{b}^{(2)} \cup \mathfrak{a}_n$ und folglich $(\overline{A^{(1)}})_r = (\overline{A^{(2)}})_r$. Nach Hilfssatz 2.3 ist in $\overline{R}(\mathfrak{S}_{n-1})$ daher $(D_0^{(1)} E_0^{(1)})_r = (D_0^{(2)} E_0^{(2)})_r$. Also existieren $X_0^{(1)}, X_0^{(2)} \in \mathfrak{S}_{n-1}$ mit

$$(3) \qquad D_0^{(1)} E_0^{(1)} X_0^{(1)} = D_0^{(2)} E_0^{(2)} , \quad D_0^{(2)} E_0^{(2)} X_0^{(2)} = D_0^{(1)} E_0^{(1)} .$$

Sei
$$\bar{\delta}_{ij}^{(2)} = \begin{cases} -\gamma_{ij}^{(2)} & \text{für } i \neq j \\ 1 & \text{für } i = j \end{cases} \qquad (i, j = 1, \ldots, n-1) .$$

---

[1]) VON NEUMANN [6] II, Theorem 13.1. Der folgende Beweis stammt von KODAIRA und FURUYA [1] III, 646. Der Satz wird beim Beweis von Hilfssatz 3.2, Kapitel XI, benutzt.

Setzt man $\overline{D_0^{(2)}} = \left(\bar{\delta}_{ij}^{(2)}\right)_{i,j=1,\ldots,n-1}$, so ist $\overline{D_0^{(2)}}\, D_0^{(2)} = 1$, weil nach (2)

$$\sum_{\substack{1 \le k \le n-1 \\ k \ne i, j}} \gamma_{ik}^{(2)} \gamma_{kj}^{(2)} = \sum_{\substack{1 \le k \le n-1 \\ k \ne i, j}} \gamma_{ik}^{(2)} \gamma_{kk}^{(2)} \gamma_{kj}^{(2)} = 0 \,,$$

nach (3) also

$$(4) \qquad E_0^{(2)}\, X_0^{(2)}\, X_0^{(1)} = \overline{D_0^{(2)}}\, D_0^{(2)}\, E_0^{(2)}\, X_0^{(2)}\, X_0^{(1)} = \overline{D_0^{(2)}}\, D_0^{(1)}\, E_0^{(1)}\, X_0^{(1)}$$
$$= \overline{D_0^{(2)}}\, D_0^{(2)}\, E_0^{(2)} = E_0^{(2)} \,.$$

Mit $X_0^{(\nu)} = \left(\chi_{ij}^{(\nu)}\right)_{i,j=1,\ldots,n-1}$ ist dann nach (4)

$$\gamma_{ii}^{(2)} \sum_{k=1}^{n-1} \chi_{ik}^{(2)} \chi_{kj}^{(1)} = \begin{cases} 0 & \text{für} \quad i \ne j \\ \gamma_{ii}^{(2)} & \text{für} \quad i = j \end{cases},$$

also $\displaystyle\sum_{i=1}^{n-1} \gamma_{ni}^{(2)} \sum_{k=1}^{n-1} \chi_{ik}^{(2)} \chi_{kj}^{(1)} = \sum_{i=1}^{n-1} \gamma_{ni}^{(2)} \gamma_{ii}^{(2)} \sum_{k=1}^{n-1} \chi_{ik}^{(2)} \chi_{kj}^{(1)} = \gamma_{nj}^{(2)}$, d. h.

$$(5) \qquad\qquad\qquad B_0^{(2)}\, X_0^{(2)}\, X_0^{(1)} = B_0^{(2)} \,.$$

Für $P = \begin{pmatrix} X_0^{(2)} & 0 \\ 0 & \gamma_{nn}^{(2)} \end{pmatrix}$, $Q = \begin{pmatrix} X_0^{(1)} & 0 \\ 0 & \gamma_{nn}^{(2)} \end{pmatrix}$ ist nach (3)

$$(6) \qquad A^{(2)}\, P = \begin{pmatrix} D_0^{(2)}\, E_0^{(2)}\, X_0^{(2)} & 0 \\ B_0^{(2)}\, X_0^{(2)} & \gamma_{nn}^{(2)} \end{pmatrix} = \begin{pmatrix} D_0^{(1)}\, E_0^{(1)} & 0 \\ B_0^{(2)}\, X_0^{(2)} & \gamma_{nn}^{(2)} \end{pmatrix},$$

nach (3) und (5) somit

$$A^{(2)}\, P\, Q = \begin{pmatrix} D_0^{(1)}\, E_0^{(1)}\, X_0^{(1)} & 0 \\ B_0^{(2)}\, X_0^{(2)}\, X_0^{(1)} & \gamma_{nn}^{(2)} \end{pmatrix} = \begin{pmatrix} D_0^{(2)}\, E_0^{(2)} & 0 \\ B_0^{(2)} & \gamma_{nn}^{(2)} \end{pmatrix} = A^{(2)},$$

also

$$\mathfrak{b}^{(2)} = \left(A^{(2)}\right)_r = \left(A^{(2)}P\right)_r \,.$$

Wegen $E_0^{(1)}\, E_0^{(1)} = E_0^{(1)}$ kann man in der zweiten Formel von (3) statt $X_0^{(2)}$ auch $X_0^{(2)}\, E_0^{(1)}$ schreiben und daher $X_0^{(2)}\, E_0^{(1)} = X_0^{(2)}$ annehmen. Nach (6) ist dann

$$A^{(2)}\, P = \begin{pmatrix} D_0^{(1)}\, E_0^{(1)} & 0 \\ B_0^{(2)}\, X_0^{(2)}\, E_0^{(1)} & \gamma_{nn}^{(2)} \end{pmatrix}.$$

Hierbei gilt

$$B_0^{(2)}\, X_0^{(2)}.\, E_0^{(1)} = \left(\sum_{k=1}^{n-1} \gamma_{nk}^{(2)} \chi_{k1}^{(2)} \gamma_{11}^{(1)}, \,\ldots, \sum_{k=1}^{n-1} \gamma_{nk}^{(2)} \chi_{k,\,n-1}^{(2)} \gamma_{n-1,\,n-1}^{(1)} \right).$$

Für $A^{(2)}\, P = \left(\bar{\gamma}_{ij}\right)_{i,j=1,\ldots,n}$ ist also

$$\bar{\gamma}_{ij} = \begin{cases} \gamma_{ij}^{(1)} & \text{für} \quad i < n \\ \displaystyle\sum_{k=1}^{n-1} \gamma_{nk}^{(2)} \chi_{kj}^{(2)} \gamma_{jj}^{(1)} & \text{für} \quad i = n, \quad j < n \end{cases}$$

und $\bar{\gamma}_{nn} = \gamma_{nn}^{(2)}$. Daher gilt $\bar{\gamma}_{nj}\, \bar{\gamma}_{jj} = \bar{\gamma}_{nj}$ und ferner $\bar{\gamma}_{nn}\, \bar{\gamma}_{nj} = 0$ für $n \ne j$ sowie $\bar{\gamma}_{ij} = 0$ für $i < j$.

Wegen $\mathfrak{b}^{(2)} = (A^{(2)}P)_r = ((\bar{\gamma}_{ij})_{i,j=1,\ldots,n})_r = ((\gamma_{ij}^{(2)})_{i,j=1,\ldots,n})_r$ und weil die $\gamma_{ij}^{(2)}$ ebenso wie die $\bar{\gamma}_{ij}$ die Bedingung (2) erfüllen, ist $\gamma_{ij}^{(1)} = \gamma_{ij}^{(2)}$ für $i < n$. Es wird deshalb $\gamma_{ij}^{(1)} = \gamma_{ij}^{(2)} = \gamma_{ij}$ für $i < n$ gesetzt.

(II) Sei $\mathbf{a}_j^{(\nu)} = \mathbf{e}_1 \gamma_{1j}^{(\nu)} + \cdots + \mathbf{e}_n \gamma_{nj}^{(\nu)}$ $(j = 1, \ldots, n)$. Nach den Sätzen 3.2 und 3.3 ist dann

$$(7) \qquad (\mathbf{a}_1^{(\nu)}, \ldots, \mathbf{a}_n^{(\nu)}, \mathbf{e}_h - \mathbf{e}_n \alpha)$$

die Vektordarstellung von $\mathfrak{b}^{(\nu)} \cup (\alpha)_{hn}^{*}$ $(h < n)$. Nach Hilfssatz 3.2 ist

$$(8) \qquad (\mathbf{e}_{h+1}(1 - \gamma_{h+1, h+1}), \ldots, \mathbf{e}_{n-1}(1 - \gamma_{n-1, n-1}), \mathbf{e}_n)$$

die Vektordarstellung von $\mathfrak{d} = {}_{i=h+1}^{n-1}\!\!\bigcup (1 - \gamma_{ii})_{(i)}^{*} \cup \mathfrak{a}_n$.

Sei $\mathbf{x}^{(\nu)}$ ein beliebiger Vektor der Vektordarstellung von $\left(\mathfrak{b}^{(\nu)} \cup (\alpha)_{hn}^{*}\right) \cap \mathfrak{d}$. Weil $\mathbf{x}^{(\nu)}$ in dem in (7) angegebenen linearen Unterraum enthalten ist, ist $\mathbf{x}^{(\nu)}$ von der Form

$$(9) \qquad \mathbf{x}^{(\nu)} = \sum_{j=1}^{n} \mathbf{a}_j^{(\nu)} \xi_j + (\mathbf{e}_h - \mathbf{e}_n \alpha) \xi = \sum_{i=1}^{n} \mathbf{e}_i \sum_{j=1}^{i} \gamma_{ij}^{(\nu)} \xi_j + (\mathbf{e}_h - \mathbf{e}_n \alpha) \xi.$$

Da $\mathbf{x}^{(\nu)}$ auch in dem in (8) angegebenen linearen Unterraum liegt, erhält man Bedingungen für ξ_j, ξ.

(1°) Für $i = 1, \ldots, h-1$ ist $\sum_{j=1}^{i} \gamma_{ij}^{(\nu)} \xi_j = 0$, d. h. $\sum_{j=1}^{i} \gamma_{ij} \xi_j = 0$, insbesondere also $\gamma_{11} \xi_1 = 0$ und $\gamma_{21} \xi_1 + \gamma_{22} \xi_2 = 0$, weshalb wegen $\gamma_{21} \xi_1 = \gamma_{21} \gamma_{11} \xi_1 = 0$ dann $\gamma_{22} \xi_2 = 0$ ist. Allgemein erhält man so

$$(10) \qquad \gamma_{ii} \xi_i = 0 \qquad (i = 1, \ldots, h-1).$$

(2°) Für $i = h$ ist $\sum_{j=1}^{h} \gamma_{hj}^{(\nu)} \xi_j + \xi = 0$, d. h. $\sum_{j=1}^{h} \gamma_{hj} \gamma_{jj} \xi_j + \xi = 0$. Nach (10) folgt daher

$$(11) \qquad \gamma_{hh} \xi_h + \xi = 0.$$

(3°) Für $i = h+1, \ldots, n-1$ ist $\sum_{j=1}^{i} \gamma_{ij}^{(\nu)} \xi_j = (1 - \gamma_{ii}) \zeta$. Wegen $\gamma_{ii}^2 = \gamma_{ii}$ ist $\gamma_{ii} \sum_{j=1}^{i} \gamma_{ij} \xi_j = 0$, nach (2) also

$$(12) \qquad \gamma_{ii} \xi_i = 0 \qquad (i = h+1, \ldots, n-1).$$

Für einen beliebigen Vektor $\mathbf{x}^{(\nu)}$ der Vektordarstellung von $\left(\mathfrak{b}^{(\nu)} \cup (\alpha)_{hn}^{*}\right) \cap \mathfrak{d}$ folgt nach (9), (10), (11) und (12) daher

$$(13) \qquad \mathbf{x}^{(\nu)} = \sum_{i=1}^{n-1} \mathbf{e}_i \sum_{j=1}^{i} \gamma_{ij} \gamma_{jj} \xi_j + \mathbf{e}_h \xi + \mathbf{e}_n \left(\sum_{j=1}^{n-1} \gamma_{nj}^{(\nu)} \gamma_{jj} \xi_j + \gamma_{nn}^{(\nu)} \xi_n - \alpha \xi \right)$$

$$= \sum_{i=h+1}^{n-1} \mathbf{e}_i \gamma_{ih} \gamma_{hh} \xi_h + \mathbf{e}_n (\gamma_{nh}^{(\nu)} \gamma_{hh} \xi_h + \gamma_{nn}^{(\nu)} \xi_n + \alpha \gamma_{hh} \xi_h)$$

$$= \sum_{i=h+1}^{n-1} \mathbf{e}_i \gamma_{ih} \xi_h + \mathbf{e}_n (\gamma_{nn}^{(\nu)} \xi_n + (\gamma_{nh}^{(\nu)} + \alpha) \gamma_{hh} \xi_h).$$

Hierbei sind ξ_h, ξ_n beliebig vorgegebene Elemente aus $\mathfrak{S}$. Weil nach Voraussetzung $(\mathfrak{b}^{(1)} \cup (\alpha)^*_{hn}) \cap \mathfrak{d} = (\mathfrak{b}^{(2)} \cup (\alpha)^*_{hn}) \cap \mathfrak{d}$ gilt, ist nach (13) somit

$$\{\gamma^{(1)}_{nn}\xi_n + (\gamma^{(1)}_{nh} + \alpha)\gamma_{hh}\xi_h;\ \xi_n, \xi_h \in \mathfrak{S}\} = \{\gamma^{(2)}_{nn}\xi'_n + (\gamma^{(2)}_{nh} + \alpha)\gamma_{hh}\xi'_h;\ \xi'_n, \xi'_h \in \mathfrak{S}\}.$$

Man setze $\alpha = -\gamma^{(\nu)}_{nh}$ $(\nu = 1, 2)$; da nach (I) $\gamma_{hh} = \gamma^{(1)}_{hh} = \gamma^{(2)}_{hh}$ ist, folgt also $(\gamma^{(1)}_{nn})_r = (\gamma^{(2)}_{nn})_r \cup (\gamma^{(2)}_{nh} - \gamma^{(1)}_{nh})_r$ und $(\gamma^{(2)}_{nn})_r = (\gamma^{(1)}_{nn})_r \cup (\gamma^{(1)}_{nh} - \gamma^{(2)}_{nh})_r$. Somit ist $(\gamma^{(1)}_{nn})_r = (\gamma^{(2)}_{nn})_r \geqq (\gamma^{(2)}_{nh} - \gamma^{(1)}_{nh})_r$, also

$$(14) \quad \gamma^{(2)}_{nn} = \gamma^{(1)}_{nn}\gamma^{(2)}_{nn},\quad \gamma^{(2)}_{nh} - \gamma^{(1)}_{nh} = \gamma^{(1)}_{nn}(\gamma^{(2)}_{nh} - \gamma^{(1)}_{nh}) = \gamma^{(1)}_{nn}\gamma^{(2)}_{nh}\ (h < n).$$

(III) Das Hauptrechtsideal $\mathfrak{b}^{(\nu)}$ läßt sich durch die Menge der

$$(15) \qquad \mathbf{y}^{(\nu)} = \sum_{i=1}^{n-1} \mathbf{e}_i \sum_{j=1}^{i} \gamma_{ij}\eta_j + \mathbf{e}_n \sum_{j=1}^{n} \gamma^{(\nu)}_{nj}\eta_j$$

darstellen, wobei die η_j $(j = 1, \ldots, n)$ die Elemente von $\mathfrak{S}$ durchlaufen. Nach (14) ist

$$\sum_{j=1}^{n}\gamma^{(2)}_{nj}\eta_j = \sum_{j=1}^{n-1} (\gamma^{(1)}_{nj} + \gamma^{(1)}_{nn}\gamma^{(2)}_{nj})\eta_j + \gamma^{(1)}_{nn}\gamma^{(2)}_{nn}\eta_n = \sum_{j=1}^{n-1} \gamma^{(1)}_{nj}\eta_j + \gamma^{(1)}_{nn}\sum_{j=1}^{n}\gamma^{(2)}_{nj}\eta_j$$

und folglich

$$\left\{\sum_{j=1}^{n}\gamma^{(2)}_{nj}\eta_j;\ \eta_j \in \mathfrak{S}\right\} \leqq \left\{\sum_{j=1}^{n}\gamma^{(1)}_{nj}\eta'_j;\ \eta'_j \in \mathfrak{S}\right\}.$$

Weil ferner auch die durch Vertauschung der oberen Indizes aus (14) entstehende Aussage gilt, ist entsprechend

$$\left\{\sum_{j=1}^{n}\gamma^{(1)}_{nj}\eta'_j;\ \eta'_j \in \mathfrak{S}\right\} \leqq \left\{\sum_{j=1}^{n}\gamma^{(2)}_{nj}\eta_j;\ \eta_j \in \mathfrak{S}\right\},$$

also

$$\left\{\sum_{j=1}^{n}\gamma^{(1)}_{nj}\eta'_j;\ \eta'_j \in \mathfrak{S}\right\} = \left\{\sum_{j=1}^{n}\gamma^{(2)}_{nj}\eta_j;\ \eta_j \in \mathfrak{S}\right\}.$$

Daher stimmen nach (15) die Gesamtheit der $\mathbf{y}^{(1)}$ und die Gesamtheit der $\mathbf{y}^{(2)}$ überein. Weil $\mathfrak{b}^{(1)}$ und $\mathfrak{b}^{(2)}$ somit die gleiche Vektordarstellung haben, sind sie identisch.

X. Der Hilfsring eines komplementären modularen Verbandes

In diesem Kapitel sei L ein komplementärer modularer Verband mit einer Ordnung $n \geqq 4$, und es sei ein fester normierter Rahmen $\{\mathfrak{a}_i, \mathfrak{c}_{ij};\ i, j = 1, \ldots, n\}$ zugrunde gelegt.

§ 1. Die Multiplikation von *L*-Zahlen[1]

Definition 1.1. Sei $b_{ij} \in L_{ij}$. Eine Folge $\beta = (b_{ij})_{i,j=1,\ldots,n;\,i\neq j}$ mit $b_{ij}\, P \begin{pmatrix} i\ j \\ k\ h \end{pmatrix} = b_{kh}$ $(i, j, k, h = 1, \ldots, n;\ i \neq j,\ k \neq h)$ nennt man eine *L-Zahl*. b_{ij} heißt dann die (i, j)-*Komponente* von β, und man schreibt $b_{ij} = (\beta)_{ij}$. Die Gesamtheit der *L*-Zahlen wird mit $\mathfrak{S}^L$ bezeichnet.

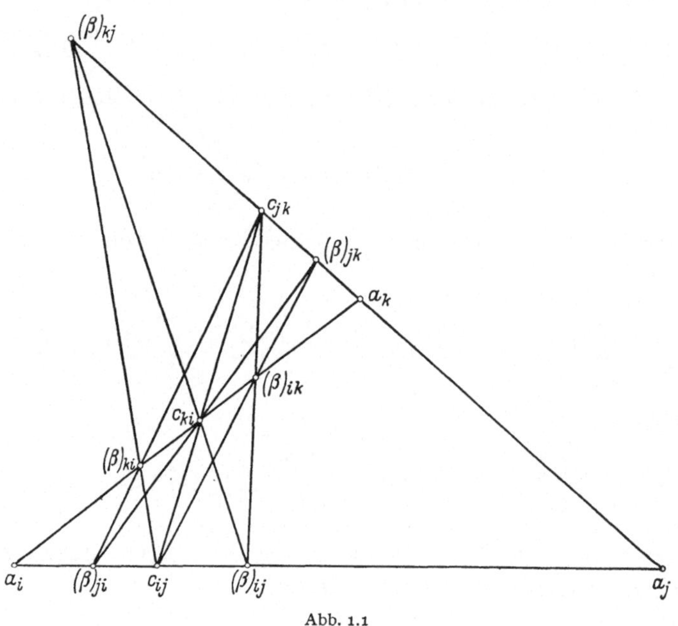

Abb. 1.1

Hilfssatz 1.1. Zu einem $b_{ij} \in L_{ij}$ $(i \neq j)$ ist ein β mit $b_{ij} = (\beta)_{ij}$ stets eindeutig bestimmt.

Beweis. Setzt man $b_{kh} = b_{ij}\, P \begin{pmatrix} i\ j \\ k\ h \end{pmatrix}$ für beliebige k, h $(k \neq h)$, so ist nach Hilfssatz 3.3 und Definition 3.3 von Kapitel VIII $b_{kh} \in L_{kh}$. Weil $b_{kh}\, P \begin{pmatrix} k\ h \\ l\ p \end{pmatrix} = b_{ij}\, P \begin{pmatrix} i\ j \\ k\ h \end{pmatrix} P \begin{pmatrix} k\ h \\ l\ p \end{pmatrix} = b_{ij}\, P \begin{pmatrix} i\ j \\ l\ p \end{pmatrix} = b_{lp}$ nach Satz 3.1, Kapitel VIII, gilt, gibt es ein β mit $b_{ij} = (\beta)_{ij}$.

Existiert ferner ein γ mit $b_{ij} = (\gamma)_{ij}$, so ist für beliebige k, h also

$$(\beta)_{kh} = b_{ij}\, P \begin{pmatrix} i\ j \\ k\ h \end{pmatrix} = (\gamma)_{ij}\, P \begin{pmatrix} i\ j \\ k\ h \end{pmatrix} = (\gamma)_{kh}$$

und daher $\beta = \gamma$.

---

[1] von Neumann [6] II, Kapitel VI.

Hilfssatz 1.2. $a_i \cup (\beta)_{ik} \cup (\beta)_{jk} = a_i \cup a_j \cup (\beta)_{jk}$.

Beweis. Wegen $(\beta)_{ik} = (\beta)_{jk} P \begin{pmatrix} j \ k \\ i \ k \end{pmatrix} = (c_{ij} \cup (\beta)_{jk}) \cap (a_i \cup a_k)$ ist

$$a_i \cup (\beta)_{ik} \cup (\beta)_{jk} = a_i \cup ((c_{ij} \cup (\beta)_{jk}) \cap (a_i \cup a_k \cup (\beta)_{jk}))$$
$$= a_i \cup ((c_{ij} \cup (\beta)_{jk}) \cap (a_i \cup a_j \cup a_k)) = a_i \cup c_{ij} \cup (\beta)_{jk} = a_i \cup a_j \cup (\beta)_{jk}.$$

Hilfssatz 1.3. Seien $\beta, \gamma \in \mathfrak{S}^L$. Dann gibt es genau ein $\delta \in \mathfrak{S}^L$ mit $(\beta)_{ik} \otimes (\gamma)_{kj} = (\delta)_{ij}$ für alle voneinander verschiedenen i, j, k.

Beweis. Seien i, j, k gegeben. Nach Hilfssatz 1.1 gibt es genau eine L-Zahl δ mit $(\beta)_{ik} \otimes (\gamma)_{kj}$ als (i, j)-Komponente:

$$(1) \qquad ((\beta)_{ik} \cup (\gamma)_{kj}) \cap (a_i \cup a_j) = (\delta)_{ij}.$$

Wählt man nun beliebige (l, m, h), so folgt nach Ausübung von $P \begin{pmatrix} i \ j \ k \\ l \ m \ h \end{pmatrix}$ auf (1) somit

$$((\beta)_{lh} \cup (\gamma)_{hm}) \cap (a_l \cup a_m)$$
$$= (\delta)_{lm},$$

d.h. $(\beta)_{lh} \otimes (\gamma)_{hm} = (\delta)_{lm}$. Also ist δ die gesuchte L-Zahl.

Definition 1.2. Für die in Hilfssatz 1.3 zu $\beta, \gamma, \in \mathfrak{S}^L$ bestimmte L-Zahl δ setzt man $\delta = \gamma\,\beta$.

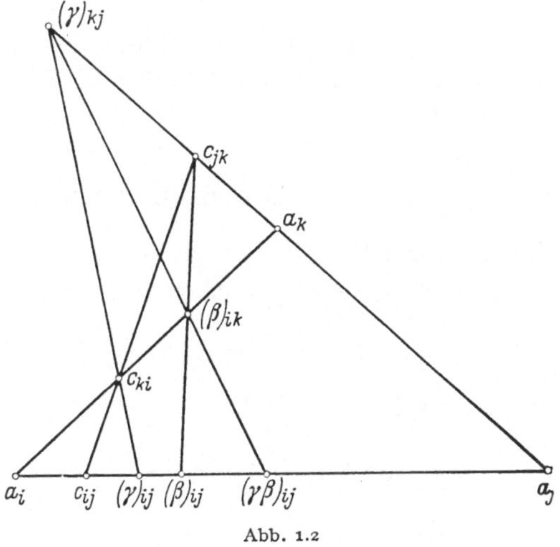

Abb. 1.2

Satz 1.1. (I) *In* $\mathfrak{S}^L$ *ist* $(\alpha\,\beta)\,\gamma = \alpha(\beta\,\gamma)$.

(II) *Es gibt genau eine Zahl* $1 \in \mathfrak{S}^L$, *so daß* $\beta\,1 = 1\,\beta = \beta$ *für alle* $\beta \in \mathfrak{S}^L$; *es ist* $(1)_{ij} = c_{ij}\ (i, j = 1, \ldots, n)$.

(III) *Es gibt genau eine Zahl* $0 \in \mathfrak{S}^L$, *so daß* $\beta\,0 = 0\,\beta = 0$ *für alle* $\beta \in \mathfrak{S}^L$; *es ist* $(0)_{ij} = a_i\ (i, j = 1, \ldots, n;\ i \neq j)$.

Beweis. (I) Wegen $n \geq 4$ gibt es vier voneinander verschiedene i, j, k, h. Setzt man $\varepsilon = (\alpha\,\beta)\,\gamma$, $\varepsilon' = \alpha(\beta\,\gamma)$, so ist nach Hilfssatz 2.2 (III), Kapitel VIII,

$$(\varepsilon)_{ih} = (\gamma)_{ij} \otimes ((\beta)_{jk} \otimes (\alpha)_{kh}) = ((\gamma)_{ij} \otimes (\beta)_{jk}) \otimes (\alpha)_{kh} = (\varepsilon')_{ih},$$

nach Hilfssatz 1.1 also $\varepsilon = \varepsilon'$.

(II) Setzt man $(1)_{ij} = c_{ij}$, so ist nach Hilfssatz 3.3, Kapitel VIII,

$$(\beta\,1)_{ik} = c_{ij} \otimes (\beta)_{jk} = (\beta)_{jk} P \begin{pmatrix} j \ k \\ i \ k \end{pmatrix} = (\beta)_{ik}$$

und

$$(1\,\beta)_{kj} = (\beta)_{ki} \otimes c_{ij} = (\beta)_{ki} P \begin{pmatrix} k \ i \\ k \ j \end{pmatrix} = (\beta)_{kj},$$

also $\beta 1 = 1 \beta = \beta$. Durch diese Eigenschaft (für alle β) ist die Zahl 1 eindeutig bestimmt; denn gilt auch $\beta 1' = 1' \beta = \beta$ für alle β, so folgt $1 = 1 \cdot 1' = 1'$.

(III) Setzt man $(0)_{ij} = a_i$ $(i \neq j)$ so gilt nach Satz 1.4, Kapitel II, $\perp((\beta)_{jk}, a_k, a_i)$. Daher ist

$$(\beta\, 0)_{ik} = (0)_{ij} \otimes (\beta)_{jk} = (a_i \cup (\beta)_{jk}) \cap (a_i \cup a_k) = a_i = (0)_{ik}.$$

Weil ferner $\perp(a_i, a_j, a_k)$ gilt, folgt

$$\begin{aligned}(0\,\beta)_{kj} &= (\beta)_{ki} \otimes (0)_{ij} = ((\beta)_{ki} \cup a_i) \cap (a_k \cup a_j) \\ &= (a_k \cup a_i) \cap (a_k \cup a_j) = a_k = (0)_{kj}.\end{aligned}$$

Also ist $\beta\, 0 = 0\, \beta = 0$. Der Eindeutigkeitsbeweis für eine L-Zahl 0 mit dieser Eigenschaft (für alle β) läßt sich entsprechend zu dem für 1 durchführen.

§ 2. Die Addition von L-Zahlen

Hilfssatz 2.1.[1]) Gilt $\perp(a_i, a_j, q)$ und $C(a_i, p, q)$ $(i \neq j)$, so kann man zu beliebigen $u, v \in L_{a_i a_j}$ nacheinander r, s, w bestimmen mit

(1) $(q, p, a_i) \sim_{a_j} (r, p, u) \sim_{a_j} (q, s, v) \sim_{a_j} (r, s, w)$.

Dann ist $w \in L_{a_i a_j}$ und

(2) $w = (((u \cup p) \cap (q \cup a_j)) \cup ((v \cup q) \cap (p \cup a_j))) \cap (a_i \cup a_j)$.

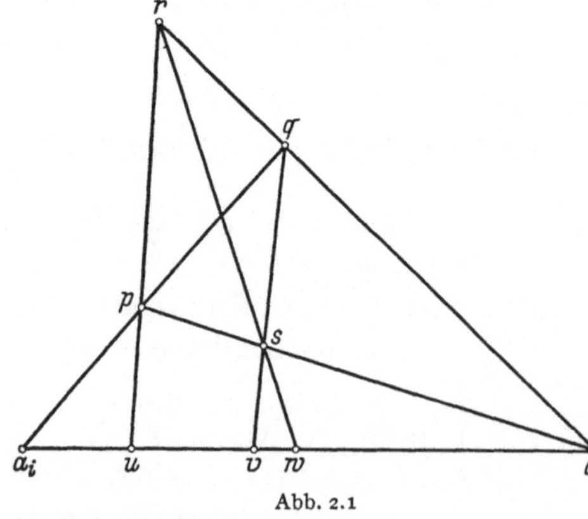

Abb. 2.1

Beweis. (I) Wegen

$$\perp(q, a_i, a_j), \quad p \in L_{q a_i}$$

und $u \in L_{a_i a_j}$ gibt es nach Hilfssatz 2.1, Kapitel VIII, ein r mit

(3) $(q, p, a_i) \sim_{a_j} (r, p, u)$,

und es ist $r \in L_{q a_j}$ sowie

(4) $r = (p \cup u) \cap (q \cup a_j)$.

(II) Wegen $r \in L_{q a_j}$ und $u \cup a_j = v \cup a_j$ ist $u \cup r \cup a_j = u \cup q \cup a_j = v \cup q \cup a_j$. Da $\perp(a_i, a_j, q)$ und $v \in L_{a_i a_j}$, folgt ferner $\perp(v, a_j, q)$. Also ist $(v \cup q) \cap a_j = 0$. Wegen $\perp(a_i, q, a_j)$, $u \in L_{a_i a_j}$ und $r \in L_{q a_j}$ gilt

---

[1]) Kodaira und Furuya [1] II, 595.

$\perp(u, r, a_j)$, folglich $(u \cup r) \cap a_j = o$ und daher $u \cup r \sim_{a_j} v \cup q$. Nach Anmerkung 3.1, Kapitel II, existiert daher ein s mit (s. Abb. 2.1)

$$(5) \qquad (r, p, u) \sim_{a_j} (q, s, v),$$

und es ist

$$(6) \qquad s = (p \cup a_j) \cap (v \cup q).$$

(III) Es ist $\perp(v, q, a_j)$ und $r \in L_{q a_j}$. Aus $C(q, p, a_i)$ folgt nach (3) und (5) ferner $C(q, s, v)$, also $s \in L_{vq}$. Daher existiert nach Hilfssatz 2.1, Kapitel VIII, ein w mit $(v, s, q) \sim_{a_j} (w, s, r)$; es ist $w \in L_{v a_j}$ und

$$w = (s \cup r) \cap (v \cup a_j).$$

Weil wegen $v \in L_{a_i a_j}$ somit $w \cup a_j = v \cup a_j = a_i \cup a_j$ gilt, ist $w \in L_{a_i a_j}$ und $w = (s \cup r) \cap (a_i \cup a_j)$. Setzt man (4) und (6) in diesem Ausdruck für w ein, so erhält man (2).

Definition 2.1. Sei $\perp(a_i, a_j, q)$ und $C(a_i, p, q)$ $(i \neq j)$. Dann kann man nach Hilfssatz 2.1 zu beliebigen $u, v \in L_{a_i a_j}$ ein $w \in L_{a_i a_j}$ bestimmen. Für dieses w schreibt man $w = u +_{pq} v$.

Hilfssatz 2.2. Gelten $\perp(a_i, a_j, q)$ und $C(a_i, p, q)$ und sind

$$u, v \in L_{a_i a_j} (i \neq j), \quad \text{so ist} \quad u +_{pq} v = v +_{qp} u.$$

Beweis. Wegen $p \in L_{q a_i}$ gilt $\perp(a_i, a_j, p)$. Also kann man $v +_{qp} u$ bilden. Daß $v +_{qp} u$ und $u +_{pq} v$ einander gleich sind, folgt unmittelbar aus Hilfssatz 2.1 (2).

Hilfssatz 2.3. Wenn $\perp(a_i, a_j, q, q')$, $C(a_i, p, q)$, $C(a_i, p', q')$ und $u, v \in L_{a_i a_j} (i \neq j)$, so ist $u +_{pq} v = u +_{p' q'} v$.

Beweis. Wegen $\perp(a_i, q, q')$ gelten für $z = (p \cup p') \cap (q \cup q')$ nach dem Zusatz von Hilfssatz 2.1, Kapitel VIII, $C(z, q, q')$ und $C(z, p, p')$. Wegen $\perp(a_i \cup a_j, q, q')$ und $C(z, q, q')$ ist nach Hilfssatz 2.3, Kapitel II, $(a_i, a_j, q) \sim_z (a_i, a_j, q')$. Alle in Hilfssatz 2.1 betrachteten Elemente sind in $a_i \cup a_j \cup q$ enthalten. Wegen $C(z, p, p')$ und $p \sim_z p'$ gibt es somit Elemente r', s' mit $(a_i, a_j, u, v, w, p, q, r, s) \sim_z (a_i, a_j, u, v, w, p', q', r', s')$. Aus der Beziehung (1) von Hilfssatz 2.1 wird dann

$$(q', p', a_i) \sim_{a_j} (r', p', u) \sim_{a_j} (q', s', v) \sim_{a_j} (r', s', w).$$

Also ist $u +_{pq} v = u +_{p' q'} v$.

Hilfssatz 2.4. Zu $\beta, \gamma \in \mathfrak{S}^L$ gibt es genau ein $\alpha \in \mathfrak{S}^L$ mit

$$(1) \qquad (\alpha)_{ij} = (\beta)_{ij} +_{c_{ik} a_k} (\gamma)_{ij}$$

für alle voneinander verschiedenen i, j, k.

Beweis. Nach Hilfssatz 2.1 ist

$(\beta)_{ij} +_{c_{ik}a_k} (\gamma)_{ij}$

$$= [(((\beta)_{ij} \cup c_{ik}) \cap (a_k \cup a_j)) \cup (((\gamma)_{ij} \cup a_k) \cap (c_{ik} \cup a_j))] \cap (a_i \cup a_j)$$

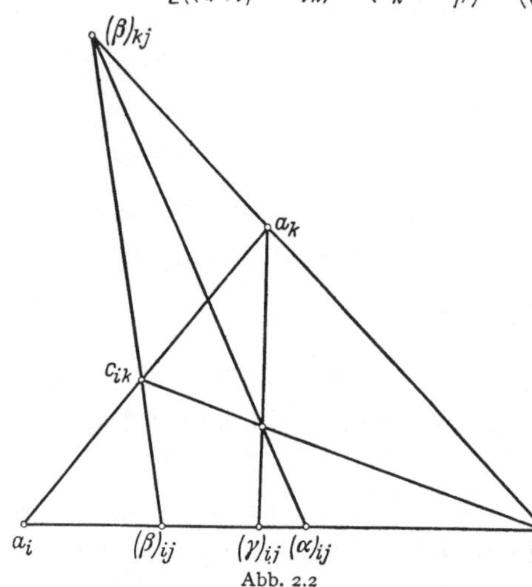

Abb. 2.2

und daher

$$((\beta)_{ij} +_{c_{ik}\,a_k} (\gamma)_{ij})\, P \begin{pmatrix} i & j & k \\ l & m & h \end{pmatrix}$$

$$= (\beta)_{lm} +_{c_{lh}\,a_h} (\gamma)_{lm}\,.$$

Wegen $(\beta)_{ij} +_{c_{ik}a_k} (\gamma)_{ij} \in L_{a_i a_j}$ existiert nach Hilfssatz 1.1 genau ein $\alpha \in \mathfrak{S}^L$, das (1) erfüllt.

Anmerkung 2.1. Wegen

$$((\beta)_{ij} \cup c_{ik}) \cap (a_k \cup a_j)$$

$$= (\beta)_{ij}\, P \begin{pmatrix} i & j \\ k & j \end{pmatrix} = (\beta)_{kj}$$

ist

$$(\beta)_{ij} +_{c_{ik}a_k} (\gamma)_{ij} = ((\beta)_{kj} \cup (((\gamma)_{ij} \cup a_k) \cap (c_{ik} \cup a_j))) \cap (a_i \cup a_j)\,.$$

Definition 2.2. Für das zu $\beta, \gamma \in \mathfrak{S}^L$ in Hilfssatz 2.4 bestimmte $\alpha \in \mathfrak{S}^L$ schreibt man $\alpha = \beta + \gamma$ und entsprechend für die Komponenten $(\alpha)_{ij} = (\beta)_{ij} + (\gamma)_{ij}$.

Satz 2.1. *In* $\mathfrak{S}^L$ *ist* $\alpha + \beta = \beta + \alpha$.

Beweis. Gilt $\perp(a_i, a_j, a_k, a_l)$, so auch $\perp(a_i, a_j, a_k, c_{il})$, $C(a_i, c_{ik}, a_k)$ und $C(a_i, a_l, c_{il})$. Nach den Hilfssätzen 2.3 und 2.2 ist daher

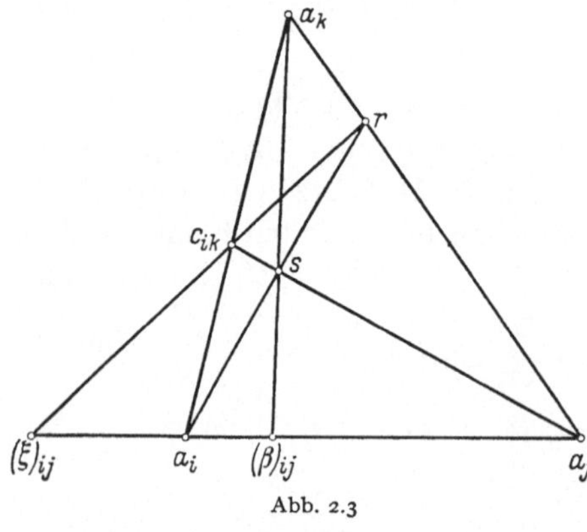

Abb. 2.3

$$(\alpha + \beta)_{ij} = (\alpha)_{ij} +_{c_{ik}\,a_k} (\beta)_{ij}$$

$$= (\alpha)_{ij} +_{a_l\,c_{il}} (\beta)_{ij}$$

$$= (\beta)_{ij} +_{c_{il}\,a_l} (\alpha)_{ij}$$

$$= (\beta + \alpha)_{ij}\,.$$

Nach Hilfssatz 1.1 ist also

$$\alpha + \beta = \beta + \alpha.$$

Satz 2.2. (I) *In* $\mathfrak{S}^L$ *ist* $o + \beta = \beta$.

(II) *Zu* $\beta \in \mathfrak{S}^L$ *gibt es ein* $\xi \in \mathfrak{S}^L$ *mit* $\xi + \beta = o$.

Beweis. (I) Nach Satz 1.1 (III) ist $(o)_{kj} = a_k$. Nach Anmerkung 2.1 ist daher $(o)_{ij} +_{c_{ik}a_k} (\beta)_{ij} = \big(a_k \cup (((\beta)_{ij} \cup a_k) \cap (c_{ik} \cup a_j))\big) \cap (a_i \cup a_j)$
$= (((\beta)_{ij} \cup a_k) \cap (a_k \cup c_{ik} \cup a_j)) \cap (a_i \cup a_j) = (((\beta)_{ij} \cup a_k) \cap (a_k \cup a_i \cup a_j)) \cap (a_i \cup a_j)$
$= ((\beta)_{ij} \cup a_k) \cap (a_i \cup a_j) = (\beta)_{ij}$. Also ist $o + \beta = \beta$.

(II) Wegen $\perp(c_{ki}, a_i, a_j)$, $a_k \in L_{c_{ki}a_i}$ und $(\beta)_{ij} \in L_{a_i a_j}$ gibt es nach Hilfssatz 2.1, Kapitel VIII, ein s mit (s. Abb. 2.3)

$$(1) \qquad (c_{ki}, a_k, a_i) \sim_{a_j} (s, a_k, (\beta)_{ij})$$

und $s \in L_{c_{ki}a_j}$, $s \in L_{a_k (\beta)_{ij}}$. Da $\perp(a_k, (\beta)_{ij}, a_j)$, $s \in L_{a_k (\beta)_{ij}}$ und $a_i \in L_{(\beta)_{ij}a_j}$, existiert entsprechend ein r mit

$$(2) \qquad (a_k, s, (\beta)_{ij}) \sim_{a_j} (r, s, a_i) \ .$$

Es ist $a_k \in L_{a_i c_{ki}}$, nach (1) und (2) somit $r \in L_{a_i s}$. Aus $\perp(a_i, c_{ki}, a_j)$ und $s \in L_{c_{ki}a_j}$ folgt $\perp(a_i, s, a_j)$. Ferner ist $r \in L_{a_i s}$ und $c_{ki} \in L_{s a_j}$. Entsprechend zu (2) erhält man also ein $(\xi)_{ij} \in L_{a_i a_j}$ mit

$$(3) \qquad (a_i, r, s) \sim_{a_j} ((\xi)_{ij}, r, c_{ik}) \ .$$

Nach (1), (2), (3) und Hilfssatz 3.4, Kapitel II, ist somit

$$(a_k, c_{ik}, a_i) \sim_{a_j} (r, c_{ik}, (\xi)_{ij}) \sim_{a_j} (a_k, s, (\beta)_{ij}) \sim_{a_j} (r, s, a_i) \ .$$

Nach Hilfssatz 2.1 ist also $(\xi)_{ij} +_{c_{ik}a_k} (\beta)_{ij} = a_i = (0)_{ij}$ und folglich $\xi + \beta = 0$.

Satz 2.3. *In $\mathfrak{S}^L$ ist $(\alpha + \beta) + \gamma = \alpha + (\beta + \gamma)$.*

Beweis.[1]) (I) Wegen $(\alpha + \beta)_{ij} = (\alpha)_{ij} +_{c_{ik}a_k} (\beta)_{ij}$ ist gemäß Hilfssatz 2.1

$$(1) \quad (a_k, c_{ik}, a_i) \sim_{a_j} (r, c_{ik}, (\alpha)_{ij}) \sim_{a_j} (a_k, s, (\beta)_{ij}) \sim_{a_j} (r, s, (\alpha + \beta)_{ij}) \ .$$

(II) Wegen $C(a_k, c_{ik}, a_i)$ gilt auch $C(a_k, s, (\beta)_{ij})$. Also ist

$$a_i \cup c_{ik} \cup a_j = a_i \cup a_k \cup a_j = (\beta)_{ij} \cup a_k \cup a_j = (\beta)_{ij} \cup s \cup a_j = a_i \cup s \cup a_j \ .$$

Aus $\perp(a_i, a_j, c_{ki})$ folgt $(a_i \cup c_{ik}) \cap a_j = 0$. Wegen $\perp(a_k, a_i, a_j)$ gilt ferner $\perp(a_k, (\beta)_{ij}, a_j)$. Wegen $s \in L_{a_k(\beta)_{ij}}$ und $a_i \in L_{(\beta)_{ij}a_j}$ gilt $\perp(s, a_i, a_j)$. Also ist $(a_i \cup s) \cap a_j = 0$ und folglich $a_i \cup c_{ik} \sim_{a_j} a_i \cup s$. Weil nach (1) ferner $c_{ik} \sim_{a_j} s$ ist, kann man ein t mit

$$(2) \qquad (a_k, c_{ik}, a_i) \sim_{a_j} (t, s, a_i)$$

bestimmen, und es gilt $C(t, s, a_i)$.

(III) Nach (2) ist $a_k \sim_{a_j} t$ und somit $t \in L_{a_k a_j}$. Wählt man also ein a_l mit $\perp(a_i, a_l, a_k, a_j)$, so gilt auch $\perp(a_i, a_l, t, a_j)$. Nach Hilfssatz 2.3 ist daher

$$((\alpha + \beta) + \gamma)_{ij} = (\alpha + \beta)_{ij} +_{c_{il}a_l} (\gamma)_{ij} = (\alpha + \beta)_{ij} +_{st} (\gamma)_{ij} \ .$$

Wendet man den Hilfssatz 2.1 auf diese Gleichung an, so folgt die Existenz von x und y mit

$$(3) \quad (t, s, a_i) \sim_{a_j} (x, s, (\alpha + \beta)_{ij}) \sim_{a_j} (t, y, (\gamma)_{ij}) \sim_{a_j} (x, y, ((\alpha + \beta) + \gamma)_{ij}).$$

---
[1]) Nach Kodaira, Furuya [*1*] II, 596.

Nach (1), (2) und (3) ist $(r, s, (\alpha + \beta)_{ij}) \sim_{a_j} (x, s, (\alpha + \beta)_{ij})$. Wegen $a_k \leqq c_{ik} \cup a_i$ ist $r \leqq s \cup (\alpha + \beta)_{ij}$. Da durch die Achse a_j in $L\left(0, s \cup (\alpha + \beta)_{ij}\right)$ die identische Abbildung bestimmt wird, ist somit $r = x$. Nach (3) ist also

$$(4) \qquad (t, s, a_i) \sim_{a_j} \left(r, y, ((\alpha + \beta) + \gamma)_{ij}\right).$$

(IV) Wegen $(\beta + \gamma)_{ij} = (\beta)_{ij} +_{c_{il}a_l} (\gamma)_{ij} = (\beta)_{ij} +_{st} (\gamma)_{ij}$ existieren analog zu (III) wieder Elemente x', y' mit

$$(5) \qquad (t, s, a_i) \sim_{a_j} (x', s, (\beta)_{ij}) \sim_{a_j} (t, y', (\gamma)_{ij}) \sim_{a_j} (x', y', (\beta + \gamma)_{ij}).$$

Nach (1), (2) und (5) ist $(a_k, s, (\beta)_{ij}) \sim_{a_j} (x', s, (\beta)_{ij})$ und folglich $a_k = x'$. Nach (3) und (5) gilt $(t, y, (\gamma)_{ij}) \sim_{a_j} (t, y', (\gamma)_{ij})$, also $y = y'$. Nach (5) ist daher

$$(6) \qquad (t, s, a_i) \sim_{a_j} (a_k, y, (\beta + \gamma)_{ij}).$$

(V) Wegen $(\alpha + (\beta + \gamma))_{ij} = (\alpha)_{ij} +_{c_{ik}a_k} (\beta + \gamma)_{ij}$ existieren x'', y'' mit

$$(7) \qquad (a_k, c_{ik}, a_i) \sim_{a_j} (x'', c_{ik}, (\alpha)_{ij}) \sim_{a_j} (a_k, y'', (\beta + \gamma)_{ij})$$
$$\sim_{a_j} (x'', y'', (\alpha + (\beta + \gamma))_{ij}).$$

Nach (1) und (7) ist $r = x''$, nach (2), (6) und (7) ferner $y = y''$. Nach (7) gilt somit

$$(8) \qquad (a_k, c_{ik}, a_i) \sim_{a_j} (r, y, (\alpha + (\beta + \gamma))_{ij}).$$

(VI) Nach (2), (4) und (8) ist $((\alpha + \beta) + \gamma)_{ij} = (\alpha + (\beta + \gamma))_{ij}$ und nach Hilfssatz 1.1 daher $(\alpha + \beta) + \gamma = \alpha + (\beta + \gamma)$.

§ 3. Die Distributivgesetze für L-Zahlen

Definition 3.1. [1]) i, j, k seien voneinander verschieden und h, l von i, j, k verschieden. Für $u \leqq a_i \cup a_j \cup a_k$, $b_{kh} \in L_{kh}$ und $b_{li} \in L_{li}$ wird dann

$$u \circ b_{kh} = (u \cup b_{kh}) \cap (a_i \cup a_j \cup a_h)$$

und

$$b_{li} \circ u = (b_{li} \cup u) \cap (a_l \cup a_j \cup a_k)$$

gesetzt.

Hilfssatz 3.1. Für $u \in L_{ik}$ ist $u \circ b_{kh} = u \otimes b_{kh} \in L_{ih}$

und $\qquad\qquad\qquad\qquad\qquad b_{li} \circ u = b_{li} \otimes u \in L_{lk}.$

Beweis. Wegen $u \cup b_{kh} \leqq a_i \cup a_k \cup a_h$ ist nach Definition 2.1, Kapitel VIII,

$$u \circ b_{kh} = (u \cup b_{kh}) \cap (a_i \cup a_k \cup a_h) \cap (a_i \cup a_j \cup a_h)$$
$$= (u \cup b_{kh}) \cap (a_i \cup a_h) = u \otimes b_{kh} \in L_{ih}.$$

Entsprechend beweist man die Formel für $b_{li} \circ u$.

---

[1]) VON NEUMANN [6] II, Definition 8.1.

Hilfssatz 3.2. Wenn $u, v \leqq a_i \cup a_j \cup a_k$, so gilt

(I) $\qquad\qquad (u \cup v) \circ b_{kh} = (u \circ b_{kh}) \cup (v \circ b_{kh})$,

(II) $\qquad\qquad (u \cap v) \circ b_{kh} \leqq (u \circ b_{kh}) \cap (v \circ b_{kh})$.

Beweis. (I) $(u \circ b_{kh}) \cup (v \circ b_{kh})$

$$= \big((u \cup b_{kh}) \cap (a_i \cup a_j \cup a_h)\big) \cup \big((v \cup b_{kh}) \cap (a_i \cup a_j \cup a_h)\big)$$
$$= \big(u \cup b_{kh} \cup ((v \cup b_{kh}) \cap (a_i \cup a_j \cup a_h))\big) \cap (a_i \cup a_j \cup a_h)$$
$$= \big(u \cup ((v \cup b_{kh}) \cap (b_{kh} \cup a_i \cup a_j \cup a_h))\big) \cap (a_i \cup a_j \cup a_h)$$
$$= \big(u \cup ((v \cup b_{kh}) \cap (a_i \cup a_j \cup a_k \cup a_h))\big) \cap (a_i \cup a_j \cup a_h)$$
$$= (u \cup v \cup b_{kh}) \cap (a_i \cup a_j \cup a_h) = (u \cup v) \circ b_{kh} .$$

(II) Es ist $(u \cap v) \circ b_{kh} \leqq u \circ b_{kh}$ und $(u \cap v) \circ b_{kh} \leqq v \circ b_{kh}$.

Hilfssatz 3.3. Wenn $u, v \leqq a_i \cup a_j \cup a_k$, so gilt

(I) $\qquad\qquad b_{li} \circ (u \cap v) = (b_{li} \circ u) \cap (b_{li} \circ v)$,

(II) $\qquad\qquad b_{li} \circ (u \cup v) \geqq (b_{li} \circ u) \cup (b_{li} \circ v)$.

Beweis. (I) Aus $\perp(a_l, a_i, a_j, a_k)$ folgt $\perp(b_{li}, a_i, a_j\, a_k)$. Weil also $b_{li} \cap (u \cup v) = 0$, ist nach Hilfssatz 1.2, Kapitel II, $(b_{li} \cup u) \cap v = u \cap v$ und folglich

$$(b_{li} \circ u) \cap (b_{li} \circ v) = (b_{li} \cup u) \cap (a_l \cup a_j \cup a_k) \cap (b_{li} \cup v) \cap (a_l \cup a_j \cup a_k)$$
$$= (b_{li} \cup ((b_{li} \cup u) \cap v)) \cap (a_l \cup a_j \cup a_k)$$
$$= (b_{li} \cup (u \cap v)) \cap (a_l \cup a_j \cup a_k) .$$

(II) Es ist $b_{li} \circ (u \cup v) \geqq b_{li} \circ u$ und $b_{li} \circ (u \cup v) \geqq b_{li} \circ v$.

Hilfssatz 3.4.

(I) $\qquad\qquad a_k \circ b_{kh} \leqq a_h .$

(II) $\qquad\qquad b_{li} \circ a_i = a_l .$

(III) $\qquad\qquad$ Wenn $u \leqq a_i \cup a_j$, so $u \circ b_{kh} = u .$

(IV) $\qquad\qquad$ Wenn $u \leqq a_j \cup a_k$, so $b_{li} \circ u \geqq u .$

Beweis. (I) $a_k \circ b_{kh} = (a_k \cup b_{kh}) \cap (a_i \cup a_j \cup a_h) \leqq (a_k \cup a_h) \cap (a_i \cup a_j \cup a_h) = a_h .$
(II) $b_{li} \circ a_i = (b_{li} \cup a_i) \cap (a_l \cup a_j \cup a_k) = (a_l \cup a_i) \cap (a_l \cup a_j \cup a_k) = a_l .$
(III) Wegen $\perp(a_i, a_j, a_k, a_h)$ gilt $\perp(a_i, a_j, b_{kh}, a_h)$. Also ist

$$u \circ b_{kh} = (u \cup b_{kh}) \cap (a_i \cup a_j \cup a_h) = u \cup (b_{kh} \cap (a_i \cup a_j \cup a_h)) = u .$$

(IV) $b_{li} \circ u = (b_{li} \cup u) \cap (a_l \cup a_j \cup a_k) = (b_{li} \cap (a_l \cup a_j \cup a_k)) \cup u \geqq u .$

Hilfssatz 3.5. $\quad (\gamma)_{kj} \circ (\gamma)_{kh} \leqq c_{hj} .$

Beweis. Es ist $(\gamma)_{kj} = (\gamma)_{kh}\, P\binom{k\ h}{k\ j} = ((\gamma)_{kh} \cup c_{hj}) \cap (a_k \cup a_j)$ und folglich

$$(\gamma)_{kj} \circ (\gamma)_{kh} = \big[(((\gamma)_{kh} \cup c_{hj}) \cap (a_k \cup a_j)) \cup (\gamma)_{kh}\big] \cap (a_i \cup a_j \cup a_h)$$
$$= ((\gamma)_{kh} \cup c_{hj}) \cap (a_k \cup a_j \cup (\gamma)_{kh}) \cap (a_i \cup a_j \cup a_h)$$
$$\leqq ((\gamma)_{kh} \cup c_{hj}) \cap (a_j \cup a_k \cup a_h) \cap (a_i \cup a_j \cup a_h)$$
$$= ((\gamma)_{kh} \cup c_{hj}) \cap (a_j \cup a_h) = c_{hj}$$

wegen $\perp(a_j, (\gamma)_{kh}, a_h)$.

Hilfssatz 3.6.[1]) $(\alpha + \gamma\,\beta)_{ij} = \big((\gamma)_{kj} \cup (((\alpha)_{ij} \cup a_k) \cap ((\beta)_{ik} \cup a_j))\big) \cap (a_i \cup a_j)$.

Beweis. (I) Wegen $a_i \cup a_j = (\alpha)_{ij} \cup a_j$ und $\bot((\alpha)_{ij}, a_j, a_k)$ ist $a_i \cup a_k \sim_{a_j} (\alpha)_{ij} \cup a_k$. Also existiert ein y mit $(a_i, (\beta)_{ik}, a_k) \sim_{a_j} ((\alpha)_{ij}, y, a_k)$. Wegen $(\beta)_{ik} \in L_{a_i a_k}$ ist $y \in L_{(\alpha)_{ij} a_k}$ und $y = ((\beta)_{ik} \cup a_j) \cap ((\alpha)_{ij} \cup a_k)$.

(II) Da $\bot((\alpha)_{ij}, a_k, a_j)$, $y \in L_{(\alpha)_{ij} a_k}$ und $(\gamma)_{kj} \in L_{a_k a_j}$, gibt es nach Hilfssatz 2.1, Kapitel VIII, ein w mit $((\alpha)_{ij}, y, a_k) \sim_{a_j} (w, y, (\gamma)_{kj})$, $w \in L_{(\alpha)_{ij} a_j}$ und $w = ((\gamma)_{kj} \cup y) \cap ((\alpha)_{ij} \cup a_j)$; d. h. $w \in L_{a_i a_j}$ und

$$(1) \qquad w = \big((\gamma)_{kj} \cup (((\alpha)_{ij} \cup a_k) \cap ((\beta)_{ik} \cup a_j))\big) \cap (a_i \cup a_j)\,.$$

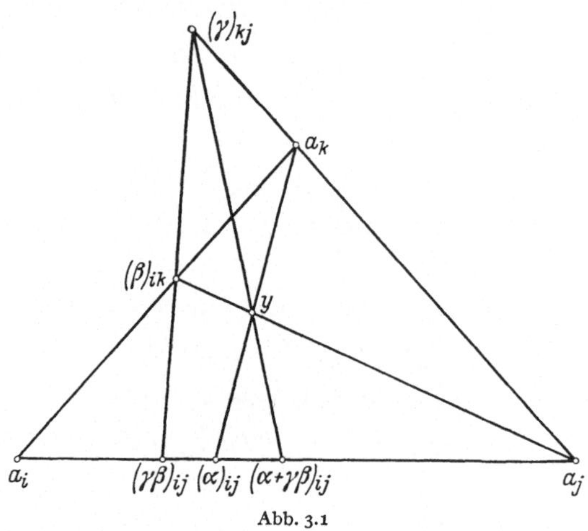

Abb. 3.1

(III) Nach Hilfssatz 3.4 (III) ist $w = w \circ (\gamma)_{hh}$. Setzt man (1) für w in die rechte Seite dieser Gleichung ein, so erhält man bei Anwendung von Hilfssatz 3.2[2])

$$w \leqq \big((\gamma)_{kj} \circ (\gamma)_{hh} \cup (((\alpha)_{ij} \circ (\gamma)_{hh} \cup a_k \circ (\gamma)_{hh}) \cap ((\beta)_{ik} \circ (\gamma)_{hh} \cup a_j \circ (\gamma)_{hh}))\big)$$
$$\cap\, (a_i \cup a_j) \circ (\gamma)_{hh}\,.$$

Nach den Hilfssätzen 3.5, 3.4 (I), (III) und 3.1 ist also

$$w \leqq \big(c_{hj} \cup (((\alpha)_{ij} \cup a_h) \cap ((\beta)_{ik} \otimes (\gamma)_{hh} \cup a_j))\big) \cap (a_i \cup a_j)$$
$$= \big(c_{hj} \cup (((\alpha)_{ij} \cup a_h) \cap ((\gamma\,\beta)_{ih} \cup a_j))\big) \cap (a_i \cup a_j)\,.$$

Der Ausdruck hinter dem Gleichheitszeichen ist in $L_{a_i a_j}$ enthalten; denn man erhält ihn, wenn man γ, β, k in (1) durch $1, \gamma\beta, h$ ersetzt. Nach Satz 1.4, Kapitel I, ist daher

$$(2) \qquad w = \big(c_{hj} \cup (((\alpha)_{ij} \cup a_h) \cap ((\gamma\beta)_{ih} \cup a_j))\big) \cap (a_i \cup a_j)\,.$$

---

[1]) KODAIRA, FURUYA [1] II, 600.

[2]) Zur Klammereinsparung sei im folgenden festgesetzt, daß $\circ$ und $\otimes$ enger binden sollen als die Verknüpfungszeichen $\cup$, $\cap$, $+$.

(IV) Nach Hilfssatz 3.4 (III), Satz 2.1 und Anmerkung 2.1 ist

$$(\alpha + \gamma\,\beta)_{ij} = (\alpha + \gamma\,\beta)_{ij} \circ (\gamma\,\beta)_{kh}$$
$$= \Big(\big((\gamma\,\beta)_{kj} \cup (((\alpha)_{ij} \cup a_k) \cap (c_{ik} \cup a_j))\big) \cap (a_i \cup a_j)\Big) \circ (\gamma\,\beta)_{kh}.$$

Bei einer entsprechenden Rechnung wie im Falle (III) ergibt sich

$$(3) \quad (\alpha + \gamma\,\beta)_{ij} \leqq \Big(c_{hj} \cup (((\alpha)_{ij} \cup a_h) \cap (c_{ik} \otimes (\gamma\,\beta)_{kh} \cup a_j))\Big) \cap (a_i \cup a_j)\,.$$

Wegen $c_{ik} \otimes (\gamma\,\beta)_{kh} = (\gamma\,\beta)_{ih}$ sind die rechten Seiten von (2) und (3) einander gleich, also ist die rechte Seite von (3) in $L_{a_i a_j}$ enthalten, und daher gilt in (3) das Gleichheitszeichen, d. h. es ist $(\alpha + \gamma\,\beta)_{ij} = w$. Nach Formel (1) folgt somit der Hilfssatz.

Hilfssatz 3.7. $(\alpha + \beta)_{ij} = \Big(c_{jk} \cup (((\alpha)_{ij} \cup a_k) \cap ((\beta)_{ik} \cup a_j))\Big) \cap (a_i \cup a_j)$.
Beweis. Man braucht in Hilfssatz 3.6 nur $\gamma = 1$ zu setzen.

Hilfssatz 3.8. $(\alpha + \gamma\,\beta)_{ij} \cup (\gamma)_{kj} = (((\alpha)_{ij} \cup a_k) \cap ((\beta)_{ik} \cup a_j)) \cup (\gamma)_{kj}$.
Beweis. Nach Hilfssatz 3.6 folgt wegen des modularen Gesetzes

$$(\alpha + \gamma\,\beta)_{ij} \cup (\gamma)_{kj} = (a_i \cup a_j \cup (\gamma)_{kj}) \cap r$$

mit

$$r = (((\alpha)_{ij} \cup a_k) \cap ((\beta)_{ik} \cup a_j)) \cup (\gamma)_{kj}\,.$$

Wegen

$$a_i \cup a_j \cup (\gamma)_{kj} = a_i \cup a_j \cup a_k \geqq r$$

ergibt sich daraus sofort die Behauptung

$$(\alpha + \gamma\,\beta)_{ij} \cup (\gamma)_{kj} = r\,.$$

Hilfssatz 3.9. $(a_j \cup (\beta)_{ik}) \cap (a_i \cup (\gamma)_{kj}) = (a_j \cup (\beta)_{ik}) \cap (a_k \cup (-\gamma\,\beta)_{ij})$.
Beweis. Setzt man $\alpha = -\gamma\,\beta$ in Hilfssatz 3.6, so folgt

$$a_i = \Big((\gamma)_{kj} \cup (((-\gamma\,\beta)_{ij} \cup a_k) \cap ((\beta)_{ik} \cup a_j))\Big) \cap (a_i \cup a_j)\,.$$

Wegen $a_i \cup a_j \cup (\gamma)_{kj} = a_i \cup a_j \cup a_k$ erhält man somit

$$a_i \cup (\gamma)_{kj} = (\gamma)_{kj} \cup (((-\gamma\,\beta)_{ij} \cup a_k)) \cap ((\beta)_{ik} \cup a_j)\,.$$

Weiter ergibt sich

$$(a_j \cup (\beta)_{ik}) \cap (a_i \cup (\gamma)_{kj}) = ((a_j \cup (\beta)_{ik}) \cap (\gamma)_{kj}) \cup (((-\gamma\,\beta)_{ij} \cup a_k) \cap ((\beta)_{ik} \cup a_j))\,.$$

Wegen $\perp((\beta)_{ik},\,(\gamma)_{kj},\,a_j)$ erhält man die gesuchte Formel.

Hilfssatz 3.10. (I) $((\alpha)_{ik} + (\beta)_{ik}) \circ b_{kh} = (\alpha)_{ik} \circ b_{kh} + (\beta)_{ik} \circ b_{kh}$.
              (II) $b_{li} \circ ((\alpha)_{ik} + (\beta)_{ik}) = b_{li} \circ (\alpha)_{ik} + b_{li} \circ (\beta)_{ik}$.

Beweis. (I) Nach Definition 2.2, Hilfssatz 3.2 und Hilfssatz 3.4 (I), (III) ist

$$((\alpha)_{ik} + (\beta)_{ik}) \circ b_{kh}$$
$$= \Big[(((\alpha)_{ik} \cup c_{ij}) \cap (a_j \cup a_k)) \cup (((\beta)_{ik} \cup a_j) \cap (c_{ij} \cup a_k))) \cap (a_i \cup a_k)\Big] \circ b_{kh}$$
$$\leqq \Big((((\alpha)_{ik} \circ b_{kh} \cup c_{ij}) \cap (a_j \cup a_h)) \cup (((\beta)_{ik} \circ b_{kh} \cup a_j) \cap (c_{ij} \cup a_h))\Big) \cap (a_i \cup a_h)$$
$$= (\alpha)_{ik} \circ b_{kh} + (\beta)_{ik} \circ b_{kh}\,.$$

Nach Hilfssatz 3.1 sind beide Seiten dieser Ungleichung in L_{ih} enthalten. Daher sind nach Satz 1.4, Kapitel I, beide Seiten einander gleich.

(II) Nach den Hilfssätzen 3.7, 3.3 und 3.4 (II), (IV) ist

$$b_{li} \circ ((\alpha)_{ik} + (\beta)_{ik}) = b_{li} \circ \big(\big(c_{kj} \cup (((\alpha)_{ik} \cup a_j) \cap ((\beta)_{ij} \cup a_k)) \big) \cap (a_i \cup a_k) \big)$$
$$\geqq \big(c_{kj} \cup ((b_{li} \circ (\alpha)_{ik} \cup a_j) \cap (b_{li} \circ (\beta)_{ij} \cup a_k)) \big) \cap (a_l \cup a_k)$$
$$= b_{li} \circ (\alpha)_{ik} + b_{li} \circ (\beta)_{ik} .$$

Da beide Seiten dieser Ungleichung wieder in L_{lk} enthalten sind, gilt das Gleichheitszeichen.

Satz 3.1.   *In $\mathfrak{S}^L$ gilt*:

(I)
$$\alpha (\beta + \gamma) = \alpha \beta + \alpha \gamma ,$$

(II)
$$(\beta + \gamma) \alpha = \beta \alpha + \gamma \alpha .$$

Beweis. i, j, k, h, l seien wie in Definition 3.1 gegeben.

(I) Nach Definition 1.2, Hilfssatz 3.1, Definition 2.2 und Hilfssatz 3.10 (I) ist

$$(\alpha (\beta + \gamma))_{ih} = (\beta + \gamma)_{ik} \otimes (\alpha)_{kh} = (\beta + \gamma)_{ik} \circ (\alpha)_{kh} = ((\beta)_{ik} + (\gamma)_{ik}) \circ (\alpha)_{kh}$$
$$= (\beta)_{ik} \circ (\alpha)_{kh} + (\gamma)_{ik} \circ (\alpha)_{kh} = (\beta)_{ik} \otimes (\alpha)_{kh} + (\gamma)_{ik} \otimes (\alpha)_{kh}$$
$$= (\alpha \beta)_{ih} + (\alpha \gamma)_{ih} = (\alpha \beta + \alpha \gamma)_{ih}.$$

Also ist $\alpha (\beta + \gamma) = \alpha \beta + \alpha \gamma$.

(II) Nach Definition 1.2, Hilfssatz 3.1, Definition 2.2 und Hilfssatz 3.10 (II) ist

$$((\beta + \gamma) \alpha)_{lk} = (\alpha)_{li} \otimes (\beta + \gamma)_{ik} = (\alpha)_{li} \circ (\beta + \gamma)_{ik} = (\alpha)_{li} \circ ((\beta)_{ik} + (\gamma)_{ik})$$
$$= (\alpha)_{li} \circ (\beta)_{ik} + (\alpha)_{li} \circ (\gamma)_{ik} = (\alpha)_{li} \otimes (\beta)_{ik} + (\alpha)_{li} \otimes (\gamma)_{ik}$$
$$= (\beta \alpha)_{lk} + (\gamma \alpha)_{lk} = (\beta \alpha + \gamma \alpha)_{lk} .$$

Also ist $(\beta + \gamma) \alpha = \beta \alpha + \gamma \alpha$.

Satz 3.2. $\mathfrak{S}^L$ *ist ein Ring mit Einselement.*

Beweis.   Folgt nach den Sätzen 1.1, 2.1, 2.2, 2.3 und 3.1.

Definition 3.2. $\mathfrak{S}^L$ wird *Hilfsring* des komplementären modularen Verbandes L genannt.

Anmerkung 3.1.   Sind die a_i der homogenen Basis $\{a_i; i = 1, \ldots, n\}$ Atomelemente, d. h. ist L ein $(n-1)$-dimensionaler projektiver Raum, so ist der Hilfsring $\mathfrak{S}^L$ ein Schiefkörper. Es ist nämlich $(\beta)_{ji} \cap a_j = 0$ für $\beta \neq 0$ und daher $(\beta)_{ji} \in L_{ij}$. Also kann man ein γ mit $(\gamma)_{ij} = (\beta)_{ji}$ wählen, und es ist

$$(\beta)_{ik} \cup (\gamma)_{kj} = (\beta)_{ik} \cup (\beta)_{jk} = (\beta)_{ik} \cup (\beta)_{ik} \, P \begin{pmatrix} i\,k \\ j\,k \end{pmatrix}$$
$$= (\beta)_{ik} \cup ((c_{ji} \cup (\beta)_{ik}) \cap (a_j \cup a_k)) = (c_{ji} \cup (\beta)_{ik}) \cap ((\beta)_{ik} \cup a_j \cup a_k)$$
$$= (c_{ji} \cup (\beta)_{ik}) \cap (a_i \cup a_j \cup a_k) = c_{ji} \cup (\beta)_{ik} = c_{ji} \cup (\gamma)_{ki} .$$

Wegen $\perp((\gamma)_{ki}, a_i, a_j)$ ist

$$(\gamma\,\beta)_{ij} = (\beta)_{ik} \otimes (\gamma)_{kj} = \left((\beta)_{ik} \cup (\gamma)_{kj}\right) \cap (a_i \cup a_j)$$
$$= \left(c_{ji} \cup (\gamma)_{ki}\right) \cap (a_i \cup a_j) = c_{ji} \cup \left((\gamma)_{ki} \cap (a_i \cup a_j)\right) = c_{ij} = (1)_{ij},$$

also $\gamma\,\beta = 1$. Entsprechend folgt $\beta\,\gamma = 1$ und damit $\gamma = \beta^{-1}$.

Anmerkung 3.2. Ist $\mathfrak{S}$ ein regulärer Ring, so ist der Hilfsring $\mathfrak{S}^L$ von $L = \overline{R}(\mathfrak{S}_n)$ zu $\mathfrak{S}$ isomorph, und zwar gilt $(\beta^*)_{ij} = (\beta)_{ij}^*$ für das Bild β^* von $\beta \in \mathfrak{S}$. Setzt man nämlich $\beta^* = ((\beta)_{ij}^*)_{i,\,j=1,\,\ldots,\,n;\,i\,\neq\,j}$, so ist $\beta \to \beta^*$ nach Definition 3.4 und Satz 3.3 von Kapitel IX eine eineindeutige Abbildung von $\mathfrak{S}$ auf $\mathfrak{S}^L$, und es gilt $(\beta^*)_{ij} = (\beta)_{ij}^*$. Nach Hilfssatz 3.1 (I), (III), Kapitel IX, und den Definitionen 1.2 und 2.2 ist diese Abbildung ein Isomorphismus zwischen $\mathfrak{S}$ und $\mathfrak{S}^L$. (Siehe Kapitel IX, Anmerkung 3.2.)

XI. Die Darstellung eines komplementären modularen Verbandes

§ 1. Die isomorphe Abbildung zwischen $L(o, a_k)$ und $\overline{R}(\mathfrak{S}^L)$[1])

$\{a_i, c_{ij}; i, j = 1, \ldots, n\}$ $(n \geq 4)$ sei ein normierter Rahmen des komplementären modularen Verbandes L und $\mathfrak{S}^L$ der hierdurch bestimmte Hilfsring von L.

Definition 1.1. Für $\beta \in \mathfrak{S}^L$ sei $(\beta)_{(k)} = ((\beta)_{ik} \cup a_i) \cap a_k$[2]).

Hilfssatz 1.1. Das in Definition 1.1 definierte $(\beta)_{(k)}$ ist von i unabhängig, und es ist $(\beta)_{(k)} = (\beta)_{(h)}\, P\!\begin{pmatrix} h \\ k \end{pmatrix}$.

Beweis. Wegen $(\beta)_{(k)} \leqq a_k$ ist nach Hilfssatz 3.2, Kapitel VIII,

$$(\beta)_{(k)}\, P\!\begin{pmatrix} k \\ h \end{pmatrix} = \left(((\beta)_{ik} \cup a_i) \cap a_k\right) P\!\begin{pmatrix} i\ k \\ j\ h \end{pmatrix} = ((\beta)_{jh} \cup a_j) \cap a_h.$$

Setzt man nun $h = k$, so ist der erste Teil der Behauptung bewiesen. Zugleich erhält man $(\beta)_{(k)}\, P\!\begin{pmatrix} k \\ h \end{pmatrix} = (\beta)_{(h)}$ für beliebiges h und damit die zweite Behauptung $(\beta)_{(k)} = (\beta)_{(h)}\, P\!\begin{pmatrix} h \\ k \end{pmatrix}$.

Anmerkung 1.1. $(0)_{(k)} = (a_i \cup a_i) \cap a_k = o$ und

$$(1)_k = (c_{ik} \cup a_i) \cap a_k = a_k.$$

---

[1]) VON NEUMANN [6] II, Kapitel IX.
[2]) Siehe Def. 3.5, Kapitel IX. Für $\beta \neq \gamma$ kann jedoch $(\beta)_{(k)} = (\gamma)_{(k)}$ sein. (Siehe Beweis (II) von Satz 1.1.)

Hilfssatz 1.2. $(\beta)_{(k)} \, \dot\cup \, a_i = (\beta)_{ik} \cup a_i$.

Beweis.

$$(\beta)_{(k)} \cup a_i = \big(((\beta)_{ik} \cup a_i) \cap a_k\big) \cup a_i = ((\beta)_{ik} \cup a_i) \cap (a_k \cup a_i) = (\beta)_{ik} \cup a_i .$$

$$(\beta)_{(k)} \cap \dot a_i \leqq a_k \cap a_i = \mathrm{o} .$$

Hilfssatz 1.3. Genau dann ist $(\gamma)_{(k)} \leqq (\beta)_{(k)}$, wenn ein $\delta \in \mathfrak{S}^L$ mit $\gamma = \beta \, \delta$ existiert.

Beweis. (I) Notwendig. Man wähle ein b mit $a_i = ((\beta)_{ik} \cap a_i) \, \dot\cup \, b$ und setze $d = ((\beta)_{ik} \cup (\gamma)_{jk}) \cap (b \cup a_j)$. Dann ist

$$d \cup a_i = \big(((\beta)_{ik} \cup (\gamma)_{jk}) \cap (b \cup a_j)\big) \cup ((\beta)_{ik} \cap a_i) \cup a_i$$
$$= \Big(((\beta)_{ik} \cup (\gamma)_{jk}) \cap \big(b \cup a_j \cup ((\beta)_{ik} \cap a_i)\big)\Big) \cup a_i$$
$$= (((\beta)_{ik} \cup (\gamma)_{jk}) \cap (a_i \cup a_j)) \cup a_i \quad \text{(nach Definition von } b\text{)}$$
$$= (a_i \cup (\beta)_{ik} \cup (\gamma)_{jk}) \cap (a_i \cup a_j) .$$

Wegen $(\gamma)_{(k)} \leqq (\beta)_{(k)}$ ist nach Hilfssatz 1.2 $(\gamma)_{ik} \cup a_i \leqq (\beta)_{ik} \cup a_i$. Nach Hilfssatz 1.2, Kapitel X, ist also $a_i \cup (\beta)_{ik} \cup (\gamma)_{jk} \geqq a_i \cup (\gamma)_{ik} \cup (\gamma)_{jk} = a_i \cup a_j \cup (\gamma)_{jk} \geqq a_i \cup a_j$ und somit $d \cup a_i = a_i \cup a_j$.

Wegen $b \leqq a_i$ und $\bot((\gamma)_{jk}, a_i, a_k)$ ist nach Hilfssatz 1.2, Kapitel II, ferner $((\beta)_{ik} \cup (\gamma)_{jk}) \cap b = (\beta)_{ik} \cap b$ und folglich

$$d \cap a_i = ((\beta)_{ik} \cup (\gamma)_{jk}) \cap (b \cup a_j) \cap a_i = ((\beta)_{ik} \cup (\gamma)_{jk}) \cap b$$
$$= (\beta)_{ik} \cap b = (\beta)_{ik} \cap a_i \cap b = \mathrm{o} \quad \text{(nach Definition von } b\text{)}.$$

Weil somit $d \in L_{a_j a_i}$ gilt, existiert ein $\delta \in \mathfrak{S}^L$ mit $(\delta)_{ji} = d$. Wegen $d \leqq (\beta)_{ik} \cup (\gamma)_{jk}$ und $\bot((\beta)_{ik}, a_j, a_k)$ ist

$$(\beta \, \delta)_{jk} = ((\delta)_{ji} \cup (\beta)_{ik}) \cap (a_j \cup a_k) \leqq ((\beta)_{ik} \cup (\gamma)_{jk}) \cap (a_j \cup a_k) = (\gamma)_{jk} .$$

Nach Satz 1.4, Kapitel I, ist daher $(\beta \, \delta)_{jk} = (\gamma)_{jk}$ und folglich $\beta \, \delta = \gamma$.

(II) Hinreichend. Wenn $\gamma = \beta \, \delta$, so

$$(\gamma)_{(k)} = (\beta\delta)_{(k)} = ((\beta\delta)_{ik} \cup a_i) \cap a_k$$
$$= \Big(\big((\delta)_{ij} \cup (\beta)_{jk}) \cap (a_i \cup a_k)\big) \cup a_i\Big) \cap a_k$$
$$= ((\delta)_{ij} \cup (\beta)_{jk} \cup a_i) \cap (a_i \cup a_k) \cap a_k$$
$$\leqq ((\beta)_{jk} \cup a_j \cup a_i) \cap a_k = ((\beta)_{(k)} \cup a_j \cup a_i) \cap a_k \quad \text{(nach Hilfssatz 1.2)}$$
$$= (\beta)_{(k)} .$$

Hilfssatz 1.4. Wenn $u \, \dot\cup \, u' = a_k$, so existieren $\varepsilon, \varepsilon' \in \mathfrak{S}^L$ mit

$$u = (\varepsilon)_{(k)}, \; u' = (\varepsilon')_{(k)} \quad \text{und} \quad \varepsilon + \varepsilon' = 1 .$$

Beweis. (I) Wegen $C(a_k, a_i, c_{ik})$ ist

$$(a_k, u, u') \sim_{c_{ik}} (a_i, v, v') \sim_{a_k} (c_{ik}, w, w') .$$

Setzt man $b_{ik} = v' \cup w$ und $b'_{ik} = v \cup w'$, so ist nach Satz 3.4, Kapitel II,

$$b_{ik}, b'_{ik} \in L_{ik} \quad \text{und} \quad u = (b_{ik} \cup a_i) \cap a_k, \; u' = (b'_{ik} \cup a_i) \cap a_k .$$

Wird also $b_{ik} = (\varepsilon)_{ik}$ und $b'_{ik} = (\varepsilon')_{ik}$ gesetzt, so ist nach Definition 1.1 somit $u = (\varepsilon)_{(k)}$, $u' = (\varepsilon')_{(k)}$.

(II) Es ist $(\varepsilon)_{ik} = v' \cup w$ und $(\varepsilon')_{ik} = v \cup w'$. Setzt man

$$d = \big((v' \cup w \cup c_{ij}) \cap (a_j \cup a_k)\big) \cup \big((v \cup w' \cup a_j) \cap (c_{ij} \cup a_k)\big),$$

so ist nach Hilfssatz 2.4, Kapitel X,

$$(\varepsilon + \varepsilon')_{ik} = d \cap (a_i \cup a_k).$$

Es ist

$$d \geqq \big((w \cup c_{ij}) \cap (a_j \cup a_k)\big) \cup \big((v \cup a_j) \cap c_{ij}\big) = (w \cup c_{ij}) \cap d_1$$

mit

$$d_1 = a_j \cup a_k \cup \big((v \cup a_j) \cap c_{ij}\big) = a_k \cup \big((v \cup a_j) \cap (a_j \cup c_{ij})\big) = a_k \cup v \cup a_j.$$

Wegen $v \sim_{a_k} w$ ist $v \cup a_k = w \cup a_k$. Da somit $d_1 \geqq w$ gilt, ist $d \geqq w$. Wegen $w \leqq c_{ik} \leqq a_i \cup a_k$ ist $(\varepsilon + \varepsilon')_{ik} \geqq w$. Entsprechend folgt $(\varepsilon + \varepsilon')_{ik} \geqq w'$. Also ist $(\varepsilon + \varepsilon')_{ik} \geqq w \cup w' = c_{ik}$ und daher nach Satz 1.4, Kapitel I, und Satz 1.1, Kapitel X, $(\varepsilon + \varepsilon')_{ik} = c_{ik} = (1)_{ik}$, d. h. $\varepsilon + \varepsilon' = 1$.

Satz 1.1.[1]) *Der Hilfsring $\mathfrak{S}^L$ eines komplementären modularen Verbandes L mit einer Ordnung $n \geqq 4$ ist ein regulärer Ring. Die Zuordnung $(\beta)_{(k)} \to (\beta)_r$ ist ein Isomorphismus von $L(\mathrm{o}, a_k)$ auf $\overline{R}(\mathfrak{S}^L)$.*

Beweis. (I) $(\beta)_r$ und $(\gamma)_r$ seien zwei Hauptrechtsideale aus $\mathfrak{S}^L$. Dann und nur dann ist $(\beta)_{(k)} \geqq (\gamma)_{(k)}$, wenn $(\beta)_r \geqq (\gamma)_r$. Denn $(\beta)_r \geqq (\gamma)_r$ bedeutet, daß es ein $\delta \in \mathfrak{S}^L$ mit $\gamma = \beta\,\delta$ gibt, und das besagt nach Hilfssatz 1.3 gerade $(\beta)_{(k)} \geqq (\gamma)_{(k)}$.

(II) Nach (I) ist $(\beta)_{(k)} = (\gamma)_{(k)}$ genau dann, wenn $(\beta)_r = (\gamma)_r$.

(III) Sei $\gamma \in \mathfrak{S}^L$. Man setze $u = (\gamma)_{(k)} \leqq a_k$ und $a_k = u \,\dot\cup\, u'$. Nach Hilfssatz 1.4 existieren $\varepsilon, \varepsilon' \in \mathfrak{S}^L$ mit $u = (\varepsilon)_{(k)}$, $u' = (\varepsilon')_{(k)}$ und $\varepsilon + \varepsilon' = 1$. Sei $\delta \in (\varepsilon)_r \cap (\varepsilon')_r$, also $(\delta)_r \leqq (\varepsilon)_r, (\varepsilon')_r$. Nach (I) ist dann $(\delta)_{(k)} \leqq (\varepsilon)_{(k)}, (\varepsilon')_{(k)}$ und daher $(\delta)_{(k)} \leqq u \cap u' = \mathrm{o}$. Nach Anmerkung 1.1 und (II) folgt daraus $\delta = \mathrm{o}$, d. h. $(\varepsilon)_r \cap (\varepsilon')_r = (\mathrm{o})$. Ferner war $\varepsilon + \varepsilon' = 1$ und folglich $(\varepsilon)_r \cup (\varepsilon')_r = (1)_r$. Also hat $(\gamma)_r = (\varepsilon)_r$ in $R(\mathfrak{S}^L)$ ein Komplement $(\varepsilon')_r$. Nach Definition 3.1, Kapitel VI, ist daher $\mathfrak{S}^L$ ein regulärer Ring.

(IV) Weil nach Hilfssatz 1.4 zu einem beliebigen $u \leqq a_k$ ein $\varepsilon \in \mathfrak{S}^L$ mit $u = (\varepsilon)_{(k)}$ existiert, entspricht diesem das Element $(\varepsilon)_r \in \overline{R}(\mathfrak{S}^L)$. Für ein beliebiges $(\gamma)_r \in R(\mathfrak{S}^L)$ ist $(\gamma)_{(k)} \leqq a_k$. Nach (I) und (II) ist somit $(\beta)_{(k)} \to (\beta)_r$ eine eineindeutige Abbildung von $L(\mathrm{o}, a_k)$ auf $R(\mathfrak{S}^L)$, welche die Ordnung nicht verändert, also ein Isomorphismus des einen Verbandes auf den andern.

---

[1]) Siehe Satz 3.5, Kapitel IX.

Satz 1.2. *Ist* $u \cup u' = a_k$ *in* L, *so gibt es genau ein Paar idempotenter Elemente* ε, $\varepsilon' \in \mathfrak{S}^L$ *mit* $u = (\varepsilon)_{(k)}$, $u' = (\varepsilon')_{(k)}$ *und* $\varepsilon + \varepsilon' = 1$. *Ferner kann man zu einem beliebigen idempotenten Element aus* $\mathfrak{S}^L$ *ein weiteres idempotentes Element und Elemente* u, u' *bestimmen, so daß obige Beziehungen gelten.*

Beweis. Nach Hilfssatz 1.4 existieren ε, $\varepsilon' \in \mathfrak{S}^L$ mit $u = (\varepsilon)_{(k)}$, $u' = (\varepsilon')_{(k)}$ und $\varepsilon + \varepsilon' = 1$. Nach Satz 1.1 werden u, u' durch einen Isomorphismus von $L(o, a_k)$ auf $\overline{R}(\mathfrak{S}^L)$ in $(\varepsilon)_r$, $(\varepsilon')_r$ übergeführt. Folglich ist $(\varepsilon)_r \cap (\varepsilon')_r = (o)$. Wegen $\varepsilon' = 1 - \varepsilon$ ist $\varepsilon - \varepsilon^2 = \varepsilon\,\varepsilon' = \varepsilon'\,\varepsilon$. Da somit $\varepsilon - \varepsilon^2 \in (\varepsilon)_r \cap (\varepsilon')_r = (o)$ gilt, ist $\varepsilon - \varepsilon^2 = o$, d. h. ε ist ein idempotentes Element. Nach Satz 1.4, Kapitel VI, gibt es zu u, u' mit $u \cup u' = a_k$ genau ein Paar ε, ε' mit $(\varepsilon)_r \cup (\varepsilon')_r = (1)_r$.

Ist umgekehrt ε ein beliebiges idempotentes Element, so gilt für die $(\varepsilon)_r$, $(1 - \varepsilon)_r$ entsprechenden Elemente u, u' nach Satz 1.1 u, $u' \leqq a_k$ und $u \cup u' = a_k$.

Hilfssatz 1.5. Ist ε ein idempotentes Element aus $\mathfrak{S}^L$, so gilt

$$(1) \qquad (\xi\varepsilon)_{ij} = (1 - \varepsilon)_{(i)} \cup \big((\xi)_{ij} \cap ((\varepsilon)_{(i)} \cup a_j)\big)$$

für jedes $\xi \in \mathfrak{S}^L$.

Beweis. Setzt man $u = (\varepsilon)_{(k)}$ und $u' = (1 - \varepsilon)_{(k)}$, so folgt nach dem Beweis von Hilfssatz 1.4 und der in Satz 1.2 bewiesenen Eindeutigkeit

$$(a_k, u, u') \sim_{c_{ik}} (a_i, v, v') \sim_{a_k} (c_{ik}, w, w') \quad \text{und} \quad (\varepsilon)_{ik} = v' \cup w\,.$$

Also ist

$$(\varepsilon)_{ik} \cup (\xi)_{kj} = v' \cup w \cup (\xi)_{ij}\, P\begin{pmatrix} i\,j \\ k\,j \end{pmatrix}$$
$$= v' \cup w \cup \big((c_{ki} \cup (\xi)_{ij}) \cap (a_k \cup a_j)\big)$$
$$= v' \cup \big((c_{ki} \cup (\xi)_{ij}) \cap (w \cup a_k \cup a_j)\big) \quad (\text{wegen } w \leqq c_{ik} = c_{ki})$$
$$= v' \cup \big((c_{ki} \cup (\xi)_{ij}) \cap (v \cup a_k \cup a_j)\big) \quad (\text{da } w \sim_{a_k} v)$$

und folglich

$$(\xi\,\varepsilon)_{ij} = \big((\varepsilon)_{ik} \cup (\xi)_{kj}\big) \cap (a_i \cup a_j)$$
$$= v' \cup \big((c_{ki} \cup (\xi)_{ij}) \cap (v \cup a_k \cup a_j) \cap (a_i \cup a_j)\big)$$
$$= v' \cup \big((\xi)_{ij} \cap (a_i \cup a_j) \cap (v \cup a_k \cup a_j)\big) \quad (\text{wegen } \perp(c_{ki}, a_i, a_j))$$
$$= v' \cup \big((\xi)_{ij} \cap (v \cup a_j)\big)\,.$$

Wegen $u \sim_{c_{ik}} v$ ist nach Definition 3.2, Kapitel VIII, $v = u\, P\begin{pmatrix} k \\ i \end{pmatrix}$
$= (\varepsilon)_{(k)}\, P\begin{pmatrix} k \\ i \end{pmatrix} = (\varepsilon)_{(i)}$. Entsprechend folgt $v' = (1 - \varepsilon)_{(i)}$. Somit gilt (1).

§ 2. Die Ausdrücke $(\beta; \gamma^{(1)}, \ldots, \gamma^{(m-1)})$ [1]

$\{a_i, c_{ij}; i, j = 1, \ldots, n\}$ $(n \geqq 4)$ sei ein normierter Rahmen des komplementären modularen Verbandes L, und $\mathfrak{S}^L$ der Hilfsring von L.

In diesem Paragraphen werden die in § 1, Kapitel VIII, hergeleiteten Eigenschaften von $(b_m; b_{m\,1}, \ldots, b_{m,\,m-1})$ für den Hilfsring ausgenutzt. Der Zweck dieses Paragraphen ist die Herleitung der Sätze 2.4 und 2.5, die im nächsten Paragraphen angewendet werden.

Definition 2.1. Sei $m \leqq n$. Für $\beta, \gamma^{(1)}, \ldots, \gamma^{(m-1)} \in \mathfrak{S}^L$ wird $(\beta; \gamma^{(1)}, \ldots, \gamma^{(m-1)}) = ((\beta)_{(m)}; (\gamma^{(1)})_{m\,1}, \ldots, (\gamma^{(m-1)})_{m,\,m-1})$ gesetzt.

Anmerkung 2.1. Da nach Satz 1.1 $(\beta)_{(m)}$ bereits durch $(\beta)_r$ bestimmt wird, hängt $(\beta; \gamma^{(1)}, \ldots, \gamma^{(m-1)})$ nur von $(\beta)_r, \gamma^{(1)}, \ldots, \gamma^{(m-1)}$ ab. Für $m = 1$ ist nach Anmerkung 1.1, Kapitel VIII, $(\beta; \gamma^{(1)}, \ldots, \gamma^{(m-1)}) = (\beta)_{(1)}$. Wegen $(1)_{(m)} = a_m$ und $(0)_{mi} = a_m$ ist nach derselben Anmerkung

$$(1; \gamma^{(1)}, \ldots, \gamma^{(m-1)}) = \bigcap_{i=1}^{m-1} \left(\bigcup_{j=1,\,j\neq i}^{m-1} a_j \cup (\gamma^{(i)})_{mi} \right),$$

$$(1) \quad (\beta; \gamma^{(1)}, \ldots, \gamma^{(m-1)}) = \left(\bigcup_{j=1}^{m-1} a_j \cup (\beta)_{(m)} \right) \cap (1; \gamma^{(1)}, \ldots, \gamma^{(m-1)}),$$

$$(1; 0, \ldots, 0, \gamma^{(k)}, 0, \ldots, 0) = (\gamma^{(k)})_{mk} \quad \text{und} \quad (\beta; 0, \ldots, 0) = (\beta)_{(m)}.$$

Ferner gelten nach Hilfssatz 1.1 und Zusatz von Kapitel VIII für beliebige $\beta, \gamma^{(1)}, \ldots, \gamma^{(m-1)}$ folgende Beziehungen:

$$(2) \qquad (1; \gamma^{(1)}, \ldots, \gamma^{(m-1)}) \cup \bigcup_{j=1}^{m-1} a_j = \bigcup_{j=1}^{m} a_j.$$

$$(3) \qquad (\beta; \gamma^{(1)}, \ldots, \gamma^{(m-1)}) \cup \bigcup_{j=1}^{m-1} a_j = (\beta)_{(m)} \cup \bigcup_{j=1}^{m-1} a_j.$$

Hilfssatz 2.1. Sei $m \leqq n$. Für ein idempotentes Element ε aus $\mathfrak{S}^L$ gilt

$$(1) \quad (1; \gamma^{(1)}, \ldots, \gamma^{(m-1)}) = (\varepsilon; \gamma^{(1)}, \ldots, \gamma^{(m-1)}) \cup (1 - \varepsilon; \gamma^{(1)}, \ldots, \gamma^{(m-1)}).$$

Beweis. Für $m = 1$ besagt (1) einfach $a_1 = (\varepsilon)_1 \cup (1 - \varepsilon)_{(1)}$, und dies gilt nach Satz 1.2. Also kann $m > 1$ vorausgesetzt werden.

Setzt man

$$u = \bigcup_{j=1}^{m-1} a_j \cup (\varepsilon)_{(m)}, \quad v = \bigcup_{j=1}^{m-1} a_j \cup (1 - \varepsilon)_{(m)} \quad \text{und} \quad w = (1; \gamma^{(1)}, \ldots, \gamma^{(m-1)}),$$

so ist

$$u \cup v = \bigcup_{j=1}^{m-1} a_j \cup (\varepsilon)_{(m)} \cup (1 - \varepsilon)_{(m)} = \bigcup_{j=1}^{m-1} a_j \cup a_m = \bigcup_{j=1}^{m} a_j$$

nach Satz 1.2. Nach Hilfssatz 1.1, Kapitel II, und Satz 1.2 ist ferner

$$u \cap v = \left(\bigcup_{j=1}^{m-1} a_j \cup (\varepsilon)_{(m)} \right) \cap \left(\bigcup_{j=1}^{m-1} a_j \cup (1 - \varepsilon)_{(m)} \right)$$
$$= \bigcup_{j=1}^{m-1} a_j \cup \left((\varepsilon)_{(m)} \cap (1 - \varepsilon)_{(m)} \right) = \bigcup_{j=1}^{m-1} a_j$$

und nach Anmerkung 2.1 (2) daher

$$(2) \qquad (u \cap v) \cup w = u \cup v.$$

---

[1] von Neumann [6] II, Kapitel X, XI, XII.

Weil $u \cup w = u \cup (u \cap v) \cup w = u \cup v$ und entsprechend $v \cup w = u \cup v$ gilt, ist $(u \cup w) \cap (v \cup w) = u \cup v = (u \cap v) \cup w$; d. h. es gilt $D^*(u,v,w)$ und somit nach Satz 1.3, Kapitel I, auch $D(u,v,w)$, also $(u \cup v) \cap w = (u \cap w) \cup (v \cap w)$. Nach (2) ist $w \leq u \cup v$. Da ferner $(u \cap w) \cap (v \cap w) = (u \cap v) \cap w = o$ gilt, ist $w = (u \cap w) \dot{\cup} (v \cap w)$. Weil hierbei

$$u \cap w = (\varepsilon; \gamma^{(1)}, \ldots, \gamma^{(m-1)}) \quad \text{und} \quad v \cap w = (1 - \varepsilon; \gamma^{(1)}, \ldots, \gamma^{(m-1)}) \quad \text{ist,}$$

gilt somit (1).

Hilfssatz 2.2. Für ein idempotentes Element ε aus $\mathfrak{S}^L$ gilt

$$(1) \qquad (1 - \varepsilon)_{(m)} \cup (\varepsilon; \gamma^{(1)}, \ldots, \gamma^{(m-1)}) = (1; \gamma^{(1)}\varepsilon, \ldots, \gamma^{(m-1)}\varepsilon).$$

Beweis. Die rechte Seite von (1) sei mit w bezeichnet. Nach Hilfssatz 1.5 ist dann

$$w = \mathop{\cap}_{i=1}^{m-1} \left(\mathop{\cup}_{j=1, j \neq i}^{m-1} a_j \cup (\gamma^{(i)}\varepsilon)_{mi} \right)$$
$$= \mathop{\cap}_{i=1}^{m-1} \left(\mathop{\cup}_{j=1, j \neq i}^{m-1} a_j \cup \left(((\varepsilon)_{(m)} \cup a_i) \cap (\gamma^{(i)})_{mi} \right) \cup (1 - \varepsilon)_{(m)} \right).$$

Wegen $\perp (a_1, \ldots, a_{m-1}, (\varepsilon)_{(m)}, (1 - \varepsilon)_{(m)})$ ist

$$\left(\mathop{\cup}_{i=1}^{m-1} \left(\mathop{\cup}_{j=1, j \neq i}^{m-1} a_j \cup \left(((\varepsilon)_{(m)} \cup a_i) \cap (\gamma^{(i)})_{mi} \right) \right) \right) \cap (1 - \varepsilon)_{(m)}$$
$$\leq \left(\mathop{\cup}_{j=1}^{m-1} a_j \cup (\varepsilon)_{(m)} \right) \cap (1 - \varepsilon)_{(m)} = o.$$

Nach Hilfssatz 1.2, Kapitel II[1]), ist daher

$$w = \left(\mathop{\cap}_{i=1}^{m-1} \left(\mathop{\cup}_{j=1, j \neq i}^{m-1} a_j \cup \left(((\varepsilon)_m \cup a_i) \cap (\gamma^{(i)})_{mi} \right) \right) \right) \cup (1 - \varepsilon)_{(m)}.$$

Da ferner

$$\left(\mathop{\cup}_{j=1, j \neq i}^{m-1} a_j \right) \cap \left((\varepsilon)_{(m)} \cup a_i \cup (\gamma^{(i)})_{mi} \right) = o$$

gilt, ist nach Hilfssatz 1.2, Kapitel II,

$$w = \left(\mathop{\cap}_{i=1}^{m-1} \left((\mathop{\cup}_{j=1}^{m-1} a_j \cup (\varepsilon)_{(m)}) \cap (\mathop{\cup}_{j=1, j \neq i}^{m-1} a_j \cup (\gamma^{(i)})_{mi}) \right) \right) \cup (1 - \varepsilon)_{(m)}$$
$$= (\varepsilon; \gamma^{(1)}, \ldots, \gamma^{(m-1)}) \cup (1 - \varepsilon)_{(m)}.$$

Hilfssatz 2.3. Sei $\gamma^{(1)}, \ldots, \gamma^{(m-1)} \in \mathfrak{S}^L$ $(2 \leq m \leq n)$ und ε ein idempotentes Element mit $(\varepsilon)_l = (\gamma^{(m-1)})_l$. Setzt man

$$\xi^{(i)} = \gamma^{(i)} (1 - \varepsilon) \quad (i = 1, \ldots, m-2),$$

so existieren Elemente $\eta^{(i)}$ mit $\eta^{(i)} \gamma^{(m-1)} = \gamma^{(i)} \varepsilon$, und es ist

$$a_m \cup (1; \gamma^{(1)}, \ldots, \gamma^{(m-1)})$$
$$= (1; \eta^{(1)}\gamma^{(m-1)}, \ldots, \eta^{(m-2)}\gamma^{(m-1)}, \gamma^{(m-1)}) \cup (1; \xi^{(1)}, \ldots, \xi^{(m-2)}, o).$$

Beweis. Weil $\mathfrak{S}^L$ nach Satz 1.1 ein regulärer Ring ist, existiert ein idempotentes Element ε mit $(\varepsilon)_l = (\gamma^{(m-1)})_l$. Wegen $\gamma^{(m-1)} \in (\varepsilon)_l$ ist $\gamma^{(m-1)}\varepsilon = \gamma^{(m-1)}$. Folglich ist $\gamma^{(m-1)}(1 - \varepsilon) = o$. Ferner ist $\varepsilon \in (\gamma^{(m-1)})_l$.

---

[1]) Wir benötigen hier den Sonderfall:

Wenn $\left(\mathop{\cup}_{i=1}^{n} x_i \right) \cap y = o$, so $\mathop{\cap}_{i=1}^{n} (x_i \cup y) = \left(\mathop{\cap}_{i=1}^{n} x_i \right) \cup y$.

Daher gibt es ein w mit $\varepsilon = w\,\gamma^{(m-1)}$. Setzt man $\eta^{(i)} = \gamma^{(i)}\,w$, so ist $\eta^{(i)}\,\gamma^{(m-1)} = \gamma^{(i)}\,w\,\gamma^{(m-1)} = \gamma^{(i)}\,\varepsilon$. Nach Satz 1.2 und den Hilfssätzen 2.1 und 2.2 ist

$$a_m \cup (1\,;\gamma^{(1)}, \ldots, \gamma^{(m-1)})$$
$$= (1 - \varepsilon)_{(m)} \cup (\varepsilon\,;\gamma^{(1)}, \ldots, \gamma^{(m-1)}) \cup (\varepsilon)_m \cup (1 - \varepsilon\,;\gamma^{(1)}, \ldots, \gamma^{(m-1)})$$
$$= (1\,;\gamma^{(1)}\varepsilon, \ldots, \gamma^{(m-1)}\varepsilon) \cup (1\,;\gamma^{(1)}(1-\varepsilon), \ldots, \gamma^{(m-1)}(1-\varepsilon))$$
$$= (1\,;\eta^{(1)}\gamma^{(m-1)}, \ldots, \eta^{(m-2)}\gamma^{(m-1)}, \gamma^{(m-1)}) \cup (1\,;\xi^{(1)}, \ldots, \xi^{(m-2)}, 0)\,.$$

Hilfssatz 2.4. Wenn $\eta^{(1)}, \ldots, \eta^{(m-2)}, \gamma^{(m-1)} \in \mathfrak{S}^L \ (2 \leq m \leq n)$, so ist

$$a_m \cup (1\,;\eta^{(1)}\gamma^{(m-1)}, \ldots, \eta^{(m-2)}\gamma^{(m-1)}, \gamma^{(m-1)})$$
$$= a_m \cup (\gamma^{(m-1)}\,;-\eta^{(1)}, \ldots, -\eta^{(m-2)})\,.$$

Beweis. Für $m = 2$ gilt die Behauptung, da nach Hilfssatz 1.2

$$a_2 \cup (1\,;\gamma^{(1)}) = a_2 \cup (\gamma^{(1)})_{21} = a_2 \cup (\gamma^{(1)})_{(1)}$$

ist. Daher kann nun $m > 2$ vorausgesetzt werden. Es ist

$$\left(\overset{m-2}{\underset{j=1}{\cup}}\, a_j \cup (\gamma^{(m-1)})_{m,\,m-1}\right) \cap \left(\overset{m-1}{\underset{j=1,\,j\neq i}{\cup}}\, a_j \cup (\eta^{(i)}\gamma^{(m-1)})_{mi}\right)$$
$$= \overset{m-2}{\underset{j=1,\,j\neq i}{\cup}}\, a_j \cup \left((a_i \cup (\gamma^{(m-1)})_{m,\,m-1}) \cap (a_{m-1} \cup (\eta^{(i)}\gamma^{(m-1)})_{mi})\right)$$
$$\text{(nach Hilfssatz 1.1, Kapitel II)}$$
$$= \overset{m-2}{\underset{j=1,\,j\neq i}{\cup}}\, a_j \cup \left((a_i \cup (\gamma^{(m-1)})_{m,\,m-1}) \cap (a_m \cup (-\eta^{(i)})_{m-1,\,i})\right)$$
$$\text{(nach Hilfssatz 3.9, Kapitel X)},$$
$$= \left(\overset{m-2}{\underset{j=1}{\cup}}\, a_j \cup (\gamma^{(m-1)})_{m,\,m-1}\right) \cap \left(\overset{m-2}{\underset{j=1,\,j\neq i}{\cup}}\, a_j \cup a_m \cup (-\eta^{(i)})_{m-1,\,i}\right)$$
$$\text{(nach Hilfssatz 1.1, Kapitel II)}.$$

Also ist

$$a_m \cup (1\,;\eta^{(1)}\gamma^{(m-1)}, \ldots, \eta^{(m-2)}\gamma^{(m-1)}, \gamma^{(m-1)})$$
$$= a_m \cup \left(\overset{m-2}{\underset{i=1}{\cap}}\left(\overset{m-1}{\underset{j=1,\,j\neq i}{\cup}} a_j \cup (\eta^{(i)}\gamma^{(m-1)})_{mi}\right) \cap \left(\overset{m-2}{\underset{j=1}{\cup}} a_j \cup (\gamma^{(m-1)})_{m,\,m-1}\right)\right)$$
$$= a_m \cup \overset{m-2}{\underset{i=1}{\cap}}\left(\left(\overset{m-1}{\underset{j=1,\,j\neq i}{\cup}} a_j \cup (\eta^{(i)}\gamma^{(m-1)})_{mi}\right) \cap \left(\overset{m-2}{\underset{j=1}{\cup}} a_j \cup (\gamma^{(m-1)})_{m,\,m-1}\right)\right)$$
$$= a_m \cup \overset{m-2}{\underset{i=1}{\cap}}\left(\left(\overset{m-2}{\underset{j=1}{\cup}} a_j \cup (\gamma^{(m-1)})_{m,\,m-1}\right) \cap \left(\overset{m-2}{\underset{j=1,\,j\neq i}{\cup}} a_j \cup a_m \cup (-\eta^{(i)})_{m-1,\,i}\right)\right)$$
$$\text{(nach obiger Formel)}$$
$$= a_m \cup \left(\left(\overset{m-2}{\underset{j=1}{\cup}} a_j \cup (\gamma^{(m-1)})_{m,\,m-1}\right) \cap \overset{m-2}{\underset{i=1}{\cap}}\left(\overset{m-2}{\underset{j=1,\,j\neq i}{\cup}} a_j \cup a_m \cup (-\eta^{(i)})_{m-1,\,i}\right)\right)$$
$$= \left(\overset{m-2}{\underset{j=1}{\cup}} a_j \cup a_m \cup (\gamma^{(m-1)})_{m,\,m-1}\right) \cap \overset{m-2}{\underset{i=1}{\cap}}\left(\overset{m-2}{\underset{j=1,\,j\neq i}{\cup}} a_j \cup a_m \cup (-\eta^{(i)})_{m-1,\,i}\right)$$
$$\text{(wegen der Modularität)}$$
$$= \left(\overset{m-2}{\underset{j=1}{\cup}} a_j \cup a_m \cup (\gamma^{(m-1)})_{(m-1)}\right) \cap \overset{m-2}{\underset{i=1}{\cap}}\left(\overset{m-2}{\underset{j=1,\,j\neq i}{\cup}} a_j \cup a_m \cup (-\eta^{(i)})_{m-1,\,i}\right)$$
$$\text{(nach Hilfssatz 1.2)}$$
$$= a_m \cup \left(\left(\overset{m-2}{\underset{j=1}{\cup}} a_j \cup (\gamma^{(m-1)})_{(m-1)}\right) \cap \overset{m-2}{\underset{i=1}{\cap}}\left(\overset{m-2}{\underset{j=1,\,j\neq i}{\cup}} a_j \cup (-\eta^{(i)})_{m-1,\,i}\right)\right)$$
$$\text{(nach Hilfssatz 1.2, Kapitel II)}$$
$$= a_m \cup (\gamma^{(m-1)}\,;-\eta^{(1)}, \ldots, -\eta^{(m-2)})\,.$$

Hilfssatz 2.5.   Wenn $\xi^{(1)}, \ldots, \xi^{(m-2)} \in \mathfrak{S}^L$ $(2 \leqq m \leqq n)$, so ist
$$a_m \cup (1\,; \xi^{(1)}, \ldots, \xi^{(m-2)}, 0) = a_m \cup \left(\left(\underset{j=1}{\overset{m-2}{\cup}} a_j \right) \cap \left(a_{m-1} \cup (1\,; \xi^{(1)}, \ldots, \xi^{(m-2)}) \right) \right).$$

Beweis. Für $m = 2$ gilt die Behauptung, da dann beide Seiten gleich a_m sind. Also kann nun $m > 2$ vorausgesetzt werden. Es ist

$$(1\,; \xi^{(1)}, \ldots, \xi^{(m-2)}, 0)$$
$$= \left(\underset{i=1}{\overset{m-2}{\cap}} \left(\underset{j=1, j \neq i}{\overset{m-2}{\cup}} a_j \cup (\xi^{(i)})_{mi} \cup a_{m-1} \right) \right) \cap \left(\underset{j=1}{\overset{m-2}{\cup}} a_j \cup a_m \right)$$
$$= \left(\left(\underset{i=1}{\overset{m-2}{\cap}} \left(\underset{j=1, j \neq i}{\overset{m-2}{\cup}} a_j \cup (\xi^{(i)})_{mi} \right) \right) \cup a_{m-1} \right) \cap \left(\underset{j=1}{\overset{m-2}{\cup}} a_j \cup a_m \right)$$
$$\hspace{6cm} \text{(nach Hilfssatz 1.2, Kapitel II)}$$
$$= \underset{i=1}{\overset{m-2}{\cap}} \left(\underset{j=1, j \neq i}{\overset{m-2}{\cup}} a_j \cup (\xi^{(i)})_{mi} \right) \quad \text{(wegen der Modularität).}$$

Also ist

$$a_m \cup (1\,; \xi^{(1)}, \ldots, \xi^{(m-2)}, 0)$$
$$= \left(a_m \cup \underset{j=1}{\overset{m-2}{\cup}} a_j \right) \cap \left(a_m \cup \underset{i=1}{\overset{m-2}{\cap}} \left(\underset{j=1, j \neq i}{\overset{m-2}{\cup}} a_j \cup (\xi^{(i)})_{mi} \right) \right)$$
$$= a_m \cup \left[\left(\underset{j=1}{\overset{m-2}{\cup}} a_j \right) \cap \left(a_m \cup \underset{i=1}{\overset{m-2}{\cap}} \left(\underset{j=1, j \neq i}{\overset{m-2}{\cup}} a_j \cup (\xi^{(i)})_{mi} \right) \right) \right].$$

Wegen $[\ldots] \leqq \underset{j=1}{\overset{m-2}{\cup}} a_j$ bleibt der in $[\ldots]$ stehende Ausdruck bei

Ausübung von $P \begin{pmatrix} 1 \ldots m-2 & m \\ 1 \ldots m-2 & m-1 \end{pmatrix}$ unverändert. Also ist

$$a_m \cup (1\,; \xi^{(1)}, \ldots, \xi^{(m-2)}, 0)$$
$$= a_m \cup \left(\left(\underset{j=1}{\overset{m-2}{\cup}} a_j \right) \cap \left(a_{m-1} \cup \underset{i=1}{\overset{m-2}{\cap}} \left(\underset{j=1, j \neq i}{\overset{m-2}{\cup}} a_j \cup (\xi^{(i)})_{m-1, i} \right) \right) \right)$$
$$= a_m \cup \left(\left(\underset{j=1}{\overset{m-2}{\cup}} a_j \right) \cap \left(a_{m-1} \cup (1\,; \xi^{(1)}, \ldots, \xi^{(m-2)}) \right) \right).$$

Satz 2.1. *Sei* $\beta, \gamma^{(1)}, \ldots, \gamma^{(m-1)} \in \mathfrak{S}^L$ $(2 \leqq m \leqq n)$. *Ferner seien* $\varepsilon', \varepsilon''$ *idempotente Elemente mit* $(\varepsilon')_r = (\beta)_r$ *und* $(\varepsilon'')_l = (\gamma^{(m-1)}\varepsilon')_l$. *Setzt man* $\xi^{(i)} = \gamma^{(i)}\varepsilon'(1 - \varepsilon'')$, *so existieren* $\eta^{(i)}$ *mit* $\eta^{(i)}\gamma^{(m-1)}\varepsilon' = \gamma^{(i)}\varepsilon'\varepsilon''$, *und es ist*
$$a_m \cup (\beta\,; \gamma^{(1)}, \ldots, \gamma^{(m-1)})$$
$$= a_m \cup (\gamma^{(m-1)}\varepsilon'\,; -\eta^{(1)}, \ldots, -\eta^{(m-2)}) \cup \left(\left(\underset{j=1}{\overset{m-2}{\cup}} a_j \right) \cap \left(a_{m-1} \cup (1\,; \xi^{(1)}, \ldots, \xi^{(m-2)}) \right) \right).$$

Beweis. Weil $\mathfrak{S}^L$ regulär ist, existieren $\varepsilon', \varepsilon''$. Es ist
$$a_m \cup (\beta\,; \gamma^{(1)}, \ldots, \gamma^{(m-1)}) = a_m \cup (\varepsilon'\,; \gamma^{(1)}, \ldots, \gamma^{(m-1)})$$
$$\hspace{8cm} \text{(nach Anmerkung 2.1)}$$
$$= a_m \cup (1 - \varepsilon')_{(m)} \cup (\varepsilon'\,; \gamma^{(1)}, \ldots, \gamma^{(m-1)})$$
$$\hspace{5cm} \text{(nach Definition 1.1 ist } (1 - \varepsilon')_{(m)} \leqq a_m)$$
$$= a_m \cup (1\,; \eta^{(1)}\gamma^{(m-1)}\varepsilon', \ldots, \eta^{(m-2)}\gamma^{(m-1)}\varepsilon', \gamma^{(m-1)}\varepsilon') \cup (1\,; \xi^{(1)}, \ldots, \xi^{(m-2)}, 0)$$
$$\hspace{7cm} \text{(nach Hilfssatz 2.2 und 2.3).}$$

Also erhält man nach den Hilfssätzen 2.4 und 2.5 die gesuchte Formel.

Satz 2.2. *Sei* $v, w \leqq \underset{j=1}{\overset{m-1}{\cup}} a_j$ *und*
$$\beta, \delta, \gamma^{(1)}, \ldots, \gamma^{(m-1)}, \chi^{(1)}, \ldots, \chi^{(m-1)} \in \mathfrak{S}^L \quad (2 \leqq m \leqq n).$$

Dann ist

$$(1) \qquad v \cup (\beta; \gamma^{(1)}, \ldots, \gamma^{(m-1)}) \leqq w \cup (\delta; \chi^{(1)}, \ldots, \chi^{(m-1)})$$

genau dann, wenn die folgenden Bedingungen (1°), (2°) *und* (3°) *gleichzeitig gelten*:

$$(1°) \qquad v \leqq w,$$

$$(2°) \qquad (\beta)_r \leqq (\delta)_r,$$

$$(3°) \qquad \left(\overset{m-1}{\underset{j=1}{\cup}} a_j \right) \cap \left((\beta; \gamma^{(1)}, \ldots, \gamma^{(m-1)}) \cup (1; \chi^{(1)}, \ldots, \chi^{(m-1)}) \right) \leqq w.$$

Beweis. (I) Notwendig. Nach Anmerkung 2.1 kann man (1) auch folgendermaßen schreiben:

$$(2) \qquad v \cup \left(\left(\overset{m-1}{\underset{j=1}{\cup}} a_j \cup (\beta)_{(m)} \right) \cap (1; \gamma^{(1)}, \ldots, \gamma^{(m-1)}) \right)$$
$$\leqq w \cup \left(\left(\overset{m-1}{\underset{j=1}{\cup}} a_j \cup (\delta)_{(m)} \right) \cap (1; \chi^{(1)}, \ldots, \chi^{(m-1)}) \right).$$

Bestimmt man die untere Grenze von $\overset{m-1}{\underset{j=1}{\cup}} a_j$ und jeder Seite von (2), so ergibt sich wegen der Modularität

$$v \cup \left(\left(\overset{m-1}{\underset{j=1}{\cup}} a_j \right) \cap (1; \gamma^{(1)}, \ldots, \gamma^{(m-1)}) \right) \leqq w \cup \left(\left(\overset{m-1}{\underset{j=1}{\cup}} a_j \right) \cap (1; \chi^{(1)}, \ldots, \chi^{(m-1)}) \right).$$

Nach Anmerkung 2.1 (2) ist also $v \leqq w$. Für die obere Grenze von $\overset{m-1}{\underset{j=1}{\cup}} a_j$ und jeder Seite von (2) ergibt sich wegen der Modularität

$$\left(\overset{m-1}{\underset{j=1}{\cup}} a_j \cup (\beta)_{(m)} \right) \cap \left((1; \gamma^{(1)}, \ldots, \gamma^{(m-1)}) \cup \overset{m-1}{\underset{j=1}{\cup}} a_j \right)$$
$$\leqq \left(\overset{m-1}{\underset{j=1}{\cup}} a_j \cup (\delta)_{(m)} \right) \cap \left((1; \chi^{(1)}, \ldots, \chi^{(m-1)}) \cup \overset{m-1}{\underset{i=1}{\cup}} a_j \right).$$

Nach Anmerkung 2.1 (2) ist daher $\overset{m-1}{\underset{j=1}{\cup}} a_j \cup (\beta)_{(m)} \leqq \overset{m-1}{\underset{j=1}{\cup}} a_j \cup (\delta)_{(m)}$. Bildet man die untere Grenze von a_m und jeder Seite dieser Beziehung, so folgt wegen der Modularität $(\beta)_{(m)} \leqq (\delta)_{(m)}$. Nach Satz 1.1 ist also $(\beta)_r \leqq (\delta)_r$.

Nach Anmerkung 2.1 (1) ist $(\delta; \chi^{(1)}, \ldots, \chi^{(m-1)}) \leqq (1; \chi^{(1)}, \ldots, \chi^{(m-1)})$. Nach (1) ist daher

$$(\beta; \gamma^{(1)}, \ldots, \gamma^{(m-1)}) \cup (1; \chi^{(1)}, \ldots, \chi^{(m-1)}) \leqq w \cup (1; \chi^{(1)}, \ldots, \chi^{(m-1)}).$$

Bildet man die untere Grenze von jeder Seite und $\overset{m-1}{\underset{j=1}{\cup}} a_j$, so erhält man wegen der Modularität und Anmerkung 2.1 (2) gerade (3°).

(II) Hinreichend. Aus (3°) folgt wegen der Modularität und Anmerkung 2.1 (1)

$$w \cup (\delta; \chi^{(1)}, \ldots, \chi^{(m-1)})$$
$$\geqq \left(\overset{m-1}{\underset{j=1}{\cup}} a_j \cup (\delta; \chi^{(1)}, \ldots, \chi^{(m-1)}) \right) \cap \left((\beta; \gamma^{(1)}, \ldots, \gamma^{(m-1)}) \cup (1; \chi^{(1)}, \ldots, \chi^{(m-1)}) \right)$$
$$\geqq \left(\overset{m-1}{\underset{j=1}{\cup}} a_j \cup (\delta)_{(m)} \right) \cap (\beta; \gamma^{(1)}, \ldots, \gamma^{(m-1)}) \qquad \text{(nach Anmerkung 2.1 (3))}$$
$$\geqq \left(\overset{m-1}{\underset{j=1}{\cup}} a_j \cup (\beta)_{(m)} \right) \cap (\beta; \gamma^{(1)}, \ldots, \gamma^{(m-1)}) \qquad \text{(nach (2°))}$$
$$= (\beta; \gamma^{(1)}, \ldots, \gamma^{(m-1)}) \qquad \text{(nach Anmerkung 2.1 (1))}.$$

Bildet man die obere Grenze von v und jeder der beiden Seiten, so folgt nach (1°) somit (1).

Hilfssatz 2.6. Sei $\chi \in \mathfrak{S}^L$ und $i < m < n$. Es gibt drei perspektive Abbildungen mit

$$(a_1, \ldots, a_{i-1}, a_i, a_{i+1}, \ldots, a_m) \sim_{c_{in}} (a_1, \ldots, a_{i-1}, a_n, a_{i+1}, \ldots, a_m)$$
$$\sim_{a_i} (a_1, \ldots, a_{i-1}, a_n, a_{i+1}, \ldots, a_{m-1}, (\chi)_{mi})$$
$$\sim_{c_{in}} (a_1, \ldots, a_{i-1}, a_i, a_{i+1}, \ldots, a_{m-1}, (\chi)_{mi}).$$

Diese Abbildungen seien in der Reihenfolge wie oben mit P, Q, R bezeichnet. Dann ist $W_i(\chi) = R Q P$ eine projektive Abbildung von $L(\mathrm{o}, \, {}_{j=1}^{m}\!\cup\, a_j)$ auf sich mit folgenden Eigenschaften:

(1°)   Wenn $u \leqq {}_{j=1}^{m-1}\!\cup\, a_j$,   so $W_i(\chi)\, u = u$.

(2°)   Wenn $a_i \leqq u \leqq {}_{j=1}^{m}\!\cup\, a_j$,   so $W_i(\chi)\, u = u$.

(3°)   Für ein beliebiges $\delta \in \mathfrak{S}^L$ ist $W_i(\chi)\,(\delta)_{mi} = (\delta + \chi)_{mi}$.

Beweis. Weil $\perp(a_i, a_n, {}_{j=1,\, j \neq i}^{m}\!\cup\, a_j)$ und $C(a_i, a_n, c_{in})$ gilt, existiert nach Hilfssatz 2.3, Kapitel II, die Perspektivität P. Wegen

$$\perp(a_1, \ldots, a_m, a_n), \qquad \perp(a_1, \ldots, a_{m-1}, (\chi)_{mi}, a_n), \qquad a_m \dot{\cup} a_i = (\chi)_{mi} \dot{\cup} a_i$$

und somit

$$\big({}_{j=1,\, j \neq i}^{m}\!\cup\, a_j \cup a_n\big) \dot{\cup} a_i = \big({}_{j=1,\, j \neq i}^{m-1}\!\cup\, a_j \cup (\chi)_{mi} \cup a_n\big) \dot{\cup} a_i$$

existiert auch die Perspektivität Q. Wegen

$$\perp(a_1, \ldots, a_{i-1}, c_{in}, a_{i+1}, \ldots, a_{m-1}, (\chi)_{mi}, a_n),$$
$$\perp(a_1, \ldots, a_{i-1}, a_i, a_{i+1}, \ldots, a_{m-1}, (\chi)_{mi}, c_{in})$$

und $a_n \dot{\cup} c_{in} = a_i \dot{\cup} c_{in}$ gibt es schließlich die Perspektivität R. Weil aber $a_i \cup a_m = a_i \cup (\chi)_{mi}$ gilt, ist $W_i(\chi) = R Q P$ eine projektive Abbildung von $L(\mathrm{o}, \, {}_{j=1}^{m}\!\cup\, a_j)$ in sich.

(II) Für $u \leqq {}_{j=1}^{m-1}\!\cup\, a_j$ ist $P u \leqq {}_{j=1,\, j \neq i}^{m-1}\!\cup\, a_j \cup a_n$ und somit $Q P u = P u$. Weil nun P und R zueinander inverse Abbildungen mit der Achse c_{in} zwischen $L(\mathrm{o}, \, {}_{j=1}^{m-1}\!\cup\, a_j)$ und $L(\mathrm{o}, \, {}_{j=1,\, j \neq i}^{m-1}\!\cup\, a_j \cup a_n)$ liefern, ist $R Q P u = u$.

(III) Sei nun $a_i \leqq u \leqq {}_{j=1}^{m}\!\cup\, a_j$. Da P, Q, R die Achsen c_{in}, a_i, c_{in} haben, ist

$$u \cup c_{in} = P u \cup c_{in}, \quad P u \cup a_i = Q P u \cup a_i \quad \text{und} \quad Q P u \cup c_{in} = R Q P u \cup c_{in}.$$

Es ist $a_i \leqq u$ und wegen $R Q P a_i = a_i$ (nach (1°)) ferner $a_i \leqq R Q P u$. Also ist

$$u \cup a_n = u \cup c_{in} \cup a_i \cup a_n = P u \cup c_{in} \cup a_i \cup a_n = Q P u \cup c_{in} \cup a_i \cup a_n$$
$$= R Q P u \cup c_{in} \cup a_i \cup a_n = R Q P u \cup a_n.$$

Folglich ist

$$(u \cup a_n) \cap {}_{j=1}^{m}\!\cup\, a_j = (R Q P\, u \cup a_n) \cap {}_{j=1}^{m}\!\cup\, a_j.$$

Wegen $u \leqq {}_{j=1}^{m}\!\cup\, a_j$, $R Q P u \leqq {}_{j=1}^{m}\!\cup\, a_j$ und der Modularität folgt daraus $u = R Q P u$.

(IV) Wegen $P(\delta)_{mi} = ((\delta)_{mi} \cup c_{in}) \cap (a_m \cup a_n) = (\delta)_{mi} \otimes c_{in} = (\delta)_{mn}$ gilt $RQP(\delta)_{mi} = \big((((\delta)_{mn} \cup a_i) \cap (a_n \cup (\chi)_{mi})) \cup c_{in}\big) \cap (a_i \cup (\chi)_{mi})$. Es ist aber $a_i \cup (\chi)_{mi} = a_i \cup a_m$ und daher nach Hilfssatz 3.7, Kapitel X, $RQP(\delta)_{mi} = (\delta + \chi)_{mi}$.

Hilfssatz 2.7. Für $i < m < n$ ist

$$W_i(\chi)(\beta; \gamma^{(1)}, \ldots, \gamma^{(m-1)}) = (\beta; \gamma^{(1)}, \ldots, \gamma^{(i-1)}, \gamma^{(i)} + \chi, \gamma^{(i+1)}, \ldots, \gamma^{(m-1)}).$$

Beweis. Nach Anmerkung 2.1 ist

$$(\beta; \gamma^{(1)}, \ldots, \gamma^{(m-1)})$$
$$= \big(\textstyle\bigcup_{j=1}^{m-1} a_j \cup (\beta)_{(m)}\big) \cap_{h=1,\,h\neq i}^{m-1} \cap \big(\textstyle\bigcup_{j=1,\,j\neq h}^{m-1} a_j \cup (\gamma^{(h)})_{mh}\big) \cap \big(\textstyle\bigcup_{j=1,\,j\neq i}^{m-1} a_j \cup (\gamma^{(i)})_{mi}\big).$$

Weil $W_i(\chi)$ eine projektive Abbildung von $L(0, \bigcup_{j=1}^{m} a_j)$ in sich ist, ist das, was sich bei Anwenden von $W_i(\chi)$ auf die linke Seite ergibt, gleich dem, was aus der rechten Seite durch gliedweise Anwendung von $W_i(\chi)$ entsteht. Die beiden ersten Glieder der rechten Seite enthalten a_i; daher werden sie nach Hilfssatz 2.6 ($2°$) auf sich abgebildet. Nach Hilfssatz 2.6 ($1°$) und ($3°$) folgt für das letzte Glied

$$W_i(\chi)\big(\textstyle\bigcup_{j=1,\,j\neq i}^{m-1} a_j \cup (\gamma^{(i)})_{mi}\big) = \textstyle\bigcup_{j=1,\,j\neq i}^{m-1} a_j \cup (\gamma^{(i)} + \chi)_{mi}.$$

Hilfssatz 2.8. Für $2 \leq m < n$ ist $X = W_1(\chi^{(1)}) \ldots W_{m-1}(\chi^{(m-1)})$ eine projektive Abbildung von $L(0, \bigcup_{j=1}^{m} a_j)$ in sich mit folgenden Eigenschaften:

($1°$)   Wenn $u \leq \bigcup_{j=1}^{m-1} a_j$, so $Xu = u$.

($2°$) $X(\beta; \gamma^{(1)}, \ldots, \gamma^{(m-1)}) = (\beta; \gamma^{(1)} + \chi^{(1)}, \ldots, \gamma^{(m-1)} + \chi^{(m-1)})$.

Beweis. (I) Weil die $W_i(\chi^{(i)})$ ($i = 1, \ldots, m-1$) nach Hilfssatz 2.6 projektive Abbildungen von $L(0, \bigcup_{j=1}^{m} a_j)$ in sich sind, ist auch X eine solche Abbildung.

(II) Wenn $u \leq \bigcup_{j=1}^{m-1} a_j$, so lassen die $W_i(\chi^{(i)})$ ($i = 1, \ldots, m-1$) nach Hilfssatz 2.6 das Element u fest, und daher wird u auch durch X auf sich abgebildet.

(III) Durch wiederholte Anwendung von Hilfssatz 2.7 beweist man die Formel ($2°$).

Satz 2.3. *Für* $\beta, \gamma^{(1)}, \ldots, \gamma^{(m-1)}, \chi^{(1)}, \ldots, \chi^{(m-1)} \in \mathfrak{S}^L$ ($2 \leq m < n$) *ist* $\big(\bigcup_{j=1}^{m-1} a_j\big) \cap \big((\beta; \gamma^{(1)}, \ldots, \gamma^{(m-1)}) \cup (1; \chi^{(1)}, \ldots, \chi^{(m-1)})\big)$

$$= \big(\textstyle\bigcup_{j=1}^{m-1} a_j\big) \cap \big(a_m \cup (\beta; \gamma^{(1)} - \chi^{(1)}, \ldots, \gamma^{(m-1)} - \chi^{(m-1)})\big).$$

Beweis. Man setze $X = W_1(-\chi^{(1)}) \ldots W_{m-1}(-\chi^{(m-1)})$. Die linke Seite der zu beweisenden Formel werde mit b bezeichnet. Wegen $b \leq \bigcup_{j=1}^{m-1} a_j$ ist dann nach Hilfssatz 2.8

$$b = Xb = \big(X \textstyle\bigcup_{j=1}^{m-1} a_j\big) \cap \big(X(\beta; \gamma^{(1)}, \ldots, \gamma^{(m-1)}) \cup X(1; \chi^{(1)}, \ldots, \chi^{(m-1)})\big)$$
$$= \big(\textstyle\bigcup_{j=1}^{m-1} a_j\big) \cap \big((\beta; \gamma^{(1)} - \chi^{(1)}, \ldots, \gamma^{(m-1)} - \chi^{(m-1)}) \cup (1; 0, \ldots, 0)\big).$$

Wegen $(1; 0, \ldots, 0) = a_m$ folgt somit die Behauptung.

Satz 2.4. *Sei* $v, w \leq {}_{j=1}^{m-1}\!\cup\, a_j$ *und*

$$\beta, \delta, \gamma^{(1)}, \ldots, \gamma^{(m-1)}, \chi^{(1)}, \ldots, \chi^{(m-1)} \in \mathfrak{S}^L \ (2 \leq m < n). \quad \textit{Dann ist}$$

(1) $$v \cup (\beta; \gamma^{(1)}, \ldots, \gamma^{(m-1)}) \leq w \cup (\delta; \chi^{(1)}, \ldots, \chi^{(m-1)})$$

genau dann, wenn die Bedingungen:

(1°) $v \leq w$,

(2°) $(\beta)_r \leq (\delta)_r$,

(3°) $(\zeta; -\eta^{(1)}, \ldots, -\eta^{(m-2)}) \cup \left(\left({}_{j=1}^{m-2}\!\cup\, a_j\right) \cap \left(a_{m-1} \cup (1; \xi^{(1)}, \ldots, \xi^{(m-2)})\right)\right) \leq w$

gleichzeitig gelten. ζ, $\eta^{(i)}$ *und* $\xi^{(i)}$ *lassen sich hierbei durch idempotente Elemente* ε, ε' *mit* $(\varepsilon')_r = (\beta)_r$ *und* $(\varepsilon'')_l = ((\gamma^{(m-1)} - \chi^{(m-1)})\varepsilon')_l$ *als* $\zeta = (\gamma^{(m-1)} - \chi^{(m-1)})\, \varepsilon$, $\eta^{(i)} (\gamma^{(m-1)} - \chi^{(m-1)})\, \varepsilon' = (\gamma^{(i)} - \chi^{(i)})\, \varepsilon'\, \varepsilon''$ *und* $\xi^{(i)} = (\gamma^{(i)} - \chi^{(i)})\, \varepsilon'\, (1 - \varepsilon'')$ *darstellen.*

Beweis. Nach Satz 2.2 gilt (1) genau dann, wenn

(1′) $v \leq w$,

(2′) $(\beta)_r \leq (\delta)_r$,

(3′) $\left({}_{j=1}^{m-1}\!\cup\, a_j\right) \cap \left((\beta; \gamma^{(1)}, \ldots, \gamma^{(m-1)}) \cup (1; \chi^{(1)}, \ldots \chi^{(m-1)})\right) \leq w$

gleichzeitig gelten. Die linke Seite von (3′) werde gleich c gesetzt. Nach Satz 2.3 ist $c = \left({}_{j=1}^{m-1}\!\cup\, a_j\right) \cap \left(a_m \cup (\beta; \gamma^{(1)} - \chi^{(1)}, \ldots, \gamma^{(m-1)} - \chi^{(m-1)})\right)$. Die Elemente $\zeta, \eta^{(i)}$ und $\xi^{(i)}$ seien nach Satz 2.1 bestimmt. Dann folgt für $d = (\zeta; -\eta^{(1)}, \ldots, -\eta^{(m-2)}) \cup \left(\left({}_{j=1}^{m-2}\!\cup\, a_j\right) \cap \left(a_{m-1} \cup (1; \xi^{(1)}, \ldots, \xi^{(m-2)})\right)\right)$ nach Satz 2.1

$$a_m \cup (\beta; \gamma^{(1)} - \chi^{(1)}, \ldots, \gamma^{(m-1)} - \chi^{(m-1)}) = a_m \cup d.$$

Wegen $d \leq {}_{j=1}^{m-1}\!\cup\, a_j$ ist $c = \left({}_{j=1}^{m-1}\!\cup\, a_j\right) \cap (a_m \cup d) = d$. Folglich läßt sich (3′) durch die Bedingung $d \leq w$ ersetzen, und daher gilt die Behauptung.

Anmerkung 2.2. Die Sätze 2.1 und 2.2 gelten auch für $m = n$. Daher gilt Satz 2.4 für $m = n$, wenn Satz 2.3 für $m = n$ gilt.

Hilfssatz 2.9. Sei $3 \leq m \leq n$. Es gibt eine perspektive Abbildung T von $L(0, {}_{j=1}^{m-2}\!\cup\, a_j \cup a_n)$ auf $L(0, {}_{j=1}^{m-2}\!\cup\, a_j \cup (\gamma^{(m-1)})_{n, m-1})$ mit der Achse a_{m-1}, und es ist

$$T((1)_{(n)}; (\gamma^{(1)})_{n1}, \ldots, (\gamma^{(m-2)})_{n, m-2}) = ((1)_{(n)}; (\gamma^{(1)})_{n1}, \ldots, (\gamma^{(m-1)})_{n, m-1}).$$

Beweis. Wegen $\perp({}_{j=1}^{m-2}\!\cup\, a_j, a_n, a_{m-1})$, $\perp({}_{j=1}^{m-2}\!\cup\, a_j, (\gamma^{(m-1)})_{n, m-1}, a_{m-1})$ und $a_n \,\dot{\cup}\, a_{m-1} = (\gamma^{(m-1)})_{n, m-1} \,\dot{\cup}\, a_{m-1}$ gibt es offensichtlich eine solche perspektive Abbildung T.

Nach Definition 3.1 und Hilfssatz 1.2 von Kapitel II ist

$$T\big((1)_{(n)};\ (\gamma^{(1)})_{n1},\dots,(\gamma^{(m-2)})_{n,\,m-2}\big)$$
$$= \Big(\big({}_{i=1}^{m-2}\!\cap\ ({}_{j=1,\,j\neq i}^{m-2}\!\cup\ a_j \cup (\gamma^{(i)})_{ni})\big) \cup a_{m-1}\Big) \cap \big({}_{j=1}^{m-2}\!\cup\ a_j \cup (\gamma^{(m-1)})_{n,\,m-1}\big)$$
$$= {}_{i=1}^{m-2}\!\cap\ ({}_{j=1,\,j\neq i}^{m-1}\!\cup\ a_j \cup (\gamma^{(i)})_{ni}) \cap \big({}_{j=1}^{m-2}\!\cup\ a_j \cup (\gamma^{(m-1)})_{n,\,m-1}\big)$$
$$= \big((1)_{(n)};\ (\gamma^{(1)})_{n1},\dots,(\gamma^{(m-1)})_{n,\,m-1}\big)\,.$$

Satz 2.5.[1] *Sei* $3 \leq m \leq n$, *ferner* $h, k \leq m-1$ *und* $h \neq k$. *Dann ist*

$$(1) \qquad \big((\beta)_{(n)};\ (\gamma^{(1)})_{n1},\dots,(\gamma^{(m-1)})_{n,\,m-1}\big) \cup (\alpha)_{kh}$$
$$= \big((\beta)_{(n)};(\gamma^{(1)})_{n1},\dots,(\gamma^{(h)}+\alpha\gamma^{(k)})_{nh},\dots,(\gamma^{(k-1)})_{n,\,k-1},(\gamma^{(k+1)})_{n,\,k+1},\dots,$$
$$(\gamma^{(m-1)})_{n,\,m-1}\big) \cup (\alpha)_{kh}\,.$$

(In der rechten Seite steht in $((\beta)_{(n)};\dots)$ *an der Stelle von* $(\gamma^{(h)})_{nh}$ *das Element* $(\gamma^{(h)}+\alpha\,\gamma^{(k)})_{nh}$; *das Element* $(\gamma^{(k)})_{nk}$ *fehlt.)*

Beweis. Wegen

$$\big((\beta)_{(n)};(\gamma^{(1)})_{n1},\dots,(\gamma^{(m-1)})_{n,\,m-1}\big) \cup (\alpha)_{kh}$$
$$= \big(({}_{j=1}^{m-1}\!\cup\ a_j \cup (\beta)_{(n)}) \cap ((1)_{(n)};\ (\gamma^{(1)})_{n1},\dots,(\gamma^{(m-1)})_{n,\,m-1})\big) \cup (\alpha)_{kh}$$
$$= \big({}_{j=1}^{m-1}\!\cup\ a_j \cup (\beta)_{(n)}\big) \cap \big(((1)_{(n)};\ (\gamma^{(1)})_{n1},\dots,(\gamma^{(m-1)})_{n,\,m-1}) \cup (\alpha)_{kh}\big)$$

genügt es, die Behauptung für $\beta = 1$ zu beweisen. Die Richtigkeit von (1) für $\beta = 1$ soll nun durch vollständige Induktion nach m bewiesen werden. Nach Hilfssatz 3.8, Kapitel X, ist

$$\big((a_2 \cup (\gamma^{(1)})_{n1}) \cap (a_1 \cup (\gamma^{(2)})_{n2})\big) \cup (\alpha)_{21} = (\gamma^{(1)}+\alpha\,\gamma^{(2)})_{n1} \cup (\alpha)_{21}\,,$$

d. h.

$$\big((1)_{(n)};\ (\gamma^{(1)})_{n1},\ (\gamma^{(2)})_{n2}\big) \cup (\alpha)_{21} = \big((1)_{(n)};\ (\gamma^{(1)}+\alpha\,\gamma^{(2)})_{n1}\big) \cup (\alpha)_{21}\,.$$

Weil eine entsprechende Beziehung auch bei vertauschten Indizes 1,2 gilt, ist (1) für $m = 3$ bewiesen. Es soll nun aus der Richtigkeit von (1) für $m = l-1$ die für $m = l$ hergeleitet werden. Da (1) von der Reihenfolge der Indizes $1,\dots,l-1$ unabhängig ist, kann man h, k als von $l-1$ verschieden annehmen. Nach Induktionsvoraussetzung ist

$$\big((1)_{(n)};\ (\gamma^{(1)})_{n1},\dots,(\gamma^{(l-2)})_{n,\,l-2}\big) \cup (\alpha)_{kh}$$
$$= \big((1)_{(n)};(\gamma^{(1)})_{n1},\dots,(\gamma^{(h)}+\alpha\gamma^{(k)})_{nh},\dots,(\gamma^{(k-1)})_{n,\,k-1},(\gamma^{(k+1)})_{n,\,k+1},\dots,$$
$$(\gamma^{(l-2)})_{n,\,l-2}\big) \cup (\alpha)_{kh}\,.$$

Wendet man hierauf die durch die Achse a_{l-1} bestimmte perspektive Abbildung von $L(0,\ {}_{j=1}^{l-2}\!\cup\ a_j \cup a_n)$ auf $L(0,\ {}_{j=1}^{l-2}\!\cup\ a_j \cup (\gamma^{(l-1)})_{n,\,l-1})$ an, so folgt nach Hilfssatz 2.9, daß (1) auch für $m = l$ gilt.

§ 3. Die isomorphe Abbildung von L auf $\overline{R}(\mathfrak{S}_n^L)$

$\{a_i, c_{ij};\ i, j = 1,\dots,n\}$ sei ein normierter Rahmen des komplementären modularen Verbandes L mit einer Ordnung $n \geq 4$, und $\mathfrak{S}^L$ sei der

---

[1] Nach Kodaira, Furuya [1] III, 650.

hierdurch bestimmte Hilfsring von L. Nach Satz 1.1 ist $\mathfrak{S}^L$ ein regulärer Ring.

Bezeichnet man wie im Beweis von Hilfssatz 2.1, Kapitel IX, mit E_{ij} die n-reihige Matrix, die an der Stelle (i, j) eine 1 und sonst lauter Nullen hat, so ist $(E_{ij})_{i, j = 1, \ldots, n}$ ein Basismatrizensystem des Matrizenringes $\mathfrak{S}^L_n$, und setzt man wie in Anmerkung 2.1, Kapitel IX, $\mathfrak{a}_i = (E_{ii})_r$, $\mathfrak{c}_{ij} = (E_{ii} - E_{ji})_r = (E_{jj} - E_{ij})_r$ $(i, j = 1, \ldots, n)$, so ist $\{\mathfrak{a}_i, \mathfrak{c}_{ij};\ i, j = 1, \ldots, n\}$ ein normierter Rahmen des komplementären modularen Verbandes $\bar{R}(\mathfrak{S}^L_n)$.

Es ist das Ziel dieses Paragraphen, eine isomorphe Abbildung von L auf $\bar{R}(\mathfrak{S}^L_n)$ zu ermitteln.

Durch $a_i \to \mathfrak{a}_i$, $c_{ij} \to \mathfrak{c}_{ij}$ $(i, j = 1, \ldots, n)$ wird zunächst eine Zuordnung zwischen den normierten Rahmen hergestellt. Nach Satz 1.1 dieses Kapitels lassen sich die Elemente von $L(0, a_i)$ in der Form $(\beta)_{(i)}$ darstellen, nach Satz 3.5, Kapitel IX, können die Elemente von $L((0), \mathfrak{a}_i)$ als $(\beta)^*_{(i)}$ geschrieben werden. Nach Definition 1.1, Kapitel X, kann man ferner jedes Element von $L_{a_i a_j}$ als $(\beta)_{ij}$ und nach Definition 3.4, Kapitel IX, jedes Element von $L_{\mathfrak{a}_i \mathfrak{a}_j}$ als $(\beta)^*_{ij}$ darstellen. Hierbei durchläuft β alle Elemente von $\mathfrak{S}^L$.

Definition 3.1. Wenn eine isomorphe Abbildung von $L(0, {}_{i = 1}^{m}\bigcup a_i)$ auf $L((0), {}_{i = 1}^{m}\bigcup \mathfrak{a}_i)$ mit

$$(A_m) \qquad (\beta)_{(i)} \to (\beta)^*_{(i)}, \qquad (\beta)_{ij} \to (\beta)^*_{ij} \qquad (i, j = 1, \ldots, m;\ i > j)$$

für alle $\beta \in \mathfrak{S}^L$ existiert, so werde diese Abbildung mit J_m bezeichnet. Mit dem Existenznachweis von J_n ist also das Ziel dieses Paragraphen erreicht.

Anmerkung 3.1. Für $\beta = 1$ zeigt (A_n), daß J_n eine Zuordnung zwischen den normierten Rahmen von L und $\bar{R}(\mathfrak{S}^L_n)$ herstellt. (Es ist natürlich $c_{ii} = 0$ und $\mathfrak{c}_{ii} = (0)$ $(i = 1, \ldots, n)$).

Hilfssatz 3.1. Im Falle $m < n$ existiert J_m.

Beweis. (I) Der Satz soll durch vollständige Induktion nach m bewiesen werden. Nach Satz 1.1 ist $(\beta)_{(1)} \to (\beta)_r$ ein Isomorphismus von $L(0, a_1)$ auf $\bar{R}(\mathfrak{S}^L)$ und nach Satz 3.5, Kapitel IX, $(\beta)_r \to (\beta)^*_{(1)}$ ein Isomorphismus von $\bar{R}(\mathfrak{S}^L)$ auf $L((0), \mathfrak{a}_1)$. Also existiert J_1.

(II) Sei nun die Existenz von J_{m-1} vorausgesetzt. Nach Hilfssatz 1.3, Kapitel VIII, läßt sich jedes Element $u \in L(0, {}_{j = 1}^{m}\bigcup a_j)$ als

$$(1) \qquad u = v \cup (\beta; \gamma^{(1)}, \ldots, \gamma^{(m-1)}) \quad \text{mit} \quad v \leqq {}_{j = 1}^{m-1}\bigcup a_j$$

darstellen. Es wird nun

$$(2) \qquad J(u) = J_{m-1}(v) \cup (\beta; \gamma^{(1)}, \ldots, \gamma^{(m-1)})*$$

gesetzt; dabei ist

$$(\beta; \gamma^{(1)}, \ldots, \gamma^{(m-1)})* = ((\beta)^*_{(m)}; (\gamma^{(1)})^*_{m 1}, \ldots, (\gamma^{(m-1)})^*_{m, m-1}),$$

also $J(u) \in L\big((o),\, _{j=1}^{m}\!\cup\, \mathfrak{a}_j\big)$. Wir wollen beweisen, daß die so erklärte Abbildung J die gesuchte Abbildung J_m ist.

(III) Sind $v, w \leqq\, _{j=1}^{m-1}\!\cup\, a_j$, so ist nach Satz 2.4 genau dann

$$(3) \qquad v \cup (\beta;\, \gamma^{(1)}, \ldots, \gamma^{(m-1)}) \leqq w \cup (\delta;\, \chi^{(1)}, \ldots, \chi^{(m-1)}) ,$$

wenn die Bedingungen

(1°) $v \leqq w$,

(2°) $(\beta)_r \leqq (\delta)_r$,

(3°) $(\zeta;\, -\eta^{(1)}, \ldots, -\eta^{(m-2)}) \cup \big(_{j=1}^{m-2}\!\cup\, a_j \cap \big(a_{m-1} \cup (1;\, \xi^{(1)}, \ldots, \xi^{(m-2)})\big)\big) \leqq w$

gleichzeitig gelten.

Wendet man den Satz 2.4 auf $L\big((o),\, _{j=1}^{m}\!\cup\, a_j\big)$ an, so folgt, daß

$$(4)\quad J_{m-1}(v) \cup (\beta;\, \gamma^{(1)}, \ldots, \gamma^{(m-1)})^* \leqq J_{m-1}(w) \cup (\delta;\, \chi^{(1)}, \ldots, \chi^{(m-1)})^*$$

genau dann ist, wenn die Bedingungen

(1^*) $J_{m-1}(v) \leqq J_{m-1}(w)$,

(2^*) $(\beta)_r \leqq (\delta)_r$,

(3^*) $(\zeta;\, -\eta^{(1)}, \ldots, -\eta^{m-2})^* \cup \big(_{j=1}^{m-2}\!\cup a_j \cap \big(a_{m-1} \cup (1;\, \xi^{(1)}, \ldots, \xi^{(m-2)})^*\big)\big) \leqq J_{m-1}(w)$

gleichzeitig gelten. Hierbei stimmen die ζ, $\eta^{(i)}$, $\xi^{(i)}$ von (3^*) nach Anmerkung 3.2, Kapitel X, tatsächlich mit den ζ, $\eta^{(i)}$, $\xi^{(i)}$ von (3°) überein.

Weil J_{m-1} existiert, ist die Bedingung (1°) mit (1^*) und die Bedingung (3°) mit (3^*) gleichwertig. Daher gilt (3) genau dann, wenn (4) gilt. Also ist J eine eineindeutige Abbildung von $L\big(o,\, _{j=1}^{m}\!\cup\, a_j\big)$ auf $L\big((o),\, _{j=1}^{m}\!\cup\, a_j\big)$, welche die Ordnung nicht verändert, und somit ein Isomorphismus des einen auf den andern Verband.

(IV) Es soll nun gezeigt werden, daß J die Bedingung (A_m) erfüllt. Wenn $u \leqq\, _{j=1}^{m-1}\!\cup\, a_j$, so ist $(\beta;\, \gamma^{(1)}, \ldots, \gamma^{(m-1)}) = o$ in (1). In (2) ist also $J(u) = J_{m-1}(u)$. Da somit die Bedingung (A_{m-1}) erfüllt ist, genügt es,

$$(5) \qquad\qquad (\beta)_{(m)} \to (\beta)^*_{(m)}, \ (\beta)_{mj} \to (\beta)^*_{mj} \qquad (m > j)$$

nachzuweisen. Nach Anmerkung 2.1 wird (1) für $u = (\beta)_{(m)}$ zu $u = (\beta;\, o, \ldots, o)$ und für $u = (\beta)_{mj}$ zu $u = (1;\, o, \ldots, o,\, \beta,\, o, \ldots, o)$ (β steht an j-ter Stelle). Nach (2) folgt daher die Bedingung (5). Folglich ist J die gesuchte Abbildung J_m .

Anmerkung 3.2. Die Einschränkung $m < n$ im Hilfssatze 3.1 ist nur deshalb nötig, weil der Satz 2.4 nur für $m < n$ bewiesen ist. Wie in Anmerkung 2.2 erläutert, gilt Satz 2.4 aber auch für $m = n$, wenn Satz 2.3 für $m = n$ gilt. Folglich ist dann auch Hilfssatz 3.1 für $m = n$ richtig. In dem folgenden Hilfssatz wird nachgewiesen, daß der Satz 2.3 auch noch für $m = n$ gilt, damit ist dann Hilfssatz 3.1 für $m = n$ bewiesen.

Hilfssatz 3.2. Der Satz 2.3 gilt auch für $m = n$; d. h.

$$(1) \qquad (\overset{n-1}{\underset{j=1}{\bigcup}} a_j) \cap ((\beta; \gamma^{(1)}, \ldots, \gamma^{(n-1)}) \cup (1; \chi^{(1)}, \ldots, \chi^{(n-1)}))$$
$$= (\overset{n-1}{\underset{j=1}{\bigcup}} a_j) \cap (a_n \cup (\beta; \gamma^{(1)} - \chi^{(1)}, \ldots, \gamma^{(n-1)} - \chi^{(n-1)})) \, .$$

Beweis.[1]) Beide Seiten von (1) sind Elemente von $L(o, \overset{n-1}{\underset{j=1}{\bigcup}} a_j)$. Nach Hilfssatz 3.1 und Hilfssatz 3.3, Kapitel IX, sind $L(o, \overset{n-1}{\underset{j=1}{\bigcup}} a_j)$ und $\overline{R}(\mathfrak{S}^L_{n-1})$ einander isomorph. Daher kann man (1) mit Satz 3.7, Kapitel IX, worin n durch $n - 1$ zu ersetzen ist, beweisen.

Sei $k, h \leq n - 1$. Führt man die Abkürzung

$$A = \Big((\overset{n-1}{\underset{j=1}{\bigcup}} a_j) \cap (((\beta)_{(n)}; (\gamma^{(1)})_{n1}, \ldots, (\gamma^{(n-1)})_{n, n-1})$$
$$\cup ((1)_{(n)}; (\chi^{(1)})_{n1}, \ldots, (\chi^{(n-1)})_{n, n-1})) \Big) \cup (\alpha)_{kh}$$
$$= (\overset{n-1}{\underset{j=1}{\bigcup}} a_j) \cap \Big((((\beta)_{(n)}; (\gamma^{(1)})_{n1}, \ldots, (\gamma^{(n-1)})_{n, n-1}) \cup (\alpha)_{kh})$$
$$\cup (((1)_{(n)}; (\chi^{(1)})_{n1}, \ldots, (\chi^{(n-1)})_{n, n-1}) \cup (\alpha)_{kh}) \Big)$$

ein, so folgt wegen der Modularität und Satz 2.5

$$A = \Big((\overset{n-1}{\underset{j=1}{\bigcup}} a_j) \cap (((\beta)_{(n)}; (\gamma^{(1)})_{n1}, \ldots, (\gamma^{(h)} + \alpha \gamma^{(k)})_{nh}, \ldots, (\gamma^{(k-1)})_{n, k-1},$$
$$(\gamma^{(k+1)})_{n, k+1}, \ldots, (\gamma^{(n-1)})_{n, n-1}) \cup ((1)_{(n)}; (\chi^{(1)})_{n1}, \ldots, (\chi^{(h)} + \alpha \chi^{(k)})_{nh},$$
$$\ldots, (\chi^{(k-1)})_{n, k-1} (\chi^{(k+1)})_{n, k+1}, \ldots, (\chi^{(n-1)})_{n, n-1})) \Big) \cup (\alpha)_{kh} \, .$$

Weil hierin $((\beta)_{(n)}; \ldots)$ bzw. $((1)_{(n)}; \ldots)$ das Glied $(\gamma^{(k)})_{nk}$ bzw. $(\chi^{(k)})_{nk}$ nicht enthält, ergibt sich für die obere Grenze B dieser beiden Ausdrücke

$$(\overset{n-1}{\underset{j=1, j \neq k}{\bigcup}} a_j \cup B) \cap (a_k \cup o) = o$$

und daher nach Hilfssatz 1.2, Kapitel II,

$$(\overset{n-1}{\underset{j=1}{\bigcup}} a_j) \cap B = (\overset{n-1}{\underset{j=1, j \neq k}{\bigcup}} a_j) \cap B \, .$$

Daher folgt

$$A = \Big((\overset{n-1}{\underset{j=1, j \neq k}{\bigcup}} a_j) \cap (((\beta)_{(n)}; (\gamma^{(1)})_{n1}, \ldots, (\gamma^{(h)} + \alpha \gamma^{(k)})_{nh}, \ldots,$$
$$(\gamma^{(k-1)})_{n, k-1}, (\gamma^{(k+1)})_{n, k+1}, \ldots, (\gamma^{(n-1)})_{n, n-1}) \cup$$
$$((1)_{(n)}; (\chi^{(1)})_{n1}, \ldots, (\chi^{(h)} + \alpha \chi^{(k)})_{nh}, \ldots, (\chi^{(k-1)})_{n, k-1},$$
$$(\chi^{(k+1)})_{n, k+1}, \ldots, (\chi^{(n-1)})_{n, n-1})) \Big) \cup (\alpha)_{kh} \, .$$

Wendet man hierauf den Satz 2.3 für $m = n - 1$ an, so folgt

$$A = \Big((\overset{n-1}{\underset{j=1, j \neq k}{\bigcup}} a_j) \cap (a_n \cup ((\beta)_{(n)}; (\gamma^{(1)} - \chi^{(1)})_{n1}, \ldots,$$
$$(\gamma^{(h)} - \chi^{(h)} + \alpha(\gamma^{(k)} - \chi^{(k)}))_{nk}, \ldots, (\gamma^{(k-1)} - \chi^{(k-1)})_{n, k-1},$$
$$(\gamma^{(k+1)} - \chi^{(k+1)})_{n, k+1}, \ldots, (\gamma^{(n-1)} - \chi^{(n-1)})_{n, n-1})) \Big) \cup (\alpha)_{kh} \, .$$

Ersetzt man hierin in Umkehrung eines weiter oben ausgeführten Schrittes $\overset{n-1}{\underset{j=1, j \neq k}{\bigcup}} a_j$ durch $\overset{n-1}{\underset{j=1}{\bigcup}} a_j$, so erhält man wegen der Modu-

---

[1]) Kodaira, Furuya [1] III, 651.

larität

$$A = \left({}_{j=1}^{n-1}\!\bigcup a_j\right) \cap \left(a_n \cup ((\beta)_{(n)}; (\gamma^{(1)} - \chi^{(1)})_{n1}, \ldots,\right.$$
$$(\gamma^{(h)} - \chi^{(h)} + \alpha(\gamma^{(k)} - \chi^{(k)}))_{nh}, \ldots, (\gamma^{(k-1)} - \chi^{(k-1)})_{n,k-1},$$
$$\left.(\gamma^{(k+1)} - \chi^{(k+1)})_{n,k+1}, \ldots, (\gamma^{(n-1)} - \chi^{(n-1)})_{n,n-1}) \cup (\alpha)_{kh}\right),$$

und nach Satz 2.5 folgt wegen der Modularität daraus

$$A = \left({}_{j=1}^{n-1}\!\bigcup a_j\right) \cap \left(a_n \cup ((\beta)_{(n)}; (\gamma^{(1)} - \chi^{(1)})_{n1}, \ldots, (\gamma^{(n-1)} - \chi^{(n-1)})_{n,n-1}) \cup (\alpha)_{kh}\right)$$
$$= \left(\left({}_{j=1}^{n-1}\!\bigcup a_j\right) \cap \left(a_n \cup ((\beta)_{(n)}; (\gamma^{(1)} - \chi^{(1)})_{n1}, \ldots, (\gamma^{(n-1)} - \chi^{(n-1)})_{n,n-1})\right)\right) \cup (\alpha)_{kh}.$$

Weil dies für jedes $\alpha \in \mathfrak{S}^L$ gilt, erhält man nach Satz 3.7, Kapitel IX, somit (1).

Satz 3.1 (*Die Matrizendarstellung eines komplementären modularen Verbandes.*) *$\mathfrak{S}^L$ sei ein Hilfsring des komplementären modularen Verbandes L mit einer Ordnung $n \geqq 4$. Dann sind L und der Hauptrechtsidealverband $\overline{R}(\mathfrak{S}_n^L)$ des n-dimensionalen Matrizenringes $\mathfrak{S}_n^L$ über $\mathfrak{S}^L$ einander isomorph. Die Matrix E_{ij} enthalte an der Stelle (i, j) eine 1 und sonst lauter Nullen. Dann sind der zur Herstellung von $\mathfrak{S}^L$ verwandte normierte Rahmen von L und der normierte Rahmen $\{\mathfrak{a}_i, \mathfrak{c}_{ij}; i, j = 1, \ldots, n\}$ mit*

$$\mathfrak{a}_i = (E_{ii})_r, \quad \mathfrak{c}_{ij} = (E_{ii} - E_{ji})_r = (E_{jj} - E_{ij})_r \qquad (i, j = 1, \ldots, n)$$

von $\overline{R}(\mathfrak{S}_n^L)$ bei obigem Isomorphismus einander zugeordnet.

Beweis. Weil nach Hilfssatz 3.2 und Anmerkung 3.2 die Abbildung J_n existiert, sind L und $\overline{R}(\mathfrak{S}_n^L)$ einander isomorph. Nach Anmerkung 3.1 ist $\{\mathfrak{a}_i, \mathfrak{c}_{ij}; i, j = 1, \ldots, n\}$ der normierte Rahmen von $\overline{R}(\mathfrak{S}_n^L)$, der dem normierten Rahmen von L entspricht.

Anmerkung 3.3. Ist L ein $(n - 1)$-dimensionaler projektiver Raum $(n \geqq 4)$ und sind daher die a_i der homogenen Basis $\{a_i; i = 1, \ldots, n\}$ Punkte dieses Raumes, so ist nach Anmerkung 3.1, Kapitel X, der Hilfsring $\mathfrak{S}^L$ von L ein Schiefkörper. Nach Satz 2.2, Kapitel IX, ist dann $R(\mathfrak{S}_n^L) = \overline{R}(\mathfrak{S}_n^L)$, also L dem Rechtsidealverband des n-reihigen Matrizenringes über dem Schiefkörper $\mathfrak{S}^L$ isomorph.

Satz 3.2.[1]) (*Die Darstellung eines komplementären modularen Verbandes durch Ideale.*) *L sei ein komplementärer modularer Verband mit einer Ordnung $n \geqq 4$. Dann existiert ein regulärer Ring $\mathfrak{R}$, so daß L dem Hauptrechtsidealverband $\overline{R}_{\mathfrak{R}}$ von $\mathfrak{R}$ isomorph ist. $\mathfrak{R}$ ist bis auf Ringisomorphismen eindeutig bestimmt.*

Beweis. $\mathfrak{S}^L$ sei ein Hilfsring von L. Setzt man $\mathfrak{S}_n^L = \mathfrak{R}$, so sind L und $\overline{R}_{\mathfrak{R}}$ nach Satz 3.1 einander isomorph. Ist L ferner zu $\overline{R}_{\mathfrak{R}'}$ isomorph, so folgt nach Satz 3.6, Kapitel IX, daß $\mathfrak{R}$ und $\mathfrak{R}'$ isomorph sind.

---

[1]) von Neumann [6] II, Theorem 14.1.

Anmerkung 3.4. Ist der komplementäre modulare Verband L vollständig, so braucht $\overline{R}_{\mathfrak{R}}$ als Unterverband von $R_{\mathfrak{R}}$ aus dem gleichen Grunde wie in Anmerkung 1.2, Kapitel VII, kein vollständiger Verband zu sein.

Satz 3.3. (*Die Vektordarstellung eines komplementären modularen Verbandes.*) $\mathfrak{S}^L$ *sei ein Hilfsring des komplementären modularen Verbandes* L *mit einer Ordnung* $n \geq 4$ *und* $V(\mathfrak{S}^L; n)$ *ein* n-*dimensionaler* (*rechtslinearer*) *Vektorraum über* $\mathfrak{S}^L$. *Dann sind* L *und der aus den endlicherzeugbaren linearen Unterräumen* (*das sind solche, die aus Linearkombinationen je endlich vieler Vektoren von* $V(\mathfrak{S}^L; n)$ *bestehen*) *gebildete Verband isomorph. Ist* $\mathbf{e}_1, \ldots, \mathbf{e}_n$ *eine Basis von* $V(\mathfrak{S}^L; n)$, *so entspricht* $\{(\mathbf{e}_i), (\mathbf{e}_i - \mathbf{e}_j); \ i, j = 1, \ldots, n\}$ *bei diesem Isomorphismus dem normierten Rahmen von* L, *der bei der Herstellung von* $\mathfrak{S}_L$ *verwandt wurde.*

Beweis. Nach Satz 3.1 sind L und $\overline{R}(\mathfrak{S}_n^L)$ isomorph. Nach den Sätzen 3.2 und 3.3 von Kapitel IX folgt somit die Behauptung.

Definition 3.2. Den Vektorraum $V(\mathfrak{S}^L; n)$ des Satzes 3.3 nennt man eine *Vektorraumdarstellung* des komplementären modularen Verbandes L. Den $a \in L$ entsprechenden linearen Unterraum von $V(\mathfrak{S}^L; n)$ bezeichnet man mit $M(a)$ und nennt ihn eine *Vektordarstellung* von a.

Anmerkung 3.5. Ist L ein $(n-1)$-dimensionaler projektiver Raum $(n \geq 4)$, und wählt man die Elemente der homogenen Basis als Punkte, so ist, wie in Anmerkung 3.3 erläutert, der Hilfsring $\mathfrak{S}^L$ von L ein Schiefkörper und $R(\mathfrak{S}_n^L) = \overline{R}(\mathfrak{S}_n^L)$. Nach Satz 3.2, Kapitel IX, ist also L dann dem Verband isomorph, der aus allen linearen Unterräumen des n-dimensionalen Vektorraumes über dem Schiefkörper $\mathfrak{S}^L$ besteht.

XII. Die Darstellung eines orthokomplementären modularen Verbandes

§ 1. Orthokomplementäre modulare Verbände[1])

Definition 1.1. Gilt bei einem Dualautomorphismus $a \to a^*$ eines Verbandes L die Gleichung $a = a^{**}$ für alle $a \in L$, so nennt man diese Abbildung *involutorisch*.

Hilfssatz 1.1. Für einen involutorischen Dualautomorphismus $a \to a^*$ eines Verbandes mit o und 1 sind die folgenden drei Aussagen äquivalent.

(α) \qquad\qquad $a \cap a^* = 0$ für alle a.

(β) \qquad\qquad $a \cup a^* = 1$ für alle a.

(γ) \qquad\qquad Wenn $a \leq a^*$, so ist $a = 0$.

---

[1]) Über orthokomplementäre modulare Verbände und Quantenlogik siehe BIRKHOFF und VON NEUMANN [*1*], BIRKHOFF [*3*] 193. Nach I. KAPLANSKY (Ann. of Math. **61**, 524—541, 1955) ist jeder orthokomplementäre vollständige modulare Verband eine kontinuierliche Geometrie (im weiteren Sinn).

Beweis. $(\alpha) \to (\beta)$. $a \cup a^* = (a^* \cap a)^* = 0^* = 1$.

$(\beta) \to (\gamma)$. Für $a \leq a^*$ ist $a^* = a \cup a^* = 1$, also $a = 1^* = 0$.

$(\gamma) \to (\alpha)$. Wegen $a \cap a^* \leq a \cup a^* = (a \cap a^*)^*$ ist $a \cap a^* = 0$.

Definition 1.2. Für einen Verband L mit 0 und 1 sei ein involutorischer Dualautomorphismus $a \to a^*$ gegeben. Ist dann eine der Bedingungen (α), (β) oder (γ) von Hilfssatz 1.1 erfüllt, so bezeichnet man L als *orthokomplementären Verband* und a^* als das *Orthokomplement* von a. Im folgenden wird für das Orthokomplement von a die Bezeichnung $a^\perp$ verwendet.

Ist in einem orthokomplementären Verbande $a \leq b^\perp$, so schreibt man $a \perp b$. Wenn $a \leq b^\perp$, so ist $a^\perp \geq b^{\perp\perp} = b$, also folgt aus $a \perp b$ auch $b \perp a$. Gilt $a \perp b$, so sagt man, a und b seien *orthogonal*.

Hilfssatz 1.2. In einem orthokomplementären modularen Verbande folgt aus $a = (a \cap b) \cup (a \cap b^\perp)$ die Gleichung $b = (b \cap a) \cup (b \cap a^\perp)$.

Beweis. Wegen $b \cap a^\perp = b \cap (a \cap b)^\perp \cap (a^\perp \cup b) = b \cap (a \cap b)^\perp$ ist
$(b \cap a) \cup (b \cap a^\perp) = (b \cap a) \cup (b \cap (a \cap b)^\perp) = b \cap ((b \cap a) \cup (a \cap b)^\perp) = b$.

Definition 1.3. Ist in einem orthokomplementären modularen Verband $a = (a \cap b) \cup (a \cap b^\perp)$, so nennt man a und b *kommensurabel*. Sind a und b kommensurabel, so auch a und $b^\perp$ und nach Hilfssatz 1.2 ferner b und a.

Anmerkung 1.1. Ist in einem orthokomplementären modularen Verband L ein Element b mit allen $a \in L$ kommensurabel, so ist b nach Satz 3.3, Kapitel I, ein Zentrumselement. Sind also zwei beliebige Elemente stets miteinander kommensurabel, so ist L ein Boolescher Verband.

§ 2. *-reguläre Ringe

Definition 2.1. Gibt es zwischen zwei Ringen $\Re$ und $\Re^*$ eine eineindeutige Abbildung $\alpha \to \alpha^*$ mit $(\alpha + \beta)^* = \alpha^* + \beta^*$ und $(\alpha\beta)^* = \beta^*\alpha^*$, so bezeichnet man diese Abbildung als *Antiisomorphismus* und nennt $\Re$, $\Re^*$ *antiisomorph zueinander*. Im Falle $\Re = \Re^*$ wird die Abbildung *Antiautomorphismus von* $\Re$ genannt. α^* heißt dann das zu α *adjungierte Element*. Ist $\alpha = \alpha^*$, so heißt α ein *hermitesches Element* von $\Re$.

Hilfssatz 2.1. Bei einem Antiautomorphismus $\alpha \to \alpha^*$ eines Ringes $\Re$ sind 0 und 1 (falls ein Einselement existiert) hermitesche Elemente.

Beweis. (I) Wegen $0 + 0 = 0$ ist $0^* + 0^* = 0^*$, also $0^* = 0$.

(II) Da $\xi = \xi 1 = 1 \xi$ für alle $\xi \in \Re$, ist $\xi^* = 1^* \xi^* = \xi^* 1^*$, d. h. $\chi = 1^* \chi = \chi 1^*$ für alle $\chi \in \Re$, folglich $1^* = 1$.

Hilfssatz 2.2. Bei einem Antiautomorphismus $\alpha \to \alpha^*$ eines Ringes $\Re$ seien ε und η hermitesche idempotente Elemente mit $\varepsilon\eta = \eta\varepsilon$. Dann sind $\varepsilon\eta$ und $\varepsilon + \eta - \varepsilon\eta$ hermitesche idempotente Elemente, und es ist $(\varepsilon)_r \cap (\eta)_r = (\varepsilon\eta)_r$, $(\varepsilon)_r \cup (\eta)_r = (\varepsilon + \eta - \varepsilon\eta)_r$.

15*

Beweis. (I) Setzt man $\chi = \varepsilon\eta = \eta\varepsilon$, so ist wegen $\chi^* = \eta^*\varepsilon^* = \eta\varepsilon = \chi$ und $\chi^2 = \varepsilon\eta\varepsilon\eta = \varepsilon\varepsilon\eta\eta = \varepsilon\eta = \chi$ das Element χ hermitesch und idempotent.

Wegen $(\chi)_r \leq (\varepsilon)_r, (\eta)_r$ ist $(\chi)_r \leq (\varepsilon)_r \cap (\eta)_r$. Für $\xi \in (\varepsilon)_r \cap (\eta)_r$ ist $\xi = \varepsilon\xi = \eta\xi$, somit $\xi = \varepsilon\eta\xi = \chi\xi$, also $\xi \in (\chi)_r$ und folglich $(\chi)_r = (\varepsilon)_r \cap (\eta)_r$.

(II) Entsprechend zu (I) zeigt man, daß $\chi = \varepsilon + \eta - \varepsilon\eta$ ein hermitesches idempotentes Element ist. Wegen $\chi \in (\varepsilon)_r \cup (\eta)_r$ ist $(\chi)_r \leq (\varepsilon)_r \cup (\eta)_r$. Aus $\chi\varepsilon = \varepsilon$ ergibt sich $(\varepsilon)_r \leq (\chi)_r$ und entsprechend folgt $(\eta)_r \leq (\chi)_r$. Also ist $(\chi)_r = (\varepsilon)_r \cup (\eta)_r$.

Satz 2.1.[1]) *Ist $\alpha \to \alpha^*$ ein Antiautomorphismus eines regulären Ringes $\Re$, so ist*

$$\text{(1)} \qquad\qquad (\alpha)_r \to (\alpha^*)_l^r$$

ein Dualautomorphismus von $\overline{R}_\Re$. Umgekehrt läßt sich ein Dualautomorphismus des Hauptrechtsidealverbandes $\overline{R}_\Re$ eines regulären Ringes $\Re$ mit einer Ordnung $n \geq 3$ durch genau einen Antiautomorphismus $\alpha \to \alpha^*$ von $\Re$ in der Form (1) darstellen.

Beweis. Der aus den Elementen des Ringes $\Re$ mit der gleichen Addition $(x, y) \to x + y$ wie in $\Re$ und der Multiplikation $(x, y) \to y\,x$ (statt $(x, y) \to x\,y$ in $\Re$) gebildete Ring werde mit $\Re'$ bezeichnet. Dann sind die Linksideale von $\Re$ Rechtsideale von $\Re'$ und umgekehrt. Folglich ist $\overline{L}_\Re = \overline{R}_{\Re'}$.

(I) $\alpha \to \alpha^*$ ist ein Isomorphismus von $\Re$ auf $\Re'$. Also liefert $\alpha \to \alpha^*$ den Isomorphismus $(\alpha)_r \to (\alpha^*)_l$ von $\overline{R}_\Re$ auf $\overline{R}_{\Re'} = \overline{L}_\Re$. Nach Satz 3.3, Kapitel VI, ist $(\alpha^*)_l \to (\alpha^*)_l^r$ ein Dualisomorphismus von $\overline{L}_\Re$ auf $\overline{R}_\Re$ und folglich $(\alpha)_r \to (\alpha^*)_l^r$ ein Dualautomorphismus von $\overline{R}_\Re$.

(II) Ist $\mathfrak{a} \to \mathfrak{a}^*$ ein Dualautomorphismus von $\overline{R}_\Re$, so ist $\mathfrak{a} \to \mathfrak{a}^{*l}$ ein Isomorphismus von $\overline{R}_\Re$ auf $\overline{L}_\Re = \overline{R}_{\Re'}$. Nach Satz 3.6, Kapitel IX, gibt es genau einen Isomorphismus $\alpha \to \alpha^*$ von $\Re$ auf $\Re'$, so daß dem Hauptrechtsideal $\mathfrak{a} = (\alpha)_r$ von $\overline{R}_\Re$ das Hauptrechtsideal $(\alpha^*)_l$ von $\Re'$, d. h. das Hauptlinksideal $(\alpha^*)_l$ von $\Re$, entspricht, also $\mathfrak{a}^{*l} = (\alpha^*)_l$ ist. Weil somit $\mathfrak{a}^* = \mathfrak{a}^{*lr} = (\alpha^*)_l^r$ gilt, läßt sich $\mathfrak{a} \to \mathfrak{a}^*$ in der Form (1) darstellen. Der Isomorphismus $\alpha \to \alpha^*$ von $\Re$ auf $\Re'$ ist aber nichts anderes als ein Antiautomorphismus von $\Re$.

Anmerkung 2.1. Die Zuordnung (1) von Satz 2.1 kann man auch durch

$$\text{(1)} \qquad\qquad (\alpha)_r \to \{\xi;\ \alpha^*\xi = 0\}$$

sowie durch

$$\text{(2)} \qquad\qquad \mathfrak{a} \to \{\xi^*;\ \xi \in \mathfrak{a}\}^r$$

beschreiben.

---

[1]) VON NEUMANN, [6] II, Theorem 4.3.

Beweis. Wegen $(\alpha^*)_l' = \{\xi;\ (\alpha^*)_l\,\xi = (0)\} = \{\xi;\ \alpha^*\,\xi = 0\}$ gilt (1). Da $\{\xi^*;\ \xi \in (\alpha)_r\} = \{(\alpha\,\chi)^*;\ \chi \in \Re\} = \{\chi^*\,\alpha^*;\ \chi^* \in \Re\} = (\alpha^*)_l$ ist, folgt ferner (2).

Hilfssatz 2.3. Wird durch den Antiautomorphismus $\alpha \to \alpha^*$ des regulären Ringes $\Re$ in $\overline{R}_\Re$ der Dualautomorphismus $\mathfrak{a} \to \mathfrak{a}^*$ gegeben, so ist $\qquad (\alpha)_r^{**} = (\alpha^{**})_r.$

Beweis. Weil nach Anmerkung 2.1 (1) $(\alpha)_r^* = \{\xi;\ \alpha^*\,\xi = 0\}$ gilt, ist wegen der Beziehung (2) derselben Anmerkung

$$(\alpha)_r^{**} = \{\xi^*;\ \alpha^*\,\xi = 0\}' = \{\xi^*;\ \xi^*\,\alpha^{**} = 0\}'$$
$$= \{\chi;\ \chi\,\alpha^{**} = 0\}' = (\alpha^{**})_r^{lr} = (\alpha^{**})_r.$$

Definition 2.2. Erfüllt ein Antiautomorphismus $\alpha \to \alpha^*$ eines Ringes $\Re$ die Bedingung $\alpha = \alpha^{**}$ für alle $\alpha \in \Re$, so nennt man ihn *involutorisch*.

Satz 2.2. *Durch den Antiautomorphismus $\alpha \to \alpha^*$ eines regulären Ringes $\Re$ sei in $\overline{R}_\Re$ der Dualautomorphismus $\mathfrak{a} \to \mathfrak{a}^*$ gegeben. Ist $\alpha \to \alpha^*$ involutorisch, so auch $\mathfrak{a} \to \mathfrak{a}^*$. Ist $\Re$ ein Ring mit einer Ordnung $n \geqq 2$, so ist umgekehrt $\alpha \to \alpha^*$ involutorisch, wenn $\mathfrak{a} \to \mathfrak{a}^*$ involutorisch ist.*

Beweis. (I) Ist $\alpha \to \alpha^*$ involutorisch, so ergibt sich $(\alpha)_r^{**} = (\alpha)_r$ nach Hilfssatz 2.3. Also ist $\mathfrak{a} \to \mathfrak{a}^*$ involutorisch.

(II) Nach Hilfssatz 2.3 bestimmt der Automorphismus $\alpha \to \alpha^{**}$ von $\Re$ in $\overline{R}_\Re$ den Automorphismus $(\alpha)_r \to (\alpha)_r^{**} = (\alpha^{**})_r$. Ist $\mathfrak{a} \to \mathfrak{a}^*$ involutorisch, so ist also $(\alpha)_r = (\alpha^{**})_r$ für alle $\alpha \in \Re$. Daher ist nach Satz 1.3, Kapitel IX, $\alpha = \alpha^{**}$, d. h. $\alpha \to \alpha^*$ ist involutorisch.

Satz 2.3.[1]) *Durch den involutorischen Antiautomorphismus $\alpha \to \alpha^*$ eines regulären Ringes $\Re$ sei in $\overline{R}_\Re$ der involutorische Dualautomorphismus $\mathfrak{a} \to \mathfrak{a}^*$ gegeben. Dann sind die folgenden vier Aussagen äquivalent:*

($1°$)   *$\overline{R}_\Re$ ist ein orthokomplementärer modularer Verband mit $\mathfrak{a}^*$ als dem Orthokomplement von $\mathfrak{a}$.*

($2°$)   *Zu jedem $\alpha \in \Re$ gibt es ein $\xi \in \Re$ mit $\alpha = \xi\,\alpha^*\,\alpha$.*

($3°$)   *Zu jedem $\alpha \in \Re$ gibt es ein hermitesches idempotentes Element ε mit $(\alpha)_r = (\varepsilon)_r$.*

($4°$)   *Wenn $\alpha^*\,\alpha = 0$, so $\alpha = 0$.*

In ($3°$) ist das hermitesche idempotente Element ε mit $(\alpha)_r = (\varepsilon)_r$ eindeutig bestimmt und $(1 - \varepsilon)_r$ das Orthokomplement von $(\varepsilon)_r$. Ist umgekehrt $(1 - \alpha)_r$ das Orthokomplement von $(\alpha)_r$, so ist α ein hermitesches idempotentes Element.

Beweis. (I) ($1°$) $\to$ ($2°$). Nach Hilfssatz 1.1 (α) ist $(\alpha)_r \cap (\alpha)_r^* = (0)$ und nach Anmerkung 2.1 $(\alpha)_r^* = \{\xi;\ \alpha^*\,\xi = 0\}$. Da man jedes Element

---

[1]) von Neumann [6] II, Theorem 4.5.

aus $(\alpha)_r$ in der Form $\alpha\,\chi$ $(\chi \in \Re)$ darstellen kann, folgt also aus $\alpha^*\alpha\chi = 0$ die Gleichung $\alpha\,\chi = 0$; d. h. aber $\{\chi;\,\alpha^*\,\alpha\,\chi = 0\} \leq \{\chi;\,\alpha\,\chi = 0\}$ und folglich $(\alpha^*\,\alpha)_l' \leq (\alpha)_l'$. Weil somit $(\alpha^*\,\alpha)_l \geq (\alpha)_l$ ist, gibt es ein $\xi \in \Re$ mit $\alpha = \xi\,\alpha^*\,\alpha$.

$(2°) \to (3°)$. Wegen $\alpha = \xi\,\alpha^*\,\alpha$ gilt für $\varepsilon = \xi\,\alpha^*$ die Beziehung $\varepsilon^* = \alpha\,\xi^* = \xi\,\alpha^*\,\alpha\,\xi^* = \varepsilon\,\varepsilon^*$. Also ist $\varepsilon = \varepsilon^{**} = \varepsilon\,\varepsilon^* = \varepsilon^*$ und $\varepsilon^2 = \varepsilon\,\varepsilon^* = \varepsilon$. Daher ist ε ein hermitesches idempotentes Element. Wegen $\alpha = \varepsilon\,\alpha$ und $\varepsilon = \varepsilon^* = \alpha\,\xi^*$ gilt $(\alpha)_r = (\varepsilon)_r$.

$(3°) \to (4°)$. Sei $\alpha^*\,\alpha = 0$. Zu α bestimme man ein hermitesches idempotentes Element ε mit $(\alpha)_r = (\varepsilon)_r$. Dann ist $\alpha = \varepsilon\,\alpha$ und $\varepsilon = \alpha\,\zeta$. Wegen $\varepsilon = \varepsilon^* = \zeta^*\,\alpha^*$ folgt dann $\alpha = \zeta^*\,\alpha^*\,\alpha = 0$.

$(4°) \to (1°)$. Wenn $(\alpha)_r \leq (\alpha)_r^* = \{\xi;\,\alpha^*\,\xi = 0\}$, so $\alpha^*\,\alpha = 0$, wegen $(4°)$ also $\alpha = 0$. Nach Hilfssatz 1.1 (γ) gilt somit $(1°)$.

(II) ε und η seien hermitesche idempotente Elemente mit $(\alpha)_r = (\varepsilon)_r = (\eta)_r$. Wegen $\varepsilon = \eta\,\varepsilon$ und $\eta = \varepsilon\,\eta$ ist $\varepsilon = \varepsilon^* = \varepsilon^*\,\eta^* = \varepsilon\,\eta = \eta$, und wegen

$$(1 - \varepsilon)_r = \{\xi;\ \xi = (1 - \varepsilon)\,\xi\} = \{\xi;\ \varepsilon\,\xi = 0\} = \{\xi;\ \varepsilon^*\,\xi = 0\}$$

ist $(1 - \varepsilon)_r$ das Orthokomplement von $(\varepsilon)_r$. Wird $(1 - \alpha)_r$ als Orthokomplement von $(\alpha)_r$ vorausgesetzt, so wähle man ein hermitesches idempotentes Element ε mit $(\alpha)_r = (\varepsilon)_r$, so daß also $(1 - \alpha)_r = (1 - \varepsilon)_r$ gilt. Wegen $\alpha = \varepsilon\,\alpha$ und $1 - \alpha = (1 - \varepsilon)\,(1 - \alpha)$ ist somit $\alpha = \varepsilon$.

Definition 2.3. Für einen regulären Ring $\Re$ sei ein involutorischer Antiautomorphismus $\alpha \to \alpha^*$ erklärt. Gilt dann eine der vier Aussagen von Satz 2.3, so nennt man $\Re$ einen **-regulären Ring*.

Hilfssatz 2.4. ε und η seien hermitesche idempotente Elemente eines *-regulären Ringes. Genau dann sind $(\varepsilon)_r$ und $(\eta)_r$ kommensurabel, wenn $\varepsilon\,\eta = \eta\,\varepsilon$ ist.

Beweis. (I) Notwendig. Sind $(\varepsilon)_r$ und $(\eta)_r$ kommensurabel, so gilt, da $(1 - \eta)_r$ das Orthokomplement von $(\eta)_r$ ist,

$$(\varepsilon)_r = \left((\varepsilon)_r \cap (\eta)_r\right) \cup \left((\varepsilon)_r \cap (1 - \eta)_r\right).$$

Wählt man hermitesche idempotente Elemente $\varepsilon_1,\ \varepsilon_2$ mit

$$(\varepsilon_1)_r = (\varepsilon)_r \cap (\eta)_r\,, \qquad (\varepsilon_2)_r = (\varepsilon)_r \cap (1 - \eta)_r\,,$$

so ist $\varepsilon_1 = \eta\,\varepsilon_1$ und $\varepsilon_2 = (1 - \eta)\,\varepsilon_2$. Folglich ist $\varepsilon_1 = \varepsilon_1^* = \varepsilon_1^*\,\eta^* = \varepsilon_1\,\eta$ und entsprechend $\varepsilon_2 = \varepsilon_2\,(1 - \eta)$, also

$$(1) \qquad\qquad \eta\,\varepsilon_1 = \varepsilon_1\,\eta\,, \qquad \eta\,\varepsilon_2 = \varepsilon_2\,\eta\,.$$

Wegen $\varepsilon_1\,\varepsilon_2 = \varepsilon_1\,\eta\,(1 - \eta)\,\varepsilon_2 = 0$ und $\varepsilon_2\,\varepsilon_1 = \varepsilon_2\,(1 - \eta)\,\eta\,\varepsilon_1 = 0$ ist $\varepsilon_1 + \varepsilon_2$ nach Hilfssatz 2.2 ein hermitesches idempotentes Element mit $(\varepsilon_1 + \varepsilon_2)_r = (\varepsilon_1)_r \cup (\varepsilon_2)_r = (\varepsilon)_r$. Da ein solches eindeutig bestimmt ist, folgt $\varepsilon = \varepsilon_1 + \varepsilon_2$. Nach (1) ist also $\varepsilon\,\eta = (\varepsilon_1 + \varepsilon_2)\,\eta = \eta\,(\varepsilon_1 + \varepsilon_2) = \eta\varepsilon$.

(II) Hinreichend. Wegen $\varepsilon\,\eta = \eta\,\varepsilon$ und $\varepsilon\,(1 - \eta) = (1 - \eta)\,\varepsilon$ sind $\varepsilon\,\eta$ und $\varepsilon\,(1 - \eta)$ nach Hilfssatz 2.2 hermitesche idempotente Elemente, und es ist $(\varepsilon\,\eta)_r = (\varepsilon)_r \cap (\eta)_r$, $(\varepsilon\,(1-\eta))_r = (\varepsilon)_r \cap (1-\eta)_r$. Wegen $\varepsilon\,\eta\,\varepsilon\,(1-\eta) = \varepsilon\,\eta\,(1-\eta)\,\varepsilon = 0$ und $\varepsilon = \varepsilon\,\eta + \varepsilon\,(1-\eta)$ ist nach Hilfssatz 2.2 ferner $(\varepsilon)_r = (\varepsilon\,\eta)_r \cup (\varepsilon\,(1-\eta))_r$. Also gilt

$$(\varepsilon)_r = ((\varepsilon)_r \cap (\eta)_r) \cup ((\varepsilon)_r \cap (1-\eta)_r)\,.$$

Weil $(1-\eta)_r$ das Orthokomplement von $(\eta)_r$ ist, sind daher $(\varepsilon)_r$ und $(\eta)_r$ kommensurabel.

Definition 2.4. Für einen Ring $\mathfrak{S}$ sei ein involutorischer Automorphismus $\alpha \to \alpha^*$ gegeben. Eine Abbildung, welche jedem Paar von Vektoren $\mathbf{a} = (\alpha_1, \dots, \alpha_n)$, $\mathbf{b} = (\beta_1, \dots, \beta_n)$ eines (rechtslinearen) Vektorraumes $V(\mathfrak{S}; n)$ ein Element $(\mathbf{a}, \mathbf{b}) \in \mathfrak{S}$ zuordnet[1]), wird *innere Multiplikation* von $V(\mathfrak{S}; n)$ genannt, wenn sie die folgenden Bedingungen erfüllt:

(1°) $(\mathbf{b}, \mathbf{a}) = (\mathbf{a}, \mathbf{b})^*$,

(2°) $(\mathbf{a}\,\gamma, \mathbf{b}) = \gamma^*\,(\mathbf{a}, \mathbf{b})$, $(\mathbf{a}, \mathbf{b}\,\gamma) = (\mathbf{a}, \mathbf{b})\,\gamma$,

(3°) $(\mathbf{a}_1 + \mathbf{a}_2, \mathbf{b}) = (\mathbf{a}_1, \mathbf{b}) + (\mathbf{a}_2, \mathbf{b})$, $(\mathbf{a}, \mathbf{b}_1 + \mathbf{b}_2) = (\mathbf{a}, \mathbf{b}_1) + (\mathbf{a}, \mathbf{b}_2)$,

(4°)   Dann und nur dann ist $(\mathbf{a}, \mathbf{a}) = 0$, wenn $\mathbf{a} = (0, \dots, 0)$.

Man bezeichnet dann auch $(\mathbf{a}, \mathbf{b})$ als das *innere Produkt* von $\mathbf{a}$ und $\mathbf{b}$.

Ist $(\mathbf{a}, \mathbf{b}) = 0$, so schreibt man $\mathbf{a} \perp \mathbf{b}$ und sagt, $\mathbf{a}$ und $\mathbf{b}$ seien *orthogonal*. (Nach (1°) folgt aus $\mathbf{a} \perp \mathbf{b}$ auch $\mathbf{b} \perp \mathbf{a}$.) Ist für beliebige Elemente $\mathbf{a} \in M$, $\mathbf{b} \in N$ zweier linearer Unterräume M, N von $V(\mathfrak{S}; n)$ stets $\mathbf{a} \perp \mathbf{b}$, so schreibt man $M \perp N$ und nennt M und N *orthogonal* zueinander.

Satz 2.4. (1°) *Für einen regulären Ring $\mathfrak{S}$ sei ein involutorischer Antiautomorphismus $\alpha \to \alpha^*$ definiert, und $\varphi_1, \dots, \varphi_n$ seien hermitesche reguläre Elemente. Für den mittels der $\varphi_1, \dots, \varphi_n$ gebildeten Ausdruck (hermitesche Diagonalform)*

(1) $$\alpha_1^*\,\varphi_1\,\beta_1 + \dots + \alpha_n^*\,\varphi_n\,\beta_n$$

gelte:

(2)   *Wenn $\alpha_1^*\,\varphi_1\,\alpha_1 + \dots + \alpha_n^*\,\varphi_n\,\alpha_n = 0$, so $\alpha_i = 0$ $(i = 1, \dots, n)$.*

Ordnet man dann jedem Paar von Vektoren $\mathbf{a} = (\alpha_1, \dots, \alpha_n)$, $\mathbf{b} = (\beta_1, \dots, \beta_n)$ eines (Rechts-) Vektorraumes $V(\mathfrak{S}; n)$ das Element (1) zu, so entsteht eine innere Multiplikation.

(2°) *In einem Matrizenring $\mathfrak{S}_n$ definiere man zu $A = (\alpha_{ij})_{i,j=1,\dots,n}$ die Matrix $A^* = (\xi_{ij})_{i,j=1,\dots,n}$ durch*

$$\xi_{ij} = \varphi_i^{-1}\,\alpha_{ji}^*\,\varphi_j \qquad (i, j = 1\dots, n)\,.$$

---

[1]) Im folgenden bezeichnet also $(\mathbf{a}, \mathbf{b})$ kein Vektorpaar und auch nicht den von einem solchen erzeugten linearen Unterraum, sondern das Bild eines Vektorpaares bei einer Abbildung (in $\mathfrak{S}$) mit den Eigenschaften (1°)—(4°).

Dann ist $A \to A^*$ ein involutorischer Antiautomorphismus von $\mathfrak{S}_n$, durch den in $\overline{R}(\mathfrak{S}_n)$ ein solcher involutorischer Dualautomorphismus $\mathfrak{a} \to \mathfrak{a}^*$ gegeben ist, daß sich $\overline{R}(\mathfrak{S}_n)$ mit $\mathfrak{a}^*$ als Orthokomplement von $\mathfrak{a}$ als orthokomplementärer modularer Verband ergibt.

(3°) *Sind $\mathfrak{a}, \mathfrak{b} \in \overline{R}(\mathfrak{S}_n)$ orthogonal, so auch ihre Vektordarstellungen $M(\mathfrak{a})$, $N(\mathfrak{b})$ (bzgl. der in (1°) erklärten inneren Multiplikation) und umgekehrt.*

Beweis. (1°) Offensichtlich erfüllt $(\mathbf{a}, \mathbf{b}) = \alpha_1^* \varphi_1 \beta_1 + \cdots + \alpha_n^* \varphi_n \beta_n$ die Bedingungen (1°) bis (4°) von Definition 2.4.

(2°) Sei $A = (\alpha_{ij})_{i,j=1,\ldots,n}$ und $B = (\beta_{ij})_{i,j=1,\ldots,n}$. Dann ist $A + B = (\alpha_{ij}+\beta_{ij})_{i,j=1,\ldots,n}$ und $A B = \left(\sum_k \alpha_{ik}\beta_{kj}\right)_{i,j=1,\ldots,n}$. Setzt man $(A+B)^* = (\chi_{ij})_{i,j=1,\ldots,n}$, so ist wegen $\chi_{ij} = \varphi_i^{-1}(\alpha_{ji}+\beta_{ji})^* \varphi_j = \varphi_i^{-1}\alpha_{ji}^* \varphi_j + \varphi_i^{-1}\beta_{ji}^* \varphi_j$ somit $(A + B)^* = A^* + B^*$. Für $(AB)^* = (\zeta_{ij})_{i,j=1,\ldots,n}$ ist ferner $\zeta_{ij} = \varphi_i^{-1}\left(\sum_k \alpha_{jk}\beta_{ki}\right)^* \varphi_j = \sum_k \varphi_i^{-1}\beta_{ki}^* \varphi_k \varphi_k^{-1}\alpha_{jk}^*\varphi_j$ und daher $(AB)^* = B^*A^*$. Wegen $A^* = (\varphi_i^{-1}\alpha_{ji}^*\varphi_j)_{i,j=1,\ldots,n}$, ist $A^{**} = (\varphi_i^{-1}(\varphi_j^{-1}\alpha_{ij}^*\varphi_i)^*\varphi_j)_{i,j=1,\ldots,n} = (\alpha_{ij})_{i,j=1,\ldots,n} = A$. Also ist $A \to A^*$ ein involutorischer Antiautomorphismus von $\mathfrak{S}_n$.

Wegen $A^*A = \left(\sum_k \varphi_i^{-1}\alpha_{ki}^*\varphi_k \alpha_{kj}\right)_{i,j=1,\ldots,n}$ folgt aus $A^*A = 0$ die Gleichung $\sum_k \varphi_i^{-1}\alpha_{ki}^*\varphi_k \alpha_{kj} = 0$ für alle i, d. h. $\sum_k \alpha_{ki}^*\varphi_k \alpha_{ki} = 0$. Nach (2) ist daher $\alpha_{ki} = 0$ $(k, i = 1, \ldots, n)$, also $A = 0$. Nach Satz 2.3 $((4^\circ) \to (1^\circ))$ ist somit $\overline{R}(\mathfrak{S}_n)$ ein orthokomplementärer modularer Verband.

(3°) Es soll bewiesen werden, daß $M(\mathfrak{a}) \perp M(\mathfrak{b})$ unter der Voraussetzung $\mathfrak{a} \perp \mathfrak{b}$ gilt. Wegen $\mathfrak{b} \leq \mathfrak{a}^\perp$ genügt es, $M(\mathfrak{a}) \perp M(\mathfrak{a}^\perp)$ zu zeigen. Nach Satz 2.3 (3°) gibt es in $\mathfrak{S}_n$ ein hermitesches idempotentes Element E mit $\mathfrak{a} = (E)_r$. Setzt man $E = (\eta_{ij})_{i,j=1,\ldots,n}$, so ist also

$$(3) \qquad \varphi_i^{-1}\eta_{ji}^*\varphi_j = \eta_{ij}, \qquad \sum_k \eta_{ik}\eta_{kj} = \eta_{ij} \quad (i, j = 1, \ldots, n).$$

Da nach Satz 2.1 ferner $\mathfrak{a}^\perp = (E^*)_l^r = (E)_l^r$ gilt, ist nach Hilfssatz 1.4 $(\mathrm{I'})$, Kapitel VI, $\mathfrak{a}^\perp = (1 - E)_r$. Nach Satz 3.2 (4°), Kapitel IX, hat man $M(\mathfrak{a}) = (\mathbf{a}_1, \ldots, \mathbf{a}_n)$ für $\mathbf{a}_i = \sum_k \mathbf{e}_k \eta_{ki}$ $(i = 1, \ldots, n)$ und $M(\mathfrak{a}^\perp) = (\mathbf{b}_1, \ldots, \mathbf{b}_n)$ für $\mathbf{b}_j = -\sum_k \mathbf{e}_k \eta_{kj} + \mathbf{e}_j$ $(j = 1, \ldots, n)$. Nach (3) ist also

$$(\mathbf{a}_i, \mathbf{b}_j) = -\sum_k \eta_{ki}^* \varphi_k \eta_{kj} + \eta_{ji}^* \varphi_j$$

$$= \varphi_i \left(-\sum_k \varphi_i^{-1}\eta_{ki}^*\varphi_k \eta_{kj} + \varphi_i^{-1}\eta_{ji}^*\varphi_j\right) = 0 \quad (i, j = 1, \ldots, n)$$

und daher $M(\mathfrak{a}) \perp M(\mathfrak{a}^\perp)$.

Um umgekehrt zu beweisen, daß aus $M(\mathfrak{a}) \perp M(\mathfrak{b})$ auch $\mathfrak{a} \perp \mathfrak{b}$ folgt, betrachten wir zunächst den Fall $M(\mathfrak{a}) = (\mathbf{a})$, $M(\mathfrak{b}) = (\mathbf{b})$. Sei $\mathbf{a} = \mathbf{e}_1\,\alpha_1 + \cdots + \mathbf{e}_n\,\alpha_n$ und $\mathbf{b} = \mathbf{e}_1\,\beta_1 + \cdots + \mathbf{e}_n\,\beta_n$. Wegen $(\mathbf{a}) \perp (\mathbf{b})$ ist

$$(4) \qquad\qquad (\mathbf{a},\,\mathbf{b}) = \alpha_1^*\,\varphi_1\,\beta_1 + \cdots + \alpha_n^*\,\varphi_n\,\beta_n = 0\,.$$

Setzt man $\alpha_{ij} = \begin{cases} \alpha_i & \text{für } j = 1 \\ 0 & \text{für } j \neq 1 \end{cases}$ und $\beta_{ij} = \begin{cases} \beta_i & \text{für } j = 1 \\ 0 & \text{für } j \neq 1 \end{cases}$, so ist nach Satz 3.2 (4°), Kapitel IX, $\mathfrak{a} = ((\alpha_{ij})_{i,j=1,\ldots,n})_r$ und $\mathfrak{b} = ((\beta_{i,i})_{ij=1,\ldots,n})_r$. Nach Anmerkung 2.1 (1) ist $\mathfrak{a}^\perp = \{A;\, (\alpha_{ij})^*_{i,j=1,\ldots,n}\,A = 0\}$, nach (2°) $(\alpha_{ij})^*_{i,j=1,\ldots,n} = (\varphi_i^{-1}\,\alpha_{ji}^*\,\varphi_j)_{i,j=1,\ldots,n}$, nach (4) also

$$(\alpha_{ij})^*_{i,j=1,\ldots,n}\,(\beta_{ij})_{i,j=1,\ldots,n} = (\varphi_i^{-1}\,\alpha_{ji}^*\,\varphi_j)_{i,j=1,\ldots,n}\,(\beta_{ij})_{i,j=1,\ldots,n} = 0,$$

d. h. $\mathfrak{b} = ((\beta_{ij})_{i,j=1,\ldots,n})_r \leq \mathfrak{a}^\perp$ und folglich $\mathfrak{a} \perp \mathfrak{b}$.

Sei nun $M(\mathfrak{a}) = (\mathbf{a}_1, \ldots, \mathbf{a}_p)$ und $M(\mathfrak{b}) = (\mathbf{b}_1, \ldots, \mathbf{b}_q)$. Setzt man $M(\mathfrak{a}_h) = (\mathbf{a}_h)\ (h = 1, \ldots, p)$ und $M(\mathfrak{b}_k) = (\mathbf{b}_k)\ (k = 1, \ldots, q)$, so ist $M(\mathfrak{a}) = M(\mathfrak{a}_1) \cup \ldots \cup M(\mathfrak{a}_p)$ und $M(\mathfrak{b}) = M(\mathfrak{b}_1) \cup \ldots \cup M(\mathfrak{b}_q)$. Wegen $M(\mathfrak{a}_h) \perp M(\mathfrak{b}_k)$ ist nach obiger Überlegung $\mathfrak{b}_k \leq \mathfrak{a}_h^\perp\ (k = 1, \ldots, q)$, also $\mathfrak{b} = \mathfrak{b}_1 \cup \ldots \cup \mathfrak{b}_q \leq \mathfrak{a}_h^\perp$. Weil somit $\mathfrak{a}_h \leq \mathfrak{b}^\perp\ (h = 1, \ldots, p)$ gilt, ist $\mathfrak{a} = \mathfrak{a}_1 \cup \ldots \cup \mathfrak{a}_p \leq \mathfrak{b}^\perp$, d. h. $\mathfrak{a} \perp \mathfrak{b}$.

§ 3. Die Darstellung eines orthokomplementären modularen Verbandes

Definition 3.1. Ist bei einer homogenen Basis $\{a_i;\, i = 1, \ldots, n\}$ eines orthokomplementären modularen Verbandes für $i \neq j$ stets $a_i \perp a_j$, so nennt man die Basis eine *orthogonale homogene Basis* der Ordnung n; einen normierten Rahmen, dessen homogene Basis orthogonal ist, bezeichnet man als *orthogonalen normierten Rahmen*. Enthält ein orthokomplementärer modularer Verband eine orthogonale homogene Basis der Ordnung n, so sagt man, er habe eine *Orthogonalordnung n*.

Anmerkung 3.1. Enthält ein orthokomplementärer modularer Verband eine orthogonale homogene Basis $\{a_i;\, i = 1, \ldots, n\}$ der Ordnung n, so ist $a_i^\perp = {\textstyle\bigcup_{j=1,\,j\neq i}^{n}}\, a_j$.

Beweis. Da $a_j \leq a_i^\perp$ für $i \neq j$, ist ${\textstyle\bigcup_{j=1,\,j\neq i}^{n}}\, a_j \leq a_i^\perp$. Weil aber $a_i^\perp$ wie auch ${\textstyle\bigcup_{j=1,\,j\neq i}^{n}}\, a_j$ Komplemente von a_i sind, ist nach Satz 1.4, Kapitel I, $a_i^\perp = {\textstyle\bigcup_{j=1,\,j\neq i}^{n}}\, a_j$.

Anmerkung 3.2. Hat ein stetiger orthokomplementärer modularer Verband eine Ordnung n (als komplementärer modularer Verband; vgl. Definition 1.2, Kapitel VIII), so auch eine Orthogonalordnung n.

Beweis. Wenn $a_1 \,\dot\cup\, \ldots \,\dot\cup\, a_n = 1$ und $a_i \sim a_j\ (i, j = 1, \ldots, n)$, so ist $b_1^\perp \sim a_2 \,\dot\cup\, \ldots \,\dot\cup\, a_n$ für $b_1 = a_1$. Also existiert ein b_2 mit $b_1^\perp \geq b_2 \sim a_2$. Wählt man auf Grund von Hilfssatz 1.2, Kapitel I, ein b_2' mit $b_1^\perp = b_2 \cup b_2'$, $b_2' \leq b_2^\perp$, so ist nach Hilfssatz 2.2, Kapitel IV, $b_2' \sim a_3 \,\dot\cup\, \ldots \,\dot\cup\, a_n$. Bei

Wiederholung dieses Verfahrens erhält man schließlich eine orthogonale homogene Basis $\{b_i;\ i = 1, \ldots, n\}$.

Satz 3.1.[1]) (*Die Vektordarstellung eines orthokomplementären modularen Verbandes.*) *In der Vektorraumdarstellung $V(\mathfrak{S}^L;\ n)$ eines orthokomplementären modularen Verbandes L mit einer Ordnung $n \geqq 4$ kann man eine solche innere Multiplikation erklären, daß bei dem Isomorphismus von L auf den Verband der endlich-erzeugbaren linearen Unterräume von $V(\mathfrak{S}^L;\ n)$ die Orthogonalität erhalten bleibt.*

Beweis. (I) Nach Satz 3.1, Kapitel XI, sind L und $\overline{R}(\mathfrak{S}_n^L)$ isomorph. Also wird nach den Sätzen 2.1 und 2.2 durch den involutorischen Dualautomorphismus $a \to a^\perp$ von L ein involutorischer Antiautomorphismus $A \to A^*$ in $\mathfrak{S}_n^L$ erzeugt. Nach Satz 2.3 folgt dann aus $A^*A = 0$ die Gleichung $A = 0$.

(II) Nach Satz 3.1, Kapitel XI, ist $\{\mathfrak{a}_k, \mathfrak{c}_{kh};\ k, h = 1, \ldots, n\}$ mit

$$\mathfrak{a}_k = (E_{kk})_r,\ \mathfrak{c}_{kh} = (E_{kk} - E_{hk})_r = (E_{hh} - E_{kh})_r \quad (k, h = 1, \ldots, n)$$

der orthogonale normierte Rahmen von $\overline{R}(\mathfrak{S}_n^L)$, der dem orthogonalen normierten Rahmen $\{\mathfrak{a}_k;\ \mathfrak{c}_{kh};\ k, h = 1, \ldots, n\}$ von L entspricht. Setzt man $\eta_{ij}^{kh} = \begin{cases} 1 & \text{für } (i, j) = (k, h) \\ 0 & \text{für } (i, j) \neq (k, h) \end{cases}$, so ist $E_{kh} = (\eta_{ij}^{kh})_{i,\,j\,=\,1,\,\ldots,\,n}$. Wegen

$\sum\limits_{h\,=\,1,\,h\,\neq\,k}^{n} E_{hh} = 1 - E_{kk}$ und $E_{ll}E_{hh} = 0\ (l \neq h)$ ist nach Satz 1.3, Kapitel VI, $\bigcup\limits_{h\,=\,1,\,h\,\neq\,k}^{n} \mathfrak{a}_h = (1 - E_{kk})_r$. Weil nach Anmerkung 3.1 somit $\bigcup\limits_{h\,=\,1,\,h\,\neq\,k}^{n} \mathfrak{a}_h = (1 - E_{kk})_r$ in $\overline{R}(\mathfrak{S}_n^L)$ das Orthokomplement von $\mathfrak{a}_k = (E_{kk})_r$ ist, sind die $E_{kk}\ (k = 1, \ldots, n)$ nach Satz 2.3 hermitesche idempotente Elemente.

(III) Aus $E_{kh} = E_{kk}E_{kh}$ folgt $E_{kh}^* = E_{kh}^*E_{kk}$. Setzt man $E_{kh}^* = (\zeta_{ij}^{kh})_{i,\,j\,=\,1,\,\ldots,\,n}$, so ist also $\zeta_{ij}^{kh} = 0$ für $j \neq k$. Da aus $E_{kh} = E_{kh}E_{hh}$ die Gleichung $E_{kh}^* = E_{hh}E_{kh}^*$ folgt, erhält man entsprechend $\zeta_{ij}^{kh} = 0$ für $i \neq h$. Also kann man die ζ_{ij}^{kh} in der Form $\zeta_{ij}^{kh} = \begin{cases} \varphi_{kh} & \text{für } (i, j) = (h, k) \\ 0 & \text{für } (i, j) \neq (h, k) \end{cases}$ darstellen. Weil hierbei $E_{hk}^* E_{kh}^* = E_{kk}^* = E_{kk}$ gilt, ist

$$(1) \qquad\qquad \varphi_{hk}\varphi_{kh} = \varphi_{kk} = 1 \quad (k, h = 1, \ldots, n)\,.$$

(IV) Sei $A \in \mathfrak{R}(E_{11})$, d. h. $A E_{11} = E_{11} A = A$. Da somit $E_{11} A^* = A^* E_{11} = A^*$ gilt, ist auch $A^* \in \mathfrak{R}(E_{11})$ und folglich ist $A \to A^*$ ein involutorischer Antiautomorphismus des Unterrings $\mathfrak{R}(E_{11})$ von $\mathfrak{S}_n^L$. Sei $A = (\alpha_{ij})_{i,\,j\,=\,1,\,\ldots,\,n}$. Wegen $\alpha_{ij} = 0$ für $(i, j) \neq (1, 1)$ ist $A \to \alpha_{11}$ ein Isomorphismus von $\mathfrak{R}(E_{11})$ auf $\mathfrak{S}^L$. Dieser macht nun aus

---

[1]) MAEDA [5]. In BIRKHOFF und VON NEUMANN [1] 837—843 ist dieser Satz bewiesen für den Fall, daß L eine endliche Dimension hat, d. h. $\mathfrak{S}^L$ ein Schiefkörper ist.

$A \to A^*$ einen involutorischen Antiautomorphismus $\alpha \to \alpha^*$ von $\mathfrak{S}^L$ mit $A^* = (\alpha_{ij}^*)_{i,j=1,\ldots,n}$ für $A = (\alpha_{ij})_{i,j=1,\ldots,n} \in \mathfrak{R}(E_{11})$, (wobei $\alpha_{ij} = \alpha_{ij}^* = 0$ für $(i,j) \neq (1,1)$).

(V) Wenn $A \in \mathfrak{S}_n^L$, so ist für $A_{kh} = E_{1k} A E_{h1}$ nach Hilfssatz 1.1, Kapitel IX, $A_{kh} \in \mathfrak{R}(E_{11})$, $A = \sum\limits_{k,h} E_{k1} A_{kh} E_{1h}$ und folglich $A^* = \sum\limits_{k,h} E_{1h}^* A_{kh}^* E_{k1}^*$.

Für $A = (\alpha_{ij})_{i,j=1,\ldots,n}$ und $A^* = (\gamma_{ij})_{i,j=1,\ldots,n}$ ergibt sich somit nach (III) und (IV) $\gamma_{ij} = \varphi_{1i} \alpha_{ji}^* \varphi_{j1}$ $(i,j=1,\ldots,n)$. Setzt man $\varphi_{i1} = \varphi_i$ $(i=1,\ldots,n)$ (wobei $\varphi_1 = \varphi_{11} = 1$), so ist $\varphi_{i1} \varphi_{1i} = \varphi_{1i} \varphi_{i1} = 1$ nach (1), also $\varphi_{1i} = \varphi_{i1}^{-1} = \varphi_i^{-1}$. Daher ist φ_i ein reguläres Element, und es gilt

$$(2) \qquad \gamma_{ij} = \varphi_i^{-1} \alpha_{ji}^* \varphi_j \qquad (i,j=1,\ldots,n).$$

Wegen $E_{i1}^{**} = E_{i1}$ ist $\varphi_i^{-1} \varphi_i^* \varphi_1 = 1$, d. h. $\varphi_i = \varphi_i^*$, also φ_i hermitesch.

(VI) Wenn $\alpha_1^* \varphi_1 \alpha_1 + \cdots + \alpha_n^* \varphi_n \alpha_n = 0$, so setze man

$$\alpha_{ij} = \begin{cases} \alpha_i & \text{für} \quad j=1 \\ 0 & \text{für} \quad j \neq 1 \end{cases}.$$

Für das adjungierte Element $A^* = (\gamma_{ij})_{i,j=1,\ldots,n}$ von $A = (\alpha_{ij})_{i,j=1,\ldots,n}$ ist dann nach (2)

$$\gamma_{ij} = \varphi_i^{-1} \alpha_{ji}^* \varphi_j = \begin{cases} \alpha_j^* \varphi_j & \text{für} \quad j=1 \\ 0 & \text{für} \quad j \neq 1 \end{cases}.$$

Da folglich $A^* A = 0$ gilt, ist $A = 0$ nach Satz 2.3, d. h. $\alpha_i = 0$ $(i=1,\ldots,n)$.

Also kann man nach Satz 2.4 zu zwei Vektoren $\mathbf{a} = (\alpha_1, \ldots, \alpha_n)$ und $\mathbf{b} = (\beta_1, \ldots, \beta_n)$ aus $V(\mathfrak{S}^L; n)$ das innere Produkt $(\mathbf{a}, \mathbf{b})$ durch $(\mathbf{a}, \mathbf{b}) = \alpha_1^* \varphi_1 \beta_1 + \cdots + \alpha_n^* \varphi_n \beta_n$ erklären. Sind zwei Elemente $\mathfrak{a}, \mathfrak{b}$ von $\overline{R}(\mathfrak{S}_n^L)$ orthogonal, so auch ihre Vektordarstellungen $M(\mathfrak{a})$ und $M(\mathfrak{b})$, und umgekehrt. Weil L und $\overline{R}(\mathfrak{S}_n^L)$ isomorph sind, sind zwei Elemente a, b von L genau dann orthogonal, wenn ihre Vektordarstellungen $M(a)$, $M(b)$ orthogonal sind. Der Satz folgt daher nach Satz 3.3, Kapitel XI.

Anhang

I. Auswahlaxiom, Wohlordnungssatz, Zornsches Lemma

In diesem Werk setzen wir das Auswahlaxiom voraus. Das Auswahlaxiom ist, wie im folgenden dargelegt, zum Wohlordnungssatz und zum Zornschen Lemma äquivalent. [1])

Auswahlaxiom. Zu jeder Menge S gibt es eine Abbildung φ der Menge ihrer nichtleeren Teilmengen, so daß $\varphi(E) \in E$ für jede nichtleere Teilmenge E von S gilt.

---

[1]) Siehe Birkhoff [3], 42—44; Nakayama [2], 41—46.

Wohlordnungssatz. Eine beliebige Menge S kann durch Einführung einer geeigneten Ordnungsrelation wohlgeordnet werden.

Unter einer *wohlgeordneten Menge* versteht man eine geordnete Menge, welche die Minimalbedingung erfüllt. Ein Element a einer wohlgeordneten Menge A bestimmt eine wohlgeordnete Teilmenge $A_a = \{x; x < a\}$ von A; A_a heißt der durch a bestimmte *Abschnitt* von A.

Zornsches Lemma. Wenn jede nicht leere geordnete Teilmenge einer teilweise geordneten Menge L eine obere Schranke hat, so besitzt L mindestens ein maximales Element.

(I) Auswahlaxiom $\rightarrow$ Wohlordnungssatz. Wir benutzen eine nach dem Auswahlaxiom vorhandene Abbildung φ und bezeichnen mit Φ die Gesamtheit der Teilmengen A von S mit folgenden Eigenschaften:

(1°) $\qquad A$ läßt sich wohlordnen, so daß

(2°) $\qquad a = \varphi\,(S - A_a)$ für jeden Abschnitt A_a von A gilt.

Bezeichnet man die kleinsten Elemente zweier zu Φ gehörigen wohlgeordneten Mengen A und B mit a_0 und b_0, so ist der durch a_0 bestimmte Abschnitt von A die leere Menge; also ist nach (2°) $a_0 = \varphi(S)$. Da ebenso auch $b_0 = \varphi(S)$ ist, folgt $a_0 = b_0$. Gibt es in A und B Elemente, die auf das kleinste folgen, und bezeichnet man sie mit a_1, b_1, so folgt aus $\varphi\,(S - a_0) = \varphi\,(S - b_0)$ nach (2°), daß $a_1 = b_1$. Allgemein gilt: wenn die Abschnitte A_a, B_b von A und B übereinstimmen, so ist $\varphi\,(S - A_a) = \varphi\,(S - B_b)$, also nach (2°) $a = b$. Durch transfinite Induktion ergibt sich daher, daß eine der beiden Mengen A und B ein Abschnitt der anderen ist. Also wird Φ durch die Enthaltenseinsbeziehung geordnet. Die Menge $V = \bigcup_{A \,\epsilon\, \Phi} A$ erfüllt dann (1°) und (2°), ist also maximales Element von Φ. Enthielte V nicht alle Elemente von S, so würde auch die durch Hinzufügung von $c = \varphi\,(S - V)$ entstehende Menge $V \vee \{c\}$ zu Φ gehören, im Widerspruch zur Maximalität von V. Also ist $S = V$ und läßt sich daher wohlordnen.

(II) Wohlordnungssatz $\rightarrow$ Zornsches Lemma. Wenn durch Anwendung des Wohlordnungssatzes auf die (durch $\leqq$) teilweise geordnete Menge L die wohlgeordnete Menge W entsteht, so wollen wir die Ordnungsrelation in W (dabei Ungleichheit eingeschlossen) mit $\prec$ bezeichnen. Wir suchen nun auf W eine Funktion ψ, welche nur die Werte o und 1 annimmt und die folgenden Eigenschaften besitzt:

(1°) $\quad$ Für das kleinste Element a_0 von W ist $\psi(a_0) = 1$;

(2°) $\quad$ wenn für ein beliebiges Element a von W und alle $x \prec a$ mit $\psi(x) = 1$ stets $x \leqq a$ oder $x \geqq a$ gilt, ist $\psi(a) = 1$, sonst $\psi(a) = 0$.

Nach dem Prinzip der transfiniten Rekursion gibt es eine (und übrigens auch nur eine) derartige Funktion. Bezeichnet man die Gesamtheit der Elemente a von W, für die $\psi(a) = 1$ gilt, mit A, so ist A eine geordnete

Teilmenge von L. A besitzt also nach der Voraussetzung des Zornschen Lemmas eine obere Schranke b. Wäre nun b nicht maximales Element von L, so gäbe es ein Element c von L mit $b < c$; dann wäre nach (2°) $\psi(c) = 1$, d. h. $c \in A$, also b nicht obere Schranke von A. Somit ist b das verlangte maximale Element von L.

(III) Zornsches Lemma $\rightarrow$ Auswahlaxiom. $\mathfrak{M}$ sei eine Menge nichtleerer Teilmengen einer Menge S. Wir nennen φ eine in $\mathfrak{M}$ definierte Auswahlfunktion, wenn $\varphi(E) \in E$ für $E \in \mathfrak{M}$ ist. Es ist also zu beweisen, daß eine in der Menge aller nichtleerer Teilmengen von S definierte Auswahlfunktion existiert. Für die in $\mathfrak{M}_1$ bzw. $\mathfrak{M}_2$ definierten Auswahlfunktionen φ_1, φ_2 schreiben wir $\varphi_1 \leqq \varphi_2$, wenn folgendes zutrifft:

$$\mathfrak{M}_1 \leqq \mathfrak{M}_2 \quad \text{und} \quad \varphi_1(E) = \varphi_2(E) \quad \text{für } E \in \mathfrak{M}_1 \,.$$

Dann bildet die Gesamtheit Φ der Auswahlfunktionen eine teilweise geordnete Menge. Eine geordnete Teilmenge $\Phi_1 = \{\varphi_\lambda; \lambda \in I\}$ von Φ besitzt stets eine obere Schranke. Um dies nachzuweisen, bezeichnen wir den Definitionsbereich von φ_λ mit $\mathfrak{M}_\lambda$ und setzen $\mathfrak{M} = {}_{\lambda \in I}\!\bigcup \mathfrak{M}_\lambda$. Weil dann für $E \in \mathfrak{M}$ stets ein λ mit $E \in \mathfrak{M}_\lambda$ existiert und $\varphi_\lambda(E) = \varphi_{\lambda'}(E)$ für $E \in \mathfrak{M}_\lambda, \mathfrak{M}_{\lambda'}$ gilt (denn $\varphi_{\lambda'} \leqq \varphi_\lambda$ oder $\varphi_\lambda \leqq \varphi_{\lambda'}$!), können wir durch $\varphi(E) = \varphi_\lambda(E)$ mit $E \in \mathfrak{M}_\lambda$ eine Auswahlfunktion φ in $\mathfrak{M}$ definieren. φ ist nun eine obere Schranke von Φ_1. Nach dem Zornschen Lemma besitzt also Φ ein maximales Element φ^*. Angenommen, es gebe eine nichtleere Teilmenge E_0 von S, die nicht im Definitionsbereich $\mathfrak{M}^*$ von φ^* enthalten ist. Dann gibt es in E_0 ein Element a_0, und man kann in $\mathfrak{M}^* \cup \{E_0\}$ die Auswahlfunktion φ durch

$$\varphi(E) = \begin{cases} \varphi^*(E), & \text{wenn } E \in \mathfrak{M}^* \\ a_0, & \text{wenn } E = E_0 \end{cases}$$

erklären. Für diese gilt dann $\varphi^* < \varphi$. Dies steht aber im Widerspruch dazu, daß φ^* maximales Element von Φ ist. Folglich ist der Definitionsbereich von φ^* die Gesamtheit der nichtleeren Teilmengen von S; damit ist das Auswahlaxiom bewiesen.

Nach (I), (II), (III) sind Auswahlaxiom, Wohlordnungssatz und Zornsches Lemma äquivalent.

II. Die Definition eines stetigen Verbandes

Laut Definition 1.14, Kapitel I, ist ein vollständiger Verband L nach oben stetig, wenn in L die folgende Bedingung (α) gilt.

(α) Für eine Folge $(a_\delta)_{\delta \in D}$ von Elementen aus L mit einer gerichteten Menge D als Indexmenge gilt $a_\delta \cap b \uparrow a \cap b$, wenn $a_\delta \uparrow a$.

J. von Neumann verwendet statt (α) die Bedingung (β):

(β) Ω sei eine beliebige transfinite Ordnungszahl. Wenn für $\alpha < \beta < \Omega$ stets $a_\alpha \leqq a_\beta$, so $({}_{\alpha < \Omega}\!\bigcup a_\alpha) \cap b = {}_{\alpha < \Omega}\!\bigcup (a_\alpha \cap b)$.

Weiter ist in diesem Zusammenhang die folgende Aussage zu nennen:

(γ) Sei $S \leqq L$. Gilt $\left(_{a \,\epsilon\, \nu} \cup a\right) \cap b = _{a \,\epsilon\, \nu} \cup (a \cap b)$ für jede endliche Teilmenge ν von S, so $\left(_{a \,\epsilon\, S} \cup a\right) \cap b = _{a \,\epsilon\, S} \cup (a \cap b)$.

In einem vollständigen Verband sind die Aussagen (α), (β), (γ) einander äquivalent.[1])

(α) $\to$ (γ). D sei die Gesamtheit der endlichen Teilmengen ν von S. Mit der Enthaltenseinsbeziehung als Ordnung ist diese eine gerichtete Menge. Für $a' = _{a \,\epsilon\, S} \cup a$ und $s_\nu = _{a \,\epsilon\, \nu} \cup a$ ist $s_\nu \uparrow a'$, nach (α) also $s_\nu \cap b \uparrow a' \cap b$. Weil nach Voraussetzung $s_\nu \cap b = _{a \,\epsilon\, \nu} \cup (a \cap b)$ ist, gilt (γ).

(γ) $\to$ (β). Sei $\{a_{\alpha_1}, \ldots, a_{\alpha_n}\}$ eine beliebige endliche Teilmenge von $\{a_\alpha ; \alpha < \Omega\}$. In $\{a_{\alpha_1}, \ldots, a_{\alpha_n}\}$ gibt es ein größtes Element, etwa a_{α_n}. Wegen $\left(_{i=1, \ldots, n} \cup a_{\alpha_i}\right) \cap b = a_{\alpha_n} \cap b = _{i=1, \ldots, n} \cup (a_{\alpha_i} \cap b)$ folgt nach (γ) somit (β).

Zum Beweis von (β) $\to$ (α) dient der folgende Hilfssatz.

Hilfssatz. [2]) D sei eine gerichtete unendliche Menge. Dann gibt es in D eine transfinite Folge $(D_\alpha)_{\alpha < \Omega}$ von gerichteten Teilmengen mit folgenden Eigenschaften:

(1°) $\overline{\overline{D}}_\alpha < \overline{\overline{D}}$ (mit $\overline{\overline{D}}_\alpha$ wird die Mächtigkeit von D_α bezeichnet).

(2°)   Wenn $\alpha < \beta < \Omega$, so $D_\alpha \leqq D_\beta$.

(3°) $D = _{\alpha < \Omega} \cup D_\alpha$.

Beweis. (I) ν sei eine beliebige endliche Teilmenge von D. Es gibt ein $\delta(\nu) \epsilon D$, so daß $\delta \leqq \delta(\nu)$ für alle $\delta \epsilon \nu$. Ist D abzählbar, so existieren ν_n $(n = 1, 2, \ldots)$ mit $\nu_1 < \cdots < \nu_n < \cdots$ und $D = _{n=1, 2, \ldots} \cup \nu_n$. Durch die Rekursionsformeln $D_1 = \nu_1 \vee \{\delta(\nu_1)\}$, $D_{n+1} = D_n \vee \nu_{n+1} \vee \{\delta(D_n \vee \nu_{n+1})\}$ werden nun die endlichen, gerichteten Teilmengen $D_1, D_2, \ldots$ von D bestimmt. Diese erfüllen offenbar (1°), (2°) und (3°).

(II) Sei nun $\overline{\overline{D}} > \aleph_0$. Für ein beliebiges $N \leqq D$ werde $F_1(N) = N \vee \{\delta(\nu) ; \nu \leqq N\}$ gesetzt[3]). Definiert man rekursiv $F_{n+1}(N) = F_1(F_n(N))$, so ist $F_1(N) \leqq F_2(N) \leqq \cdots$. Es wird $F_\omega(N) = _{n=1, 2 \ldots} \cup F_n(N)$ gesetzt. Ist für eine endliche Menge ν nun $\nu \leqq F_\omega(N)$, so existiert ein n mit $\nu \leqq F_n(N)$, es ist also $\delta(\nu) \epsilon F_\omega(N)$. Folglich ist $F_\omega(N)$ eine gerichtete Menge. Ist N eine endliche Menge, so ist die Mächtigkeit von $\{\delta(\nu) ; \nu \leqq N\}$ endlich. Ist $\overline{\overline{N}} \geqq \aleph_0$, so ist sie $\leqq \overline{\overline{N}}$. Also ist in beiden

---

[1]) Die Äquivalenz von (β) und (γ) wurde von MAEDA [1] und die Äquivalenz dieser beiden mit (α) von SASAKI [1] bewiesen.

[2]) IWAMURA [3]; siehe auch NAKAYAMA [2], 79.

[3]) ν sei dabei stets endlich.

Fällen $\overline{\overline{\{\delta(\nu)\,;\, \nu \leqq N\}}} \leqq \overline{\overline{N}} \cdot \aleph_0$, folglich $\overline{\overline{F_1(N)}} \leqq \overline{\overline{N}} \cdot \aleph_0$, allgemein $\overline{\overline{F_n(N)}} \leqq \overline{\overline{N}} \cdot \aleph_0$ und daher $\overline{\overline{F_\omega(N)}} \leqq \overline{\overline{N}} \cdot \aleph_0$. Wegen $\overline{\overline{D}} > \aleph_0$ gilt

$$(1) \qquad \overline{\overline{F_\omega(N)}} < \overline{\overline{D}}, \quad \text{wenn} \quad \overline{\overline{N}} < D.$$

Nach dem Wohlordnungssatz gibt es eine transfinite Folge $(N_\alpha)_{\alpha < \Omega}$ von Teilmengen von D mit

$$(1') \qquad \overline{\overline{N_\alpha}} < \overline{\overline{D}}.$$

$$(2') \qquad \text{Wenn } \alpha < \beta < \Omega, \text{ so } N_\alpha < N_\beta.$$

$$(3') \qquad D = {}_{\alpha < \Omega}\!\bigcup N_\alpha.$$

Setzt man hierbei $D_\alpha = F_\omega(N_\alpha)$, so folgt nach (1) somit (1°). Die Aussagen (2°) und (3°) erhält man unmittelbar aus (2') und (3').

$(\beta) \rightarrow (\alpha)$. Angenommen, es existieren gerichtete Indexmengen, für die (α) nicht erfüllt ist. Unter diesen Mengen gibt es dann eine mit kleinster Mächtigkeit $\aleph$. Diese werde mit D bezeichnet. Weil für endliche gerichtete Mengen (α) erfüllt ist, ist D eine unendliche Menge. Also gibt es nach dem Hilfssatz eine transfinite Folge $(D_\alpha)_{\alpha < \Omega}$ mit den Eigenschaften (1°), (2°), (3°). Da nach Voraussetzung wegen (1°) (α) für D_α gilt, ist ${}_{\delta \epsilon D_\alpha}\!\bigcup (a_\delta \cap b) = ({}_{\delta \epsilon D_\alpha}\!\bigcup a_\delta) \cap b$. Wegen (2°) gilt

${}_{\delta \epsilon D_\alpha}\!\bigcup a_\delta \leqq {}_{\delta \epsilon D_\beta}\!\bigcup a_\delta$, wenn $\alpha < \beta < \Omega$. Nach (β) ist daher

$$\left({}_{\alpha < \Omega}\!\bigcup \left({}_{\delta \epsilon D_\alpha}\!\bigcup a_\alpha\right)\right) \cap b = {}_{\alpha < \Omega}\!\bigcup \left(\left({}_{\delta \epsilon D_\alpha}\!\bigcup a_\delta\right) \cap b\right) = {}_{\alpha < \Omega}\!\bigcup \left({}_{\delta \epsilon D_\alpha}\!\bigcup (a_\delta \cap b)\right).$$

Nach (3°) gilt also (α) auch für D im Widerspruch zur Voraussetzung.

Literaturverzeichnis

BIRKHOFF, G.: [1] Combinatorial relations in projective geometries, Annals of Math. **36**, 743—748 (1935).

— [2] Subdirect unions in universal algebra, Bull. Am. Math. Soc. **50**, 764—768 (1944).

— [3] Lattice theory, Am. Math. Soc. Colloquium Publications, vol. 25. 1948. (Second edition.)

BIRKHOFF, G. and O. FRINK: [1] Representations of lattices by sets, Trans. Am. Math. Soc. **64**, 299—316 (1948).

BIRKHOFF, G. and J. VON NEUMANN: [1] The logic of quantum mechanics, Annals of Math. **37**, 823—843 (1936).

DILWORTH, R. P.: [1] Ideals in Birkhoff lattices, Trans. Am. Math. Soc. **49**, 325—353 (1941).

FRINK, O.: [1] Complemented modular lattices and projective spaces of infinite dimension, Trans. Am. Math. Soc. **60**, 452—467 (1946).

FUNAYAMA, N. and T. NAKAYAMA: On the distributivity of a lattice of lattice-congruences, Proc. Imp. Acad. Tokyo **18**, 553—554 (1942).

HALPERIN, I.: [1] On the transitivity of perspectivity in continuous geometries, Trans. Am. Math. Soc. **44**, 537—562 (1938).

— [2] Dimensionality in reducible geometries, Annals of Math. **40**, 581—599 (1939).

— [3] Additivity and continuity of perspectivity. Duke Math. Jour. **5**, 503—511 (1939).

IWAMURA, T.: [1] Kontinuierliche Geometrie, Zenkoku Shijo Sugaku Danwakai **254**, 283—313 (1943). [Jap.]

— [2] On continuous geometries I, Jap. Jour. of Math. **19**, 57—71 (1944).

— [3] Ein Hilfssatz über gerichtete Mengen, Zenkoku Shijo Sugaku Danwakai **262** 107—111 (1944). [Jap.]

KAWADA, Y., K. HIGUCHI und Y. MATSUSHIMA: [1] Bemerkungen zur vorangehenden Arbeit von Herrn T. Iwamura, Jap. Jour. of Math. **19**, 73—79 (1944).

KODAIRA, K. und S. FURUYA: [1] Kontinuierliche Geometrie I, II, III, Zenkoku Shijo Sugaku Danwakai **168**, 514—531 (1938); **169**, 593—609 (1938); **170**, 638—656 (1938). [Jap.]

MAEDA, F.: [1] Kontinuierliche Geometrie und Zornsches Lemma, Zenkoku Shijo Sugaku Danwakai **236**, 1056—1058 (1942). [Jap.]

— [2] Dimensionsverbände reduzibler Geometrien, Jour. of Sci. of Hiroshima Univ. **A 13**, 11—40 (1944). [Jap.]

— [3] Embedding theorem of continuous regular rings, ibid. **14**, 1—7 (1950).

— [4] Direct sums and normal ideals of lattices, ibid. **14**, 85—92 (1950).

— [5] Representations of orthocomplemented modular lattices, ibid. **14**, 93—96 (1950).

— [6] Lattice theoretic characterisation of abstract geometries, ibid. **15**, 87—96 (1951).

MENGER, K.: [1] New foundations of projective and affine geometry, Annals of Math. **37**, 456—482 (1936).

NAKAYAMA, T.: [1] Verbandstheorie I, Tokyo 1944. [Jap.]

— [2] Mengenlehre, Topologie, Algebra; Tokyo 1949. [Jap.]

VON NEUMANN, J.: [1] On continuous geometries, Proc. Nat. Acad. Sci. **22**, 92—100 (1936).

— [2] Examples of continuous geometries, ibid. **22**, 101—108 (1936).

— [3] On regular rings, ibid. **22**, 707—713 (1936).

— [4] Algebraic theory of continuous geometries, ibid. **23**, 16—22 (1937).

— [5] Continuous rings and their arithmetics, ibid. **23**, 341—347 (1937).

— [6] Lectures on continuous geometries I, II, III, Princeton, 1936—1937.

VON NEUMANN, J. and I. HALPERIN: [1] On the transitivity of perspective mappings, Annals of Math. **41**, 87—93 (1940).

OGASAWARA, T.: [1] Die Beziehung zwischen Kongruenzmodul und neutralem Ideal, Iso-Sugaku **4**—1 (1942), 53—54. [Jap.]

— [2] Verbandstheorie II, Tokyo 1948. [Jap.]

PRENOWITZ, W.: [1] Total lattices of convex sets and of linear spaces, Annals of Math. **49**, 659—688 (1948).

SASAKI, U.: [1] Über die Axiome der kontinuierlichen Geometrie, Zenkoku Shijo Sugaku Danwakai (2) **10**, 303—305 (1948). [Jap.]

STONE, M. H.: [1] The theory of representations for Boolean algebras, Trans. Am. Math. Soc. **40**, 37—111 (1936).

— [2] Topological representations of distributive lattices and Brouwerian logics, Cas. Mat. Fys. **67**, 1—25 (1937).

WALLMAN, H.: [1] Lattices and topological spaces, Annals of Math. **39**, 112—126 (1938).

Sachverzeichnis